U0390444

|本书出版获得以下项目资助|

国家自然科学基金项目“北部湾近海工程疏浚磷释放对浮游植物群落结构的影响及其机理研究”（41466001）

广西重大科技专项“北部湾陆海统筹环境监控预警与污染治理技术研发及示范”（桂科 AA17129001）

广西红树林保护与利用重点实验室开放基金资助项目“海洋贝类对浮游植物的下行调控研究”（GKLMC-201901）

广西科技计划项目“河口–近海生态系统变异及环境污染调控技术在广西近岸海域的成果转化与合作研究”（桂科合 14125008-2-8）

广西科技计划项目“北部湾高密度牡蛎养殖对浮游植物群落结构的影响及其可持续发展对策研究”（桂科攻 14124004-3-13）

广西科技计划项目“北部湾全流域生态治理集成技术研发高层次人才培养示范”（桂科 AD19110140）

广西钦州湾环境与生态研究

蓝文陆　李天深　罗金福　著

科 学 出 版 社

北　京

内 容 简 介

本书较为系统地介绍了作者在广西钦州湾河口、茅尾海至钦州港及钦州湾附近海域环境和生态的研究，包括近年来随着北部湾经济开发区钦州湾及其周边区域大开发引起的海湾环境变化及生态群落结构功能、生态系统健康的演变及其相互关系的研究。

本书可供海洋科学、环境科学和生态科学等方向的研究人员和高校师生，以及环境管理人员、海洋管理人员、海洋和环境保护从业人员及环保爱好者参阅。

图书在版编目（CIP）数据

广西钦州湾环境与生态研究/蓝文陆，李天深，罗金福著. —北京：科学出版社，2020.6

ISBN 978-7-03-065467-0

Ⅰ. ①广… Ⅱ. ①蓝… ②李… ③罗… Ⅲ. ①海洋环境—生态环境保护—研究—广西 Ⅳ. ①X321.267

中国版本图书馆 CIP 数据核字（2020）第 098543 号

责任编辑：郭勇斌 肖 雷 黎婉雯/责任校对：杜子昂
责任印制：张 伟/封面设计：刘云天

科学出版社 出版
北京东黄城根北街 16 号
邮政编码：100717
http://www.sciencep.com
涿州市京南印刷厂 印刷
科学出版社发行 各地新华书店经销
*
2020 年 6 月第 一 版 开本：720 × 1000 1/16
2020 年 6 月第一次印刷 印张：25 1/2
字数：498 000

定价：138.00 元

（如有印装质量问题，我社负责调换）

前　言

钦州湾是一个独特而具有典型代表性的河口海湾，位于北部湾北部，地理形状独特，是典型的溺谷型半封闭式海湾，两端开阔，中间狭小，形状类似于一个底部敞开的葫芦状，由内湾茅尾海、湾颈龙门水道和外湾钦州港等组成。钦州湾生态环境优越，内湾茅尾海是天然的大蚝采苗场，周边分布着大量的红树林等盐沼植被，建有广西茅尾海红树林自然保护区，七十二泾也是我国面积最大、最典型的岛群红树林和特有的岩滩红树林，红树林、盐沼、河口、滩涂及浅水等组成了美丽的茅尾海湿地。然而，茅尾海也是北部湾生态环境问题最突出的海湾，相对于北部湾的其他海湾，茅尾海是北部湾海水水质最差的海湾，也是富营养化最严重的海湾，同时，海湾高强度的贝类养殖也给海湾的生态系统造成了很大的影响。此外，钦州港作为北部湾经济开发区的一个重要港口，自2000年开发热潮兴起，其填海造地逐渐增多，尤其是2008年广西北部湾经济区的开放开发上升为国家战略后，围填海、港口码头建设、港湾工程整治规模加大，电力、石化、造纸、冶金等工业蓬勃发展，滨海城市化进程日新月异，给优越的钦州湾生态环境带来了前所未有的巨大压力。因此，研究钦州湾为研究自然环境变化和人为活动对河口海湾生态环境的影响及其防范之策提供了独特而又有代表性的参考依据。

相对于我国其他沿海地区，北部湾属于落后地区，科研实力较为薄弱。同时，钦州湾在很长一段时间都处于较为原始的状态，没有特殊的生态环境问题，虽然钦州湾有着特殊的生态环境，但长期以来关于钦州湾生态环境的研究很少，生态环境的专项调查也不多，主要见于《中国海湾志》记载的20世纪80年代的综合调查。一直到2008年以后，随着北部湾经济区的确立和环北部湾城市工业的发展，北部湾海水水质情况受到越来越多的关注，钦州湾环境特征及其变化开始被研究者报道。但这些研究仍很分散，主要围绕一些涉海工程项目围填海的海域使用论证或环境影响评价等开展了一些本底调查，或是一些大型项目运营期跟踪调查监测，对海湾环境变化和生态演变缺乏定点、定期持续观测研究，尤其是在生物生态方面的系统性研究很少。

为了充分掌握广西北部湾经济区开放开发后，北部湾周边经济社会快速发展和港口码头大规模开发建设对钦州湾生态环境的影响，防范其对钦州湾生态环境造成不可逆转的危害、生态灾害的发生和保护钦州湾海洋生态环境、海水养殖产业、人类健康及可持续发展，需要广西本区域的科学技术支撑，这也是我们开展钦州湾海洋生态环境研究的根本原因。因而自 2008 年开始，广西海洋环境监测中心站在钦州湾 10 多个固定站点，在水质监测项目的基础上，增加了浮游植物、浮游动物、底栖生物等生态系统重要生物群落的调查项目，并在每年若干个固定水期/季节开展持续观测研究。我们的研究团队也主要利用这些数据资料，结合科研项目，围绕钦州湾的生态环境开展了系列研究，经过 10 多年坚持不懈的观测和研究，整理、分析和总结，撰写了《广西钦州湾环境与生态研究》。

本书是一部系统性介绍典型河口海湾钦州湾生态环境的专著，涵盖了钦州湾周边环境压力、环境特征及演变、生态群落结构特征及响应、海湾生态系统健康及生态保护对策等内容，共三篇 10 章。本书主要基于长期定点观测的结果开展分析研究，具有基层监测和服务基层生态环境管理的特色，期望其在促进我国中小型河口海湾生态环境研究，尤其是北部湾生态环境研究与生态保护管理方面起到一定的作用。

衷心感谢国家自然科学基金项目“北部湾近海工程疏浚磷释放对浮游植物群落结构的影响及其机理研究”（41466001）、广西重大科技专项“北部湾陆海统筹环境监控预警与污染治理技术研发及示范”（桂科 AA17129001）和广西科技计划项目“北部湾高密度牡蛎养殖对浮游植物群落结构的影响及其可持续发展对策研究”（桂科攻 14124004-3-13）等项目在钦州湾的环境、富营养化、浮游植物、牡蛎影响及防范对策等研究和本书出版方面给予的资助。

本书大部分的数据结果都来源于广西海洋环境监测中心站，监测调查和实验分析主要由广西海洋环境监测中心站的人员完成，在研究过程中也得到了广西海洋环境监测中心站领导和同事们的大力支持和帮助，在此表示衷心的感谢！本书在撰写过程中得到了深圳大学潘科研究员及广西海洋环境监测中心站黎明民、庞碧剑、付家想的大力支持，也得到了广西海洋环境监测中心站邓琰、刘勐伶、骆鑫等的协助，在此衷心感谢，他们的艰辛劳动为本书的撰写做出了实质性贡献。特别感谢广西海洋环境监测中心站的领导及全体同仁给予的大力支持和帮助，促成了本书的出版。由于笔者的学术水平有限，本书难免存在不足之处，敬请专家学者批评指正。

蓝文陆

2018 年 8 月

广西 · 北海

目　录

第二篇　生物群落特征

第三篇　健康评价与对策

第一篇　钦州湾环境演变

第1章　钦州湾环境影响

钦州湾位于北部湾北部，是南海的重要海湾之一。钦州湾海洋生物资源和生物多样性丰富，沿岸生长大片红树林，各种经济海洋鱼类较丰富，是中华白海豚重要的活动区域之一，其内湾茅尾海是一个天然的海洋生物繁殖和人工增养殖优良场所。钦州湾水陆交通较方便，具有建立深水港的良好条件。因此，近 20 年来钦州湾周边地区经济迅猛发展，养殖业日益兴起，对钦州湾水体环境状况和生态环境影响较大。尤其是《广西北部湾经济区发展规划》获批后，钦州湾沿岸是北部湾经济区的一个重要开发对象，掀起了新一轮的开发热潮，钦州湾环境面临更大的影响。

然而相对沿海其他海湾，钦州湾经济仍相对落后，对钦州湾的环境与生态研究的关注较少。本章在资料收集整理的基础上，介绍钦州湾的基本特征及研究基础，系统分析钦州湾周边输入的污染影响，以及港口码头建设用海和海水养殖等活动给环境带来的影响及其演变，为后续钦州湾环境演变及生态特征提供基础。

1.1　钦州湾及其周边概况

1.1.1　钦州湾概况

钦州湾是中国南海北部湾的一部分，位于广西壮族自治区（以下简称广西）南面、北部湾的北部。历史上广西南部的北海、钦州和防城港 3 个市都隶属于原来的钦州地区，因此钦州湾在不同时期学者有不同的定义，有广义的钦州湾和狭义钦州湾之分。广义的钦州湾，东起合浦英罗港，西到东兴北仑河口，主要为原钦州地区（今广西北海市、防城港市及钦州市）的海域范围，即现在的整个广西近岸海域。狭义的钦州湾则主要是现在的行政区钦州市与防城港市中间形成的海湾。然而，即使是对于狭义的钦州湾，因为没有法定或统一的划分，不同学者也有不同的界定，如部分人认为钦州湾是独指钦州市沿海的海湾，居北海港和防城港之间，东起大风江口，西至企沙港（防城港市内）；而在《中国海湾志第十二分册（广西海湾）》中，钦州湾是独指钦州市犀牛脚镇与防城港市企沙港之间连线以北形成的海湾，湾口门宽约为 29 km，纵深约为 39 km，海湾面积约为 380 km^2；也有人将钦州港至犀牛脚—企沙连线即上述狭义钦州湾的外湾称为钦州湾。通常以湾口附近两个对应海角的连线作为海湾最外部的分界线，结合钦州港—大风江口的岸线形状，本书研究的钦州湾主要以《中国海湾志第十二分册（广西海湾）》上界定的定义和划分方法，主要研究钦州市西部和防城港东部之间形成的湾区，即东以犀牛脚半岛南面的大面墩（玳瑁洲）、西以企沙半岛的天堂角间的连线为其南界，东以钦州市西部岸线为其东界，北与钦州市钦南区接壤，西以防城港市东部岸线为其西界组成的湾区。

钦州湾地形是典型的溺谷型半封闭式海湾，两端开阔，中间狭小，最窄处仅约 1 km，形状类似于一个底部敞开的葫芦状，见图 1.1.1。湾内岸线曲折，岛屿棋布，港汊众多，湾内沿岸为低山丘陵环绕，湾口向南。基于钦州湾中间狭窄、两

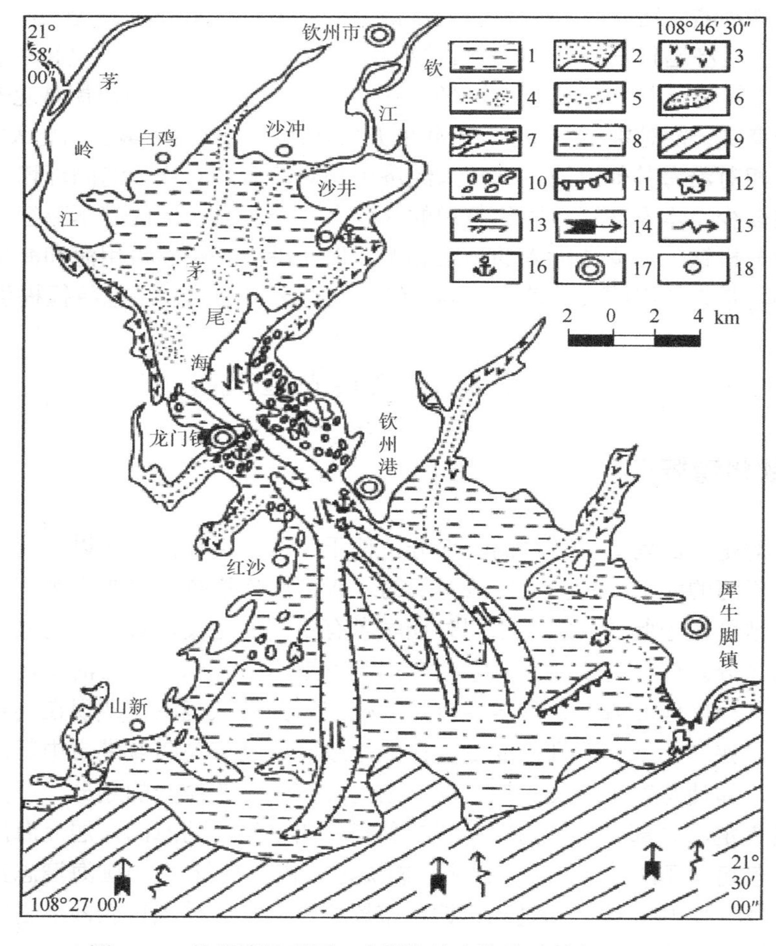

图 1.1.1　钦州湾地形图（中国海湾志编纂委员会，1993）

1．淤泥滩；2．沙滩；3．红树林滩；4．河口沙坝；5．潮沟；6．潮流沙脊；7．潮流冲刷深槽；8．水下拦门浅滩；9．水下斜坡；10．海岛；11．海蚀崖，海蚀平台；12．水下岩礁；13．涨、落潮流方向；14．常风向，强风向；15．常浪向，强浪向；16．港口；17．城镇；18．村庄

端宽阔的地形特点，该湾可分为内湾（茅尾海、龙门水道）和外湾（更狭义的钦州湾或钦州港湾）构成。钦州湾从南部湾口自南向北逐渐减小，在 21°41′N～21°48′N 自西向东发育成龙门港—茅尾海、金鼓江、鹿耳环江等海汊，并以龙门港—茅尾海为主，实为钦州湾的内湾。

自钦江和茅岭江口至龙门附近的亚公山水域是内湾茅尾海，位于钦州湾北部，东至坚心围，南至亚公山，西至茅岭江口，北至大榄江渡口，内宽口窄，形似布袋状，又如湖泊，是半封闭式的内海，东、西、北三面为陆地所围绕，只有南面通过龙门水道与外湾相连。因其形似猫尾，所以过去称“猫尾海”，后来因滩涂盛长茅尾而得今名。茅尾海南北纵深约 18 km，东西最宽处约 13 km，面积约 135 km^2（张文主和吴彬，2014）。茅尾海受钦江和茅岭江两大河流携带大量的泥沙在河口附近沉积而不断向南推进前展，形成了水下三角洲，滩涂宽达 4～6 km，滩涂面积达 110 km^2（图 1.1.1），占据了茅尾海的绝大部分海域，导致海区水深很浅，只有 0.1～5 m（张文主和吴彬，2014）。钦州湾的平均潮差 2.62 m（中国海湾志编纂委员会，1993），因此在低潮时茅尾海的大部分滩涂裸露。

由于茅尾海是一个布袋状的宽阔海湾，出海口狭窄，因而其涨潮时间长，退潮时间短，潮差大，把出海口处冲刷成一条天然深水潮汐通道——龙门水道。龙门附近分布有 100 多个大小各异的岛屿，其中龙门岛是龙门群岛中最大的岛屿。岛与岛之间是无数曲折奇诡的水泾，其中主要水泾有 72 条，因而得名“七十二泾”。

外湾与茅尾海之间通过龙门水道相连，外湾呈喇叭形展布，并以大面墩与企沙为湾口东西界，在青菜头附近与内湾交界。在钦州港未建设及航道未开挖之前，老人沙是规模最大的潮流脊，长 7.5 km，宽约 0.7 km，呈北北西—南南东走向，低潮时可部分露出水面，其西面还分布有一个较大的潮流脊，与相邻沟槽水深相差可达 6～7 m，形成了东、中、西三个水道的主要潮流槽（图 1.1.1；中国海湾志编纂委员会，1993）。在外湾的东部和东南部分布有两个较大岛屿，分别为麻蓝岛和三墩岛，南部与北部湾相连。

1.1.2　钦州湾周边概况

钦州湾位于钦州市西部和防城港东部，其接纳的地表径流主要是钦江和茅岭江。它们分别从东北向、西北向汇入茅尾海海域，对茅尾海及其邻近水域的泥沙来源、航道、污染和水文环境等都有重要影响。

钦江发源于灵山县平山镇东山山脉东麓白牛岭，流经平山、佛子、灵城、三海、檀圩，折向西南，经那隆收纳那隆水，到三隆又收纳太平水，后经陆屋镇与旧洲江汇合，流入钦北区，经青塘、平吉、久隆、钦州市城区、沙埠、尖山镇后注入茅尾海。钦江在陆屋镇以上称鸣珂江，陆屋镇以下称钦江。钦江干流全长 195 km，流域集雨面积为 2391 km^2，平均坡降 0.32‰（代俊峰等，2011），多年平均径流量为 11.69 亿 m^3，年平均输沙量为 26.99 万 t（中国海湾志编纂委员会，1993）。钦江青年水闸至入海口属感潮河段，流到钦州市城区下游后分东西两条河汊入海，干流由东支流在坚心围分岔后流入茅尾海，西部支流为大榄江在茅尾海北部汇入。

茅岭江发源于钦州市钦北区板城乡龙门村，流经钦北区那香、新棠、长滩，至小董东江口收纳发源于石碑而流经板城的板城江，至那蒙又收纳发源于山口的那蒙水，至派甲再收纳发源于叫怀的一级支流大寺江。另一条支流大直江发源于吊旭岭，流经大直在黄屋屯收纳白田水、平旺水和滩营江后汇入干流。干流在茅岭又收纳冲仑河，后经茅岭出海，注入茅岭海。茅岭江干流全长 136 km，流域面积有 2959 km^2（陈群英等，2016），多年平均径流总量为 15.97 亿 m^3，年平均输沙量为 31.86 万 t（中国海湾志编纂委员会，1993）。

在钦州湾的沿海地区，有行政上分属钦州市的龙门港镇、康熙岭镇、尖山镇、大番坡镇、沙埠镇、犀牛脚镇及防城港市茅岭镇、光坡镇和企沙镇共 9 个镇。1996 年钦州市在钦州湾东部成立了钦州港经济技术开发区，带动了钦州港的快速发展。

经初步计算，钦州湾周边地区包括入海流域的范围总共约 5740 km^2，主要包括茅岭江流域和钦江流域，以及海湾周边的集雨范围。钦江流域都在钦州市的范围内，茅岭江流域主要是在钦州市范围内，但也包括了防城港市和南宁市。总体而言，钦州湾周边地区主要属于钦州市辖区范围，约 82.2%的集雨范围位于钦州市，其次为防城港市，约占 13.4%的集雨面积，而南宁市只占了 4.4%左右，可以忽略不计。

1.1.3 钦州湾生态环境概况

钦州湾有着优良的生态环境，茅尾海和七十二泾更是有着多个享誉全国的生态名片。

钦州湾岸边分布着大片的红树林，建有广西茅尾海红树林自然保护区，总面积 2784 hm^2，是北部湾最北端的红树林分布区，也是我国面积最大、最典型的岛群红树林和特有的岩滩红树林，具有典型的区域生态特征，形成了独具特色的红树林生态系统。

除了红树林之外，茅尾海还分布着大片的盐沼草，以及连片分布的红树林—盐沼草本植物群落，景观独特，在我国较为罕见，具有非常重要的研究价值。红树林、盐沼、河口、滩涂及浅水等组成了美丽的茅尾海湿地。此外，茅尾海还被发现分布有贝克喜盐草，其被列入世界自然保护联盟（International Union for Conservation of Nature，

IUCN）渐危海草（范航清等，2011）。茅尾海湿地生物多样性丰富，不仅包括植被，还包括众多的海洋动物和鸟类。茅尾海盛产鱼虾贝蟹等多种经济生物，其中近江牡蛎、青蟹、对虾、石斑鱼被誉为“钦州四大名产”。牡蛎是钦州湾的另外一张名片，茅尾海是近江牡蛎全球种质资源保留地和我国最重要的养殖区与采苗区。2011 年钦州茅尾海国家级海洋公园被国家海洋局批准建立，成为我国第七个国家海洋公园。

七十二泾是钦州市的主要景区之一，在龙门附近 60 km^2 的小区域内，分布着众多的小岛屿，100 多个大小各异的岛屿镶嵌在波平如镜的海面上，岛与岛之间是无数曲折奇诡的水道，也称为泾，泾泾相连，岛岛相望，曲径通幽，形成了独特的七十二泾群岛优美的生态环境。七十二泾中同样也分布着大片的红树林，是全国保护最好最大的连片红树林之一，生物多样性丰富。

外湾形成的潮流槽为建设深水港提供了良好的天然资源，随着钦州港的快速发展，外湾已经逐渐形成了以港口码头为主的现代生态景观。

1.1.4　钦州湾生态环境研究进展概况

相对于我国其他沿海地区，北部湾属于落后地区，科研实力较为薄弱。同时，钦州湾在很长一段时间都处于较为原始的状态，没有特殊的生态环境问题，虽然钦州湾有着特殊的生态环境，但长期以来关于钦州湾生态环境的研究很少。通过中国知网以钦州湾、茅尾海和钦州港作为篇名的搜索统计，在 2008 年以前围绕钦州湾生态环境研究发表的论文报道数量在大多数年份都低于 5 篇/a（图 1.1.2），尤其是茅尾

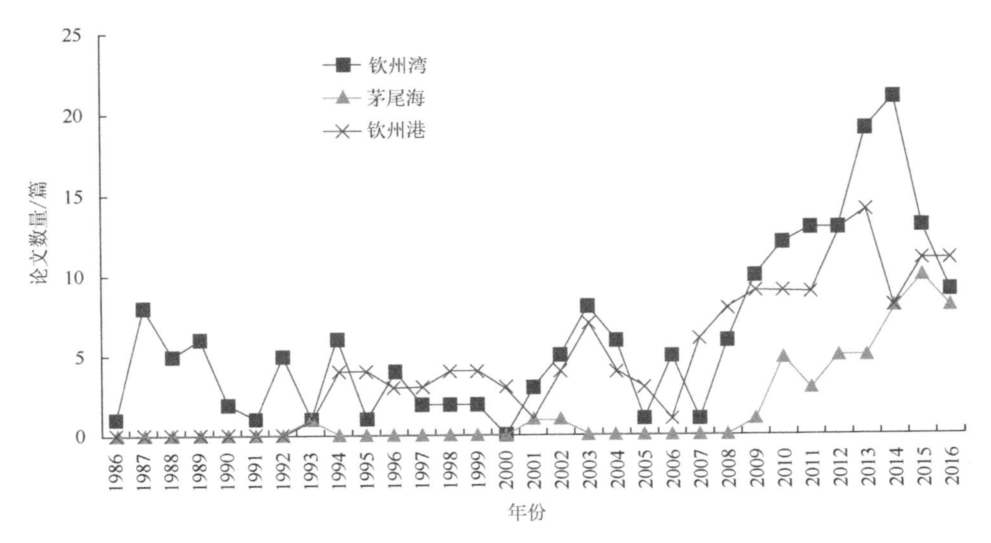

图 1.1.2　围绕钦州湾生态环境研究发表的论文数量变化

海，基本上很少有论文对其进行专门的研究报道。随着北部湾经济区的确立和环北部湾城市工业的发展，北部湾海水水质情况越来越受到关注，钦州湾环境特征及其变化开始被研究学者所报道，在期刊上发表的论文数量快速增加（图 1.1.2）。

关于钦州湾生态环境的第一次系统性研究主要是 20 世纪 80 年代开展的综合调查，集成研究成果被编入了《中国海湾志第十二分册（广西海湾）》，对钦州湾的海洋水文、地质地貌、沉积与泥沙、海洋化学、生物资源、自然环境资源及开发利用等进行了系统性的研究报道。20 世纪八九十年代关于钦州湾生态环境的论文也主要集中在水文、地质、水质等方面。

钦州湾由于地形特征等，是广西近岸海域中营养盐浓度较高甚至达到富营养化水平的海域，随着 20 世纪 90 年代周边的发展及海湾养殖的兴起，到 20 世纪初钦州湾的海洋环境报道较多地集中在营养盐及富营养化方面，在 2000 年左右就有一些论文研究了钦州湾富营养化状况。如韦蔓新等（2001）的两次调查（1998 年 10 月、1999 年 5 月）阐述了钦州湾内湾水环境特征及 N/P 的变化，以可溶性无机氮（DIN）、可溶性无机磷（DIP）、化学需氧量（COD）和叶绿素 a（Chl a）为富营养化指标，用营养状态质量指数（nutrient quality index，NQI）分析探讨了钦州湾内湾的营养状态，并从富营养化角度讨论了该湾的污染程度，结果显示钦州湾内湾秋季已接近或达到中营养水平；韦蔓新等（2002）根据 1983 年、1990 年和 1998～1999 年平水期（春季、秋季）的调查资料，分析了钦州湾水域的营养盐状况及其与环境因子的关系；韦蔓新等（2003）比较分析 1983～1984 年及 1996～1997 年丰水期、枯水期钦州湾水化学要素含量，论述该湾营养化状况及其影响因素等。

何本茂及韦蔓新等对海湾营养盐的响应进行了探讨。如何本茂和韦蔓新（2004）利用 1990～1999 年 10 年间 6 个航次的调查资料，分析研究了钦州湾的生态环境特征及其与水体自净条件的关系，结果表明钦州湾水体的自净条件较好，与水体的物理、化学和生物因素有密切关系；韦蔓新和何本茂（2008）利用 1983～2003 年钦州湾 10 个航次的调查分析资料，分析了该湾浮游植物的分布变化及其与环境因子之间的关系，结果显示钦州湾不同时期海湾的水环境特征不同；韦蔓新和何本茂（2009）通过对 1983～2003 年钦州湾 10 个航次调查资料的分析，探讨了该湾溶解氧的含量变化及其在生态环境可持续发展中的作用，认为浮游植物增氧作用在海湾生态环境可持续发展的进程中起到了主导影响作用。

到 2010 年以后，对钦州湾环境的研究除了围绕富营养化以外，部分学者开始研究重金属、持久性有机污染物（POPs）等（张少峰等，2010），更关注钦州湾海湾潜在生态危害等领域。

在生物生态方面，相对于国内外其他海域，钦州湾浮游植物等系统性的研究较少，除了《中国海湾志第十二分册（广西海湾）》进行了一次系统调查之外，2013 年之前在期刊上所能查到的报道较少。最早的钦州湾海洋生物生态方面研究报道见于陈成英（1989）对钦州湾浮游植物进行了初步调查，共鉴定出浮游植物 132 种，隶属于 18 科 41 属。其中硅藻 119 种，甲藻 13 种。硅藻以角刺藻属（*Chaetoceros*）28 种、根管藻属（*Rhizosolenia*）14 种、圆筛藻属（*Cascinadiscus*）10 种、盒形藻属（*Biddlphia*）10 种、菱形藻属（*Nitzschia*）5 种为最多的种类。甲藻以角藻属（*Ceratium*）5 种、鳍藻属（*Dinophysis*）2 种为最多的种类。优势种主要有翼根管藻纤细变型（*Rhiz. alata* f. *gracillima*）、复瓦根管藻（*Rhiz. imbriata*）、菱形海线藻（*Thalassionema nitzschioides*）、尖刺菱形藻（*Nitz. pungens*）、拟弯角刺藻（*Ch. pseudocuroisetus*），以及扁面角刺藻（*Ch. compressus*）、北方劳德藻（*Lauderia borealis*）、几内亚藻（*Guinardia flaccida*）等（陈成英，1989）。陈成英（1989）还从浮游植物总数量分布及周年变化的方面分析，钦州湾浮游植物主要种类季节交替很明显，其数量也随着季节变化而变化，浮游植物总数量是 3 月和 5 月较高，其次是 4 月和 11 月，其中全年总数量最高为 5 月，最低是 6 月。

韦蔓新和何本茂（2008）利用 1983～2003 年钦州湾 10 个航次的调查分析资料，分析了该湾浮游植物的分布变化及其与环境因子之间的关系，研究结果表明钦州湾近 20 年来浮游植物生物量随海湾开发热潮的兴起变化显著。在开发初期的 1983～1990 年，浮游植物生物量呈现出明显上升的趋势，P、Si 含量下降显著，成为浮游植物繁殖生长的限制因子；进入开发中期的 1998～2003 年，浮游植物生物量呈明显下降的趋势。相关分析表明，浮游植物与环境因子的关系在不同时期、不同季节具有显著差别（韦蔓新和何本茂，2008）。

一直到 2010 年以后，才有部分关于钦州湾浮游植物等生态类群的论文报道。庄军莲等（2012）利用 2010 年 1 月、3 月、6 月及 9 月的监测数据分析钦州湾茅尾海浮游植物群落特征，共鉴定出浮游植物 82 属 262 种，优势种 16 种，年平均丰度为 6.29×10^4 个/L，物种多样性指数①的年平均值为 3.87。2010 年茅尾海浮游植物种类和数量都比较丰富，种类的季节变化呈现由冬季至秋季减少的趋势，数量的季节变化比较明显，春季最低，平均密度仅为 3.28×10^4 个/L，夏季最高，平均密度为 9.25×10^4 个/L（庄军莲等，2012）。姜发军等（2012）分别于 2010 年 5 月、8 月、11 月和 2011 年 2 月对钦州湾浮游植物群落结构特征进行分析，共鉴定浮游植物 79 属 193 种（包括变型和变种），隶属于 6 个门，硅藻种类最多，共 48 属 149 种，占总种类的 77.2%，其种数和丰度都占绝对优势，平均丰度为 10.47×10^4 个/L；其次为甲藻，16 属 28 种，占总种类的 14.5%，平均丰度为 0.46×10^4 个/L。浮游植物丰度（0.49～67.74）$\times10^4$ 个/L，平均值为 11.94×10^4 个/L，丰度变化为典型双峰型，春秋季高，夏冬季低。调查期间共出现 10 种优势种，不同季节优势种既有交叉又有演替，浮游植物群落的物种多样性指数冬季最高，春季最低。

① 本书研究的物种多样性指数均指香农-维纳（Shannon-Wiener）多样性指数。

在 2010 年以后，关于钦州湾包括茅尾海和钦州港的论文数量开始出现井喷式增长，对海湾的环境和浮游植物、浮游动物、底栖生物等生态类群的研究论文数量开始明显增多。其中笔者团队针对国内海洋浮游植物的薄弱研究状况选择广西北部湾经济开发区发展的重点海域钦州湾为对象，重点研究在北部湾经济开发的背景下钦州湾环境变化及其对海洋生态主要群落结构及变化的影响，发表了系列论文，加速了人们对钦州湾生态环境的科学认知，促进了钦州湾生态环境的保护和管理。

另外，2008 年以来，随着北部湾经济开发区的建设和钦州湾经济发展，海湾周边的工业建设快速兴起，涉海工业项目和海洋工程项目的环境影响评价及海域使用论证等报告中也对钦州湾局部海域环境和浮游植物进行了不少的调查与分析，但大部分只针对钦州湾的局部海域。

1.2　钦州湾环境污染影响

1.2.1　钦州湾周边经济社会发展

钦州湾位于钦州市和防城港市之间，流入钦州湾的最主要河流钦江和茅岭江也主要在钦州市和防城港市。钦州市也是紧邻钦州湾的唯一城市，其位于茅尾海东北方向的钦江边上，随着城镇化的发展，目前钦州市主城区边缘距离茅尾海只有 7 km 左右。同时钦州市灵山县的城区也位于钦江上游，钦州市新发展的钦州港技术开发区和滨海新城位于钦州湾的沿岸。如前所述，汇入钦州湾的集雨范围中，钦州市占据了接近 82%的比例，防城港市占了 13%，因此钦州市和防城港市是钦州湾最重要的环境影响来源，其中以钦州市为最主要影响来源，我们重点以钦州市来分析钦州湾周边的社会经济发展带来的生态环境影响。

根据各年《钦州市国民经济和社会发展统计公报》的数据，2001～2015 年，钦州市人口数量及地区生产总值见图 1.2.1。钦州湾周边地区进入 21 世纪以来社会经济发展快速，尤其是 2006 年广西北部湾经济区设立之后，钦州湾作为主要发展的海湾之一，周边经济发展速度迅猛，给海湾水质和生态环境带来了严峻的影响。钦州市辖区人口数量和全市地区生产总值有了较大的增长（图 1.2.1）。2001～2010 年钦州市人口数量的变化可以分为两个阶段，2001～2005 年是缓慢增长阶段，2005 年人口数量仅比 2001 年增加了 3%左右；2006～2010 年是较快增长阶段，与 2006 年相比，2010 年的人口数量增加超过 10%。在 2011～2015 年，人口数量增加幅度明显变慢，但人口数量仍在增加，2015 年人口数量比 2001 年增加了 23%左右。

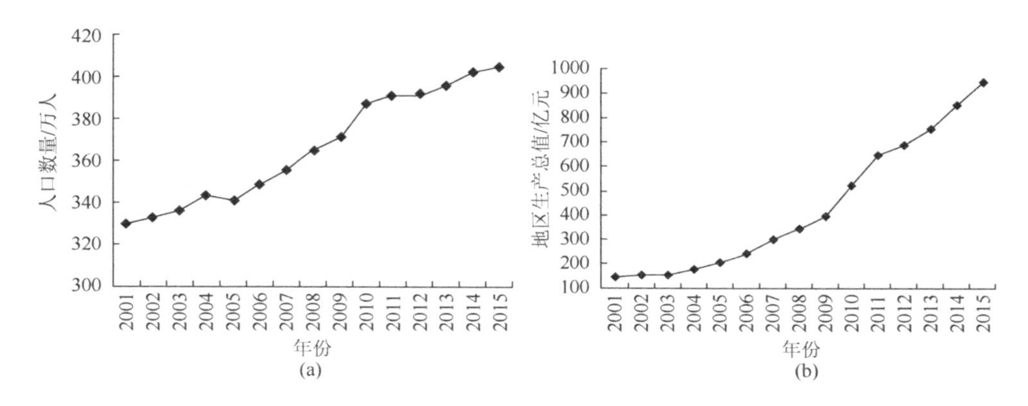

图1.2.1 钦州市人口数量和地区生产总值的变化

钦州市地区生产总值的增长与人口数量的变化相似，显现出高增长的发展态势，但其变化幅度又区别于人口增长。2006～2010年地区生产总值增长速率明显比2001～2005年的高，尤其是2008年后增长速率达到25%以上，2010年地区生产总值比2006年多1倍（图1.2.1）。2006年广西北部湾经济区成立，2008年《广西北部湾经济区发展规划》获国务院批准实施，而这两个年份正好是2001～2015年钦州市人口和地区生产总值增长的重要转折点，尤其是在2009年以后，地区生产总值增长强劲，到2015年接近了千亿大关，这表明随着北部湾经济区开发建设热潮的兴起，工业和劳动力转移使钦州湾周边人口和经济快速增长。2001～2015年钦州市地区生产总值增长了6.5倍，这是钦州湾周边地区社会经济发展的缩影，表明了钦州湾周边地区在21世纪初社会经济超快发展，这也会给钦州湾环境带来较大的影响。

钦州湾的内湾茅尾海沿海地区在行政上分属钦州市钦南区的龙门港镇、康熙岭镇、尖山街道办、大番坡镇、沙埠镇及防城港市的茅岭镇，总面积约620 km^2。外湾沿海地区在行政上主要是钦州市钦南区的犀牛脚镇、钦州港保税港区，以及防城港市防城区的企沙镇、企沙工业园区。整个钦州湾沿海地区在行政上分属钦州市的钦南区、防城港市的防城区。

钦南区位于钦州市南部，钦州湾东岸和北岸，是钦州市的政治、经济、文化中心，截至2016年钦南区管辖5个街道办事处和11个镇，行政区域面积2310 km^2，海岸线520 km^2，常住人口56.5万。钦南区是广西北部湾经济区中心城市群中心区，目前已成为广西北部湾临海工业配套产业加工基地，形成了以石化、制糖、制革、制药、制陶、食品加工、修造船、林浆纸为主的临港工业体系，逐渐形成多元化产业格局。2016年钦南区地区总产值达244.49亿元，海水养殖面积约15 833 hm^2，海产品产量达308 840 t。

防城区地处防城港市的东北部，钦州湾的西北面。陆地总面积2445 km^2，海岸线长超过 130km。防城区行政区域（2016 年）辖 3 个街道办、8 个镇、1 个乡和 1 个民族乡，总人口 44 万。防城区茅尾海周边主要有宏源纸厂、酒精厂等企业。2016 年防城区地区总产值达 138.44 亿元，茅尾海周边乡镇海水养殖面积约 1256 hm^2，海产品产量达 91 640 t。

自北部湾经济开发区建设以来，外湾沿海地区的变化明显超过了内湾沿海地区，内湾茅尾海沿海仍以农村为主，外湾钦州港湾沿海则已变化为以港口工业为主的社会环境特征。

1.2.2　入海河流污染物输入影响

随着钦州市社会经济的快速发展，钦州湾周边污染物输入的影响开始增加。钦州湾海域通过地表径流及直排的入海污染源主要包括独流入海河流、市政排污口、直排入海工业污染源和海水养殖（主要是对虾养殖）等。根据《广西近岸海域海洋环境质量报告书（2006—2010)》，2010 年钦州湾主要入海污染物的来源及结构组成见图 1.2.2。从统计分析的结果可以明显看出，入海河流是海湾入海污染物的最主要来源，其占据了总污染物的 90%以上，有机物（高锰酸盐指数指示，下同)、营养盐（总氮及总磷）和重金属均主要来源于入海河流输入。钦州湾入海的主要污染物为有机物，其次为营养盐（图 1.2.2)，石油类和重金属比例极小，表明了北部湾经济开发区建立后，钦州市人口及经济发展、周边社会经济发展对海湾污染物输入的影响仍以传统的有机物及营养盐为主。

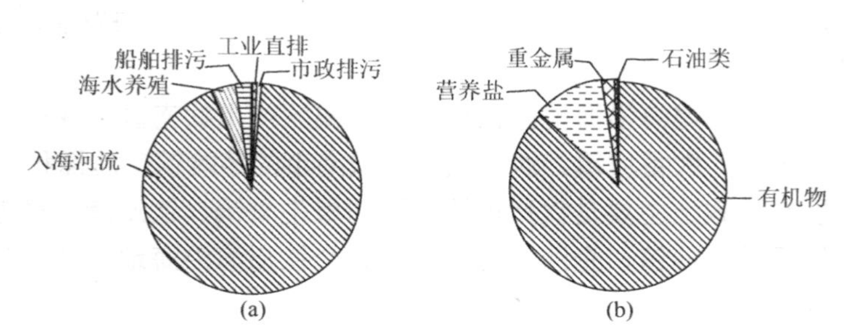

图 1.2.2　2010 年钦州湾主要入海污染物的来源及结构组成

（a）来源；（b）结构组成

在汇入钦州湾的钦江和茅岭江两条较大河流中，它们的径流量相差不大，由于集雨范围内的主城区集中在钦江，因此钦江对钦州湾的污染输入影响较大。“十二五”期间，在广西及钦州市政府的重视下，钦州市环境保护工作取得了一定的成效，但由于经济欠发达，环保资金投入不足，钦江流域水污染环境问题依然严峻，导致钦江入海断面水质改善效果不明显。近年来钦州市下游的钦江东和钦江西监测断面水质均有不同程度的超标现象，在一年 12 次的监测中，2015 年钦江东断面水质有 9 次、钦江西断面（大榄江）水质有 12 次超过Ⅲ类水质标准要求，超标率分别为 75%和 100%。特别是钦江西断面入海段（大榄江），受总磷、氨氮等因子影响，近 3 年水质均超过《地表水环境质量标准》（GB 3838—2002）Ⅴ类标准要求，水质污染严重。

图 1.2.3 列出了钦江东、钦江西两个入海断面化学需氧量、氨氮和总磷在 2011～2016 年不同季度/月份的变化情况。从图上可以看到受钦州市区的影响，钦

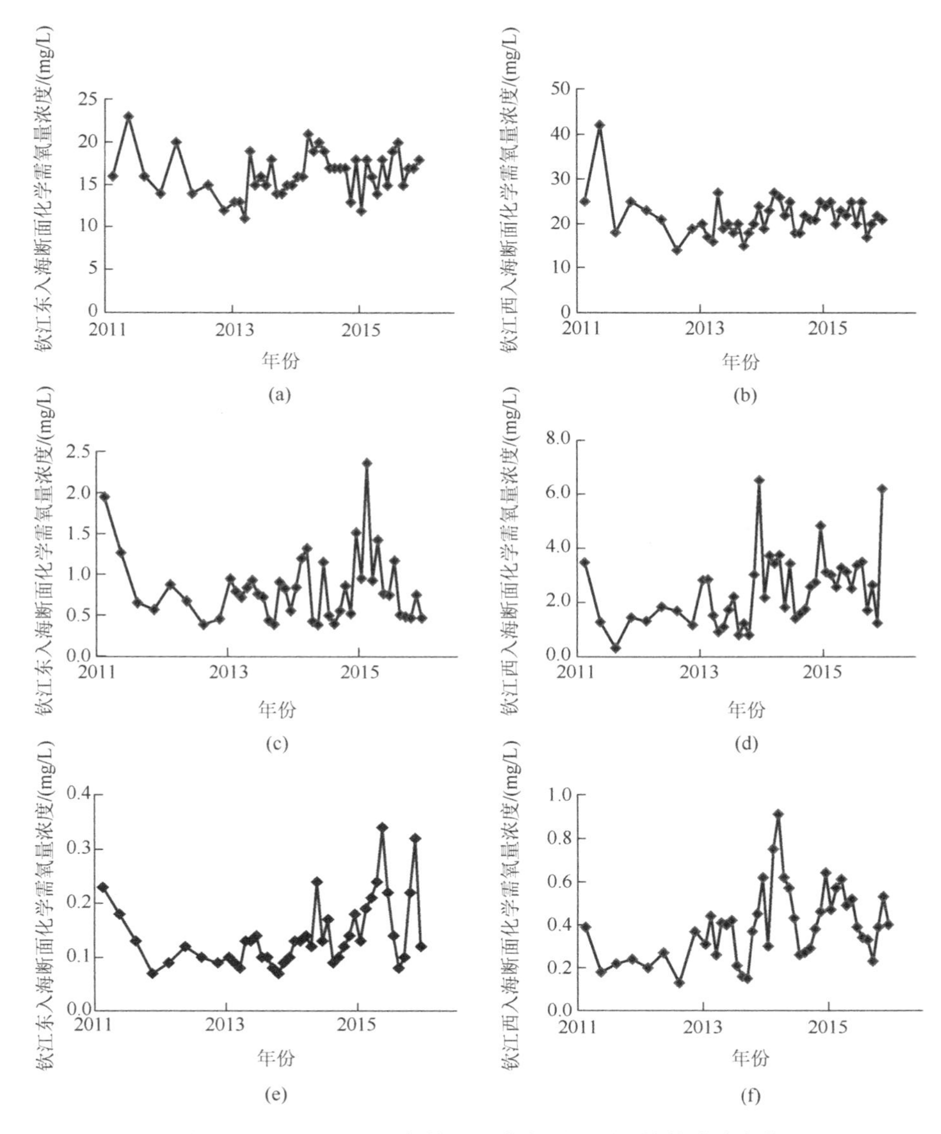

图 1.2.3　2011～2016 年钦江入海断面主要污染物浓度变化

江在分入钦江西即大榄江后两个入海支流水质浓度产生了较大差异，钦江西入海断面的污染物浓度明显高于钦江东入海断面。钦江西入海断面主要污染物浓度在最近几年中大部分季度/月份都保持在较高的水平，尤其是在 2014～2016 年，除了化学需氧量之外，氨氮浓度和总磷浓度基本上都处在Ⅴ类水质甚至劣Ⅴ类水质的水平，是北部湾入海河流中少见的出现劣Ⅴ类水质断面之一。钦江东入海断面也有部分月份总磷和氨氮监测结果达到Ⅴ类水质。这在一定程度上显示了随着钦州市城市及流域社会经济的快速发展，入海河流的水质变差，给钦州湾带来了较大的生态环境影响。

为了了解北部湾经济区大开发后钦江流域水质的变化，图 1.2.4 列出了 2008～2015 年钦江西入海断面氨氮和总磷年均浓度变化趋势。可以明显看出自北部湾经济区大开发以来，钦江西入海断面的主要超标污染物浓度有明显增加的趋势，其中氨氮浓度的线性增加比总磷浓度明显，2015 年氨氮的浓度基本上是 2008 年的 3 倍。但化学需氧量却没有明显变化，从图 1.2.3 也可以看出 2011～2016 年化学需氧量在钦江东基本保持稳定，而钦江西入海断面甚至还出现了略有下降的趋势。

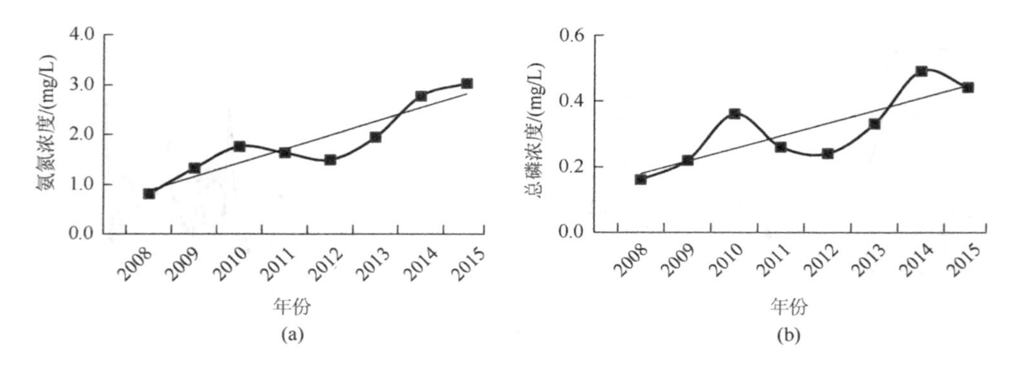

图 1.2.4　2008～2015 年钦江西入海断面氨氮和总磷年均浓度变化

相对而言，茅岭江流域上没有县城、城市等较大城区分布，也没有较多工业，主要是乡镇村屯等农村环境，其水质明显比钦江较好。图 1.2.5 列出了 2013～2015 年茅岭江化学需氧量和总磷的浓度变化，茅岭江化学需氧量浓度除了 2015 年 8 月之外全部都低于 20 mg/L，而且大多数月份都低于 15 mg/L，总磷浓度除了 2015 年 6 月之外全部低于 0.20 mg/L，而且大多数月份都低于 0.10 mg/L，可见茅岭江化学需氧量和总磷指标指示的水质基本可以达到Ⅱ类水质，属于北部湾沿岸水质好的河流之一。茅岭江的化学需氧量浓度和总磷浓度在每年的 10 月至次年的 3 月较低，而在每年的 4～8 月较高，浓度高主要是在丰水期，主要是因为雨季径流冲刷增加了污染物含量，这可能与该流域主要是畜禽养殖和农村生活污水占比较大有关（陈群英等，2016）。

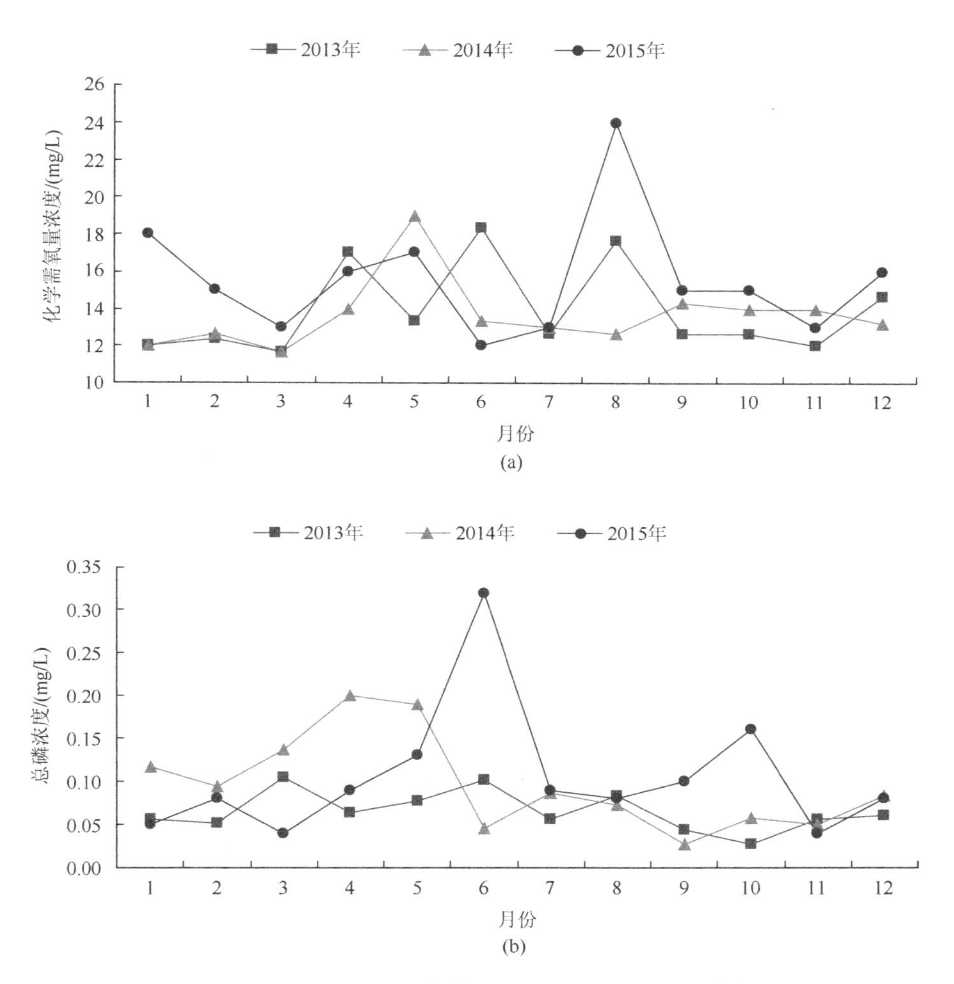

图 1.2.5 2013～2015 年茅岭江化学需氧量和总磷浓度变化

依据《地表水环境质量标准》(GB 3838—2002）和《地表水环境质量评价办法（试行)》，表 1.2.1 列出了自广西北部湾经济开发区获批建设后的 2008～2016 年汇入茅尾海的入海河流水质类别变化。按年平均值计，2008～2016 年流入茅尾海的 2 条河流中，钦江西断面水质最差，达到或优于III类的水质的比例为 0，钦江东断面及茅岭江的茅岭大桥断面的水质相对较好，大部分年份的年均值结果达到地表水III类水质。从变化趋势上来看，钦江西水质在 2013 年开始变得更差，钦江东和茅岭江相对比较稳定，变化不显著，甚至略有改善。

表 1.2.1　2008～2016 年汇入茅尾海的入海河流水质类别变化

河流名称	监测断面名称	2008 年	2009 年	2010 年	2011 年	2012 年	2013 年	2014 年	2015 年	2016 年	达到或优于Ⅲ类水质比率/%
钦江	钦江东	Ⅳ类	Ⅳ类	Ⅲ类	Ⅳ类	Ⅲ类	Ⅲ类	Ⅲ类	Ⅲ类	Ⅲ类	66.7
	钦江西	Ⅴ类	Ⅴ类	Ⅴ类	Ⅴ类	Ⅳ类	劣Ⅴ类	劣Ⅴ类	劣Ⅴ类	劣Ⅴ类	0
茅岭江	茅岭大桥	Ⅳ类	Ⅲ类	Ⅳ类	Ⅲ类	Ⅲ类	Ⅱ类	Ⅱ类	Ⅲ类	Ⅲ类	77.8

与钦江西的主要环境因子变化不同，钦江东和茅岭江的入海断面氨氮、总氮及总磷变化不明显，钦江东的总氮甚至略显下降的趋势（图 1.2.6）。但钦江东和茅岭江的高锰酸盐指数却也显示出增加的趋势（图 1.2.6），尤其是茅岭江入海断面增加的趋势较为明显（图 1.2.6）。

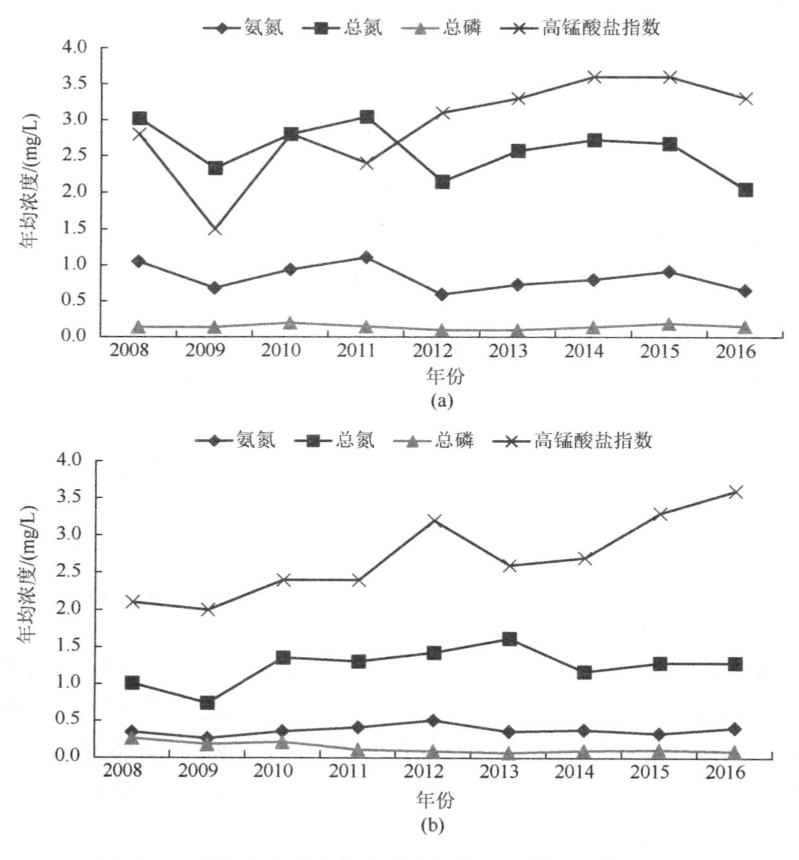

图 1.2.6　钦江东和茅岭江入海断面主要污染因子年际变化

（a）钦江东；（b）茅岭江

为了弄清随着北部湾开发后钦江和茅岭江对钦州湾尤其是茅尾海的污染输入影响，需要计算富营养化相关因子的入海通量。富国（2003）在前人方法的基础上系统分析了时段通量估计方法的特点，并评估了通量估算的误差，给出了不同时段通量估算方法的应用取向建议。广西地处落后地区，入海河流携带的入海污染物以非点源为主，入海河流补给以降雨补给为主，径流量起到的作用较大，入海河流污染源以非点源占优，因此选择富国（2003）推荐时段通量估算方法 D 计算钦江和茅岭江的入海断面主要污染物（高锰酸盐指数、总氮、总磷）的入海通量变化，即采用瞬时浓度 C_i 与代表时段平均流量 $\bar{Q}_p$ 之积估算通量，具体公式如下：

$$W_{\mathrm{D}} = K\sum_{1}^{n} C_i \bar{Q}_p$$

式中，W 表示时段通量，其下标表示方法；n 代表估算时间段内的样品数量；K 为估算时间段转换系数（以下讨论取时段长度）。

自北部湾经济区开发以来，受水质污染物浓度明显增加的影响，通过钦江输入茅尾海的污染物通量也在明显增加（图 1.2.7）。2007～2015 年，钦江的有机物（高锰酸盐指数）、总氮、总磷浓度都明显增加，污染物入海通量增加了接近 1 倍，2015 年钦江输入的污染物总量约 1.6 万 t。在这期间总磷的总量虽小，但增加趋势明显，通过统计分析显示其呈现出明显的增加趋势。由此可见，钦江西和钦江东两个断面中总磷浓度明显增加，使输入茅尾海的营养盐通量也明显增加，给海湾富营养化带来了较大影响。

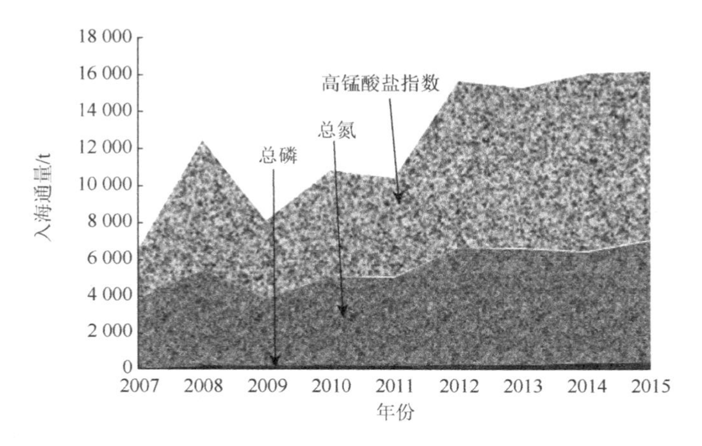

图 1.2.7　2007～2015 年钦江主要入海污染物入海通量变化

相比之下，茅岭江的主要入海污染物入海通量明显低于钦江的输入量，入海通量只有钦江输入的一半左右（图 1.2.8），2015 年主要入海污染物总量约 7000 t。从图 1.2.8 可以看出，2007～2015 年，茅岭江有机物（高锰酸盐指数）入海通量的变化幅度较大，在2008年和2012年具有较高的通量，2012～2015年的入海通量明显高于前面几年，是除了2008年之外前几年的2倍左右，有机物入海通量有明显增加的趋势。茅岭江总氮的入海通量也呈现出增加的趋势，但增加幅度不大，2012年和2013年的总氮通量较高。茅岭江有机物和总氮的入海通量变化趋势总体上与钦江一致，主要是两个流域相邻，且流域大部分都属于同样的农村性质，流域以农业为主，主要的污染物来源都以畜禽养殖、农村生活和农业面源污染为主，年际间的降雨径流变化一致，因此主要入海通量变化趋势一致。但茅岭江的总磷入海通量变化趋势与钦江有较大的差异，茅岭江总磷入海通量在2007～2015年没有明显的统计学趋势，甚至在2008～2014年呈现出了明显的降低趋势。可见，钦江和茅岭江主要入海污染物在广西北部湾经济区快速开发期间有相同的总体增加趋势，但随着两个流域之间发展差异增大，不同污染物之间的比例结构已发生了变化。

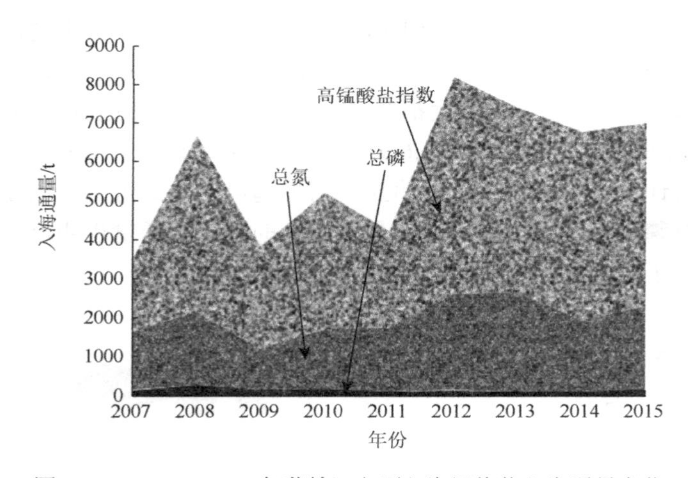

图 1.2.8　2007～2015年茅岭江主要入海污染物入海通量变化

1.2.3　周边沿岸污染物输入影响

除了入海河流之外，钦州湾周边还有较多的海水养殖废水输入的污染影响，主要是河口、沿岸的水塘养殖，这是钦州湾第二大污染输入影响。作为缓解人类对食物的需求影响、避免对海洋捕捞资源过度开发的重要手段，被誉为“绿色革命”的水产养殖业备受世界关注。近年来，海水养殖业已成为我国海洋经济的一个支柱产业，海水养殖业空前繁荣，极大地推动了沿海经济的发展，对沿海地区农业产业结构调整和农民增收起到了巨大作用。随着海水养殖技术水平的提高和市场需求的扩大，海水养殖业已趋向集约化、高密度、高产出的养殖模式。但由于广西沿海的水产养殖集约化水平较低，技术落后，很少采取有效的废水处置措施，在水产养殖产量快速增加的同时，海水养殖带来的环境污染问题也不容忽视。一方面养殖环境内的污染制约着海水养殖业的发展；另一方面养殖污染物的排放、沉积可引起水体富营养化，造成水质恶化，严重时导致养殖生态系统失衡、紊乱乃至完全崩溃。水产养殖过程中的污染物主要是残饵、粪便和排泄物中所含的营养物质即 N、P，还有悬浮颗粒物及有机物。许多研究表明，水产养殖外排水对邻近水域营养物的负荷在逐年增大，排出的 N、P 营养物质成为水体富营养化的污染源。对于局部海湾地区而言，这些排放的营养物质有可能对沿岸生态环境造成较大污染影响。

钦州湾是广西沿海养殖集中区域之一，在钦州湾的沿岸分布着较多的海水养殖池塘。养殖种类主要以虾类为主，其次为鱼类，蟹类养殖比例极少。虾类养殖品种以南美白对虾为主，斑节对虾和日本对虾也有少量养殖。蟹类养殖面积较少，只有零星分布的小规模养殖，品种以锯缘青蟹和梭子蟹为主。鱼类池塘养殖面积较少，品种有鲈鱼、石斑、鲷鱼等，一般采用单养或混养的模式。

自 2001 年以来，钦州湾周边的水产养殖掀起了一轮蓬勃发展的势头，养殖的面积及产量都大幅度提高。根据钦州市水产部门统计的数据，内湾茅尾海周边在 2012 年虾类的养殖产量增加到 2001 年的近 6 倍，鱼类养殖产量也在 2012 年达到了 2001 年的 5 倍（图 1.2.9）。

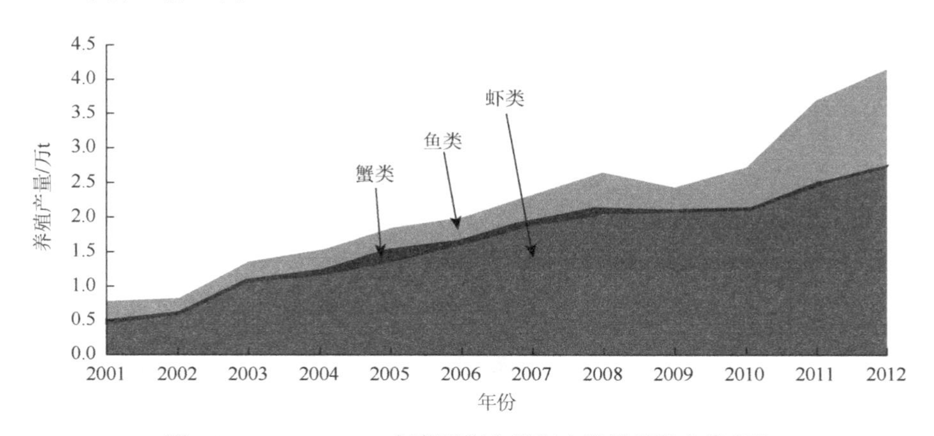

图 1.2.9　2001～2012 年茅尾海主要海水池塘养殖产量变化

随着海湾周边海水养殖的持续发展，钦州湾周边的河口及海汊周边地区已然演变为海水养殖相对集中的区域。钦州湾周边海水养殖主要集中在北部湾顶附近，钦江河口和茅岭江河口是钦州湾周边地区海水池塘养殖最密集的地区，在茅岭江口、大榄江口、钦江东口地势较低、较为平坦的沿岸区域基本都将农田改造为池塘（图 1.2.10）。根据 2016 年的卫星影像分析（图 1.2.11），茅尾海周边分布的池塘养殖面积约 0.44 万 hm^2，虾塘废水外排给周边海域带来不利的影响。

从钦江和茅岭江两大河口往南，钦州湾周边地形主要以丘陵为主，沿岸池塘养殖较少，但在钦州湾中西部的龙门海汊、东部的金鼓江海汊、鹿耳环江海汊、大灶江海汊等沿岸也分布有较多的连片大面积池塘，犀牛脚附近原来的盐田多数也改造为养殖池塘，海湾沿岸其他事宜建设池塘的地方也零星分布着养殖池塘（图 1.2.11）。

图 1.2.10　茅尾海周边池塘养殖区域分布

(a)　　(b)

(c)　(d)

图 1.2.11　钦州湾周边海水池塘养殖密集分布区现状（2016 年）卫星照片

通过在钦州湾周边养殖区的实地调研，海湾周边海水养殖存在着集约化程度低、技术落后、无废水处理设施等问题。80%以上的虾塘为半集约化养殖，少数如钦江农场等国有大型养殖基地也主要以承包的方式交由养殖户个人养殖。池塘面积在 5～20 亩[①]，虾类养殖水深 1.0～1.8 m，蟹塘和鱼类养殖水深一般在 1.5～1.8 m。无论是虾塘还是蟹塘及鱼塘，绝大部分都是在涨潮时通过引水渠引进海水，退潮时通过排水渠将废水排海，无专门废水处理设施，一般在排水渠中自然沉淀后直接排入近岸海域。

与养殖业发达的沿海地区相比，钦州湾沿岸养殖业受制于较低的集约化程度和较小的规模，难以普及如高位池、投放益生菌等较先进的养殖技术。因此海湾周边的海水养殖特别是高密度对虾养殖对海域环境的影响较大。尤其是在养殖较为密集的内湾茅尾海，沿海虾池废水排入的海域水体交换能力较差，并且一些虾池分布过密，大量养殖废水排放入海后，局部海水中污染物浓度较高，容易造成虾塘附近海域水质富营养化，对海湾造成较大的污染输入影响。

通过收集 2016 年附近钦州湾周边海水养殖的面积，估算海湾周边对虾养殖废水中的主要污染物入海通量。因缺乏较准确的实测数据，因此采用排污系数进行主要污染量估算。海水养殖排污系数采用以下数值。

经实地调查，钦州湾周边甲壳类（虾蟹）养殖以对虾为主，其中对虾产量约占 90%，蟹类占 10%。根据广西海洋环境监测中心站《广西沿海海水养殖污染现状调查报告》（2010 年 11 月）确定的广西“虾类海水养殖排污系数”，其中钦州市化学需氧量、总氮、总磷和氨氮排污系数（g/kg）分别为 90.0、6.0、1.1、0.5。蟹类养殖多以青蟹为主，养殖方式主要是池塘养殖，根据《第一次全国污染源普

① 1 亩≈666.67 m^2。

查水产养殖业污染源产排污系数手册》，青蟹海水养殖化学需氧量、总氮、总磷排污系数（g/kg）分别为16.742、2.773、0.111。

钦州湾及周边的鱼类养殖主要以池塘养殖和网箱养殖为主，池塘养殖约占80%，网箱养殖约占20%。养殖种类主要有鲈鱼、石斑鱼、红鱼和鲷鱼等。根据《第一次全国污染源普查水产养殖业污染源产排污系数手册》中鱼类海水养殖排污系数，计算各主要污染物入海通量。具体排污系数见表1.2.2。

表 1.2.2　鱼类海水养殖排污系数

养殖方式	养殖品种	省（自治区）	排污系数/(g/kg)		
			化学需氧量	总氮	总磷
海水池塘养殖	鲈鱼	广东	1.933	0.958	0.012
	鲽鱼	广西	5.45	0.878	0.072
	鲷鱼	广西	1.747	0.866	0.011
	石斑鱼	广西	0.200	0.099	0.001
	平均		2.333	0.700	0.024
海水网箱养殖	鲈鱼	广东	72.343	72.023	12.072
	鲷鱼	广西	72.343	72.023	12.072
	石斑鱼	广西	154.341	76.472	12.774
	红鱼	广西	72.343	72.023	12.072
	平均		92.842	73.135	12.248

根据水产养殖产量及其排污系数估算，2016年茅尾海海水鱼类和虾蟹类养殖化学需氧量的排放量为3844.44 t/a，总氮的排放量为592.1 t/a，总磷的排放量为63 t/a。2006～2016年，根据2006～2016年养殖产量及水产养殖排污系数估算，受海湾周边养殖规模快速增加的影响，茅尾海周边海水养殖主要污染物排放量呈显著上升趋势（图1.2.12）。

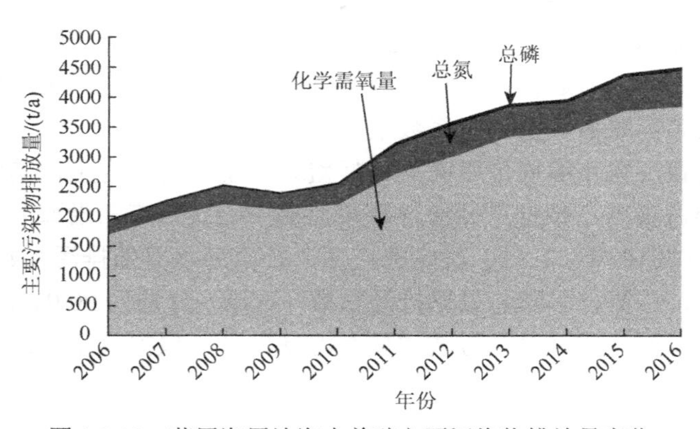

图 1.2.12　茅尾海周边海水养殖主要污染物排放量变化

除了沿岸的海水养殖污染之外，钦州湾入海污染物还主要包括沿岸的工业直排污水、市政生活污水、混合排污及面源污染排入等。在《广西北部湾经济区发展规划》正式获得国务院批准以前，钦州湾沿岸社会经济发展较为落后，工业和城市发展不发达，周边的工业直排口及市政直排口等排海点源很少。据 2007 年《广西近岸海域环境质量报告书》的统计，2007 年钦州湾周边主要的入海直排口共 3 个，其中工业企业直排口 1 个（废水直排入海的工业污染源仅有钦州市犀牛脚糖厂，其他重点工业污染源通过混合排污口或钦江、茅岭江入海），混合排污口 2 个，沿岸点源污染物入海较少，年入海通量约为 6000 t（图 1.2.13）。

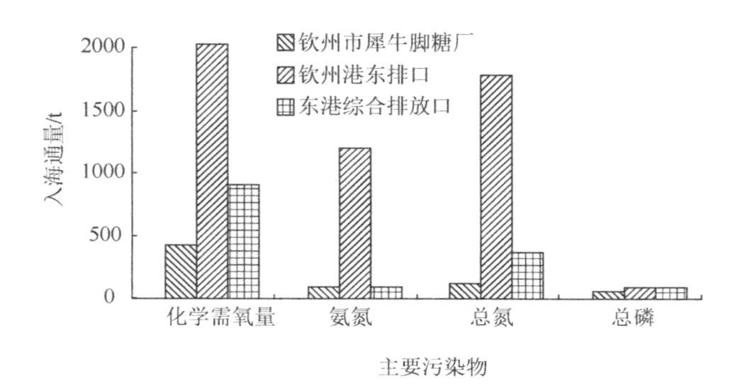

图 1.2.13 2007 年钦州湾沿岸点源污染物入海通量

但随着 2008 年国务院批准《广西北部湾经济区发展规划》后的 10 年中，钦州湾作为北部湾的重点发展港口之一，沿岸社会经济飞速发展，尤其是钦州港码头的急速发展带动了沿岸工业的飞跃，海湾沿岸的工业企业和市政污排口及污水急剧增加。到 2011 年，钦州湾周边的市政排污口就增加到 7 个，直排入海工业污染源增加到 6 个。而到 2017 年，根据 2017 年 5 月的入海排污口大排查结果，钦州市海域沿岸共排查到入海直排口 42 个（图 1.2.14），比 10 年前显著增加。

根据广西海洋环境监测中心站及钦州市、防城港市对钦州湾排放量较大的主要工业企业、市政排污口等监测统计结果，2008～2016 年流入钦州湾直排入海工业企业的主要污染物变化较大，但没有呈现出明显的变化规律（图 1.2.15）。除 2009 年外，2011～2015 年高锰酸盐指数、总氮和氨氮排放量呈现增加的趋势特征。钦州湾沿岸主要市政排污口主要污染物排放量的变化特征与主要工业企业排污口主要污染物排放量变化特征相似。2009 年主要污染物排放量最大，除 2009 年外，2010～2015 年主要市政排污口的高锰酸盐指数及总氮排放量增加显著（图 1.2.16）。2009～2016 年主要市政排污口的氨氮排放量呈显著下降趋势。2008～2016 年虽然市政排污口总磷排放量变化不显著，但总磷普遍超标，对排污口附近海域水质造成一定影响。

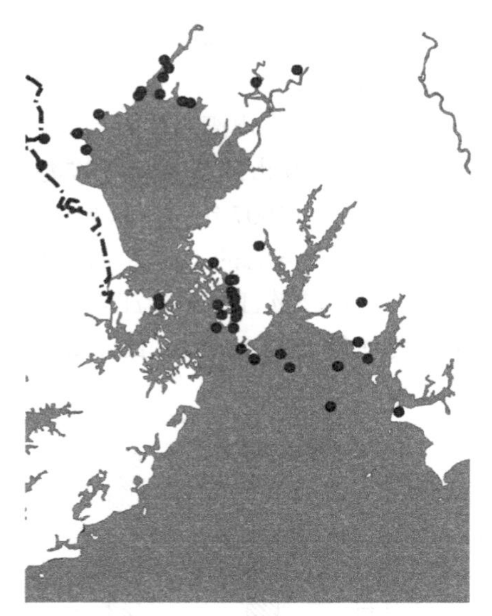

图 1.2.14　2017 年钦州湾沿岸直排入海口分布示意图

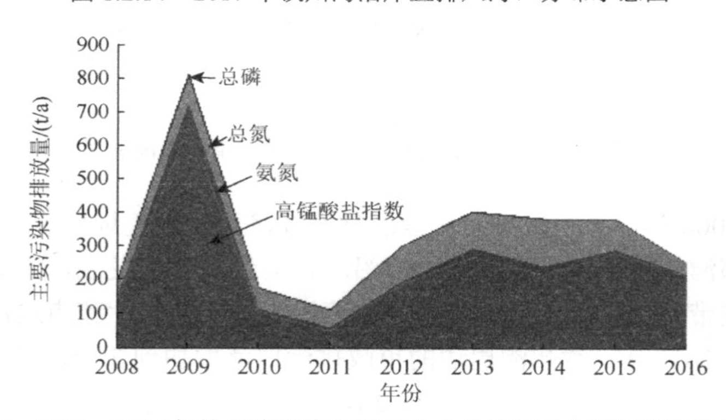

图 1.2.15　2008～2016 年钦州湾沿岸主要工业企业排污口主要污染物排放量变化

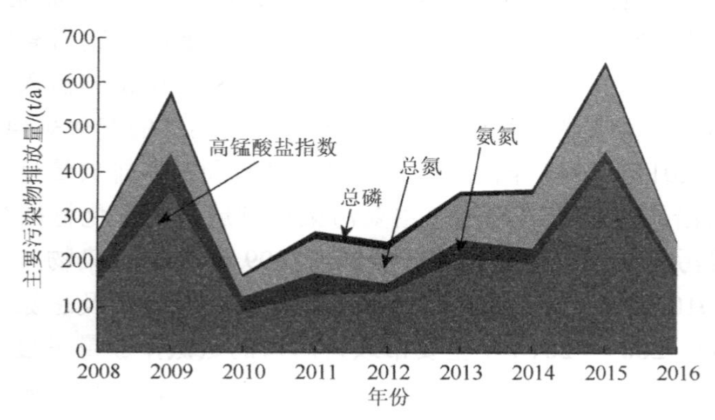

图 1.2.16　2008～2016 年钦州湾沿岸主要市政排污口主要污染物排放量变化

1.3　钦州湾用海开发影响

1.3.1　钦州湾周边围填海影响

在 20 世纪 90 年代以前，钦州湾周边港口、工业及城镇基本没有发展，海湾周边基本处于自然原始状态（图 1.3.1），直到 20 世纪 90 年代末，随着钦州港的成立开始发展建设，在钦州湾中间位置即现在的钦州港，钦州湾的围填海活动开始逐步增强，自然岸线开始减少，人工岸线增加。到 2000 年，钦州港基本有了港口和深水港码头的雏形，面积约为 2 km^2；到 2008 年钦州港的开发热潮兴起，钦州港填海造地逐渐增多，到 2017 年为止钦州湾填海面积约 30 km^2，而且随着钦州港工业区的不断推进，未来填海面积会超过 50 km^2，达到钦州湾外湾面积的近 1/4。

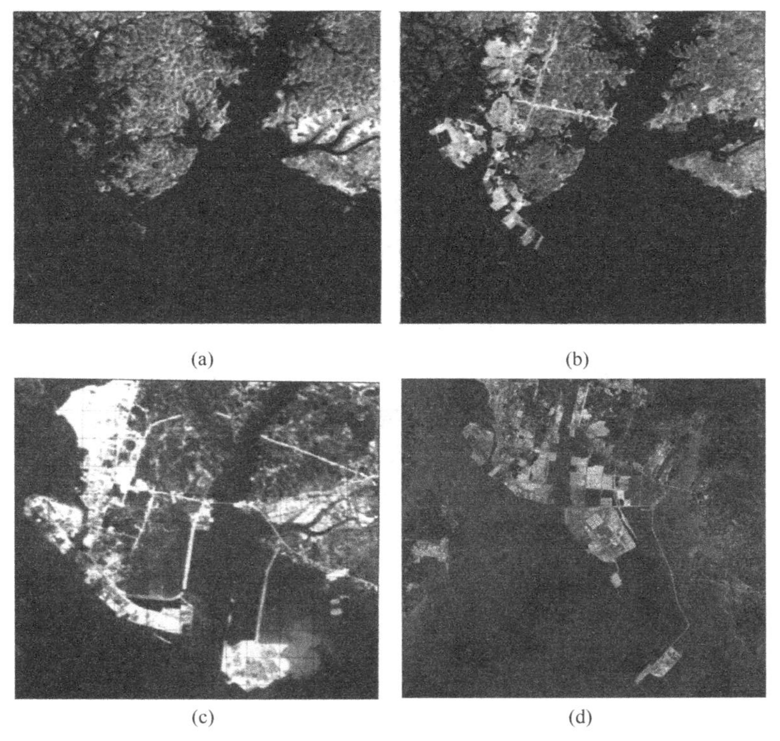

(a)　(b)　(c)　(d)

图 1.3.1　钦州港附近海域状况变化

（a）1990 年钦州港附近海域状况；（b）2000 年钦州港附近海域状况；（c）2008 年钦州港；（d）2017 年钦州湾外湾

钦州湾岸线利用及围填海主要集中在外湾的东岸，主要为钦州港技术开发区占地及沙井港的钦州市滨海新城，主要被国家开发投资集团钦州发电有限公司、钦州港保税港区码头及部分钦州港区企业码头占用，钦州湾西岸的围填海很少，只有防城港核电站及其取排水设施占用了海域。钦州港技术开发区是钦州湾围填海最首要的区域（图 1.3.1），随着北部湾经济开发区的飞速发展，钦州港作为其重要依托港口之一，近年来海湾周边的岸线及港口开发速度迅猛，外湾东岸围填海影响较大。根据钦州市海洋局等部门收集到的资料，截至 2010 年钦州湾填海面积约 2522 hm^2，共计利用岸线约 7.72 km。而在 2010 年之后，钦州湾围填海活动迅速增加，2010～2012 年累计填海面积近 1000 hm^2，每年平均填海面积超过 300 hm^2。随着钦州港的进一步发展，根据北部湾港等规划，未来钦州湾填海面积还会明显增加。

原有自然岸线是在各种动力因素作用下经过长期演变形成的，处于一个相对动态平衡的状态，钦州湾外湾海域岸线向海域扩张，围海造地是在短时间、小尺度范围内，通过改变滩涂湿地生境中的多种环境因子，改变自然海岸格局，对生态系统产生强烈的扰动。同时，围填海造地将区域内的自然岸线和水域变为陆地，原有的海湾生态系统部分被人为地改造为陆地生态系统，外湾海域面积的明显减少对周边海域及内湾茅尾海产生较大的环境改变。

钦州湾大面积的围填海，不仅占用了较大面积的海域及滩涂湿地，甚至红树林等重要生境，围填海工程还使海岸线趋于平直，海域面积减小，改变潮流的流动速度、流动方向及水文特征，使河口、海湾的潮流动力减弱，水流挟沙能力降低，海底淤积现象严重，从而减少海湾的纳潮量。海湾纳潮量的减少，使海水的自净能力减弱，海洋的环境承载能力减小，海洋环境的调节能力降低，环境污染影响增加。

根据《广西北部湾港总体规划环境影响报告书》，钦州港规划实施将使潮差平均减小约 2.43 cm，其中茅尾海内的潮差减小超过 40 cm，茅尾海的纳潮量平均减小近 5%。潮差及纳潮量的损失将降低钦州湾的外湾、茅尾海的水环境容量，区域的污染物自净能力将减弱，加大区域环境污染的影响。而茅尾海是广西近岸海域污染严重的海区，钦州湾也是目前围填海规模最大的区域，钦州湾外湾大面积围填海造成区域水文特征改变，海湾纳潮量减少，导致自净能力下降，很可能会加剧茅尾海海域环境质量的下降。

1.3.2 海水养殖用海影响

钦州湾是一个天然的牡蛎采苗场，环境条件适宜贝类、网箱鱼类养殖等，近年来海湾的牡蛎养殖发展迅速，鱼类网箱养殖也快速发展。大面积、高密度的海水养殖占用海域，也在一定程度上减缓海水流速，对海湾环境产生一定的影响。

根据 2013 年的卫星遥感分析结果，钦州湾网箱养殖水面合计约 20 km^2，集中连片分布于茅尾海、龙门水道周边及外湾沿岸区域（图 1.3.2），主要为牡蛎的浮筏养殖及少量的鱼类网箱养殖。

图 1.3.2　钦州湾网箱/浮筏养殖分布示意

钦州湾高密度牡蛎养殖区主要分布于茅尾海和外湾连接的龙门水道附近海域，为了准确了解该区域牡蛎养殖的面积，结合了遥感和地理信息系统（geographic information systems，GIS）技术，以该区域 2013～2016 年卫星遥感影像作为数据源，分析高密度牡蛎养殖区海域养殖面积的分布和年度变化。

基于 2013～2016 年高分一号 16 m 分辨率宽幅影像数据，并结合 ArcGIS 软件计算了钦州湾湾颈海域牡蛎养殖面积历年变化趋势。由图 1.3.3 可以看出，2013～2016 年湾颈海域牡蛎养殖面积呈逐年增加趋势，其中 2015 年、2016 年养殖面积增加较大，至 2016 年底，养殖面积较 2013 年增加了 47.5%（图 1.3.3）。从遥感影像也可以明显看出，2016 年钦州湾湾颈七十二泾出口海域及红沙海域牡蛎浮筏养殖面积较 2013 年和 2014 年有明显的增加（图 1.3.4～图 1.3.7）。

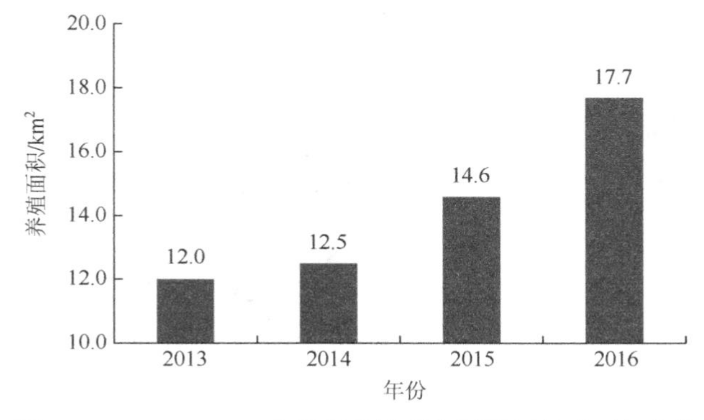

图 1.3.3　2013～2016 年钦州湾湾颈海域牡蛎养殖面积变化

图 1.3.4　2013 年 12 月 6 日钦州湾湾颈海域遥感影像

图 1.3.5　2014 年 12 月 29 日钦州湾湾颈海域遥感影像

图 1.3.6　2015 年 4 月 19 日钦州湾湾颈海域遥感影像

图 1.3.7　2016 年 12 月 28 日钦州湾湾颈海域遥感影像

钦州湾大面积高密度的牡蛎养殖，对海湾的生态环境造成了一定的生态影响。首先，牡蛎摄食排泄活动影响海域的氮、磷平衡，大面积的浮筏减缓海水交换速度，促使海域营养物质的累积，一定程度上增加了海域的富营养化的压力。

另外，牡蛎作为具有高效滤食海水浮游生物的捕食者，对饵料大小及质量等有明显的选择性，大面积高密度养殖势必会对海区浮游植物和浮游动物的生物量、群落结构及生物多样性等产生明显的影响，进而导致整个生态系统的变化。近年来的监测结果显示，茅尾海浮游植物、浮游动物及底栖生物等生物类群无论是生物量还是生物多样性都普遍较低，与河口区高生物量的特征已明显不符，这很可能是海区高密度牡蛎养殖造成的结果。

1.3.3　海上航运影响

位于钦州湾外湾的钦州港是北部湾港的重要组成部分之一，随着钦州港经济技术开发区的成立和大开发，钦州港的港口码头从无到有，并逐步发展壮大。钦州港近年来经济快速发展，货物吞吐量增长较快，港口船舶进出繁忙，不仅给海区带来了经常性的扰动，也给近岸海域带来了一定的污染。进入 21 世纪以来，特别是 2008 年 1 月《广西北部湾经济区发展规划》获得国务院批准实施，北部湾临海经济进入了跨越式发展，沿海港口码头建设已经成为广西经济发展的重要依托，截至 2012 年广西沿海港口万吨级以上泊位共 50 个，吞吐量接近 1.74 亿 t。根据《广西近岸海域环境质量报告书》所收集到的数据资料，2001～2012 年钦州湾港口船舶货物吞吐量呈指数上升，尤其是钦州港保税港区建设后，2009 年开始增长得更快，到 2012 年货物吞吐量接近 6000 万 t。港口码头及船舶急剧增加，船舶排污也增加明显（图 1.3.8）。

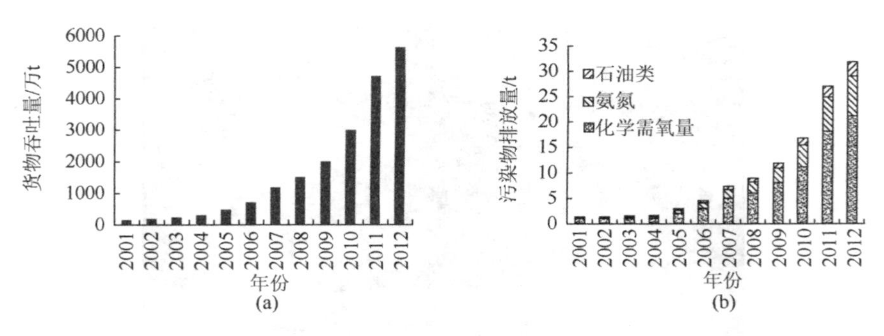

图 1.3.8　2001～2012 年钦州湾港口货物吞吐量及船舶污染物排放量

临海工业及物流等航运快速发展，除了港口码头之外，匹配的航道也是最重要的基础条件之一。广西北部湾沿海滩涂平缓，水深较浅，这些港口码头的建设需要进行大量的港池和航道疏浚，其对北部湾近海生态系统的影响不可忽略。在经济全球化的今天，海上交通对经济发展和国内外贸易都是至关重要的，港池和航道疏浚是当今重要的大型海洋工程。这些海洋疏浚工程极大地促进经济社会大力发展，同时它们对海底沉积物的剧烈搅动也给海洋生态系统带来了不可忽视的影响（Hill et al.，1999；Newell et al.，2004）。由于大型水利工程、大面积填海工程等具有深远或永久影响的大型工程相对受到重视，研究比较透彻。而航道港池开挖、疏浚和吹/抽沙等短期影响的大型工程不容易受到重视而研究较少（Hill et al.，1999；Newell et al.，2004；宋伦等，2012）。这些对疏浚、悬浮物影响等少数研究主要集中在底栖生物、鱼类、浮游动物（Hill et al.，1999；Newell et al.，2004；郑志华和徐碧华，2008；王娟娟等，2010；蒋伟伟等，2010）等，而对浮游植物影响方面较为深入的研究很少（徐兆礼等，1999，2004）。但在钦州港海区，随着临海工业的快速发展和大型港口码头的建设，开挖航道及吹/抽沙填海等疏浚工程是最主要的大型工程。这些工程建设期都在数月到数十月，不同航道及吹/抽沙大型工程陆续开工建设，使数个短期的大型工程持续对重点港湾进行剧烈搅动，短期影响叠加转变为数年的长期影响，局部影响转变为大面影响，因而对钦州港近海生态系统的生态影响也变得不可忽视。如近海沉积物是海洋水体中磷的重要源和汇，近岸海域海水中的 DIP 补充的一个主要途径是沉积物中磷释出（陈水土和阮五琦，1993），这是浮游植物生物量的主要影响因子之一（Kelly-Gerreyn et al.，2004），剧烈搅动下大量底泥悬浮往往引起内源磷爆发性释放，引起水体磷浓度的大幅增加（Evans et al.，1997；Søndergaard et al.，2001；王晶等，2013），这将影响到海水中营养盐状态和浮游植物的磷限制/胁迫水平，势必对浮游植物的群落结构产生至关重要的影响。此外，水体磷浓度增加引起富营养化，导致的浮游植物生长和演替往往会引发藻华，浮游植物群落结构变化也可能改变海区原有的食物网，影响渔业产出，进而对整个生态系统的结构和功能产生深刻影响，危及区域生态安全。

近10年来外源性磷输入海湾的变化不大，但钦州湾赤潮或接近赤潮的水华现象却在钦州港建设开发期间明显增加。2011年，在钦州湾远离河口及排污口的靠外海域，活性磷酸盐浓度达到了0.08 mg/L（2.3 μmol/L），明显比周边海域高，导致了一次萎软几内亚藻和夜光藻赤潮（庄军莲等，2011）。出现海域与三墩吹沙填海和航道开挖区较近，在外源性磷得到有效控制的前提下，港湾大量的沉积物开挖、吹沙、疏浚等大型工程剧烈搅动是不是成为海湾内源性磷的主要来源？这些剧烈搅动使内源性磷爆发性释放，会不会引起水体生物可利用磷的明显增加进而引起磷胁迫/限制的解除、富营养化甚至引发赤潮现象？这些问题都需要从该海区持续高强度的疏浚填海上去寻找。

钦州湾的港口码头建设主要集中在外湾的钦州港，内湾茅尾海较少。但在茅尾海的顶部也有沙井港区、茅岭港区的建设，也需要开挖疏浚航道。此外，近年来城镇化建设的加速、基础设施及房地产建设对沙子需求的增加，茅尾海内的采砂活动急剧增加。钦江、茅岭江上游采砂后悬浊径流输入，加上茅尾海较多的采砂活动，不仅会出现上述内源营养盐加重海区富营养化的问题，也导致了海水悬浊度增加、透明度减少等问题，给茅尾海生态环境带来了一定的影响。

除了上述影响之外，随着钦州湾周边港口及城镇化的建设和发展，不断增加的人为活动给钦州湾海洋环境和海洋生态系统带来的影响也在与日俱增。如海湾周边密集分布的石化、造纸、冶金等产业园，以及油码头等，给海湾带来了较高的环境风险隐患；钦州湾内湾口两边的火力发电厂和核电厂温排水及高余氯水的叠加效应给附近海区带来了生态压力；海湾周边城镇、工业、旅游业及航运等也给海区带来了高强度的扰动等。

参 考 文 献

陈成英，1989. 钦州湾浮游植物的初步调查[J]. 南海研究与开发，(4)：32-37.

陈群英，冼萍，蓝文陆，2016. 茅岭江流域入河污染源问题诊断及其防治对策研究[J]. 环境科学与管理，41(4)：37-42.

陈水土，阮五琦，1993. 九龙江口、厦门西海域磷的生物地球化学研究——Ⅱ.表层沉积物中磷形态的分布及在再悬浮过程中的转化[J]. 海洋学报，15(6)：47-54.

代俊峰，张学洪，王敦球，等，2011. 北部湾经济区入海河流径流变化分析[J]. 水电能源科学，29(2)：4-6.

范航清，邱广龙，石雅君，等，2011. 中国亚热带海草生理生态学研究[M]. 北京：科学出版社：111-126.

富国，2003. 河流污染物通量估算方法分析(I)——时段通量估算方法比较分析[J]. 环境科学研究，16(1)：1-4.

广西北海海洋环境监测中心站，2008. 广西近岸海域环境质量报告书(2007年)[R].北海.

广西北海海洋环境监测中心站，2010. 广西沿海海水养殖污染现状调查报告[R]. 北海.

广西北海海洋环境监测中心站，2011. 广西近岸海域海洋环境质量报告书（2006—2010）[R]. 北海.

何本茂，韦蔓新，2004. 钦州湾的生态环境特征及其与水体自净条件的关系分析[J]. 海洋通报，23(4)：50-54.

姜发军，陈波，何碧娟，等，2012. 广西钦州湾浮游植物群落结构特征[J]. 广西科学，19(3)：268-275.
蒋伟伟，刘正文，郭亮，等，2010. 沉积物再悬浮对浮游动物群落结构影响的模拟实验[J]. 湖泊科学，22(4)：557-562.
交通运输部规划研究院，2010. 广西北部湾港总体规划环境影响报告书[R]. 北京.
李纯厚，黄洪辉，林钦，等，2004. 海水对虾池塘养殖污染物环境负荷量的研究[J]. 农业环境科学学报，23(3)：545-550.
宋伦，杨国军，王年斌，等，2012. 悬浮物对海洋生物生态的影响[J]. 水产科学，31(7)：444-448.
王晶，李大鹏，李勇，等，2013. 沉积物高强度扰动下生物有效磷的变化规律[J]. 环境污染与防治，35(3)：10-14，19.
王娟娟，李春青，张萍，等，2010. 港口疏浚淤泥悬浮物对中国对虾幼体影响的试验研究[J]. 天津水产，(2)：17-20.
韦蔓新，何本茂，2008. 钦州湾近 20 a 来水环境指标的变化趋势——V 浮游植物生物量的分布及其影响因素[J]. 海洋环境科学，27(3)：253-257.
韦蔓新，何本茂，2009. 钦州湾近 20 a 来水环境指标的变化趋势——VI溶解氧的含量变化及其在生态环境可持续发展中的作用[J]. 海洋环境科学，28(4)：403-409.
韦蔓新，赖廷和，何本茂，2002. 钦州湾近 20 a 来水环境指标的变化趋势—— I 平水期营养盐状况[J]. 海洋环境科学，21(3)：49-52.
韦蔓新，赖廷和，何本茂，2003. 钦州湾丰、枯水期营养状况变化趋势及其影响因素[J]. 热带海洋学报，22(3)：16-21.
韦蔓新，童万平，赖廷和，等，2001. 钦州湾内湾贝类养殖海区水环境特征及营养状况初探[J]. 黄渤海海洋，19(4)：51-54.
徐兆礼，易翠萍，沈新强，等，1999. 长江口疏浚弃土悬沙对 2 种浮游植物生长的影响[J]. 中国水产科学，6(5)：33-36.
徐兆礼，沈新强，陈亚瞿，2004. 长江口悬沙对牟氏角毛藻(*Chaetoceros muelleri*)生长的影响[J]. 海洋环境科学，23(4)：28-30.
张少峰，林明裕，魏春雷，等，2010. 广西钦州湾沉积物重金属污染现状及潜在生态风险评价[J]. 海洋通报，29(4)：450-454.
张文主，吴彬，2014. 广西茅尾海湿地生态系统健康评价[J]. 钦州学院学报，29(8)：6-10.
郑志华，徐碧华，2008. 航道疏浚中悬浮泥沙对海水水质和海洋生物影响的数值研究[J]. 上海船舶运输科学研究所学报，31(2)：105-110.
中国海湾志编纂委员会，1993. 中国海湾志第十二分册(广西海湾)[M]. 北京：海洋出版社：144-148.
庄军莲，姜发军，柯珂，等，2011. 钦州湾一次海水异常监测与分析[J]. 广西科学，18(3)：321-324.
庄军莲，姜发军，许铭本，等，2012. 钦州湾茅尾海周年环境因子及浮游植物群落特征[J]. 广西科学，19(3)：263-267.
Evans R D，Provini A，Mattice J，et al.，1997. Interactions between sediments and water summary of the 7 th international symposium[J]. Water，Air and Soil Pollution，99：1-7.
Hill A S，Veale L O，Pennington D，et al.，1999. Changes in Irish Sea benthos：Possible effects of 40 years of dredging[J]. Estuarine，Coastal and Shelf Science，48(6)：739-750.
Kelly-Gerreyn B A，Anderson T R，Holt J T，et al.，2004. Phytoplankton community structure at contrasting sites in the Irish Sea：A modeling investigation[J]. Estuarine，Coastal and Shelf Science，59：363-383.
Newell R C，Seiderer L J，Simpson N M，et al.，2004. Impacts of marine aggregate dredging on benthic macrofauna off the south coast of the United Kingdom[J]. Journal of Coastal Research，20(1)：115-125.
Søndergaard M，Jensen J P，Jeppesen E，2001. Retention and internal loading of phosphorus in shallow，eutrophic lakes[J]. The Scientific World，1：427-442.

第 2 章　钦州湾海水环境

钦州湾尤其是茅尾海近年以来一直都是北部湾近岸海域中污染最严重的海区，主要是无机氮和活性磷酸盐等富营养化因子超标，部分站点经常达到甚至超过第Ⅳ类海水标准。造成这种现象的原因是钦州湾本身的地形特征，但也与其径流输入、海洋潮流等影响有关。

本章通过多年实测数据，系统阐述钦州湾水环境特征，包括水文、化学等，重点围绕氮磷等主要超标富营养化因子，系统分析其分布特征、季节变化及长期演变特征。同时综合其他因子，评价了钦州湾尤其是茅尾海的环境质量现状特征、演变趋势及其原因，同时也探讨了类似于茅尾海这样具有明显河口特征的海湾实行海水水质标准的适宜性。通过对钦州湾海水环境特征及其演变规律的掌握，为了解海湾生物群落的现状特征及变化等提供最基础的数据和依据。

2.1　基本环境特征

2.1.1　海洋潮流

钦州湾位于北部湾北部，其潮汐特征与北部湾一致，潮汐性质属非正规全日潮，湾内潮汐日不等现象明显，每月约有 2/3 时间在一个太阴日内出现一次涨潮和一次落潮过程，约有 1/3 时间在一个太阴日内出现二次高潮和二次低潮。

钦州湾是呈自北向南的南北向的半封闭海湾，潮流呈往复流性质，潮流方向总体上呈南北向。涨潮方向指北，即涨潮流由南进入湾内后，受东侧边界的影响，在东侧呈 NNW 流向青菜头，并沿潮汐通道进入茅尾海。落潮流由茅尾海向外，沿潮汐通道直冲青菜头，而后由北向南逐渐向 SW 方向偏转。涨落潮流均与航道走向大体一致，落潮潮流可将携带的泥沙向外海推移。

根据《中国海湾志第十二分册（广西海湾）》（中国海湾志编纂委员会，1993）的记载，钦州湾落潮平均流速和最大流速均较涨潮大，湾内涨潮平均流速为 8～28 cm/s，最大为 54 cm/s，落潮平均流速为 9～55 cm/s，最大流速为 95 cm/s。鹰岭附近，大潮时，落潮流最大垂线平均流速为 106 cm/s，流向为 113°；涨潮流最大垂线平均流速为 72 cm/s，流向为 313°；小潮时，落潮流最大垂线平均流速为 20 cm/s，流向为 108°；涨潮流最大垂线平均流速为 38 cm/s，流向为 288°。在东航道中段，中潮时落潮流最大垂线平均流速为 65 cm/s，流向为 162°；涨潮时最大垂线平均流速为 51 cm/s，流向为

355°。在青菜头以北的潮汐通道中，除局部水域受岛礁影响，水流流向较散乱外，潮流呈往复流性质，涨落潮流方向与深槽走向一致。由于茅尾海的纳潮量大，因此，潮汐通道潮流强劲，无大的风浪，最大涨潮流速为 100 cm/s，最大落潮流速为 170 cm/s。基岩上无淤积物覆盖，深槽水深达 10～20 cm（中国海湾志编纂委员会，1993）。

为了解钦州港的码头建设及环境变化对潮流环境的影响程度，广西海洋环境监测中心站 2014 年起在钦州港附近海域的 GX06 号自动监测站（图 2.1.1）上布设了海流在线监测仪，连续 15 min/次在线监测该海区的流速和流向。图 2.1.2 显示了 2015～2016 年 GX06 号自动监测站潮流统计分析的结果。

北部湾作为典型的全日潮海区，钦州港 GX06 号自动监测站实测数据显示，钦州湾属良好的全日潮特性，也表现出明显的往复流特性。GX06 号自动站涨潮方向为 NNW，落潮方向为 SSE，平均流速为 0.23 m/s。

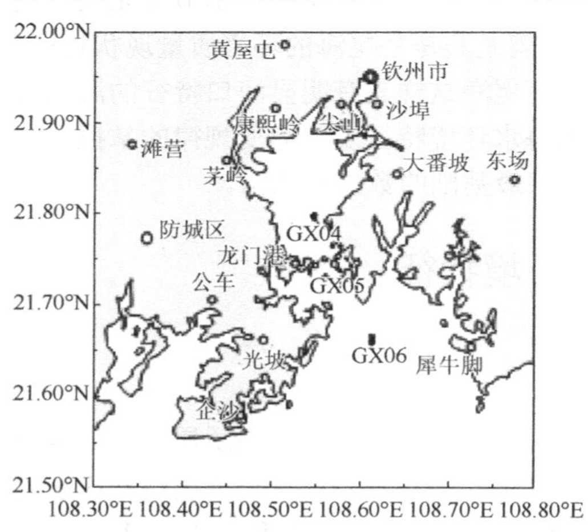

图 2.1.1　钦州湾自动监测站位置示意

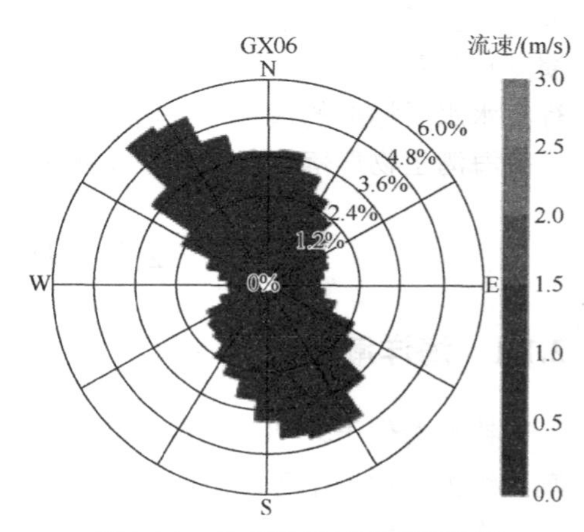

图 2.1.2　钦州港海域潮流统计图

2.1.2　海水温度

钦州湾地处亚热带海区，其海水平均温度年际变化见图 2.1.3，由图可知，钦州湾水温年际变化幅度较小，全年水温均处在较高水平（>15℃），2003～2010 年钦州湾水温年际变化较小，且内湾和外湾温度差异很小。

钦州湾不同水期海水温度变化明显，基本呈现丰水期高，其次是平水期，再次是枯水期的变化过程，主要受气温变化的影响。以 2010～2011 年为例，丰水期（2010 年 6 月）钦州湾表层海水温度变化范围小，28℃以上的相对高温集中在钦州港附近，湾外温度略低。平水期（2010 年 10 月）表层海水温度变化范围为 21.3～22.4℃，变化幅度较小。同样，枯水期（2011 年 3 月）表层海水温度变化范围小（14.0～17.3℃），内湾温度几乎没有变化（图 2.1.4）。

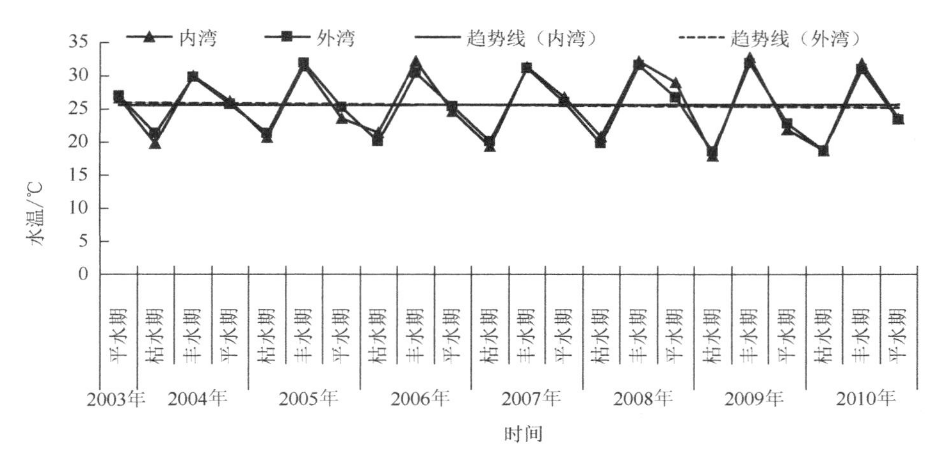

图 2.1.3　2003～2010 年钦州湾海水平均温度的变化

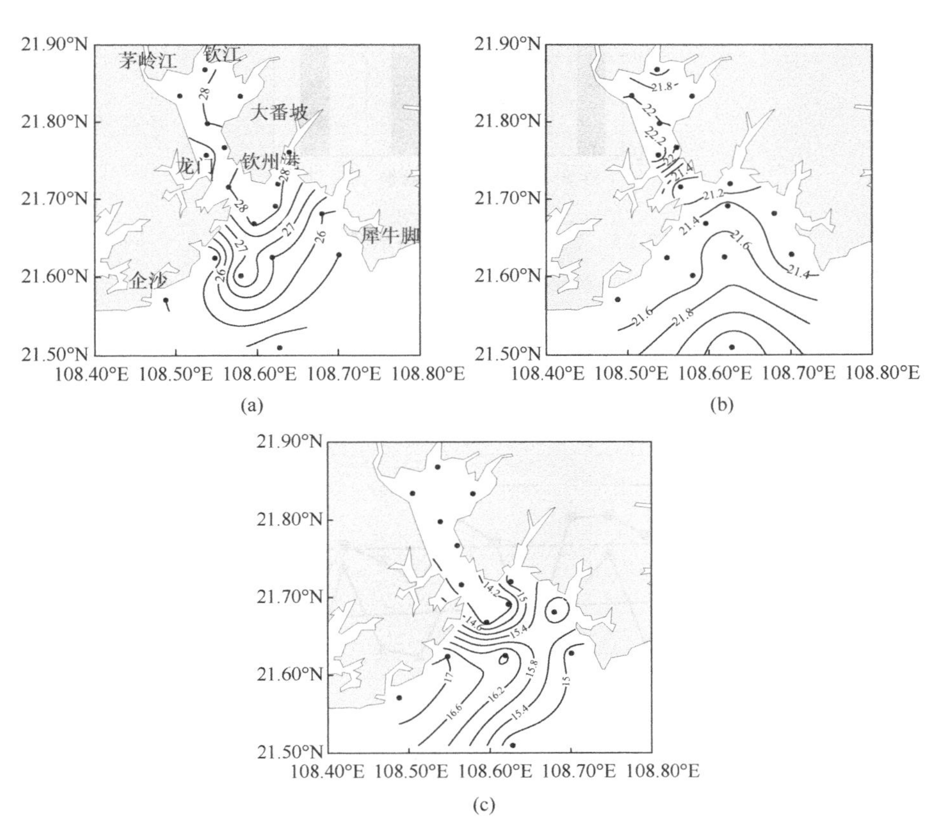

图 2.1.4　钦州湾不同水期温度的分布（单位：℃）

（a）丰水期；（b）平水期；（c）枯水期

利用自动监测站（图 2.1.5）分析钦州湾海水温度的季节变化过程，发现内湾（GX04）及外湾（GX06）自动监测站水温季节变化一致：夏季最高，春季比秋季略高，冬季水温在一年中最低。且内湾（GX04）与外湾（GX06）海水表层水温没有显著差异，说明钦州湾水温主要受气温影响，水温变化特征与气温的季节变化相同，季节差异明显，与太阳辐射有关。研究发现，广西沿海多年的月平均水温也和气温变化趋势一致（黄子眉等，2008）。

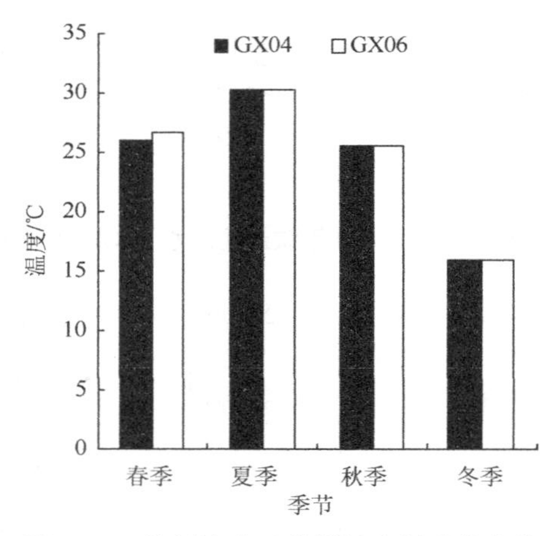

图 2.1.5　钦州湾自动监测站水温季节变化

2.1.3　海水盐度

钦州湾属于河口海湾，海水盐度受入海河流影响较大。从海水平均盐度年际变化趋势来看（图 2.1.6），海湾的盐度较低，尤其是内湾较低，内湾和外湾盐度

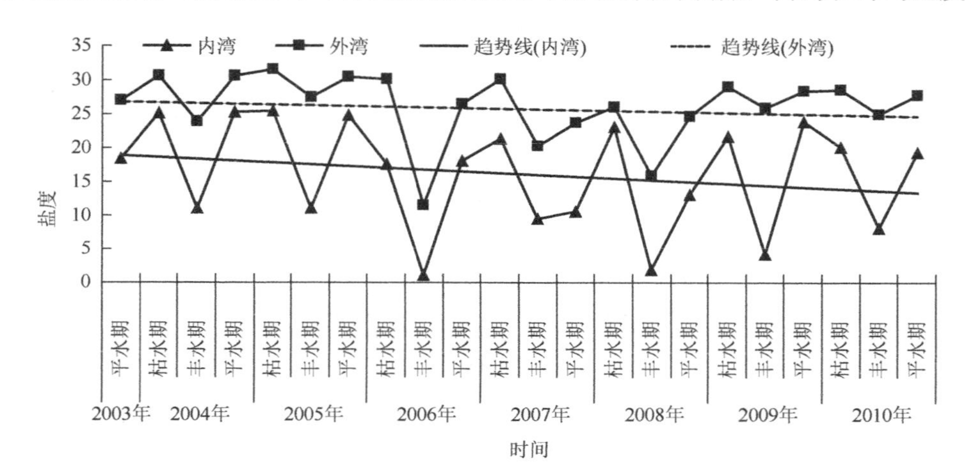

图 2.1.6　2003～2010 年钦州湾海水平均盐度的变化

差异明显。近年来钦州湾的内湾和外湾盐度年际间都略显降低的趋势，内湾相对外湾盐度降低的趋势较明显，2006 年丰水期和 2008 年丰水期盐度较低。

从各水期变化来分析，各水期钦州湾海水盐度变化范围较大，均呈现从内湾到外湾逐渐升高的趋势（图 2.1.7）。丰水期盐度变化为 0.3～32.5，内湾盐度低于 10 而外湾高于 20，在内湾湾口处形成较密的变化梯度。平水期盐度变化为 14.2～31.0，内湾盐度低于 25 而外湾高于 25，在内湾形成较密的变化梯度。枯水期盐度变化范围为 15.0～31.4，盐度变化较大区域主要在内湾，外湾变化小。

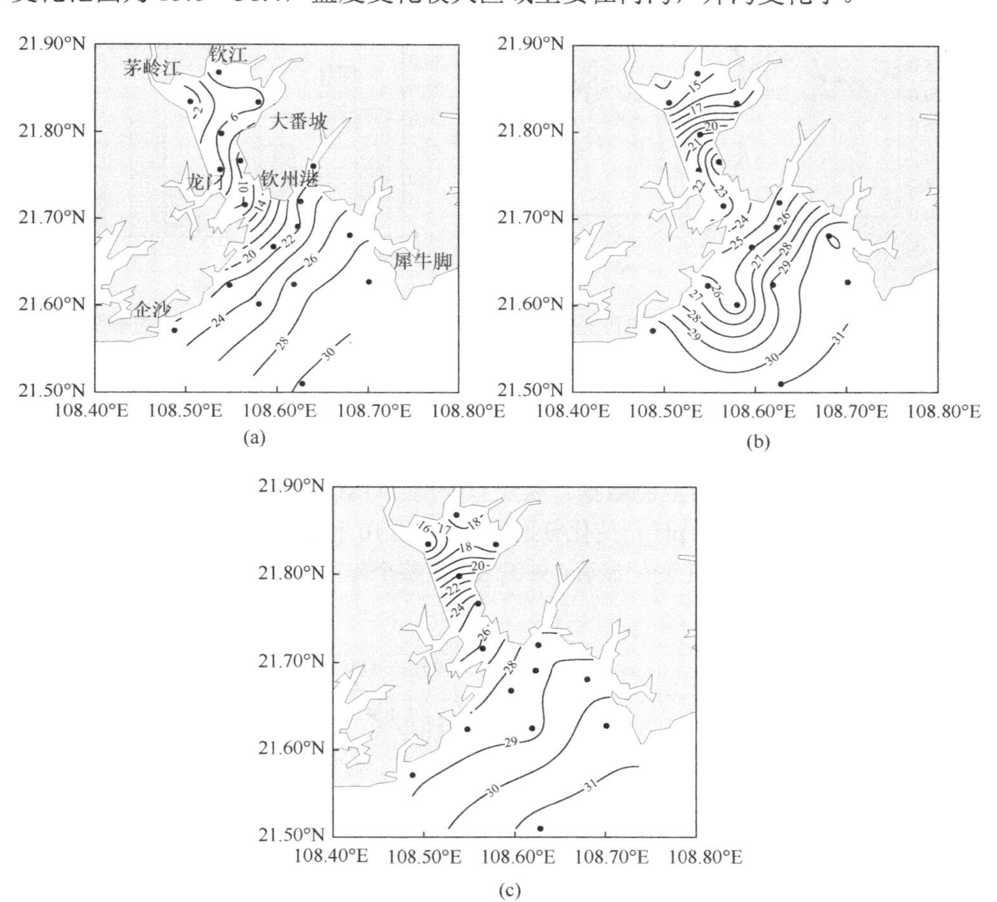

图 2.1.7　钦州湾不同水期盐度的分布

（a）丰水期；（b）平水期；（c）枯水期

利用自动监测站（图 2.1.8）分析钦州湾海水盐度长期实时变化过程，钦州湾外湾和茅尾海海水盐度周年日变化比较显著。处于茅尾海的 GX04 号自动监测站盐度年度日变化范围为 1.45～24.22，位于钦州港湾的 GX06 号自动监测站盐度变化为 7.23～30.88，整个年度钦州港湾的盐度均比茅尾海高，一年中盐度较低的时间出现在 6～8 月。从季节上分析，茅尾海（GX04 号自动监测站）盐度季度变化为 9.55～22.10，外湾（GX06 号自动监测站）盐度变化为 19.56～29.26，两个站点均显示出从第一季度到第三季度盐度逐渐减小后，在第四季度回升的趋势。盐度呈现第一、第四季度高，第二、第三季度低的特征，其中最高值出现在第一季度，最低值出现在第三季度（图 2.1.9）。

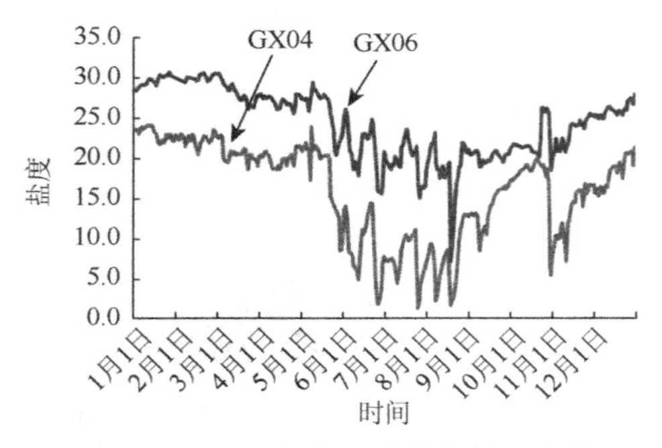

图 2.1.8　2012 年钦州湾盐度的日变化

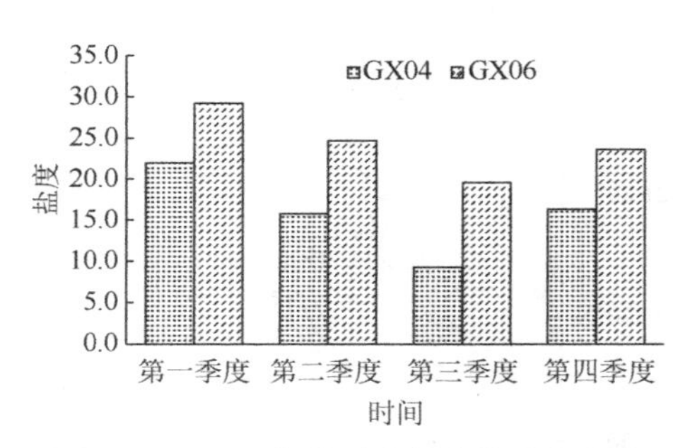

图 2.1.9　2012 年钦州湾盐度的季度变化

2.1.4　海水 pH

根据自动监测站实时监测数据，钦州湾外湾（GX06 号自动监测站）和茅尾海（GX04 号自动监测站）的 pH 日变化分别为 6.96～8.10 和 7.56～8.33，受入海河流淡水输入的影响，钦州湾 pH 变化显著，外湾 pH 在整个年度均比茅尾海高（图 2.1.10）。

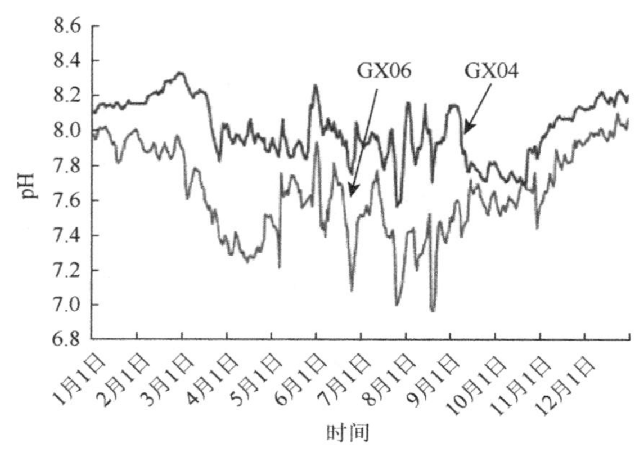

图 2.1.10　2012 年钦州湾 pH 的日变化

钦州湾内湾（GX04 号自动监测站）的 pH 表现为从 1 月开始逐渐降低，到 7 月、8 月达到最低值，之后开始回升，其中 5 月、7 月、8 月、9 月、11 月、12 月海水 pH

低于一类、二类水质标准下限（pH＝7.8）。而外湾（GX06 号自动监测站）海域没有明显的月变化特征，最低值和最高值相差仅为 0.25，最高值出现在 1 月和 4 月，最低值出现在 8 月，月均值均达到一类水质标准（图 2.1.11）。pH 季节变化趋势见图 2.1.12。从图 2.1.12 可以看出，钦州湾海域海水 pH 均表现为春季、冬季大于夏季、秋季，其中内湾（GX04 号自动监测站）站点季节变化比较明显，夏季 pH 最低，春季、冬季 pH 最高，秋季次之。

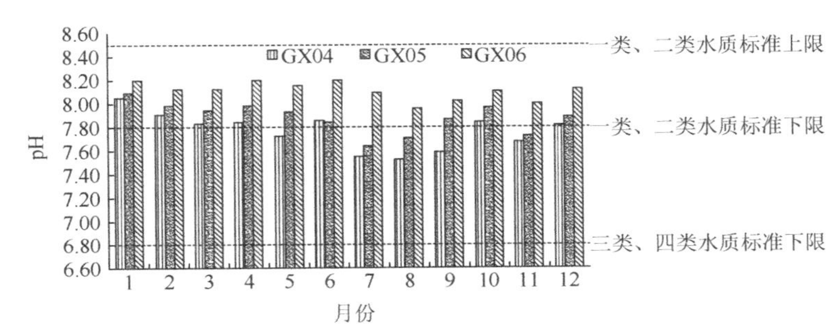

图 2.1.11　2012 年钦州湾海水 pH 的月变化

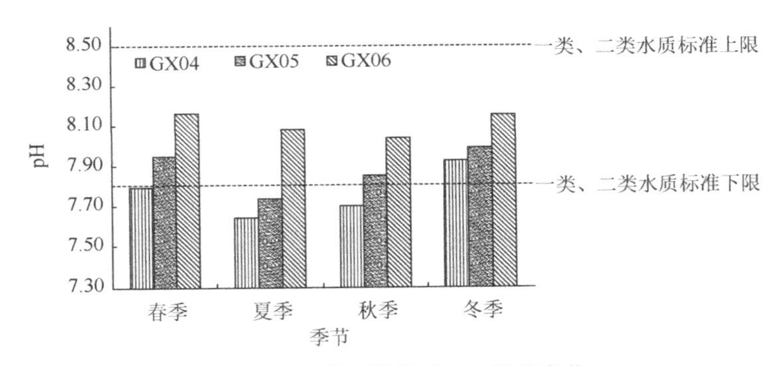

图 2.1.12　钦州湾海水 pH 季节变化

钦州湾表层 pH 月度变化比较显著，1～3 月，表层 pH 维持在较高水平（图 2.1.12），这主要与这一季节水温低，入海河流处于枯水期，入海径流量相对较少有关。4～5 月，钦州湾盐度仍维持在较高水平，但 pH 已开始出现下降的趋势，此时的 pH 主要受水温升高的影响。5～9 月，随着降雨量的增加，入海河流汛期的到来，盐度显著下降，受入海河流低 pH 冲淡水影响，此时 pH 维持在较低水平，但变化相对显著，与浮游植物活动有关。9 月之后，随着水温开始下降，入海河流进入平水期，径流量相对较小，钦州湾盐度、pH 开始回升。

钦州湾表层海水的 pH 空间分布特征与盐度分布特征有所相似，无论是丰水期还是枯水期，内湾 pH 较低，外湾较高，从内湾河口到外湾呈现出明显的升高趋势（图 2.1.13）。

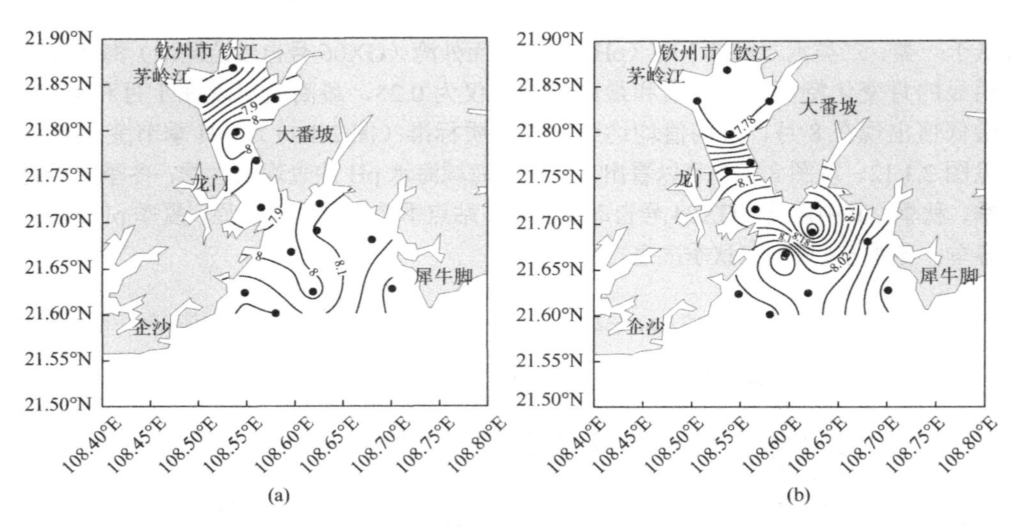

图 2.1.13　钦州湾表层海水 pH 的空间分布特征

（a）丰水期；（b）枯水期

海水 pH 变化主要受控于海水碳酸盐体系的解离平衡，并受海水地球化学和生物过程的影响，它不仅与海水温度、盐度、压力及海-气交换等物理化学过程有关，而且凡是能够改变碳酸盐相对浓度的化学过程都将对海水 pH 产生影响（柯东胜，1990）；但在河口港湾区，水体 pH 的变化除受碳酸盐体系的平衡影响外，还受大陆径流、人类活动、潮汐作用及生物活动的影响（彭云辉等，1991）。从 pH 与其他因子的相关性结果分析，茅尾海 pH 与溶解氧、盐度呈显著的正相关（$p<0.01$），与水温、叶绿素 a 呈显著的负相关（$p<0.01$）。水中叶绿素 a 含量可以表征浮游植物的密度及生物量，浮游植物光合作用可提高水体的 pH，而钦州湾茅尾海 pH 与叶绿素 a 却呈负相关，这种矛盾可能与茅尾海环境特异性有关，浮游生物光合作用对 pH 的影响较小，入海河流径流带来的淡水及耗氧有机物才是控制茅尾海 pH 变化的主要因素。从 2012 年自动监测数据分析，钦州湾内湾茅尾海一年中有将近 6 个月的 pH 月均值是处于超标状态的，茅尾海海域 pH 超标主要出现在 4～9 月，与入海河流钦江、茅岭江的汛期（4～9 月）基本一致。在汛期，入海河流淡水输入量增大，在大潮期的低潮时内湾茅尾海 GX04 号自动监测站海域盐度仅为 0.09，已变成淡水区，因此，入海河流径流是引起的茅尾海 pH 超标的主要因素。

因此在不同年份、不同季节和不同月份中，受茅岭江和钦江淡水输入程度的不同，钦州湾 pH 的数值及分布特征有一定的差异。从 2006～2016 年中抽取 2006 年、2010 年、2013 年和 2016 年 4 个年份的内湾茅尾海年度平均 pH（枯水期、丰水期和平水期的算术平均值）的结果如图 2.1.14 所示，可见 pH 在多数年份在茅岭江口的数值最低，这可能是因为茅岭江的径流量大于钦江，而且钦江在入海前分为钦江东和钦江西两个入海口，这在一定程度上加大了钦江东和钦江西两个河口的流量与茅岭江河口流量的差距，因此在多数情况下高流量的茅岭江口的pH最低，在茅岭江口从西北往东南茅尾海湾口方向递增，与盐度的分布相一致。

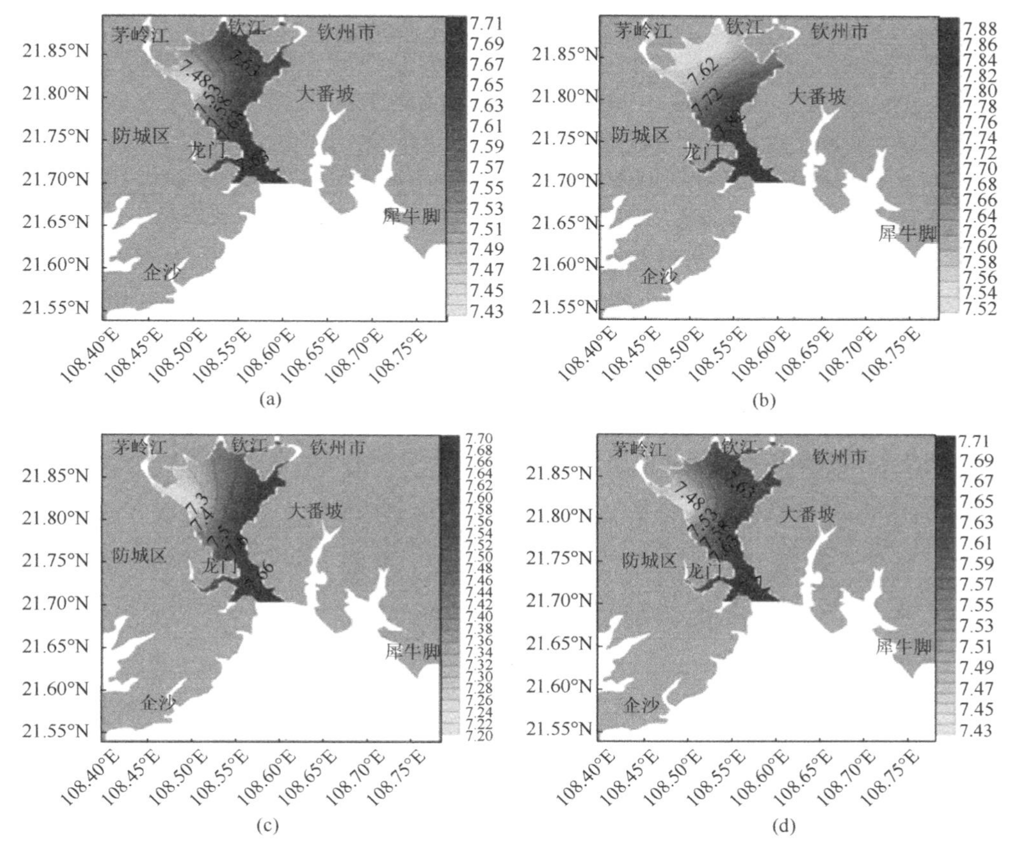

图 2.1.14 钦州湾不同年份的pH分布

（a）2006年；（b）2010年；（c）2013年；（d）2016年

2.1.5 海水溶解氧

根据自动监测站实时监测数据，钦州湾外湾（GX06号自动监测站）和茅尾海（GX04号自动监测站）海水的溶解氧日变化变化范围分别为5.07～9.88 mg/L及4.88～10.13 mg/L，两者没有明显的差异（图2.1.15）。

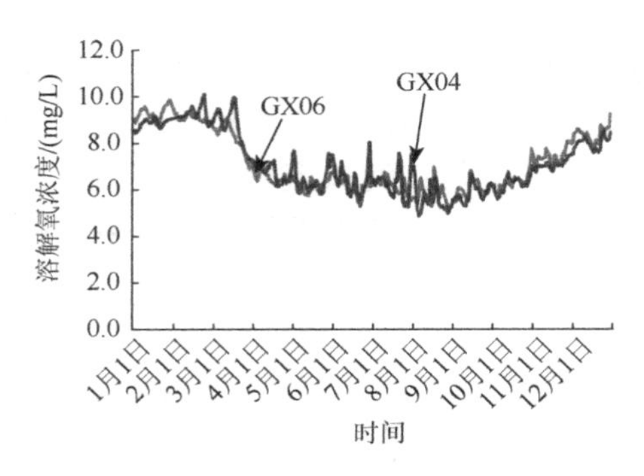

图 2.1.15　钦州湾海水溶解氧日变化

钦州湾溶解氧浓度月均值为 5.72～9.47 mg/L，溶解氧浓度月均值变化趋势见图 2.1.16。钦州湾海域海水溶解氧呈现明显的周年变化特征，表现为从 1 月开始逐渐降低，到 8 月、9 月达到最低值，之后开始回升，其中外湾 GX06（9 月）站点海域海水溶解氧浓度低于一类水质标准下限，其余均达到一类水质标准。溶解氧浓度季节变化趋势见图 2.1.17，其具有明显的季节变化，表现为夏季最低，冬季最高，春季和秋季大致相当。

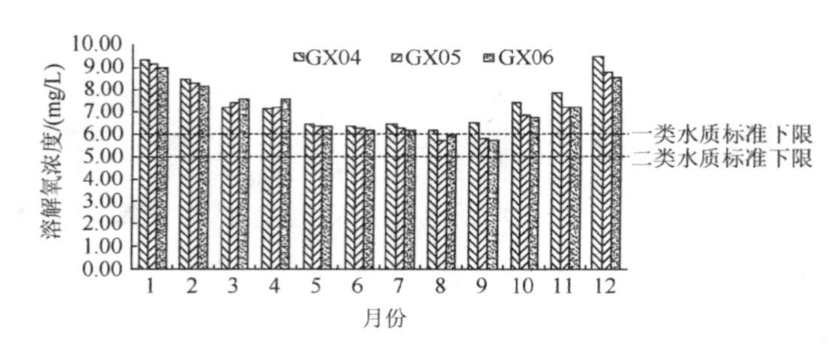

图 2.1.16　钦州湾海水溶解氧浓度月均值变化

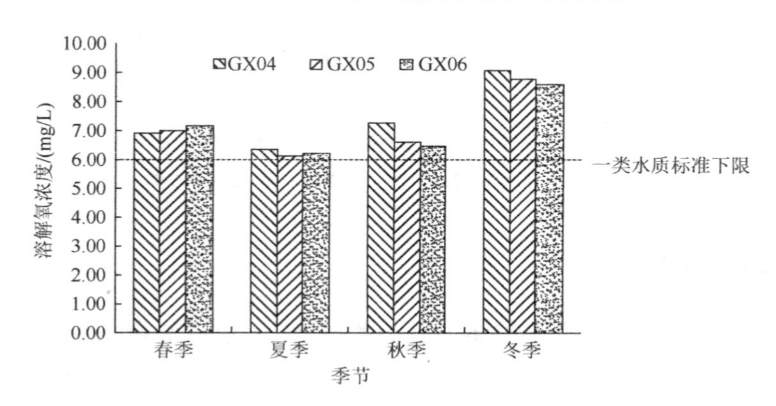

图 2.1.17　钦州湾海水溶解氧浓度季节均值变化

同一时间钦州湾表层海水的溶解氧浓度变化较小，空间上的差异较小。根据 2012 年的监测结果，内湾丰水期的溶解氧浓度略高于外湾，外湾枯水期溶解氧浓度略高于内湾（图 2.1.18）。受温度的影响，丰水期海水溶解氧总体比枯水期要低，一般低 2～3 mg/L。

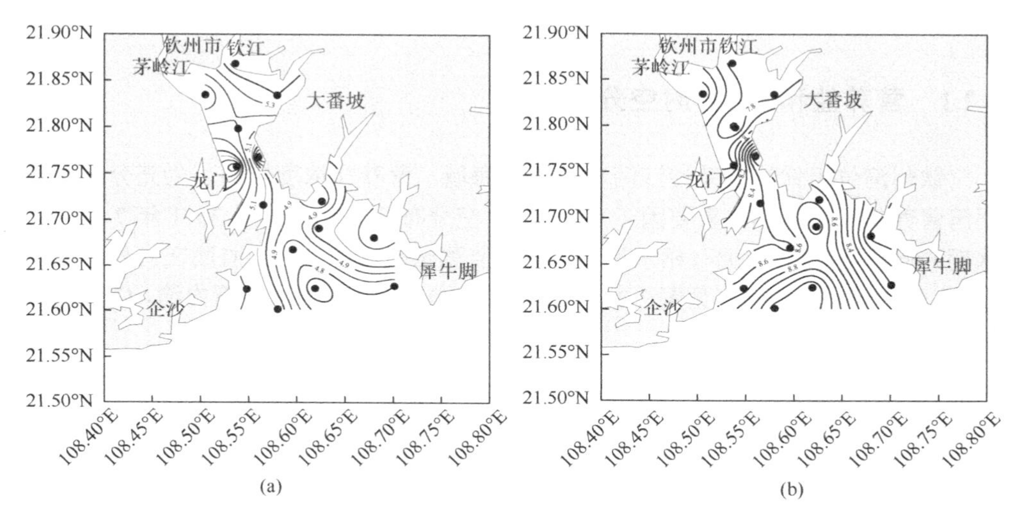

图 2.1.18　钦州湾海水溶解氧空间分布特征（单位：mg/L）

（a）丰水期；（b）枯水期

海水中的溶解氧主要来源于海-气界面氧的溶解及水中浮游植物的光合作用，而耗氧过程则主要通过水生生物的呼吸作用和有机物质的降解过程（杨丽娜等，2011）。溶解氧浓度是衡量水质的重要指标之一，它可以直接反映生物的生长状况和水体的污染程度。将海水水温与溶解氧做相关性分析，发现两者呈极显著负相关（$p<0.01$）。所以钦州湾海水溶解氧浓度主要取决于它在水中的溶解度，钦州湾属于亚热带季风气候，夏季水温较高，有时可达 30℃以上，溶解氧的饱和度降低，造成海水的溶解氧浓度降低。生物活动包括浮游生物的呼吸耗氧和浮游植物的光合作用等，也是影响溶解氧浓度的一个重要因素。将溶解氧与叶绿素 a 做相关性分析，发现两者呈现显著负相关（$p<0.05$）。叶绿素 a 浓度高，表明浮游植物生长旺盛，可以释放出大量氧气，研究发现，赤潮发生时，海水中的溶解氧浓度、pH 和叶绿素 a 浓度存在同步升高的现象（李天深等，2011），然而从溶解氧浓度的年际变化来看，溶解氧和叶绿素 a 呈显著的负相关，这很可能与浮游植物在高温夏季大量生长而在低温冬季生物量低的周年变化特征有关，也可能是浮游植物在生长繁殖过程中降解有机质和消耗氧气量大于释放氧气量的缘故（白洁等，

2003）。另外在河口附近，由径流携带而来的营养物质在促使浮游植物大量繁殖的同时，消亡过程大于生长过程（万修全等，2004）。所以钦州湾海水中的溶解氧浓度主要取决于水温的变化，其次与浮游植物消耗及海水中有机质的分解有关。

2.2　营养盐和富营养化

2.2.1　营养盐和 COD 时空分布

钦州湾位于钦江和茅岭江河口及附近海域，营养盐浓度较高。为充分了解钦州湾营养盐和富营养化重要因子 COD 的时空分布特征，分别用 2011 年 7 月（丰水期）和及 2012 年 3 月（枯水期）两期的监测结果进行分析。监测在内外湾共布设 15 个站点，分布情况见图 2.2.1，其中 Q1～Q7 站点位于钦州湾内湾，Q8～Q15 站点位于钦州湾外湾。

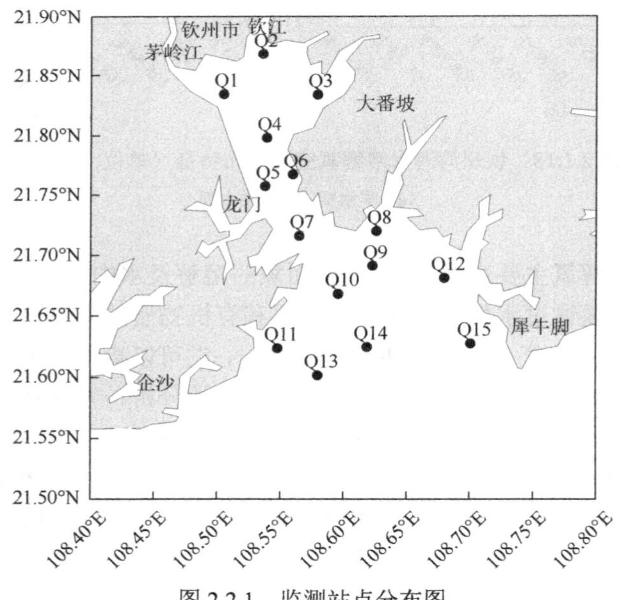

图 2.2.1　监测站点分布图

钦州湾 COD 相对于污染海域浓度不高，而且变化范围不大，内湾 COD 比外湾高。2011 年丰水期内湾 COD 平均值为 1.84 mg/L，外湾 COD 平均值为 1.39 mg/L；2012 年枯水期内湾 COD 平均值为 2.08 mg/L，外湾 COD 平均值为 1.24 mg/L。总体上钦州湾丰水期和枯水期的 COD 浓度差异不显著，在空间上的差异也较小，从内湾的河口到外湾逐渐降低（图 2.2.2）。

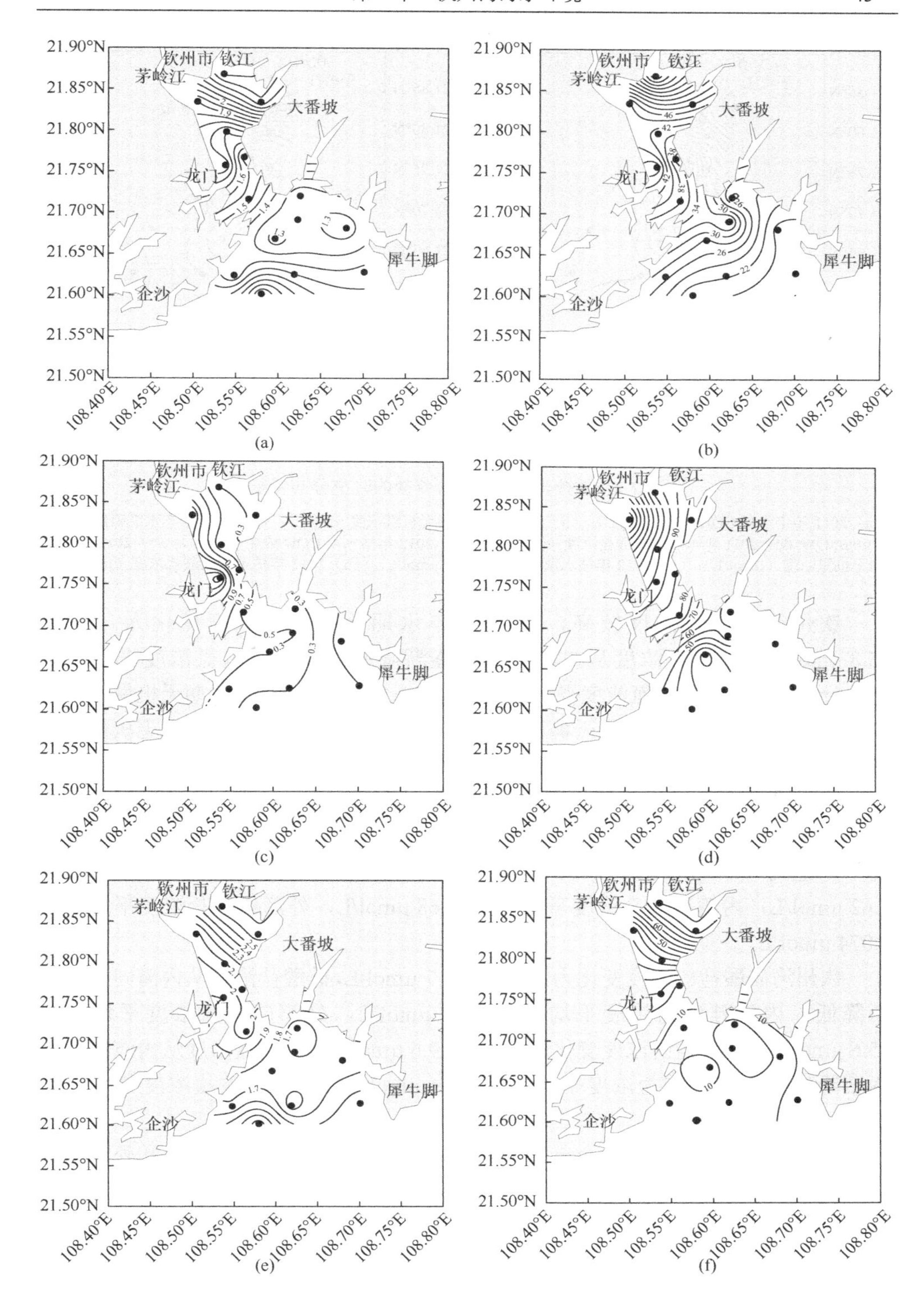
钦州市
钦江
茅岭江
大番坡
龙门
犀牛脚
企沙
(a)
(b)
(c)
(d)
(e)
(f)

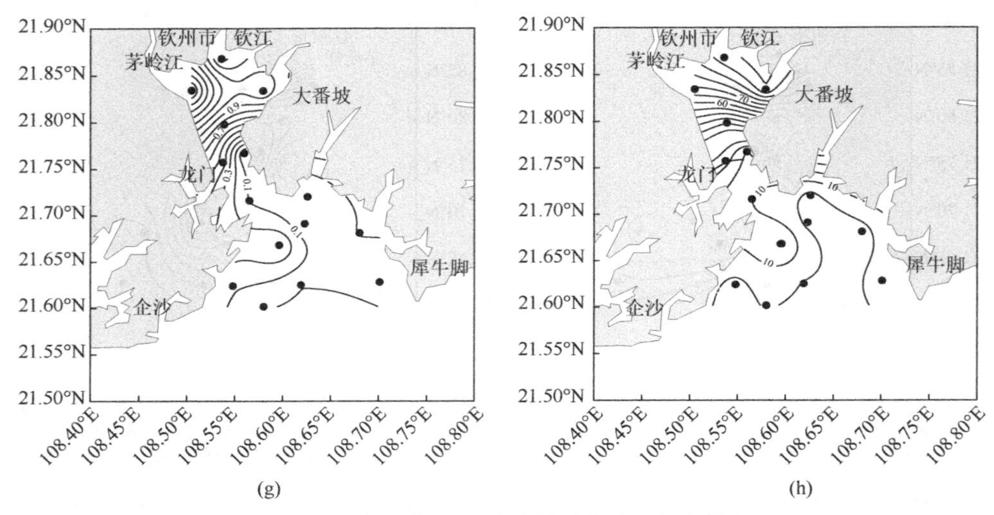

图 2.2.2　钦州湾 COD 和营养盐的时空分布特征

（a）2011 年丰水期 COD 浓度（mg/L）；（b）2011 年丰水期无机氮浓度（mg/L）；（c）2011 年丰水期磷酸盐浓度（μmol/L）；（d）2011 年丰水期硅酸盐浓度（μmol/L）；（e）2012 年枯水期 COD 浓度（mg/L）；（f）2012 年枯水期无机氮浓度（μmol/L）；（g）2012 年枯水期磷酸盐浓度（μmol/L）；（h）2012 年枯水期硅酸盐浓度（μmol/L）

钦州湾无机氮浓度较高，2011 年丰水期无机氮的浓度变化为 18.6～65.8 μmol/L，无机氮浓度从内湾向外湾逐渐降低，内湾无机氮浓度平均值为 45.6 μmol/L，外湾无机氮浓度平均值为 24.1 μmol/L。2012 年枯水期无机氮的浓度变化为 0.56～80.4 μmol/L，无机氮浓度从内湾向外湾逐渐降低，内湾无机氮浓度平均值为 39.2 μmol/L，外湾无机氮浓度平均值为 7.36 μmol/L。

钦州湾磷酸盐在内湾的浓度较高，外湾却很低。2011 年丰水期磷酸盐的浓度变化为 0.02～1.47 μmol/L，内湾磷酸盐浓度平均值为 0.64 μmol/L，外湾磷酸盐浓度平均值为 0.31 μmol/L。2012 年枯水期钦州湾磷酸盐的浓度变化为 0.006～1.62 μmol/L，内湾磷酸盐浓度平均值为 0.68 μmol/L，外湾磷酸盐浓度平均值为 0.074 μmol/L。

钦州湾硅酸盐的浓度变化为 31.8～140.7 μmol/L，硅酸盐浓度从内湾向外湾逐渐降低，内湾硅酸盐浓度平均值为 99.7 μmol/L，外湾硅酸盐浓度平均值为 45.6 μmol/L。硅酸盐的浓度变化为 3.21～89.6 μmol/L，硅酸盐浓度从内湾向外湾逐渐降低，内湾硅酸盐浓度平均值为 47.6 μmol/L，外湾硅酸盐浓度平均值为 5.85 μmol/L。

钦州湾的环境显示出一个典型的河口海湾特征：受河流淡水输入和外湾海水的共同影响，内湾温度和盐度均值低于外湾；内湾 pH 低于外湾；DO 浓度变化特征不明显；COD、无机氮、磷酸盐及硅酸盐则展示了从河口—内湾—外湾明显减少的空间分布特征。同时由图 2.2.2 中还可以看出，无论是丰水期还是枯水期，受钦江和茅岭江淡水输入影响，其携带的大量营养盐及有机物导致内湾环境变化剧烈，外湾环境相对稳定。

钦州湾水温和盐度受潮汐变化影响明显，小潮期水温大于大潮期，小潮期盐度小于大潮期。pH和DO浓度在丰水期随潮汐变化的趋势与枯水期变化趋势相反。COD、无机氮、硅酸盐及活性磷酸盐随潮汐变化不大，且大小潮期间其变化趋势类似。

钦州湾主要环境参数在丰水期和枯水期两个水期所处的季节差异显著，分别在春季及夏季，故温度从丰水期到枯水期明显降低。盐度则与温度显示出相反的季节变化特征。受钦江和茅岭江淡水输入变化的影响，丰水期内湾盐度基本上小于10。相对而言，淡水输入的影响主要局限于内湾及外湾的北部、外湾的东侧和南侧，以及外湾在两个水期中盐度的变化较小。丰水期无机氮、磷酸盐及硅酸盐浓度较枯水期高，COD浓度较枯水期低。

2.2.2　钦州港疏浚工程对营养盐分布的影响

在经济全球化的今天，海上交通对经济发展和国内外贸易至关重要，港池和航道疏浚是当今重要的大型海洋工程，这些海洋疏浚工程在极大促进经济社会大力发展的同时，它们对海底沉积物的剧烈搅动也带来了不可忽视的海洋生态系统影响（Hill et al.，1999；Newell et al.，2004）。剧烈搅动使大量底泥悬浮，导致内源磷释放，引起水体磷浓度的大幅增加，这将影响到海水中营养盐状态和浮游植物的磷限制/胁迫水平，进而影响着海区浮游植物的生长及初级生产力。根据《广西北部湾经济区发展规划》和《广西北部湾港总体规划》，广西沿海防城港、钦州港和铁山港为三大临海工业区及港口物流区，其港口建设无论在目前和未来数年都是持增长态势，即广西近海仍有许多的港池疏浚、航道疏浚等大型海洋工程。北部湾临海工业的填海项目建设多数通过吹沙填海方式进行，港池和航道疏浚是其最主要的填料来源之一，钦州港是北部湾经济开发中的一个重要港口，具有典型工程代表意义，通过对疏浚工程施工前后的水体及沉积物磷含量现场测定，分析其浓度及变化特征，以及对浮游植物的生长影响情况。

钦州湾的围填海工程及航道疏浚工程的主要实施时间为2006～2013年，随着钦州港码头建设的逐步完备，该海湾在近年的疏浚填海工程较少，主要是三墩码头的吹沙填海工程。广西海洋环境监测中心站选取2015年7月9日和13日开展钦州港湾近岸海域水质现状监测（图2.2.3），从内湾至湾口共布设10个水质监测站点，而7月9～13日三墩码头正好处于从施工到暂停状态。为了研究分析钦州港疏浚工程对水体磷浓度的影响效应，对这两次的监测结果作为三墩码头疏浚填海工程施工期间和非施工期间进行对比研究分析。

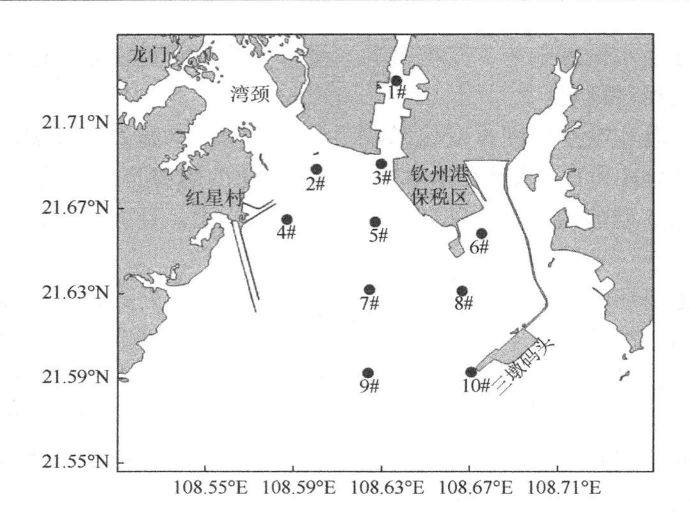

图 2.2.3 钦州港近岸海域水质监测点位分布图

三墩岛位于钦州湾的湾口附近，与北部湾相通，离河口距离较远，因此三墩附近的氮磷浓度较低，远远低于铁山港及防城港工程附近海域的监测结果。三墩附近海域水体活性磷酸盐浓度很低，10#水体活性磷酸盐甚至处于未检出的状态，主要是钦江、茅岭江，以及沿岸等外源输入的磷酸盐受到低浓度外海水的稀释及浮游植物的吸收，到三墩附近等靠外海域基本处于消耗殆尽的状态。而且三墩附近站点的活性磷酸盐浓度与其西面 9#站点的活性磷酸盐浓度相近，且明显低于相对靠近钦州港的 7#站点和 8#站点（表 2.2.1 和表 2.2.2），这也符合营养盐浓度从河口海湾往外海逐渐降低的特征。但在疏浚填海期间，从表 2.2.1 可以明显看到三墩附近海域的磷酸盐与非施工期间有着不同的特征，水体中活性磷酸盐浓度明显高于非施工期间的监测结果，不仅能检测出，而且其浓度达到了 0.0026 mg/L。水体中活性磷酸盐这样的浓度处于比较低的水平，但通过比较 10#站点与其周边附近站点可以看出，其浓度明显高于处在相近靠外海域的 9#站点，甚至高出了更靠近河口的 7#站点的浓度，表明了工程期间工程附近海域的水体磷酸盐浓度已显著增加。浓度数值较低主要是因为本次监测并不专门针对三墩码头建设开展，一方面站点离工程施工点有一段距离，另一方面工程施工点位于靠近外海的开阔海域很容易被大量的海水稀释。但从施工期和非施工期监测结果的比较结果看（表 2.2.1 和表 2.2.2），其相对增幅仍较大，水体活性磷酸盐从未检出提高到了检出限的 6 倍，施工疏浚导致沉积物中磷酸盐释放效果也较为明显。

三墩码头的工程建设已有较长的时间，2015 年 7 月的监测结果与 2011 年在该海域发生赤潮期间的监测结果相似（庄军莲等，2011），在钦州湾远离河口及排污口的三墩附近海域，水体中的活性磷酸盐浓度明显比周边海域高。2011 年该海域较高的磷酸盐浓度导致了一次萎软几内亚藻和夜光藻赤潮（庄军莲等，2011），该次赤潮出现海域与三墩吹沙填海和航道开挖区较近，在外源性磷得到有效控制前提下，港湾大型工程剧烈搅动提高水体中磷酸盐浓度很可能是诱发该次赤潮的主要原因之一。已有的北部湾近海典型海域钦州湾营养盐与浮游植物群落结构的研究结果显示钦州港湾外海域磷酸盐浓度较低，N/P 也较高，很可能处在磷胁迫或磷限制状态，导致在适宜的温度、盐度、无机氮等条件下浮游植物不能快速大量增长而暴发赤潮。近 10 年来外源性磷输入海湾的变化不大，但钦州湾赤潮或接近赤潮的水华现象却在钦州港建设开发期间明显增加。因此这些疏浚等近海工程剧烈搅动使内源性磷爆发性释放有可能引起水体生物可利用磷的明显增加，进而引起磷胁迫/限制的解除、富营养化甚至引发赤潮现象，也有可能通过多个近海工程沉积物内源磷不断释放的累积作用，引起海湾水体活性磷酸盐浓度的增加，改变了原来的海湾营养盐结构、浮游植物磷胁迫/限制的状态，进而对浮游植物起到了促进甚至发生赤潮等现象，需要加大这方面的关注。

表 2.2.1　2015 年 7 月 9 日钦州港附近海域水质要素调查结果

站点	时段	悬浮物浓度/(mg/L)	无机氮浓度/(mg/L)	活性磷酸盐浓度/(mg/L)
1#	低潮	9	0.114	0.0056
	高潮	10	0.124	0.0116
2#	低潮	16	0.155	0.0038
	高潮	10	0.155	0.0134
3#	低潮	9	0.188	0.0149
	高潮	9	0.161	0.0045
4#	低潮	11	0.140	0.0040
	高潮	9	0.176	0.0040
5#	低潮	8	0.081	0.0042
	高潮	8	0.068	0.0056
6#	低潮	17	0.035	0.0021
	高潮	20	0.095	0.0029
7#	低潮	11	0.051	0.0024
	高潮	11	0.033	0.0005
8#	低潮	6	0.079	0.0107
	高潮	9	0.057	0.0046

续表

站点	时段	悬浮物浓度/(mg/L)	无机氮浓度/(mg/L)	活性磷酸盐浓度/(mg/L)
9#	低潮	7	0.019	＜0.0004
	高潮	12	0.029	＜0.0004
10#	低潮	11	0.066	0.0026
	高潮	21	0.061	0.0025

注：“＜”表示未检出，其后数据为检出限

表 2.2.2　2015 年 7 月 13 日钦州港附近海域水质要素调查结果

站点	时段	悬浮物浓度/(mg/L)	无机氮浓度/(mg/L)	活性磷酸盐浓度/(mg/L)
1#	低潮	2	0.133	0.0127
	高潮	3	0.130	0.0121
2#	低潮	＜2	0.220	0.0238
	高潮	2	0.216	0.0218
3#	低潮	＜2	0.203	0.0236
	高潮	8	0.220	0.0240
4#	低潮	3	0.156	0.0176
	高潮	5	0.170	0.0172
5#	低潮	＜2	0.161	0.0181
	高潮	＜2	0.159	0.0172
6#	低潮	3	0.142	0.0154
	高潮	4	0.135	0.0130
7#	低潮	7	0.133	0.0109
	高潮	8	0.130	0.0101
8#	低潮	3	0.124	0.0100
	高潮	9	0.167	0.0119
9#	低潮	4	0.060	0.0005
	高潮	5	0.060	0.0008
10#	低潮	2	0.047	＜0.0004
	高潮	6	0.079	＜0.0004

注：“＜”表示未检出，其后数据为检出限

北部湾近岸海域不同港口码头工程的施工期与非施工期的比较分析显示，港口码头的疏浚填海工程对水体中活性磷酸盐浓度有着较大的影响，疏浚填海工程高强度扰动引起沉积物中磷酸盐的急剧释放，导致水体中活性磷酸盐浓度及无机氮浓度的大幅增加。

疏浚工程虽然提高了水体中溶解态营养盐的浓度，但并没有促进浮游植物生物量的显著提高，反而引起了浮游植物生物量的明显降低，表明了短期内疏浚悬浮泥沙的不利影响显著高于氮磷营养盐增加对浮游植物的促进影响。

但在三墩这样的靠外海域，在低溶解态活性磷酸盐浓度很低的海区，近海工程导致内源磷酸盐释放的累积效应可能长期改变海湾营养盐结构及浮游植物磷胁迫/限制状态，甚至引发赤潮等现象，需要加以关注。

2.2.3　钦州湾营养盐长期变化

受钦江和茅岭江两大河流的影响，钦州湾内湾茅尾海的营养盐浓度较高，显著高于外湾。随着北部湾的开发，虽然钦州湾重点开发港口码头建设主要位于外湾，但北部湾经济区钦州市也迅速发展，流域带来的影响也在显著变化。

针对 2006 年北部湾经济区建立并开始大开发后的 10 年引起钦州湾营养盐及富营养化的变化，我们对 2006～2016 年的营养盐内湾 5 个站点的平均值进行了分析。

（1）无机氮浓度变化

2006～2016 年茅尾海无机氮浓度年均值为 0.383（2015 年）～0.614 mg/L（2006 年），枯水期浓度为 0.222（2014 年）～0.804 mg/L（2006 年），丰水期浓度为 0.318（2015 年）～0.755 mg/L（2006 年），平水期浓度为 0.226（2010 年）～0.574 mg/L（2016 年）。总的来看，茅尾海无机氮浓度常年劣于二类水质标准限值，丰水期无机氮浓度高于枯水期和平水期， 2006～2016 年各水期及年度平均值的变化趋势均不显著，总体处于相对平稳的波动状态（图 2.2.4）。

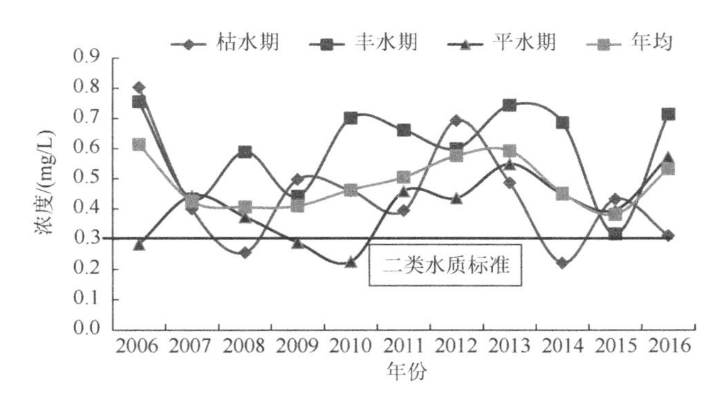

图 2.2.4　2006～2016 年茅尾海无机氮浓度变化情况

（2）活性磷酸盐浓度变化

2006～2016 年茅尾海活性磷酸盐浓度年均值为 0.0106（2008 年）～0.0352 mg/L

（2016 年），呈显著上升趋势。各水期中，丰水期活性磷酸盐浓度为 0.0055（2008 年）～0.0506 mg/L（2016 年），呈显著上升趋势；平水期活性磷酸盐浓度在 2009 年之后呈上升趋势；2006～2016 年枯水期变化趋势不显著。在 2006～2016 年，各个水期活性磷酸盐浓度的高低结构也发生了一定的变化。在 2006～2012 年丰水期活性磷酸盐浓度基本上都是 3 个水期中最低，2008～2011 年枯水期浓度最高，到 2012～2016 年，丰水期活性磷酸盐浓度已经基本上与平水期接近，并明显高于枯水期，枯水期的活性磷酸盐浓度在这期间已经是 3 个水期中最低的时段（图 2.2.5）。

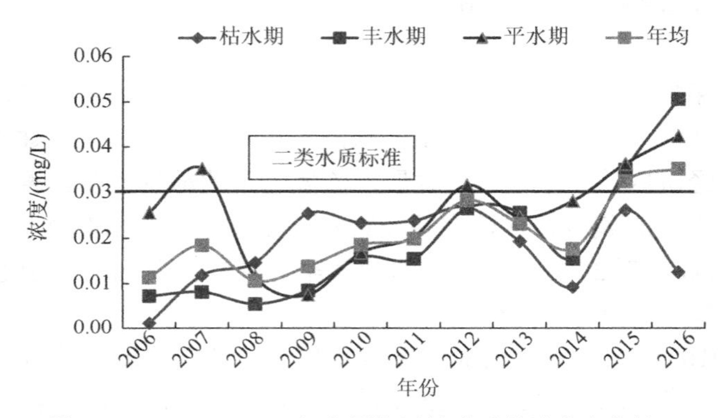

图 2.2.5　2006～2016 年茅尾海活性磷酸盐浓度变化情况

（3）化学需氧量浓度变化

2006～2016 年茅尾海化学需氧量年均值在 1.37（2015 年）～1.74 mg/L（2011 年），变化趋势不显著。枯水期、丰水期、平水期均变化趋势不显著。茅尾海化学需氧量低于二类水质标准限值，大部分丰水期浓度高于枯水期和平水期（图 2.2.6）。

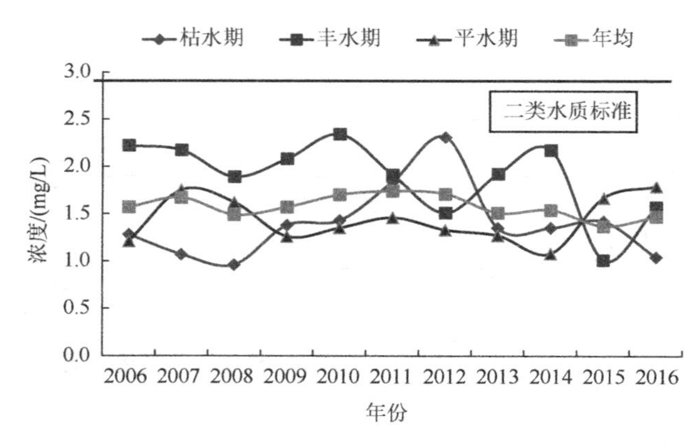

图 2.2.6　2006～2016 年茅尾海化学需氧量浓度变化情况

从上述无机氮、活性磷酸盐和化学需氧量 2006～2016 年的变化趋势可以看出，除了活性磷酸盐浓度在这期间有较为明显的升高趋势之外，无机氮浓度和化学需氧量浓度基本上没有明显的上升或下降的趋势，总体上较为平稳。如果将这期间的时间段细分，则可以看到在 2007～2012 年，无机氮也有较为明显的上升。如果将时间再往前延伸，则可以发现钦州湾营养盐在最近 30 年间发生了多次较大的变动。1990～2010 年的连续观测显示，近 20 年中钦州湾化学需氧量浓度、无机氮浓度和活性磷酸盐浓度的变动很大。在 1990～2010 年化学需氧量浓度和无机氮浓度变化特征相似，在不同时期的变化趋势较大。1990～1998 年，内弯和外湾化学需氧量浓度均显现出明显的下降趋势，而且下降幅度较大。无机氮浓度同样也表现出了一致的变化特征。1998～2001 年，内湾和外湾化学需氧量浓度、无机氮浓度均明显增加， 2001～2005 年浓度下降，而从 2006 年开始，化学需氧量浓度和无机氮浓度又开始增加（蓝文陆，2011）。在这段时间，外湾磷酸盐浓度变化较小，受 20 世纪八九十年代广西环境监测能力的限制，在当时情况下活性磷酸盐浓度检测所用的方法具有局限性，1990～2002 年钦州湾内湾和外湾监测站点的浓度基本上在检出限附近，无法很好显示出这段时间活性磷酸盐浓度的详细波动变化特征。除了 2002 年之外，2001～2010 年外湾活性磷酸盐浓度也主要在检出限附近波动，浓度均＜0.10 mg/L（蓝文陆，2011）。2002 年以前，内湾活性磷酸盐浓度也较低，均在检出限附近，和外湾几乎没有差别。但从 2006 年开始，内湾活性磷酸盐浓度显示出逐渐增加的趋势，在 2006 年之后浓度急剧增加而明显高于外湾。因此内湾茅尾海活性磷酸盐浓度在 2006～2016 年的显著增加现象在 21 世纪初就初现端倪（蓝文陆和彭小燕，2011），尤以 2006～2012 年增加最快。

在 2006～2016 年，钦江和茅岭江流域的发展开始呈现差异化，钦江由于其沿岸分布着钦州市和灵山县的城区，以及流域的数个工业区，尤其是钦州市的市区离入海口很近，只有十几千米，因此对于茅尾海氮磷输入的直接压力较大。相较而言，茅岭江上没有城市和县城的城区，也没有较大的城镇建成区，与钦江有较大的差别。因此在这期间，两条河流对茅尾海的氮磷分布变化可能存在着较大的影响。对 2006 年、2010 年、2013 年、2016 年茅尾海氮磷分布情况进行分析，发现茅尾海的活性磷酸盐高值区主要分布在茅岭江及钦江入海河口，特别是在茅岭江口的浓度最高（图 2.2.7）。无机氮高值区也主要分布在两个河口海域，但钦江口无机氮浓度相对最高（图 2.2.8）。

这几个代表年份氮磷的分布一方面说明了钦州湾尤其是茅尾海的氮磷主要是受河流的影响，另一方面则表明了氮磷来源有着较大的差异。茅岭江对磷酸盐的贡献较大，尤其是对茅尾海磷酸盐的空间分布有着重要的影响。无机氮则受钦江的贡献明显高于茅岭江。

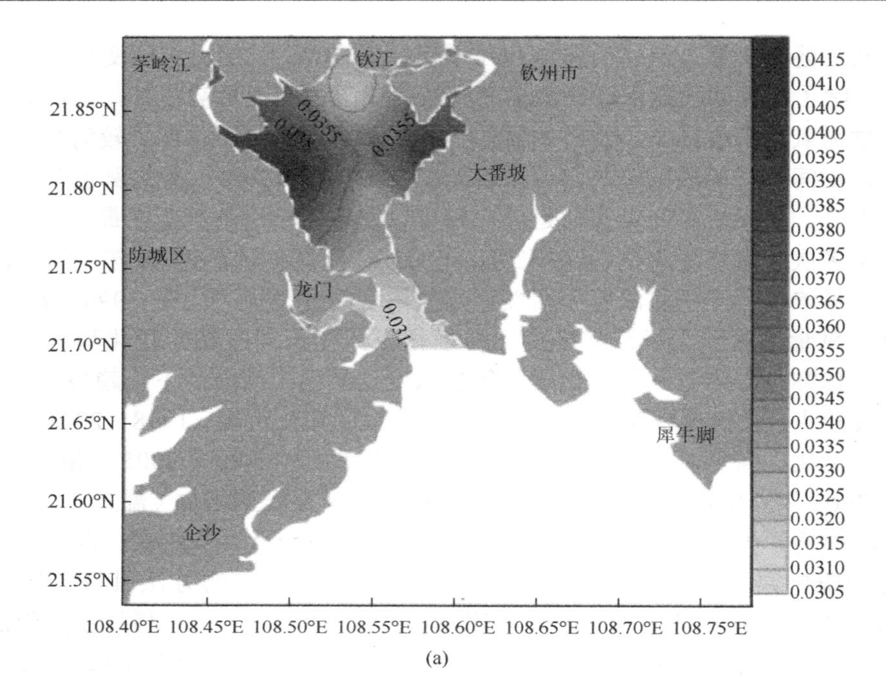
茅岭江
钦江
钦州市
大番坡
防城区
龙门
犀牛脚
企沙
0.0355
0.0355
0.031
21.85°N
21.80°N
21.75°N
21.70°N
21.65°N
21.60°N
21.55°N
108.40°E 108.45°E 108.50°E 108.55°E 108.60°E 108.65°E 108.70°E 108.75°E
0.0415
0.0410
0.0405
0.0400
0.0395
0.0390
0.0385
0.0380
0.0375
0.0370
0.0365
0.0360
0.0355
0.0350
0.0345
0.0340
0.0335
0.0330
0.0325
0.0320
0.0315
0.0310
0.0305

(a)

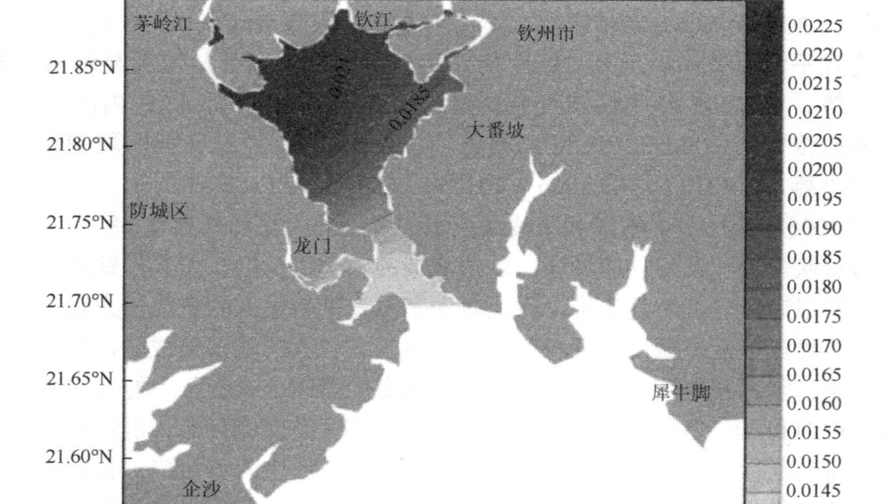
茅岭江
钦江
钦州市
大番坡
防城区
龙门
犀牛脚
企沙
0.0185
21.85°N
21.80°N
21.75°N
21.70°N
21.65°N
21.60°N
21.55°N
108.40°E 108.45°E 108.50°E 108.55°E 108.60°E 108.65°E 108.70°E 108.75°E
0.0225
0.0220
0.0215
0.0210
0.0205
0.0200
0.0195
0.0190
0.0185
0.0180
0.0175
0.0170
0.0165
0.0160
0.0155
0.0150
0.0145
0.0140
0.0135

(b)

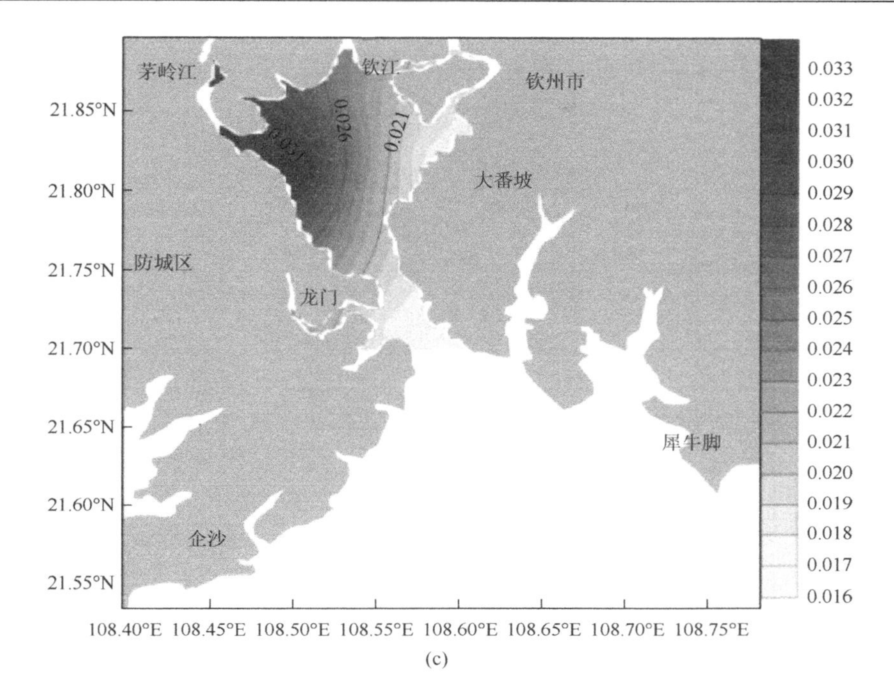

(c)

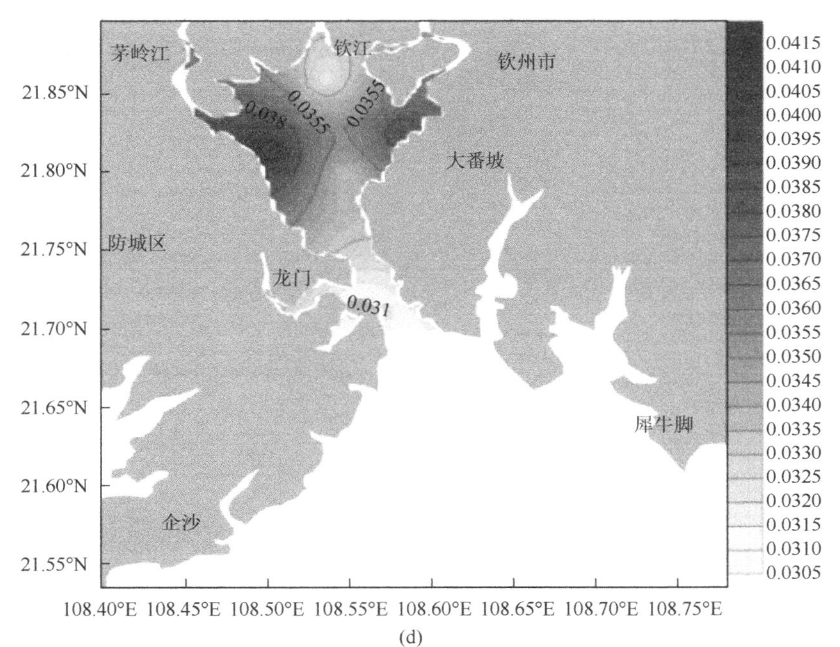

(d)

图 2.2.7 茅尾海代表年份活性磷酸盐浓度分布（单位：mg/L）

（a）2006 年；（b）2010 年；（c）2013 年；（d）2016 年

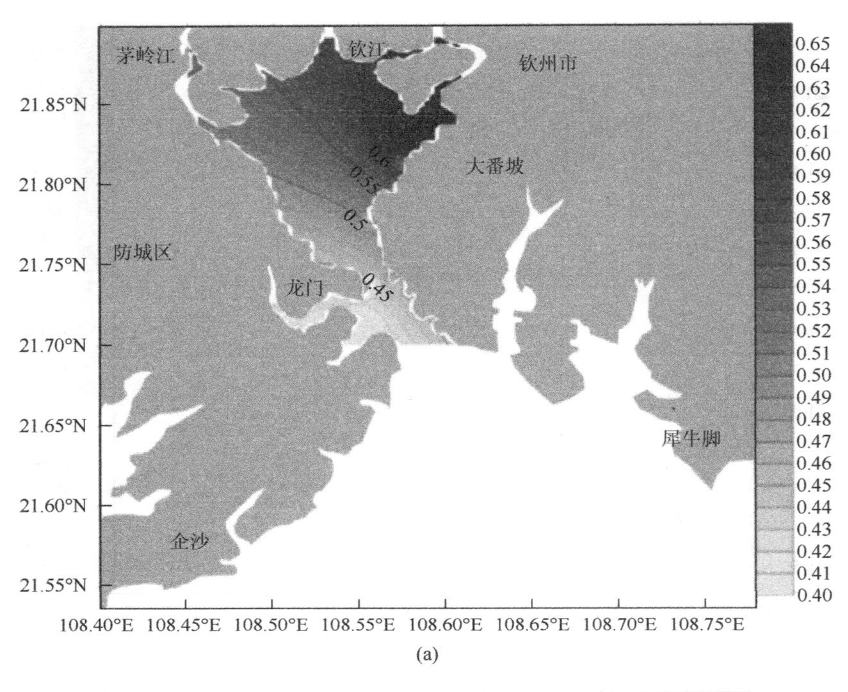
茅岭江
钦江
钦州市
大番坡
防城区
龙门
犀牛脚
企沙
0.6
0.55
0.5
0.45
21.85°N
21.80°N
21.75°N
21.70°N
21.65°N
21.60°N
21.55°N
108.40°E
108.45°E
108.50°E
108.55°E
108.60°E
108.65°E
108.70°E
108.75°E
0.65
0.64
0.63
0.62
0.61
0.60
0.59
0.58
0.57
0.56
0.55
0.54
0.53
0.52
0.51
0.50
0.49
0.48
0.47
0.46
0.45
0.44
0.43
0.42
0.41
0.40

(a)

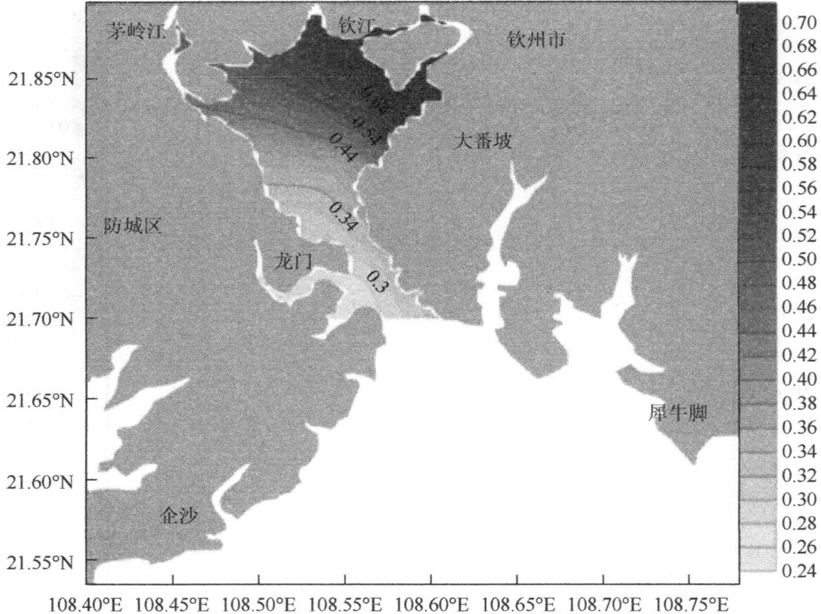
茅岭江
钦江
钦州市
大番坡
防城区
龙门
犀牛脚
企沙
0.64
0.54
0.44
0.34
0.3
21.85°N
21.80°N
21.75°N
21.70°N
21.65°N
21.60°N
21.55°N
108.40°E
108.45°E
108.50°E
108.55°E
108.60°E
108.65°E
108.70°E
108.75°E
0.70
0.68
0.66
0.64
0.62
0.60
0.58
0.56
0.54
0.52
0.50
0.48
0.46
0.44
0.42
0.40
0.38
0.36
0.34
0.32
0.30
0.28
0.26
0.24

(b)

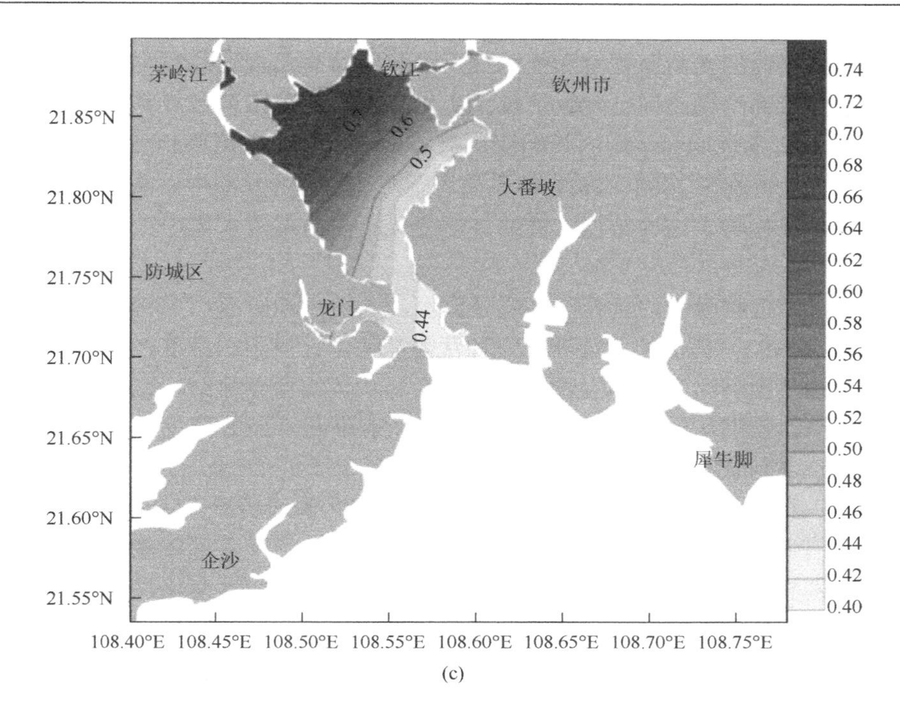

(c)

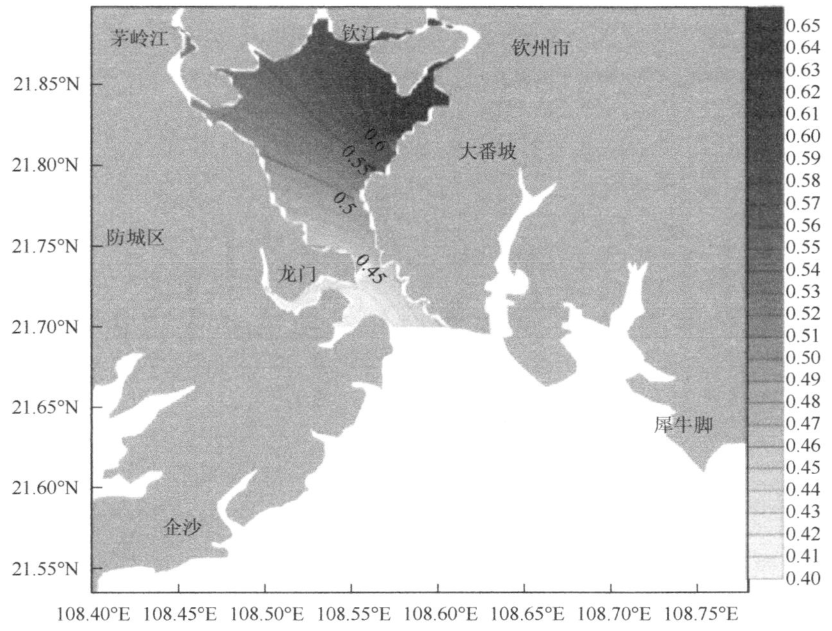

(d)

图 2.2.8　茅尾海代表年份无机氮浓度分布（单位：mg/L）

（a）2006 年；（b）2010 年；（c）2013 年；（d）2016 年

随着钦州湾的内湾茅尾海和外湾钦州港各营养盐元素在水体中浓度的变化，各营养盐元素的结构比例也发生了较大变化。2007～2016 年钦州湾各营养盐 N/P 和 Si/P 结构在各水期和年均的长期变化趋势见图 2.2.9。采用秩相关系数分析，年均 N/P 值、Si/P 值在 2008～2016 年呈显著下降趋势。各水期中，丰水期及平水期也呈显著下降趋势。这种结构比例的显著变化主要由海湾水体中不断增加的磷酸盐引起。

根据浮游植物吸收的营养盐各成分比例，选用 Justić 等（1995）、Dortch 和 Whitledge（1992）提出的系统评估每种营养盐化学计量限制标准，评估茅尾海的营养盐结构及影响浮游植物生长的限制因素。从年均营养盐结构比值看，内湾茅尾海和外湾钦州港均属于磷限制状态，但随着 N/P 值、Si/P 值的逐渐下降，茅尾海海域的磷限制状态出现缓解趋势。

2008～2016 年，与茅尾海海域的 N/P 值和 Si/P 值均明显下降相比，外湾钦州港 N/P 值有所升高，Si/P 值变化不明显。由此也表明了随着近年来茅尾海和钦州港环境的剧烈变化，两个海区的营养盐结构比例发生了较大变化，而且两者之间的差异也开始分化，这可能与内湾茅尾海活性磷酸盐浓度不断增加和累积效应，以及外湾钦州港营养盐浓度适度增加、牡蛎养殖等刺激了浮游植物大量增长进而消耗活性磷酸盐有着重要关系。

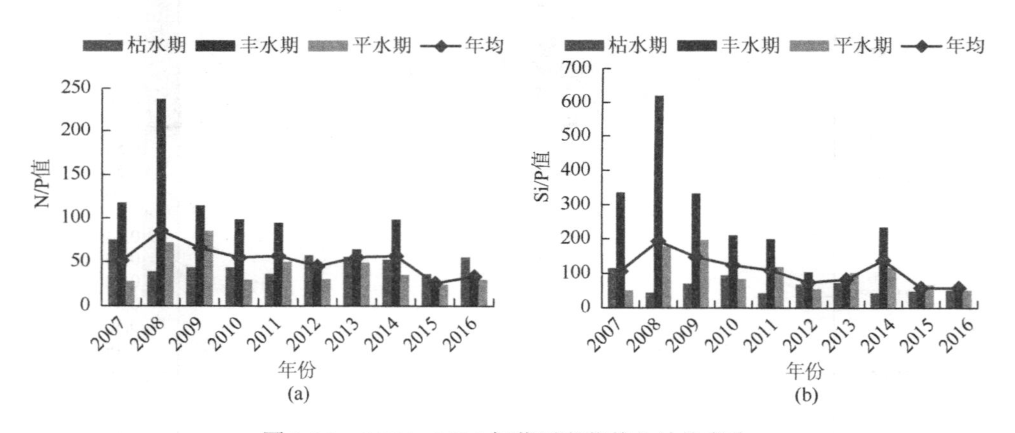

图 2.2.9　2007～2016 年茅尾海营养盐结构变化

2.2.4　富营养化指数长期变化

富营养化常用富营养化指数评价，其公示富营养化指数（eutrophication index，EI）：

$$EI = [COD(mg/L) \times 无机氮(mg/L) \times 活性磷酸盐(mg/L)] \times 10^6/4500$$

当 EI<1 为贫营养；当 EI>1 为富营养；值越大，表明富营养化程度越严重。

从营养盐和 COD 等富营养化指数的空间分布特征可以看出，内湾茅尾海的无机氮、活性磷酸盐及 COD 浓度都是最高，从内湾的钦江及茅岭江口往外明显降低，这也展示了富营养化指数具有同样的分布特征，内湾的富营养化显著高于外湾。2006～2016 年茅尾海海水处于轻度富营养至重富营养化水平，年均富营养化指数为 1.4（2008 年）～6.5（2012 年），呈显著上升趋势，尤其是枯水期在 2012 年达到最高。各水期的 2006～2016 年的变化趋势中，丰水期和平水期富营养化指数呈显著上升趋势，枯水期变化趋势不显著，且丰水期大部分年份的富营养化指数均相对较高（图 2.2.10）。分阶段来看，2006～2008 年茅尾海的富营养化指数基本处于平稳状态，在 2008～2012 年显著升高，2012～2014 年明显回落，但在 2014～2016 年除了枯水期之外平水期和丰水期富营养化指数又明显回升，丰水期和全年平均的富营养化指数达到这 11 年期间的最高值（图 2.2.10）。

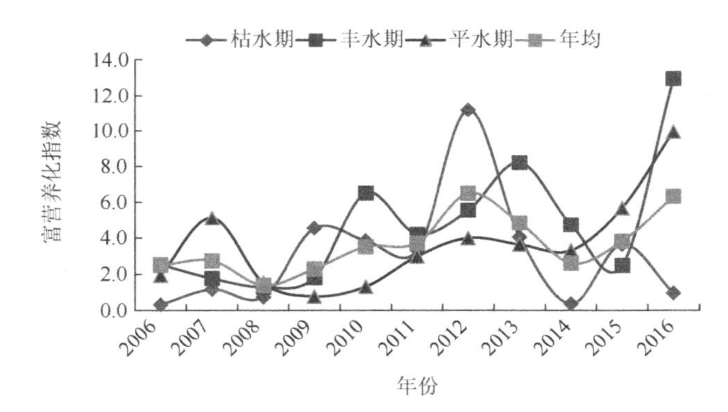

图 2.2.10　2006～2016 年茅尾海富营养化指数变化情况

对茅尾海富营养化指数与 COD 浓度、无机氮浓度、活性磷酸盐浓度进行相关性分析，结果表明，富营养化指数与 COD 浓度、无机氮浓度无显著相关性，与活性磷酸盐浓度具有极显著的正相关（$p<0.01$），相关系数达到 0.847（表 2.2.3、图 2.2.11），表明在无机氮浓度、COD 浓度变化不显著的情况下，活性磷酸盐浓度的升高是 2006～2016 年茅尾海富营养化显著升高的主要原因。

表 2.2.3　2006～2016 年茅尾海富营养化指数与其他因子的相关性

	富营养化指数	无机氮	活性磷酸盐	COD
富营养化指数	1	0.542	0.847**	0.72
无机氮		1	0.125	0.246
活性磷酸盐			1	−0.277
COD				1

**表示在 0.01 水平上显著相关，$n=11$

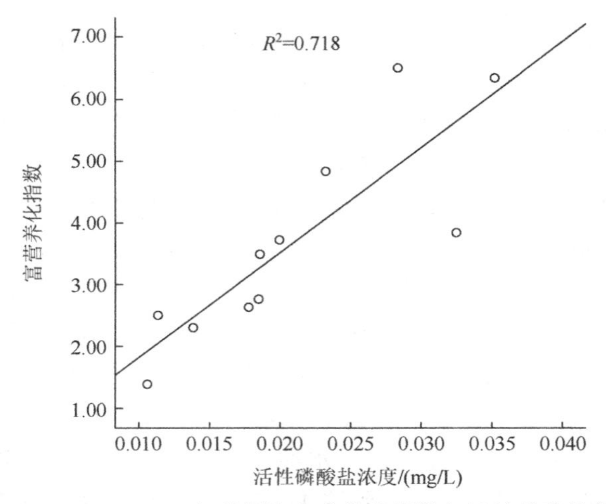

图 2.2.11　2006～2016 年茅尾海富营养化指数与活性磷酸盐的关系

有机污染评价指数（assessment index，AI）也是一个重要的综合评价指标，其与富营养化指数也很相近，一般采用以下公式计算：

$$AI = [COD/COD_0 + DIN/DIN_0 + DIP/DIP_0 - DO/DO_0]$$

其中，COD、DIN、DIP 和 DO 分别为水体中化学需氧量、溶解性无机氮、溶解态无机磷和溶解氧浓度；COD_0、DIN_0、DIP_0 和 DO_0 分别为各项指标的评价标准，分别采用 3.0、0.10、0.15 和 5.0；单位均为 mg/L。

当 AI＜0 为良好水质；0＜AI＜1 为较好水质；1＜AI＜2 为开始受到污染；2＜AI＜3 为轻度污染；3＜AI＜4 为中度污染；4＜AI 为严重污染。

2006～2016 年茅尾海有机污染指数处于较好水质至轻度污染水平，年均有机污染评价指数为 0.96（2009 年）～2.14（2016 年），变化趋势不显著。各水期有机污染评价指数变化趋势均不显著，丰水期有机污染评价指数高于枯水期和平水期（图 2.2.12）。

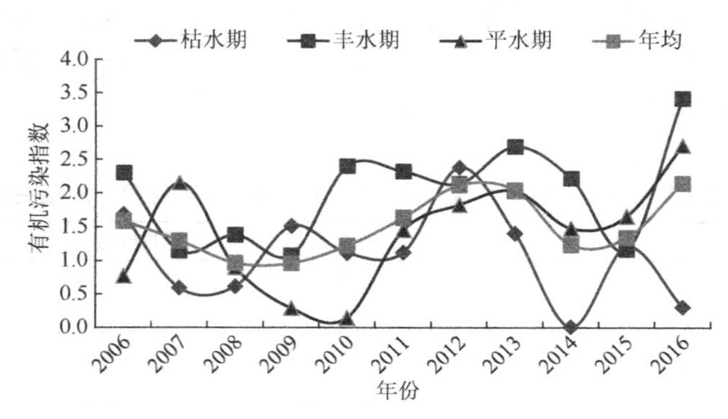

图 2.2.12　2006～2016 年茅尾海有机污染指数变化情况

2.2.5 富营养化演变的主要影响因素

2003～2016年钦州湾营养盐浓度的连续变化过程结果表明，内湾无机氮和磷酸盐浓度在2003～2010年逐渐增加，外湾相对平稳。韦蔓新等（2002）通过比较分析1983年、1990年和1999年平水期的营养盐，得出了钦州湾20世纪最后20年间无机氮浓度明显递增；而磷酸盐浓度正好相反，明显递减。与20世纪最后20年相比，内湾无机氮浓度仍在增加；而磷酸盐浓度则在21世纪初继续下降，至2005年浓度开始回升，到2010年其浓度接近于20世纪80年代的水平，表明了该海湾营养盐变化趋势发生了变化。

营养盐的浓度变化受海区生物活动和水文条件的综合影响（阚文静等，2010），输入与消耗被普遍认为是营养盐分布和变化的主要因素（张哲等，2009；刘慧等，2002）。河口和近岸受多方面因素影响，一般来说，河口和近岸的营养盐主要受浮游植物的活动和陆源径流及经济生物新陈代谢等共同影响，其中河流输入和浮游植物消耗一直是研究人员关注的焦点。从无机氮浓度的变化与盐度的变化可以看出，高浓度的无机氮与低盐度有较好的吻合关系，统计分析结果也显示了无机氮浓度与盐度之间具有显著的负相关性（$p<0.01$），表明径流输入对海湾营养盐变化起着主导作用。COD浓度也显示出了丰水期最高而枯水期最低的规律，且其变化趋势与盐度变化趋势相反，表明了陆源输入是海区COD浓度变化的最主要影响因素。陆源输送只对无机氮具有重大影响作用，而对钦州湾的磷酸盐的影响不大。磷酸盐浓度在各水期的变化多倾向于丰水期低而枯水期高，且其与温度和叶绿素a浓度具有显著负相关性，表明了浮游植物的消耗是磷酸盐变化的主要因素。夏季和秋季浮游植物生长盛期消耗了磷酸盐而冬季浮游植物减少导致对磷酸盐的消耗也少，而丰水期径流输入的补充不足以抵消浮游植物的消耗，从而造成了磷酸盐浓度在各水期的变化与无机氮浓度和硅酸盐浓度的不同。与此同时，钦州湾外湾除了丰水期之外营养盐浓度较低，丰水期径流带到外湾的营养盐可能在短期内被浮游植物所消耗，营养盐输入被浮游植物抵消，导致近些年来外湾营养盐浓度基本上持平。但在2008年以后，内湾茅尾海活性磷酸盐浓度显著增加，外湾钦州港的活性磷酸盐浓度也有明显的增加趋势，表明了河流输入的磷酸盐可能在这期间对海区磷酸盐浓度也起着重要的贡献，随着海区磷酸盐浓度的积累及近年来茅尾海浮游植物生长受限，海区活性磷酸盐浓度明显增加，进一步加重了海区富营养化程度。

从盐度和硅酸盐浓度变化趋势来看，2003～2015年径流输入的变化不大。然而在相对稳定的径流输入的环境条件下，无机氮浓度与COD浓度的变化却显现出逐渐增加的趋势。钦江和茅岭江沿岸流域在化肥使用方面是以氮肥为主，过量的氮肥随着农田排灌或雨水冲刷而大量流失，最后汇入海湾，这是20世纪80年代以来无机氮浓度增加的主要原因（韦蔓新等，2001，2002）。最近 10 年，沿岸流域化肥使用状况没有发生根本变化，因而径流输入的不断增加导致无机氮浓度逐渐增加的趋势没有改变。同时，随着近年来流域经济的不断发展，COD 排放量逐年增加，导致输入钦州湾的 COD 浓度显现出明显增加的趋势。此外，生活污水等有机物的分解再生也是无机氮和磷酸盐的补充之一（张哲等，2009；张继民等，2008）。研究中，同期的 COD 浓度逐年增加的趋势从一定程度上也促进了无机氮和磷酸盐的补充。陆源供应、营养盐的再生途径及生物消耗在各水期及年份之间的变化是研究海湾营养盐变化的主要因素。

海湾营养盐浓度及 COD 浓度的变化，引起了内湾近年来富营养化指数的明显增加。比较 2001～2016 年内湾富营养化指数与钦州市人口及地区生产总值之间的变化特征不难看出，海湾富营养化指数与钦州市人口数量、钦州市地区生产总值均有着显著的正相关性。人口及经济发展与富营养化各参数变化的这种较好吻合表明了地区人口和经济的增长对内湾的营养盐和富营养化有着较大的影响。尤其是近几年，随着北部湾经济开发热潮的兴起，经济快速发展也伴随着海湾营养盐浓度的增加和富营养化的加重。

由此可见，径流及周边地区输入营养盐、COD 等物质浓度的增加或内湾的累积效应，导致了内湾营养盐浓度及富营养化在近年来显现出逐渐增加的趋势；而由于内湾与外湾水体交换的局限性，以及营养盐输入过程中浮游植物的消耗作用，外湾营养盐浓度近年来一直保持在相对稳定的水平。2006 年后，在北部湾经济大开发的背景下，钦州湾沿岸工业企业数量急速增加，两条河流携带污染物数量增加，使得钦州湾海水环境变化加剧，内湾受到较大影响，而外湾由于海水交换较强，无论是从单因子、富营养化指数和有机污染指数看，影响都较小。这种状况也导致了内湾富营养化程度逐渐加大，外湾富营养化程度相对稳定，最终必将会影响到内湾和外湾浮游植物群落结构，以及整个海洋生态系统。

2.3 海水环境质量

2.3.1 监测调查与评价方法

钦州湾位于钦江和茅岭江河口及附近海域，而且内湾茅尾海是一个半封闭海湾，外湾钦州港自 2006 年以来持续进行港口建设与开发，钦州湾在北部湾中属于水质相对最差的海湾。为充分了解钦州湾水质状况，利用广西海洋环境监测中心站自 2010～2012 年在钦州湾开展的海洋环境常规监测调查的数据，分析钦州湾水质总体情况，并同样利用常规监测数据分析自 2006 年以来重点区域茅尾海的水质演变特征。

经过 20 多年的发展，广西近岸海域监测在内外湾共布设 18 个站点，分布情况见图2.2.1（位于钦州港西南部及南部的3个站点未在图中），其中Q1～Q7站点位于钦州湾内湾，Q8～Q18站点位于钦州湾外湾。钦州湾整体的水质情况采用所有的站点进行分析，茅尾海水质演变采用内湾7个站点中2006～2016年持续监测的5个定点观测站结果进行分析，即Q1～Q4站点和Q7站点（图2.2.1）。

（1）监测时间与频次

2010～2012年，监测时间为2010年6月～2012年10月，主要在6～8月的丰水期、10～11月的平水期和2～3月的枯水期进行监测，每期监测2次，分别在大潮期和小潮期开展监测。

（2）监测项目

气温、水温、水深、透明度、色度、pH、盐度、悬浮物、溶解氧、化学需氧量、生化需氧量、硝酸盐氮、亚硝酸盐氮、氨氮、无机氮、非离子氨、活性磷酸盐、挥发酚、铜、铅、锌、镉、汞、砷、总铬、硒、镍、石油类、硫化物共29项。

（3）采样方法

所用观测船只进入预定站点，使用GPS进行定位，测量水深。水温、溶解氧、pH等现场测定，其余项目采集水样。根据《海洋监测规范 第1部分：总则》（GB 17378.3—2007），水深10 m以内只采表层（海面以下0.1～1 m）；水深为10～25 m，采表层和底层（离海底1～2 m）；样品进行分装、预处理、编号记录、保存。

为开展钦州湾横向比较和空间分布分析，本研究主要选取表层海水样品的监测结果进行分析。

（4）分析方法

样品的分析按照《近岸海域环境监测规范》（HJ 442—2008）和《海洋监测规范 第4部分：海水分析》（GB 17378.4—2007）的相关要求进行。

各监测项目的监测仪器、分析方法和检出限详见表2.3.1。

表2.3.1 各监测项目的监测仪器、分析方法和检出限

监测项目	监测仪器	分析方法	检出限
pH	Multi350i便携式多参数监测仪	GB 17378.4—2007 pH计法	0.01pH
盐度	Multi350i便携式多参数监测仪	GB 17378.4—2007 盐度计法	0.1‰
色度	50 ml比色管	GB/T 11903—1989 稀释倍数法	2倍
悬浮物	XP205电子天平	GB 17378.4—2007 重量法	2 mg/L
溶解氧	Multi350i便携式多参数监测仪	HJ 506—2009 电化学探头法	0.20 mg/L
化学需氧量	25.00 ml滴定管	GB 17378.4—2007 碱性高锰酸钾法	0.15 mg/L
生化需氧量	SPX-270培养箱、25.00 ml滴定管	GB 17378.4—2007 五日培养法	1 mg/L
硝酸盐氮	UV-759紫外可见光分光光度计	GB17378.4—2007 镉柱还原法	0.01 mg/L

续表

监测项目	监测仪器	分析方法	检出限
亚硝酸盐氮	UV-759 紫外可见光分光光度计	GB 17378.4—2007 萘乙二胺分光光度法	0.000 6 mg/L
氨氮	UV-759 紫外可见光分光光度计	GB 17378.4—2007 次溴酸盐氧化法	0.003 mg/L
活性磷酸盐	UV-2102C 紫外可见光分光光度计	GB 17378.4—2007 磷钼蓝萃取分光光度法	0.000 4 mg/L
挥发酚	FS-IV 全自动水质分析仪	在线蒸馏-流动注射分析法（赵萍等，2007）	0.002 mg/L
石油类	RF-5301PC 荧光分光光度计	GB 17378.4—2007 荧光分光光度法	0.006 5 mg/L
硫化物	UV-2102C 紫外可见光分光光度计	GB 17378.4—2007 亚甲基蓝分光光度法	0.002 mg/L
铜	ContrAA700 原子吸收分光光度计	GB 17378.4—2007 无火焰原子吸收分光光度法	0.000 2 mg/L
铅	ContrAA700 原子吸收分光光度计	GB 17378.4—2007 无火焰原子吸收分光光度法	0.000 03 mg/L
锌	ZEEnit700 原子吸收分光光度计	GB 17378.4—2007 火焰原子吸收分光光度法	0.003 1 mg/L
镉	ContrAA700 原子吸收分光光度计	GB 17378.4—2007 无火焰原子吸收分光光度法	0.000 01 mg/L
汞	AFS-9700 原子荧光光度计	GB 17378.4—2007 原子荧光法	0.000 03 mg/L
砷	AFS-9700 原子荧光光度计	GB 17378.4—2007 原子荧光法	0.000 5 mg/L
硒	AFS-9700 原子荧光光度计	HJ 442—2008 原子荧光法	0.000 5 mg/L
六价铬	ContrAA700 原子吸收分光光度计	GB 17378.4—2007 无火焰原子吸收分光光度法	0.000 4 mg/L
总铬	ContrAA700 原子吸收分光光度计	GB 17378.4—2007 无火焰原子吸收分光光度法	0.000 4 mg/L
镍	ContrAA700 原子吸收分光光度计	GB 17378.4—2007 无火焰原子吸收分光光度法	0.000 5 mg/L

海水水质评价标准采用国家的《海水水质标准》（GB 3097—1997），综合污染指数（pollution index，PI）计算采用《海水水质标准》（GB 3097—1997）二类标准。

（5）评价项目

根据《海水水质标准》（GB 3097—1997），选择 pH、悬浮物、溶解氧、化学需氧量、生化需氧量、无机氮、非离子氨、活性磷酸盐、挥发酚、石油类、汞、铜、铅、砷、锌、镉、六价铬、总铬、硒、镍、硫化物共 21 项作为评价项目。各评价项目标准限值详见表 2.3.2。

表 2.3.2　海水水质标准限值

项目	海水水质标准			
	一类	二类	三类	四类
pH	7.8～8.5，同时不超出该海域正常变动范围的 0.2pH 单位		6.8～8.8，同时不超出该海域正常变动范围的 0.5pH 单位	
悬浮物/(mg/L)	人为增加的量≤10		人为增加的量≤100	人为增加的量≤150

续表

项目	海水水质标准			
	一类	二类	三类	四类
溶解氧＞/(mg/L)	6	5	4	3
化学需氧量≤/(mg/L)	2	3	4	5
生化需氧量≤/(mg/L)	1	3	4	5
无机氮（以 N 计）≤/(mg/L)	0.20	0.30	0.40	0.50
非离子氨（以 N 计）≤/(mg/L)	0.020			
活性磷酸盐（以 P 计）≤/(mg/L)	0.015	0.030		0.045
挥发酚≤/(mg/L)	0.005		0.010	0.050
石油类≤/(mg/L)	0.050		0.30	0.50
汞≤/(mg/L)	0.000 05	0.000 2		0.000 5
铜≤/(mg/L)	0.005	0.010	0.050	
铅≤/(mg/L)	0.001	0.005	0.010	0.050
砷≤/(mg/L)	0.020	0.030	0.050	
锌≤/(mg/L)	0.020	0.050	0.10	0.50
镉≤/(mg/L)	0.001	0.005	0.010	
六价铬≤/(mg/L)	0.005	0.010	0.020	0.050
总铬≤/(mg/L)	0.05	0.10	0.20	0.50
硒≤/(mg/L)	0.010	0.020		0.050
镍≤/(mg/L)	0.005	0.010	0.020	0.050
硫化物≤/(mg/L)	0.02	0.05	0.10	0.25

（6）评价方法

1）水质变化趋势分析

采用平均综合污染指数 PI 分析调查海区的水质变化趋势，平均综合污染指数计算如下：

$$\mathrm{PI}=\left(\sum_{i=1}^{n}\mathrm{PI}_i\right)/m$$

式中，PI 为综合污染指数；PI_i 为某监测站点污染物 i 的污染指数，即单因子污染指数；n 为评价项目项数；m 为评价选用的监测站点数。

单因子污染指数是将某种污染物实测浓度与该种污染物的评价标准进行比较

以确定该种污染物是否超标的方法。其计算公式为

$$\mathrm{PI}_i = \frac{C_i}{S_{\mathrm{o}i}}$$

式中，PI_i为某监测站点污染物 i 的污染指数；C_i为某监测站点污染物 i 的实测浓度；$S_{\mathrm{o}i}$为污染物 i 的评价标准。

pH 污染指数的计算公式：

$$\mathrm{PI}_{\mathrm{pH}} = \left|\mathrm{pH} - \mathrm{pH}_{\mathrm{SM}}\right| / D_{\mathrm{s}}$$

其中，$\mathrm{pH}_{\mathrm{SM}} = \frac{1}{2}(\mathrm{pH}_{\mathrm{su}} + \mathrm{pH}_{\mathrm{sd}})$；$D_{\mathrm{s}} = \frac{1}{2}(\mathrm{pH}_{\mathrm{su}} - \mathrm{pH}_{\mathrm{sd}})$。

式中，$\mathrm{PI}_{\mathrm{pH}}$为 pH 的污染指数；pH 为 pH 的实测浓度；$\mathrm{pH}_{\mathrm{su}}$为海水 pH 标准的上限值；$\mathrm{pH}_{\mathrm{sd}}$为海水 pH 标准的下限值。

溶解氧污染指数的计算公式：

$$\mathrm{PI}_{\mathrm{DO}} = \left|\mathrm{DO}_{\mathrm{f}} - \mathrm{DO}\right| / (\mathrm{DO}_{\mathrm{f}} - \mathrm{DO}_{\mathrm{s}}), \mathrm{DO} \geqslant \mathrm{DO}_{\mathrm{s}}$$

$$\mathrm{PI}_{\mathrm{DO}} = 10 - 9\mathrm{DO} / \mathrm{DO}_{\mathrm{s}}, \mathrm{DO} < \mathrm{DO}_{\mathrm{s}}$$

式中，$\mathrm{PI}_{\mathrm{DO}}$为溶解氧的污染指数；DO 为溶解氧的实测浓度；$\mathrm{DO}_{\mathrm{s}}$为溶解氧的评价标准；$\mathrm{DO}_{\mathrm{f}}$为饱和溶解氧。

单因子污染指数＞1，表明该因子结果超过相应的标准限值，指数值越大，说明该因子超标越严重。

2）水质类别的确定

根据《近岸海域环境监测规范》（HJ 442—2008），在近岸海域环境质量评价中，某一监测站点的海水中任一评价项目超过相应的国家评价标准中一类标准的，即为二类质量，超过二类标准的，即为三类质量……以此类推。

3）海水水质状况分级评价

根据《近岸海域环境监测规范》（HJ 442—2008），描述区域整体水质状况时，采用 5 种方法表征：水质优、水质良好、水质一般、水质差、水质极差，具体分级详见表 2.3.3。

4）海水环境功能区达标评价

采用站点评价法评价环境功能区达标情况，即先评价功能区内每个监测站点是否达标，评价时以该监测站点的水质类别是否达到功能区类别所规定的相应标准为判断依据，如有一个要素不符合规定标准则为不达标，水质类别全部符合规定标准的为达标。计算公式为

$$\text{环境功能区达标率} = \frac{\text{所有达标监测站点数之和}}{\text{功能区监测站点总数}} \times 100\%$$

表 2.3.3　海水水质状况分级

分级确定依据	水质状况级别
一类≥60%且一类、二类≥90%	优
一类、二类≥80%	良好
一类、二类≥60%且劣四类≤30%；或一类、二类<60%且一至三类≥90%	一般
一类、二类<60%且劣四类≤30%；或 30%<劣四类≤40%；或一类、二类<60%且一至四类≥90%	差
劣四类>60%	极差

2.3.2　钦州湾海水环境质量

从 2010～2012 年整个钦州湾的监测结果来看，钦州湾各监测期水质波动较大。钦州湾自 2010 年 6 月丰水期到 2012 年 10 月平水期的 8 期调查中，以 2010 年平水期大潮期水质最好，2012 年丰水期水质最差（图 2.3.1 和图 2.3.2）。从 8 期调查 18 个监测站点的综合水质结果来看，除了 2010 年平水期大潮期一类、二类水质比例达到 80%以上之外，其他水期的监测结果一类、二类水质比例均小于 80%，钦州湾的水质总体上都在一般至差的级别。近 20 年来，根据广西海洋环境监测中心站在广西近岸海域的水质常规监测结果，钦州湾一直都是整个广西近岸海域中水质较差的水域之一，在多数年份或水期都是广西近岸海域中水质最差的海区。2010～2012 年是钦州港大开发时期，也是北部湾经济区大开发的高峰期，自入海河流的

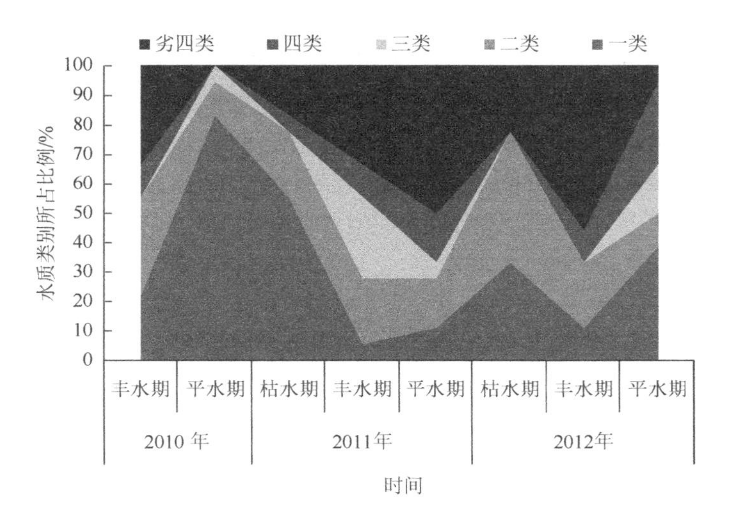

图 2.3.1　2010～2012 年钦州湾各水期大潮期水质类别比例

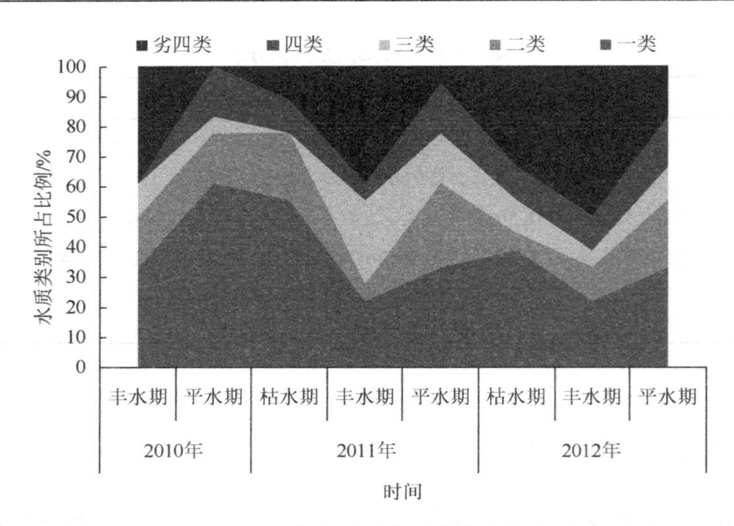

图 2.3.2　2010～2012 年钦州湾各水期小潮期水质类别比例

流域到沿海的环境压力陡增，这可能是这段时期钦州湾水质较差的原因所在。2010～2012 年调查监测结果显示，钦州湾在这 3 年中水质整体上有所下降，表明在这期间周边环境压力在逐步增大。

从各水期情况看，丰水期水质均相对最差，一类、二类水质在丰水期比例最低，劣四类水质在丰水期出现的频率较高；枯水期和平水期水质总体相差不大，在 2010～2012 年平水期水质相对其他水期较好。各水期期间的水质波动较大，而且各水期的大潮期和小潮期变化规律一致，表明同一个水期中的大潮和小潮之间的差异较小，各水期之间的水质变化明显远高于同一水期中大潮期和小潮期之间的差异。

从海水水质综合污染指数看，第二期水质综合污染指数最低，为 1.96，其次是第三期，为 2.12，第七期水质综合污染指数相对最高，为 4.20（图 2.3.3），变化趋势与水质类别的变化一致。2010～2012 年钦州湾年度综合污染指数为 2.12～4.20，监测海域总体水质逐年下降。以丰水期综合污染指数较高，水质较差，并且在 2010～2012 年逐年加重，枯水期和平水期水质波动较大，但总体上水质优于丰水期（图 2.3.4）。

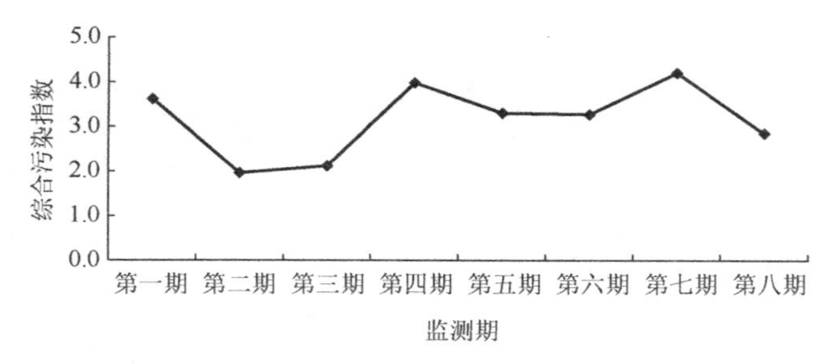

图 2.3.3　各监测期平均综合污染指数比较图

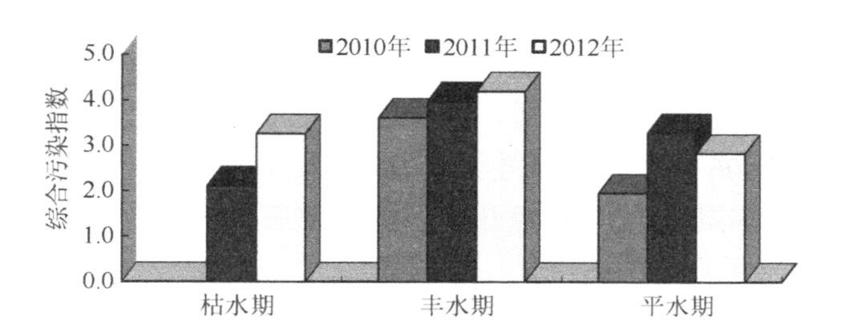

图 2.3.4　调查海区各水期平均综合污染指数变化情况图

相同水期中的大潮期和小潮期之间的水质差异没有明显的规律。图 2.3.5 列出了 2011～2014 年钦州湾海区共 12 个水期监测期间大潮期和小潮期的水质综合污染指数的变化特征。为了摒除河流的影响，该调查海域主要指钦江和茅岭江口，即内湾最北 3 个站点，排污口附近指位于外湾钦州港保税港区南部的港区排污区。相对而言，大潮期的水质略差于小潮期，大多数监测期大潮期的综合污染指数略高于小潮期，但这种规律不显著，部分水期中小潮期的水质比大潮期水质略差。

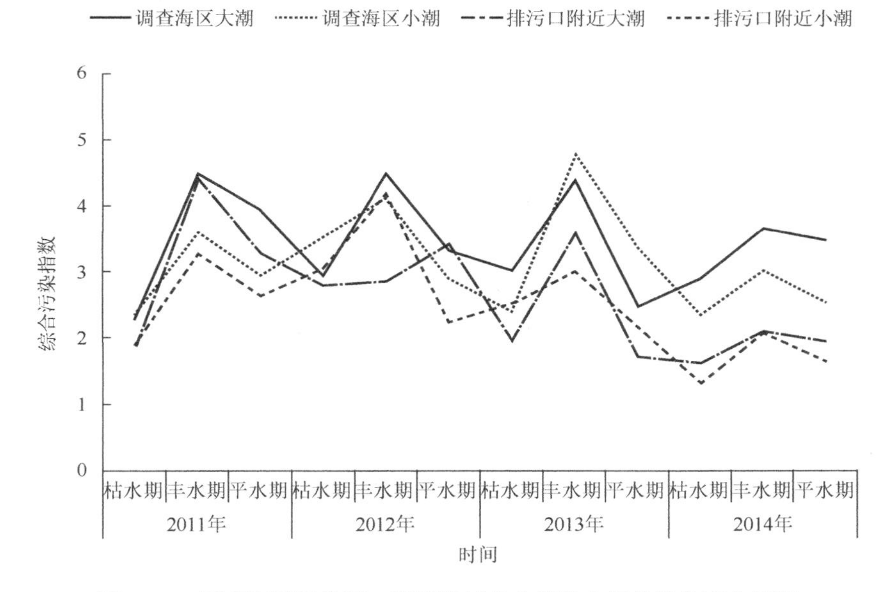

图 2.3.5　调查海区及排污口附近海域各水期综合污染指数变化情况

钦州湾水质在空间分布上呈现出显著的从北至南水质由差变优的分布特征，内湾水质明显低于外湾（图 2.3.6），这主要受钦江和茅岭江两条河流，以及内湾茅尾海是一个半封闭海湾导致水质扩散较难的影响。在钦州港大开发之前，根据广西近岸海域的常规监测结果，钦州湾的水质也保持在良好以上的水平，只有少数丰水期在个别点位出现三类水质，绝大部分时间均达到二类及一类水质的良好水质类别。但在2006年钦州港开始大开发之后，在2011～2013年监测期间，钦州港北部湾靠近钦州港的部分站点开始多次出现三类水质，表明了钦州港的大开发对港湾水质带来了直接的影响。

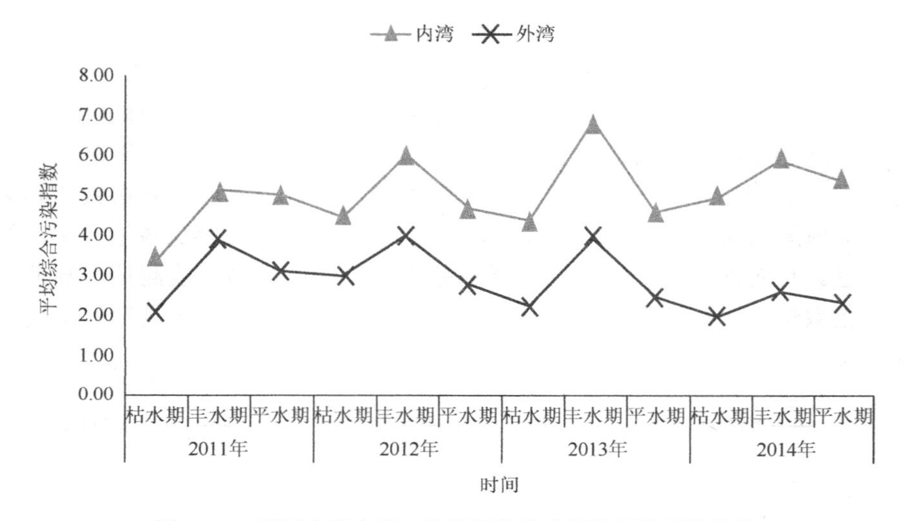

图 2.3.6　不同水期内湾、外湾平均综合污染指数变化比较

2.3.3　茅尾海海水环境质量演变

茅尾海位于钦州湾北部内湾水域，面积 134 km^2，由其出口狭窄的龙门水道形成半封闭的河口湾。茅尾海是钦江、茅岭江两大河流的入海口，在河口附近沉积发育有大片泥沙浅滩，低潮时浅滩大部分露出水面，具有典型的海洋滩涂湿地。来自两江的淡水和茅尾海的咸水在此交汇，水质咸淡适中，饵料丰富，特别适宜牡蛎种苗繁殖和咸淡水养殖。茅尾海是近江牡蛎的全球种质资源保留地和我国最重要的牡蛎养殖区与采苗区，并分布有钦州湾最大片的红树林群落——茅尾海红树林自然保护区的康熙岭、坚心围、七十二泾片区，面积约 27.8 km^2，生物多样性丰富，并因其优良的生态环境而备受关注。

但茅尾海是袋状内海，其出海口不到 1 km 宽，海水交换能力较差。近年来，随着钦江和茅岭江流域的社会经济快速发展，以及茅尾海周边地区城镇化建设、养殖业和港口码头的迅速发展，茅尾海已受到来自生活、养殖、工业等的污染，使茅尾海的生态环境和海洋资源受到不同程度的破坏。根据广西海洋环境监测中心站在茅尾海海域布设的 5 个固定水质监测点位的监测结果，2011～2016 年茅尾海每年均有不同程度、不同范围的四类、劣四类水质出现，海水功能区达标率每年均仅为20%，水质持续较差；其中2016年有80%的站点均为劣四类水质，污染严重。茅尾海已演变成为广西乃至北部湾近岸海域中水质最差的海区，很可能会威胁海湾的优良生态环境，因此近年来持续受到社会和政府部门的高度关注，如2016年中央第六环境保护督察组和2017年中央第三巡视组对茅尾海水质质量及红树林保护方面存在的问题高度重视和关注。因此我们重点对钦州湾的内湾茅尾海开展水质分析，弄清其水质特征及演变趋势，为后续分析影响茅尾海海域环境质量演变的因素、查找存在的环境问题并提出相应的保护对策及建议提供基础。

（1）茅尾海2006～2016年海水质量状况

2006～2016年茅尾海水质状况见图2.3.7。在11年的监测中，茅尾海水质基本上很少达到一类水质，二类水质出现的频率也较少，年均水质中出现频次比较多的水质主要是三类、四类及劣四类的水质，除了2015年之外各年份的平均水质都出现了劣四类水质。以《近岸海域环境监测规范》（HJ 442—2008）水质定性评价分级依据进行判定，除2016年水质为极差之外，其余年份均为差，未出现良和优的水质。由此可见，茅尾海水质在我国大陆岸线最洁净的海域北部湾中是属于最差的海区。

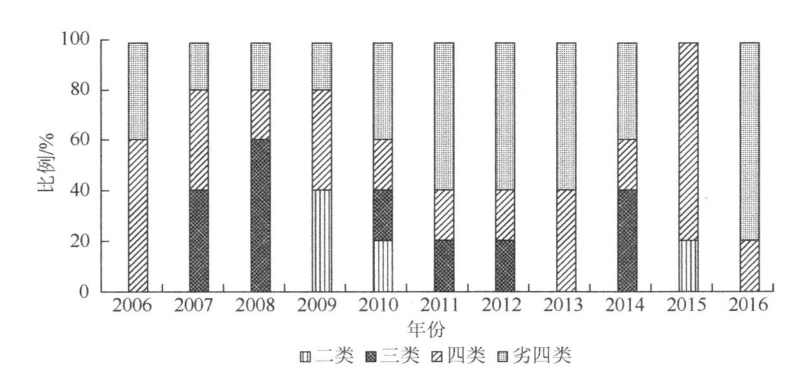

图2.3.7 2006～2016年茅尾海全年平均海水水质比例情况

2006～2016年茅尾海四类、劣四类水质比例在40%（2008年）～100%（2006年、2013年、2016年）之间波动，除2008年四类、劣四类水质比例为40%外，其余年份均超过60%。用斯皮尔曼（spearman）秩相关系数法进行分析，2006～2016年茅尾海四类、劣四类水质比例变化趋势不具显著性，但从2008年开始，茅尾海四类、劣四类水质呈波动上升趋势（图2.3.8），说明该海域在北部湾经济区获批大开发过程中水质有明显变差的趋势。

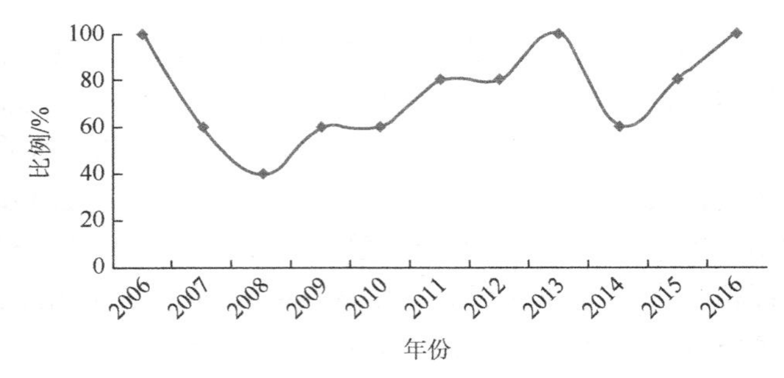

图 2.3.8　2006～2016 年茅尾海四类和劣四类海水水质比例情况

（2）茅尾海各水期海水质量状况

2006～2016 年茅尾海海域的枯水期水质处于一般至极差的水平（图 2.3.9），一类和二类水质占 0～40%（2016 年），劣四类占 0～80%（2006 年、2012 年）；丰水期水质处于差～极差的水平，除 2015 年二类水质比例为 20%外，其余年份无一类、二类水质，有 5 年劣四类水质比例达 100%（图 2.3.10）；平水期水质波动较大，水质处于良好至极差的水平，一类和二类水质占 0～80%（2010 年），劣四类水质比例占 0～80%（2016 年，图 2.3.11）。

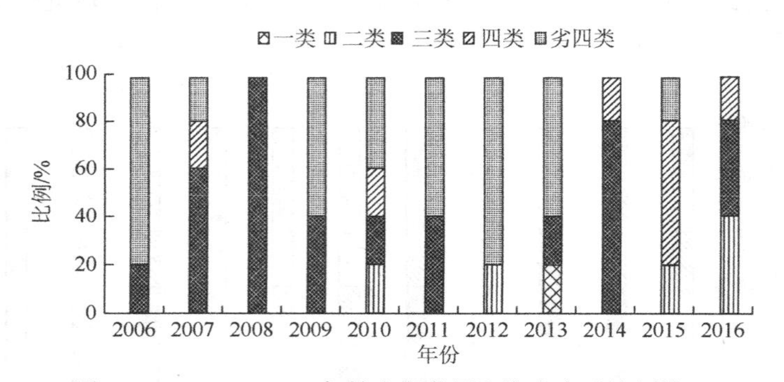

图 2.3.9　2006～2016 年枯水期茅尾海海水水质比例情况

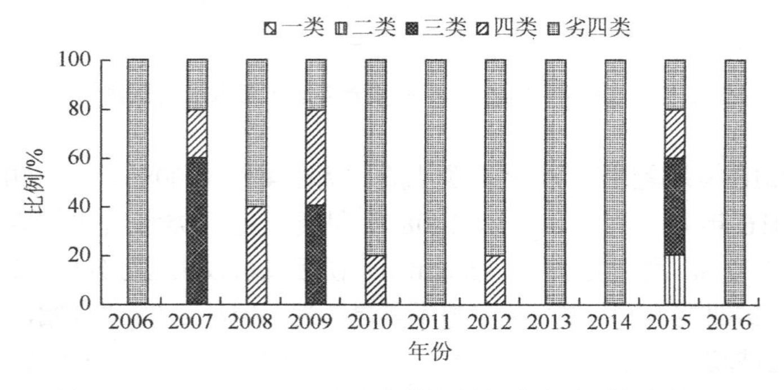

图 2.3.10　2006～2016 年丰水期茅尾海海水水质比例情况

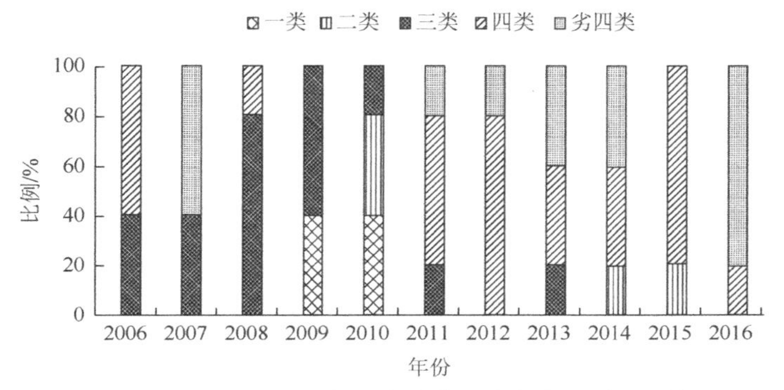

图 2.3.11 2006～2016 年平水期茅尾海海水水质比例情况

茅尾海各水期水质优良率均较低，四类和劣四类水质占比高。总体来看，平水期水质状况相对较好，其次是枯水期，丰水期水质最差，这可能与丰水期入海河流通量较大有关。

（3）茅尾海水质超标因子

茅尾海水质主要超标因子为 pH、无机氮、活性磷酸盐，溶解氧、石油类、铜等监测项目偶有超标。11 年均值超标倍数和超标率范围分别为：无机氮超标倍数为 0.4～3.4，超标率为 60.0%～93.3%；活性磷酸盐超标倍数为 0.1～1.1，超标率为 0～66.7%；pH 超标率为 26.7%～100%。从图 2.3.12 可知，活性磷酸盐超标率总体呈显著上升趋势；无机氮超标率波动相对较小，但除 2010 年和 2014 年外，其余年份超标率均大于或等于 80%；pH 超标率受入海河流及潮汐影响，呈波浪变化，波动较大。以上分析表明，2006～2016 年茅尾海无机氮污染较严重，活性磷酸盐污染开始逐年上升。

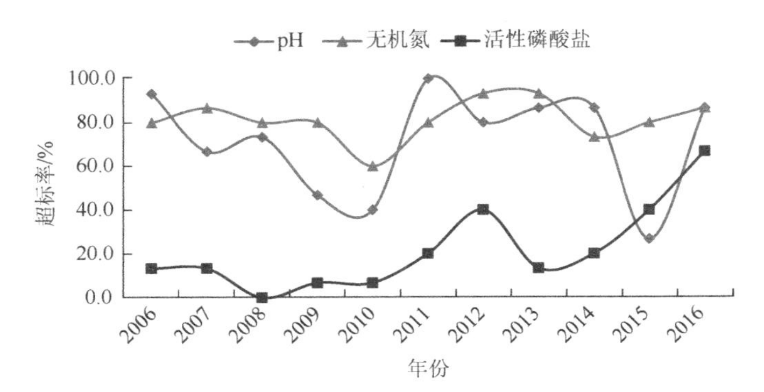

图 2.3.12 2006～2016 年茅尾海水质主要超标因子超标率变化情况

根据 2.2 节中无机氮、磷酸盐，以及 2.1 节中的 pH 的分布特征及演变趋势发现，茅尾海水质的主要超标因子无机氮及活性磷酸盐高值区主要分布在茅岭江及钦江入海河口，钦江口无机氮浓度较高，活性磷酸盐浓度在茅岭江口最高，pH 分布则与营养盐分布相反，在河口区低，这就导致了茅尾海的水质差，使水质的空间分布特征为最差的水质站点主要分布在河口，在丰水期位于茅尾海中部及南部的站点水质也较差，这说明茅尾海的水质主要受到了入海河流的影响。茅尾海最主要的三个超标因子也最主要受入海河流的影响，钦江和茅岭江不仅带来了大量的营养盐，导致茅尾海靠近河口及整个海域无机氮和活性磷酸盐超标，同时河流带来的大量的淡水也导致了海区 pH 偏低。

2.3.4 茅尾海水质演变原因

如前所述，钦州湾最主要的环境压力主要来自入海流域的快速发展、海湾周边的海水养殖兴起、海湾周边港口工业的发展等，茅尾海近年来水质持续较差的主要原因也来自这些外部环境压力和自身环境特点。

汇入茅尾海的主要河流为钦江和茅岭江，均为较大流域面积的常年河流，其中钦江河长 179 km，流域面积为 2455 km^2，茅岭江河长 123 km，流域面积 2909 km^2。2008～2016 年，钦江和茅岭江平均每年输送约 12 000 t 的高锰酸盐指数、2700 t 的氨氮、7800 t 的总氮、500 t 的总磷入海，有机物（高锰酸盐指数）入海总量呈显著上升趋势。其中，钦江西断面高锰酸盐指数、总氮、总磷及氨氮入海通量均呈显著上升趋势；钦江东断面、茅岭江茅岭大桥断面高锰酸盐指数入海通量也呈显著上升趋势。而前面统计分析表明，茅尾海河口点位无机氮、活性磷酸盐浓度与钦江西、茅岭江入海河流总氮通量均呈现正相关性，且海域无机氮和有机污染物（COD）随着盐度降低而显著升高，因此海域营养盐浓度与入海河流携带污染物息息相关，入海河流污染物输入量大且呈增加趋势是海域水质长期较差的主要原因。

茅尾海海水养殖面积较大，广西 12 个海岸农渔业区中，茅尾海海域占有 3 个。根据茅尾海周边海域 2006～2016 年养殖产量对水产养殖排放的污染物进行估算，发现在未考虑贝类吸收污染物的情况下，近 11 年来茅尾海海水养殖排放的总氮、总磷、化学需氧量呈显著上升趋势。

茅尾海北部分布有大片对虾养殖区，面积约 0.44 万 hm^2。于 2017 年 5 月对茅尾海周边的部分海水养殖的 13 个排水渠/排水口进行监测，结果表明有 7 个排水口出现超标现象，超标因子为总磷、悬浮物、化学需氧量，其中以总磷超标率较高，养殖排口总磷超标可能是茅尾海海域活性磷酸盐浓度增加的原因之一。另外，基于卫星遥感影像数据分析发现，茅尾海湾颈海域牡蛎养殖面积在 2013～2016 年呈逐年增加趋势。根据《高密度牡蛎养殖对浮游植物群落结构影响及其可持续发展对策研究》的研究成果，钦州湾（包括茅尾海海域）牡蛎养殖区的养殖容量约为23万t，而钦州市2014年和2015年的牡蛎养殖产量分别为20.5万t和22.6万t，主要集中在钦州湾海域，钦州湾牡蛎养殖产量已经接近其牡蛎养殖容量。同时，钦州湾牡蛎养殖浮筏密度为18～20串/m^2，高于其他养殖海域如汕头深澳湾，养殖总量及密度过大，影响海域水流及污染物的扩散，导致其排泄物累积增加，可能加剧海区水体富营养化程度。

茅尾海活性磷酸盐浓度呈现显著升高的趋势，并导致了海域富营养化程度加重，统计分析发现海域活性磷酸盐与盐度没有显著的相关性，而且茅岭江口海域活性磷酸盐与总磷入海通量呈负相关，说明海域活性磷酸盐浓度除了受入海河流、岸基水产养殖及直排口污染物排放的影响之外，海湾自身的内源污染也是不可忽视的因素。茅尾海存在高密度的牡蛎养殖浮筏，虽然不投料，但是牡蛎作为一种滤食性动物，可通过过滤海水摄取浮游植物和有机颗粒，排泄大量的有机物。据报道，海区浮筏养殖1台太平洋牡蛎，产量以1500 kg计算，在其快速生长的半年内，养殖区底质积累排泄物干质量为32.8～107.1 kg。在微生物作用下，这些排泄物通过沉积再释放，进而直接影响养殖区的氮、磷平衡，促使水体营养物质的累积，从而造成海域的富营养化。

另外，茅尾海内采砂、航道疏浚等海洋开发建设活动，搅动沉积物，可能加速及促进海湾营养物质的释放。而且茅尾海分布有大片红树林，对各种垃圾、悬浮物质具有明显的阻截作用，对入海水质有过滤净化的作用。同时，红树林这种阻截固土作用使林下淤积严重，淤泥内源释放氮、磷等污染物也可能会影响水质。

茅尾海位于广西钦州湾海域顶部，其形似猫尾，形成了半封闭性海湾。该海湾东、西、北三面为陆地所环绕，南面与钦州湾的外湾（钦州港）相接后，与北部湾相通，是一个袋状内海海湾，海湾面积约为135 km^2。该海湾南北纵深约17 km，东西走向最宽处约15 km，但门口宽仅约3 km，由于海湾中间狭窄，仅南面与北部湾相通，因此海湾水体与外海海水交换能力较差，海水自净能力差。

根据陈振华对钦州湾海水交换能力的研究文献报道，茅尾海中部水体半交换时间为26～28 d，再往北，半交换时间继续增加，湾顶附近超过了60 d，局部区域超过150 d，表明该区域的海水基本与外海海水没有交换。整个钦州湾平均的水体存留时间为45 d，茅尾海的东、西、北3个部分均存在水交换滞缓区。这些水交换滞缓区正好是钦江、茅岭江入海河流的入海河口区域，入海河流携带的污染物在此区域滞留、累积，进而给茅尾海水质带来不利的影响。

随着滨海新城、周边港口码头的建设及水产养殖活动的开展，围填海活动增多，破坏大型底栖生物生境的同时，降低海域天然岸线及海域面积，造成海湾纳潮量损失，进一步减弱水体自净能力，进而降低海域环境承载力。同时，钦州港区和防城港核电站取排水渠的建设，更是加重了内湾海水的交换能力，进一步阻碍了海湾水质的改善。

总体而言，上述主要原因除了茅尾海半封闭海湾的自然属性之外，其他环境压力的最根本来源还是来自流域和海湾周边社会经济的快速发展。近年来，钦州市经济发展迅猛，直接导致了流入海湾的流域及海湾周边的环境压力陡增，进而导致海湾水质变差。为了分析海水水质、入海排放量和海湾沿岸经济增长的关系，利用钦州市年均地区生产总值与入海污染源排放总量、海水水质浓度变化的数据进行比对和研究，进行三者相互关系的探讨。钦州市地区生产总值与茅尾海入海排放量、海域平均浓度的关系见图 2.3.13 和图 2.3.14。

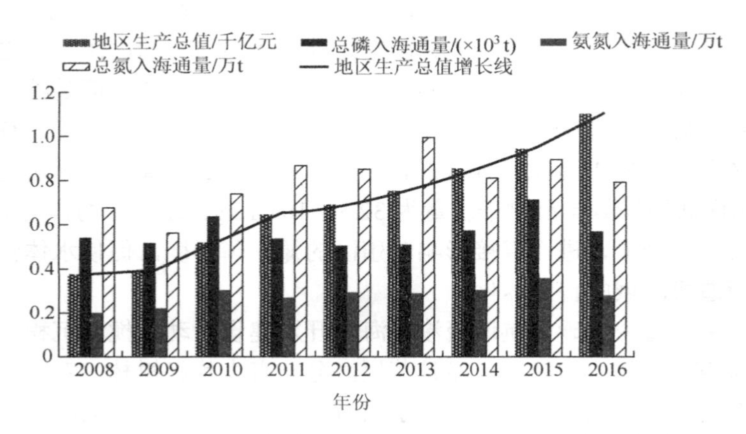

图 2.3.13　历年污染物入海通量与地区生产总值变化关系

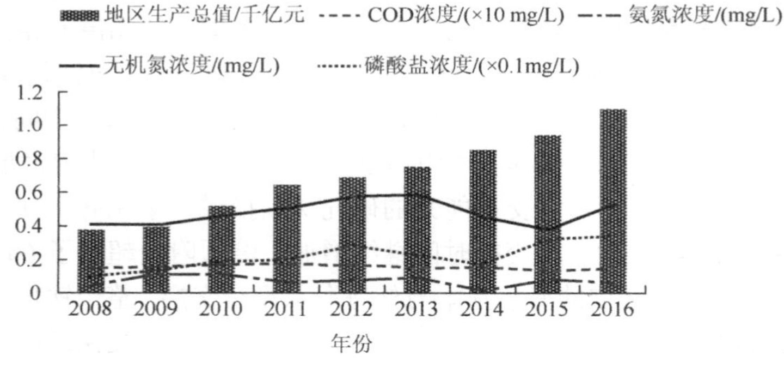

图 2.3.14　历年海水水质浓度与地区生产总值变化关系

将钦州市年均地区生产总值与入海污染源排放总量、海水水质浓度进行皮尔逊（Pearson）相关系数分析，分析结果见表 2.3.4。有机物、氨氮、总氮和总磷的陆源排放总量与 GDP 的相关性较强，其中有机物的排放与地区生产总值呈现极显著的相关性，氨氮排放与地区生产总值呈显著正相关，总氮、总磷的排放与地区生产总值呈现一定的正相关，但关系不显著。海水污染物平均浓度与 GDP 的相关性低，其中海水中磷酸盐浓度与地区生产总值呈现极显著的正相关，无机氮、氨氮、COD 的浓度与地区生产总值均无显著的相关性。分析表明，随着钦州市地区生产总值总量的增大，有机物、氨氮入海总量及海水活性磷酸盐浓度也呈现增加的趋势，茅尾海海域中磷酸盐、无机氮等营养物质的增加与经济发展息息相关。

表 2.3.4 历年入海污染源排放总量和海水水质浓度与地区生产总值的相关性

	高锰酸盐指数总量	氨氮总量	总氮总量	总磷总量
与地区生产总值相关系数	0.856**	0.680*	0.604	0.352
	海水 COD 浓度	海水氨氮浓度	海水无机氮浓度	海水磷酸盐浓度
与地区生产总值相关系数	−0.426	−0.275	0.307	0.863**

*表示在 0.05 水平（双侧）上显著相关；**表示在 0.01 水平（双侧）上显著相关

2.3.5 海水标准在茅尾海的实用性

茅尾海多年来持续水质评价结果为差～极差的原因除了上述的环境压力影响及半封闭海湾的自然因素之外，另一个重要因素是茅尾海属于河口环境特征的自然属性。茅尾海虽然名称上叫“海”，但从 2.1.3 节钦州湾的盐度特征可以看出，茅尾海在夏季基本上属于河口的属性，海水的属性在雨季中的比例较低。从图 2.1.8 可以看出，即使是位于茅尾海中南部的 GX04 号自动监测站，其盐度在雨季的 5～9 月基本上低于 10，表明了在雨季期间茅尾海全部都属于河口的特征，靠近钦江和茅岭江口的部分海域很可能全部都被淡水所占据。但现行的茅尾海水质监测中，无论是环保部门还是海洋部门，在茅尾海的监测点位布设都直接到了紧邻钦江和茅岭江口的地方，也就是直接将整个茅尾海完全等同海洋来对待。因此在茅尾海的水质监测与评价工作中，都直接对照我国目前统一使用的《海水水质标准》（GB 3097—1997），而丝毫不考虑茅尾海所属河口自然特征的淡水或混合区的因素，进而导致茅尾海大部分站点尤其是位于河口站点水质多年来的评价结果持续处于劣四类和四类等极差级别，这对于茅尾海水质的科学评价及生态环境保护都非常不利。

入海河口（简称“河口”）被定义为河流系统和海洋系统的过渡带，受淡水输入、海水潮汐、潮流等因素的综合影响，海洋过程与河口过程在这里复杂交汇，不同水团发生横向、纵向混合并产生盐度梯度（Pritchard，1967；王丽平等，2013）。河口作为淡水和海水的过渡带，明确了其河口段上游起始点盐度接近上游来水，河口段下游终端盐度接近海水（Viguri et al.，2002），它既有别于河流，又有别于海洋，具有独特的客观自然属性和特征（黄聚聪，2014），但目前国内尚无河口区域范围界定的统一方法，对河口区域管理权责的划分多着重于确定河（陆）海分界线的位置，即根据各河口的具体地物来简单地划定一条分界线，将分界线两侧区域分别划归水利和海洋部门管理（黄聚聪，2014）。同样，在茅尾海的实际管理中，广西的各级部门也没有非常明确的入海河流、河口及海洋的具体划分，而简单地按照地形特征将茅尾海钦江各入海口及茅岭江各入海口连线作为河流和海洋的界限，没有划定河口区。这种简单武断的划分法也导致了在茅尾海中，直接依据《地表水环境质量标准》（GB 3838—2002）与《海水水质标准》（GB 3097—1997）对水环境进行监测评价和管理，而我国其他河口地区做法也是相似的，经过多年的实践，两个标准在使用中存在河海划界随意、评价指标和评价标准难以有效衔接等问题（郑丙辉等，2016）。但河口因具有特殊的地理位置，其在我国水环境管理中发挥着重要的作用，对近岸海域水环境的质量改善也有着至关重要的作用，因此需要区别于河流及海洋来单独对待（王菊英等，2010；郑丙辉等，2016；孟伟，2014）。

随意的河海划分及监测评价，不仅不能科学监测评价和管理河口，还违反了我国在近岸海域环境管理的一些规定。根据《近岸海域环境功能区管理办法》的说明，各省的近岸海域环境功能区划方案都划混合区，实践中混合区不属于任何类型的近岸海域环境功能区，不执行国家《海水水质标准》（GB 3097—1997）。目前对混合区的划定没有统一规定，为了从严控制混合区的划定，本办法规定：确定混合区的范围，应当根据该区域的水动力条件，邻近近岸海域环境功能区的水质要求，接纳污染物的种类、数量等因素，进行科学论证（欧阳玉蓉等，2011）。但河口区水文条件复杂，水文参数难以确定。另外，河流入海口可能跨几类环境功能区，混合区边界所应满足的水质约束条件无法确定，因此各沿海省市还没有河口混合区范围的相关划定。大多数都直接按近岸海域环境功能区进行划定，包括广西近岸海域环境功能区划和广西海洋功能区划，并明确了本不应用海水水质标准进行评价和管理的河口区。

没有划定河口区直接导致了在实际管理工作中，河口区域使用《海水水质标准》（GB 3097—1997）直接对标评价的方式，无法做到陆海统筹，河海兼顾，不能满足新《环境保护法》第三十二条提出“国家加强对大气、水、土壤等的保护，建立和完善相应的调查、监测、评估和修复制度”，以及原环境保护部 2012 年印发《加快完善环保科技标准体系的意见》第（十）条“不断完善环境质量评价方法，使环境质量评价结果与人民群众的感受相一致”的要求。刘静等（2017）指出，根据 1989 年至今近 30 年的《中国环境状况公报》和《中国海洋环境质量公报》的研究结果，我国重要河口水环境质量评价结果长期“一片红”，并未发生有效改善，很大程度上是由于评价标准和评价方法不合理，不能客观反映水环境质量现状及变化趋势。这种问题同样出现在广西近岸海域，尤其是茅尾海这个直接属于河口的“海区”。几乎全部严重超标且难以治理达标的情况导致地方政府对于河口海域治理的积极性不高，非常不利于河口区环境质量的修复改善。

我国主要采用地形特征对河海划线进行管理，没有按《近岸海域环境功能区管理办法》划定河口混合区并执行特定标准。河海划线陆域一侧执行《地表水环境质量标准》（GB 3838—2002），海域一侧直接执行《海水水质标准》（GB 3097—1997），实际操作中往往随意性较大（郑丙辉等，2016）。以某一条线一刀切开展河海划界并实行不同的两个标准，理论上两个标准之间应该有较好的衔接性，但我国现行的这两个标准却难以衔接。以常用的监测评价因子作对比，河流执行的《地表水环境质量标准》（GB 3838—2002）规定的各项因子标准限值见表2.3.5，海域执行《海水水质标准》（GB 3097—1997）规定的各项因子标准限值见表2.3.2。对照两个标准不难发现，多数因子在两个标准之间存在着显著的差异，无法有效衔接。

表2.3.5　地表水环境质量标准基本项目标准限值

序号	项目	Ⅰ	Ⅱ	Ⅲ	Ⅳ	Ⅴ
1	水温/℃	人为造成的环境水温变化应限制在： 周平均最大温升≤1，周平均最大温降≤2				
2	pH	6～9				
3	溶解氧≥/(mg/L)	饱和率90%（或7.5）	6	5	3	2
4	高锰酸盐指数≤/(mg/L)	2	4	6	10	15
5	化学需氧量（COD）≤/(mg/L)	15	15	20	30	40
6	五日生化需氧量≤/(mg/L)	3	3	4	6	10
7	氨氮（NH_3-N）≤/(mg/L)	0.15	0.5	1.0	1.5	2.0
8	总磷（以P计）≤/(mg/L)	0.02（湖、库0.01）	0.1（湖、库0.025）	0.2（湖、库0.05）	0.3（湖、库0.1）	0.4（湖、库0.2）
9	总氮（湖、库、以N计）≤/(mg/L)	0.2	0.5	1.0	1.5	2.0
10	氟化物（以F^-计）≤/(mg/L)	1.0	1.0	1.0	1.5	1.5
11	砷≤/(mg/L)	0.05	0.05	0.05	0.1	0.1
12	汞≤/(mg/L)	0.000 05	0.000 05	0.000 1	0.001	0.001
13	镉≤/(mg/L)	0.001	0.005	0.005	0.005	0.01
14	铬（六价）≤/(mg/L)	0.01	0.05	0.05	0.05	0.1
15	铅≤/(mg/L)	0.01	0.01	0.05	0.05	0.1
16	挥发酚≤/(mg/L)	0.002	0.002	0.005	0.01	0.1
17	石油类≤/(mg/L)	0.05	0.05	0.05	0.5	1.0

《地表水环境质量标准》（GB 3838—2002）和《海水水质标准》（GB 3097—1997）难以衔接的问题主要体现在以下几个方面：一是两个标准的水质类别划分不一致，地表水划分为Ⅰ～Ⅴ类，而海水划分为一类至四类；二是部分关键项目不一致，如地表水采用氨氮和总磷（河流没有设定总氮标准限值）而海水则用无机氮和活性磷酸盐；三是部分关键项目的标准限值之间差距很大，如地表水pH 6～9都能达到Ⅰ类水质而海水pH需要在7.8～8.5才符合一类海水标准等等。以茅尾海为例，茅尾海水质超标最主要的因子为pH、无机氮和活性磷酸盐。而即使以自然界中最干净的Ⅱ类水进入茅尾海，其标准限值为pH 6～9，氨氮为0.5，总磷为0.1，参照钦江及茅岭江多年监测的数据，该区域氨氮占无机氮的比例约40%，活性磷酸盐占总磷的比例约90%，为方便计算，氨氮和活性磷酸盐均按50%简单计算，则按Ⅱ类水质限值，河流进入“海洋”，三者的最大限值为pH 6～9，无机氮1.0，活性磷酸盐0.05，以此对照海水水质标准的水质类别都达不到四类水，均在劣四类的级别，所以即使是最干净的河水进入到茅尾海都被评价为最差的水质，这明显不符合实际及群众的直接感受，由此可见直接用海水水质标准评价河口的问题所在。

在Pritchard（1967）对河口的定义中，明确了淡水盐度一般小于0.1，海水盐度在30～35。由此可见，整个茅尾海都属于河口区，因此直接对照《海水水质标准》（GB 3097—1997）来对茅尾海水质进行评价和管理明显不合理，不能很好地反映环境质量。

但就目前而言，无论是建立针对河口区单独的水质标准，还是对《地表水环境质量标准》（GB3838—2002）和《海水水质标准》（GB 3097—1997）进行修订以使两者能够有效衔接，都需要相当漫长的时间。而依据现行的《地表水环境质量标准》（GB 3838—2002）与《海水水质标准》（GB 3097—1997）和《近岸海域环境功能区管理办法》，探讨河口混合区划定及建立河口混合区水质标准的方法，以期在提升河口、近岸海域水环境质量和对我国河长制、滩长制、水质目标考核等环境管理方面提供科学支持，可能是相对实际可行的手段。

参考文献

白洁，李岿然，李正炎，等，2003. 渤海春季浮游细菌分布与生态环境因子的关系[J]. 青岛海洋大学学报(自然科学版)，(6)：841-846.

陈振华，夏长水，乔方利，2017. 钦州湾水交换能力数值模拟研究[J]. 海洋学报，39(3)：14-23.

黄聚聪，2014. 入海河口区域范围确定方法初探[J]. 海峡科学，(6)：15-16.

黄子眉，李小维，2008. 广西沿海海水表层温度分析[J]. 广西科学，15(4)：456-460.

阚文静，张秋丰，石海明，2010. 几年来渤海湾营养盐变化趋势研究[J]. 海洋环境科学，29(2)：238-241.

柯东胜，1990. 南海pH值的年际变化及其与温、盐的关系[J]. 海洋通报，(3)：23-27.

蓝文陆，2011. 近20年广西钦州湾有机污染状况变化特征及生态影响[J]. 生态学报，31(20)：5970-5976.

蓝文陆，彭小燕，2011. 茅尾海富营养化程度及其对浮游植物生物量的影响[J]. 广西科学院学报，27(2)：109-112.
李天深，李远强，赖春苗，等，2011. 廉州湾赤潮自动监测结果与分析[J]. 中国环境监测，27(4)：32-35.
刘慧，董双林，方建光，2002. 全球海域营养盐限制研究进展[J]. 海洋科学，(8)：47-53.
刘静，刘录三，郑丙辉，2017. 入海河口区水环境管理问题与对策[J]. 环境科学研究，30(5)：645-653.
孟伟，2014. 中国海洋工程与科技发展战略研究：海洋环境与生态卷[M]. 北京：海洋出版社.
欧阳玉蓉，王金坑，傅世锋，2011. 河口区水质标准问题的探讨[J]. 环境保护科学，37(5)：53-55.
彭云辉，陈浩如，李少芬，1991. 珠江河口水体的 pH 和碱度[J]. 热带海洋学报，(4)：49-55.
万修全，吴德星，鲍献文，等，2004. 2000 年夏季莱州湾主要观测要素的分布特征[J]. 中国海洋大学学报，34(1)：7-13.
王菊英，韩庚辰，张志峰，2010. 国际海洋环境监测与评价最新进展[M]. 北京：海洋出版社.
王丽平，刘录三，郑丙辉，等，2013. 我国入海河口区水质标准制定初探[C]. 环境安全与生态学基准/标准国际研讨会，南京：32-40.
韦蔓新，赖廷和，何本茂，2001. 钦州三娘湾营养盐的分布及其化学特性[J]. 广西科学，8(4)：291-294.
韦蔓新，赖廷和，何本茂，2002. 钦州湾近 20 a 来水环境指标的变化趋势——Ⅰ平水期营养盐状况[J]. 海洋环境科学，21(3)：49-52.
杨丽娜，李正炎，张学庆，2011. 大辽河入海河段水体溶解氧分布特征及低氧成因的初步分析[J]. 环境科学，32(1)：51-57.
张继民，刘霜，张琦，等，2008. 黄河口附近海域营养盐特征及富营养化程度评价[J]. 海洋通报，27(5)：65-72.
张哲，王江涛，2009. 胶州湾营养盐研究概述[J]. 海洋科学，33(11)：90-94.
赵萍，肖靖泽，陈金辉，2007. 在线蒸馏流动注射分析法测定水中挥发性酚的研究[J]. 现代仪器，(3)：69-71.
郑丙辉，刘静，刘录三，2016. 探析入海河口水质评价标准的合理性[J]. 环境保护，44(3)：43-47.
中国海湾志编纂委员会，1993. 中国海湾志第十二分册(广西海湾)[M]. 北京：海洋出版社.
庄军莲，姜发军，柯珂，等，2011. 钦州湾一次海水异常监测与分析[J]. 广西科学，18(3)：321-324.
Dortch Q，Whitledge T E，1992. Does nitrogen or silicon limit phytoplankton production in the Mississippi River plume and nearby regions？[J]. Continental Shelf Research，12(11)：1293-1309.
Hill A S，Veale L O，Pennington D，et al.，1999. Changes in Irish Sea benthos：Possible effects of 40 years of dredging[J]. Estuarine，Coastal and Shelf Science，48(6)：739-750.
Justić D，Rabalais N N，Tumer R E，et al.，1995. Changes in nutrient structure of river-dominated coastal waters：Stoichiometric nutrient balance and its consequences[J]. Estuarine Costal and Shelf Science，40(3)：339-356.
Newell R C，Seiderer L J，Simpson N M，et al.，2004. Impacts of marine aggregate dredging on benthic macrofauna off the south coast of the United Kingdom[J]. Journal of Coastal Research，20(1)：115-125.
Pritchard D W，1967. What is an estuary：Physical viewpoint?[J]. American Association for the Advancement of Science，83：3-5.
Viguri J，Verde J，Irabien A，2002. Environmental assessment of polycyslic aromatic hydrocarbons(PAHs) in surface sediments of the Santander Bay，Northern Spain[J]. Chemosphere，48(2)：157-165.

第3章 钦州湾重金属污染现状

重金属多为非降解型有毒物质，具有生物富集和生物累积的特点，可通过食物链直接或者间接地积蓄于生物体内，对水生生物和人体健康构成潜在危害，因此重金属含量备受关注。随着北部湾经济开发区的建设，广西沿海港口积极发展镍、铬合金及其精深加工不锈钢产品，延伸不锈钢产业链，开发不锈钢制品，涉重项目在沿海布局也加剧了重金属污染的风险。同样，在汇入钦州湾的钦江和茅岭江流域，以及钦州湾的周边区域，也布局有多个涉重项目。虽然钦州湾水质问题主要是氮磷超标，但随着钦州湾周边工业的快速发展，钦州湾的重金属风险可能会增加。尤其是钦州湾是广西乃至全国重要的贝类养殖区，海区的重金属备受关注，因此本章将对重金属进行单独分析。

本章聚焦于钦州湾海水和沉积物中重金属的含量现状特征及其演变趋势，不仅关注海水中常见的溶解态重金属含量，而更重点聚焦于生物有效态重金属及颗粒态重金属的含量特征，为评估海湾可被生物利用的重金属及其生态风险、食品安全等提供基础数据参考和科学依据。

3.1 海水重金属含量与演变

3.1.1 材料与方法

钦州湾入海流域的钦江和茅岭江及钦州湾均属于欠发达地区，工业基础较为薄弱，在广西及全国都不属于重金属污染较为严重的区域。近20多年的监测结果也显示，钦州湾海水重金属基本上符合海水水质一类标准，即使个别时间和站点偶有较高数值，也基本上符合海水二类水质标准，表明钦州湾重金属基本上没有存在污染的现象。但在钦州湾牡蛎重金属含量的研究中却多次发现牡蛎中的重金属含量较高，出现较高频次的重金属超标现象（陈兰等，2016；赵鹏等，2017），其对人类的健康和生态安全有着较大的影响。因此，本节单独将重金属独立于环境质量来进行专门的研究分析。

重金属作为海水环境质量的重点监测指标，被纳入《海水水质标准》（GB 3097—1997）作为重要评价指标，常规的海水溶解态重金属监测分析方法见2.3节，与其他海水环境质量监测同步开展。

海水不可饮用，因此人们对于海水重金属的重视主要在于其通过食物链传递进而对人类产生的潜在威胁，而不在于海水中重金属的本身。海水中溶解态重金属总量虽然能够一定程度上反映海水重金属的污染状况，但不能真实反映其潜在的生态危害性。重金属的赋存形态很大程度上决定了重金属的环境行为和生物效应，其迁移转化、毒性及其潜在的环境危害取决于生物有效态重金属的含量（Korfali & Davies，2003），即可以被动植物等生物体吸收利用的金属形态。因此，在 2016 年 7 月、2016 年 11 月和 2017 年 3 月分别在丰水期、平水期和枯水期于钦州湾设置了 10 个采样点（图 3.1.1），开展了钦州湾海水中生物有效态重金属含量的监测。

本项目使用扩散梯度薄膜（diffusive gradients in thin-films，DGT）技术测量海水中溶解生物有效态重金属浓度。DGT 由英国兰卡斯特大学 Davison 和张昊研发（Davison & Zhang，1994），该技术是近年来发展起来的用于测定重金属或营养盐的原位被动采样技术。传统环境监测方法一般需将样品采集回实验室后进行分析，但水样中重金属的化学形态容易在样品采集、运输、样品预处理与保存过程中发生变化；且各种试剂的添加也可能影响重金属的形态分布。DGT 技术作为一种简单、易行的新方法，可以测量环境介质中超痕量的重金属浓度，已被广泛应用于土壤、沉积物及水中重金属浓度的监测。

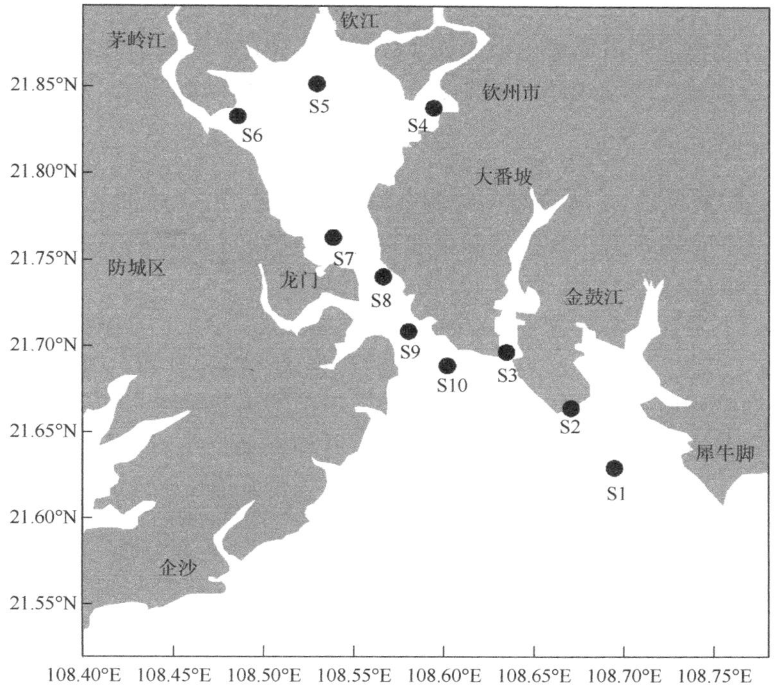

图 3.1.1　钦州湾生物有效态重金属监测站点布设

DGT 装置由半透膜、水凝胶扩散层、结合相树脂与外套等部分组成（图 3.1.2）。半透膜为聚醚砜滤膜，扩散层凝胶的成分为丙烯酰胺，结合层树脂为 Chelex-100（Na 型 100～200 目，美国伯乐公司）。半透膜外的待测金属离子通过厚度为Δg、有效面积为A的水凝胶扩散层，扩散到装置内部，并最终与结合相凝胶结合。由于 DGT 装置吸收的金属离子包括溶解态金属离子，或分布在悬浮颗粒物表面的易脱附重金属离子，因此所测浓度也称之为生物有效态重金属浓度。

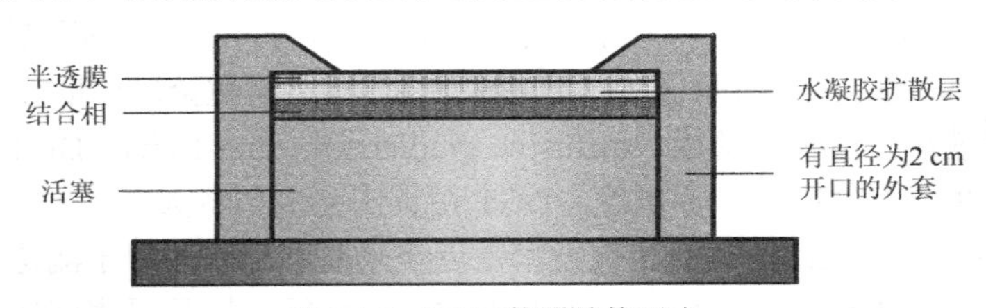

图 3.1.2　DGT 装置结构示意

金属离子通过装置的滤膜后，在扩散层内进行自由扩散。由于内层结合相的作用建立了扩散相内与外界待测物质浓度相关的浓度梯度，其扩散通量符合稳态扩散下的菲克（Fick）第一定律。由于结合相的对金属阳离子有较强的结合作用，使待测金属离子定量通过扩散层之后与结合相快速、稳定地结合。这种条件下在外部溶液和内部结合相之间形成了一个与外界溶液相关的浓度梯度。在一定富集时间内，待测物的扩散通量可以通过菲克扩散定律进行计算，在确定结合相结合的重金属总量后，即可计算出外界溶液的待金属离子浓度。

$$D=\frac{m\Delta g}{cAt}$$

式中，D为扩散系数；c为环境中待测金属离子浓度；Δg为扩散相厚度；t为扩散时间；m为扩散人装置内部的待测金属离子的质量；A为凝胶有效面积。本项目中使用的 DGT 装置全部购于英国薄膜扩散梯度研究公司。

自河口上游至下游设置了 10 个固定监测站点（图 3.1.1），每个站点放置 3 个 DGT 装置。放置约为 24 h，在放置和回收时记录水温和时间。DGT 回收后，在实验室干净的环境中取出结合相凝胶，放入干净的离心管中，加入 1 ml 1 mol/L 的 HNO_3（西格玛奥德里奇公司）萃取液，并确保凝胶完全浸在洗脱液中。振荡离心管 24 h，用超纯水（18.2 MΩ/cm，密理博公司）稀释至 4 ml，取 1 ml 溶液待测。用电感耦合等离子体质谱（ICP-MS）测定样品中重金属浓度。测定时以铟作为内标，用标准加入法建立校正曲线。

3.1.2　生物有效态重金属

钦州湾海水中 6 种重金属的溶解生物有效态浓度的统计结果见表 3.1.1。Cd、

Cu、Zn、Ni、Pb、Cr 的溶解态重金属的浓度为 0.01～0.08 μg/L、0.21～2.53 μg/L、1.00～10.18 μg/L、0.23～1.43 μg/L、0.02～0.78 μg/L、0.03～0.48 μg/L。按照我国的《海水水质标准》（GB 3097—1997）划分，钦州湾水体的重金属浓度符合一类水质标准（Cd≤0.01 mg/L，Pb≤0.05 mg/L，总 Cr≤0.05 mg/L，Cu≤0.05 mg/L，Zn≤0.05 mg/L，Ni≤0.05 mg/L），即适用于保护海洋生物资源和人类的安全利用（包括盐场、食品加工、海水淡化、渔业和海水养殖等用水）。不同站点与不同水期的重金属浓度存在显著差异。例如，丰水期的 Cu 浓度高于枯水期与平水期。但枯水期 Zn、Pb 浓度高于其他水期（表 3.1.1），上游（S4～S6 站点）的重金属浓度高于下游，呈现出自钦州湾北部的河口往南部的钦州港递减的空间分布特征，随着盐度的增加而降低，表明了钦州湾海水中的重金属仍主要来自河流的输入。在空间分布上，枯水期和平水期 S2 站点的重金属浓度较周边站点高，S2 站点位于钦州港保税港区的南端，附近有较多的港区工业排污口，这可能在一定程度上显示了钦州港的港口工业排污对相对靠外的钦州港海区局部重金属有一定的影响。

表 3.1.1 钦州湾海水中溶解生物有效态重金属浓度

	丰水期					
	Cd	Cu	Zn	Ni	Pb	Cr
最小值/(μg/L)	0.01	0.28	1.00	0.23	0.03	0.16
最大值/(μg/L)	0.07	0.92	6.63	1.30	0.73	0.33
平均值/(μg/L)	0.03	0.56	2.96	0.62	0.20	0.28
变异系数/%	62.7	35.6	50.3	40.7	100.2	16.5
	枯水期					
	Cd	Cu	Zn	Ni	Pb	Cr
最小值/(μg/L)	0.02	0.22	1.95	0.26	0.12	0.13
最大值/(μg/L)	0.08	2.53	9.52	1.43	0.78	0.48
平均值/(μg/L)	0.04	1.08	5.70	0.55	0.41	0.26
变异系数/%	46.9	61.6	39.2	53.2	40.1	30.8
	平水期					
	Cd	Cu	Zn	Ni	Pb	Cr
最小值/(μg/L)	0.02	0.21	1.06	0.20	0.02	0.03
最大值/(μg/L)	0.06	0.80	10.18	0.86	0.53	0.13
平均值/(μg/L)	0.04	0.41	2.95	0.40	0.14	0.08
变异系数/%	30.4	37.2	79.5	41.0	119.0	32.4

总体来看，钦州湾的海水重金属水平明显高于偏远地区的未受污染的河流或河口，而与其他受人类活动影响的河口的情况相似（表 3.1.2）。

表 3.1.2 国内外其他河口水体的溶解态重金属浓度 （单位：μg/L）

	Cd	Zn	Cu	Ni	Pb	Cr
福建九龙江口	0.089±0.065	16±8	24±12	31±15	0.10±0.08	0.54±0.43
福建九龙江口	0.076±0.020	10±7	9.1±5.8	16±7	0.12±0.14	0.30±0.28
福建九龙江口	—	2～27	1～18	7～57	0.01～0.32	2～18
福建漳州旧镇港	0.02	2.90	0.37	1.18	0.036	0.28
福建九龙江口白礁镇	0.07	9.76	9.26	14.6	0.13	3.67
英国河口	0.018～0.220	1.9～22	1.2～10	0.81～9.4	0.170～1.10	—
英国瑞斯传优克湾	38	20 460	176	18	4	—
美国休斯敦河口地区	0.25～0.30	10～17	3.5～4.5	4.5	—	—
《海水水质标准》（GB 3097—1997）一类水质标准	1	20	5	5	1	50[a]
《海水水质标准》（GB 3097—1997）二类水质标准	5	50	10	10	5	100[b]
美国水生环境水质指引	7.9	81	3.1	8.2	8.1	50[c]
澳大利亚和新西兰淡水与海水水质指南	0.5～5	5	5	100	1～7	20

注：引自（Tan et al.，2018）；
a.总铬浓度；六价铬浓度为 5 μg/L；
b.总铬浓度；六价铬浓度为 10 μg/L；
c.六价铬浓度

3.1.3 钦州湾海水重金属的演变

2001～2012 年，钦州湾海域海水重金属综合污染指数在 0.18～0.62，茅尾海海域海水重金属综合污染指数在 0.15～0.63（图 3.1.3）。通过采用秩相关系数法进行分析，钦州湾及茅尾海海水重金属污染综合指数变化趋势均不明显，海水重金属质量相对稳定，基本没有出现超标现象，没有明显恶化迹象。

从海水重金属的监测结果可以看到，钦州湾海水中的重金属含量较低，绝大多数都达到一类水的水平，因此从水质类别的变化基本上看不出其变化。尤其是部分重金属在部分监测中属于未检出的程度，通过污染指数来研究钦州湾海水重金属多年的演变效果也不理想。因此，为了更为深入地分析多年来钦州湾重金属含量的演变情况，我们利用重金属含量的检出率作为一个指标来分析指示近年来钦州湾重金属的变化，如其从检出率很低的情况往检出率很高的趋势发展，即使其始终都在一类水质的限值范围内，也从一定程度上反映了其污染在加重的状态。

为了保持时间段的一致性，仍以 2001～2012 年来进行分析，使用广西海洋环境监测中心站的监测结果。这段时期广西近岸海域海水汞监测出现 2 个不同检出限值，即 2001～2002 年汞检出限为 0.04 mg/L，2003～2012 年汞检出限为 0.03 mg/L；铜监测出现 2 个不同检出限值，即 2001～2005 年铜检出限为 0.001 mg/L，2006～2012 年铜检出限为 0.0002 mg/L；铅监测出现 3 个不同检出限值，即 2001～2005 年铅检出限为 0.005 mg/L，2006～2010 年铅检出限为 0.0001 mg/L，2011～2012 年铅检出限为 0.000 03 mg/L；镉监测出现 3 个不同检出限值，即 2001～2005 年镉检出限为 0.001 mg/L，2006～2010 年镉检出限为 0.000 02 mg/L，2011～2012 年镉检出限为 0.000 01 mg/L；砷、镍和总铬监测只有 1 个检出限值。为了使数据具有可比性，根据各重金属不同的检出限，对 2001～2012 年汞和砷检出率进行变化趋势分析，对 2006～2012 年铜、铅、镉和总铬检出率进行变化趋势分析，对 2007～2012 年镍检出率进行变化趋势分析。

为了专门对茅尾海进行分析，在研究钦州湾重金属检出率时也单独对茅尾海进行了分析，整个钦州湾及其茅尾海重金属的检出率见图 3.1.4 和图 3.1.5。钦州湾重金属检出率比较高的重金属种类分别为铜、砷和镉，汞和总铬的检出率较低，茅尾海基本也一致，但各重金属的检出率总体上均高于整个钦州湾的平均值，这也在一定程度上表明了在 2001～2012 年钦州湾重金属主要来自流域径流输入，钦州港的港口工业带来的重金属极少。此外，茅尾海重金属镍的检出率也较高，在 2016～2017 年的调查中在茅岭江口的 S6 站点也发现该海区在三个水期中镍的含量均是所调查站点中最高的，表明了该区域有持续的镍来源，需要作为一个重要问题加以关注。同时，茅尾海的砷、镉和铜也都具有较高的检出率，到底是由于区域工业污染源排放导致茅尾海尤其是茅岭江口重金属含量较高，还是区域流域的自然本地造成，尤其是砷和镉这两种重金属，因其具有较高的毒性有可能会对生态系统产生较高的潜在威胁，这需要进一步深入研究。

从演变趋势上来看，钦州湾及其茅尾海的重金属含量检出率并没有呈现出明显的变化趋势，铜的检出率变化特征与海水中重金属总污染指数变化特征相似（图 3.1.3），检出率略显增加的趋势（图 3.1.4 和图 3.1.5），而镍和总铬在 2006～2012 年略显下降趋势。海水重金属检出率趋势采用秩相关系数法进行分析，结果表明钦州湾海域海水重金属检出率变化趋势不显著，钦州湾海域海水除总铬检出率呈显著下降趋势外，其他重金属检出率变化趋势不显著。综上可见，整个钦州湾海域海水中总铬对海水环境质量影响程度有所减轻，其他重金属对水质影响总体上变化不大。

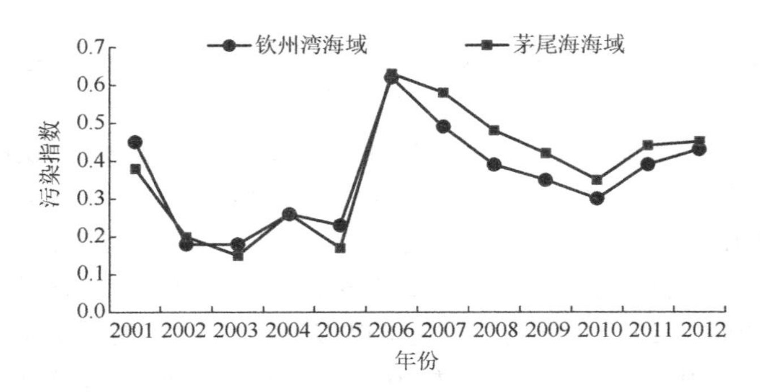

图 3.1.3　钦州湾和茅尾海海域水质重金属综合污染指数年际变化趋势

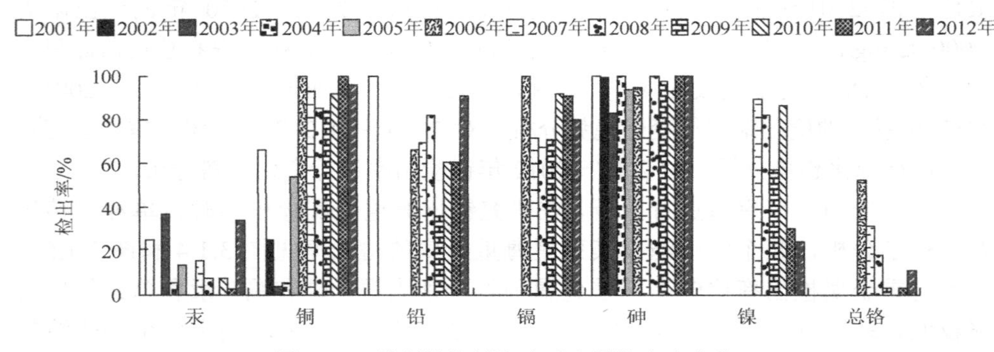

图 3.1.4　钦州湾海域海水重金属检出率变化

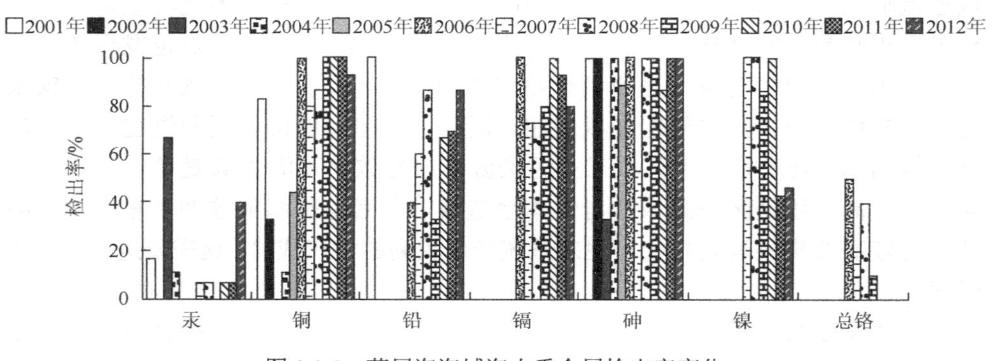

图 3.1.5　茅尾海海域海水重金属检出率变化

3.2　海水颗粒态重金属含量

3.2.1　材料与方法

重金属因其具有高毒性、持久性和难降解性等特点而备受关注，重金属也被认为是典型的无机污染物，无机物可溶于水，因而对重金属的关注主要是溶解态重金属。如我国地表水、地下水和海水等污染物排放标准及环境质量标准都只注重溶解态重金属，在监测采样时均是过滤后（通常是0.45 μm滤膜过滤）再进行分析，而很少考虑颗粒中及吸附在颗粒态表面（即未通过上述0.45 μm滤膜的重金属）的颗粒态重金属。重金属在水体和悬浮物/底泥之间的吸附解析是重金属在水体中迁移转化的十分重要的过程，影响因素主要有：水体悬浮物含量和粒度、温度和水相离子初始含量及pH等，吸附量随着悬浮泥沙含量增加而增加，因悬浮泥沙吸附量达到饱和而逐渐平缓，并随初始污染物含量增大而增大（黄岁梁等，1995）。海水中重金属含量本来就低，而且通常海水也较为干净，悬浮泥沙含量较低，因而海水中的颗粒态重金属被忽略也容易被理解。但在河流系统中，其悬浮颗粒物浓度介于0.083～8.00 g/L（严伟才和李小云，2008），远远高于海水悬浮物浓度（其浓度主要在mg/L水平），因而悬浮物是污染物的重要载体之一。这些悬浮物具有巨大的表面积，因而可以吸附大量的重金属（严伟才和李小云，2008），这决定着重金属的去向和归宿。同时，食物相对水体中游离态重金属的吸收、累积，连同吸附在其表面的重金属，也会容易被取食碎屑或浮游生物食性的生物（贝类等）摄入体内，进而通过食物链传递到高营养级生物，甚至被人类等摄入体内，因此颗粒态重金属也对人类健康和生态安全有着重要的影响。

如前所述，钦州湾尤其是茅尾海属于典型的河口，其与外海有着较大的环境差异，部分特征与河流相近，因此在这个环境中颗粒态重金属也是不能忽略。但由于得不到足够的重视，长期以来始终没有人关注钦州湾颗粒态重金属的含量。

为了初步探明钦州湾海水中颗粒态重金属的含量，2016年7月～2017年3月分别于丰水期、平水期和枯水期对海水中溶解生物有效态重金属同步监测，研究了溶解态重金属（图3.1.1），采用干净聚乙烯塑料瓶采集表层海水水样，每个采样点采集水样3份。

采集到的水样用Millpore滤膜（经过稀酸冲洗，孔径0.45 μm，直径47 mm）过滤，过滤后的滤膜保存于干净离心管。将滤膜放置于105℃烘箱内烘干，然后放入硅胶干燥器内冷却6～8 h之后称重，测定悬浮颗粒物重量。随之用69%浓硝酸和微波消解法对滤膜进行消解，用超纯水（18.2 MΩ/cm，Millipore）定容至10 ml。用Aligent 7900 ICP-MS测定样品中重金属浓度。测定时以铟作为内标，用标准加入法建立校正曲线。分析过程中利用沉积物标准物质-GBWW07302a（GSD-2a）、平行样、空白样品进行质量控制，各元素的回收率均在86.8%～105.7%，相对标准偏差均小于10%。根据抽滤水样体积及悬浮颗粒物的重量将滤膜样品中的重金属含量单位换算为mg/kg。

3.2.2　颗粒态重金属含量

钦州湾悬浮颗粒物中 6 种重金属的浓度的统计结果见表 3.2.1。Cd、Cu、Zn、Ni、Pb 的浓度为 0.01～0.65 mg/kg、3.5～68.2 mg/kg、14.2～173.4 mg/kg、2.3～49.0 mg/kg、6.7～55.4 mg/kg。受基质干扰，Cr 的浓度低于检出限，此处不予列出，其余 5 种重金属的含量大小依次为 Zn＞Cu＞Pb＞Ni＞Cd。

表 3.2.1　钦州湾海水中悬浮颗粒物重金属浓度

	丰水期重金属浓度					
	Cd	Cu	Zn	Ni	Pb	Cr
最小值/(mg/kg)	0.03	3.5	14.2	2.7	6.7	BDL*
最大值/(mg/ kg)	0.30	25.9	173.4	23.3	30.0	BDL
平均值/(mg/ kg)	0.11	13.2	57.5	11.2	17.7	BDL
变异系数/%	59.1	44.3	69.6	51.2	37.7	BDL
	枯水期重金属浓度					
	Cd	Cu	Zn	Ni	Pb	Cr
最小值/(mg/ kg)	0.00	3.6	18.1	2.30	17.0	BDL
最大值/(mg/ kg)	0.45	32.4	92.9	19.5	55.4	BDL
平均值/(mg/ kg)	0.22	16.5	46.8	9.7	32.4	BDL
变异系数/%	59.1	44.3	69.6	51.2	37.7	BDL
	平水期重金属浓度					
	Cd	Cu	Zn	Ni	Pb	Cr
最小值/(mg/ kg)	0.06	4.8	25.8	2.6	9.7	BDL
最大值/(mg/ kg)	0.65	68.2	122.5	49.0	47.0	BDL
平均值/(mg/ kg)	0.23	24.0	65.4	15.7	25.7	BDL
变异系数/%	72.7	61.7	39.3	74.9	31.0	BDL

注：BDL 表示低于检测限

Zn 和 Cu 是颗粒态重金属中含量最高的两种重金属，这和海水中溶解态的重金属含量特征相一致；靠近河口的颗粒态重金属含量相对较高，也与溶解态重金属的变化特征一致，可能是因为水体中重金属浓度越高，吸附或累积在悬浮物中的重金属越多的缘故。颗粒态重金属浓度的变异系数为 37.7%～74.9%，空间分布离散程度不高。与溶解态重金属浓度的分布类似，颗粒态 Zn 和 Ni 的最大浓度均出现在 S6 站点（茅岭江口）附近。其他金属在空间分布和季节变化上并没有明显规律，这与重金属的河流输入、颗粒物的来源、成分变化较大有关。

与其他地区相比，钦州湾悬浮颗粒物的重金属水平与国内一些河口的污染水平相当，而略高于美国萨宾（Sabine）和加尔维斯顿（Galveston）河口（表 3.2.2）。尽管部分样品的 Cu、Zn 浓度略高于中国土壤背景值，但是整体水平显著低于受污染较重的河口（如中国大辽河），表明了钦州湾悬浮物重金属的含量仍属于较低水平。

表 3.2.2　国内外河口水体的悬浮颗粒物重金属浓度　（单位：mg/kg）

采样区域	Cd	Zn	Cu	Ni	Pb	Cr
福建九龙江口	0.10±0.22 （0.00～0.88）	249±91 （150～504）	146±151 （70～658）	110±196 （39～834）	61±8 （39～70）	284±433 （107～1870）
福建九龙江口	0.08±0.10 （0.00～0.30）	253±102 （99～519）	119±65 （52～264）	78±70 （24～314）	61±11 （26～77）	207±177 （90～742）
福建九龙江口白礁镇	0.12 （0.06～0.18）	146 （98～215）	55 （24～103）	31 （21～40）	49 （18～58）	90 （38～188）
福建漳州旧镇港	0.14 （0.17～0.22）	128 （79～195）	27 （18～44）	22 （18～32）	45 （24～66）	53 （26～87）
美国萨宾河口	—	80	20	—	20	—
美国加尔维斯顿河口	—	50	20	—	12	—
中国大辽河	14.22	—	161.4	190.8	637.9	318.2
黄河河口	1.13	—	66.9	—	67.7	118.0
世界其他主要河流[a]	0.3～6.0	—	30～74	30～105	23～46	—
中国土壤背景值	0.5	150	35	—	60	—

注：引自（Tan et al.，2018）；
括号内为数值范围；
a. 主要包括亚马孙河、长江、黄河、密西西比河等

3.3　沉积物重金属含量

3.3.1　材料与方法

分别于 2010 年、2011 年、2012 年和 2014 年枯水期（1～3 月）分别进行了一期大面积监测，沉积物采样点与水质采样点相同，监测点位分布情况具体见图 2.1.1。主要监测重金属含量，同步监测了总有机碳、石油类、硫化物等沉积物环境质量标准中包含的重要参数。

（1）样品采集

首先用采泥器采集水质采样点正下方的沉积物，然后用塑料勺从采泥器耳盖中仔细取上部 0～3 cm 表层沉积物。根据被测物质的性质，将样品分为 3～4 份，

分别用不同的方法保存。供测定硫化物的样品盛于 125 ml 磨口广口瓶中，充氮气后密封保存。供测定重金属的样品用干净的聚乙烯袋保存。

（2）分析样品的制备

1）供测定重金属的分析样品的制备

将沉积物转到瓷蒸发皿后，置于 80～100℃烘箱内烘干，然后将烘干的样品置于球磨机上，研磨至全部通过 160 目，用四分法取 10～20 g 制备好的样品装入样品袋，送实验室进行分析测定。

2）供测定油类、有机碳的分析样品的制备

将沉积物置于搪瓷盘内，置于室内阴凉通风处风干，然后将风干的样品在球磨机上粉碎至全部通过 80 目，用四分法取 40～50 g 制备好的样品装入样品袋送实验室进行分析测定。

从监测项目中选择相关因子，包括总有机碳、石油类、硫化物、砷、铜、铅、镉、汞、锌、总铬等，各要素的分析方法均按照国家标准依据国家《海洋监测规范 第 5 部分：沉积物分析》（GB 17378.5—2007）进行。具体见表 3.3.1。

表 3.3.1 海洋沉积物质量分析方法一览表

监测项目	监测仪器	分析方法	检出限
水分	L-200SM 分析天平	GB 17378.5—2007 重量法	0.1%
有机碳	TOC-VCPH 分析仪	GB 17378.5—2007 燃烧氧化非分散红外线吸收法	—
硫化物	UV-2102C 紫外分光光度计	GB 17378.5—2007 亚甲基蓝分光光度法	0.3 mg/kg
石油类	RF-5301PC 荧光分光光度计	GB 17378.5—2007 荧光分光光度法	2 mg/kg
铜	ZEEnit700 原子吸收光谱仪	GB 17378.5—2007 火焰原子吸收分光光度法	2.0 mg/kg
铅	ZEEnit700 原子吸收光谱仪	GB 17378.5—2007 火焰原子吸收分光光度法	3.0 mg/kg
锌	ZEEnit700 原子吸收光谱仪	GB 17378.5—2007 火焰原子吸收分光光度法	6.0 mg/kg
镉	ZEEnit700 原子吸收光谱仪	GB 17378.5—2007 无火焰原子吸收分光光度法	0.04 mg/kg
总铬	ZEEnit700 原子吸收光谱仪	GB 17378.5—2007 火焰原子吸收分光光度法	2.0 mg/kg
汞	AFS-9700 原子荧光光度计	GB 17378.5—2007 冷原子荧光法	0.002 mg/kg
砷	AFS-9700 原子荧光光度计	GB 17378.5—2007 原子荧光法	0.06 mg/kg
六六六	7890A 气相色谱仪	GB 17378.5—2007 气相色谱法	—
滴滴涕	7890A 气相色谱仪	GB 17378.5—2007 气相色谱法	—

海洋沉积物质量采用《海洋沉积物质量》（GB 18668—2002）进行评价，海洋沉积物各评价指标及标准限值详见表 3.3.2。

采用单因子污染指数评价法确定沉积物质量类别，计算公式与海水评价方法中的计算公式相同，具体见 2.3 节。

表 3.3.2　海洋沉积物各评价指标标准限值　（单位：mg/kg）

项目	指标		
	一类	二类	三类
汞（$\times10^{-6}$）	0.20	0.50	1.00
镉（$\times10^{-6}$）	0.50	1.50	5.00
铅（$\times10^{-6}$）	60.0	130.0	250.0
锌（$\times10^{-6}$）	150.0	350.0	600.0
铜（$\times10^{-6}$）	35.0	100.0	200.0
总铬（$\times10^{-6}$）	80.0	150.0	270.0
砷（$\times10^{-6}$）	20.0	65.0	93.0
有机碳（$\times10^{-2}$）	2.0	3.0	4.0
硫化物（$\times10^{-6}$）	300.0	500.0	600.0
石油类（$\times10^{-6}$）	500.0	1000.0	1500.0

采用瑞典地球化学家 Hàkanson(1980)年建立的潜在生态风险指数法(Potential ecological risk index；Hàkanson，1980）对沉积物重金属的生态风险进行评价。该方法既可评价某一特定环境中的每种污染物的影响，又可反映多种污染物的综合影响，并且用定量的方法划分出潜在生态风险的程度。其计算公式为

$$E_r^i = T_f^i \cdot C_f^i$$

式中，E_r^i 是重金属元素 i 的潜在生态风险因子；T_f^i 是重金属元素 i 的生物毒性系数（表 3.3.3），是对重金属毒性水平和生物对重金属的敏感程度的反映。

表 3.3.3　海洋沉积物重金属元素毒性系数

元素	Hg	As	Cu	Pb	Cd	Zn	Cr
毒性系数	40	10	5	5	30	1	2

注：引自（Hàkanson，1980）

多种重金属元素潜在生态风险因子是几种重金属元素的潜在生态风险因子的加和，它能表现多种重金属元素对环境的综合生态风险程度，计算公式为

$$\mathrm{RI} = \sum_i^n E_r^i$$

式中，RI 为多金属元素潜在生态风险指数；n 为所测重金属元素的种类数。

生态风险指数法考虑了含量条件、数量条件、毒性条件和敏感性条件的影响（徐争启等，2008；邓琰等，2017），潜在生态风险随着表层沉积物金属浓度增高、受污染的金属种类数增多、金属的沉积毒性增强及水体对金属污染的敏感性增大而变得越高（邓琰等，2017）。Hàkanson 潜在生态风险等级见表 3.3.4。

表 3.3.4　Hàkanson 潜在生态风险等级

指标	项目	潜在风险等级				
E_r^i	系数范围	＜40	40～80	80～160	160～320	≥320
	污染程度	低	中	较重	重	严重
RI	系数范围	＜150	150～300	300～600	≥600	
	污染程度	低	中等	重	严重	

注：引自（Hàkanson，1980）

3.3.2　沉积物基本参数空间分布

海洋沉积物的年际间变化较小，因此采用 2012 年 3 月枯水期钦州湾海洋沉积物的分析结果来研究主要沉积物参数的分布特征，包括总有机碳、石油类、硫化物，主要表征沉积物除了重金属之外的污染特征，其在钦州湾的空间分布见图 3.3.1。

2012 年 3 月钦州湾海洋沉积物总有机碳、石油类和硫化物浓度的变化分别为 0.04～2.10 mg/kg、＜2～16 mg/kg 和 0.4～108.0 mg/kg。总有机碳高于 0.6 mg/kg 的浓度区域主要分布在钦江口及钦州港沿岸，内湾平均值为 0.632 mg/kg，外湾平均值为 0.464 mg/kg。石油类高于 7 mg/kg 的浓度区域主要分布在钦江口及龙门港镇沿岸，内湾平均值为 8 mg/kg，外湾平均值为 3 mg/kg。硫化物高于 20 mg/kg 的浓度区域主要分布在龙门港镇沿岸及犀牛脚镇沿岸，内湾平均值为 16.5 mg/kg，外湾平均值为 18.3 mg/kg。

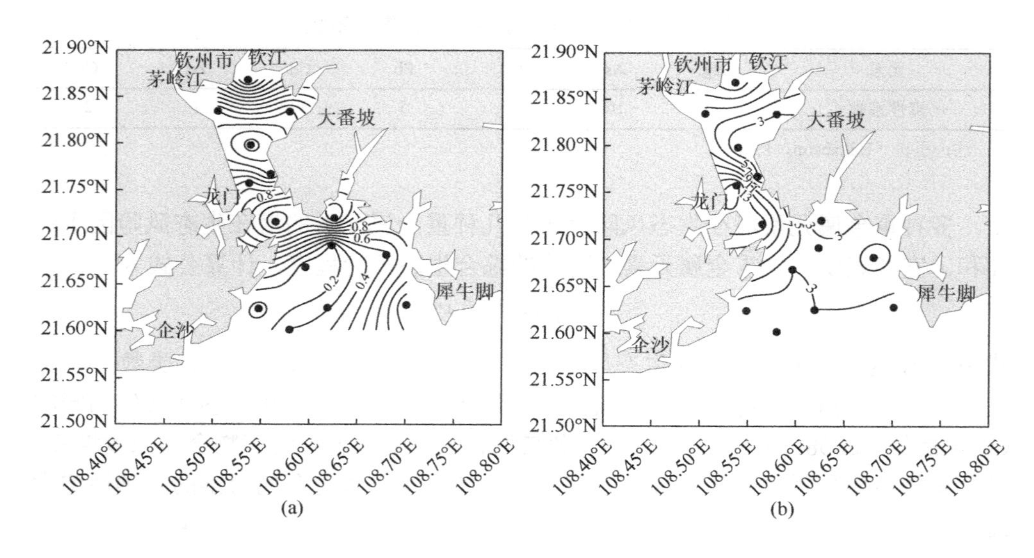

(a)　　　　(b)

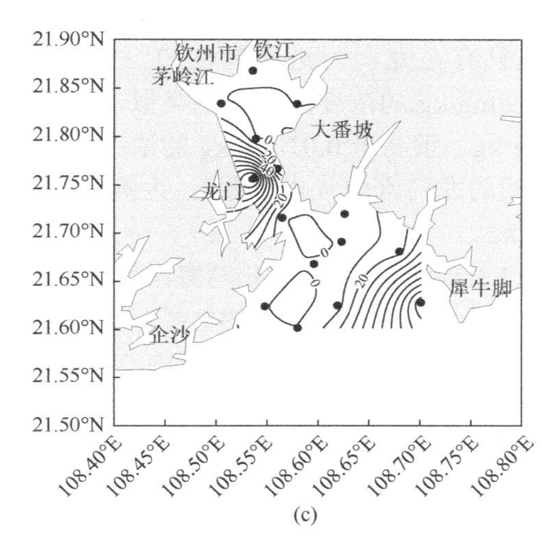

图 3.3.1　钦州湾海洋沉积物主要环境参数的分布（单位：mg/kg）

（a）总有机碳；（b）石油类；（c）硫化物

从图 3.3.1 可以看出，钦州湾海洋沉积物受污染相对严重的区域为龙门港镇与钦州港之间的龙门水道，其次是钦江口和犀牛脚镇沿岸海域。龙门水道的石油类及硫化物均较其他海域高，有机物含量也较高。

3.3.3　沉积物重金属空间分布

2012 年 3 月枯水期钦州湾海洋沉积物锌、铜、铅、总铬、砷和镉的分布特征见图 3.3.2。锌是钦州湾海洋沉积物中含量最高的重金属，高于 100 mg/kg 的浓度区域主要分布钦江口（东）及龙门港附近海域，钦江东口浓度最高，内湾平均值为 69.1 mg/kg，外湾平均值为 34.2 mg/kg。铜高于 20 mg/kg 的浓度区域主要分布在龙门港镇及钦州港之前的龙门水道，较高浓度分布区域相对集中，呈现出典型的湾颈高两湾低的分布特征，湾内平均值为 11.3 mg/kg，外湾平均值为 3.6 mg/kg。沉积物中铅含量在钦州港保税港区附近有一个最高的浓度，除了该站点之外其浓度分布特征与铜类似，内湾平均值为 8.6 mg/kg，外湾平均值为 15.1 mg/kg。总铬的分布特征与铜相似，高于 12 mg/kg 的浓度区域主要分布在钦江口、龙门港镇与钦州港之前的龙门水道、犀牛脚镇沿岸，内湾平均值 12.3 mg/kg，外湾平均值 9.2 mg/kg。砷高于 10 mg/kg 的浓度区域也与铜类似，但河口区的浓度很小，其外湾的浓度也基本达到 8.5 mg/kg，内湾平均值为 8.3 mg/kg，外湾平均值为 8.7 mg/kg。钦州湾沉积物中镉和汞的浓度很低，大多数站点都在 0.1 mg/kg 的水平以下，镉浓度只有龙门附近的站点高于

0.1 mg/kg，汞浓度也只有在龙门附近及钦江口（西）等极少个别站点高于 0.1 mg/kg。镉高于 0.09 mg/kg 的浓度区域与铜类似，内湾平均值为 0.08 mg/kg，外湾平均值为 0.04 mg/kg。汞高于 0.07 mg/kg 的浓度区域主要分布在钦江口及钦州港与龙门港镇之间的龙门水道（未作图），内湾平均值为 0.050 mg/kg，外湾平均值为 0.022 mg/kg。

对照图 3.3.1 和图 3.3.2 可以看出，钦州湾海洋沉积物中重金属的含量分布特征与沉积物有机碳、硫化物和石油类等沉积物主要环境参数的分布特征基本一致，受污染相对严重的区域为龙门港镇与钦州港之间的龙门水道附近海域，其次是钦江口和犀牛脚镇沿岸海域。龙门水道的有机物、石油类及大部分重金属均较其他海域高。钦江口海域沉积物中总有机碳、石油类、汞及总铬的浓度相对较高。犀牛脚镇沿岸海域硫化物及总铬浓度较高。除硫化物、砷及铅外，内湾污染物浓度平均值均较外湾高。铅在钦州港附近有较高的浓度高值区，因此外湾浓度高于内湾。砷在河口附近浓度较低，外湾与内湾浓度基本一致。

钦州湾沉积物重金属含量的分布特征与重金属来源、累积及沉积物特征有密切的关系。钦江西即大榄江是输入茅尾海几个入海河口中污染最严重的河口，近年来多次达到Ⅴ类甚至劣Ⅴ类水质，钦州市的污水处理厂也主要通过该河段排污茅尾海，因此河流输入的污染物包括重金属也相对较多，因而钦江口（西）海域沉积物中总有机碳、石油类、汞及总铬的浓度相对较高，铜和铅在茅尾海几个河口的分布也主要在钦江西河口，表明钦江尤其是钦州市城市污染源通过该河段持续输入的重金属来源对主要沉积物重金属的分布有着较大的影响，其长期累积在沉积物中，导致茅尾海沉积物重金属在几个河口区有分布差异。

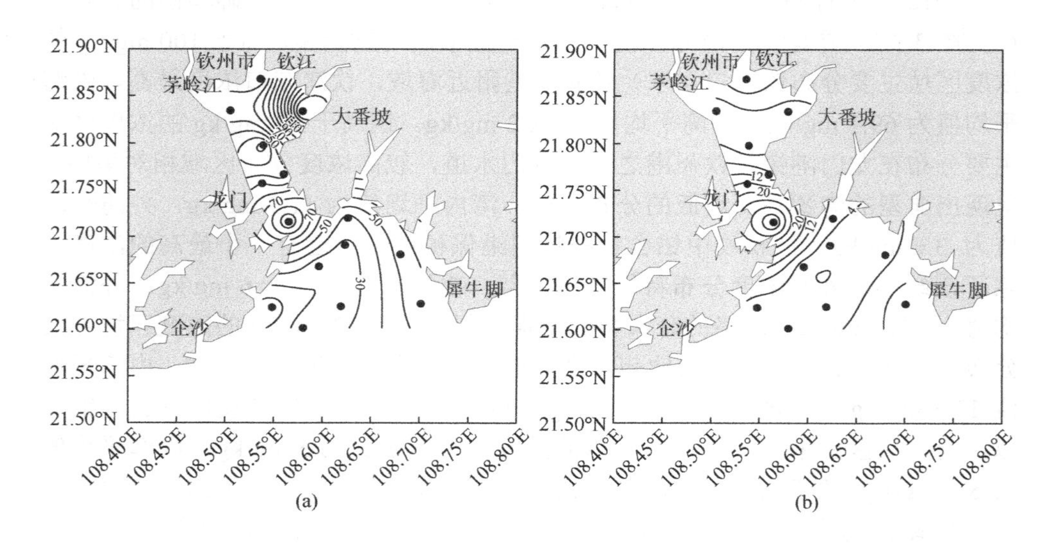

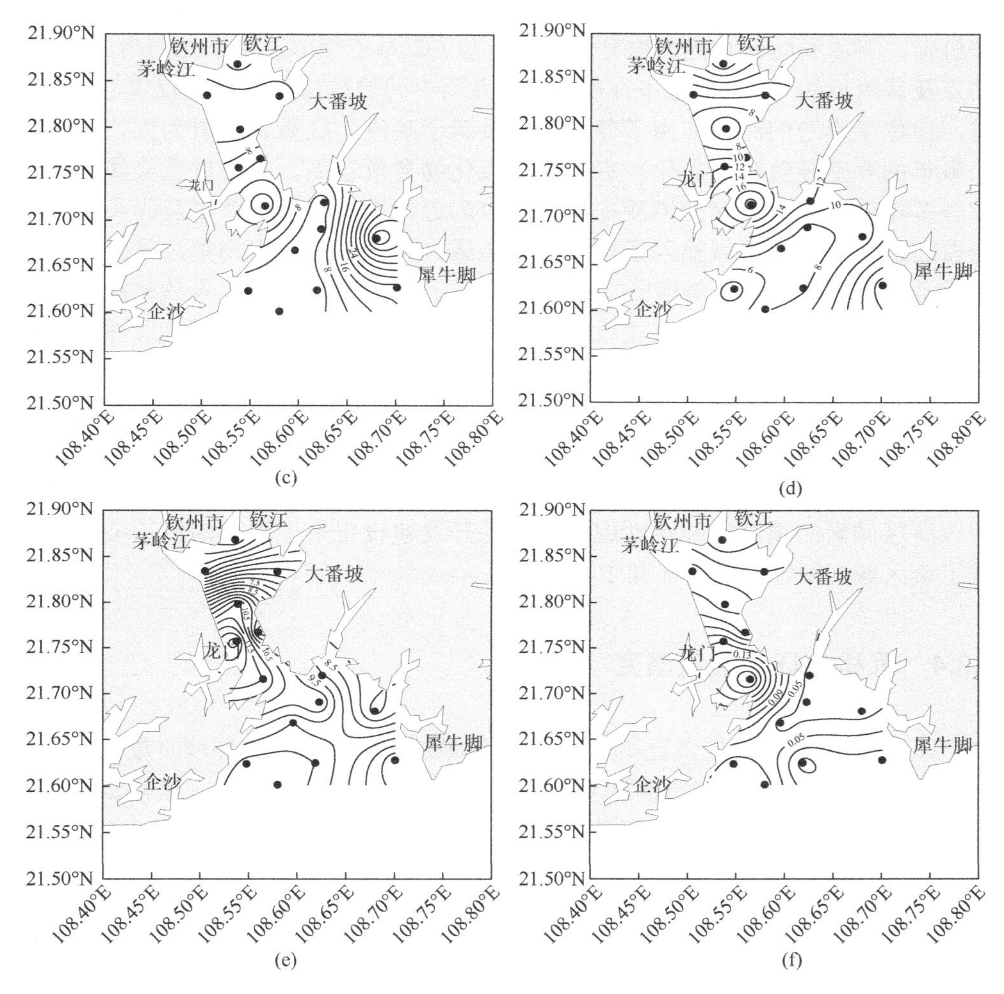

图 3.3.2　钦州湾海洋沉积物重金属含量的分布（单位：mg/kg）

（a）锌；（b）铜；（c）铅；（d）总铬；（e）砷；（f）镉

钦州湾海洋沉积物中重金属含量分布的另外一个显著特征就是在龙门附近海域有一个明显的相对高值区，这可能和沉积物的特性及重金属在不同沉积物中的累积特征有关。通过比较有机碳和石油类的分布特征可以发现，这个区域也是沉积物中石油类、硫化物和有机碳的高值区。对照图 2.2.1，内湾茅尾海的站点基本上都处在航道上或附近，但位于大榄江口的 Q2 站点由于大榄江上有闸坝无法正常通行，因此只有小渔船通行，并未专门开展航道建设及疏浚等，而沙井航道和茅岭航道则不同，它们是一直保持畅通并作为区域的重要航道，因此 Q2 站点与 Q1 站点及 Q3 站点的海底地形及底质有较明显的差别，从沉积物有机碳、石油类的分布特征也可以看出。与 Q2 站点相似，位于龙门附近的 Q7 站点及其附近的 Q5 站点也不在航道上，龙门中间的航道虽然水流较快，冲刷严重，但位于岸边的海汉却由于养殖较多及疏于疏浚，底质以泥质为主，而且由于多年的养殖导致底质老化，有机碳及硫化物含量较高，容易被重金属吸附。此外多年建设运行的龙门港就在这些站点附近，港口的船舶停靠及码头等也可能在之前就已给该区域输入了较多的重金属，并累积在沉积物中，导致了该区域重金属含量较高。与此相反，在茅尾海 Q1、Q3 及 Q4 等站点及钦州港中间的站点，由于位于航道及正在建设的钦州港附近，其经过经常性疏浚及冲刷，底质以较粗的砂质为主，重金属难以吸附，因此含量较低。而位于犀牛脚附近的 Q15 站点远离钦州港建设的航道而重金属浓度也相对较高，与龙门港附近的站点情况相似。此外，铅在紧邻钦州港保税港区的站点浓度最高，2012 年之前的几年正好是钦州港的大开发时期，保税港区也在这个时段内填海建设，可能表明该海区频繁的填海造陆活动或者港区的开发建设带来了较多的铅污染源，造成了该区域沉积物浓度明显高于其他海区。

3.3.4 沉积物环境质量演变

在 2010～2014 年的调查期间，钦州湾海域所有站点沉积物环境质量在多数年份都达到了《海洋沉积物质量》(GB 18668—2002）一类标准要求，包括 2010 年、2011 年和 2014 年，只有 2012 年极少部分的站点略有超一类标准的现象(表 3.3.5)，表明钦州湾沉积物环境质量总体上属于优良的等级，污染很轻或没有污染。

2012 年 83.3%站点海洋沉积物监测结果达到一类标准要求，超过一类标准要求的站点主要有 Q2 站点（有机碳超标，超标倍数为 0.05 倍)、Q7 站点（铜超标，超标倍数为 0.05 倍)、Q12 站点（铅超标，超标倍数为 0.01 倍)（站点位置见图 2.2.1 和表 3.3.6)。

表 3.3.5 钦州湾海洋沉积物环境质量类别统计 （单位：%）

海洋沉积物类别	一类	二类	三类	劣三类	沉积物功能区达标率
2010 年	100	0	0	0	100
2011 年	100	0	0	0	100
2012 年	83.33	16.67	0	0	100
2014 年	100	0	0	0	100

表 3.3.6　钦州湾海洋沉积物监测评价结果

站点	2010 年沉积物所属类别	2011 年沉积物所属类别	2012 年沉积物所属类别	2014 年沉积物所属类别
1#	一类	一类	一类	一类
2#	一类	一类	二类	一类
3#	一类	一类	一类	一类
4#	一类	一类	一类	一类
5#	一类	一类	一类	一类
6#	一类	一类	一类	一类
7#	一类	一类	二类	一类
8#	一类	一类	一类	一类
9#	一类	一类	一类	一类
10#	一类	一类	一类	一类
11#	一类	一类	一类	一类
12#	一类	一类	二类	一类
13#	一类	一类	一类	一类
14#	一类	一类	一类	一类
15#	一类	一类	一类	一类
16#	一类	一类	一类	一类
17#	一类	一类	一类	一类
18#	一类	一类	一类	一类

在 2001～2012 年的 7 次监测中，钦州湾海域沉积物综合污染指数在 1.43～2.63，茅尾海海域沉积物综合污染指数在 1.5～3.46（图 3.3.3）。通过采用秩相关系数法进行分析，钦州湾及其茅尾海海域沉积物综合污染指数变化趋势不显著。可见钦州湾海域沉积物综合污染指数变化幅度不大，总体沉积物质量基本保持稳定。茅尾海和钦州湾海域沉积物重金属综合污染指数变化范围主要集中在 1.0～2.0，变化趋势与沉积物综合污染指数相似，在 2005～2012 年变化不大，基本保持稳定（图 3.3.4）。

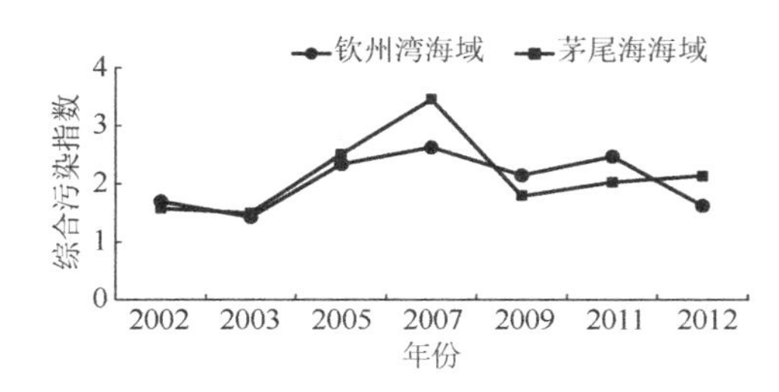

图 3.3.3　钦州湾及茅尾海沉积物综合污染指数年际变化

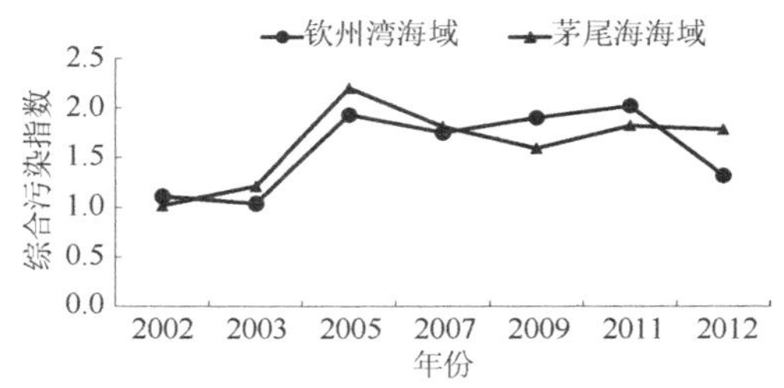

图 3.3.4　钦州湾及茅尾海海域沉积物重金属综合污染指数年际变化

从沉积物空间分布及评价等级结果可以看出，钦州湾沉积物重金属含量除了铅之外其他种类较高浓度的重金属主要分布在茅尾海（含龙门附近海域），较高浓度的有机碳和石油类也主要分布在茅尾海。为此，对茅尾海沉积物环境质量更长时间序列的变化趋势进行分析。茅尾海海域 2007～2016 年沉积物评价结果见图 3.3.5。除 2007 年及 2012 年沉积物环境为一般外，其余年份均为优良，超一类标准因子主要有石油类、有机碳和铜，2007 年偶有 1 个站点出现了石油类超标的情况，2012 年 2 个站点分别出现了有机碳和铜超标的情况，但超标倍数都很低，只是略高于一类标准限值。因此，从上述结果可以看出茅尾海在最近的十几年海洋沉积物质量总体优良，而且呈现出质量略微变好的趋势。

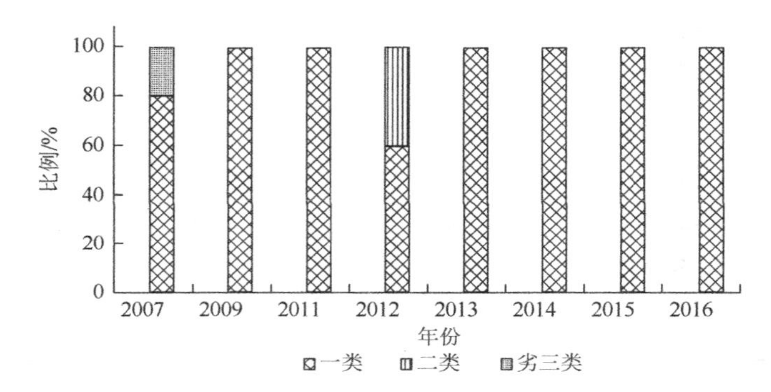

图 3.3.5　2007～2016 年茅尾海沉积物环境质量变化

采用瑞典地球化学家 Hàkanson（1980）建立的潜在生态风险指数法对沉积物重金属的生态风险进行评价，结果如表 3.3.7 所示，发现茅尾海区域沉积物潜在生态风险指数 RI 均小于 150，表明茅尾海沉积物重金属污染属于低生态风险范畴，7 种重金属潜在生态风险程度均小于 40，属于低风险等级。

表 3.3.7　茅尾海表层沉积物中重金属潜在生态风险评价

年份	潜在生态风险的程度 E_r^i							生态风险指数 RI	潜在风险等级
	铬	砷	铜	锌	镉	铅	总汞		
2007	0.54	4.68	1.37	0.33	2.52	1.21	6.00	16.64	低
2009	0.52	3.48	1.43	0.14	2.04	2.00	3.48	13.09	低
2011	0.15	3.68	1.75	0.31	4.20	1.76	9.00	20.85	低
2012	0.52	4.26	1.55	0.27	6.36	0.97	7.40	21.34	低
2013	1.06	1.73	1.14	0.37	9.60	1.11	10.84	25.84	低
2014	0.48	4.62	1.61	0.29	8.64	1.90	10.00	27.54	低
2015	0.46	2.76	1.28	0.30	11.16	1.08	5.48	22.53	低
2016	0.53	4.68	1.57	0.32	8.28	1.38	10.16	26.92	低

参 考 文 献

陈兰，蒋清华，石相阳，等，2016. 北部湾近岸海域环境质量状况、环境问题分析以及环境保护建议[J]. 海洋开发与管理，(6)：28-32.

邓琰，喻泽斌，周炎武，等，2017. 安铺港表层沉积物中重金属污染现状及潜在生态风险评价[J]. 海洋环境科学，36(3)：398-405.

广西壮族自治区北海海洋环境监测中心站，2012. 广西钦州湾环境变化对浮游植物群落结构的影响研究报告[R].

黄岁梁，万兆惠，王兰香，1995. 泥沙浓度和水相初始浓度对泥沙吸附重金属影响的研究[J]. 环境科学学报，15(1)：67-75.

徐争启，倪师军，庹先国，等，2008. 潜在生态危害指数法评价中重金属毒性系数计算[J]. 环境科学与技术，31(2)：112-115.

严伟才，李小云，2008. 颗粒态重金属对鱼类吸收累积影响综述[J]. 硅谷，(20)：4，73.

赵鹏，张荣灿，覃仙玲，等，2017. 北部湾钦州港近江牡蛎重金属污染分析[J]. 水产学报，41(5)：806-815.

中华人民共和国国家质量监督检验检疫总局，中国国家标准化管理委员会，2008. 海洋监测规范 第 4 部分：海水分析：GB 17378.4—2007[S]. 北京：中国标准出版社.

中华人民共和国国家质量监督检验检疫总局，中国国家标准化管理委员会，2008. 海洋监测规范 第 5 部分：沉积物分析：GB 17378.5—2007[S]. 北京：中国标准出版社.

Davison W，Zhang H，1994. In-situ speciation measurements of trace components in natural-waters using thin-film gels [J]. Nature，367(6463)：546-548.

Hàkanson L，1980. An ecological risk index for aquatic pollution control—A sediment logical approach[J]. Water Research，14(8)：975-1001.

Korfali S I，Davies B E，2003. A comparison of metals in sediments and water in the river Nahr-Ibrahim，Lebanon：1996 and 1999[J]. Environmental Geochemistry and Health，25(1)：41-50.

Tan Q G，Zhou W，Wang W X，2018. Modeling the Toxicokinetics of Multiple Metals in the Oyster *Crassostrea hongkongensis* in a Dynamic Estuarine Environment[J]. Eenvironmental Science & Technology，52：484-492.

Zarcinas B A，Rogers S L，2002. Copper，lead and zinc mobility and bioavailability in a river sediment contaminated with paint stripping residue[J]. Environmental Geochemistry and Health，24(3)：191-203.

第 4 章　钦州湾牡蛎重金属超标解析

牡蛎属于软体动物门、双壳纲、珍珠贝目、牡蛎科。牡蛎能够大量摄食悬浮有机颗粒物，是河口生态系统的重要次级消费者，也是沿海国家的重要海洋经济贝类。河口是牡蛎的主要分布地点和养殖区域，也是陆源污染物的汇集处。钦州湾是一个典型的河口海湾，也是广西及全国重要的牡蛎养殖基地，在钦州湾分布着大量的浮筏、插桩、沉排等多种养殖方式的牡蛎养殖片区，大蚝已然成为该海湾的一大名片。但在近年的监测结果却发现钦州湾的牡蛎生物质量每年均有出现超出《海洋生物质量》（GB 18421—2001）标准的三类标准的情况。河口牡蛎的重金属水平影响了牡蛎养殖业，引起了公众对牡蛎重金属污染问题的极大关注。

本章重点关注钦州湾贝类及其他鱼虾蟹等重要海洋经济生物的重金属含量，重点聚焦于牡蛎铜、锌含量较高的关键问题，探讨钦州湾牡蛎对重金属的富集机制，解析牡蛎铜、锌含量超标的突出问题，深入准确理解牡蛎的重金属浓度和食品安全，解决水产养殖者、环境监测者及消费者共同关心的重要问题。

4.1　钦州湾生物质量研究

4.1.1　调查分析方法

在钦州湾于 2010 年 6 月和 2012 年 5 月各进行一期海洋生物体环境质量（生物污染残留）的现场调查，站点布设见图 4.1.1 和图 4.1.2。调查的海洋生物主要为海洋经济种类，包括鱼、虾、贝、蟹共 4 种常见的海鲜大类群。海洋贝类在内湾和外湾均有采集，内湾布设 7 个站点，外湾布设 8 个站点。由于内湾养殖很多的贝类，滩涂较多，难以采集鱼类和甲壳类，所以鱼类和甲壳类主要在钦州湾的外湾及湾颈附近海区进行样品采集。

其中贝类生物质量的大面调查在 2010 年和 2012 年布设的站点相同，贝类种类也一致。原来计划在内湾采集当地养殖的香港巨牡蛎（*Crassostrea hongkongensis*）作为主要贝类种类，外湾采集文蛤作为主要贝类种类进行研究，由于 1#站点及 4#站点位于红树林内，周边没有牡蛎和文蛤等常见贝类，无法采集牡蛎和文蛤样品。1#站点所用的贝类种类是绿螂，其中采集红树蚬检测持久性有机污染物含量，4#站点采集的贝类是红树蚬，同时采集了文蛤检测持久性有机污染物。除此之外，2#～10#站点均采集香港巨牡蛎作为贝类代表种类，11#～15#

站点采集文蛤作为贝类代表。15#站点同时也采集了菲律宾蛤仔。

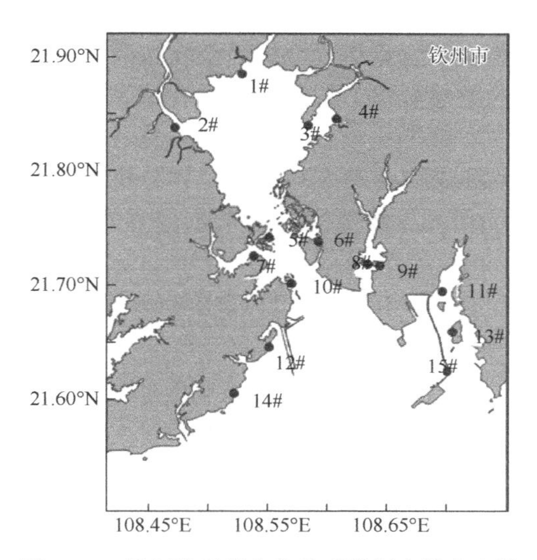

图 4.1.1　钦州湾贝类生物体质量调查站点布设

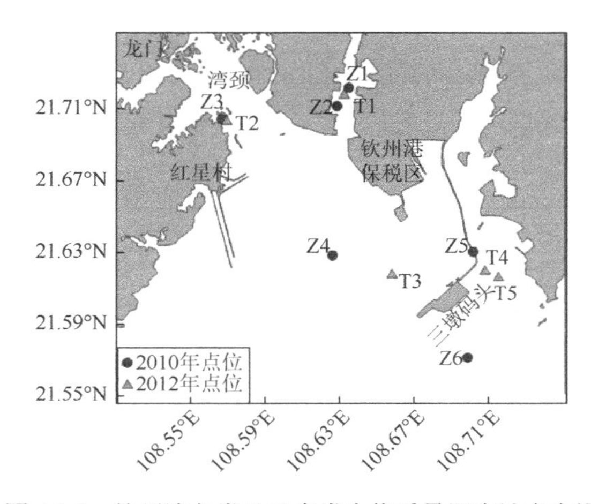

图 4.1.2　钦州湾鱼类及甲壳类生物质量调查站点布设

鱼类和虾蟹类样品在 2010 年和 2012 年的采集位置略有变化。生物样品通过现场采集当地常见的贝类和甲壳类或在现场养殖鱼排中采购，密封冷冻保存运回实验室进行前处理。各采样站点与种类信息见表 4.1.1，其中牡蛎和文蛤为钦州湾规模化养殖的主要经济种贝类，绿螂和红树蚬为当地自然生长种类。

样品的采集、保存、运输、前处理和实验室分析均依据国家《海洋监测规范》（GB17378—2007）提供的方法进行。

根据之前的研究，钦州湾海洋生物重金属中锌和铜的含量显著高于其他重金属，因此在后面 4.2 节中专门对牡蛎中铜和锌的含量进行研究，此部分内容不再对海洋生物中这 2 项重金属含量进行分析，仅在按照常规方法对生物体环境质量演变进行全项重金属的结果分析。钦州湾鱼类及甲壳类生物质量分析项目为石油烃、镉、汞、总铬、砷、铅等 6 项；贝类生物质量分析项目为石油烃、镉、汞、总铬、砷、铅、六六六和滴滴涕等 8 项，其具体分析方法、使用仪器和检出限见表 4.1.2。重金属含量为所测生物部位单位鲜重/湿重的含量。

表 4.1.1　海洋生物质量样品信息

监测站点	2010 年		2012 年	
	鱼类	甲壳类	鱼类	甲壳类
T1	—	—	牙鲅	—
T2	—	—	黑鲷	—
T3	—	—	—	梭子蟹
T4	—	—	鲈鱼	—
T5	—	—	—	虾类
Z1	鲈鱼	—	—	—
Z2	鳝鱼	—	—	—
Z3	黄鳍鲷	—	—	—
Z4	—	锈斑蟳	—	—
Z5	石斑鱼	—	—	—
Z6	—	虾类	—	—

表 4.1.2　生物残毒监测项目、分析方法、使用仪器及检出限（单位：mg/kg）

项目	分析方法	使用仪器	检出限
总铬	GB 17378.4—2007 火焰原子吸收分光光度法	AAS ZEEnit700 原子吸收光谱仪	0.04
铅	GB 17378.4—2007 无火焰原子吸收分光光度法		0.04
镉	GB 17378.4—2007 无火焰原子吸收分光光度法		0.005
汞	GB 17378.4 原子荧光法	AFS-9700 双道原子荧光光度计	0.002
砷	GB 17378.4 原子荧光法		0.2
石油烃	荧光分光光度法	RF-5301PC 荧光分光光度计	1
六六六	气相色谱法	美国 7890A 气相色仪	—
滴滴涕	气相色谱法		—

对于海洋鱼类和甲壳类生物质量评价，目前国家尚未颁布规范统一的评价标准，所以本次调查鱼类和甲壳类的评价采用《无公害食品 水产品中有毒有害物质限量》（NY 5073—2006）中规定的生物质量标准，其中汞的评价采用甲基汞的标准，砷的评价采用无机砷的标准，详见表 4.1.3。

表 4.1.3　鱼类及甲壳类生物质量评价标准　（单位：mg/kg）

类别	镉≤	无机砷≤	甲基汞≤	石油烃≤	铜≤	铅≤
鱼类	0.1	0.1	0.5	15	50	0.5
甲壳类	0.5	0.5	0.5	15	50	0.5

贝类生物质量采用《海洋生物质量》（GB 18421—2001）和《无公害食品水产品中有毒有害物质限量》（NY 5073—2006）两种评价标准来进行评价，其中汞的评价采用甲基汞的标准，砷的评价采用无机砷的标准，详见表 4.1.4。

表 4.1.4　贝类生物质量评价标准　（单位：mg/kg）

项目	《海洋生物质量》（GB 18421—2001）			《无公害食品 水产品中有毒有害物质限量》（NY 5073—2006）
	一类	二类	三类	
石油烃≤	15	50	80	15
镉≤	0.2	2.0	5.0	1.0
汞≤	0.05	0.10	0.30	0.5（甲基汞）
总铬≤	0.5	2.0	6.0	—
砷≤	1.0	5.0	8.0	0.5（无机砷）
铅≤	0.1	2.0	6.0	1.0
六六六≤	0.02	0.15	0.50	—
滴滴涕≤	0.01	0.10	0.50	—

评价方法采用单因子标准指数法，标准指数的计算公式如下：

$$S_{i,j} = c_{i,j} / c_{si}$$

式中，$S_{i,j}$为单项评价因子 i 在 j 站点的标准指数；$c_{i,j}$为单项评价因子 i 在 j 站点的实测值；c_{si}为单项评价因子 i 的评价标准值。

以单因子标准指数 1.0 作为该因子是否对生物体产生污染的基本分界线，小于 0.5 表示生物体未受该因子污染，介于 0.5～1.0 表示生物体受到该因子污染，但未超出标准，大于 1.0 表示超出标准，生物体已受到该因子污染。

4.1.2　鱼类及甲壳类污染物含量

钦州湾鱼类及甲壳类生物质量调查结果见表 4.1.5 和图 4.1.3。

（1）鱼类

钦州湾鱼类石油烃在 T1 站点的牙鲅中未检出，在 Z3 站点的黄鳍鲷中含量最高，其他站点的石油烃含量差别不大，其中 T1 站点和 Z2 站点均位于内湾近外湾的湾口附近。

镉含量从总体上来说水平不高，其中 T1 站点的牙鲅镉含量最低，T4 站点的鲈鱼含量最高。

汞在 T2 站点的黑鲷中含量最低，在 Z1 站点的鲈鱼中含量最高，由图 4.1.3 可看出，2010 年的各站点鱼体汞含量普遍高于 2012 年。

总铬在 Z1 站点的鲈鱼和 T2 站点的黑鲷中含量最低，在 T4 站点的鲈鱼中含量最高，2010 年各站点鱼体总铬含量较均匀。

砷在 T4 站点的鲈鱼中含量未检出，在 Z2 站点的鳝鱼中含量最高，2010 年各站点鱼体砷含量普遍高于 2012 年。

铅在 Z1、Z2 和 Z3 三个站点中均未检出，在 Z5 站点的石斑鱼中含量最高。

（2）蟹类

钦州湾蟹类两站点石油烃含量不高，相差 0.3 倍，数值差别不大；镉含量相差 2.5 倍；汞含量相差 3.8 倍；总铬含量相差 0.9 倍；砷含量相差 0.7 倍；铅含量相差 16.5 倍，差别明显。

（3）虾类

钦州湾虾类两站点石油烃含量不高，相差 1.2 倍，数值差别不大；镉含量相差 0.7 倍；汞含量相差 2.2 倍；总铬含量相差 1.6 倍；砷含量相差 6 倍，差别较大；铅含量相差 3 倍。

表 4.1.5　钦州湾鱼类及甲壳类生物质量调查结果　（单位：mg/kg）

分析项目	鱼类		虾类		蟹类	
	浓度范围	平均值	浓度范围	平均值	浓度范围	平均值
石油烃	＜1.0～43.0	10.9	5.0～11.0	8.0	3.0～4.0	3.5
镉	0.007～0.032	0.018	0.012～0.020	0.016	0.042～0.147	0.094
汞	0.009～0.087	0.052	0.008～0.026	0.017	0.013～0.062	0.038
总铬	0.18～0.44	0.24	0.16～0.42	0.29	0.29～0.55	0.42
砷	＜0.2～1.3	0.8	＜0.2～0.7	0.4	0.3～0.5	0.4
铅	＜0.04～0.14	0.05	＜0.04～0.04	0.02	＜0.04～0.35	0.18

注：“＜”代表未检出，紧接的数值为检出限

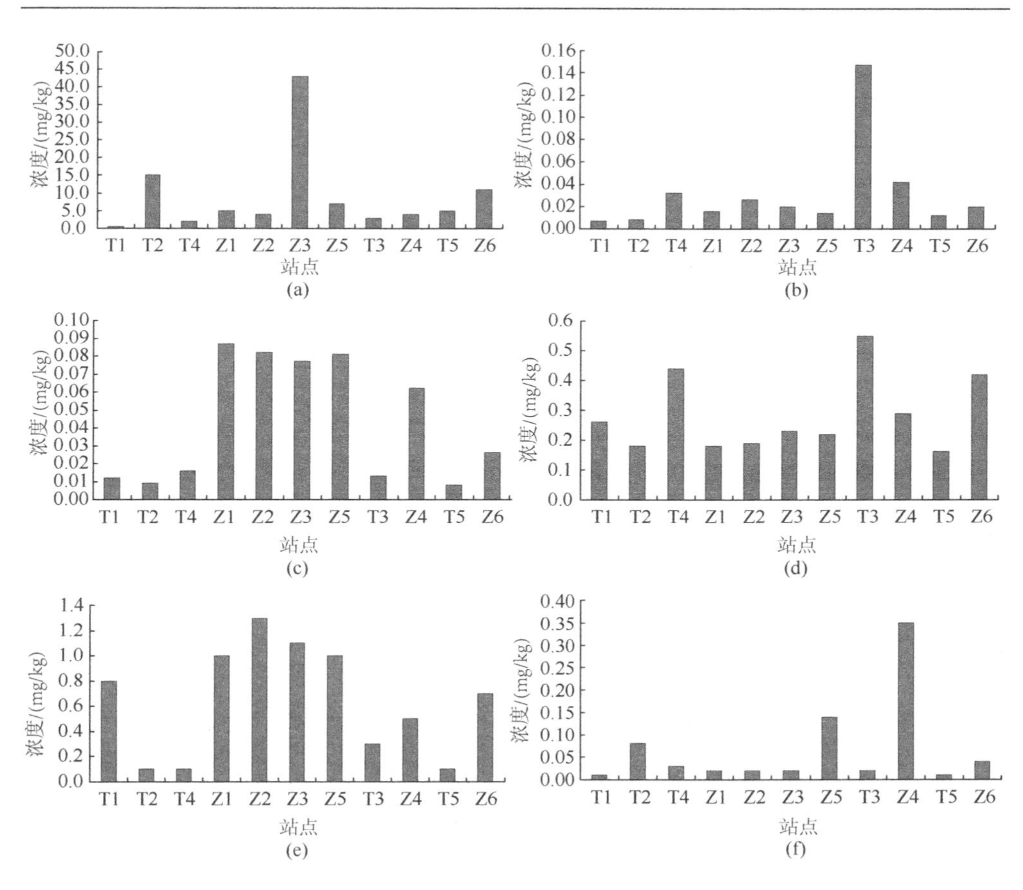

图 4.1.3 钦州湾鱼类及甲壳类生物质量调查结果

(a) 石油烃；(b) 镉；(c) 汞；(d) 总铬；(e) 砷；(f) 铅

4.1.3 贝类污染物含量

（1）不同区域贝类生物质量分析

钦州湾贝类生物质量调查结果见表 4.1.6 和图 4.1.4（六六六和滴滴涕除外）。

表 4.1.6 钦州湾贝类生物质量调查结果 （单位：mg/kg）

分析项目	浓度范围	内湾平均值	外湾平均值	海区平均值
石油烃	7.9～42.7	21.5	13.6	17.3
镉	0.122～3.610	1.960	0.580	1.224
汞	0.005～0.035	0.023	0.011	0.016

续表

分析项目	浓度范围	内湾平均值	外湾平均值	海区平均值
总铬	0.09～0.22	0.16	0.12	0.14
砷	0.1～0.8	0.4	0.5	0.4
铅	0.01～0.23	0.07	0.03	0.05

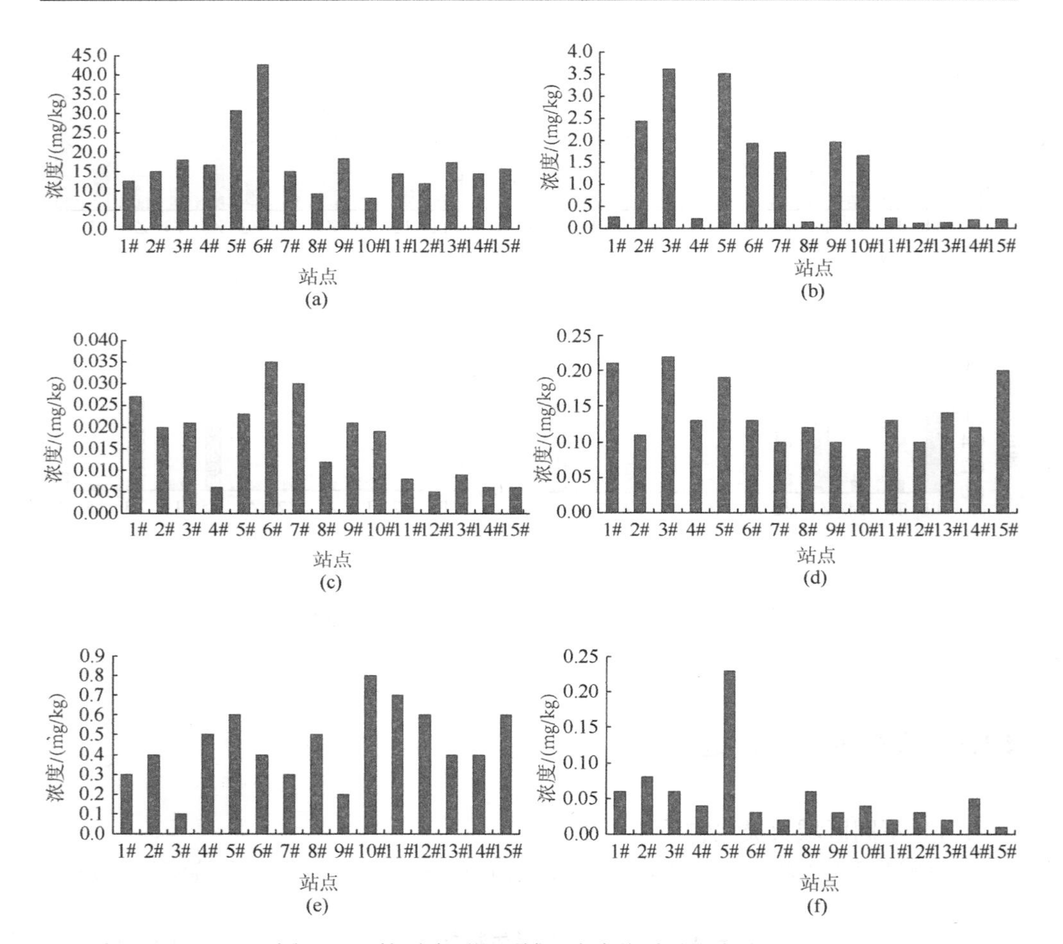

图 4.1.4 钦州湾不同区域贝类生物质量调查结果

(a) 石油烃；(b) 镉；(c) 汞；(d) 总铬；(e) 砷；(f) 铅

钦州湾贝类生物质量从空间分布上看，除砷的内湾平均值略低于外湾外，其他分析项目均是内湾平均值高于外湾平均值。

石油烃：石油烃含量除 5#站点和 6#站点数值较高外，整体水平较为均匀，最低值出现在 10#站点，最高值出现在 6#站点。

镉：钦州湾各站点贝类镉含量差别较大，总体看内湾水平高于内湾，最低值出现在 12#站点，最高值出现在 3#站点。

汞：内湾汞含量除 4#站点外整体水平较高，外湾水平相对稍低，并由湾顶向湾外方向有降低趋势。最低值出现在 12#站点，最高值出现在 6#站点。

总铬：内湾各站点贝类总铬含量有一定差别，而外湾除 15#站点外，整体水平较为平均，最低值出现在 10#站点，最高值出现在 3#站点。

砷：砷含量在内湾分布趋势为由湾顶到湾口先升高后降低；外湾整体水平稍高于内湾，其分布趋势为由湾口向湾外逐渐降低，最低值出现在 3#站点，最高值出现在 10#站点。

铅：除 5#站点数值特别高外，其他站点铅含量平均水平稍高于外湾，最低值出现在 15#站点，最高值出现在 5#站点。

六六六：钦州湾贝类六六六含量监测结果数值均低于检出限。

滴滴涕：位于钦州湾内湾东面的 4#站点贝类滴滴涕含量低于检出限，而外湾金鼓江附近 9#站点的数值则超过了《海洋生物质量》（GB 18421—2001）一类标准。

（2）不同种类贝类生物质量分析

钦州湾不同种类贝类生物质量调查结果见图 4.1.5，其中牡蛎和文蛤为海区平均值。

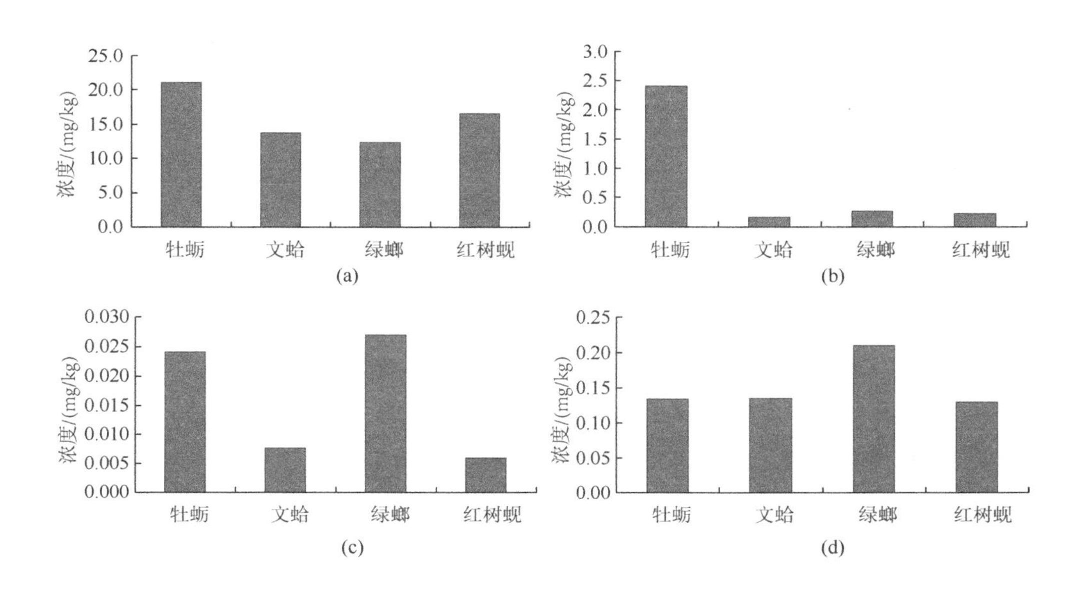

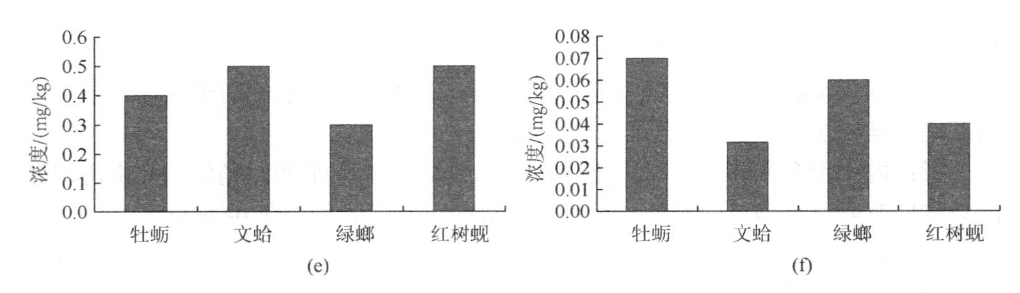

图 4.1.5　钦州湾不同种类贝类生物质量调查结果

（a）石油烃；（b）镉；（c）汞；（d）总铬；（e）砷；（f）铅

石油烃：牡蛎＞红树蚬＞文蛤＞绿螂；

镉：牡蛎＞绿螂＞红树蚬＞文蛤；

汞：绿螂＞牡蛎＞文蛤＞红树蚬；

总铬：绿螂＞文蛤＞牡蛎＝红树蚬；

砷：文蛤＝红树蚬＞牡蛎＞绿螂；

铅：牡蛎＞绿螂＞红树蚬＞文蛤。

不同种类贝类生物对污染物的富集程度不同，由图 4.1.5 可以看出，牡蛎对石油烃、镉和铅的富集程度较高，尤其是镉含量远远高于其他种类，其汞含量仅次于绿螂；绿螂对汞和总铬的富集程度是最高的，其镉和铅含量仅次于牡蛎；文蛤和红树蚬对砷的富集程度最高，而对其他五种污染物的富集优势度不明显。

4.1.4　钦州湾生物质量

（1）鱼类及甲壳类

采用《无公害食品 水产品中有毒有害物质限量》（NY 5073—2006）中相关标准对鱼类及甲壳类生物质量进行评价，结果见表 4.1.7。本次调查中，除了石油烃之外，钦州湾外湾鱼类和虾类各项目标准指数均小于 0.50，符合评价标准且生物质量较好。外湾 Z3 站点和 T2 站点鱼类的石油烃达到或超出了无公害水产品中有毒有害物质限量的石油烃限值。蟹类中 T3 站点的梭子蟹镉含量略高，其污染指数为 0.29，其他三项均符合评价标准；Z4 站点的锈斑虫寻各项均符合评价标准，其中铅的标准指数为 0.70，未超出标准，但已受到污染。

表 4.1.7　钦州湾鱼类及甲壳类生物质量标准指数

站点	种类		镉	汞	石油烃	铅
T1	鱼类	牙鲺	0.07	0.02	0.03	0.02
T2		黑鲷	0.08	0.02	1.00	0.16

续表

站点	种类		镉	汞	石油烃	铅
T4	鱼类	鲈鱼	0.32	0.03	0.13	0.06
Z1		鲈鱼	0.16	0.17	0.33	0.04
Z2		鳝鱼	0.26	0.16	0.27	0.04
Z3		黄鳍鲷	0.20	0.15	2.87	0.04
Z5		石斑鱼	0.14	0.16	0.47	0.28
T3	甲壳类	梭子蟹	0.29	0.03	0.20	0.04
Z4		锈斑蟳	0.08	0.12	0.27	0.70
T5		虾类	0.02	0.02	0.33	0.02
Z6		虾类	0.04	0.05	0.73	0.08

（2）贝类

采用《无公害食品　水产品中有毒有害物质限量》（NY 5073—2006）中相关标准对钦州湾贝类生物质量进行评价，结果见表4.1.8。评价结果显示，牡蛎体内的镉全部超出标准值，其他贝类体内的镉都达标。贝类体内的汞和铅都达到无公害水产品中有毒有害物质的限值要求，且标准指数绝大多数均小于0.1，这说明钦州湾贝类生物未受到汞和铅的污染。所调查的15个样品中，有一半的贝类石油烃超出了无公害水产品有毒有害限值，主要是牡蛎。

采用《海洋生物质量》（GB 18421—2001）相关标准，以镉作为评价项目，对贝类生物质量进行评价。评价结果表明，本次调查中属于一类海洋生物质量的有4个站点，属于二类海洋生物质量的有8个站点，属于三类海洋生物质量的有3个站点，钦州湾贝类生物质量空间分布见表4.1.9。

表4.1.8　钦州湾贝类生物质量标准指数

站点	种类	镉	汞	石油烃	铅
1#	绿螂	0.26	0.05	0.83	0.06
2#	牡蛎	2.44	0.04	1.00	0.08
3#	牡蛎	3.61	0.04	1.20	0.06
4#	红树蚬	0.23	0.01	1.11	0.04
5#	牡蛎	3.52	0.05	2.05	0.23
6#	牡蛎	1.93	0.07	2.85	0.03
7#	牡蛎	1.73	0.06	0.99	0.02
8#	文蛤	0.15	0.02	0.61	0.06

续表

站点	种类	镉	汞	石油烃	铅
9#	牡蛎	1.96	0.04	1.21	0.03
10#	牡蛎	1.65	0.04	0.53	0.04
11#	文蛤	0.24	0.02	0.95	0.02
12#	文蛤	0.12	0.01	0.79	0.03
13#	文蛤	0.14	0.02	1.15	0.02
14#	文蛤	0.19	0.01	0.95	0.05
15#	文蛤	0.20	0.01	1.04	0.01

表 4.1.9　钦州湾贝类生物质量空间分布

评价项目	一类	二类	三类
石油烃	1#、2#、7#、8#、10#、11#、12#、14#	3#、4#、5#、6#、9#、13#、15#	—
镉	8#、12#、13#、14#	1#、4#、6#、7#、9#、10#、11#、15#	2#、3#、5#
汞	1#～15#	—	—
总铬	1#～15#	—	—
砷	1#～15#	—	—
铅	1#～15#	—	—
六六六	1#、4#、9#	—	—
滴滴涕	4#	1#、9#	—

综上所述，2012 年钦州湾贝类生物质量调查中，与海洋生物质量等级一类、二类和三类相对应的内湾站点数量分别为 0 个、4 个和 3 个，外湾站点数量分别为 3 个、5 个和 0 个。从分布区域上看，钦州湾外湾贝类生物质量受污染物的影响程度小于内湾。

属于三类生物质量的 2#站点、3#站点和 5#站点样品均为牡蛎，且位于内湾；属于一类生物质量的 8#站点、12#站点、13#站点和 14#站点样品均为文蛤，且位于外湾。从不同种类贝类对污染物富集程度大小来看，文蛤受污染物的影响程度比牡蛎要小。

4.1.5　钦州湾生物质量演变

上述对 2012 年海洋生物质量的评价移除了钦州湾中生物体含量最高的锌和铜。为了正常反映钦州湾海洋生物质量的变化特征，在进行变化趋势分析时仍将锌和铜这两项重金属项目加入海洋生物质量的常规评价中。

把铜和锌加入评价后，2010 年和 2012 年钦州湾贝类海洋生物体生物质量变化如表 4.1.10 所示，2010 年的海洋生物质量较差，2012 年比 2010 年略微变好。2010～2012 年有 2 个站点均出现超三类的项目，主要超标的项目是铜和锌。

表 4.1.10　贝类海洋生物质量类别统计表　（单位：%）

贝类海洋生物类别	一类	二类	三类	劣三类
2010 年	18.18	27.27	18.18	36.36
2012 年	9.09	54.55	9.09	27.27

为进一步了解钦州湾海洋生物质量演变，引用广西海洋环境监测中心站在 2011～2014 年开展的广西金桂浆纸业有限公司林浆纸一体化工程年产 60 万 t 高档纸板项目海洋环境影响跟踪监测的监测结果进行分析，因海洋生物质量评价采用的是双壳贝类，因此仍采用其贝类的监测结果，其监测站点见图 4.1.6。

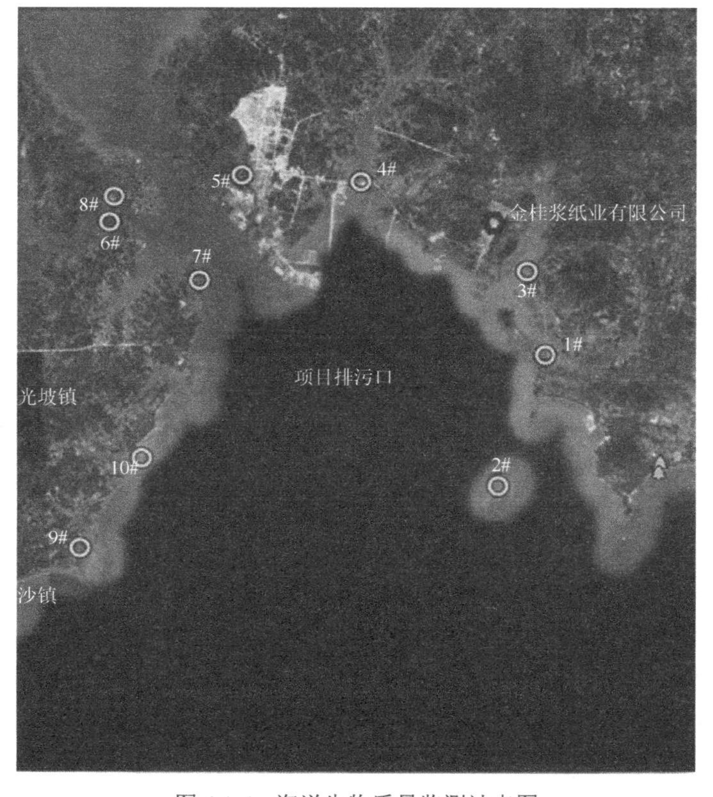

图 4.1.6　海洋生物质量监测站点图

所调查海域主要位于钦州港的周边，共 10 个站点，2011～2014 年共监测了 3 期，除了 2013 年之外每年监测 1 期。

2011 年海洋生物质量监测结果 30%站点达到《海洋生物质量》（GB 18421—2001）二类标准要求，40%站点达到三类标准要求，30%站点为劣三类；2012 年 50%站点达到二类标准要求，20%站点达到三类标准要求，30%站点为劣三类；2014 年 20%站点达到一类标准要求，40%站点达到二类标准要求，40%站点为劣三类。2014 年与 2011 年比较，海洋生物质量变好的站点占 40%，持平的占 50%，变差的占 10%（表 4.1.11）。

表 4.1.11　贝类生物质量监测结果评价表

站点	生物种类	2011 年		2012 年		2014 年		
		贝类所属类型	超三类项目	贝类所属类型	超三类项目	贝类所属类型	超三类项目	与 2011 年比较
1#	文蛤	二类	—	二类	—	一类	—	变好
2#	菲律宾蛤仔	三类	—	二类	—	一类	—	变好
3#	文蛤	三类	—	二类	—	二类	—	变好
4#	文蛤	二类	—	三类	—	二类	—	持平
5#	牡蛎	劣三类	锌、石油烃	劣三类	铜	劣三类	铜、锌	持平
6#	牡蛎	劣三类	铜、锌	劣三类	铜	劣三类	锌	持平
7#	牡蛎	三类	—	三类	—	劣三类	锌	变差
8#	牡蛎	劣三类	铜	劣三类	铜、锌	劣三类	铜、锌	持平
9#	文蛤	二类	—	二类	—	二类	—	持平
10#	文蛤	三类	—	二类	—	二类	—	变好

注：所用的牡蛎为香港巨牡蛎

由上述的分析可见，2012 年整个钦州湾的海洋生物质量略比 2010 年变好，牡蛎类的生物质量等级也略有变好。而钦州港附近的海洋生物质量也在 2014 年比 2011 年非牡蛎贝类变好，这表明了在 2010～2014 年，非牡蛎贝类的生物质量略有变好的趋势，而牡蛎的生物质量没有明显的变化趋势，基本都在较差的质量等级。

贝类生物质量演变的原因可能与贝类生长对重金属的累积和水体中重金属含量变化有明显滞后有关。项目所采集的贝类，监测规范上没有具体要求采集贝类个体的大小和年龄，因此为了采集的方便和处理的方便，通常在海洋生物质量采样中都采集较大的成体样品，以牡蛎为例，采集较大的牡蛎个体，其生长年龄通常都在 2～3 年。从 3.1 节可以看到钦州湾水体中重金属污染指数在 2007～2010 年有下降的趋势，而在 2010～2012 年又上升。虽然 2010 年是当时几年内水体中重金属污染指数最低的年份，但由于贝类生长长时间过程中对重金属的累积，反而当年的海洋生物体内重金属含量较高，海洋生物质量也较差， 2011～2012 年略微变好，但到 2014 年由于水体重金属含量的再次增加，在牡蛎等富集较快的种类上没有持续变好反而变差。

4.2 钦州湾牡蛎重金属含量

4.2.1 调查分析方法

在以往广西近岸海域海洋生物质量监测中，所采集的香港巨牡蛎的重金属含量尤其是锌、铜和镉的含量都明显高于其他生物种类（4.1.3 节），海洋生物质量超三类标准的也主要是香港巨牡蛎的锌和铜超标（表 4.1.11），因此对牡蛎重金属含量进行专门分析，以进一步深入了解钦州湾贝类尤其是牡蛎重金属的含量特征。

从钦州湾海洋生物质量的监测调查中筛选出香港巨牡蛎的样品进行牡蛎重金属含量的专项研究，主要采取 2010 年、2011 年、2012 年和 2014 年共 4 年的监测结果，主要采集钦州湾湾颈龙门附近海域的图 4.1.6 中的 4#～8#共 5 个站点的样品，牡蛎重金属的测定按照《海洋监测规范 第 6 部分：生物体分析》（GB 17378.6—2007）进行测定，其监测采样及分析方法见 4.1.1 节。重金属含量为所测牡蛎去壳部分单位鲜重/湿重的平均含量。

海洋生物质量监测通常是采集香港巨牡蛎的成体，而且是采集数个至数十个成体，进行匀浆打碎混合后取样进行检测，虽然能代表这些个体的平均重金属含量，但却忽略了个体之间的差异。

为了进一步探明钦州湾牡蛎体内重金属的含量，2016 年 7 月～2017 年 3 月分别于丰水期、平水期和枯水期与海水中溶解生物有效态重金属进行同步监测，研究了牡蛎体内的重金属。由于牡蛎养殖过程的人为因素（如苗种的选择、养殖地点的转移等）可能对牡蛎的重金属累积产生影响。因此在现场航次中分别采集了养殖牡蛎与野生牡蛎。养殖牡蛎主要采集挂养在蚝排上的牡蛎，样品采样站点与海水重金属一致（图 3.1.1）。野生牡蛎主要采集固定生长在码头、航标或礁石上的牡蛎，其采样站点见图 4.2.1。由于牡蛎的重金属含量具有明显的个体差异性与种类差异性，通过大规模采集不同地点和不同季节的牡蛎样本，有利于掌握钦州湾牡蛎重金属含量的整体水平和季节变化特征。在站点附近采集牡蛎样品，带回实验室测定，每个站点采集牡蛎个体数量不低于 20 个。

牡蛎按照个体样品分别进行处理和测定。采集的牡蛎送到深圳大学的实验室

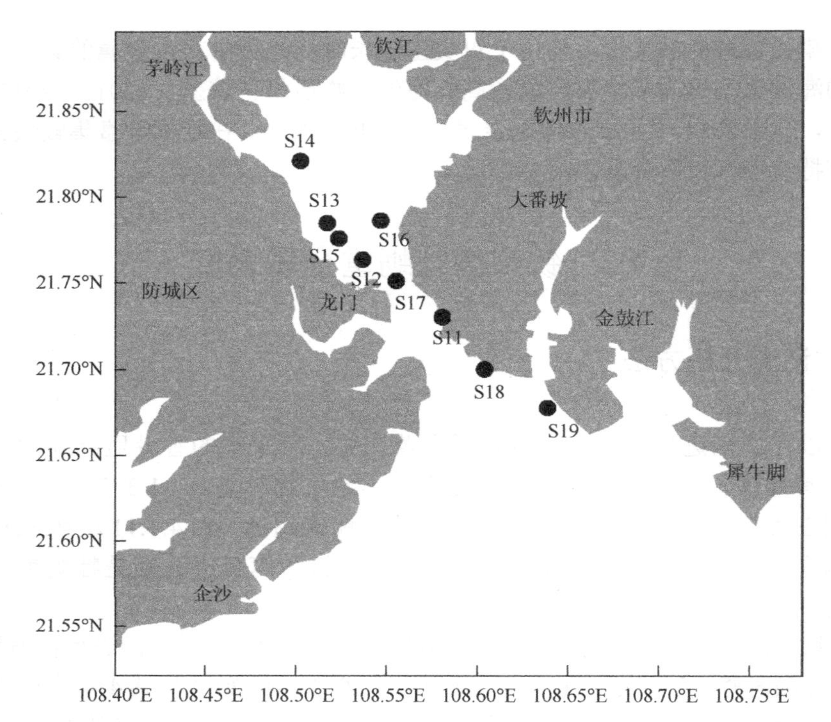

图 4.2.1　钦州湾野生牡蛎采样站点布设

后保存在–20℃下。待分析时，将冷藏的牡蛎样品解冻，在干净的托盘上将牡蛎软组织解剖取出。将剖离的贝肉组织置于离心管内，记录湿重。用德国 IKA-T25 匀浆机搅拌成单一均匀的浆液后冻干成块，然后将其磨成粉末。每个样品经 24 h 二次冻干，记录干重后保存于干燥箱。如果牡蛎的个体较小（湿重＜0.5 g），则将整块肉组织冻干，经研磨消解后测定。称取约 0.1 g 的牡蛎样品干粉，加入 3 ml70%浓硝酸（西格玛奥德里奇 Sigma-Aldrich，痕量金属级）和 200 μl 过氧化氢，静置半小时。待样品完全溶解后加热到 110℃，消解至溶液完全澄清后，定容至 10 ml。用电感耦合等离子体质谱仪（PerkinElmerNexION300X）测定镉、锌、铜、铅、铬、镍等金属。根据牡蛎个体干重将样品中的重金属含量单位换算为 μg/g。

生物富集重金属的能力通常用生物富集系数 K 来表示，计算公式如下（Kenaga，1980）：

$$K = C_1/C_2$$

其中，C_1 表示污染物质在生物体的浓度（μg/g）；C_2 表示海水中污染物质浓度（μg/g）。

研究认为，当水生生物对某种污染物的富集系数 K 大于 1000 时，即认为有潜在的严重累积问题（Kenaga，1980）。

4.2.2　牡蛎重金属平均浓度

按照常规的采样和处理方法，采集成体的养殖牡蛎，先对多个牡蛎软体部分进行匀浆混匀后，再进行处理、检测和分析，得到牡蛎鲜重的重金属平均浓度。2010～2014 年钦州湾各个站点香港巨牡蛎体内平均重金属含量见表 4.2.1。牡蛎体内主要重金属含量由高到低主要为锌、铜、镉、砷、铅、总铬和汞。2010～2014 年牡蛎体内重金属含量，各年平均值的变化范围分别为：锌 436.1～741.1 mg/kg，铜 86.4～119.4 mg/kg，镉 1.15～2.41 mg/kg，砷 0.4～0.9 mg/kg，总铬 0.10～0.34 mg/kg，铅 0.10～0.54 mg/kg，汞 0.012～0.027 mg/kg，表明牡蛎重金属的含量在各年之间的波动较大，而且在 2010～2014 年牡蛎体内各类重金属的变化不尽一致。

表 4.2.1　牡蛎体内重金属含量　（单位：mg/kg）

项目	总铬	砷	铜	锌	镉	铅	汞
最小值	0.09	0.2	45.8	281.0	0.127	0.10	0.004
最大值	1.06	1.3	158.0	817.0	3.390	0.83	0.038
平均值	0.17	0.6	104.8	510.8	1.801	0.28	0.020

在各类重金属中，香港巨牡蛎对于锌、铜和镉具有明显的累积优势，尤其是锌和铜，香港巨牡蛎体内的锌和铜的含量比其他双壳贝类及鱼虾蟹类高出 1～2 个数量级。图 4.2.2 是 2010 年和 2012 年所采集到的各种生物体内锌和铜含量的平均值的比较。牡蛎中锌的含量是菲律宾蛤仔等锌含量较低的贝类及鱼类的 100 倍左右，

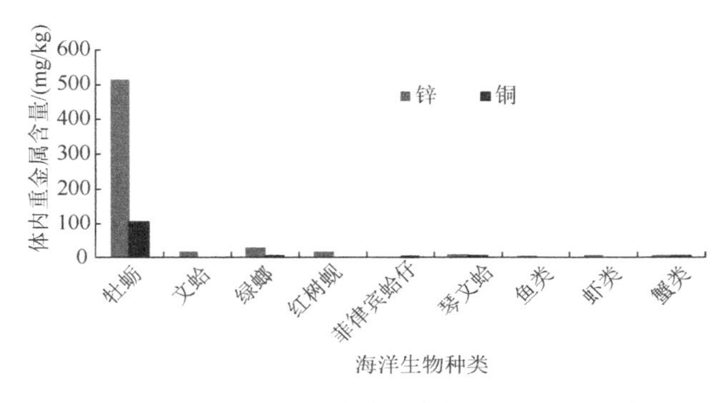

图 4.2.2　钦州湾海洋生物体内的铜、锌含量比较

即使是其他一些锌含量较高的种类，如绿鲫、红树蚬等，牡蛎体内锌的含量也是它们体内含量的 10 倍以上甚至数十倍。牡蛎体内的铜含量接近于鱼类体内含量的 100 倍，也是其他贝类和虾类体内铜含量的几十倍。同一片海域中的其他海洋生物体内的锌和铜含量基本上跟牡蛎都不在一个数量级上，牡蛎体内的锌和铜含量是钦州湾所有海洋生物中最高的生物种类。

与国内其他区域的观测结果相比，钦州湾牡蛎镉、锌、铜的浓度偏高，整体重金属含量明显高于桑沟湾、渤海湾、石臼坨岛和闽南沿海等海区的牡蛎重金属含量，锌和铜含量也明显高于象山湾、广东沿海、山东乳山、宁海、大连湾等海区。在 2010～2014 年的调查监测结果略低于赵鹏等（2017）2015 年在钦州湾的调查监测结果，他们检测到钦州湾牡蛎锌含量在 240.4～1057.9 mg/kg，铜在 49.4～260.2，比表 4.2.2 中所示的钦州湾牡蛎铜、锌含量略高。结合 2010～2014 年及赵鹏等（2017）2015 年的结果，钦州湾牡蛎重金属的含量整体低于污染河口，如九龙进口、连云港和荣成湾，与浙江乐清湾的结果相当（表 4.2.2）。由此表明，钦州湾牡蛎重金属的含量处于我国海区中的中上水平，虽然与污染严重的区域略低，但显著高于无污染或轻污染的海区。

表 4.2.2　国内部分区域采集的牡蛎重金属湿重浓度的比较（单位：μg/g）

采样区域	镉	锌	铜	镍	铅	铬	备注
大连湾	1.98	72.9	18.4	0.45	0.26	1.12	庞艳华等（2012）
渤海湾	0.42 (0.26～0.60)	36.0 (10.9～53.1)	19.8 (9.9～39.8)	—	0.17 (BDL～0.43)	—	马丹（2015）
山东乳山	1.38±0.09	—	37.3±3.1	—	0.38±0.02	0.69±0.05	王立明等（2016）
连云港	11.43±0.49	—	706.0±9.6	—	5.29±0.56	—	曾艳霞等（2013）
象山	2.13	—	1.7	—	3.72	0.39	蔡艳等（2016）
荣成湾	7.72	1982.0	298.3	—	10.72	9.72	赵帅（2012）
桑沟湾	0.74	0.37	0.43	—	0.12	—	孙丕喜等（2014）
石臼坨岛	0.18	23.7	—	—	0.34	—	孙元敏等（2015）
浙江乐清	2.13	667	491	—	0.29	—	母清林等（2013）
宁海	2.70	—	4.0	—	4.95	0.21	蔡艳等（2016）
福建闽南沿海	0.34	—	20.3	n.d	0.15	—	刘海新等（2017）
海口湾	0.69±0.01	101.7±1.9	161.7±0.7	—	1.20±0.02	2.99±0.04	邓承玉等（2013）
广东及广西沿海	0.47±0.11	50.3±5.5	12.3±3.5	0.16±0.05	0.34±0.09	0.20±0.05	王增焕和王许诺（2014）
钦州湾	0.33～0.86	240.4～1057.9	49.4～260.2	—	—	BDL～1.2	赵鹏等（2017）

注：BDL 表示未检出

4.2.3　牡蛎重金属个体浓度

2016～2017 年丰水期、枯水期、平水期的牡蛎重个体单独采样分析的金属浓度数据如表 4.2.3 所示。所有牡蛎均可检出 Cd、Zn、Cu、Ni、Pb、Cr 等重金属元素。牡蛎体内不同金属的浓度范围变化较大，以干重计算，Cd 为 5.00～72.20 μg/g，Zn 为 282.9～17003.6 μg/g，Cu 为 37.1～4012.6 μg/g，Pb 为 0.15～12.68 μg/g，Ni 为 0.37～63.15 μg/g，Cr 为 0.30～115.25 μg/g。以湿重计算，Cd 为 0.17～7.69 μg/g，Zn 为 40.2～2149.7 μg/g，Cu 为 2.9～490.6 μg/g，Pb 为 0.02～2.43 μg/g，Ni 为 0.04～8.16 μg/g，Cr 为 0.04～11.43 μg/g。

牡蛎个体重金属含量差异显著，而且不同水期重金属的变异系数也有较大差别，平水期 Ni、Pb、Cr 的变异系数超过 100%，表明不同个体的 Ni、Pb、Cr 浓度差异较大，例如，不同牡蛎个体的 Cr 浓度的差异超过 300 倍。相对而言，牡蛎个体中的镉和锌的变异系数较低，个体之间的差异相对较小。

表 4.2.3　钦州湾牡蛎重金属浓度

	丰水期					
	Cd	Zn	Cu	Pb	Ni	Cr
最小值 μg/g，干重	7.86	1 472.6	73.0	0.15	0.37	0.33
最大值 μg/g，干重	72.20	17 003.6	4 012.6	11.77	63.15	46.02
平均值 μg/g，干重	25.38	6 410.4	1 138.7	1.86	8.44	10.65
变异系数/%	44.9	44.0	61.9	86.4	71.1	79.4
	枯水期					
	Cd	Zn	Cu	Pb	Ni	Cr
最小值 μg/g，干重	5.00	282.9	37.1	0.56	0.88	1.26
最大值 μg/g，干重	48.61	16 100.7	2 827.7	10.78	34.75	54.95
平均值 μg/g，干重	16.55	4 725.2	754.4	2.48	6.95	7.44
变异系数/%	39.9	56.8	78.4	74.0	73.1	93.9
	平水期					
	Cd	Zn	Cu	Pb	Ni	Cr
最小值 μg/g，干重	6.53	969.7	98.4	0.15	0.83	0.30
最大值 μg/g，干重	47.47	14 728.4	2 798.2	12.68	48.91	115.25
平均值 μg/g，干重	15.73	4 624.4	817.6	1.38	7.00	9.09
变异系数/%	40.1	53.8	65.2	106.5	105.1	138.8

个体大小、种类、季节及牡蛎生长的地理位置均对牡蛎的重金属含量有不同程度的影响。牡蛎体内的 Cd、Zn、Cu、Ni、Pb、Cr 浓度（单位体重浓度）均随个体重量的增加而减小，个体的干重越低，重金属含量越高，反之亦然。这种减小的趋势在不同季节中均有表现，而且 Cd、Ni、Pb、Cr 的表现尤其明显。在季节影响方面，丰水期牡蛎的 Cd、Zn、Cu、Ni 含量比枯水期和平水期高。枯水期牡蛎的 Pb 含量比丰水期和平水期高。不同种类的牡蛎的重金属浓度也存在一定差异。丰水期近江牡蛎的 Cd、Cu 含量比团聚牡蛎高，但 Ni、Cr 含量比团聚牡蛎低。在枯水期，团聚牡蛎的 Zn、Cu、Cr 含量比近江牡蛎高。在平水期，两种牡蛎的重金属含量并没有明显区别。牡蛎生长的地理位置也对其重金属含量有重要影响，盐度越低牡蛎体内的重金属含量越高。位于茅尾海几个入海河口附近海区的牡蛎重金属含量往往比钦州港等靠外海区牡蛎的高，这种趋势在丰水期和枯水期较为明显。个别站点的牡蛎重金属含量比周边站点高，例如，丰水期和枯水期 S7 站点的 Zn、Cu 含量均高于其附近游站点，表明此处可能存在污染输入。值得注意的是，由于牡蛎的重金属含量与个体大小有密切关系，也与盐度有紧密关系，而在河口及茅尾海采集的牡蛎样品的平均个体重量比龙门海域及钦州港海区采集的牡蛎个体重量小得多(河口及茅尾海附近以牡蛎苗为主，龙门及钦州港为大蚝为主)。因此，牡蛎的重金属含量自河口向外海递减的一个重要原因是茅尾海与钦州港的牡蛎大小不一。

通过对牡蛎个体的单独测定，2016～2017 年牡蛎重金属含量的结果比 2010～2014 年按照常规方法即将站点中所有的牡蛎个体匀浆混合后测定其平均含量的结果明显偏高（表 4.2.1 和表 4.2.3），造成这种结果的主要原因是样品干湿重不同。但即使换算为湿重，牡蛎个体的重金属含量结果也高于混匀后平均测定的结果，这是因为样品采集的地点及个体大小存在较大的不同。2016～2017 年采集的样品没有专门针对养殖大蚝，而是对整个钦州湾从河口到钦州港设置站点（图 4.1.1 和图 4.2.1），多个站点位于河口及茅尾海内，这些站点盐度低，而且牡蛎个体比较小，大多是牡蛎幼苗或很小的个体。而且除了养殖牡蛎之外，还采集了野生的牡蛎，也都是个体很小的牡蛎，采集的种类也包括香港巨牡蛎、近江牡蛎和熊本牡蛎等。如前所述，个体大小、种类、季节及牡蛎生长的地理位置均对牡蛎的重金属含量有不同程度的影响，2016～2017 年在河口及茅尾海等盐度较低的站点采集的样品较多，牡蛎个体较小，因此即使换算成湿重，重金属含量仍明显高于 2010～2014 年的重金属含量结果，但与 2015 年的监测结果相近（表 4.2.2；赵鹏等，2017）。

4.2.4 牡蛎对铜、锌的富集系数

各种金属在牡蛎体内的富集程度不同。应用 2016～2017 年丰水期、枯水期、

平水期的牡蛎重金属浓度数据和同期海水中重金属的含量计算，牡蛎对水体重金属 Cd、Cu、Zn、Ni、Pb、Cr 的富集系数分别为（3.9×10^5）～（8.5×10^5）L/kg，（7.0×10^5）～（2.1×10^6）L/kg，（8.3×10^5）～（2.2×10^6）L/kg，（1.3×10^4）～（1.7×10^4）L/kg，（6.1×10^3）～（9.7×10^3）L/kg，（2.9×10^4）～（1.1×10^5）L/kg。富集系数大小依次为 Zn＞Cu＞Cd＞Cr＞Ni＞Pb。

当水生生物对某种污染物的富集系数大于 1000 时，即认为有潜在的严重累积问题（Kenaga，1980）。而 2016～2017 年牡蛎个体重金属的富集系数却明显高于 1000，几乎所测的所有重金属项目都超过了 10^4 的数量级，表明了牡蛎具有潜在的严重累积问题，尤其是其对锌和铜的富集系数均在 10^6 的数量级，比 Kenaga（1980）提出的 10^3 的数量级高出了 3 个数量级，表明了牡蛎对 Zn、Cu、Cd 的超严重积累。高淑英和邹栋梁（1994 年）对福建湄洲湾牡蛎体内的重金属研究表明，牡蛎对 Zn、Cu、Cd 的富集系数 K 要比其他生物较高，分别高达 44 000、72 000、27 000。崔毅等（1997）的调查结果显示，牡蛎对铜具有较高的富集能力，富集系数高达 16 000。2016～2017 年的调查结果与上述牡蛎的研究结果相一致，而且通过不同大小个体的检测，得出的牡蛎富集系数更大，这从一定程度上表明了个体越小的个体其富集系数越大，而且不同牡蛎种类的富集系数也存在着明显的差异。

钦州湾牡蛎对锌和铜的超严重累积，从生理上来看，可能是牡蛎存在着一套对锌铜重金属特有的富集机制。

4.3　牡蛎重金属富集机制研究

4.3.1　研究材料与方法

野外采集壳高为 3 cm 左右的活体香港巨牡蛎，放在冰盒内运回实验室。用刷子清除牡蛎壳外表的泥物和附生生物。放在盐度为 15、25、30 海水（pH 为 7.8～8.2）中暂养一星期，期间用牟氏角毛藻喂养牡蛎，每天换水一次。

为了测定牡蛎对溶解态重金属的吸收速率，用 0.22 μm 微孔滤膜过滤海水，加入同位素并搅拌均匀，静置过夜。将单个牡蛎放入 200 ml 含同位素的海水中暴露 2 h 后取出解剖。期间取 5 ml 海水测定海水中同位素的浓度。将剖离的肉组织烘干并测定干重和同位素的含量。牡蛎吸收金属的速率常数可以通过下式计算（Pan et al.，2016）：

$$k_{\mathrm{u}}=\frac{A_{\mathrm{tissue}}}{t\times A_{\mathrm{water}}}$$

其中，A_{tissue}是牡蛎肉组织中的同位素浓度；A_{water}是海水中的同位素浓度；t 是暴露时间。

为了测定牡蛎对藻内 Cu、Zn 的同化效率，准备 f/2 液体培养基 500 ml，加入同位素后接入牟氏角毛藻藻种，使藻类初的始浓度为 3×10^5 个/ml。放置在光照培养箱培养 7 d。用离心的方法收集标记好的藻类细胞，用过滤海水清洗细胞，并再次离心收集，重复 3 次。将牡蛎放在 500 ml 的过滤海水中，加入标记好的藻细胞，使藻细胞的浓度为 1×10^4 个/ml。喂食 1 h 后将牡蛎取出，测定牡蛎体内初始的同位素活度。然后将牡蛎放置在 10 L 的干净过滤海水中培养 48 h，期间换水 2 次，并不时吸除牡蛎排出的粪便。48 h 后将牡蛎取出解剖，测定肉组织中的同位素活度。牡蛎对藻类 Cu、Zn 的同化率为 48 h 的同位素活度除以初始的活度。

为了测定牡蛎排出 Cu、Zn 的速率，将牡蛎放置在 10 L 的干净过滤海水中，直接加入同位素标记牡蛎，期间喂食牟氏角毛藻。待牡蛎累积足够量的同位素，用干净过滤海水冲洗牡蛎表面吸附的同位素，然后转移至干净过滤海水中饲养，并投喂没有标记的食物，排泄实验持续 3～5 个星期，期间定时测定牡蛎体内的同位素含量变化。牡蛎累积金属的过程可以用两相生物动力学模型进行描述，计算牡蛎排出 Cu、Zn 的速率的方法参见（Pan et al.，2016）。

4.3.2 牡蛎对溶解态重金属的吸收速率

牡蛎对溶解态 Cu、Zn 的吸收速率分别为 1.1～1.6 L/(g·d)，1.9～2.8 L/(g·d)（表 4.3.1）。钦州湾溶解态 Cu、Zn 的浓度分别为 0.21～2.53 μg/L 和 1.00～10.18 μg/L。即，牡蛎对 Cu、Zn 的干重吸收速率为 0.23～4.04 μg/(g·d)和 1.9～28.5 μg/(g·d)。不同贝类对溶解态重金属的吸收速率差异很大。表 4.3.2 列出了我国其他海洋贝类对 Cu、Zn 的吸收速率。牡蛎对溶解态 Zn 的吸收速率明显高于菲律宾蛤仔和翡翠贻贝，也高于华贵栉孔扇贝（表 4.3.2）。牡蛎对溶解态 Cu 的吸收速率低于华贵栉孔扇贝和翡翠贻贝，而牡蛎对溶解态 Cu 的吸收速率接近于菲律宾蛤仔（表 4.3.2）。

表 4.3.1 钦州湾牡蛎富集 Cu、Zn 的动力学参数

金属/参数	溶解态重金属吸收速率/[L/(g·d)]			颗粒态重金属同化率/%	金属排出速率/d^{-1}
	15	25	30		
Cu	1.6±0.2	1.3±0.1	1.1±0.3	73.5	0.004±0.001
Zn	2.8±0.3	2.4±0.3	1.9±0.2	71.1	0.003±0.002

表 4.3.2　其他海洋贝类富集 Cu、Zn 的动力学参数

贝类	金属	溶解态重金属吸收速率/[L/(g·d)]	颗粒态重金属同化率/%	重金属排出速率/d^{-1}
华贵栉孔扇贝（*Chlamysnobilis*）	Cu	7.84	35	0.148
菲律宾蛤仔（*Ruditapesphilippinarum*）	Cu	1.51	73	0.147
翡翠贻贝（*Pernaviridis*）	Cu	3.52	35	0.131
华贵栉孔扇贝（*Chlamysnobilis*）	Zn	0.67	83	0.017
菲律宾蛤仔（*Ruditapesphilippinarum*）	Zn	0.23	46	0.025
翡翠贻贝（*Pernaviridis*）	Zn	0.63	26	0.029

注：数据引自（Pan et al.，2016）

牡蛎对水体中 Cu、Zn 的吸收速率随着盐度的降低而增加（表 4.3.1），无论是 Cu 还是 Zn，盐度从 30 降低到 15，牡蛎对这两种重金属的吸收速率几乎都增加了 50%。Cu 从平均 1.1 L/(g·d)增加到平均 1.6 L/(g·d)，Zn 从平均 1.9 L/(g·d)增加到 2.8 L/(g·d)，吸收速率增加显著。

4.3.3　牡蛎对颗粒态重金属的同化率

牡蛎对颗粒态 Cu、Zn 的同化率分别为 73.5%和 71.1%。不同贝类对颗粒态重金属的同化率见表 4.3.2。牡蛎对 Cu 的同化率与菲律宾蛤仔相似（73%），但显著高于华贵栉孔扇贝和翡翠贻贝（35%）。牡蛎对 Zn 的同化率与华贵栉孔扇贝接近，而高于菲律宾蛤仔和翡翠贻贝（26%～46%）。可见，牡蛎可以比其他贝类更有效地吸收浮游植物中的 Cu 和 Zn。钦州湾水体中 Cu、Zn 的颗粒态重金属浓度分别为 3.5～68.2 mg/kg 和 14.2～173.4 mg/kg。假设牡蛎的摄食率为其质量的 1%～10%，那么牡蛎从悬浮颗粒物中吸收 Cu 和 Zn 的速率分别为 0.03～5 μg/(g·d)和 0.1～12.3 μg/(g·d)。

结合牡蛎对溶解态重金属的吸收率和对颗粒态重金属的同化率，不难发现牡蛎是双壳贝类中对溶解态重金属吸收率和颗粒态重金属同化率比较高的种类，除了其对溶解态重金属的吸收率明显低于华贵栉孔扇贝之外，相比其他种类，牡蛎是吸收率和同化率都很高的种类。综合两个参数，只有菲律宾蛤仔对铜的溶解态重金属吸收率及颗粒态重金属同化率与牡蛎相当，其他种类要么对颗粒态重金属

同化率明显低于牡蛎，要么对溶解态重金属吸收率明显低于牡蛎。总体而言，牡蛎是同时具备对溶解态重金属有很高的吸收率和对颗粒态重金属有很高的同化率的难得的生物种类。

4.3.4　牡蛎体内重金属的排出速率

牡蛎体内 Cu、Zn 的排出速率分别为（0.004±0.001）d^{-1}和（0.003±0.002）d^{-1}。表 4.3.2 列出了其他常见贝类体内 Cu 和 Zn 的排出速率。可见，牡蛎体内 Cu 和 Zn 的排出速率远低于其他贝类。Cu 和 Zn 在牡蛎的生物半衰期分别为 173 d 和 231 d，远比其他贝类的 Cu 和 Zn 的生物半衰期长。以华贵栉孔扇贝为例，Cu 在华贵栉孔扇贝体内的生物半衰期仅为 5 d，菲律宾蛤仔及翡翠贻贝也很接近于华贵栉孔扇贝，显著快于牡蛎；而 Zn 在翡翠贻贝体内的生物半衰期为 24 d，在华贵栉孔扇贝与菲律宾蛤仔的生物半衰期略长于翡翠贻贝，但基本上也在相近的水平上，显著快于牡蛎。可见牡蛎对 Cu、Zn 重金属的排出速率及生物半衰期与其他贝类基本上不在一个数量级上，重金属在牡蛎体内的排出速率远远低于其他生物，而重金属在牡蛎体内的生物半衰期也远远长于其他生物，基本上属于净累积的类型。吸收同样量的重金属，累积在牡蛎体内的含量则将远高于其他生物种类。

综合牡蛎的生物动力学特征可以发现，牡蛎对主要重金属尤其是 Zn 和 Cu 不仅具有很高的溶解态重金属吸收速率，也具有很高的颗粒态重金属同化率，更为重要的是牡蛎吸收同化重金属进入体内后排出速率很低，重金属在牡蛎体内的生物半衰期很长。牡蛎同时具备了对 Zn 和 Cu 的上述吸收动力学特征，造成了其对 Zn 和 Cu 有别于其他贝类及生物的重金属富集机制。牡蛎对 Cd 的累积也有相似的生物累积机制，但没有像 Zn 和 Cu 这样明显。

牡蛎对环境中 Zn 和 Cu 等重金属元素的超高效富集机制，从生化角度可能是由于牡蛎体内含有与这些重金属结合能力较强的蛋白，如金属硫蛋白、血蓝蛋白等（赵鹏等，2017），Zn 可能与金属硫蛋白及其他蛋白质结合，参与生命过程，Cu 是水生生物生命的必需元素，软体动物血液中运载氧的蛋白是含 Cu 的血蓝蛋白（李磊等，2010）。同样，Cd 具有与 Ca^{2+}很接近的离子半径，其离子能够代替 Ca^{2+}进入牡蛎体内（翁焕新，1996）。

然而，由于生物生理特征的相似性，如 Zn、Cu 是生命过程中必需的微量元素，通常情况下生物体体内这两种元素都要高于非生命必需要素的含量（赵鹏等，2017），如软体动物双壳贝类的环境及生理特征极其相似，按理来说它们的生理生态习性和对 Zn、Cu 等重金属的富集机制理应相似，但其体内的重金属含量差异数十至上百倍。因此，牡蛎对 Zn、Cu 形成的超效率富集机制仍未十分明确，可能需要加强对牡蛎特殊的生理生化及分子特征的认识，从而深入探究其独特的形成机制，才能有效解释牡蛎与其他相似双壳贝类及其他海洋生物不同的独特重金属富集机制。

4.4　钦州湾牡蛎体内重金属浓度超标原因

4.4.1　钦州湾牡蛎体内重金属累积的模拟

为掌握不同环境、重金属浓度和不同牡蛎生理特征等综合环境条件下牡蛎体内重金属的累积情况，采用水生生物累积重金属的动力学模型来进行模拟预测和验证，以便更为准确有效地解析牡蛎体内重金属含量远高于其他生物的原因。

水生生物累积重金属的动力学可用以下微分方程描述（Wang et al.，1996；Luoma & Rainbow，2005）：

$$\frac{\mathrm{d}C}{\mathrm{d}t} = k_u \times C_w + AE \times IR \times C_f - (k_e + g) \times C$$

其中，C 为生物体内的重金属浓度（μg/g）；t 为生物暴露于重金属的时间（d）；k_u 为从水相吸收重金属的速率常数［L/(g·d)］；C_w 为溶解态重金属浓度（μg/L）；AE 为从食物相吸收重金属的同化率（%）；IR 为摄食率［g/(g·d)］；C_f 为颗粒态重金属浓度（μg/g）；k_e 为重金属从生物体排出的速率常数（d^{-1}）；g 为生物的生长速率常数（d^{-1}）；当重金属累积过程达到稳态时，生物体内的金属浓度（C_{ss}）为（Wang et al.，1996；Luoma & Rainbow，2005）：

$$C_{ss} = \frac{k_u \times C_w + AE \times IR \times C_f}{k_e + g}$$

生物动力学模型提供了一个全面研究水生生物累积重金属的框架，该模型较为全面地考虑并综合了生物吸收金属的途径和生物因素。

假设牡蛎的生长速率和摄食率分别为 0～0.01d^{-1} 和 0.01～0.2 g/(g·d)，根据生物动力学模型，结合钦州湾水体中的溶解态金属浓度、颗粒态金属浓度，以及牡蛎体内累积 Cu、Zn 的动力学参数，可以模拟预测钦州湾牡蛎体内累积 Cu、Zn 的稳态浓度。在不同盐度等模拟条件下对钦州湾牡蛎体内的 Cu、Zn 稳态浓度进行预测模拟。

环境 Cu 浓度较低的情况下（$C_w = 0.41$，$C_f = 13.2$），钦州湾牡蛎体内 Cu 浓度模型预测的牡蛎体内 Cu 浓度为 31.1～649.1 μg/g；环境 Cu 浓度较高的情况下（$C_w = 1.08$，$C_f = 68.2$），模型预测的牡蛎体内 Cu 浓度为 120.6～2938.4 μg/g。环境 Zn 浓度较低的情况下（$C_w = 2.95$，$C_f = 46.8$），模型预测的牡蛎体内 Zn 浓度为 458.2～4981.0 μg/g；环境 Zn 浓度较高的情况下（$C_w = 5.70$，$C_f = 65.4$），模型预测的牡蛎体内 Zn 浓度为 868.8～7660.0 μg/g。

野外观测的牡蛎体内 Cu、Zn 浓度分别为 37.1～4012.6 μg/g 和 282.9～17 003.6 μg/g。模型预测的牡蛎体内 Zn 浓度仅为 7660.0 μg/g，低于观测到的最大值 17 003.6 μg/g，这是因为计算中使用的环境 Zn 浓度为平均浓度。当使用最大 Zn 浓度（$C_w = 10.2$，$C_f = 173.4$）进行模拟计算时，预测的最大的牡蛎体内 Zn 浓度可以达到 17 720.5 μg/g，这与观测结果基本一致。值得注意的是，从模拟预测结果也可以看出盐度对牡蛎体内的 Cu、Zn 浓度有显著影响。在低盐度下，牡蛎的最大 Cu、Zn 值较高盐度分别提高 32%和 15%。牡蛎体内 Zn 和 Cu 含量的最大预测值出现在低盐度、高摄食率、低生长率的交集处。

4.4.2 钦州湾牡蛎体内重金属浓度超标解析

综合钦州湾的重金属环境特征及上述研究结果，牡蛎对不同重金属的富集程度取决于环境特征与生物特性双方面的因素。影响钦州湾牡蛎体内重金属浓度的主要因素包括以下几个方面。

①环境中重金属的浓度。钦州湾属于一个典型的受人为活动影响的河口。与其他河口相比，钦州湾的 Cu、Zn 污染状况尚属轻度污染水平。但部分区域可能存在污染输入（如 S7 站点），或不同季节下河流的输入增加，导致牡蛎体内重金属浓度水平升高。此外，重金属在水和颗粒物直接的分配程度同样会影响牡蛎体内重金属浓度的水平。当牡蛎以颗粒态重金属为主要吸收途径且海水中的颗粒态重金属浓度较高时，牡蛎的重金属浓度会大幅度提升。在 2016～2017 年的三期调查研究中，钦州湾海水中溶解态的生物有效重金属含量均符合一类水质标准，但钦州湾的海水重金属水平明显高于偏远地区的未受污染的河流或河口，而与其他受人类活动影响的河口的情况相似。与其他地区相比，钦州湾悬浮颗粒物的重金属水平与国内一些河口的污染水平相当，Cu、Zn 浓度也略高于中国土壤背景值。在钦州湾不同的环境介质中，无论是水体中的溶解态重金属还是颗粒态重金属，以及沉积物中的重金属，Zn 是浓度最高的重金属，其次为 Cu，明显高于其他重金属种类，而钦州湾环境中的 Zn 和 Cu 的浓度也比其他洁净河口的要高，这是钦州湾牡蛎体内 Cu、Zn 浓度超标的一个重要基础。

②环境物理化学因素。如溶解态有机质、温度、盐度等环境物理化学因素均会影响牡蛎对重金属的吸收速率。在研究盐度对牡蛎溶解态 Cu、Zn 吸收的影响中，发现低盐度可以促进牡蛎对溶解态金属的吸收，这是钦州湾上游（河口）牡蛎的重金属浓度往往高于下游（离岸）牡蛎的原因。盐度既可以影响金属的化学形态，也可以改变生物的生理状态，从而影响生物对金属的吸收。一般而言，低盐度会促进水生生物对重金属的吸收速率。这是由于在低盐度下，金属的氯化物浓度会减少，更多的金属会以自由离子的形式存在。大量的研究表明，相对于其

他形态的金属，金属自由离子更容易被水生生物吸收。此外，盐度也会改变牡蛎的渗透压和清滤率，同时影响牡蛎对溶解态金属的吸收速率。通过生物动力学模型模拟预测的结果也发现，盐度对牡蛎体内的 Cu、Zn 浓度有显著影响。钦州湾位于钦江和茅岭江河口，2016～2017 年三次调查期间丰水期、枯水期、平水期的盐度均值分别为 10.0、20.3 和 25.1，属于低盐河口海区。尤其是茅尾海和龙门等牡蛎集中养殖区，位于河口，一年中大部分时间盐度很低，这在很大程度上促进了牡蛎对重金属的吸收，是导致钦州湾牡蛎重金属含量比其他相对高盐海区偏高的外在因素。

③牡蛎的生长环境，如悬浮颗粒物的浓度、颗粒物中藻类的含量等。从生物动力学模型可以看出，牡蛎的摄食率和生长速率的比值对其重金属浓度有重要决定作用。海水中的悬浮颗粒物的浓度和藻类的含量会直接影响牡蛎的摄食率和生长速率。当牡蛎的生长速率较低时（即拥有高摄食率的同时，其低生长速率却较低），牡蛎的重金属浓度会显著增加。笔者在研究近 20 年钦州湾的生态环境变化研究中发现，钦州湾牡蛎集中养殖区的茅尾海至龙门海域虽然位于河口，在高营养盐甚至富营养化的环境条件下，浮游植物及浮游动物却在绝大多数情况下生物量很低，生物多样性也很低，是一个典型的高营养盐低生物量海区，而且受径流输入及茅尾海挖沙疏浚等影响，悬浮物较高，这导致了牡蛎的食物条件很差，牡蛎需要保持高速摄食以保生存，但生长速率却很低。近年来在茅尾海及龙门海区养殖的牡蛎均难以长肥就是一个最主要的表现，这也是导致牡蛎重金属含量偏高的另一重要外在因素。

④牡蛎富集重金属的特性，如生物动力学特征（赵鹏等，2017）。不同贝类累积 Cu、Zn 的速率存在较大差异，这主要表现在溶解态吸收速率、同化率和排出速率三个方面。在牡蛎重金属动力学研究中发现，相对于其他贝类，牡蛎具有很高的重金属吸收率、同化率和极低的排出速率，牡蛎吸收同化到体内重金属的半衰期很长，通过长期的摄入累积，导致牡蛎体内重金属浓度持续保持较高的水平。在牡蛎中，香港巨牡蛎是牡蛎中对重金属累积效果较强的种类，如不同季节下香港巨牡蛎和团聚牡蛎的金属浓度并不一致，丰水期香港巨牡蛎的 Cu 浓度显著高于团聚牡蛎。因此，香港巨牡蛎独特的重金属富集效率等贝类种类特性，是导致钦州湾牡蛎重金属含量超标的最主要内在因素。

⑤牡蛎的生理生态，如个体大小等。钦州湾牡蛎的重金属浓度随着个体大小的增加而降低。一般认为，小个体水生生物的较高摄食率和重金属吸收效率是导致这种个体差异的主要原因（Pan et al.，2016）。因此，在 2016～2017 年加强了对河口、茅尾海及龙门海域内牡蛎样品采集分析后，牡蛎个体主要是中小个体及更小幼苗规格牡蛎个体，这可能是该结果比其他年份重金属含量偏高、超标更严重的主要因素之一。

4.4.3 钦州湾牡蛎食品安全

2010～2014年钦州湾的监测结果显示，海湾中生物体环境质量每年均有出现超出海洋生物质量标准的三类标准的情况（表4.1.10和表4.1.11），即出现劣三类的海洋生物质量问题，主要是牡蛎体内的重金属含量偏高。2013～2015年广西近岸海域贝类样品生物体质量也均有处于或劣于三类水平（陈兰等，2016；表4.4.1），其主要原因也是2013年以后所监测的贝类种类增加了牡蛎，其铜锌含量较高超出了三类标准限值要求。2013～2015年中所采集的10%～20%样品生物体污染物残留超过三类标准限值要求。

表4.4.1 2011～2015年广西近岸海域海洋生物质量评价

年份	样品数/个	各类生物质量样品比例/%				超三类标准因子
		一类	二类	三类	超三类	
2011	10	60.0	40.0	0	0	—
2012	12	25.0	66.7	8.3	0	—
2013	15	0	73.3	6.7	20.0	铜、锌
2014	18	27.8	55.6	5.6	11.1	铜、锌
2015	18	27.8	55.6	0	16.7	锌

注：引自（陈兰等，2016）

《海洋生物质量》（GB 18421—2001）中规定了主要海洋经济种类中重金属等有毒有害物质的残留量等级，因所包含的项目主要包括重金属等对人体有直接有害污染物而备受关注。因此，牡蛎等贝类超海洋生物质量三类标准的问题，不禁让民众产生钦州湾海洋生物尤其是牡蛎是否仍可食用、是否存在食品安全问题等担忧。

随着生活水平的提高和消费观念的转变，人们对饮食的要求也越来越高，日益关注更为健康的无公害食品，因此大蚝（牡蛎）重金属超标也曾经多次引起网上的热议及媒体的关注。严格意义上来说，按照《海洋生物质量》（GB 18421—2001）进行评价的贝类评价结果与贝类水产品本身的食品安全及无公害产品认定并没有直接的关系，它的评价结果主要是用来反映海洋环境质量，标准本身也是与《海水水质标准》（GB 3097—1997）配套执行，只用于评价海洋环境质量，因此与食品安全及无公害产品认定等均没有直接的关系。然而制定标准初期，国内学者对于不同种类之间的显著差异缺乏足够的认知和经验，而且国内根本就没有比较成熟的掌握海水环境与生物体内污染物之间对应关系的方法，尤其是对于牡蛎对重金属具有的特效富集机制尚未全面了解，所以可能直接选用了一些其他国际上的标准。钦州湾重金属的监测及评价结果显示，钦州湾整个海域的重金属都达到一类海水标准，沉积物的重金属含量也都满足沉积物一类质量标准，从重金属的角度来说，钦州湾的水质环境质量是属于比较好的水体，基本上没有重金属污染，表明了通过海洋生物质量反映出来的水质与实际水质之间存在着显著的差异，甚至是明显的相互矛盾（重金属环境本身，不考虑其他监测评价项目）。造成这种现象的主要因素在于牡蛎特殊的重金属累积机制，如果剔除了牡蛎对锌铜镉超高富集的项目之外，得到的结果包括牡蛎体内的其他重金属及其他贝类的重金属含量基本满足了海洋生物质量标准中的一类标准，与海水及沉积物中的重金属含量及其环境质量类别能够很好地吻合。因此，为了能够较好地反映海洋水质环境及海洋重金属环境，在海洋生物质量监测评价样品时，最好不要选择牡蛎这样的特殊种类，以免得到的结果与实际环境质量明显不符。

从生产环境和生产过程来说，钦州湾牡蛎的养殖环境无重金属污染或有很轻的污染，牡蛎养殖过程中未投放饵料或药剂，牡蛎可以算是天然、生态食品。而且抛开反映海洋环境质量的贝类海洋生物质量标准，民众对于牡蛎重金属含量较高引起的关注及恐慌也主要由于我国相关的标准较多，而且各个标准之间数据相差较大。例如，自21世纪以来，我国在牡蛎食品安全等方面出台的标准就包括了《农产品安全质量 无公害水产品安全要求》（GB 18406.4—2001）、《农产品安全质量 无公害水产品产地环境要求》（GB/T 18407.4—2001）、《无公害食品 水产品中有毒有害物质限量》（NY 5073—2006）、《无公害食品 牡蛎》（NY 5154—2008）及《食品安全国家标准 食品中污染物限量》（GB 2762，分别在2005年、2012年和2017年多次修订）。这些不同的标准中不仅有些重金属指标有差异（部分指标只出现在某些标准中，而在其他标准中没有），而且部分指标的标准数值也存在着很大的差异，以公众关注比较大的镉为例，其数值就从0.1 mg/kg（最初的食品中污染物限量未专门列出贝类，民众容易用鱼类的标准来替代）到1.0 mg/kg，再到2 mg/kg，到4 mg/kg，这就导致了同一个数据可能在一个标准中符合标准在其他标准中超标数十倍等，生蚝中重金属含量的危害也就随之被放大。而且农业农村部（原农业部）出台的行业标准也主要是用于无公害产品认证等，而不在于评判食品安全，但往往被公众用来作为食品安全或是否会危害人体的一个重要标准。正因如此，原农业部于2013年6月废止了132项无公害食品农业行业标准，包括牡蛎等众多水产品，国家质量监督检验检疫总局、国家标准化管理委员也于2014年12月废止了《农产品安全质量 无公害水产品安全要求》（GB 18406.4—2001）等在内的13项无公害食品等相关国家标准。《无公害食品 水产品中有毒有害物质限量》（NY 5073—2006）未被包含在所删除的无公害食品系列行业标准之列，因此目前与贝类直接相关的食品安全标准主要有2个，即《食品中污染物限量》（GB 2762—2017）和《无公害食品 水产品中有毒有害物质限量》（NY 5073—2006）。这 2 个食品标准中对贝类重金属的限值对照见表 4.4.2，《无公害食品 水产品中有毒有害物质限量》（NY 5073—2006）中有毒有害污染物限值对镉、铜和铅重金属含量限值要求比《食品中污染物限量》（GB 2762—2017）要更加严格，《无公害食品 水产品中有毒有害物质限量》（NY 5073—2006）中包含了贝类体内的铜，而《食品中污染物限量》（GB 2762—2017）中并未对铜做要求，此外《无公害食品 水产品中有毒有害物质限量》（NY 5073—2006）中有毒有害污染物限值标准中不包含铬，《食品中污染物限量》（GB 2762—2017）中对食品中铬重金属含量进行了限定。

表 4.4.2　食品标准中对贝类重金属限值对照　（单位：mg/kg）

标准	类别	镉≤	无机砷≤	甲基汞≤	铬≤	铜≤	铅≤
《无公害食品 水产品中有毒有害物质限量》（NY 5073—2006）	贝类	1.0	0.5	0.5	—	50	1.0
《食品中污染物限量》（GB 2762—2017）	双壳类	2.0	0.5	0.5	2.0	—	1.5

从严格对照标准要求的角度上来说，钦州湾牡蛎基本达不到《无公害食品 水产品中有毒有害物质限量》（NY 5073—2006）的要求，主要是因为其包含了铜的重金属指标，此外其对镉的要求比较严格，对照表 4.2.1 钦州湾牡蛎重金属含量水平和表 4.4.2 中《无公害食品 水产品中有毒有害物质限量》（NY 5073—2006）重金属限值要求可以看出，钦州湾牡蛎体内的铜含量基本上达不到该标准，相当部分牡蛎样品体内的镉也达不到该标准的限值要求，因此，虽然钦州湾牡蛎的所属环境很好而且养殖过程中全部都是天然养殖未添加任何物质，但是达不到《无公害食品 水产品中有毒有害物质限量》（NY 5073—2006）的要求。鉴于 2013 年和 2014 年原农业部和国家质量监督检验检疫总局陆续废止了无公害的一系列行业标准和国家标准，相信国家对于类似于贝类养殖等这样天然养殖产品的无公害界定越来越淡化，因此应用《无公害食品 水产品中有毒有害物质限量》（NY 5073—2006）标准判定的结果不应作为钦州湾牡蛎是否可安全食用或食用后是否会对身体产生危害的重要依据。

除镉、铅、汞等元素，其他大部分金属如铜、锌、钴、镍是生物的必需元素，海洋生物对这些必需元素具有一定的调节能力。从表 4.1.5 和表 4.1.6 可以看到，钦州湾的水体、沉积物及海洋生物中的铅、汞、砷等毒性较大的重金属含量很低，海水中这些含量较低、毒性较强重金属不会对大部分海洋生物体内的金属浓度有显著的影响。然而，钦州湾水体、沉积物中的锌和铜含量相对较高，在国内外的河口海湾相比也是属于中等污染程度，而且重金属污染对金属富集能力较强的贝类影响十分显著。例如，牡蛎就是一类容易超富集金属的海洋经济贝类。牡蛎属于软体动物门、双壳纲、珍珠贝目、牡蛎科，为全球性分布类群。牡蛎肉味鲜美、富含多种人体必需氨基酸，是一种重要的海洋生物资源，更是世界上最重要的海水养殖经济类群之一，其养殖总产量和单位面积产量在所有的贝类养殖种类中位居首位。我国是牡蛎养殖大国，2009～2012 年产量均在 350～380 万 t，占养殖贝类产量的 35%，占海水养殖总产量的 25%，占世界产量的 70%以上（张跃环等，2014）。钦州湾拥有我国最大的牡蛎养殖面积，是我国大蚝极其重要的生产基地，“钦州大蚝”通过农产品地理标志登记保护。然而，牡蛎是一种能从海水中高度富集重金属的贝类，其累积镉、铜、锌的能力远超过扇贝、蛤仔、贻贝等贝类。牡蛎易富集重金属这一特性使钦州湾的水产养殖经济更易受到重金属污染威胁。因海洋生物对重金属的富集，部分海洋生物重金属含量出现不同程度超出《海洋生物质量》（GB 18421—2001）标准的现象，其中茅尾海牡蛎重金属铜、锌污染严重，海产品中软体类存在重金属风险，尤其是镉的风险。因此海水中重金属的轻度污染也会造成牡蛎体内金属浓度超过食物安全标准。

钦州湾相比于国内其他重污染河口海湾，牡蛎体内重金属包括铜、锌含量不属于较高水平，食用安全性仍较高。河口是牡蛎的主要分布地点和养殖区域，也是陆源污染物的汇集处。深入研究已发表的数据发现，我国近海与河口环境的重金属污染水平在过去几十年呈逐渐上升的趋势，局部区域的污染情况严重（Pan & Wang，2012）。河口污染已经导致了牡蛎的重金属水平显著上升，影响了牡蛎养殖业，引起了公众对牡蛎重金属污染问题的极大关注。近年来，广东和福建等不少适宜养殖牡蛎的区域因污染问题而被迫废弃养殖，这直接影响了牡蛎的产量。此外，重金属污染也会影响牡蛎的经济价值和食用品质。虽然中国的牡蛎产量位居全球第一，但在国际市场上所占的份额极小。以 2007 年为例，中国出口牡蛎的数量和金额分别仅占全球牡蛎出口量的 3.33%和出口金额的 0.98%，而重金属含量超标是我国牡蛎出口受限的主要原因之一（曾志南&宁岳，2011）。过去，人们较为关注牡蛎累积的有害有毒元素，例如镉、砷、汞等，而较少关注锌和铜等必需元素的浓度。然而，近年来的调查研究发现，我国南方河口牡蛎的铜污染形势已经十分严峻（潘科等，2014）。福建省九龙江口的“蓝牡蛎”和“绿牡蛎”现象正是牡蛎受铜污染的典型例子。九龙江口海水的铜、锌浓度分别达到 57 μg/L 和 75 μg/L。当地牡蛎的铜、锌浓度分别高达 14 380 μg/g、24 200 μg/g，达到惊人水平（潘科等，2014）。在其他河口，铜污染的形势也不容乐观。国内著名牡蛎重金属研究学者深圳大学潘科的研究团队分别在汕头、深圳、珠海等沿海城市采集到了蓝色牡蛎，可见这些河口区均受到不同程度的铜污染。此外，深圳大学潘科的研究团队在2015年调查了珠江口海水与牡蛎的重金属污染状况，结果显示珠江口海域个别采样站点的溶解态铜浓度达到10 μg/L，远高于0.5 μg/L的铜背景浓度，超过40%的珠江口牡蛎样品的铜含量超过2000 μg/g（干重，一般情况下，牡蛎的铜含量＜1000 μg/g），最高纪录浓度已达到6462 μg/g（干重，未发表数据），而且我们在珠江口多个地点发现了蓝色牡蛎。由上可见，我国南方河口区的牡蛎铜污染问题已经十分突出。相对而言，钦州湾牡蛎体内的铜平均湿重含量为86.4～119.4 mg/kg，各水期牡蛎个体干重平均含量为754～1139 μg/g，基本上符合了一般情况下的牡蛎铜含量（表4.2.1和表4.2.2），显著低于珠江口等重污染河口海湾的含量，这表明了钦州湾牡蛎铜污染水平不严重，食用相对安全。而且食物重金属的危害与日均摄入量同时相关，简单来说，经常吃的食物中的重金属含量即使低也可能通过累积效应危害人体，而不经常吃的食物即使重金属含量略高也相对安全。贝类一般食用量不大，笔者住在沿海的北海市，其附近的廉州湾、大风江及铁山港也大量养殖香港巨牡蛎，但通常情况下也只有一两个月才吃一次，因此对于正常食用钦州湾的牡蛎相对安全。依据广西地区牡蛎的产量及消费量和全国居民膳食营养状况调查，赵鹏等（2017）取值25 g作为牡蛎每日的摄入量，根据每日的摄入量计算出牡蛎暂定每周耐受摄入量（provisional tolerable weekly intake，PTWI），并与联合国粮食和农业组织和世界卫生组织的食品添加剂联合专家委员会（Joint FAO/WHO Expert Committee on Food Additives，JECFA）推荐的暂定每周耐受摄入量进行比较（赵鹏等，2017），结果也显示了钦州港采集的牡蛎膳食摄入量属于安全范围。

广西沿海地区随着“十一五”至“十三五”期间的发展，钦州湾周边聚集了镍、铬合金及其精深加工不锈钢产品，延伸不锈钢产业链，开发不锈钢制品，涉重项目在沿海布局也加剧重金属污染的风险。按照《食品安全国家标准 食品中污染物限量》（GB 2762—2017）和《无公害食品 水产品中有毒有害物质限量》（NY 5073—2006）标准，钦州湾牡蛎肉组织中重金属限量均有不同程度的超标问题，此外如铜的最高值也达到了4012.6 μg/g（干重），表明个别牡蛎样品（个体）重金属含量也较高。2017年6月，广西水产科学研究院贝类研究所在防城港也发现了个别绿牡蛎，这也暗示了广西沿海个别牡蛎受铜污染问题。尽管国际食品添加剂和污染物法典委员会和我国的《食品安全国家标准 食品中污染物限量》（GB 2762—2017）尚未将铜作为危害污染物列在食品污染物的通用标准中，然而我国的《无公害食品 水产品中有毒有害物质限量》（NY 5073—2006）标准将铜的安全限量值设为50 μg/g，被铜污染的牡蛎对消费者的健康有何影响仍有待研究，同时我国对贝类铜安全限量的设定是否符合牡蛎累积铜的基本生物学特征也值得深入探讨。因此随着钦州湾周边及流域工业的进一步发展，一方面需要加强对重金属污染的监测，开展环境中重金属的污染现状、来源及归趋研究，量化重金属在近岸典型湿地中海水、沉积物和生物体等含量及分布规律，优化筛选北部湾典型海区和生物指示种，建立长效的近海海洋生物的生物安全监测预警方法；另一方面需要优化养殖布局，根据钦州湾牡蛎重金属的研究结果，减少发展河口区等高度富集重金属条件海区的牡蛎养殖，重点发展离岸高盐等相对较低富集重金属条件海区的牡蛎养殖，研究和降低广西近岸海域重金属污染风险，确保北部湾经济可持续发展。

参考文献

蔡艳，周亦君，吴晓艺，等，2016. 3 种海洋贝类重金属污染及食用风险评价研究[J]. 核农学报，30(6)：1126-1134.

陈兰，蒋清华，石相阳，等，2016. 北部湾近岸海域环境质量状况、环境问题分析以及环境保护建议[J]. 海洋开发与管理，33(6)：28-32.

崔毅，辛福言，马绍赛，等，1997. 乳山湾贝类体中重金属含量及其评价研究[J]. 海洋水产研究，(2)：46-54.

邓承玉，周海龙，李玉虎，等，2013. 海口湾贝类重金属质量含量测定及其风险评价[J]. 热带生物学报，4(3)：210-213.

高淑英，邹栋梁，1994. 湄洲湾生物体内重金属含量及其评价[J]. 海洋环境科学，(1)：39-45.

李磊，袁骐，平仙隐，等，2010. 东海沿岸海域牡蛎体内的重金属含量及其污染评价[J]. 海洋通报，29(6)：678-684.

刘海新，余颖，席英玉，等，2017. 福建闽南沿海养殖牡蛎食用健康风险评估[J]. 上海海洋大学学报，26(6)：921-932.

马丹，2015. 渤海湾天津海域贝类质量调查及活性研究[D]. 天津：天津大学.

母清林，王晓华，佘运勇，等，2013. 浙江近岸海域贝类中重金属和贝毒污染状况研究[J]. 海洋科学，37(1)：87-91.

潘科，朱艾嘉，徐志斌，等，2014. 中国近海和河口环境铜污染的状况[J]. 生态毒理学报，9(4)：618-631.

庞艳华，隋凯，王秋艳，等，2012. 大连近岸海域双壳贝类重金属污染调查与评价[J]. 海洋环境科学，31(3)：410-413.

孙丕喜，郝林华，杜蓓蓓，2014. 桑沟湾重金属对海洋环境影响和食用贝类的健康风险评估[J]. 海洋科学进展，32(2)：249-258.

孙元敏，马志远，黄海萍，2015. 我国海岛潮间带贝类体内重金属含量及其评价[J]. 中国环境科学，35(2)：574-578.

王立明，苑春亭，何鑫，等，2016. 乳山和广饶养殖贝类重金属含量分析及其食用健康风险评估[J].中国渔业质量与标准，6(5)：37-44.

王增焕，王许诺，2014. 华南沿海贝类产品重金属含量及其膳食暴露评估[J]. 中国渔业质量与标准，4(1)：14-20.

翁焕新，1996. 重金属在牡蛎(*Crassostrea virginica*)中的生物积累及其影响因素的研究[J]. 环境科学学报，16(1)：51-58.

曾艳霞，陈丽，周春兰，2013. 连云港海域几种经济贝类中重金属残留量分析[J]. 安徽农业科学，41(34)：13378-13379.

曾志南，宁岳，2011. 福建牡蛎养殖业的现状、问题与对策[J]. 海洋开发与管理，9：112-118.

张跃环，王昭萍，喻子牛，等，2014. 养殖牡蛎种间杂交的研究概况与最新进展[J]. 水产学报，38(4)：613-624.

赵鹏，张荣灿，覃仙玲，等，2017. 北部湾钦州港近江牡蛎重金属污染分析[J]. 水产学报，41(5)：806-815.

赵帅，2012. 荣成湾海域金属的环境特征及贝类的体内蓄积[D]. 青岛：中国海洋大学.

Kenaga E E，1980. Predicted bioconcentration factors and soilsorption coefficients of pesticides and otherchemicals[J]. Ecotoxicology and environmental safety，4(1)：26-38.

Luoma S N，Rainbow P S，2005. Why is metal bioaccumulation so variable? Biodynamics as a unifying concept[J]. Environmental Science and Technology，39(7)：1921-1931.

Pan K，Tan Q G，Wang W X，et al.，2016. Two-compartment kinetic modeling of radiocesium accumulation in marine bivalves under hypothetical exposure regimes[J]. Environmental Science and Technology，50(5)：2677-2684.

Pan K，Wang W X，2012. Reconstructing the biokinetic processes of oysters to counteract the metal challenges：Physiological acclimation[J]. Environmental Science & Technology，46(19)：10765-10771.

Wang W X，Fisher N S，Luoma S N，1996. Kinetic determinations of trace element bioaccumulation in the mussel Mytilus edulis[J]. Marine Ecology Progress Series，140：91-113.

第二篇　生物群落特征

第5章　钦州湾浮游植物群落结构

浮游植物是海洋初级生产力的主要贡献者，初级生产过程是碳的生物地球化学循环的基础，它启动了海洋生态系统的能量流和物质流，支持着大量的渔业产量。因而浮游植物的现存生物量和初级生产力决定了整个海洋生态系统的结构乃至产出。

《广西北部湾经济区发展规划》获批后，钦州湾掀起了开发热潮，海湾环境将面临更大的压力。浮游植物对环境变化敏感，钦州湾环境的特征及演变很可能会对浮游植物的群落结构特征及其分布变化有着重要影响。本章利用传统镜检方法分析浮游植物种类组成，同时利用高效液相色谱（high performance liquid chromatography，HPLC）方法检测浮游植物特征光合色素，以及分析钦州湾多年浮游植物群落的变化，系统研究钦州湾浮游植物群落结构特征及变化，为海湾生态系统的研究及环境变化的生态影响提供基础。

5.1　粒径大小结构

5.1.1　调查研究方法

浮游植物属于生态学上的一个概念，是指在水中营浮游生活随波逐流的微小植物，通常是指浮游藻类。浮游植物种类众多，各个种类之间的差异显著。由于所属环境的不同，如海域位置、水文条件、营养水平等环境差异，浮游植物在群里结构、种类组成、生物量、初级生产力水平及时空分布等都有显著的不同（杨茹君等，2003）。浮游植物在大小和体积上差别显著，其粒径大小组成结构及其分布特征也存在较大差异，这也表征了浮游植物群里结构特征的差异。一般根据粒径大小分为3种类型，即小型浮游植物（Micro，20～200 μm）、微型浮游植物（Nano，3～20 μm）和超微型浮游植物（Pico，0.7～3 μm）（陈怀清和钱树本，1992）。当然不同学者对于Pico浮游生物大小的划分略有不同，也有以5 μm以下作为依据，但大多数以小于2 μm来划分（莫钰等，2017）。浮游植物是海洋生态系统的初级生产者，不仅其种类组成及数量较大地影响着次级生产力，其大小结构的变化也能明显影响着次级生产力的结构特征，进而影响着渔业产出，生态系统中的物质、能量流动等在很大程度上都与生物粒径大小有关（杨茹君等，2003），因此掌握浮游植物大小结构对较为系统地了解海区浮游植物群落结构特征及生态系统的特征有着重要的意义。

随着检测技术的发展，浮游植物粒径大小的检测方法已发展为多种，如显微测微计法、图像分析法、摩尔特记数法、流式细胞仪法和硝酸滴定法等（杨茹君等，2003），其中通过粒径分割的方法测定叶绿素 a 的结构来表征浮游植物粒径结构是一种较为常用、简单易操作的方法。为了初步掌握钦州湾浮游植物的粒径大小结构特征，本书应用常规海水监测规范中的分光光度法在 2011 年 3 月和 2011 年 7 月对叶绿素 a 进行了调查研究，分别在钦州湾进行了枯水期和丰水期的现场调查，调查点位布设与营养盐等一致，具体见图 5.1.1。同时应用粒径分割法试探性开展了分粒径叶绿素 a 大小结构的初步调查研究，对贯穿湾顶—湾外的中间断面进行了采样，采样站点自北向南分别为 Q2、Q4、Q5、Q7、Q11、Q16、Q18 和 Q19，共 8 个站点。在 2011 年初步调查研究的基础上，总结了经验，2014 年 3 月（枯水期）和 7 月（丰水期）又再次采用荧光分光光度法开展了叶绿素 a 浓度及其粒级结构的调查，其调查站点如图 5.1.2 所示。

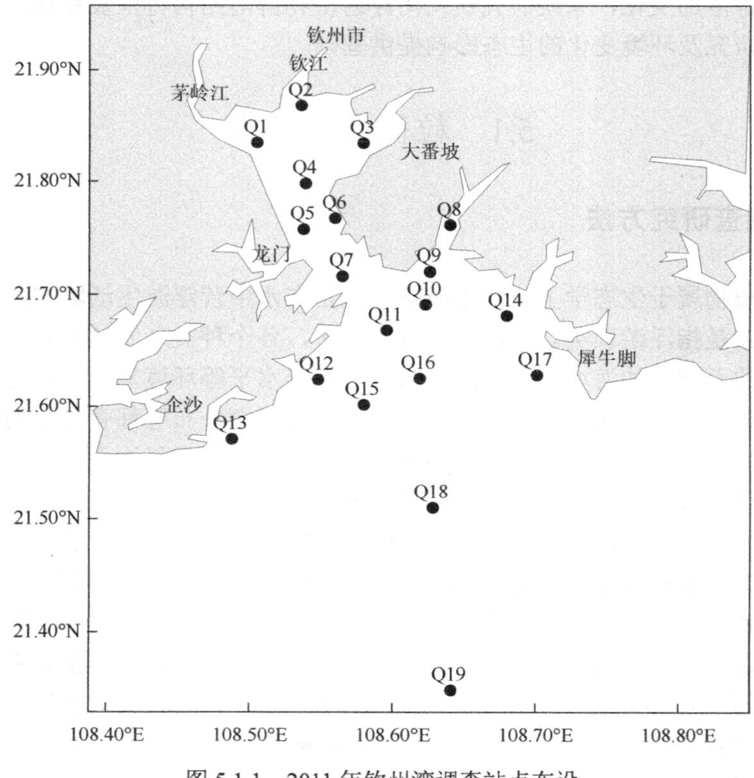

图 5.1.1　2011 年钦州湾调查站点布设

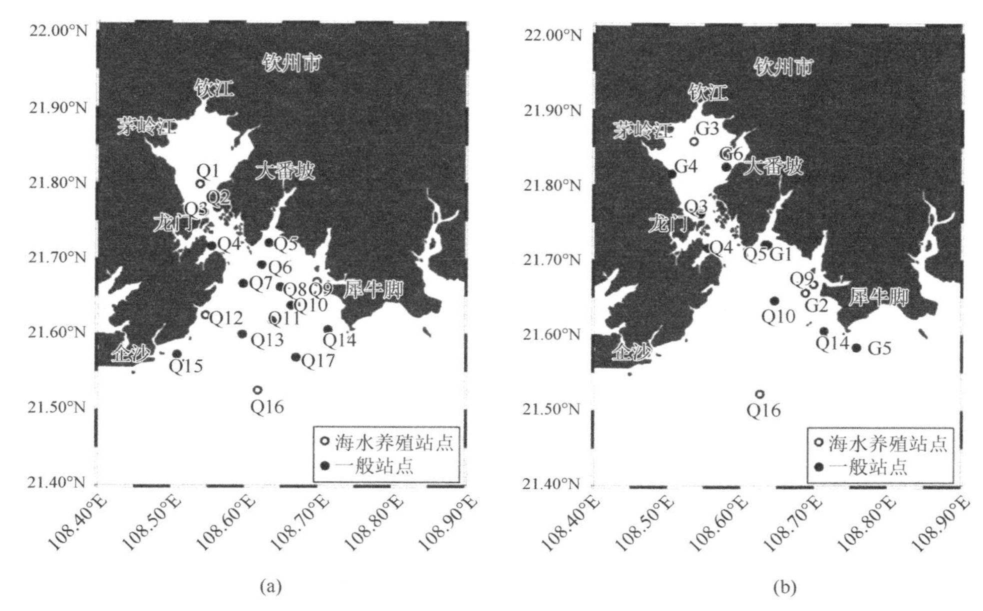

图 5.1.2　2014 年钦州湾分粒径叶绿素 a 调查站点布设（莫钰等，2017）

（a）枯水期；（b）丰水期

各监测站点采集表层海水样品（水面下 0.5 m），用 5 L 的采水器采集 5 L 水样，所获样品加 3 ml 碳酸镁悬浮液（10 g/L），混匀。

2011 年的叶绿素样品采集与测定方法依据国家《海洋监测规范 第 7 部分：近海污染生态调查和生物监测》（GB 17378.7—2007）中的叶绿素采样及其分光光度法进行。样品在采集后放置于低温避光处，并迅速带回实验室立即过滤。水样分三等分，每份水样体积为 2 L，其一经 0.45 μm 微孔滤膜收集，其二用 2 μm 滤膜过滤收集，其三用 20 μm 筛绢预过滤后再用 3 μm 滤膜过滤收集，滤膜直径均为 50 mm，过滤负压＜50 kPa。滤膜抽干后，将滤膜放入具塞离心管，加入 10 ml 丙酮溶液（9＋1），摇荡，放置冰箱冷藏室中 14～24 h 提取叶绿素 a；充分混合后离心（10 min，3000～4000 r/min），取上清测定。测定后通过差减法即可获得总叶绿素 a 浓度及各粒级叶绿素 a 含量［小型（Micro）：20～200 μm；微型（Nano）：2～20 μm；超微型（Pico）：0.45～2 μm］。

2014 年的叶绿素样品采集与测定方法依据国家《海洋监测规范 第 7 部分：近海污染生态调查和生物监测》（GB 17378.7—2007）中的叶绿素采样及其荧光分光光度法进行。样品在采集后放置于低温避光处，并迅速带回实验室立即过滤。水样分三等分，每份水样体积为 100～200 ml，其一经 0.45 μm 微孔滤膜收集，其二用 2 μm 滤膜过滤收集，其三用 20 μm 筛绢预过滤后再用 2 μm 滤膜过滤收集，滤膜直径均为 25 mm，过滤负压＜50 kPa。叶绿素 a 浓度的测定及其数据计算、处理分析均按照规范中的荧光分光光度法进行，测定后通过差减法即可获得总叶绿素 a 浓度及各粒级叶绿素 a 含量（Micro：20～200 μm；Nano：2～20 μm；Pico：0.45～2 μm）。

5.1.2　叶绿素 a 浓度分布

钦州湾有钦江和茅岭江的持续输入，营养盐较为丰富。在 2014 年以前，钦州湾水体的叶绿素 a 浓度较高。2011 年枯水期叶绿素 a 浓度为 1.73～8.82 μg/L，平均为 3.94 μg/L，枯水期浮游植物生物量仍保持在较高水平。图 5.1.3 列出了钦州湾枯水期叶绿素 a 浓度即表征的浮游植物生物量的空间分布。调查海域内总浮游植物生物量不均匀，叶绿素 a 浓度在内湾从钦江口 Q2 站点到内湾湾口附近 Q7 站点总体呈降低趋势，内湾总叶绿素 a 平均浓度为 3.13 μg/L。叶绿素 a 在外湾显现出从钦州港附近沿岸往南浓度逐渐增加，外湾总叶绿素 a 平均浓度为 3.34 μg/L；湾外两站点浓度远高于钦州湾平均值，最高值在湾外 Q18 站点。总体上钦州湾枯水期表层叶绿素 a 浓度呈现为河口及靠外海区浓度高而中间龙门附近海域低的分布特征。

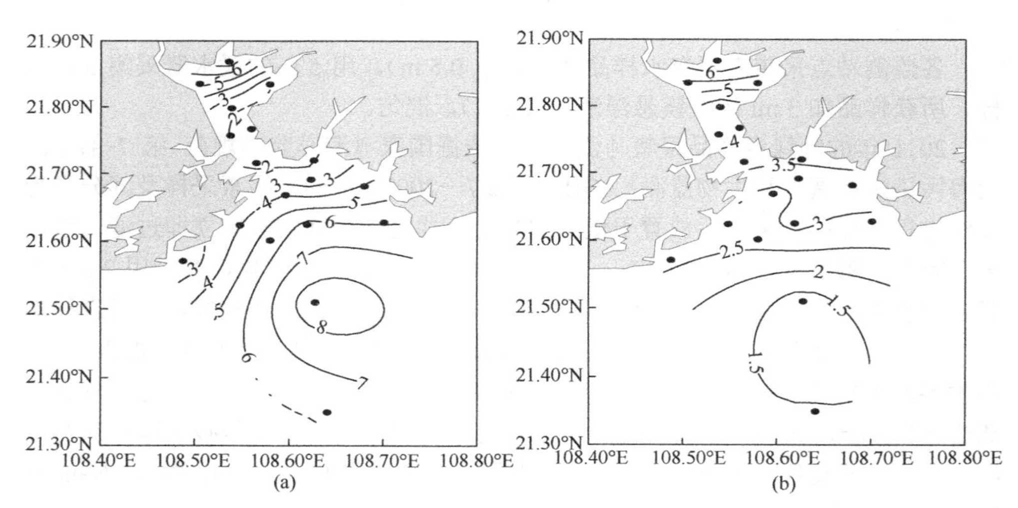

图 5.1.3　2011 年枯水期和丰水期钦州湾叶绿素 a 浓度的分布（单位：μg/L）

（a）2011 年枯水期；（b）2011 年丰水期

2011 年丰水期钦州湾调查结果显示该年度丰水期叶绿素 a 浓度与枯水期相当，海区总叶绿素 a 浓度为 1.25～6.61 μg/L，平均为 3.43 μg/L，与枯水期浓度水平很接近。2011 年钦州湾丰水期浮游植物叶绿素 a 生物量的空间分布特征与枯水期有较大不同，叶绿素 a 浓度在内湾从钦江口 Q2 站点到湾口附近 Q7 站点总体呈降低趋势，龙门港附近叶绿素 a 浓度略高于钦州港及其外部海域（图 5.1.3），内湾总叶绿素 a 平均浓度为 4.66 μg/L，表明浮游植物生物量较高；钦州港附近海域即外湾总叶绿素 a 平均浓度为 2.99 μg/L，明显低于内湾；湾外两站点浓度明显低于湾内，2011 年钦州湾叶绿素 a 浓度总体上呈现出从河口往外浓度逐渐减少的分布趋势。

2011 年枯水期采样时间为 3 月，靠外的 Q18 站点附近叶绿素浓度很高，主要是当时该海区萎软几内亚藻爆发性增殖，密度很高。同水期浮游植物丰度的检测结果发现该海区萎软几内亚藻最高丰度达到 5×10^4 个/L 以上，最高丰度就出现在 Q18 站点，甚至在该水期中萎软几内亚藻和夜光藻还同时引起了钦州湾三墩附近海域的赤潮现象（庄军莲等，2011）。

2011 年钦州湾叶绿素 a 浓度的调查结果显示出由河口往外海逐渐降低的趋势特征，这和营养盐的分布特征相一致，也符合大多数河口海湾的浮游植物叶绿素 a 分布特征。相似的分布规律特征也在其他调查期间呈现，如 2014 年枯水期，叶绿素 a 浓度分布总体上呈现从茅岭江口往外逐渐降低，又如 2014 年丰水期，除了钦州港海区中间的 1 个站点有突出高浓度外，钦州湾叶绿素 a 浓度基本上呈现从钦江河口往钦州港及外海逐渐降低的趋势（图 5.1.4），这和冲淡水及营养盐的变化特征相一致。钦州湾丰水期叶绿素 a 浓度呈现的从河口到外海逐渐降低的特征表明了径流及营养盐对浮游植物生物量的显著影响。

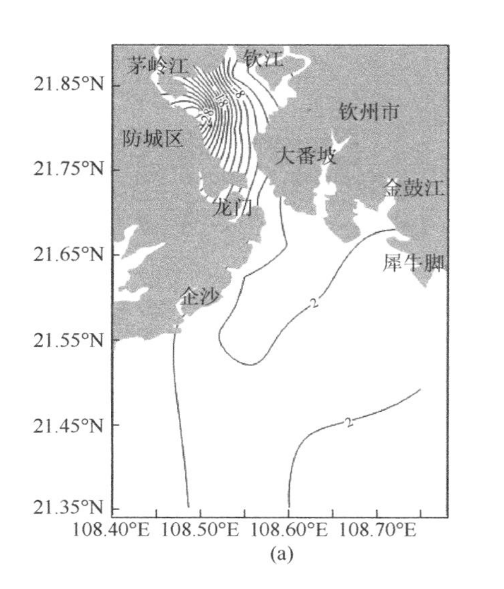

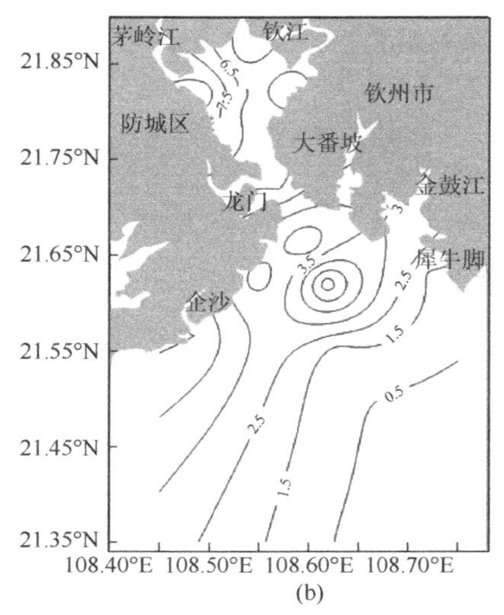

图 5.1.4　2014 年枯水期和丰水期钦州湾叶绿素 a 浓度的分布

（a）2014 年枯水期；（b）2014 年丰水期

这种叶绿素 a 与冲淡水及营养盐相似的分布特征在钦州湾却没有统一性，钦州湾的调查结果显示了部分调查期间外湾的叶绿素 a 浓度及浮游植物丰度均明显高于内湾的相反分布趋势。图 5.1.5 列出了 2014 年平水期和 2015 年枯水期钦州湾表层叶绿素 a 浓度的分布情况。2014 年平水期叶绿素 a 浓度为 0.7～4.9 μg/L，内湾（平均 1.88 μg/L）和外湾（平均 1.85 μg/L）的叶绿素 a 浓度相近，龙门附近海域及外海叶绿素 a 浓度相对较低。2015 年枯水期钦州湾表层叶绿素 a 浓度相对偏低，叶绿素 a 浓度为 0.5～3.3 μg/L，显著低于 2011 年枯水期的叶绿素 a 浓度，外湾浓度（平均 1.71 μg/L）略高于内湾（1.18 μg/L），与 2011 年枯水期相似。由此表明，钦州湾叶绿素 a 浓度的分布特征没有一个明显的统一规律，不同季节及同一季节不同年份之间有着较大的差异。内湾高于外湾、内湾与外湾相近、外湾高于内湾等这三种分布模式在钦州湾各水期中都有出现过，尤其是营养盐很高的内湾叶绿素 a 浓度低、营养盐相对偏低的外湾叶绿素 a 浓度显著高于内湾的现象在钦州湾并不少见，如图 5.1.3 中的 2011 年枯水期和图 5.1.5 中的 2015 年枯水期，同样蓝文陆等（2011，2013，2014）通过 HPLC 方法检测在 2010 年丰水期和 2011 年枯水期的叶绿素 a 浓度也有类似现象，表明这有可能是钦州湾的一种较为常见的分布特征。在这三种分布特征中，枯水期更多概率呈现为内湾低、外湾高的模式，丰水期较大概率呈现出从河口到外海逐渐降低的特征，而平水期较多偏向于内湾和外湾相近的特征。造成这种分布差异可能与钦州湾独特的地形、环境及浮游植物的适应性等因素有关，后续 5.2 节和 5.3 节浮游植物的分布特征中将进一步深入研究。

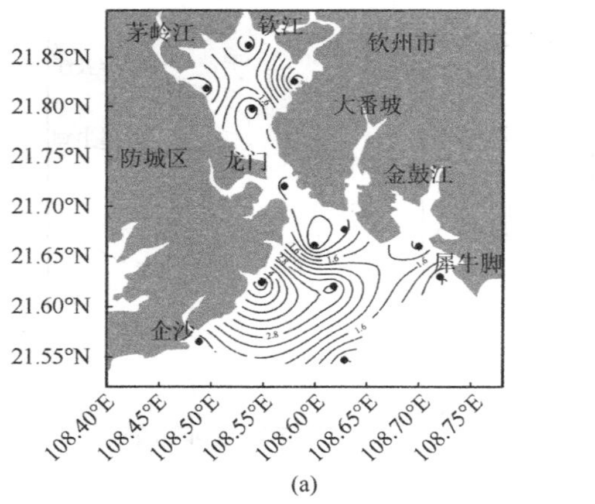

(a)

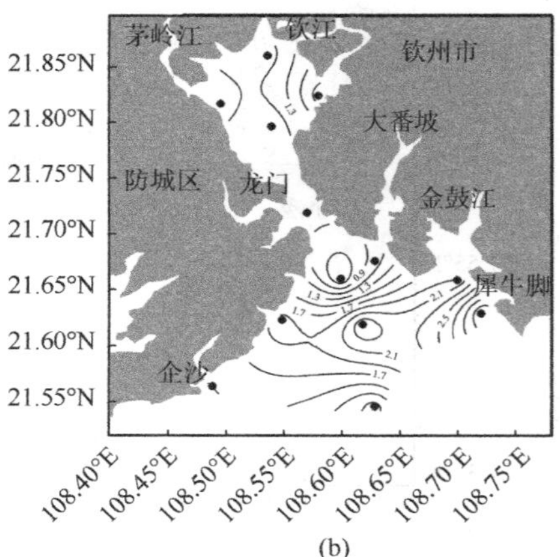

(b)

图 5.1.5　2014 年平水期和 2015 年枯水期钦州湾叶绿素 a 浓度的分布

（a）2014 年平水期；（b）2015 年枯水期

5.1.3　浮游植物的大小粒级结构

为了清晰地展示钦州湾浮游植物粒级结构特征，图 5.1.6 列出了自湾顶部到湾外中间断面站点 2011 年枯水期浮游植物粒级结构。枯水期钦州湾的内湾和外湾浮游植物的大小结构差异明显，河口的 Q2 站点及外湾均是以 Micro 浮游植物为优势，其中 Q2 站点及外湾附近区域 Micro 浮游植物是绝对优势，其比例超过了浮游植物总生物量的 80%。在内湾和外湾的中间海区，浮游植物的粒径大小结构与其他海区明显不同，Micro 浮游植物虽然仍占重要地位，但比例降低，Nano 浮游植物是浮游植物的优势类群，其比例超过了 Micro 浮游植物。枯水期 Pico 浮游植物在所有站点所占的比例均较小（＜15%），其在钦州湾浮游植物中的比例较小，枯水期浮游植物以 Micro 及 Nano 为主导。

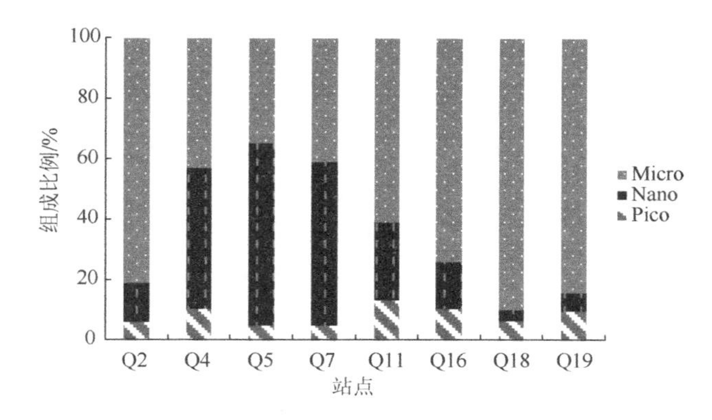

图 5.1.6　2011 年枯水期钦州湾浮游植物粒级结构

相对于枯水期，2011 年丰水期钦州湾浮游植物生物量的粒级结构在各站点之间的变化较小（图 5.1.7），且内湾和外湾浮游植物的粒级结构与枯水期差异明显。Micro 浮游植物在调查海区占优势，除了湾外的 Q18 站点和 Q19 站点之外在各站点占浮游植物总生物量的一半以上，而且在内湾的比例最大，Micro 浮游植物的比例从湾顶向外湾及湾外有逐渐降低的趋势。Nano 浮游植物对浮游植物总生物量的平均贡献约是浮游植物总生物量的 1/3，其在内湾的比例较小而在外湾及外湾 Q19 站点比例相对内湾高，Nano 浮游植物在湾外的 Q19 站点比例超过 50%。Pico 浮游植物的平均比例不到 20%，所占的比例较低。Nano 和 Pico 浮游植物所占的比例从湾顶向外湾有逐渐增加的趋势。

总的来说，2011 年钦州湾枯水期和丰水期的调查结果显示，Micro 浮游植物是钦州湾浮游植物的最主要类群，其次为 Nano 浮游植物，Pico 浮游植物在钦州湾

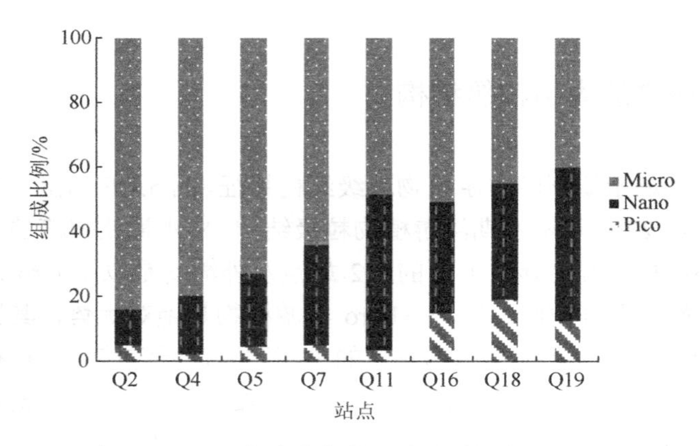

图 5.1.7　2011 年丰水期钦州湾浮游植物粒级结构

所占比例较低，浮游植物以较大粒径个体为主。随着分粒级方法的广泛应用，使得 Nano 和 Pico 浮游植物的作用不断地被人们所重视。研究表明，即使在近岸，小于 20 μm 的浮游植物仍可达到 50%以上的生物量（蔡昱明等，2002），而在外海可占 90%以上的生物量（张旭等，2008），小于 2 μm 的浮游植物在外海也能占 60%～80%的生物量（Huang et al.，1999）。但在钦州湾，2011 年的调查研究结果显示 Pico 浮游植物占据的比例很少，最高也达不到 30%，大部分不到 20%（图 5.1.6 和图 5.1.7）。这可能与钦州湾处于近岸海湾具有较高的营养盐有关。从第 2 章钦州湾营养盐的分布特征可以看出，钦州湾有钦江和茅岭江的径流输入，营养盐丰富，即使是在枯水期，营养盐浓度较低的外湾 Q18 站点其营养盐水平仍能支撑浮游植物具有较高的生物量（叶绿素 a 浓度＞8.0 μg/L，图 5.1.3），从河口到此海域浮游植物的结构刚刚从 Micro 浮游植物占主导演变为 Nano 及 Micro 浮游植物占主导，Pico 浮游植物占主导可能还须再往靠外的北部湾海域。另一种可能是在 2011 年调查期间所用的方法可能不够完善，高估了 Micro 浮游植物的比例而低估了 Pico 浮游植物的比例。2011 年分粒径叶绿素 a 的测定采用的是分光光度法，由于方法因素所取的水样体积很大，每个分样的体积按照规范方法需取 2～5 L。钦州湾位于河口，径流较强，而且 2011 年正值钦州港等海湾周边大力开发时期，吹沙填海等作业较多，海水中的悬浮泥沙较多，很容易引起滤膜的堵塞，以及过滤筛绢的堵塞。这就导致了在过筛绢时 Nano 浮游植物被截留在筛绢上，只有部分 Nano 浮游植物被过滤测定，而即使用 2 μm 滤膜过滤 Nano 和 Micro 浮游植物也很容易被堵塞，导致相对部分的 Pico 即＜2 μm 的浮游植物也被截留在滤膜上，从而严重高估了 Micro 浮游植物，低估了 Pico 和 Nano 浮游植物，引起了 2011 年钦州湾浮游植物粒级结构的较大偏差，呈现为 Micro 浮游植物比例很大，而 Pico 浮游植物比例很小的结果。

为了更清晰地掌握钦州湾浮游植物的粒级结构，2014 年重新用荧光分光光度法进行了 2 个水期的调查研究，其所需水量仅为 100～200 ml，能较大程度避免 2011 年调查研究的不足。2014 年枯水期和丰水期的浮游植物粒级结构组成存在明显差异（图 5.1.8），枯水期浮游植物粒级结构组成主要以 Nano 级和 Pico 级为主（合计平均占 85%左右），Micro 粒级所占的比例较小（14.3%±8.7%）（图 5.1.8）。

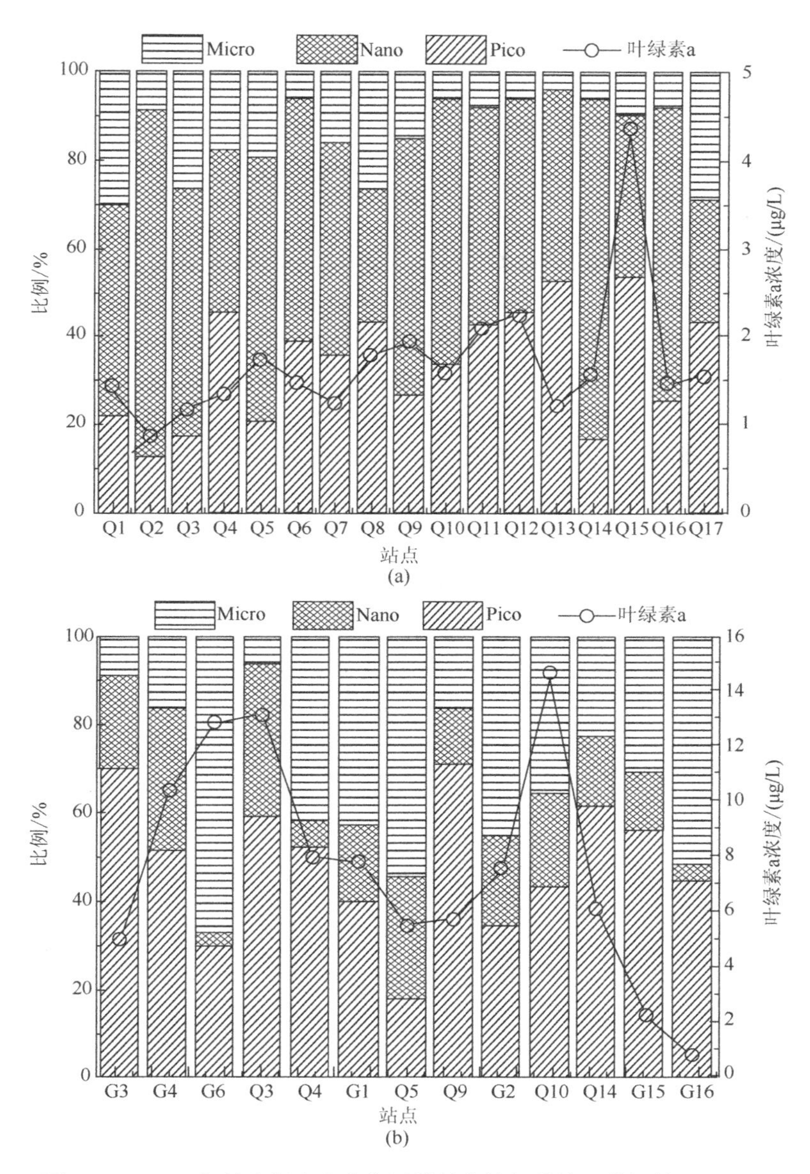

图 5.1.8　2014 年枯水期和丰水期浮游植物粒级结构（莫钰等，2017）

（a）枯水期；（b）丰水期

内湾浮游植物的粒级组成上，Nano 粒级是最优势的类群（55.9%±13.8%），Pico 粒级和 Micro 粒级相对较少且所占比例相当（比例分别为 23.7%±11.4%和 20.5%±7.4%）；在外湾 Nano 粒级也是主导类群（50.1%±13.7%），但 Pico 粒级的比例比内湾的略高（38.1%±10.6%），Micro 粒级比例很低（11.8%±7.8%）。丰水期浮游植物组成与枯水期有较大不同，Pico 粒级是最主要的粒径组成（50.4%±17.4%），其次为 Micro 粒级（34.1%±20.3%），Nano 粒级所占比例是三个粒级中最小的类群（15.5%±9.2%）。丰水期内、外湾浮游植物的粒级组成基本一致，内湾 Pico 粒级（59.0%±21.0%）略高于外湾（47.8%±15.2%），Micro 粒级在内湾的比例（27.0%±28.5%）略低于外湾（36.3%±16.5%），内湾和外湾 Nano 粒级的比例相近，内湾为 14.0%±8.9%，外湾为 15.9%±9.2%。

2014 年钦州湾浮游植物粒级结构也与 2011 年的结果有明显的不同（图 5.1.6 和图 5.1.7）。2011 年浮游植物以 Micro 和 Nano 粒级为主，而 2014 年浮游植物以 Nano 和 Pico 粒级为主，相比而言，2014 年 Micro 粒级所占的比例明显比 2011 年低。通过比较两个年份之间的叶绿素 a 总浓度可以发现，2014 年枯水期生物量较低，所测站点叶绿素 a 浓度均值为（1.70±0.74）μg/L，显著低于 2011 年枯水期。2014 年枯水期叶绿素 a 浓度也显著低于 2014 年丰水期，通过比较两个水期的粒级结构可以发现，在低生物量的枯水期 Micro 粒级所占比例很低，而在高生物量的丰水期 Micro 粒级所占的比例较高。通过浮游植物粒级分布的三元图结合叶绿素 a 浓度（图 5.1.9）可以发现，枯水期 Nano 粒级比例越大，叶绿素 a 浓度越高；而丰水期群落结构发生明显改变，Pico 粒级和 Micro 粒级比例越高时较易产生较高的叶绿素 a 浓度。可见从枯水期到丰水期，随着叶绿素 a 浓度的增加，浮游植物的 Micro 粒级所占比例增加。由此表明浮游植物生物量与浮游植物粒级结构之间有着密切的关系，如适应高营养盐生长较快的较大粒径浮游植物大量生长

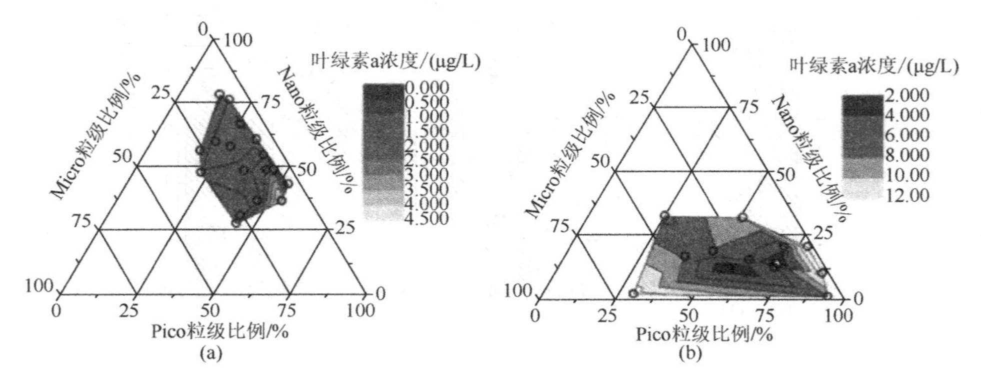

图 5.1.9　2014 年枯水期和丰水期钦州湾浮游植物粒级结构组成三元图（莫钰等，2017）

（a）枯水期；（b）丰水期

可能会导致浮游植物的粒级结构以 Micro 粒级为主导。因此，去除方法上的影响，2011 年枯水期与 2014 年枯水期的显著差异也可能与两个年份之间浮游植物生物量的显著差异有关。在 2011 年枯水期，在河口站点出现了大量的海链藻，而在钦州港靠外海域出现了大量的萎软几内亚藻，均为较大粒径的硅藻，因此浮游植物在这些海区以 Micro 粒级为绝对主导也属正常情况。同样，在 2011 年丰水期河口区站点生物量也很高，叶绿素 a 浓度也在 5 μg/L 以上，从如此高的生物量上来推断极有可能也是以较大硅藻为主，这可能是靠近河口较高生物量海区 Micro 所占比例较高的原因。

不同季节及不同年份之间浮游植物粒级结构如此大的差异可能受多种环境因素的影响。海洋浮游植物群落结构受诸多环境因素的影响控制，通常认为温度、盐度、营养盐和污染物等环境因子影响浮游植物群落结构，其中以营养盐为关键（Veldhuis et al.，1997）。从第 2 章可以看到，钦州湾枯水期虽然径流输入减少，但营养盐浓度较高，接近于丰水期营养盐的浓度。这就导致了钦州湾 Micro 浮游植物是最主要的类群。从 2011 年丰水期浮游植物大小结构变化可以看到，随着营养盐浓度从湾顶向外湾逐渐降低，Micro 浮游植物所占的比例也随之减少，而 Nano 及 Pico 这些个体较小的浮游植物所占的比例逐渐增加，2014 年钦州湾外的站点也存在着类似的趋势，从钦州港附近的 G1 站点、Q5 站点往外 Micro 粒级逐渐减少而 Pico 和 Nano 粒级逐渐增加（图 5.1.8）。可见营养盐变化对浮游植物大小结构影响显著。然而 2011 年枯水期浮游植物粒级结构变化与这个结果相差甚远，结构变化没有连续性，湾颈部分虽然营养盐浓度较高但却以 Nano 浮游植物占优势，湾外站点营养盐浓度较低，却以 Micro 浮游植物为绝对优势类群。而且相对于 2014 年的丰水期，2014 年枯水期 Micro 粒级比例显著减少。枯水期相对低温及较低硅酸盐输入，导致 Si/N 值降低，加上河口附近硅藻暴发对硅酸盐的消耗，以及湾颈地区相对不稳定的环境条件（蓝文陆和彭小燕，2011），使较大的硅藻难以很好的生长，而青绿藻等小个体藻类所占比例增加，从而引起 Micro 浮游植物比例降低而 Nano 浮游植物比例明显增加。此外在近岸海湾，pH、溶解氧、滤食性贝类等也被认为是影响浮游植物的因子（韦蔓新和何本茂，2008）。枯水期钦州湾七十二泾附近站点生物量和 Micro 浮游植物比例降低可能是受这些因素的影响。外湾温度的增加，无机氮和磷酸盐浓度较低而硅酸盐相对丰富，引起了暖水性硅藻大量繁殖（萎软几内亚藻暴发），因此在 2011 年枯水期 Micro 浮游植物占据绝对优势。由此可见，径流及其所附带的营养盐、营养盐结构、温度、浮游动物等环境变化，决定了钦州湾浮游植物粒级结构在丰水期和枯水期不同的特征。

2011～2014 年跨度 3 年，也正值是钦州港大开发的 3 年，因此浮游植物粒级结构变化可能也从一定程度上反映了环境的变化。在富营养化加剧和气候变化的背景下，近岸河口区在丰水期普遍出现硅藻比例下降、蓝绿藻比例上升的现象

（Paerl & Otten，2013）。此外钦州湾近岸不同年份时间段内挖沙、疏浚、填海作业及径流强弱变化对海水透明度的影响及丰水期内湾盐度的剧烈变化等，导致湾内相对于外湾硅藻比例下降，有可能较大粒径浮游植物硅藻被较小的蓝藻绿藻等取代，Pico 粒级成了浮游植物的主要贡献者。北部湾环境的变化也的确导致了浮游植物结构的变化，如近年冬春季节在北部湾近岸海域频频发生球形棕囊藻赤潮现象，该赤潮藻是 Pico 浮游植物，其在北部湾近岸海域的大量生长，势必改变了浮游植物的大小结构，其中包括钦州湾海域。可见，浮游植物大小结构的变化可能暗示了钦州湾环境的变化。

生产者的粒径分布一定程度上反映着一个生态系统的理化特征，并与食物网的动力学和生态系统的生态效率有着密切的关系。各海区理化条件的巨大差异决定了浮游植物分布非常不均匀，近岸海区由于得到较多的陆源营养盐补充，往往具有较高的生物量，较大粒级的浮游植物占优势，在碳循环中起着相对较大的作用；靠外海域营养盐少，小粒级浮游植物占绝对优势（蔡昱明等，2002）。因而初级生产者的粒级结构，在某种程度上决定了生态系统的功能。

5.2　浮游植物种类组成及丰度

5.2.1　调查材料与方法

2010 年 6 月、2010 年 10 月和 2011 年 3 月，分别在钦州湾进行了丰水期、平水期和枯水期的现场调查。2013 年 3 月和 7 月再次进行了一次调查。调查站点及时间和环境参数等其他调查一致，站点布设见图 5.1.1。

各航次调查每个站点采水 5 L，所获样品用 40 ml 鲁氏碘液固定，带回实验室中浓缩，进行浮游植物种类鉴定和细胞计数的定量分析。另在每个调查站点用小型浮游植物网（孔径为 0.077 mm）由底至表垂直拖网一次，所获样品用体积分数为 5%的福尔马林溶液固定，进行浮游植物种类组成的定性鉴定。

$$S = 数量 \times 浓缩体积/计数体积/采样体积$$

式中，S 为水采样品细胞密度。

测定均依据国家《海洋监测规范　第 7 部分：近海污染生态调查和生物监测》（GB 17378.7—2007）提供的方法进行。

物种多样性指数 H' 采用香农-维纳公式计算（Shannon & Wiener，1949）：

$$H' = -\sum_{i=1}^{s} P_i \log 2\ P_i$$

式中，P_i为该站中第 i 种的个体数目与该站总个体数目的比值；s 为该站的种数。

优势种的确定由优势度 Y 决定，计算公式如下（胡建宇和杨圣云，2008）：

$$Y = \frac{n_i}{N} f_i$$

式中，n_i为第 i 种的个体数；N 为总个体数；f_i为第 i 种在各个站出现频率。

以 Y 大于 0.02 来确定优势种（胡建宇和杨圣云，2008）。

海域浮游植物生物多样性与海域污染程度的评价采用《赤潮监测技术规程》（HY/T 069—2005）进行，详见表 5.2.1。

表 5.2.1　浮游植物物种多样性指数与海域污染程度的关系

物种多样性指数	3～4	2～3	1～2	<1
水质评价	清洁	轻度污染	中度污染	严重污染

5.2.2　浮游植物种类组成及分布

2010 年 6 月～2011 年 3 月的三个水期调查中，共检出浮游植物种类 148 种，具体种类见附录 1。2010 年丰水期共检出浮游植物 125 种（包括变种、变型），分别隶属于 17 目 33 科 52 属。其中硅藻 7 目 16 科 35 属 87 种；甲藻 7 目 9 科 9 属 25 种；绿藻 1 目 5 科 5 属 9 种；蓝藻 1 目 2 科 2 属 3 种；金藻 1 目 1 科 1 属 1 种。

2010 年平水期调查航次共检出浮游植物 83 种（包括变种、变型），分别隶属于 22 科 43 属。其中硅藻 15 科 36 属 72 种；甲藻 5 科 5 属 8 种；绿藻 1 科 1 属 1 种；蓝藻 1 科 1 属 2 种。

枯水期浮游植物 72 种（包括变种、变型），分别隶属于 19 科 33 属。其中硅藻 12 科 26 属 58 种；甲藻 6 科 6 属 13 种；蓝藻 1 科 1 属 1 种。

2013 年枯水期和丰水期两季钦州湾浮游植物共 153 种，分别隶属于 3 门 45 属。2013 年枯水期浮游植物 2 门 35 属 79 种，种类数量略多于 2011 年枯水期，其中硅藻门 28 属 68 种，占总种类数的 86.1%，甲藻门 7 属 11 种，占总种类数的 13.9%。2013 年丰水期浮游植物共 3 门 38 属 74 种，种类数量明显低于 2010 年丰水期，其中硅藻门 31 属 63 种，占总种类数的 85.1%，甲藻 6 属 10 种，占总种类数的 13.5%，剩余为蓝藻。2010 年和 2013 年的浮游植物种类组成结构很接近。

浮游植物以广温广盐的广布种和暖水性种为主，亚热带种群区系特征较为明显。钦州湾的浮游植物根据浮游植物的适盐及分布特点可以大致分为四大类群：①河口低盐淡水类群：适宜盐度极低，随着入海径流进入海湾的种类，主要分布于茅尾海内，包括大部分的菱形藻（*Nitzschia* sp.），以及舟形藻（*Navicula* sp.）

和蓝藻（Cyanophyta）等；②暖温带近岸低盐类群：适宜盐度较低，主要分布于近岸海域，如柔弱拟菱形藻（*Pseudonitzschia delicatissima*）、尖刺拟菱形藻（*Pseudonitzschia pungens*）、诺登海链藻（*Thalassiosira nordenskiöldii*）和原甲藻（*Prorocentrum* sp.）等；③暖温带广布种，适温适盐都较广，近岸和远岸海域分布都比较普遍，包括中肋骨条藻（*Skeletonema costatum*）、中华盒形藻（*Biddulphia sinensis*）、布氏双尾藻（*Ditylum brightwellii*）和丹麦细柱藻（*Leptocylindrus danicus*）等；④热带外海大洋种：适温适盐偏高，随北部湾靠外水团进入钦州湾，并主要分布于钦州湾外湾海域，包括辐射圆筛藻（*Coscinodiscus radiatus*）、覆瓦根管藻（*Rhizosolenia imbricata*）、粗根管藻（*Rhizosolenia robusta*）、活动盒形藻（*Biddulphia mobiliensis*）和密联角毛藻（*Chaetoceros densus*）等。

2010～2011年调查期间钦州湾浮游植物种类数量的分布变化主要呈现出外湾高内湾低的趋势特征，如2010年丰水期内湾站点浮游植物种类数量都在平均11种左右，而外湾种类数量平均约25种，是内湾的2倍左右（图5.2.1）。2013年的调查结果也与2010～2011年相似，内湾茅尾海浮游植物种类数量较少，外湾钦州港附近海域种类相对较多，从一定程度上表明了钦州湾浮游植物种类数量分布呈现为内湾低外湾高的分布特征。

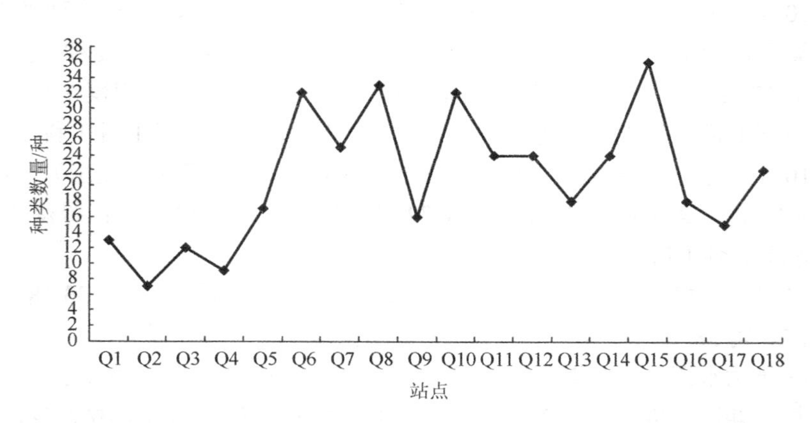

图 5.2.1　2010年丰水期钦州湾浮游植物种类数量分布

5.2.3　浮游植物总数量及优势种分布

2010年丰水期钦州湾各调查站点浮游植物丰度为（0.12～8.8）$\times 10^4$个/L，平均为2.8×10^4个/L。内湾平均值为1.1×10^4个/L，外湾为4.6×10^4个/L，湾外两站点平均值为0.65×10^4个/L，外湾丰度显著高于内湾，湾外两站点丰度显著低于湾内。其中Q1站点浮游植物丰度最低，Q13站点浮游植物丰度最高（图5.2.2）。2010年平水期各调查站点浮游植物丰度为（0.21～6.3）×10^4个/L，平均为 1.6×10^4个/L。内湾平均值为 0.71×10^4个/L，外湾为 2.2×10^4个/L，湾外两站点平均值为 1.8×10^4个/L，外湾丰度显著高于内湾，湾外两站点丰度略低于外湾。其中 Q3 站点浮游植物丰度最低，Q15 站点浮游植物丰度最高。

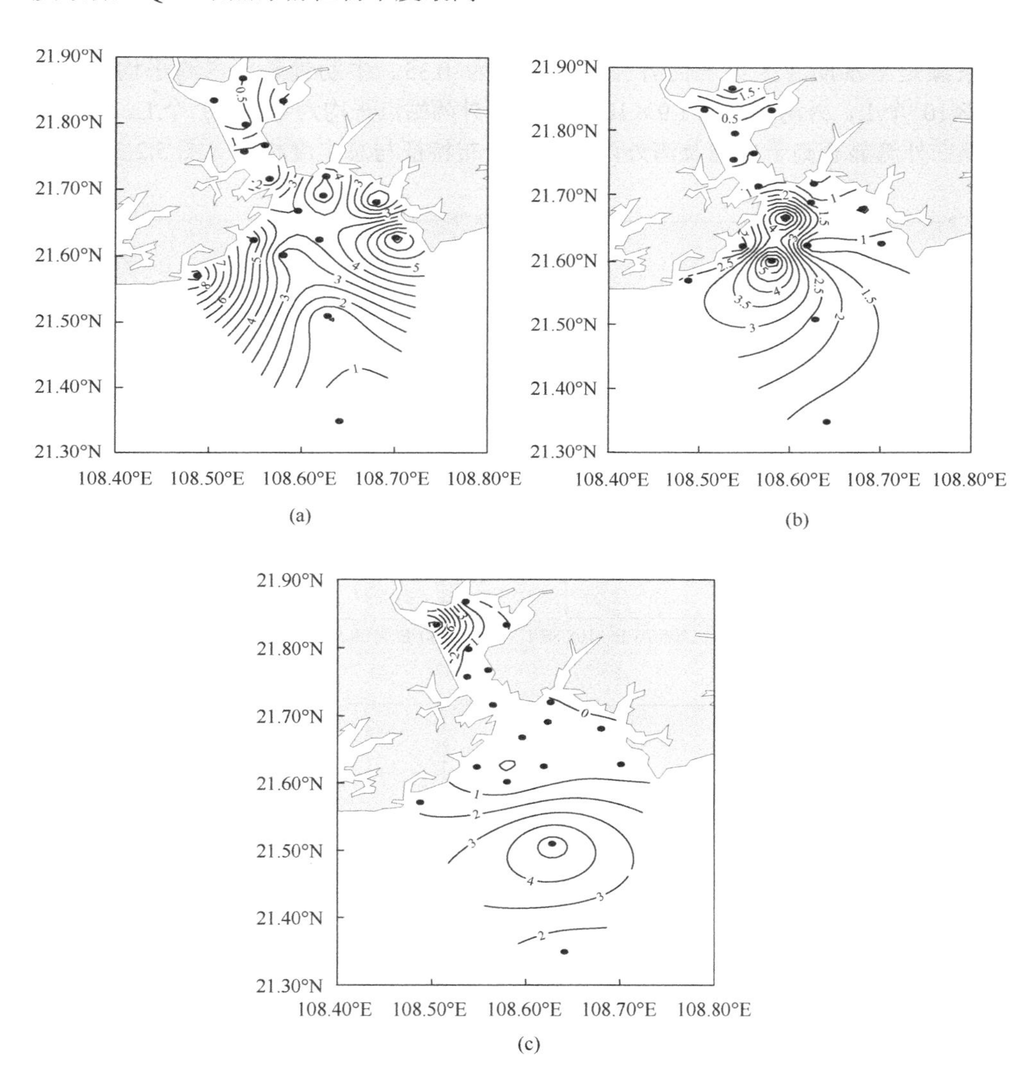

图 5.2.2　2010～2011 年钦州湾浮游植物丰度的分布（单位：×10^4个/L）

（a）丰水期；（b）平水期；（c）枯水期

枯水期各调查站点浮游植物丰度为（0.058～9.6）×10^4个/L，平均为

1.2×10^4 个/L。内湾平均值为 1.6×10^4 个/L，外湾为 0.35×10^4 个/L，湾外两站点平均值为 3.4×10^4 个/L，外湾丰度显著低于内湾，湾外两站点丰度显著高于湾内。其中 Q9 站点浮游植物丰度最低；Q1 站点海链藻属暴发，浮游植物丰度最高（图 5.2.2）。

为了更清楚了解钦州湾浮游植物丰度的分布，图 5.2.3 列出了优势种分布。中肋骨条藻是丰水期海区第一优势种，优势度为 0.35。中肋骨条藻内湾平均丰度为 3.4×10^3 个/L，外湾平均为 1.9×10^4 个/L，湾外两站点平均为 4.0×10^2 个/L。中肋骨条藻在外湾显著高于内湾及湾外两站点，分布特征与总丰度相近（图 5.2.3）。

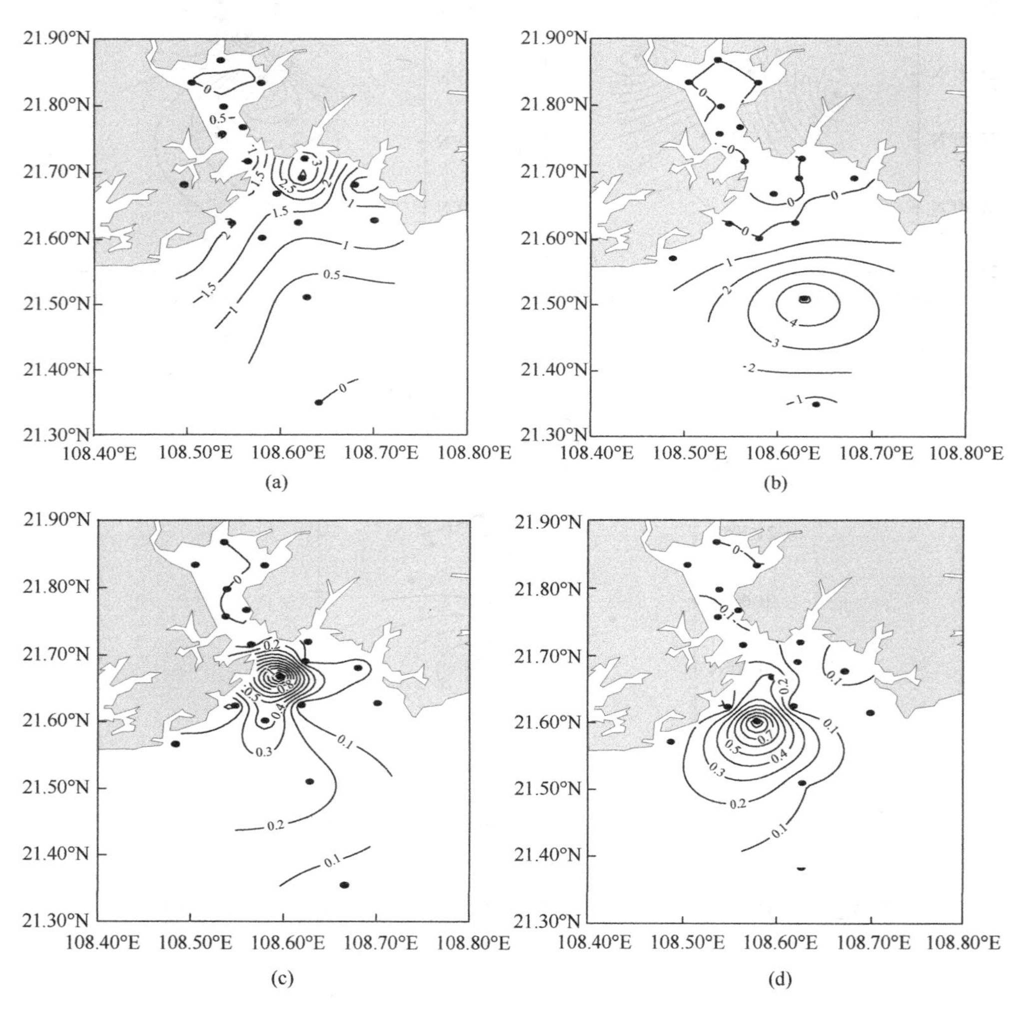

图 5.2.3　2010～2011 年钦州湾浮游植物优势种的数量分布（单位：$\times10^4$ 个/L）

（a）丰水期中肋骨条藻；（b）枯水期萎软几内亚藻；（c）平水期环纹劳德藻；（d）平水期丹麦细柱藻

硅藻仍是 2010 年平水期钦州湾的优势类群，占总丰度的 97.32%，甲藻、蓝藻、绿藻所占的比例很少，分别占 2.19%、0.42%、0.03%。调查中优势度＞0.02 的优势种有环纹劳德藻和丹麦细柱藻。环纹劳德藻是海区第一优势种，优势度为 0.066。环纹劳德藻内湾平均丰度为 75 个/L，外湾平均为 1.9×10^4 个/L，湾外两站点平均为 4.0×10^2 个/L。平水期优势种环纹劳德藻和丹麦细柱藻丰度分布见图 5.2.3。环纹劳德藻在外湾分布显著高于内湾及湾外两站点，分布特征与总丰度相近。丹麦细柱藻优势度为 0.062。丹麦细柱藻内湾平均丰度为 6.5×10^2 个/L，外湾平均为 2.0×10^3 个/L，湾外两站点平均为 7.3×10^2 个/L。丹麦细柱藻在外湾分布显著高于内湾及湾外两站点，分布特征与总丰度相近。

2011 年枯水期调查结果显示，钦州湾浮游植物硅藻是最优势类群，占总丰度的 95.19%，甲藻、蓝藻分别占 4.81%、0.01%。调查中优势度＞0.02 的优势种有萎软几内亚藻和海链藻属。枯水期优势种萎软几内亚藻丰度分布见图 5.2.3。萎软几内亚藻是海区第一优势种，优势度为 0.138。萎软几内亚藻内湾仅在 Q5 站点出现，丰度为 2.3×10^2 个/L；外湾平均为 5.1×10^2 个/L；湾外两站点平均为 3.0×10^4 个/L，萎软几内亚藻在湾外附近站点，分布特征与总丰度相近。优势种海链藻主要分布在河口等浮游植物丰度很高的几个站点，在外湾及靠外海域数量极少甚至没有检出。

2013 年枯水期钦州湾浮游植物平均丰度为 4.0×10^3 个/L，丰度变化为 400～9600 个/L。最低丰度值出现在茅尾海钦江口附近，最高值出现在钦州港犀牛脚附近海域（图 5.2.4）。2013 年枯水期浮游植物丰度总体上呈现由湾顶向湾口逐

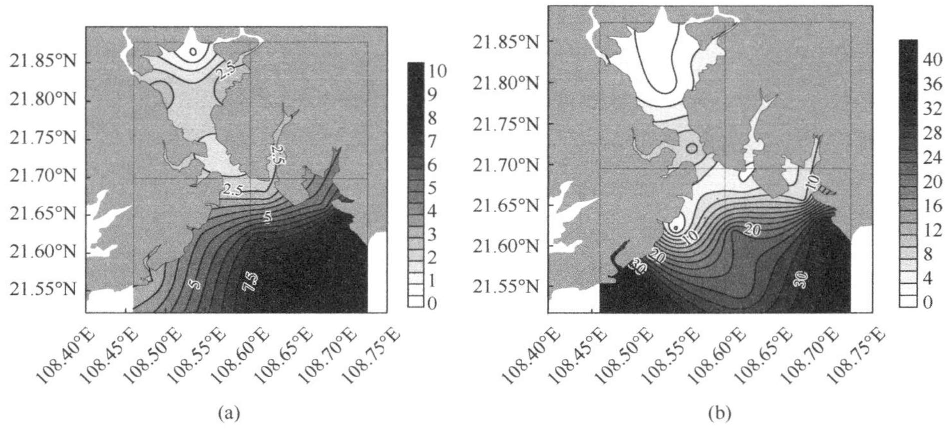

图 5.2.4　2013 年钦州湾浮游植物丰度的水平分布（单位：$\times10^3$ 个/L）

（a）枯水期；（b）丰水期

渐升高的分布趋势，茅尾海和湾颈浮游植物丰度低，钦州湾湾口丰度高，外湾丰度明显高于内湾。

2013 年丰水期钦州湾浮游植物平均丰度为 12.1×10^3 个/L，丰度变化为 800～41200 个/L。浮游植物丰度最低值出现在茅尾海南部，最高值出现在防城港企沙附近，总体分布趋势与枯水期相似，茅尾海内浮游植物丰度低，钦州湾外湾丰度高，总体呈现由湾顶向湾口逐渐升高的分布趋势（图 5.2.4）。

2013 年钦州湾浮游植物优势种比 2010～2011 年相比较多，共有 10 种，具体见表 5.2.2。2013 年枯水期优势种共 6 种，辐射圆筛藻优势度最高，丰度占浮游植物总丰度比例最高，其次为布氏双尾藻。2013 年丰水期钦州湾浮游植物共有优势种 7 种，布氏双尾藻优势度最高，其次为中肋骨条藻。2013 年枯水期和丰水期 2 次调查中仅有布氏双尾藻、中华盒形藻和菱形藻 3 个共有优势种（表 5.2.2）。

表 5.2.2　2013 年钦州湾浮游植物优势种及优势度

水期	优势种	丰度比例/%	优势度 *Y*
枯水期	辐射圆筛藻	18.1	0.070
	布氏双尾藻	11.3	0.069
	诺登海链藻	16.4	0.063
	菱形藻	6.8	0.032
	中华盒形藻	6.1	0.024
	角毛藻（*Chaetoceros* sp.）	4.1	0.013
丰水期	布氏双尾藻	14.5	0.078
	中肋骨条藻	10.5	0.064
	中华盒形藻	15.6	0.048
	海洋原甲藻（*Prorocentrum micans*）	8.9	0.041
	菱形海线藻	10.8	0.039
	叉状角藻（*Ceratium furca*）	10.6	0.033
	菱形藻	5.8	0.031

5.2.4　浮游植物物种多样性指数

2010 年丰水期钦州湾浮游植物物种多样性指数在 1.61～3.86，平均值为 2.70，内湾平均值为 2.47，外湾平均值为 2.72，湾外两站点平均值为 3.41。丰水期物种多样性指数分布见图 5.2.5。

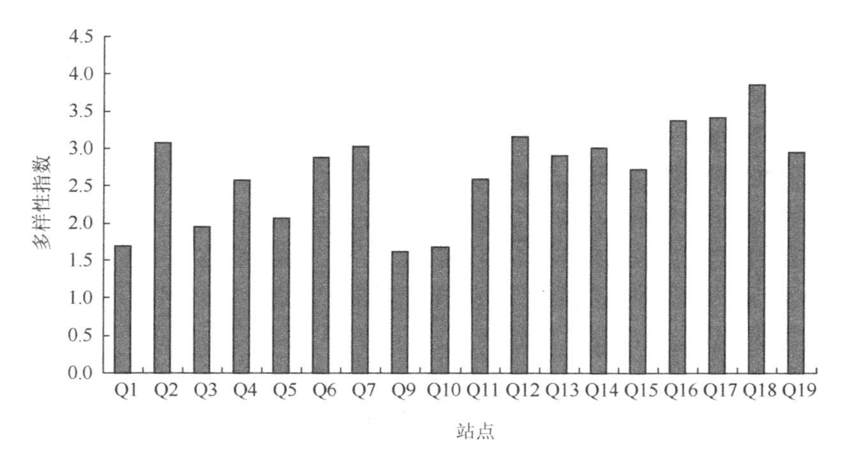

图 5.2.5　2010 年丰水期钦州湾浮游植物物种多样性指数分布

2010 年丰水期钦州湾从内湾到外湾再到外湾站点，物种多样性指数总体呈上升趋势，大多数站点物种多样性指数在 2 以上，只有在内湾河口 Q1 站点、Q3 站点及金鼓江口 Q9 站点、Q10 站点的物种多样性指数低于 2。外湾中金鼓江口 Q9 站点中肋骨条藻暴发生长，导致物种多样性指数最低，最高值出现在湾外 Q18 站点。

2010 年平水期钦州湾浮游植物物种多样性指数在 2.32～4.31，平均值为 3.44，内湾平均值为 3.03，外湾平均值为 3.58，湾外两站点平均值为 4.25。钦州湾平水期浮游植物物种多样性指数分布见图 5.2.6。平水期从内湾到外湾再到外湾站点，物种多样性指数总体呈上升趋势，与丰水期趋势基本一致。物种多样性指数全部高于 2，部分站点高于 4，整体平均值及内湾、外湾、湾外的平均值都是三个水期中最高的。内湾中钦江口 Q2 站点种类较少，物种多样性指数最低，最高值出现在湾外 Q18 站点。

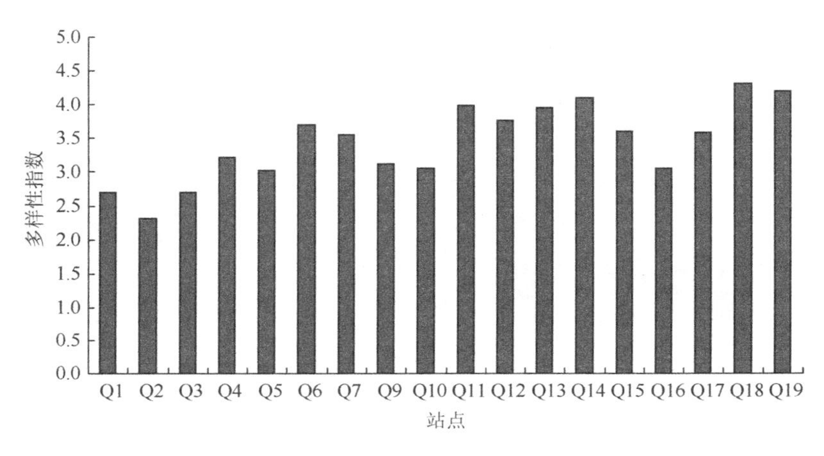

图 5.2.6　2010 年平水期钦州湾浮游植物物种多样性指数分布

2011 年枯水期钦州湾调查中浮游植物物种多样性指数在 0.27～3.36，平均值为 1.95，内湾平均值为 1.59，外湾平均值为 2.39，湾外两站点平均值为 1.29。枯水期浮游植物物种多样性指数分布见图 5.2.7。枯水期生物多样性站点间差异较大，个别站点由于优势种的爆发式增长使得物种多样性指数极低。内湾中茅岭江口 Q1 站点海链藻属暴发生长，湾外 Q18 站点萎软几内亚藻暴发，物种多样性指数最低，物种多样性指数最高值出现在湾外 Q13 站点。从钦州湾 2010 年丰水期到 2011 年枯水期三个水期的比较可知，2011 年枯水期浮游植物物种多样性指数整体平均值在三个水期中最低。

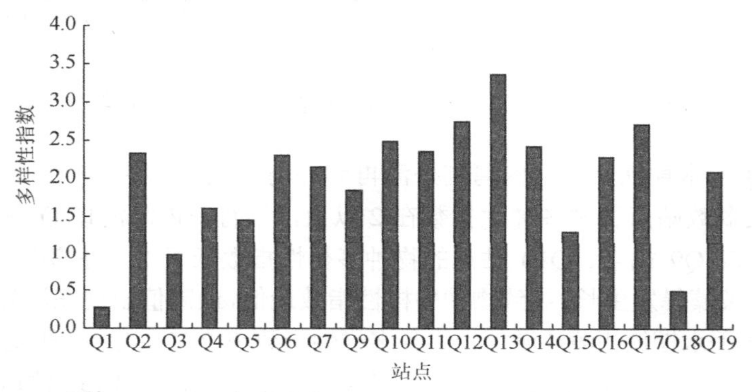

图 5.2.7　2011 年枯水期钦州湾浮游植物多样性指数分布

2013 年枯水期钦州湾浮游植物平均物种多样性指数为 2.3，略高于 2011 年枯水期，变化范围为 1.5～3.0，其分布特征见图 5.2.8。2013 年枯水期浮游植物多样性

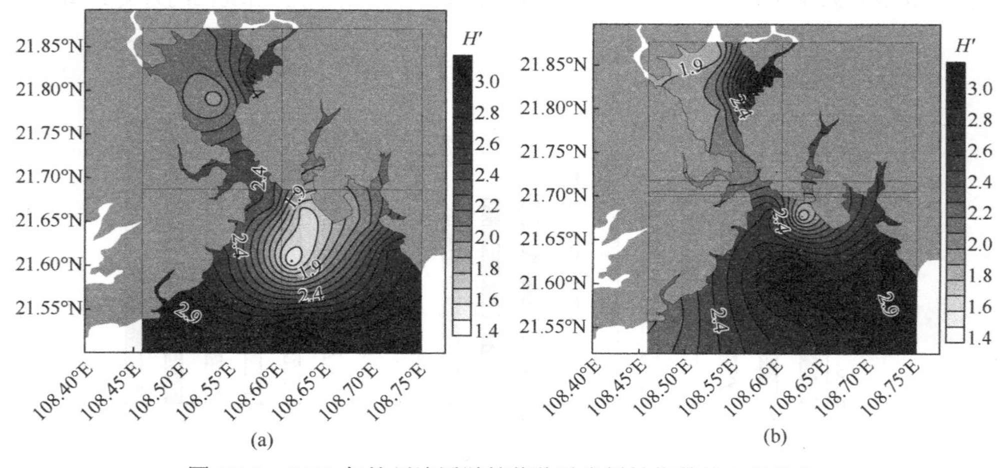

图 5.2.8　2013 年钦州湾浮游植物物种多样性指数的水平分布

（a）枯水期；（b）丰水期

指数最低值出现在外湾中部站点，最高值出现在外湾南部站点。2013 年丰水期钦州湾浮游植物平均物种多样性指数为 2.4，变化范围为 1.7～3.1，略低于 2010 年丰水期。2013 年丰水期浮游植物物种多样性指数最低值出现在外湾北部站点，最高值出现在茅尾海东部站点。与 2010～2011 年的调查结果相似，2013 年两个季节的调查结果显示，浮游植物物种多样性指数外湾总体上略高于内湾，但分布无明显规律（图 5.2.8）。总体上 2013 年枯水期和丰水期浮游植物物种多样性指数在内湾呈现出茅岭江口指数较低而钦江东口指数较高的特征，在外湾呈现出钦州港保税港区附近指数较低而靠外站点指数较高的分布特征。

5.2.5　浮游植物种类组成和丰度季节变化

综合 2010～2011 年三个水期（季节）的调查结果，钦州湾浮游植物种类组成及数量存在着明显的季节变化差异。表 5.2.3 综合了三个季节浮游植物种类数量、优势种和丰度的结果，展示了浮游植物的季节变化特征。

表 5.2.3　钦州湾浮游植物的季节变化

项目	丰水期（夏季）			平水期（秋季）			枯水期（冬—春季）		
	内湾	外湾	湾外	内湾	外湾	湾外	内湾	外湾	湾外
种类数量/种		125			82			72	
优势种		中肋骨条藻 布氏双尾藻 菱形海线藻			环纹劳德藻 丹麦细柱藻			萎软几内亚藻 海链藻	
丰度/($\times10^4$ 个/L)		2.8			1.6			1.2	
	1.1	4.6	0.65	0.7	2.2	1.8	1.6	0.35	3.4

丰水期光照充足，水温较高，初级生产力水平较高。丰水期河口带来的淡水水量丰富，流速较快，湾内盐度变化较大，在内湾湾口处形成较密的变化梯度。硅藻在整个调查海区占绝对优势，占总丰度的 98.92%，甲藻仅占 0.84%，绿藻占 0.24%。内湾由于大量淡水汇入，盐度较低，不适硅藻生长，从内湾湾口向外至外湾，盐度梯度与硅藻丰度分布基本一致。优势种中肋骨条藻、布氏双尾藻、菱形海线藻近岸分布的特点是在相对远海的湾外站点无分布或丰度极低。中肋骨条藻占绝对优势，优势度达 0.35，硅藻总丰度的分布与中肋骨条藻基本一致。湾内淡水主要是从茅岭江注入，在夏季丰富的淡水流入及较快流速下，从茅岭江口一直到湾外站点，都有零星的淡水绿藻分布。

平水期硅藻依然在调查海区占绝对优势，占总丰度的 97.35%，与丰水期相比占比略有下降；甲藻占总丰度的 2.19%，蓝藻占总丰度的 0.42%。淡水输入减少，海区盐度值升高，外海水的影响加强，甲藻的丰度占比上升。硅藻总丰度较丰水期大幅下降，分布特征与丰水期相似，内湾低，外湾高，但内外湾之间差异缩小。优势种环纹劳德藻、丹麦细柱藻优势度仅为 0.065、0.062，外湾及湾外物种多样性指数极高。由于淡水水量及流速减小，绿藻仅在河口站点分布。

枯水期硅藻的整体优势无变化，但总丰度的占比下降为 95.19%，甲藻占比上升为 4.81%。淡水输入较平水期进一步减少，海区盐度值升高，外海水的影响更强，从较远海的湾外站点到河口站点，几乎全海区有甲藻分布。优势种中海链藻属对低温、低盐的适应性较强，使得内湾浮游植物平均丰度超过外湾；萎软几内亚藻以远海分布为主，在湾外有大优势，在湾内则较少分布。

同样，在 2013 年的枯水期和丰水期，钦州湾浮游植物种类组成也有着明显的季节变化，虽然硅藻在两个季节中都是绝对优势，甲藻种类数量也相近，但丰水期蓝藻种类明显增加。将两个季节浮游植物群落参数进行独立样本 t 检验，所得结果见表 5.2.4。丰水期的浮游植物丰度和叶绿素 a 显著高于枯水期（$p<0.05$），这与 2010～2011 年的结果一致，物种多样性指数则无显著变化（表 5.2.4）。20 世纪 80 年代钦州湾浮游植物的调查结果也表明了夏季即丰水期浮游植物丰度最高，春季秋季次之，冬—春季即枯水期丰度最低（中国海湾志编纂委员会，1993），王迪等（2013）在 2008～2009 年调查期间也发现网采浮游植物丰度在夏季即丰水期（8 月）最高而枯水期冬季（2 月）明显较低的季节变化特征，但姜发军等（2012）在 2010～2011 年的调查期间却发现 2010 年的 5 月和 11 月（平水期）丰度高而 8 月（丰水期）和 2 月丰度低（枯水期）的季节特征，表明了钦州湾浮游植物丰度在各年水期没有统一的季节变化特征，总体上偏向于丰水期和平水期丰度较高、枯水期丰度较低的季节变化特征。

表 5.2.4　2013 年钦州湾浮游植物群落参数分季节比较

环境参数	枯水期	丰水期	p
丰度/($\times 10^3$ 个/L)	4.5±2.7	8.7±3.5	0.000
物种多样性指数 H'	2.3±0.4	2.4±0.4	0.946
叶绿素 a 浓度/(μg/L)	1.9±1.0	8.3±9.6	0.033

钦州湾浮游植物种类组成、种类数量和丰度在三个水期中的明显变化，表明钦州湾各季节之间的环境显著变化对浮游植物群落结构和数量变化有着显著的影响。钦州湾是一个典型的河口海湾，其受钦江和茅岭江的影响显著，径流输入的淡水导致的盐度和营养盐的变化，影响着浮游植物的种类结构及数量。

以 2010～2011 年的三次调查结果为例，从第 2 章的结果可以看到，丰水期内湾盐度大部分＜5，河口站点盐度甚至接近于 1，基本上处于淡水河口状态。径流输入大量的营养盐，使得海湾营养盐浓度较高，决定了硅藻占浮游植物绝大部分种类及数量。研究显示通过营养盐添加实验表明在营养盐丰富的情况下，硅藻占据着主导优势地位（胡俊等，2008）。在 2010～2011 年的研究中，钦州湾是以硅藻为主要的种类组成，其他藻类较少，表明较高的营养盐决定了海湾浮游植物的种类结构。

从种类组成可以看出，浮游植物在不同水期受径流的变化影响较大，其种类组成发生明显的变化，表明径流对钦州湾浮游植物种类结构有着重要的影响。在丰水期，茅岭江和钦江较多的淡水输入，导致内湾基本上处在很低的盐度水体覆盖状态，部分淡水及能适应淡水环境的海洋种类能够存活，因此丰水期浮游植物种类最为丰富，2010 年种类数量达到 125 种。尤其是茅岭江淡水注入，从茅岭江口一直到湾外站点，都有零星的淡水绿藻分布，在茅岭江口绿藻甚至占据了优势地位。丰水期剧烈的盐度变化，也导致了只有广盐性近岸种类才能占据优势地位，因此中肋骨条藻这样的广盐种类成了丰水期的优势种。从丰水期到枯水期，随着径流的减少，淡水或适应于淡水的种类减少，如绿藻在平水期只在河口站点被检出，而在枯水期中已没有被检出，且枯水期茅岭江口的硅藻很丰富，形成了单一河口优势种。海链藻多为温带种，即适应于相对低温环境；而萎软几内亚藻是暖水种，不太适应低温环境（杨世民和董树刚，2006），从而导致了枯水期内湾和外湾优势种差异显著的现象。刘东艳等（2002）在胶州湾的研究结果显示，水温的变化对浮游植物的种类组成和数量变化都有一定影响，钦州湾枯水期优势种的变化也表明了水温对钦州湾浮游植物种类结构有一定的影响。

径流不仅影响着浮游植物的种类组成，还影响着浮游植物细胞密度及分布。丰水期及平水期径流较强，使得浮游植物在内湾难以形成单一优势种的暴发，因而内湾浮游植物细胞密度相对较低；而枯水期内湾径流影响较小，水文环境相对稳定，同时营养盐浓度较高，因此枯水期内湾茅岭江口细胞密度达到 8.0×10^4 个/L 以上。同样，丰水期和平水期，在径流较小的外湾，浮游植物在相对稳定且营养盐丰富的条件下，细胞密度较高。

温度、盐度、营养盐浓度、污染物浓度等往往是浮游植物种类和数量变化的主要影响因素（刘东艳等，2002；韦蔓新和何本茂，2008；张旭等，2008；张利永等，2004）。刘东艳等（2002）在胶州湾的研究结果表明，水温的变化对浮游植物的种类组成和数量变化都有一定影响，营养盐对浮游植物群落结构的变化影响明显，而且在细胞数降低情况下，由于 Nano 浮游植物占较大比例，初级生产力并未降低；张利永等（2004）在胶州湾赤潮高发期调查研究中发现，浮游植物优势种在调查期间出现明显的演替现象，水温的升高和营养条件的变化是物种演替的主要原因；张旭等（2008）报道了径流影响着连云港春季浮游植物的群落结构和多样性，硅藻作为优势种明显。

钦州湾浮游植物种类和数量的季节变化显示了径流、盐度、温度的影响明显，较高的营养盐浓度也决定了硅藻作为绝对优势种的特征，但营养盐对浮游植物数量的影响不明显。如丰水期和平水期浮游植物细胞密度并未随着营养盐浓度从河口往外湾降低而减少，相反，浮游植物细胞密度在高营养盐的内湾较低，而在营养盐浓度相对较低的外湾细胞密度却很高。这主要是受径流、环境稳定性及污染物（COD）浓度等综合影响的结果。而且由于从河口注入的丰富营养盐，丰水期和枯水期即使在远离河口的湾外站点，营养盐浓度依然高于浮游植物营养盐生长浓度限值（N＜1 μmol/L，P＜0.1 μmol/L）（蓝文陆和彭小燕，2011），因此可以支撑较高的浮游植物数量。而且在枯水期，外湾站点萎软几内亚藻以远海分布为主，其在外湾较低营养盐（P＜0.1 μmol/L）条件下仍能达到较高的细胞密度，很可能是因为这些外海暖水种类对低营养盐的适应性，使其能够在低营养盐浓度下分泌碱性磷酸酶等来摄取低浓度营养物质（欧林坚，2006），从而在相对营养盐丰富的近岸能够大量生长。

因此，径流、盐度、营养盐、温度及污染物等综合影响，决定了钦州湾浮游植物种类组成结构和数量变化特征。同样，在 2013 年的调查结果中，枯水期入海径流较小，钦州湾海域受湾北部湾水团影响明显，浮游植物群落中暖温带广布类群占主要地位，几乎分布于整个钦州湾海域；其次是适盐较低的暖温带近岸类群，温热带大洋类群此时则呈现“丰度高，种类多”的特点，且都主要分布于钦州湾湾口（图 5.2.4），淡水类群丰度则较少。到了丰水期，随着入海径流的增大，降雨量的增多，整个钦州湾海域盐度显著下降，此时暖温带近岸类群上升到了主导地位，其次才是广布类群，淡水类群则在种类和丰度上皆有显著提升。这种环境剧烈变化也导致了枯水期和丰水期两季的优势种更替明显，11 个优势种中仅有 3 个共有优势种，布氏双尾藻和中华盒形藻都是暖温带广布种，由于适温适盐都比较宽，具有较宽的生态位（龚玉艳等，2011），使其在温盐都有显著差异的两个季节都占有优势地位，菱形藻主要由淡水种和底栖种构成（Paul et al.，2015），入海径流带来大量上游沉积物的同时带来了大量菱形藻，使其在两个季节在河口附近（主要是茅尾海内）占主要优势。同样，丰水期水温上升，河流带来大量营养盐，钦州湾浮游植物丰度显著高于枯水期（表 5.2.5）。

浮游植物种类组成及数量变化进而导致了浮游植物物种多样性指数的变化（表 5.2.5）。2010～2011 年钦州湾平水期浮游植物物种多样性指数最高，枯水期最低，这可能是因为平水期相对于丰水期和枯水期其环境变化属于适中状态，有利于形成较高的生物多样性群落，而环境剧烈变动的丰水期和环境较为稳定的枯水期不利于形成较高的生物多样性群落，尤其是 2011 年枯水期其环境较为稳定容易促进部分机会主义种类大量生长甚至有发生赤潮的风险，因而浮游植物物种多样性指数最低。2013 年的调查结果显示，枯水期和丰水期之间的浮游植物物种多样性指数没有显著差异（表 5.2.5），可能表明钦州湾浮游植物物种多样性指数的季节变化特征不统一。

表 5.2.5　钦州湾浮游植物物种多样性指数及其水质评价的季节变化

项目	丰水期（夏季）			平水期（秋季）			枯水期（冬—春季）		
	内湾	外湾	湾外	内湾	外湾	湾外	内湾	外湾	湾外
物种多样性指数		2.70			3.44			1.95	
	2.47	2.72	3.41	3.03	3.58	4.25	1.59	2.39	1.29
水质评价		轻度污染			清洁			中度污染	
	轻度污染	轻度污染	清洁	清洁	清洁	清洁	中度污染	轻度污染	中度污染

基于 2010～2011 年浮游植物物种多样性指数，对海域污染状况的评价结果显示钦州湾处于清洁—中度污染的状态（表 5.2.5），其中平水期整个海湾处于清洁状态，丰水期湾外也达到清洁水平，枯水期内湾和外湾分别处于中度和轻度污染，这和无机氮及磷酸盐等以化学指标指示的环境质量的变化趋势不太相符。如第 2 章所得到的结论，钦州湾属于典型的河口海湾，受径流影响显著，丰水期和枯水期的营养盐等环境因子相差显著，枯水期由于受无机氮和磷酸盐等因子超标的影响，一般呈现出丰水期受污染程度最重而枯水期最低的总体特征。同样，2013 年钦州湾浮游植物在枯水期和丰水期的物种多样性指数没有显著差别，基于物种多样性指数评价结果也显示枯水期和丰水期都为轻度污染状态，这也与水质结果有较大的不同。通过分析 2011 年枯水期浮游植物调查结果可以看到，枯水期湾外处于中度污染是由单一种类暴发生物多样性低的结果引起的，而且近年的调查显示，在湾外两个站点附近经常会形成浮游植物种类爆发性生长，在较低营养盐浓度情况下为何会经常导致这种现象，这是一个值得深入进行探究的区域科学问题。而且由于在外湾这个区域存在低营养盐即洁净水域状态，也存在部分有着独特的生理特性种类如萎软几内亚藻，其大量生长繁殖甚至引发赤潮，导致了物种多样性指数的明显偏低。2011 年枯水期调查结果显示虽然钦州湾内湾—湾颈浮游植物生物量较低，但是河口及外湾靠外站点浮游植物生物量较高，主要是硅藻类群。外湾硅藻显示出随着营养盐浓度的降低而生物量明显增加的趋势，在海区营养盐浓度最低的 Q18 站点，叶绿素生物量达到 8.82 μg/L，是枯水期生物量最高的站点。外湾浮游植物叶绿素生物量和丰度也显示出从钦州港往外硅藻比例明显增加的趋势，通过镜检发现这几个站点萎软几内亚藻丰度较高，Q18 站点丰度达 5.1×10^4 个/L。浮游植物的生长和繁殖受营养盐浓度的影响，营养盐吸收动力学研究表明，Si = 2 μmol/L、DIN = 1 μmol/L、P = 0.1 μmol/L 可作为浮游硅藻生长的最低阈值（Nelson & Brzezinski，1990）。枯水期钦州湾外湾除了靠近钦州港附近的

3 个站点之外，靠外其他 6 个站点 Si＞2 μmol/L、DIN＞1 μmol/L，但是 P＜0.1 μmol/L（第 2 章）。硅藻在外湾的这种分布特征与上述的营养盐吸收动力学结果不符。Donald 等（1997）发现部分硅藻能够利用两套磷酸盐的吸收转运系统，当启动磷酸盐高亲和转运系统，硅藻能在寡营养盐的背景下生存，导致了外湾硅藻仍有较高生物量。萎软几内亚藻是近海暖水性种类，常出现在暖海，可以作为暖流指标，细胞直径 42～90 μm（Sarthou et al.，2005；Gall et al.，2001）。枯水期钦州湾内湾水温较低，可能会限制暖水性浮游植物的生长，但外湾水温一般也达到 15～17℃，水温已可能不限制暖水性硅藻的生长，在营养盐丰富的条件下暖水性硅藻的大量增长使得硅藻成为绝对优势类群。萎软几内亚藻在外洋也有出现，是我国常见赤潮种类，它应有相对高效的营养盐利用机制。Q18 站点较高的硅藻生物量，可能是因为有内湾不断输入的营养盐及三娘湾沿岸流带来的营养盐在此汇集，在温度等条件适宜的情况下促进萎软几内亚藻大量繁殖。这种少量营养盐的不断补充和适宜的温度，支撑了萎软几内亚藻 1×10^4 个/L 的丰度，存在发生硅藻赤潮的潜在风险。因此如果内湾温度进一步增高，以及外湾得到更多的磷酸盐补充输入，在适宜光照等条件下萎软几内亚藻很可能在内湾和外湾大量增值，甚至发生赤潮。庄军莲等（2012）在温度升高后 2011 年 4 月的一次水质异常监测的结果印证了这个推测，在水温达到 19.8～22.4℃及外湾有磷酸盐补充的条件下，萎软几内亚藻成了整个钦州湾的优势藻种，多数站点濒临萎软几内亚藻暴发赤潮的临界值（2.00×10^8 个/m^3，Boyd et al.，2004），其在内湾的丰度高达 2.98×10^8 个/m^3，同期的调查结果显示茅尾海（内湾）的萎软几内亚藻丰度高达 3.22×10^8 个/m^3（蓝文陆和彭小燕，2011；蓝文陆，2012），达到了赤潮的水平。这一方面说明了枯水期钦州湾已存在萎软几内亚藻赤潮的潜在风险，另一方面也说明了即使在较低的营养盐即清洁环境条件下，类似于萎软几内亚藻这样具有独特生理机制的种类也能大量繁殖甚至发生赤潮，势必会显著降低物种多样性指数，从而导致基于物种多样性指数评价环境状态的结果与水质结果显著不符。因而研究浮游植物机会主义种类及不同种类之间的生理机制显著差异时，采用浮游植物生物多样性来反映生境环境质量的做法可能不一定适宜，需要寻求更为科学的生态评价方法来评价。

5.2.6　环境对浮游植物组成结构分布的影响

为了解钦州湾浮游植物组成结构与环境因子的相互关系，采用 CANOCO 软件包进行物种-环境因子的典范对应分析（canonical correspondence analysis，CCA），若蒙特卡罗检验（Monte Carlo test）结果为显著（$p<0.05$），排序结果可信，排序分析结果可以采用，否则则不能采用（Lepš & Šmilauer，2003）。将丰度数据进行 log（$x+1$）转化后，进行不同站点群落间的相似性分析（resemblance analysis），

再进行聚类分析（cluster analysis），取大于40%的相似度为基准将不同站点划为相似性群落。以2013年的枯水期和丰水期为例，选取两季主要浮游植物种类（优势度$Y \geqslant 0.005$）分别与相应环境因子进行CCA排序。2013年枯水期选取11个物种，蒙特卡罗检验结果表明，第一轴（$p = 0.045$）和全部轴（$p = 0.019$）均呈显著差异（$p < 0.05$），表明排序结果是可信的。2013年丰水期选取了14个物种，第一轴和全部轴的蒙特卡罗检验均无显著差异（$p > 0.05$），排序结果不可信。丰水期不可信的结果可能与该次调查中淡水种在湾顶大量存在使主要优势种丰度变化特征与环境因子梯度不一致有关。枯水期主要优势种分布于湾口，丰度的分布有一定的趋势性，优势种丰度的分布特征与盐度、溶解氧和pH等环境因子从河口到外海逐渐增加的趋势相似，与营养盐、悬浮物和化学需氧量等环境因子从河口到外海逐渐减少的趋势相反，因此蒙特卡罗检验显著。枯水期河流将大量菱形藻、针杆藻和舟形藻等淡水种带入湾顶，优势种丰度数据呈现湾顶湾口两头高、中间低的分布特征，与呈现明显梯度的环境因子无法契合，所以排序结果不可信。简而言之，钦州湾环境因子的分布特征较为单一，而2013年丰水期浮游植物优势种的分布较为复杂，导致了浮游植物优势种的分布特征与环境因子之间没有明显的吻合，所以排序结果不可信。因此这里仅用2013年枯水期的浮游植物主要种类与环境因子的典范进行对应分析。

2013年枯水期钦州湾的调查结果显示，盐度、透明度、溶解氧、pH和叶绿素a等环境因子在钦州湾基本呈现由湾顶往湾口逐渐升高的分布趋势，与悬浮物、营养盐和化学需氧量分布趋势相反，这与大多数河口和海湾的研究结果相符合（刘雅丽等，2017；张伟等，2015）。相关性研究结果表明所有的监测环境因子中，悬浮物（CW[①] = 0.7423）、pH（CW = −0.7220）、盐度（CW = −0.7103）、溶解硅（CW = 0.6911）、溶解无机磷（CW = 0.6341）和溶解无机氮（CW = 0.5498）是影响2013年枯水期主要浮游植物种类分布的主要环境因子。选取的9个环境因子可解释浮游植物群落总变量的52.7%，第一轴和第二轴的物种-环境相关系数分别为0.955和0.902，并分别解释了27.4%和15.3%的物种变量，表明11种主要浮游植物与9类环境因子相关性较好。

图5.2.9列出了2013年枯水期中浮游植物主要优势种与主要环境因子的CCA排序。不同浮游植物优势种与环境因子的关系略有不同，根据枯水期其与环境因子的相互关系可以分为两组，主要浮游植物组Ⅰ种类［包括并基角毛藻（*Chaetoceros decipiens*）、布氏双尾藻、密联角毛藻、诺登海链藻和中华盒形藻］与化学需氧量、悬浮物和营养盐呈较好的负相关，而与叶绿素a、盐度和水深等呈较好正相关。浮游植物生长需要光合作用，水体真光层光照强度与悬浮物浓度

① CW表示相关性系数（correlated-weight）。

呈显著负相关，因此茅尾海等悬浮物较高海域浮游植物丰度反而低（图 5.2.4），图 5.2.9 中悬浮物和叶绿素 a 呈现明显负相关的结果与此也相一致。图 5.2.9 中 CCA 分析显示悬浮物、pH、盐度和营养盐与浮游植物的相关性最高，表明影响枯水期主要优势种分布的主要环境因子是悬浮物、pH、盐度和营养盐。组 I 类群是暖温带广布种和热带外海大洋种，主要分布于钦州湾湾口，因此与 pH 和盐度呈较好的正相关而与悬浮物及营养盐等呈较好的负相关（图 5.2.9），表明其主要受淡水和悬浮物的抑制。组 II 的种类（菱形藻和舟形藻）则与它们刚刚相反。组 II 的菱形藻和舟形藻主要是淡水种和底栖种，趋于分布离河口更近的茅尾海，加上茅尾海本身是一个典型的封闭海湾与外湾连通的湾颈比较窄，水交换能力不强，因此与悬浮物、营养盐和化学需氧量呈较好正相关（图 5.2.9），表明其主要是受径流输入的影响。辐射圆筛藻、具槽直链藻（*Melosira sulcata*）和洛氏菱形藻（*Nitzschia lorenziana*）则与所有环境因子无显著关联（图 5.2.9），这些种类可能与环境因子之间的关系较为复杂，在多种环境因子协同影响下没有明显地呈现出特定的相互关系。

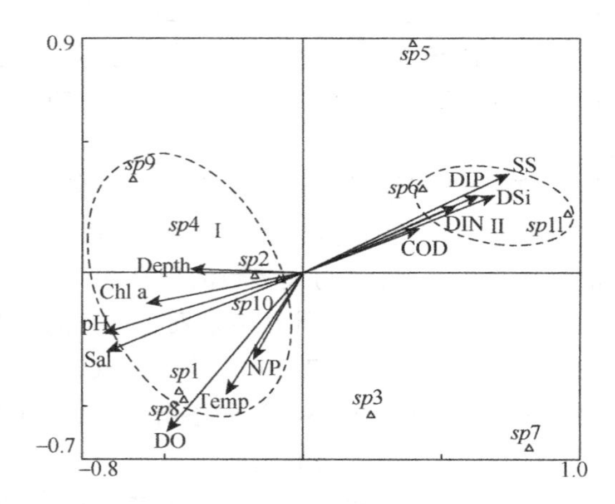

图 5.2.9　2013 年枯水期钦州湾主要浮游植物种类与环境因子 CCA 排序

*sp*1：并基角毛藻；*sp*2：布氏双尾藻；*sp*3：辐射圆筛藻；*sp*4：角毛藻；*sp*5：具槽直链藻；*sp*6：菱形藻；*sp*7：洛氏菱形藻；*sp*8：密联角毛藻；*sp*9：诺登海链藻；*sp*10：中华盒形藻；*sp*11：舟形藻；Depth：水深；Temp：temperature，水温；Sal：salinity，盐度；SS：suspended substance，悬浮物；COD：chemical oxygen demand，化学需氧量；DO：dissovled oxygen，溶解氧；DSi：dissovles silicon，溶解硅；DIP：dissovled inorganic phosphorus，溶解无机磷；DIN：dissovled inorganic nitrogen，溶解无机氮

浮游植物与环境因子之间的这种不一致的相互关系，表明了不同的环境对浮游植物不同优势种有着不同的影响，因此不同海区的环境特征差异也决定了不同浮游植物组成结构之间的明显空间差异。将 2013 年枯水期和丰水期两季不同站点浮游植物丰度数据进行聚类分析，在此基础之上，分别将春季和夏季的站点划分

为不同类群的群落，从而直观地得出钦州湾浮游植物组成结构聚类及空间分布情况（图 5.2.10）。

枯水期钦州湾入海径流较弱，茅尾受外来水团及外湾受入海径流的影响都十分有限，空间异质性较强，从而为浮游植物的生长提供了不同的生境。2013 年枯水期钦州湾钦江东口—茅尾海、钦州港—红沙附近海域及犀牛脚—湾口的站点可以聚类为类群 A、B 和 C 这 3 个类群，除此之外大部分浮游植物群落聚类不明显，呈现明显斑块化分布。类群 A、B、和 C 分别能较好地两两聚为相似群类群（相似度分别为 71.3%、51.2%、48.7%和 45.4%），剩余 7 个站群落分别与其他站群落差异性较大（相似度小于 40.0%），浮游植物群落较难聚为相似性类群，呈离散型分布（图 5.2.10）。

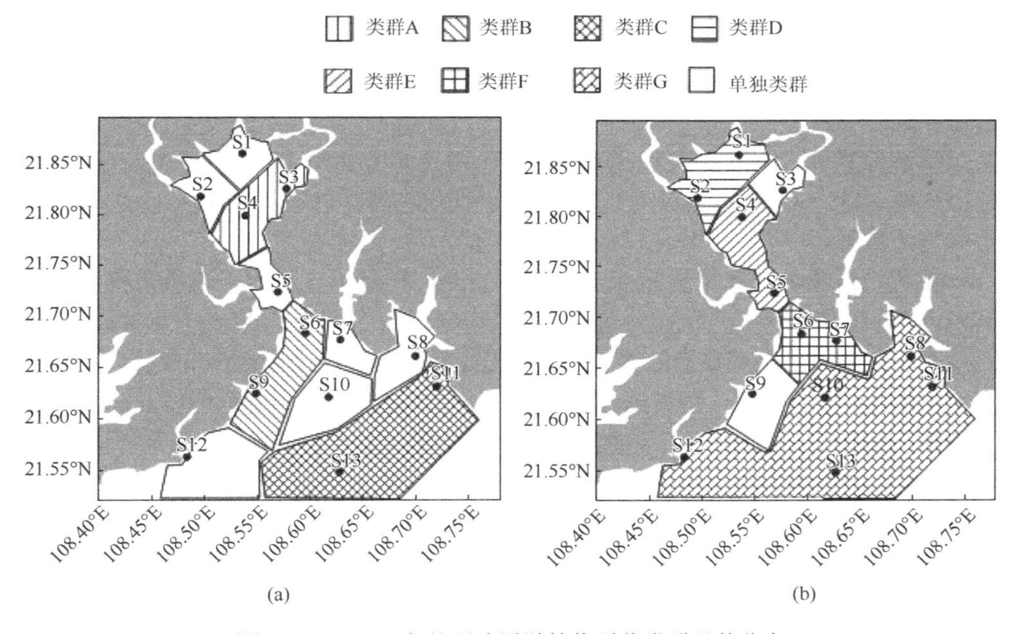

图 5.2.10　2013 年钦州湾浮游植物群落类群及其分布

（a）枯水期；（b）丰水期。类群 A：S3 站点、S4 站点；类群 B：S6 站点、S9 站点；类群 C：S11 站点、S13 站点。类群 D：S1 站点、S2 站点；类群 E：S4 站点、S5 站点；类群 F：S6 站点、S7 站点；类群 G：S8 站点、S10～S13 站点

相对于枯水期，2013 年丰水期大部分站点的浮游植物可较好地聚为相似类群。类群 D、E、F 和 G 分别能聚为相似类群（相似度分别为 46.0%、49.4%、48.8%和 43.3%），尤其是类群 G，在钦州港形成一个范围较大的相似性类群，剩余仅有 S3 和 S9 两个站点分别与其他站群落差异较大（图 5.2.10）。钦州湾属于典型的河口海湾，浮游植物群落受入海径流影响强烈。尤其是夏季，整个茅尾海和湾颈都

受到淡水的冲击，水文环境更为单一，因此浮游植物群落更易聚为相似性浮游植物类群。钦州湾外湾受外海水团作用明显，夏季受西南风影响，北部湾水团流经广西近岸海域（Wang et al.，2018），带来南海的大洋类群，此时出现了范围最大的相似性类群（类群 G），两种水团的共同作用造成了浮游植物群落内、外湾之间较大差异。

5.3 光合色素及类群结构

5.3.1 调查时间与方法

2010 年 6 月、2010 年 10 月和 2011 年 3 月，分别在钦州湾进行了丰水期、平水期和枯水期的现场调查。为了减少潮汐变化的影响，从钦州湾湾顶到钦州港湾湾外进行 3 个方向的同步调查，均选择在大潮期进行调查，每个方向调查时间控制在 4 h 之内。

浮游植物调查共布设 Q1～Q19 共 19 个站点（图 5.1.1）。其中，Q1～Q7 站点位于内湾；Q8～Q16 站点及 Q17 站点位于钦州港湾（外湾），Q18～Q19 站点位于钦州湾湾外。

各测站采集表层海水样品（水面下 0.5 m），样品用 5 L 的采水器采集，采集体积为 5 L。

光合色素样品在采集后放置于低温避光处并迅速带回实验室立即过滤，过滤体积视水体中浮游植物的生物量高低而定，在钦州湾取 1～3 L。水样经 0.7 μm GF/F 滤膜收集，过滤负压<0.6 atm[①]。滤膜对折后放置入铝铂袋中，于液氮中保存等待测试。将滤膜夹于滤纸中解冻，吸去多余水分；以 2 ml *N, N*-二甲基甲酰胺（DMF）为提取剂。在–20℃暗处放置 2 h 以充分提取色素；充分混合后离心（5 min，4 kg，–4℃），取上清，用 13 mm 针筒过滤器（millipore）滤过 GF/F 滤膜，收集滤液于棕色色谱小瓶（2 ml）。整个过程均在弱光、低温条件下进行，以减少光合色素的降解。

高效液相色谱分离光合色素及色谱柱和流动相的使用参照文献（陈纪新等，2003；Furuya et al.，1998）。各浮游植物类群对叶绿素 a 贡献通过 CHEMTAX 程序因子分析方法对 13 种特征光合色素数据转化而来，表示为叶绿素 a 生物量（μg/m^3）。浮游植物类群分为硅藻（Bacillariophyta）、绿藻（Chlorophyta）、甲藻（Dinoflagllates）、定鞭金藻（Prymnesphyceae）、海金藻（Pelagophytes）、隐藻（Cryptophyta）、蓝藻（Cyanobacteria）和原绿球藻（Prochlorophyta）八类。其中绿藻包括绿藻纲（Chlorophyceae）和青绿藻纲（Prasinophyceae）。特征光合色素

① 1 atm=1.01325×10^5 Pa。

与叶绿素比值初始值参用 Mackey 等（1996）方法。

研究海区光合色素与各环境因子的相互关系采用皮尔逊相关性分析，$p<0.05$ 为显著差异，所有统计分析均在软件 SPSS17.0 下进行。

5.3.2 特征光合色素的组成与分布

（1）光合色素组成

2010～2011 年 3 个水期调查中，钦州湾海域浮游植物主要叶绿素类光合色素为叶绿素 a、叶绿素 b 和叶绿素 c，3 个水期均未检出二乙烯基叶绿素（divinyl chlorophyll）。各水期绝大部分站点普遍检测出的特征性色素为岩藻黄素（fucoxanthin）、新黄素（neoxanthin）、玉米黄素（zeaxanthin）和别藻黄素（alloxanthin），多数站点检测出多甲藻素（peridinin）、青绿素（prasinoxanthin）、堇菜色素（violaxanthin）和叶黄素（lutein），而 19′-己酰基氧化岩藻黄素（19′-hexanoyloxyfucoxanthin）和 19′-丁酰基氧化岩藻黄素（19′-butanoyloxyfucoxanthin）只有在极少数站点检测出（表 5.3.1）。从色素含量上看，2010～2011 年各水期钦州湾浮游植物色素含量组成基本一致，含量最高的色素依次为叶绿素 a、岩藻黄素、叶绿素 b 和玉米黄素或青绿素，其他特征光合色素的含量较低。

表 5.3.1 钦州湾浮游植物特征光合色素组成

光合色素	丰水期	平水期	枯水期
多甲藻素	√	√	√
19′-丁酰基氧化岩藻黄素	√	√	√
19′-己酰基氧化岩藻黄素	√	√	√
岩藻黄素	√	√	√
新黄素	√	√	√
青绿素	√	√	√
堇菜色素	√	√	√
别藻黄素	√	√	√
叶黄素	√	√	√
玉米黄素	√	√	√
叶绿素 a	√	√	√
叶绿素 b	√	√	√
叶绿素 c	/	√	√
二乙烯基叶绿素	/	/	/

注：√表示该水期检测到该光合色素

（2）特征光合色素含量分布

从色素含量上看，2010～2011 年各水期钦州湾浮游植物色素含量组成基本一致，除了叶绿素 a 之外，含量最高的特征色素含量从高到低依次为岩藻黄素、叶绿素 b 和玉米黄素或青绿素，其他特征光合色素的含量较低。

2010～2011 年 3 个水期调查中，各水期岩藻黄素均出现内湾底，外湾高的分布趋势。丰水期岩藻黄素的分布特征与叶绿素 a 的分布趋势相近，内湾浓度远低于外湾。平水期水期岩藻黄素从内湾到湾外显示出增加的分布趋势特征。枯水期岩藻黄素较高浓度主要出现在外湾靠外站点，除了茅岭江口之外岩藻黄素在内湾保持在较低浓度而从湾颈往外湾呈现出急剧增加的特征（图 5.3.1）。

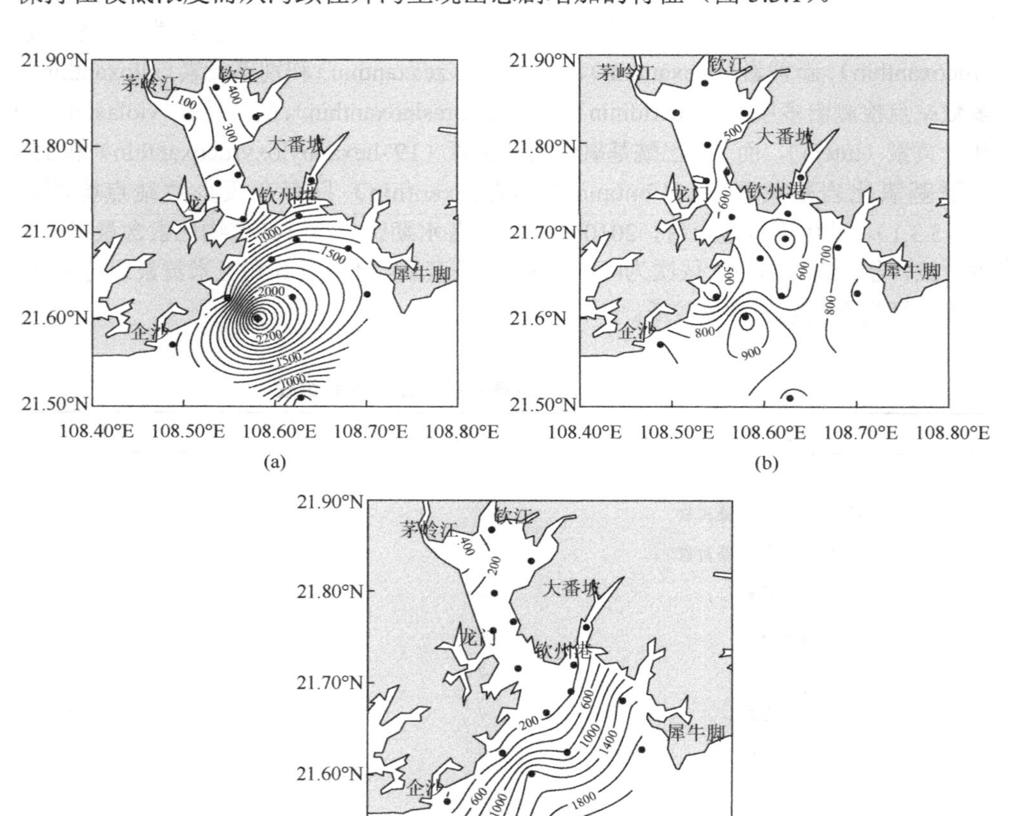

图 5.3.1　钦州湾岩藻黄素浓度的平面分布（单位：μg/m³）

（a）丰水期；（b）平水期；（c）枯水期

叶绿素 b 在丰水期内湾和外湾的浓度差异不明显，在平水期的分布特征与岩藻黄素的分布特征相反，在内湾从湾顶往湾口逐渐降低，在外湾从钦州港东北面往湾外逐渐降低。叶绿素 b 的枯水期分布特征明显，从茅岭江口往湾外逐渐降低。在茅尾海南部及龙门附近的 Q4～Q5 站点存在较高的含量，叶绿素 b 含量＞100 μg/m³，最高浓度在 Q5 站，明显高于外湾，外湾浓度较低（＜100 μg/m³）（图 5.3.2）。

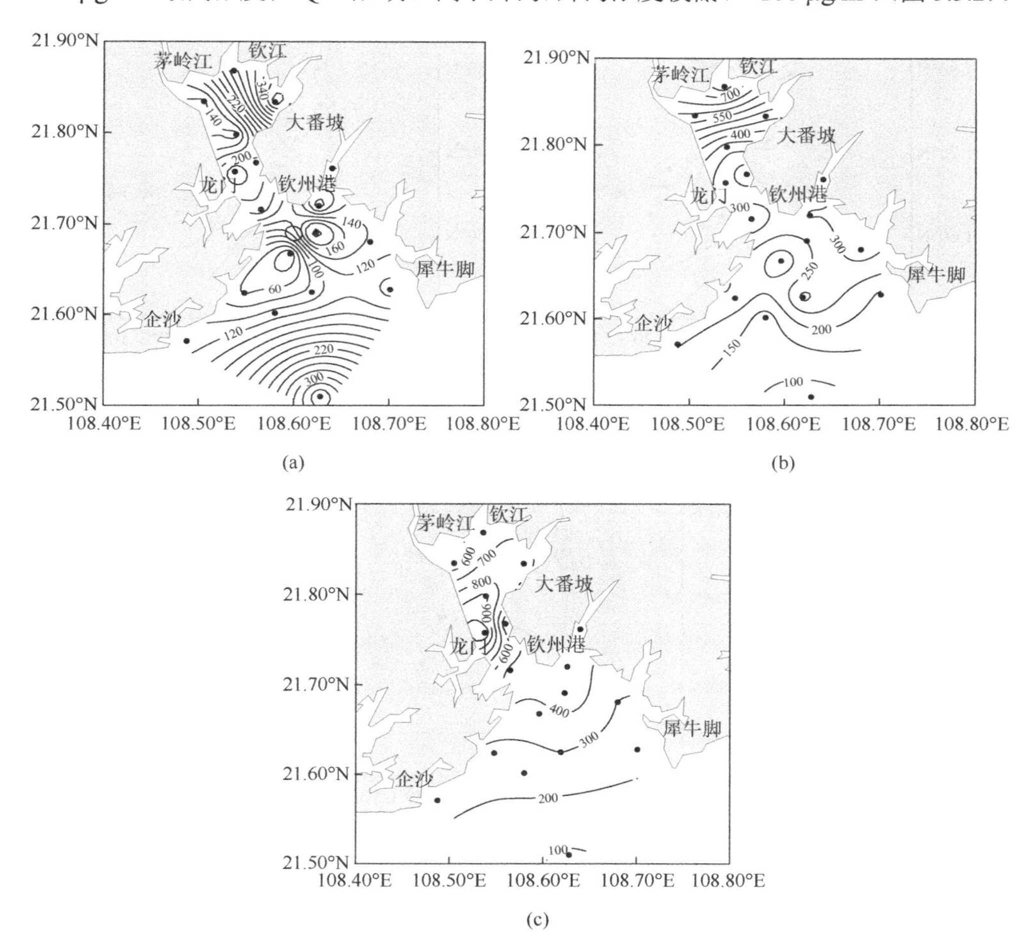

图 5.3.2　钦州湾叶绿素 b 浓度的平面分布（单位：μg/m³）

（a）丰水期；（b）平水期；（c）枯水期

玉米黄素相对于其他特征色素，其在钦州湾的含量较低，在丰水期和平水期排在叶绿素 a、岩藻黄素之后，是位列含量第四高的色素，但其在枯水期含量更低，含量低于青绿素。图 5.3.3 列出了丰水期和平水期玉米黄素及枯水期青绿素在钦州湾的分布情况。玉米黄素在丰水期的分布在内湾与其他色素一致，最高值在

Q3 站点，而在外湾变化不明显，且内外湾浓度差异与叶绿素 a 和岩藻黄素相反，内湾略高于外湾。玉米黄素在平水期分布特征也不明显，内湾和外湾的浓度差别不大（图 5.3.3）。

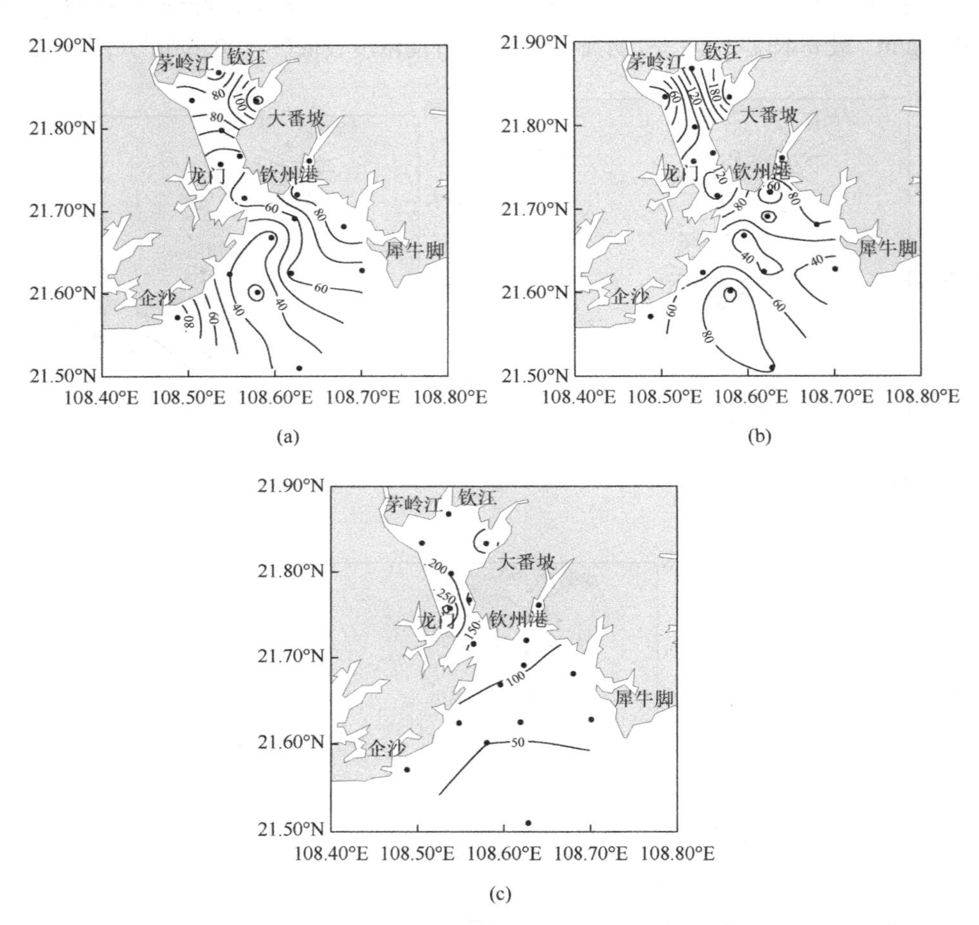

图 5.3.3　钦州湾丰水期和平水期玉米黄素及枯水期青绿素的分布（单位：μg/m^3）

（a）丰水期玉米黄素；（b）平水期玉米黄素；（c）枯水期青绿素

除了这些最主要的特征光合色素之外，图 5.3.4 列出了 2010 年平水期和 2011 年枯水期钦州湾其他色素含量及其分布。与上述的钦州湾最主要的光合色素相比，其他光合色素的含量都较低，显著低于上述四个主要特征光合色素的含量，它们的含量之和最大也才接近 300～400 μg/m^3。2010 年平水期这些其他色素在钦州湾没有较为明显的分布特征，总体上内湾还外湾相近，分布略显均匀。2011 年枯水期也有所相似，除了在茅岭江口的站点略有一个相对较高值之外。

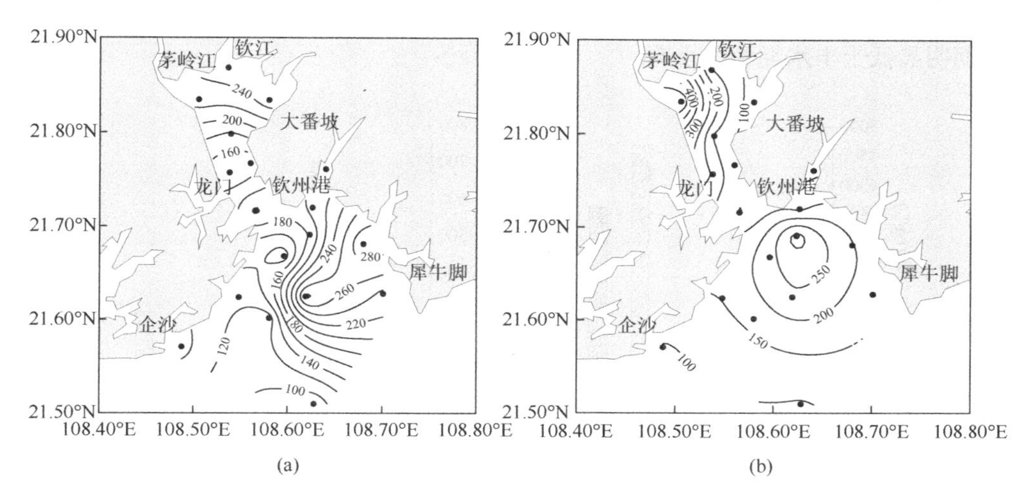

图 5.3.4　2010 年平水期和 2011 年枯水期钦州湾其他色素含量及其分布（单位：μg/m³）

（a）2010 年平水期；（b）2011 年枯水期

（3）主要光合色素含量季节变化

钦州湾 3 个水期（季节，下同）浮游植物光合色素的检测结果表明，叶绿素 a、岩藻黄素、叶绿素 b、青绿素和玉米黄素普遍在各个水期及大部分站点中被检出且浓度较高，是钦州湾最主要的浮游植物光合色素，其他特征光合色素含量较低。

虽然各个光合色素在 3 个水期中的分布特征有所变化，但是岩藻黄素等上述主要特征光合色素在丰水期、平水期和枯水期之间的分布特征有一定的相似性。叶绿素 a 和岩藻黄素丰水期、平水期及枯水期中均表现为从内湾往外湾增加的趋势，叶绿素 b、青绿素及玉米黄素则主要显示出从内湾向外湾减少的特征，其他特征光合色素浓度较低而分布特征不明显。

光合色素浓度在丰水期、平水期和枯水期有较大变化。光合色素的分布特征表明，光合色素浓度在内湾和外湾之间有较大差异，为了更清晰地了解主要光合色素的季节变化特征，图 5.3.5 列出了内湾和外湾 6 种主要光合色素平均浓度的季节变化。

叶绿素 a 平均浓度在丰水期和平水期季节变化明显，内湾丰水期低于平水期，而外湾正好相反。平水期和枯水期内湾叶绿素 a 浓度的季节变化不太明显，平水期略高，外湾两者几乎没变化。岩藻黄素是钦州湾浮游植物最主要的特征光合色素，其占总叶绿素 a 的比例最大，因而岩藻黄素的季节变化特征与叶绿素 a 相近，内湾在平水期较高，外湾在丰水期较高。叶绿素 b 和青绿素的季节变化特征一致，且它们在内湾和外湾的季节变化也一致，显示出从丰水期到枯水期逐渐增加的特征。玉米黄素则显示出与叶绿素 b 相反的季节变化特征，其浓度在内湾表现从丰水期到枯水期减少的特征，在外湾丰水期与平水期较高而枯水期很低。多甲藻素浓度较低，在内湾和外湾的季节变化明显不同，内湾丰水期低枯水期高，外湾平水期明显低于丰水期和枯水期。

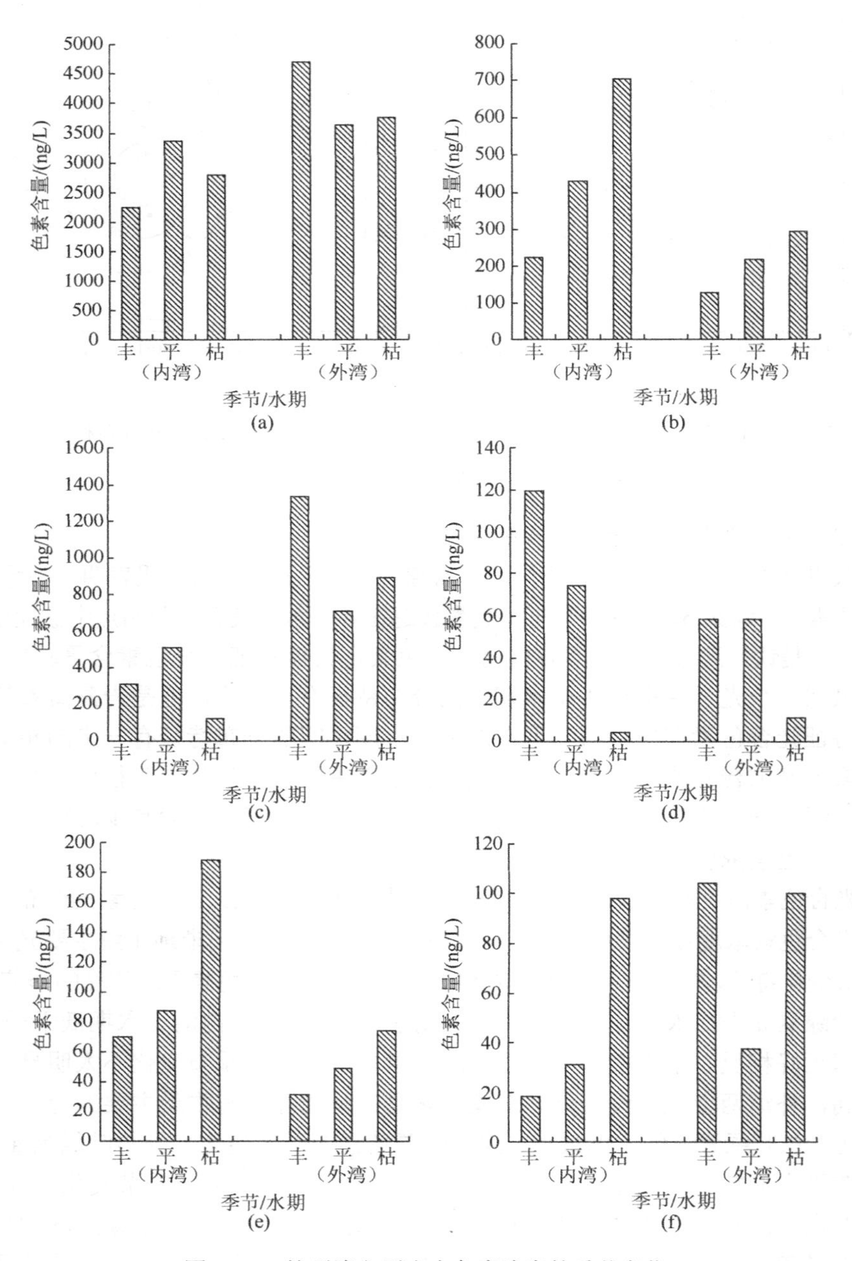

图 5.3.5　钦州湾主要光合色素浓度的季节变化

（a）叶绿素 a；（b）叶绿素 b；（c）岩藻黄素；（d）玉米黄素；（e）青绿素；（f）多甲藻素

5.3.3　浮游植物类群的生物量和空间分布

（1）主要类群生物量的空间分布

各水期普遍检出的浮游植物类群为硅藻、青绿藻、蓝藻、甲藻，其中硅藻、青绿藻、蓝藻是丰水期和平水期的主要类群，而硅藻、青绿藻、甲藻是枯水期的主要类群。

硅藻在丰水期、平水期及枯水期均是浮游植物群落中生物量最高的类群，其中丰水期、平水期硅藻低生物量均出现在茅岭江口，呈现显现内湾低外湾高的趋势，最高值均出现在外湾的 Q15 站点。枯水期硅藻生物量从湾顶向湾颈降低，此后从钦州港附近向外湾增加，最高生物量出现在 Q18 站点（图 5.3.6）。

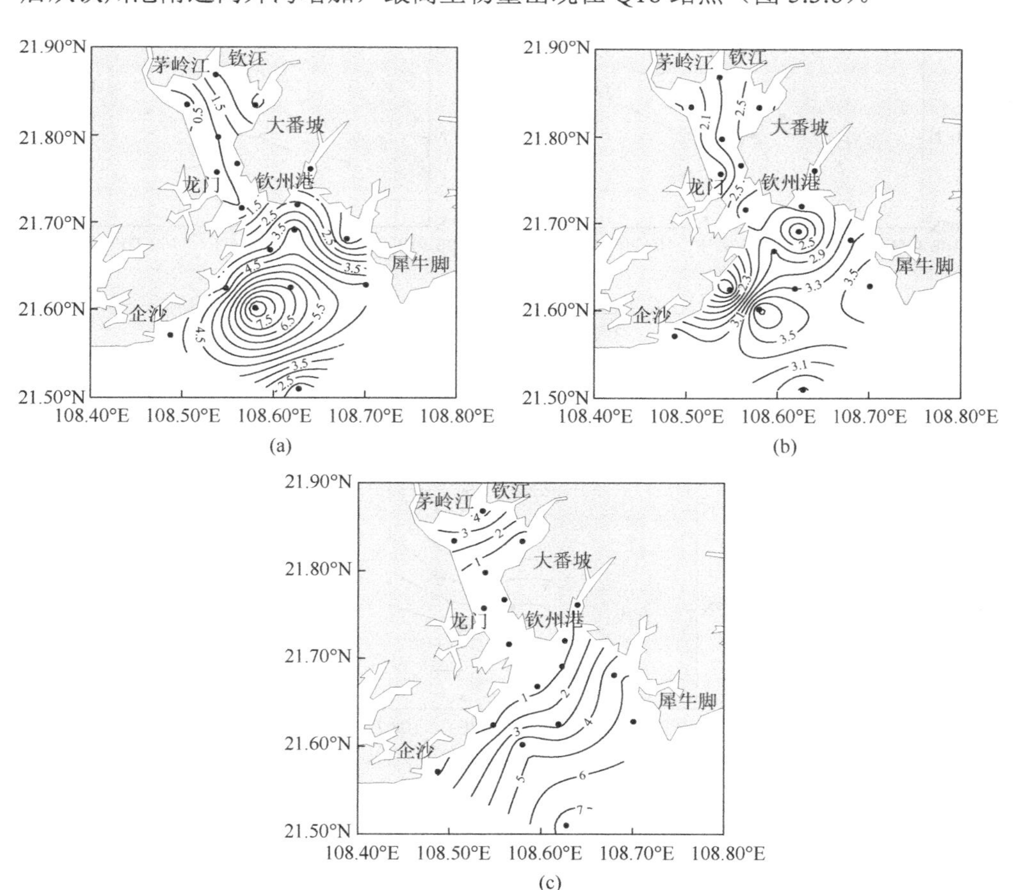

图 5.3.6　钦州湾硅藻生物量的分布（单位：μg/L）

（a）丰水期；（b）平水期；（c）枯水期

青绿藻基本上呈现内湾生物量高于外湾的趋势，其中在丰水期内外湾分布趋势不一致，内湾生物量相对外湾略高，在内湾从茅岭江口向钦江口生物量增加，而在外湾的分布规律不明显。平水期青绿藻内湾生物量则明显高于外湾，从河口往湾外减少。枯水期内湾青绿藻生物量各站点之间变化较大，在内湾分布特征不明显，从湾颈到外湾，青绿藻生物量显示出由钦州港附近往湾外逐渐降低的特征（图 5.3.7）。

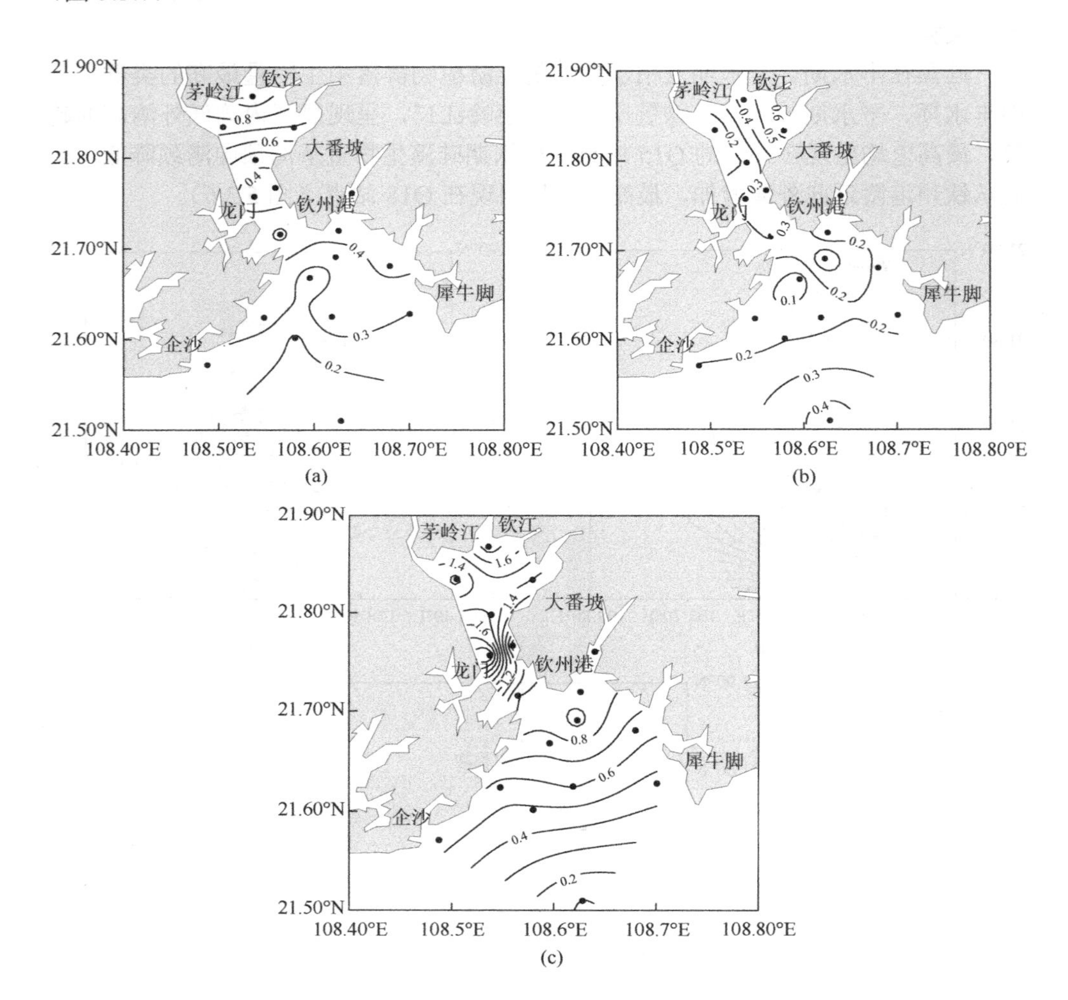

图 5.3.7　钦州湾青绿藻生物量的分布（单位：μg/L）

（a）平水期；（b）丰水期；（c）枯水期

丰水期钦州湾蓝藻的生物量及其空间分布特征与青绿藻相近，内湾生物量相对外湾略高，在内湾生物量从茅岭江口向钦江口增加，而在外湾的分布规律不明显。平水期蓝藻的生物量较低，在硅藻最高的Q15站点蓝藻最低，在内湾的钦江东段河口生物量最高，蓝藻生物量变化较小（图5.3.8）。

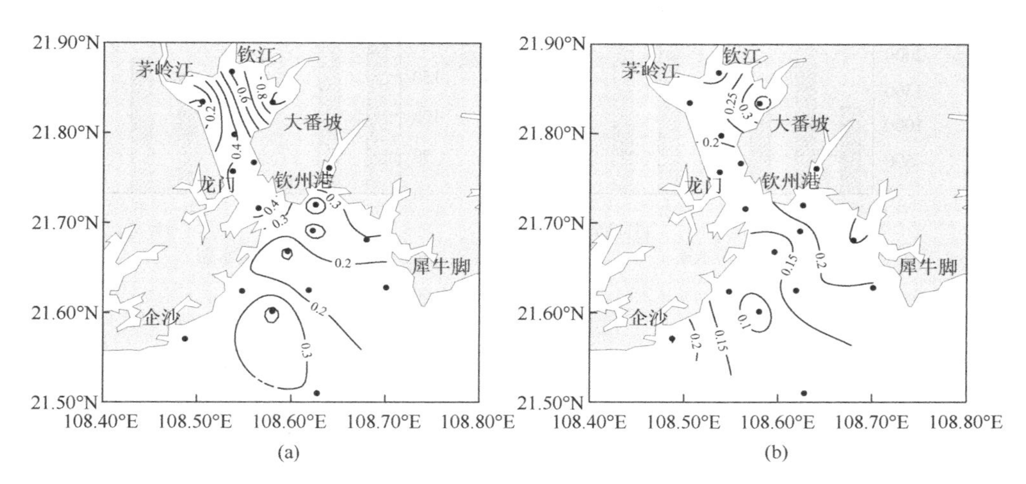

图5.3.8　钦州湾蓝藻生物量的分布（单位：μg/L）

（a）丰水期；（b）平水期

（2）主要类群生物量的季节变化

光合色素的变化在较大程度上决定了浮游植物主要类群的季节变化特征，同时也表明了钦州湾浮游植物主要类群的季节变化有较大不同（图5.3.9）。

硅藻生物量的季节变化与叶绿素a浓度的变化相近，内湾硅藻生物量在平水期最高，丰水期和枯水期生物量接近；外湾硅藻生物量在丰水期最高，平水期与枯水期没有明显差异。蓝藻生物量的季节变化特征明显，在内湾显示出丰水期＞平水期＞枯水期的特征，在外湾丰水期和平水期相近，且明显高于枯水期。

与硅藻和蓝藻不同，青绿藻在内湾和外湾的季节变化特征相一致，均显示出平水期＜平水期＜枯水期的特征。甲藻在内湾的变化与青绿藻一致，在外湾平水期生物量较低。绿藻生物量与甲藻生物量相近，但其季节变化特征与甲藻正好相反，在内湾丰水期和平水期较高，在外湾平水期绿藻生物量较高。隐藻生物量较低，内湾变化较小，外湾隐藻生物量在枯水期较低。

（3）内外湾浮游植物生物量的差异

从图5.3.6～图5.3.9可以看出，钦州湾浮游植物主要类群及总叶绿素a表征的总生物量在内外湾之间有着较显著的差异。总生物量叶绿素a及最主要的类群硅藻略显出外湾高于内湾的特征，而青绿藻、绿藻、蓝藻及隐藻等则显示为内湾高于外湾的特征（图5.3.9）。

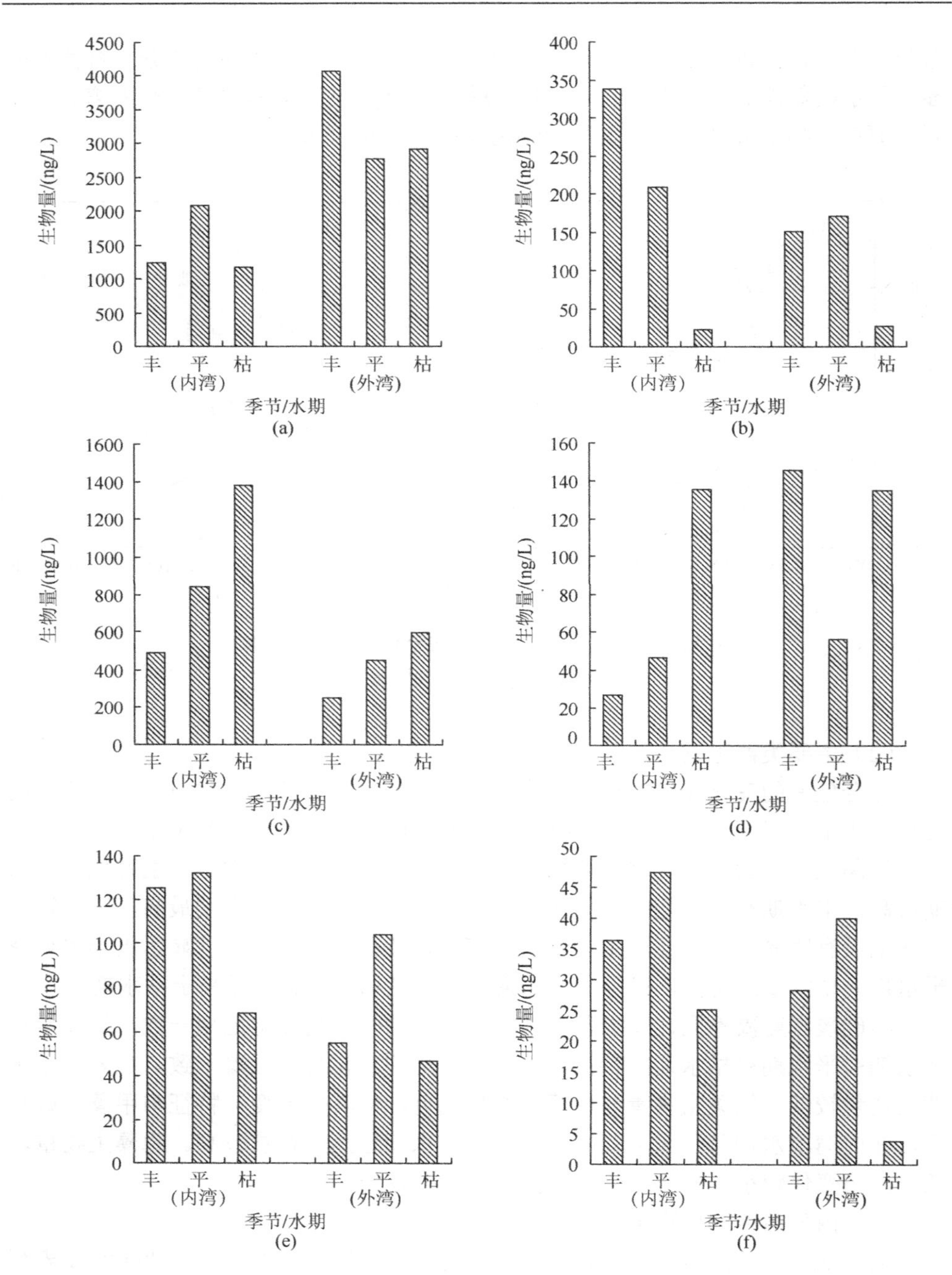

图 5.3.9　钦州湾浮游植物主要类群的季节变化

（a）硅藻；（b）蓝藻；（c）青绿藻；（d）甲藻；（e）绿藻；（f）隐藻

由于受河流输入的影响，营养盐浓度在淡咸水汇合区逐渐降低，在一些河口浮游植物生物量随着营养盐浓度降低而下降（柳丽华等，2007；郭沛涌和沈焕庭，2003）。李开枝等（2010）报道珠江口浮游植物在河口低盐度的上段细胞密度高而下段低，而长江口秋季（柳丽华等，2007）和冬季（何青等，2009）也表现出类似的现象。在同样盐度跨度变化的钦州湾，浮游植物主要光合色素含量及主要类群的生物量在钦州湾内湾和外湾之间具有明显的分布变化差异，丰水期总叶绿素 a 及浮游植物优势类群的硅藻及甲藻生物量在外湾明显高于内湾，而蓝藻和青绿藻内湾生物量略高于外湾（图 5.3.9）。受高能量破浪、强潮流，激烈的盐度变动等影响的河口，浮游生物就必须付出较多的能量（郭沛涌和沈焕庭，2003）。钦州湾内湾处在两个河流的河口，且湾颈狭小，其水流变动剧烈。内湾虽然营养盐浓度较高，但盐度很低且变化剧烈，在这种干扰较大的条件中虽然有一些耐盐淡水种及耐低盐的海洋种能够适合生长但较难大量繁殖生长。另外贝类养殖对浮游植物的摄食强度也被认为是导致内湾生物量低于外湾的主要原因之一（韦蔓新和何本茂，2008）。而外湾相对内外环境变化较稳定，且根据浮游植物营养盐生长浓度限值（N＜1 μmol/L，P＜0.1 μmol/L）（蓝文陆和彭小燕，2011），外湾多数站点营养盐仍没有限制浮游植物的生长，在这种环境下硅藻大量生长导致了湾外生物量高于内湾。

内湾和外湾的环境变化也导致了浮游植物多样性在内湾和外湾的差异。从浮游植物群落结构来看，外湾硅藻是绝对的单一优势类群，而内湾则以硅藻、蓝藻和青绿藻为优势类群，这样的结果暗示了内湾浮游植物类群多样性高于外湾。河口环境条件复杂，空间异质性高，是一个生态交错区，为生物生存提供了更多样的栖息环境，生物多样性增加，即边缘效应。但河口的这种边缘效应也并不都表现为正效应，其对生物多样性有正负两方面的影响（郭沛涌和沈焕庭，2003）。在钦州湾内湾，受高能量破浪、强潮流及河流的影响，复杂的环境为浮游植物提供较高的空间异质性，但类群难以形成绝对优势，表现出边缘效应的正效应。而在外湾，温度、盐度等环境变化没有内湾剧烈，适应河口环境的浮游植物在有好营养条件时会大量生长，边缘效应减弱或负效应。然而应用光合色素对浮游植物的群落结构只分析到类群层面，以此来研究钦州湾浮游植物生物多样性的变化略显不足，这需要今后通过加强类群结构与种类组成等相结合来研究该海湾边缘效应。

5.3.4　浮游植物群落的组成结构

（1）不同类群对浮游植物生物量的贡献

各水期钦州湾浮游植物不同类群对浮游植物生物量的贡献比例详见图 5.3.10～图 5.3.12。除了个别站点之外，硅藻为钦州湾最大的优势类群，硅藻在丰水期、平水期及枯水期对总生物量的贡献分别为 29%～92%、50%～90%和 7%～98%。硅藻对生物量的贡献比例从湾顶部受河口输入影响最大的 Q1 站点向湾外增加，而到外湾略有下降。各个水期硅藻对生物量的贡献比例分布趋势基本一致，在河口站点较低，在外湾的比例略高于内湾，外湾靠外站点硅藻成了浮游植物的绝对优势类群。

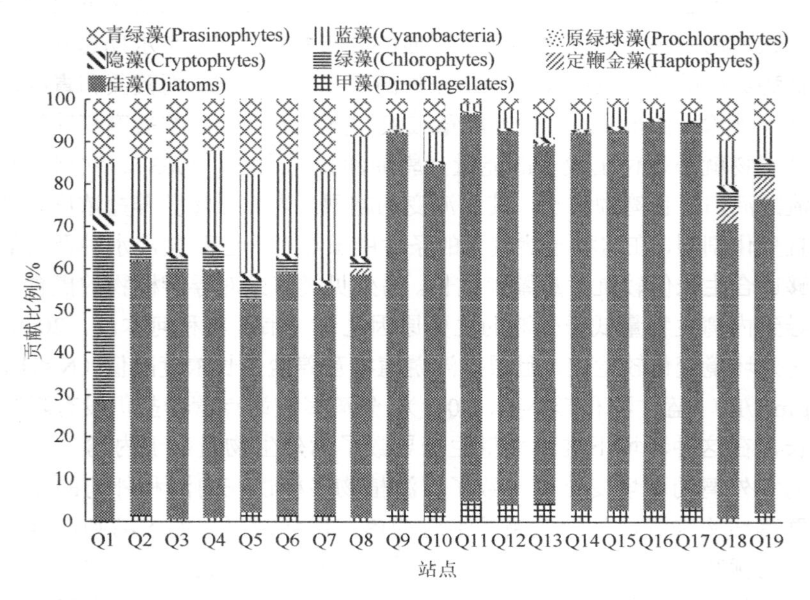

图 5.3.10　丰水期钦州湾浮游植物不同类群对浮游植物生物量的贡献

青绿藻是钦州湾平水期、枯水期仅次于硅藻的浮游植物类群。平水期青绿藻在内湾占浮游植物群落比例相对外湾较高，从湾顶往湾外青绿藻在浮游植物中的比例逐渐减少。枯水期除了外湾靠外站点，青绿藻也是浮游植物的优势类群，其在浮游植物生物量中的比例达到 0.1%～51%，尤其是湾颈附近的 Q3～Q7 站点，青绿藻成了优势类群。而在丰水期青绿藻是钦州湾仅次于硅藻、蓝藻的浮游植物类群，其在内湾占浮游植物群落比例相对外湾较高。

钦州湾丰水期蓝藻是仅次于硅藻的浮游植物类群，是内湾除了 Q1 站点及 Q8 站点的第二最大贡献类群，而在外湾的贡献较低，其在外湾站点的贡献介于内湾和外湾。平水期蓝藻是湾外 Q19 站点的最主要类群，除此之外在其他站点的比例相对稳定（5%～10%）。枯水期蓝藻在钦州湾所有站点浮游植物群落中的贡献比例很小。

各个水期中，除了上述的硅藻、青绿藻和蓝藻之外，其他浮游植物类群包括甲藻、隐藻、定鞭金藻在钦州湾所有站点浮游植物群落中的贡献比例都很小（<5%）。

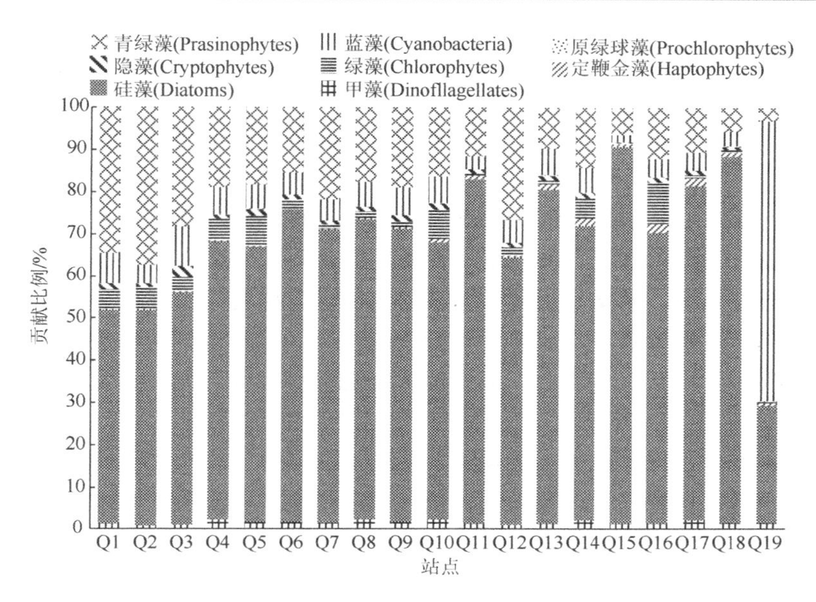

图 5.3.11　平水期钦州湾浮游植物不同类群对浮游植物生物量的贡献

光合色素的分析结果表明，作为硅藻特征色素的岩藻黄素含量最高，硅藻是钦州湾丰水期的优势类群，浮游植物群落还包括甲藻、蓝藻、定鞭金藻、绿藻、青绿藻、隐藻及极少量的原绿球藻。在同期航次中的浮游植物显微镜分析结果中，

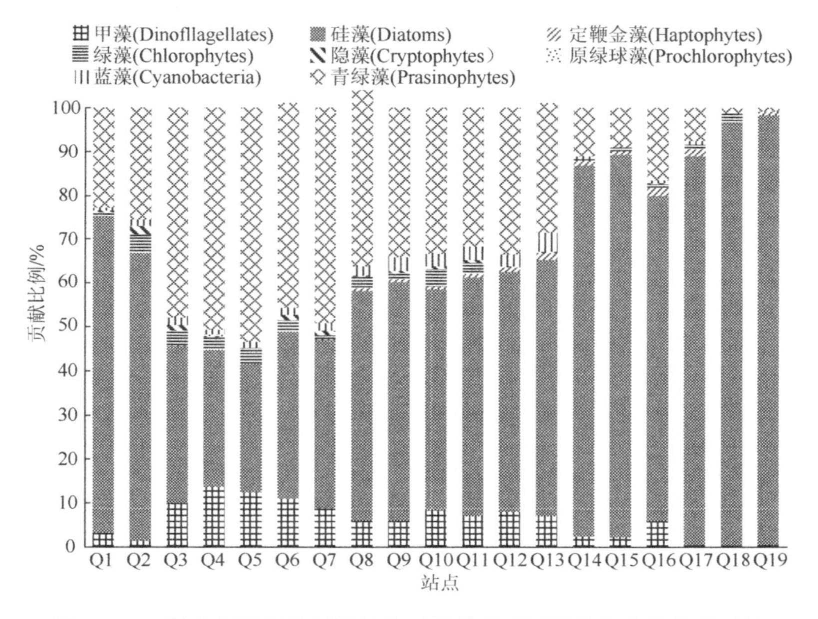

图 5.3.12　枯水期钦州湾浮游植物不同类群对浮游植物生物量的贡献

耐低盐性的硅藻是该海湾中的最主要优势类群，无论从种类上还是数量上，硅藻均占据浮游植物的最主要部分（5.2 节），除了硅藻之外，同航次镜检出的类群还有甲藻、蓝藻、金藻和绿藻。光合色素分析的浮游植物类群组成结果与用镜检分析的结果基本相符合。

光合色素的研究结果显示，蓝藻和青绿藻是该海湾的重要类群，尤其是钦州湾内湾，这两个类群是仅次于硅藻的优势类群，其比例在内湾多在 30%～40%。而镜检的结果显示，绿藻、蓝藻和金藻等其他浮游植物的个体数量所占据的比例很少（约 5%），两者数量结果之间有较大的差异。同时镜检的结果显示，硅藻的数量比例往往会达到 90%以上，很少能看到隐藻和原绿球藻，这和光合色素的结果有所出入。

海区中镜检的蓝藻种类主要是束毛藻和念珠藻等，其个体通常较大，个体数量与叶绿素 a 生物量之间不成比例。光合色素是通过浮游植物叶绿素 a 及特征光合色素含量计算的，其生物量是以浮游植物体内的色素含量为基础。镜检方法则是以浮游植物个体或聚合体为基础，不分个体大小。浮游植物种类繁多，不同种类的细胞个体大小之间差别数倍到数十倍，即使是同一种类不同的细胞时期，其大小差别明显，因而不同的计量方法，必然导致两种结构之间的一定差异。

此外，蓝藻除了这些较大个体的种类之外，河口还常有一些个体较小的类群（柳丽华等，2007）。在湾外的相对高盐海域，还可能存在一个重要的蓝藻类群，即聚球藻，其个体很小（粒径为 0.5～1.5 μm），但广泛分布于热带和温带海洋，细胞密度通常在 10^3～10^5 个/ml，对浮游植物总生物量的贡献达 20%～90%（Johnson & Sieburth，1979）。同样，青绿藻也是河口和沿海的一个重要类群（陈纪新等，2003；2006），其个体也较小，通常情况下镜检很难分辨出。与传统镜检相比，光合色素法分析浮游植物结构具有较大的优越性，其能够检测出多种光学显微镜无法检测出的小个体类群。丰水期和平水期蓝藻生物量较高而枯水期生物量较低，很有可能是温度变化对聚球藻的影响。除了硅藻与原核浮游植物以外，多数类群是属于 Pico 或 Nano 脆弱浮游植物，固定保存的样品中它们往往缺乏形态学特征（陈纪新等，2003；2006），目前对它们的种类情况知之甚少，因此 HPLC 分析方法对指示这些脆弱类群生物量十分有利。镜检分析无法检测到这几个重要浮游植物类群导致其个体数量与通过光合色素分析结果之间的差异。光合色素法分析结果中也显示了少量的隐藻和原绿球藻，而其在同航次的镜检结果中没有发现，这也再次显示了光合色素法分析浮游植物结构的优越性。除了小个体的浮游植物之外，镜检方法能够把浮游植物分类到属和种，而且能够对较大个体种类进行细胞数量统计，这比光合色素分析方法更具优越性。因而两种方法各有优缺，在今后通过将两者进行有效结合来深入的研究分析浮游植物结构特征及变化的工作仍有待加强。

（2）类群结构的季节变化

钦州湾丰水期、平水期和枯水期之间浮游植物群落结构差别较大，季节变化明显。丰水期的结果显示除了个别站点之外，浮游植物群落结构主要是以硅藻、蓝藻和青绿藻为优势类群，硅藻为最优势类群，蓝藻比例高于青绿藻；平水期硅藻仍是最优势类群，但蓝藻比例减少而青绿藻比例增加。丰水期和平水期浮游植物群落结构相近，硅藻无论在外湾还是内湾均占据了一半以上的比例（除了极个别站点之外）。

枯水期浮游植物群落结构与平水期及丰水期之间的差异很明显（图 5.3.12）。蓝藻的比例在枯水期很低，青绿藻的比例明显比丰水期和平水期高，在湾颈附近区域青绿藻比例超过硅藻而成为该海区的最优势类群。

综合三个水期浮游植物群落结构的主要变化，可以得出丰水期—平水期—枯水期的主要变化特征：丰水期硅藻占绝对优势，其次为蓝藻和青绿藻，到平水期青绿藻比例增加，超过蓝藻，成为硅藻之后的第二优势类群，枯水期青绿藻一跃成了和硅藻比例相当的群落结构。

因此毫无疑问，通过光合色素的方法，加深了对钦州湾浮游植物的深入认识，在 2010～2011 年三个水期的调查中，除了硅藻和绿藻等河口常见浮游植物类群之外，还发现了包括定鞭金藻、绿藻、青绿藻、隐藻及极少量的原绿球藻等通过常规显微镜观测无法检测的类群，尤其是发现了青绿藻和蓝藻也是除了硅藻之外的浮游植物主要类群，这表明了微型或超微型浮游植物在钦州湾浮游植物结构比例中占据相当重要的地位，改变了原来通过常规显微镜观测得到的钦州湾浮游植物以硅藻和甲藻为最主要类群的结论。以平水期为例，浮游植物特征光合色素的结果显示，叶绿素 b 是海区第二高含量的色素，其浓度介于 0.05～0.85 μg/L，明显高于珠江口 0.05～0.15 μg/L 的浓度（丛敏等，2012）。钦州湾枯水期叶绿素 b 的浓度也较高（图 5.3.2），与平水期相当。叶绿素 b 主要存在于绿藻门的藻类中，包括绿藻、青绿藻和裸藻（丛敏等，2012）。裸藻不太适应水流较强的水体，因此表明了绿藻和青绿藻在钦州湾中具有相当的数量。青绿素是青绿藻的特征色素，2010～2011 年三个水期调查所有水期中大部分站点均检测出青绿素，而且其浓度是珠江口的两倍，CHEMTAX 对光合色素的换算结果显示，青绿藻在钦州湾平水期浮游植物群落中占据相当比例，由此可见，可以确定青绿藻在钦州湾普遍存在，而且其在浮游植物群落结构中占据相当比例。

同样，通过光合色素分析得到的钦州湾蓝藻的比例远高于通过显微镜观测的结果，而这里所检测到的蓝藻，并不是像束毛藻等较大个体/群体的类群，同航次及钦州湾其他浮游植物报道的蓝藻主要是较大个体的束毛藻和念珠藻，其数量比例很低。除了这些较大个体的蓝藻种类之外，河口和海水中还常有一些个体较小的蓝藻类群。在相对高盐海域，还可能存在一个重要的蓝藻类群，即聚球藻，其个体很小（粒径为 0.5～1.5 μm），但广泛分布于热带和温带海洋，细胞密度通常在 10^3～10^5 个/ml，对浮游植物总生物量的贡献达 20%～90%。除了硅藻和甲藻等这些较大个体的浮游植物外，青绿藻、绿藻、蓝藻、定鞭金藻和隐藻等个体较小的浮游植物在平水期占据着钦州湾浮游植物 10%～70%的比例，表明了微型和超微型浮游植物在钦州湾也占据着相当的比例，对海湾初级生产力和生态系统有着重要的作用。钦州湾内湾和外湾 GX04 号和 GX06 号自动监测站的 2 个 YSI 生态浮标在线监测结果也显示，2010 年钦州湾微型蓝藻的月平均细胞密度达到（1.6～4.7）$\times 10^3$ 个/ml，最高可达 0.9×10^5 个/ml，数量丰富（蓝文陆等，2013）。镜检分析无法检测到这几个重要浮游植物类群，导致这些微型和超微型浮游植物类群没有被重视。因而在后续的研究中，应加强对浮游植物粒级结构的研究确定微型和超微型浮游植物的比例；通过流式细胞（flow cytometry，FCM）、荧光原位杂交（fluorescence in situ hybridization，FISH）等技术方法检测聚球藻、青绿藻等重要类群的存在及数量，以确认微型浮游植物在钦州湾中的地位。

5.3.5　群落结构类型分布

通过钦州湾各测站浮游植物相对丰度（对叶绿素 a 的贡献率）结构聚类分析，将钦州湾不同区域的浮游植物结构进行聚类分析，发现钦州湾浮游植物群落结构从湾顶到湾外仍有较大差异，可以区分聚类为主要的四种类型，主要是从河口的湾顶到外海的空间分布（图 5.3.13）。

根据浮游植物的结构特征丰水期钦州湾浮游植物结构从河口到外海可分为四种类型。类型 A 主要位于受径流影响最大盐度很低的茅岭江口附近，其特征是绿藻和硅藻为最主要优势类群，绿藻是最主要类群。类型 B 位于盐度较低的内湾（除了类型 A 范围）及 Q8 站点，其特征是硅藻为最主要优势类群（50%～60%），蓝藻和青绿藻为次要优势类群。类型 C 主要分布在盐度中等的外湾海域，表现为硅藻生物量比例占据绝对优势（＞82%）。类型 D 主要表征了湾外的 Q18 站点和 Q19 站点结构特征，表现为硅藻比例（70%～75%）低于类型 C，而定鞭金藻等其他类群贡献率有所增加。

与丰水期及枯水期略有不同，平水期钦州湾浮游植物群落结构区域差异不是特别显著，各站点及海区之间没有明显的差异，除了最外的 Q19 站点之外，从河口到外海有一定的连续分布特征（图 5.3.11），但仍能区分为河口、近岸和外湾共 3 种类型，此外 Q19 站点与其他站点有较明显不同而单独为 1 种类型。类型 A 主要分布在仍受河口较大影响的河口，以硅藻和青绿藻为双优势类群，硅藻占据浮游植物一半的比例。类型 B 位于盐度较低的内湾和外湾等靠近岸边的站点，其特征是硅藻为最主要优势类群（60%～70%），蓝藻和青绿藻为次要优势类群。类型 C

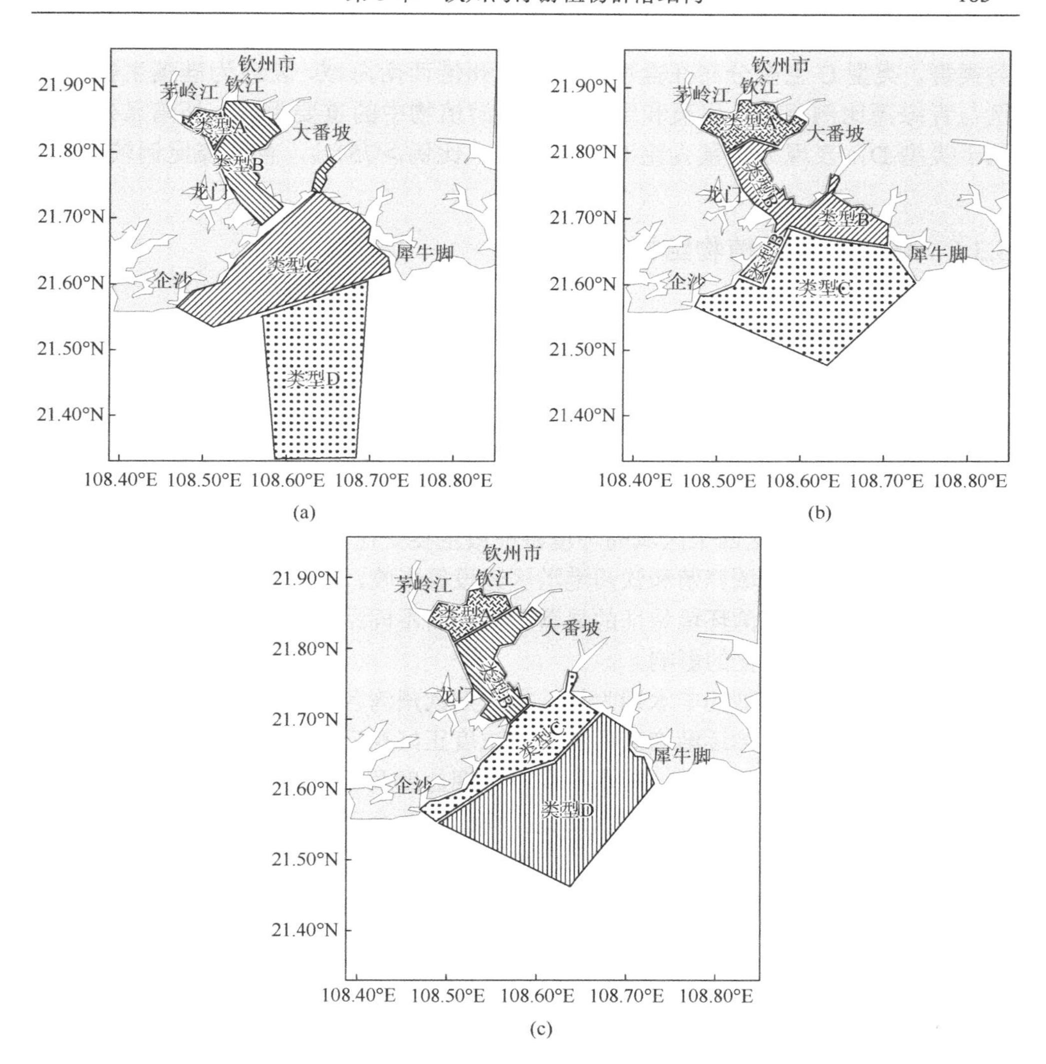

图 5.3.13 钦州湾浮游植物群落结构类型及其分布示意图

（a）丰水期；（b）平水期；（c）枯水期

分布在外湾较为靠外站点，表现为硅藻生物量比例占据绝对优势（＞80%）。最外的 Q19 站点与类型 C 有明显不同（图 5.3.11），其可作为单独的类型 D（未在图 5.3.13 上画出），主要表现为蓝藻比例较大。

枯水期钦州湾浮游植物群落结构从河口到外湾也可分为四种类型（图 5.3.13）。类型 A 主要位于受径流影响盐度很低的茅岭江口和钦江口附近，其特征是青绿藻和硅藻为最主要优势类群，硅藻比例略高于青绿藻。类型 B 位于盐度较低的内湾其他站点及湾颈海区，其特征是青绿藻为最主要优势类群，硅藻为次要优势类群。类型 C 主要分布在盐度中等的钦州港西南海域，表现为硅藻生物量比例与青绿藻比例相当，甲藻和绿藻也是浮游植物中的重要类群。外湾靠外站点属于类型 D，表现为硅藻为绝对优势类群（比例＞75%），青绿藻比例较低。

5.3.6 环境对浮游植物结构的影响

从三个水期的浮游植物结构特征的类型分布不难发现，钦州湾浮游植物结构的类型分布主要与空间有着明显的一致性，类型 A 主要位于受径流影响盐度很低的茅岭江口和钦江口附近，类型 B 主要位于低盐的内湾及龙门牡蛎养殖区附近，类型 C 则主要分布在钦州港附近海区，而类型 D 主要是分布在靠外海区。虽然各个水期中各种类型的浮游植物群落结构特征略有差异，但在空间上具有明显相似的空间分布特征。而这四个区域的环境特征最主要受径流及外海水团等水文影响，以及茅尾海—龙门海域养殖和钦州港港区建设等影响，表明钦州湾浮游植物类群结构很可能受到钦州湾环境特征的显著影响，而不同站点之间的差异及季节变化则受到钦州湾环境变化的影响。

以环境变化最剧烈的丰水期为例，丰水期钦州湾各环境因子变化特征明显，盐度从茅岭江口往外湾逐渐增高而营养盐浓度正好相反，且变化幅度较大，温度整体较高并略高于湾外水域，平水期和枯水期盐度及营养盐的变化幅度略小，但总体特征与丰水期相似，表明丰水期钦州湾处在一个环境急剧变化的河口环境特征，海湾受河口淡水输入及其带来的营养盐输入影响显著。茅岭江是注入钦州湾的最主要河流之一，且从流量上看，该河流是注入钦州湾最大的河流（何本茂和韦蔓新，2004）。从 2010 年大面站环境参数特征上看，钦州湾受茅岭江的冲淡水影响略大于钦江。

浮游植物作为海洋生态系统的初级生产者，对环境变化敏感，其受环境变化的影响和调控较明显。温度、盐度、营养盐等被认为是影响浮游植物的生长和分布的主要影响因素（Huang et al.，2008；张旭等，2008；刘东艳等，2002）。适中的温度和盐度，以及丰富的营养盐能够促进浮游植物的生长和繁殖（郭沛涌和沈焕庭，2003）。丰水期钦州湾浮游植物生物量较高，在外湾最高生物量达到9.7 μg/L，丰水期较高的温度和丰富的营养盐是其最主要原因。但从分布特征上，丰水期叶绿素 a 和岩藻黄素表现出与盐度接近而与营养盐相反，其与盐度具有正相关性而与营养盐表现出负相关性（表 5.3.2）。而玉米黄素与环境因子之间的相关性则跟岩藻黄素相反。岩藻黄素和玉米黄素分别是硅藻和蓝藻的特征色素，与之对应，硅藻和蓝藻生物量分布趋势与环境因子之间的相关性和岩藻黄素及玉米黄素相似，这表明了钦州湾浮游植物主要光合色素浓度分布及主要类群生物量分布主要受盐度和营养盐的影响，这与其他河口区浮游植物主要是受径流量影响的现象相一致，其中以茅岭江输入的影响最大。

表 5.3.2　浮游植物主要光合色素与环境因子之间的相关性

参数	温度	盐度	无机氮	磷酸盐
叶绿素 a	−0.16	0.48*	−0.39	−0.47*
岩藻黄素	−0.25	0.60**	−0.56*	−0.58**
叶绿素 b	0.09	−0.38	0.41	0.28
玉米黄素	0.42	−0.48*	0.46*	0.28

*表示 $p<0.05$；**表示 $p<0.001$；$n=19$

钦州湾浮游植物群落结构类型的空间分布特征表明其与环境因子有密切的关系，浮游植物在不同水段表现出不同的结构类型。同样以丰水期为例，丰水期钦州湾的水团/水段特征从湾顶到湾外按照盐度和营养盐可以划分为以河流特征主导的茅岭江口段（盐度＜3）、低盐度高营养盐的内湾段（盐度＜18），中等盐度和营养盐的外湾段（18＜盐度＜30）及高盐度低营养盐的外湾近海段（盐度＞30）。这四种河口段分别对应了浮游植物群落结构的类型 A-D。茅岭江口段因受河流淡水主导，绿藻占优势；内湾段盐度低，仍以淡水主导，适应低盐的蓝藻和绿藻也占据了重要的比例；外湾段环境相对稳定，海洋硅藻发展成了单一优势类群；而湾外近海由于营养盐的降低，硅藻绝对优势的比例下降，其他藻类比例相对于外湾上升。同时，由于受茅岭江和钦江河流污染物输入的影响，钦州湾水体中的营养盐浓度及 COD 等主要污染物的分布也与盐度水段有着密切的关系（第 2 章）。因而浮游植物群落结构与钦州湾水团/水段的密切对应关系，表明了盐度、水团及营养盐等污染物质对浮游植物群落结构特征及分布产生重要影响。

同样，钦州湾这种急剧变化的河口环境特征，也决定了平水期和枯水期钦州湾浮游植物群落结构从湾顶到外湾的空间变化格局。平水期钦州湾表层海水温度变化在 21～23℃，盐度变化在 14～31，无机氮浓度也较丰富（第 2 章），为浮游植物的生长和繁殖提供了有利条件。除了丰水期之外无论是平水期还是枯水期，钦州湾从内湾到外湾各环境因子也均显示出盐度逐渐增高而无机氮和磷酸盐逐渐降低的明显变化特征，显示出该海湾在平水期和枯水期仍受径流输入影响显著，属典型的河口特征，因而也决定了海湾浮游植物的群落结构特征。

在平水期和枯水期中，岩藻黄素和叶绿素 b 是最主要的两种浮游植物光合色素，硅藻和青绿藻是平水期和枯水期钦州湾浮游植物群落的最主要两个类群，蓝藻和甲藻等其他类群的所占的比例也很低（图 5.3.12 和图 5.3.13）。硅藻是海洋浮游植物最常见的主要类群，平水期钦州湾盐度在 14～30，是以海水为主的混合水域，因而硅藻有着较高的生物量，是最优势的类群。而且硅藻的分布内湾低外湾高，随着盐度的增加而增加；青绿藻从河口到外湾随着盐度的增加而减少，受径流输入影响明显。在平水期调查中，位于钦江和茅岭江河口的三个站点盐度为14～18，营养盐浓度较高（无机氮＞17 μmol，磷酸盐＞0.15 μmol），这些特征与丰水期低盐度高营养盐的内湾水团相似。在这个水团中，硅藻占 50%～60%，与丰水期内湾靠外站点相似；而平水期中内湾靠外站点及外湾站点硅藻也发展成为浮游植物的优势类群，与丰水期的中等盐度水团/水段的结构相近。这表明了径流变化对钦州湾浮游植物群落结构的组成及分布特征有决定的作用，平水期由于径流比丰水期减少，感潮河段往内推移，使丰水期相对靠外的内湾浮游植物群落结构类型往河口分布。

相对于丰水期而言，平水期和枯水期调查中外湾硅藻虽然是浮游植物的优势类群，但其比例明显不如丰水期的高，生物量也比丰水期的低。海洋硅藻的营养盐利用实验结果显示营养盐浓度限值（N＜1 μmol/L，P＜0.1 μmol/L）会限制硅藻的生长和繁殖（Nelson & Brzezinski，1990），丰水期外湾多数站点营养盐仍没有限制浮游植物的生长，而在平水期和枯水期调查中，虽然外湾硝酸盐氮浓度均大于 1 μmol/L，但磷酸盐浓度均小于 0.1 μmol/L，N/P 也均高于 30，营养盐比例失调。一些研究结果也表明硅藻在营养盐丰富的情况下是浮游植物的绝对优势类群，但在贫营养条件下其优势地位明显下降（徐宁等，2005）。外湾受径流输入、水体交换及浮游植物本身消耗等综合作用（蓝文陆，2011；蓝文陆等，2012），营养盐尤其是磷酸盐浓度减少，导致浮游植物群落结构改变。因此，受径流输入减少的影响，平水期营养盐浓度较低，尤其是磷酸盐浓度在外湾很低，N/P 失调，限制了硅藻的大量生长和繁殖，而其他一些能在较低营养条件下生长的藻类比例增加，影响着浮游植物群落结构组成与分布特征。当然这种情况也并不是完全绝对，例如，在 2011 年枯水期的调查中，靠外的 Q18 站点附近的硅藻就大量生长，导致了最外的 Q18 站点及 Q19 站点硅藻比例达到 95%以上（图 5.3.13），主要是菱软几内亚藻的大量繁殖所致，这可能与该种类独特的营养盐吸收特性有关，也有可能与该海区独特的营养盐补充环境有关。

海洋环境复杂，影响浮游植物的因素也众多。浮游植物群落结构分布与盐度、水团、营养盐、污染物等之间的这种相关性，从某种程度上表明了钦州湾水体环境变化对浮游植物群落结构的影响程度较大。这些环境因素的影响过程和效果是综合影响，单因素分析不符合现场环境的特征，且我们也无法分清各因素的影响程度及效果。归根到底，盐度、营养盐及污染物等这些环境因素是茅岭江和钦江这两大河流输入及外海水团之间的交互作用导致的咸淡水、水文和营养物质所决定，因而茅岭江和钦江及外海水团输入的变化，是影响浮游植物群落结构的最主要因素。

5.4　浮游植物长期变化与演变

5.4.1　浮游植物生物量周年变化

（1）调查与分析方法

浮游植物对环境变化敏感，其受环境变化的影响和调控较明显。这种影响和调控不仅表现在环境变化显著的季节性上，在近岸河口由于受温度、径流和陆源输入等影响，月份间的变化也显著，从而引起浮游植物年际、季节、月份、日间等不同层次的变化。这种影响程度可能在很大范围内变动，主要取决于生物的种类和群落特征及区域性海域的特定条件。

利用广西北海海洋环境监测中心站布设于钦州湾的 2 个自动水质监测站的监测数据进行分析，水质自动监测站均采用 YSI6600 型多参数水质测定仪监测，在使用前已通过国家质量技术监督局认证。自动监测站布设位置见图 2.1.1。该自动监测站由密封舱系统、监测系统、航标系统、数据采集系统、通信系统、固定锚链系统、太阳能供电系统和室内监控接收系统组成。仪器具有自动采样、分析、记录、数据储存和无线传输等功能，可在室内随时对监测站点的水质变化进行接收和监视，其监测系统的内置电池，作为备用电源，在供电不畅的情况下，可设置成自溶式进行 60 d 的有效运行，保证监测的连续进行。

自动监测站主要监测表层（1.0 m）水质状况，监测要素包括水温、盐度、电导、氧化还原电位、pH、DO、DO%、浊度、叶绿素、蓝绿藻。测定一次的时间间隔为 30 min，每 30 min 的数据通过移动卫星通信通用分组无线业务（general packet radio service，GPRS）传输到监控中心。监测要素监测分析方法均采用相关的国家标准方法。

为保证监测数据的可靠性，监测期间定期（每隔 15 d）对自动监测仪器进行维护清洗、校准及现场比对，现场采用便携式水质多参数仪对水温、盐度、电导、氧化还原电位、pH、DO 进行监测，叶绿素采样回实验室测定用测定结果与自动站监测结果进行比对，如比对发现数据偏离较大则马上进行维护校准，以保证仪器的性能运行维持在最佳工作状态，保证监测数据可靠性。

主要利用自动监测站 2010 年的监测数据进行年度月变化分析，对明显偏离的数据或比对不合格数据进行剔除，选取有效数据进行月平均，以确定各参数的月份变化趋势。

利用叶绿素来表征浮游植物生物量，同时也利用蓝绿藻荧光反演的生物量表征蓝绿藻生物量。

（2）生物量周年变化

2010 年内湾 GX04 号自动监测站叶绿素变化为 1.42～5.60 μg/L，最低值出现在 4 月，最高值出现在 7 月。8～12 月，叶绿素值变化不大，维持在 2.22～2.39 μg/L。综合全年变化趋势分析，叶绿素浓度在丰水期 7 月最高，且明显高于其他月份，其他月份之间没有显著变化。

钦州湾 GX04 号、GX06 号自动监测站 2010 年叶绿素周年变化情况见图 5.4.1。2010 年外湾 GX06 号自动监测站叶绿素变化为 1.36～4.52 μg/L。与内湾不同，GX06 号自动监测站叶绿素最低值出现在 11 月，最高值则出现在 2 月。GX04 号自动监测站全年叶绿素变化也出现两个峰值，1～2 月显著升高到最大值，此后迅速降低，到 5 月则又开始升高，出现第二个峰值，此次峰值维持较长时间，5～7 月叶绿素含量均在 2.3～5.6 μg/L。此后到 8 月则迅速降低，9～12 月叶绿素浓度变化较小。

内湾、外湾的叶绿素全年变化均比较显著，2010 年上半年（1～6 月），湾内 GX04 号自动监测站叶绿素值均比湾外低，而下半年除 9 月略低于 GX06 号自动监测站外，其余月份均高于湾外的 GX06 号自动监测站。

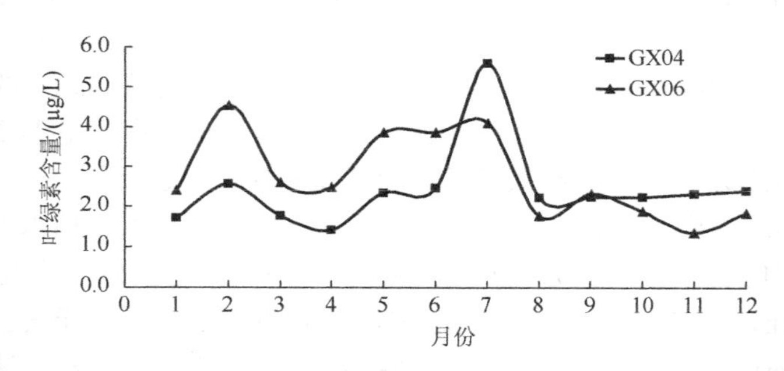

图 5.4.1　2010 年钦州湾 GX04 号、GX06 号自动监测站叶绿素年度变化

钦州湾 GX04 号、GX06 号自动监测站 2010 年蓝绿藻周年变化情况见图 5.4.2。内湾 GX04 号自动监测站蓝绿藻变化为 1.64～4.25 个/μL，最低值出现在 3 月，与叶绿素变化趋势一样，最高值出现在 7 月。综合全年变化趋势分析，蓝绿藻变化出现一个峰值，出现在 6～8 月。1～3 月，蓝绿藻缓慢降低，此后开始缓慢升高，5～6 月则迅速上升，6～8 月维持在较高水平，到 9 月则又显著降低，到 11 月出现一个低点，12 月又出现升高的趋势。

GX06 号自动监测站蓝绿藻变化为 1.68～4.65 个/μL，与内湾最低值出现时间不同，GX06 号自动监测站蓝绿藻最低值出现在 2 月，最高值出现的时间则与湾内一致，均出现在 7 月。全年蓝绿藻变化出现一个峰值。1～2 月显著降低到最小值，此后迅速升高，到 7 月达到最大值，此次峰值维持较长时间，从 5～8 月均维持在较高水平（4.07～4.65 个/μL）。此后到 9 月则迅速降低，10 月又有小幅上升，11～12 月又开始下降。

湾内、湾外的蓝绿藻全年变化均比较显著，2010 年 1～8 月，除 2 月湾内 GX04 号自动监测站蓝绿藻均比湾外略高之外，其余月份均低于湾外。而 9～12 月，湾内 GX04 号自动监测站蓝绿藻均高于湾外的 GX06 号自动监测站。

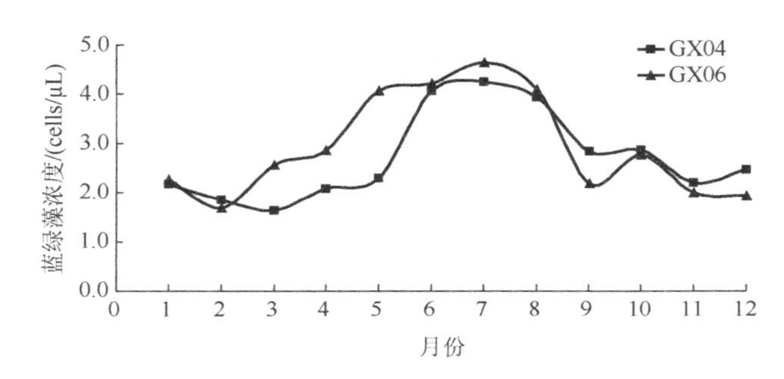

图 5.4.2　2010 年钦州湾 GX04 号、GX06 号自动监测站蓝绿藻年度变化

（3）周年变化与环境变化的关系

由于浮游植物物种对海水温度、盐度、营养盐种类、浓度和比例等海洋环境因子均有不同的适应范围（王俊和康元德，1998；孙军等，2002），这些海洋环境因子的变化可能是海洋浮游植物群落结构、生物量等发生变化的主要因素（王俊，2003；王修林等，2006）。

钦州湾海水温度表现出典型亚热带季节变化特征，1～5 月逐渐上升，6～9 月达到最高，并维持较长时间，10～12 月逐步下降（图 5.4.3）。浮游植物生物量（叶绿素浓度）与水温具有显著的正相关，相关系数为 0.249（表 5.4.1 和图 5.4.3）。2 月，随着水温升高，浮游植物生物量出现一个峰值，此后随着温度的逐渐上升，浮游植物生物量反而逐渐下降，说明秋末春初生物量变化还受到其他因素的影响，如营养盐含量、盐度等。生物量在 7 月出现一年中最大的峰值，此时钦州湾水温达到一年中高水平。7 月，钦州湾表层水温达到 30.4℃，已经超过了很多已有文献报道浮游植物的最适温度范围，但浮游植物生物量仍出现全年最高值，可能与浮游植物土著种高温适应及丰水期河流径流带入大量营养物质有关。冬季海水温度继续下降，以及营养物质输入的减少，浮游植物生物量维持在较低的水平。

钦州湾浮游植物生物量与盐度具有显著负相关(图 5.4.4)，相关系数为−0.261。这可能与典型的河口环境特征有关。钦州湾内 GX04 号自动监测站处于钦江及茅岭江交汇河口附近，盐度受淡水影响显著。2010 年，钦州湾盐度周年变化呈现出“双低谷”，正好与生物量（叶绿素）“双高峰”的时间一致，说明盐度也是影响浮游植物生物量的重要因素。而盐度与硝酸盐、活性磷酸盐、亚硝酸盐均呈显著的负相关，也就是说，在夏季丰水期，钦江及茅岭江大量淡水输入，带来的高营养物质是浮游植物生物量出现峰值的内在因素。当然，钦州湾夏季丰水期盐度仅为9.1～10.4，说明钦州湾浮游植物盐度适应范围较宽。

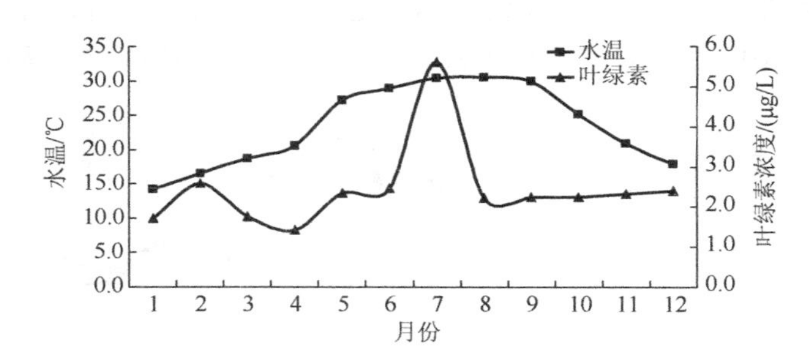

图 5.4.3　钦州湾叶绿素和水温月度变化

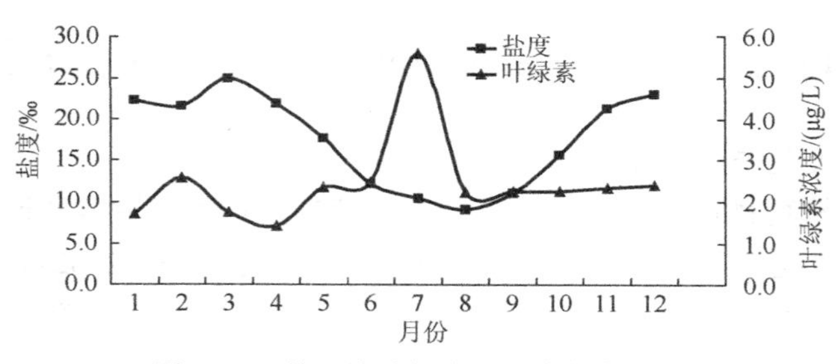

图 5.4.4　钦州湾叶绿素和盐度年度变化

一般来说，河口水的溶解氧水平与大陆径流、水中的氧化还原反应（包括BOD反应、硝化反应和污泥氧化）、生物的光合作用和呼吸作用及水动力等有密切关系（丘耀文和王肇鼎，1994）。当浮游植物生物量高，光合作用变得活跃，将产生的大量氧气溶入海水，海水溶解氧将会升高。但分析钦州湾浮游植物生物量（叶绿素）与溶解氧相关性发现，它们之间并没有显著相关性，而溶解氧与水温具有显著的负相关，相关系数达到–0.859，说明钦州湾溶解氧对浮游植物生物影响较小，在众多影响因素中，近海海水表层温度变化是引起溶解氧含量变动的主要原因。

浮游植物生物量与营养盐相关性分析表明，除了与活性磷酸盐具有显著的正相关之外，与硝酸盐和亚硝酸盐均没有相关性，可认为钦州湾N含量较高且相对稳定，浮游植物生物量主要受到海水中活性磷酸盐含量的限制。韦蔓新和何本茂（2008）研究发现，1983～1990年，除N随沿岸流域氮肥使用量的增加而呈明显上升趋势外，P、Si含量下降显著，以至成为浮游植物繁殖生长的限制因子。

从表5.4.1可以看出，钦州湾蓝绿藻与其他环境因子均具有显著的相关性，而钦州湾环境因子受到钦江和茅岭江径流影响显著，因此蓝绿藻的变化也主要是受到河流径流影响的。相对来说，钦州湾蓝绿藻与盐度的相关系数最高，达到–0.630，说明蓝绿藻周年变化主要受到盐度的影响，而盐度变化主要是由于钦江和茅岭江径流影响的。钦州湾蓝绿藻与盐度月度变化见图 5.4.5。在丰水期的 6～8 月，由于河流径流量增多，钦州湾盐度降低，海水中蓝绿藻细胞数处于全年最高水平。这可能有两方面的原因，其一是河流径流带来营养物质增多，导致蓝绿藻丰度增加，这从蓝绿藻周年变化与营养盐均具有显著的正相关可看出；其二是大量河水输入，河流中蓝绿藻种类数量可能更丰富，从而导致海水中的蓝绿藻浓度升高。

表 5.4.1　叶绿素、蓝绿藻与环境因子的相关系数

	叶绿素	蓝绿藻	温度	盐度	DO	pH	硝酸盐	亚硝酸盐	活性磷酸盐
叶绿素	1	0.289**	0.249**	–0.261**	0.004	0.194**	–0.002	–0.032	0.125**
蓝绿藻		1	0.396**	–0.630**	–0.266**	–0.315**	0.147**	0.172**	0.096**
温度			1	–0.658**	–0.859**	–0.213**	0.182**	0.234**	0.254**
盐度				1	0.411**	0.573**	–0.211**	–0.317**	–0.212**
DO					1	0.248**	–0.131**	–0.181**	–0.091**
pH						1	–0.108**	–0.244**	0.022
硝酸盐							1	0.244**	0.119**
亚硝酸盐								1	0.117**
活性磷酸盐									1

**表示值小于 0.01，显著相关

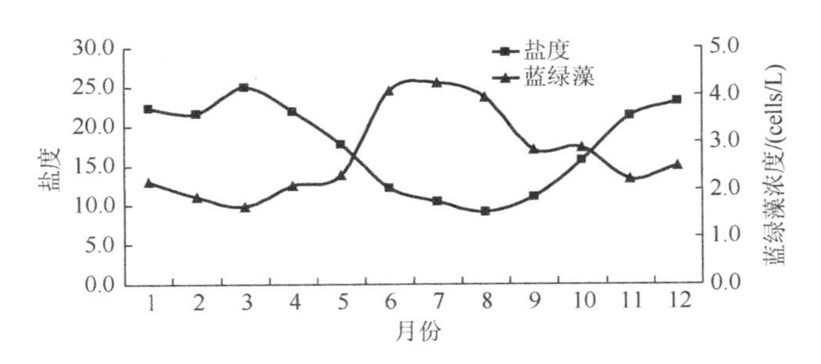

图 5.4.5　钦州湾蓝绿藻和盐度月度变化

5.4.2　浮游植物年际变化

（1）调查方法

虽然关于钦州湾浮游植物种类组成、丰度及叶绿素等已有一些报道，但浮游植物较为敏感，环境轻微变化可能就有较大差异，因此不同方法、不同站点及不同时间所调查的结果可比性较差。因此为了较为准确地了解浮游植物年际变化，重点采用相同方法、站点及采样时间（月份或水期）进行比较。

在 2010 年之后，相继在 2011～2015 年进行了钦州湾浮游植物的调查。在钦州湾布设 15 个调查站点（图 2.2.1），其中内湾布设 7 个站点，外湾布设 8 个站点。调查时间主要是春季（枯水期），2011～2015 年不同年份在夏季（丰水期）和平水期之间未统一，根据之前的分析，丰水期和平水期浮游植物群落结构及生物量比较相近，因此分析 2011～2015 年浮游植物群落结构的变化时将夏/秋季放在一起以能够逐年分析。同时也利用广西海洋环境监测中心站在钦州湾茅尾海的历史监测数据资料分析茅尾海浮游植物生物量的变化情况。

浮游植物调查的分析方法见 5.2.1 节，优势种、物种多样性指数等分析方法也见 5.2.1 节，叶绿素 a 分析方法见 5.1.1 节。

（2）种类组成变化

2011～2015 年钦州湾浮游植物种类组成见表 5.4.2。从调查的季节来看，历年夏/秋季出现的种类均高于春季，其中 2015 年夏/秋季出现的种类为历年最高。春季出现的种类数为 69～85 种，最高值出现在 2013 年；夏/秋种类数为 76～133 种，最高值出现在 2015 年。从浮游植物种类类别组成来看，主要有硅藻门、甲藻门、蓝藻门、绿藻门、金藻门及定鞭藻门，其中硅藻门占优势，其次是甲藻门，其他门类出现的种类较少。

表 5.4.2　2011～2015 年钦州湾浮游植物类别统计　　（单位：种）

类别名称	2011 年		2012 年		2013 年		2014 年		2015 年	
	春季	夏/秋季	春季	夏/秋季	春季	夏/秋季	春季	夏/秋季	春季	夏/秋季
硅藻门	58	63	57	53	77	77	66	93	62	114
甲藻门	13	13	13	13	8	11	9	12	7	15
蓝藻门	1	4	0	4	0	1	0	0	0	0
绿藻门	0	4	0	6	0	0	0	1	0	3
金藻门	0	0	2	0	0	0	0	0	0	1
定鞭藻门	0	0	1	0	0	1	1	0	0	0
总计	72	84	73	76	85	90	76	106	69	133

《中国海湾志第十二分册（广西海湾）》中关于钦州湾浮游植物调查的记载（中国海湾志编纂委员会，1993）20 世纪 80 年代钦州湾 4 个季度调查结果浮游植物种类数量为 82 种，其中硅藻 79 种，甲藻 3 种。2008～2009 年王迪等（2013）在

钦州湾及附近海域开展了4个季节网采浮游植物的调查，共鉴定出网采浮游植物131种，包括变种和变型，涵盖硅藻、蓝藻、甲藻、藻和金藻5门21科。硅藻种数最多，达101种，硅藻中又以圆筛藻科种类最多，其种数占总种类数量的20%～25%；甲藻次之，为23种；蓝藻4种，金藻和黄藻的种类数量分别为2种和1种。

通过比较2008～2009年和2010～2011年钦州湾浮游植物的种类数量可知，2010～2011年的种类数量略比2008～2009年的高。按照通常的调查，通过浮游植物网采集的水量显著高于水采样品，因而一般定性（网采）的种类数量会比水采（定量）的种类多。庄军莲等（2012）在2010年茅尾海周边的调查结果也发现，该年度钦州湾浮游植物种类数量达到262种，种类数量较为丰富。在2010～2011年，姜发军等（2012）也在相似的时间段内开展了4个季节航次的浮游植物水采样品调查，共鉴定浮游植物79属193种，包括变型与变种，涵盖硅藻、甲藻、蓝藻、绿藻、着色鞭毛藻、裸藻。其中硅藻共48属149种，是种类最多的门类；其次为甲藻，共16属28种；其他门类种类较少，绿藻8种，蓝藻3种，着色鞭毛藻4种，裸藻1种。与王迪等（2013）网采调查结果不同，水采硅藻以菱形藻种类最多，其次是舟形藻、角毛藻属和根管藻属。由此可以猜测，2008～2011年浮游植物种类数量及结构之间的变化，应不是方法不同所导致，而应是浮游植物群落结构本身发生了一定的变化，浮游植物种类数量有所增加。这种较大的变化也从另一个角度表明了钦州湾环境的复杂性及浮游植物对环境的敏感性，有可能2008～2015年钦州湾环境相对于20世纪80年代发生了一定变化，提供了更多的空间环境异质性，为更多浮游植物种类提供了生存条件，浮游植物种类组成结构可能很容易会因为环境的变化而发生变化。

从2010～2011年的调查结果来看，钦州湾丰水期浮游植物种类较丰富，枯水期种类较少，2011～2015年也基本上呈现相同的趋势（表5.4.2）。这与姜发军等（2012）在同期调查结果相似，夏季种类较高，秋季和冬季浮游植物种类数相同，春季浮游植物种类最少。但与王迪等（2013）在2008～2009年的调查结果不太相似，其发现冬季网采浮游植物种类数量大于春夏季，但春季种类最少，也与2010～2011年种类数量结论相近。而根据《中国海湾志第十二分册（广西海湾）》的记载（中国海湾志编纂委员会，1993），20世纪80年代的调查结果为秋季浮游植物种类数量最多。庄军莲等（2012）在2010年茅尾海附近海域的调查结果却呈现出浮游植物种类自冬季到秋季逐渐减少的趋势，与上述调查结果有较大的不同。由此表明，在不同的调查时期和月份，钦州湾浮游植物物种多样性的季节变化特征有着一定的差异，并没有呈现出相对统一的季节变化特征。自20世纪80年代到2015年的浮游植物种类数量及种类组成的结果从一定程度上表明，不同时期浮游植物的多样性已发生了变化，略微呈现出浮游植物种类数量有增加的趋势，反映出浮游植物生物多样性增加的趋势，但也可能是不同调查方法包括采样方式、站点布设及分析人员的差异导致的差异结果。

（3）优势种变化

2011～2015 年，钦州湾浮游植物出现的优势种除了 2013 年夏/秋季的海洋原甲藻和叉状角藻外，均为硅藻（17 种），其中中肋骨条藻为最常见优势种，表明 2010～2015 年，浮游植物群落结构未发生很大变化，但不同年份之间主要优势种和常见种还是有一定的差异（表 5.4.3）。

春季钦州湾浮游植物优势种的数量较少，优势种数量变化不大，最高为 3 种（2013～2015 年），最低为 2 种（2011～2012 年）。春季的 11 个优势种中，海链藻和萎软几内亚藻分别出现在两个季度，其余 9 个优势种则都只出现在一个季度。春季除 2011 年的萎软几内亚藻和 2012 年的海链藻以外，其余时间的优势种的优势度差异不大。

夏/秋季相对于春季优势种的数量较多，优势种数量最高为 6 种（2013 年和 2015 年），最低为 2 种（2012 年）。夏/秋季的优势种中，中肋骨条藻为最常见，历年皆是优势种，其次是菱形海线藻（4 次）、新月菱形藻（3 次）和布氏双尾藻（2 次），其余 6 种则只出现了 1 次。2011 年和 2012 年的夏/秋季，每个优势种的优势度皆比较高（>0.15），2013～2015 年，除了 2015 年中肋骨条藻优势度达到 0.24 以外，其余优势种的优势度都比较低。

表 5.4.3　2011～2015 年浮游植物优势种和优势度

优势种	2011 年		2012 年		2013 年		2014 年		2015 年	
	春季	夏/秋季	春季	夏/秋季	春季	夏/秋季	春季	夏/秋季	春季	夏/秋季
海链藻	0.06	—	0.26	—	—	—	—	—	—	—
萎软几内亚藻	0.21	—	—	—	—	—	0.04	—	—	—
菱形海线藻	—	0.23	—	—	—	0.04	—	0.06	—	0.09
细弱圆筛藻	—	0.18	—	—	—	—	—	—	—	—
中肋骨条藻	—	0.19	—	0.38	—	0.06	0.12	0.02	—	0.24
丹麦细柱藻	—	—	0.05	—	—	—	—	—	—	—
新月菱形藻	—	—	—	0.25	—	—	—	0.03	—	0.05
布氏双尾藻	—	—	—	—	0.07	0.07	—	—	—	0.02
辐射列圆筛藻	—	—	—	—	0.06	—	—	—	—	—
诺氏海链藻	—	—	—	—	0.05	—	—	—	—	—
海洋原甲藻	—	—	—	—	—	0.05	—	—	—	—
叉状角藻	—	—	—	—	—	0.03	—	—	—	—
中华齿状藻	—	—	—	—	—	0.04	—	—	—	—
螺端根管藻	—	—	—	—	—	—	0.03	—	—	—
端尖曲舟藻	—	—	—	—	—	—	—	—	0.05	—

续表

优势种	2011 年		2012 年		2013 年		2014 年		2015 年	
	春季	夏/秋季	春季	夏/秋季	春季	夏/秋季	春季	夏/秋季	春季	夏/秋季
角毛藻	—	—	—	—	—	—	—	—	0.03	—
菱形藻	—	—	—	—	—	—	—	—	0.03	—
尖刺拟菱形藻	—	—	—	—	—	—	—	—	—	0.11
旋链角毛藻	—	—	—	—	—	—	—	—	—	0.02
合计种类数/种	2	3	2	2	3	6	3	3	3	6

注：一表示该季节未出现该种，或该种不是优势种

通过与历史上钦州湾的其他调查比较，发现钦州湾浮游植物优势种组成也有一定的变化。20 世纪 80 年代浮游植物春季优势种主要是复瓦根管藻，夏季优势种为拟弯角刺藻（角毛藻）和菱形海线藻，秋季无明显优势种，主要种类为拟弯角刺藻（角毛藻）、菱形海线藻和洛氏角刺藻（洛氏角毛藻）等（中国海湾志编纂委员会，1993）。王迪等（2013）在 2008～2009 年的调查结果是网采样品分析，其结果显示钦州湾春季优势种有 6 种，优势度＞0.1 的有旋链角毛藻、变异辐杆藻和洛氏角毛藻；夏季优势种有 7 种，优势度＞0.1 的有旋链角毛藻、中肋骨条藻和菱形海线藻；秋季优势种最多，有 10 种，优势度＞0.1 的有旋链角毛藻和笔尖形根管藻（王迪等，2013）。可以看到在接近跨度 30 年之间，浮游植物网采浮游植物优势种已有一定的差异，但部分常见种类仍保持一致，如菱形海线藻在两次调查的夏季中都还是相同的优势种，常见种类如旋链角毛藻、中肋骨条藻和洛氏角毛藻等也都在两次调查中，可能表明钦州湾在两次调查的环境还有所相似。但通过 2011～2015 年的优势种调查结果分析，各年份之间优势种也有着较大的差异，相邻年份之间的优势种也不尽一致。2011～2015 年钦州湾正值大发展期间，优势种较大的变化从一定程度上可能暗示了环境在发生变化。浮游植物对环境较为敏感，即使较小的环境变化也可能会导致浮游植物群落结构发生变化，因而不同年份之间因环境的轻微变化也能导致浮游植物群落结构发生较大的变化，这也从另一个侧面暗示 20 世纪 80 年代与 2008～2009 年钦州湾的浮游植物优势种演变不一定代表 30 年间钦州湾环境发生很大的变化，而有可能只发生了部分变化。同样，2010 年丰水期调查中优势度＞0.02 的优势种有中肋骨条藻、布氏双尾藻和菱形海线藻，平水期调查中优势度＞0.02 的优势种有环纹劳德藻和丹麦细柱藻，也与 2011～2015 年的优势种有着一定的差异。但综合历史数据和 2010～2015 年的调查结果，可以看到常见种和优势种均由一些广温广盐的广布种组成，如拟旋链角毛藻、中肋骨条藻、菱形海线藻等，河口则以海链藻为主，绝对的优势种和常见种均为硅藻，表明了钦州湾环境的相对稳定性。但在近年，广西近岸海域在冬春

季节开始出现大量的球形棕囊藻，甚至引发赤潮，钦州湾也未能幸免，因此在冬春季节球形棕囊藻成了钦州湾常规镜检分析中常见的优势种之一。光合色素分析结果则显示在冬春季节内湾至湾颈的站点基本上是以青绿藻为优势，进一步说明了在近年钦州湾硅藻的绝对优势地位已然开始发生了改变，这很可能是钦州湾本身或者北部湾环境变化所导致，这又会进一步反馈到生态系统及渔业产出等，因此需要加大研究和关注。

（4）生物量变化

2011～2015年钦州湾浮游植物丰度在年际间变化波动较大，除2014年之外，夏/秋季丰度均高于春季（图5.4.6）。春季丰度为（2.6～34.3）$\times 10^3$个/L，最大值出现在2012年，最小值出现在2015年。夏/秋季丰度为（1.2～56.4）$\times 10^3$个/L，最大值出现在2012年，最小值出现在2014年。2012年不论在春季还是夏/秋季，都出现了一个最高值，主要原因是春季钦州湾茅尾海附近的钦江东口站点出现海链藻的大量生长繁殖，丰度达到4400$\times 10^3$个/L；夏/秋季的中肋骨条藻和新月菱形藻丰度普遍较高。

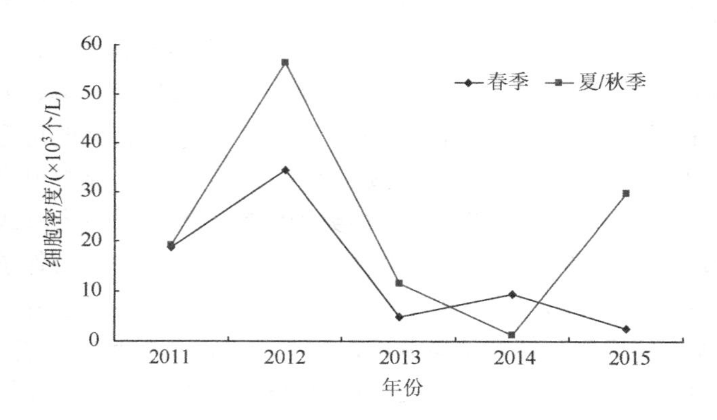

图5.4.6　2011～2015年钦州湾浮游植物丰度平均值变化

通过与历史上钦州湾的其他调查比较，发现钦州湾浮游植物丰度变化不大。20世纪80年代浮游植物年平均丰度为21.1$\times 10^3$个/L，夏季丰度最高，为66.0$\times 10^3$个/L，春季丰度最低，为4.0$\times 10^3$个/L（中国海湾志编纂委员会，1993），这和2011～2015年浮游植物丰度的变动范围几乎一致。王迪等（2013）在2008～2009年的调查结果丰度较低，主要是其分析的是网采样品，不具可比性。姜发军等（2012）在2010～2011年调查结果显示浮游植物丰度为（4.9～677.7）$\times 10^3$个/L，平均值为119.4$\times 10^3$个/L。庄军莲等（2012）在2010年茅尾海附近海域的调查结果与姜发军等（2012）相似，年平均丰度为62.9$\times 10^3$个/L，春季平均丰度最低（32.8$\times 10^3$个/L），夏季平均丰度最高（92.5$\times 10^3$个/L）。庄军莲等（2012）

和姜发军等（2012）在 2010～2011 年的调查结果与我们在 2012 年的调查结果相近（图 5.4.6），明显高于 2013～2015 年，也明显高于 20 世纪 80 年代的调查结果。钦州湾富营养化的研究结果表明，2010～2012 年是钦州湾富营养化相对较重的阶段，明显高于 21 世纪初，也高于 2013～2015 年，有可能是 2010～2012 年较高的营养盐促进了海区浮游植物的大量生长，使得该阶段浮游植物生物量显著高于其他年份。钦州湾在 2008～2012 年也被报道发生赤潮较多的阶段，如 2009 年茅尾海部分站点叶绿素 a 浓度高达 15.7 μg/L，2011 年钦州湾也发生了一次夜光藻赤潮（庄军莲等，2011），而同年 4 月在内湾萎软几内亚藻也接近了赤潮水平。

图 5.4.7 列出了 2011～2016 年茅尾海叶绿素 a 所表征的浮游植物生物量的变化。2011～2016 年茅尾海叶绿素 a 年平均值为 1.52～4.50 μg/L，最高在 2012 年，最低在 2015 年。除 2014 年枯水期之外，丰水期叶绿素 a 浓度相对较高，与丰水期入海河流携带营养物质相对较大有关，丰水期叶绿素 a 浓度在 2011～2013 年较高，自 2013 年到 2016 年呈现显著降低的趋势，因此其年均值也呈现为相似的趋势。除了 2014 年之外，枯水期叶绿素 a 浓度也呈现与丰水期相似的趋势，2011～2012 年较高，2013 年及 2015～2016 年显著较低，这和浮游植物丰度的变化基本一致（图 5.4.6）。相对于丰水期和枯水期，平水期浮游植物叶绿素 a 浓度在 2011～2016 年变化较小。

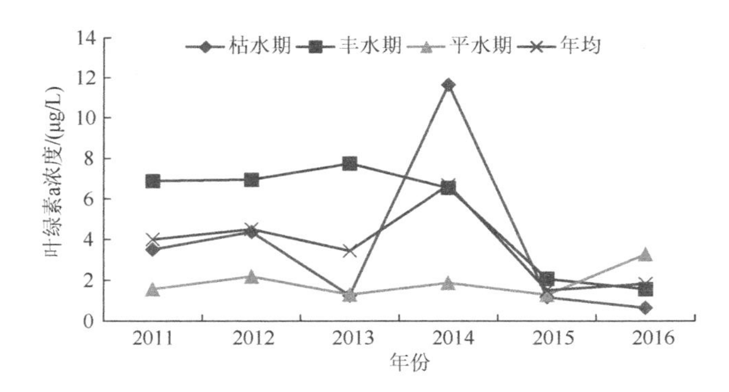

图 5.4.7　2011～2016 年茅尾海叶绿素 a 浓度变化趋势

叶绿素 a 浓度可表征浮游植物生物量，通过分析 2006～2016 年叶绿素 a 与其他环境因子之间的相关性，发现叶绿素 a 与 COD、无机氮具有极显著的正相关（$p<0.01$，图 5.4.8），相关系数分别为 0.335 和 0.256，而与盐度具有极显著的负相关（$p<0.01$），相关系数为 0.332。叶绿素 a 浓度随着盐度的升高而降低，随着河流输入的 COD 及无机氮浓度的增加而增加，表明了茅尾海叶绿素 a 浓度显著的受到了陆源输入淡水及营养物质的控制。COD 与叶绿素 a 浓度的正相关性最大，

表明其对浮游植物的影响较大，COD 可以表征水体中有机物的丰富程度，陆源输入的 COD 越大，有机物越多，微生物分解产生的氮、磷营养盐越多。之前的研究表明，虽然茅尾海位于河口，但磷酸盐浓度相对偏低，从营养盐结构角度茅尾海浮游植物仍受到磷的限制。因此 COD 含量增加其分解的磷补充能够在较大程度上缓解磷的胁迫进而有效促进浮游植物的生长，浮游植物种群数量越多，即叶绿素 a 质量浓度越大。无机氮作为浮游植物赖以生存的主要营养盐成分，其与浮游植物生物量有着显著的正相关。茅尾海浮游植物生物量与 COD、无机氮显著正相关而与盐度显著负相关，这表明了其主要是受河流径流及其带来的营养盐的影响。如第 1 章所分析，钦江和茅岭江携带入海的主要物质为有机物和无机氮、磷酸盐，因此输入的 COD 和无机氮之间有着密切的正相关，叶绿素 a 与 COD 之间的显著正相关也有可能是无机氮和磷酸盐等营养盐所带来的结果。

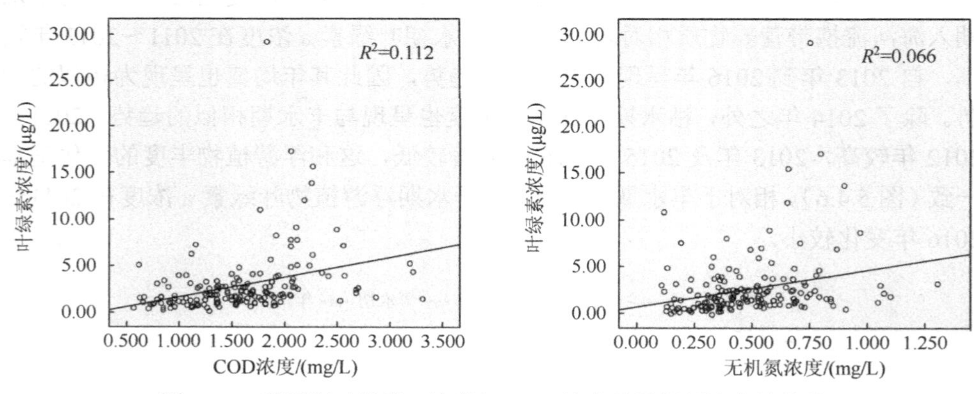

图 5.4.8　茅尾海叶绿素 a 浓度与 COD 浓度及无机氮浓度的关系

（5）物种多样性指数变化

2011～2015 年钦州湾浮游植物物种多样性指数春季平均为 2.15，夏/秋季平均为 2.23，各年变化情况见图 5.4.9，春季浮游植物物种多样性指数变化为 1.75～2.42，最大值出现在 2013 年，最小值出现在 2012 年。夏/秋季，浮游植物物种多样性指数变化为 1.27～3.20，有升高的趋势，最高值出现在 2015 年。除 2011 年和 2013 年之外，其余年份夏/秋季物种多样性指数均高于春季。

2011～2015 年钦州湾的浮游植物物种多样性指数相对较低，基于浮游植物物种多样性指数结果，对海域污染状况的评价结果显示，钦州湾处于轻度污染的状态，这也基本上和水质结果能够较好地吻合。

2011～2015 年钦州湾浮游植物均匀度［皮卢（Pielou）均匀度指数］变化情况见图 5.4.10，春季浮游植物均匀度变化为 0.59～0.92，最大值出现在 2015 年，最小值出现在 2012 年。夏/秋季浮游植物物种多样性指数变化为 0.44～0.87，最高值出现在 2014 年，最低值出现在 2011 年。春季浮游植物均匀度与夏/秋季相比没有显著差异。

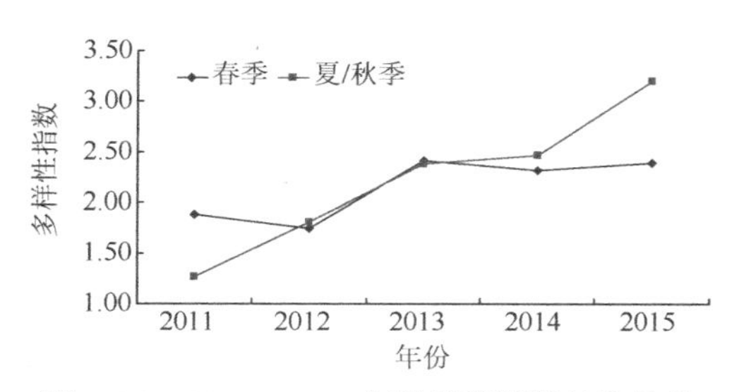

图 5.4.9　2011～2015 年钦州湾浮游植物物种多样性指数变化

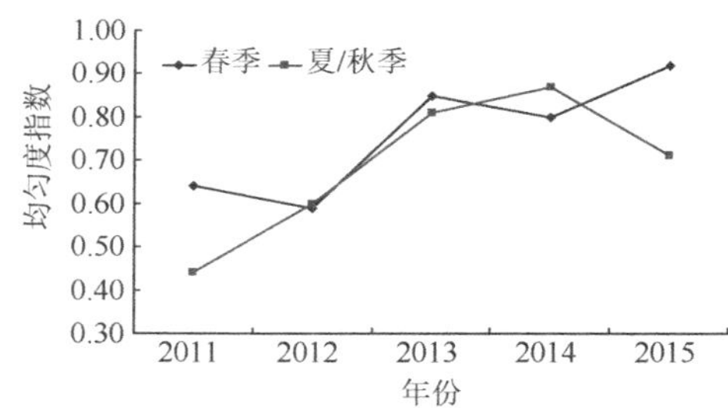

图 5.4.10　2011～2015 年钦州湾浮游植物均匀度指数变化

2011～2015 年钦州湾浮游植物丰富度［马格里夫（Margalef）丰富度指数］变化情况见图 5.4.11，春季浮游植物丰富度变化为 1.08～1.59，最高值出现在 2015 年，最低值出现在 2012 年；夏/秋季，浮游植物丰富度变化为 1.04～3.26，最高值均出现在 2015 年，最低值均出现在 2011 年，呈现逐渐升高的趋势。

王迪等（2013）通过网采样品的分析显示 2008～2009 年钦州湾浮游植物群落的物种多样性指数较高，物种多样性指数和均匀度指数平均值分别为 3.18 和 0.63，多样性水平较高。我们在 2011 年枯水期的调查结果显示钦州湾物种多样性指数平均为 1.95，姜发军等（2012）在 2010～2011 年的调查期间却发现生物多样性较低，春季浮游植物群落的物种多样性指数平均为 1.58，夏季平均为 2.65，也相对较低。2010～2011 年，钦州湾发生了赤潮（庄军莲等，2011），2010 年春季由于脆根管藻大量繁殖，有些站点脆根管藻达到赤潮密度（姜发军等，2012）。因此，2010～2012 年钦州湾的环境条件有可能为浮游植物某些种类能够大量生长繁殖，甚至发生赤潮，从而成为阶段性的浮游植物生物多样性较低年份，而在此后其多样性逐步增加（图 5.4.9 和图 5.4.10），这也和 2011～2015 年浮游植物丰度的变化

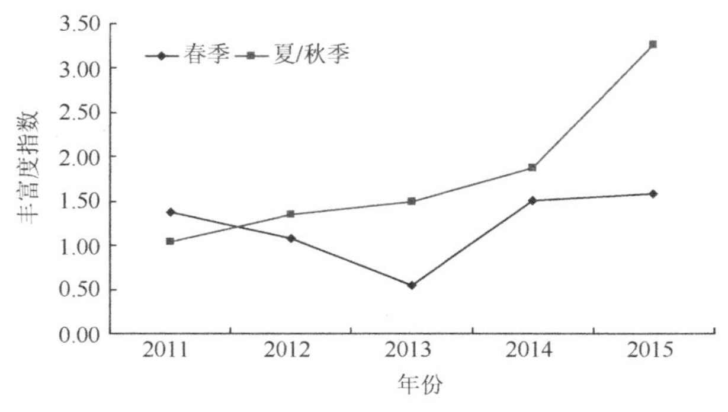

图 5.4.11　2011～2015 年钦州湾浮游植物丰富度指数变化

趋势相反，即较高的生物量生物多样性较低，而较低的生物量生物多样性较高，主要是因为某些种类大量生长降低了物种多样性指数。

（6）空间分布变化

2010～2011 年，钦州湾浮游植物叶绿素 a、丰度及优势类群的生物量分布特征虽然在不同季节略有不同，但整体上多数呈现出在内湾从河口往湾颈减少，在外湾从湾颈往湾口增加而再往湾外降低的特征（5.1～5.3 节），近年来较多呈现出外湾生物量较高而内湾较低的特征，只有个别年份季节在河口区某些种类大量生长繁殖才会引起内湾生物量明显高于外湾的空间分布格局改变。

综合历史上关于钦州湾浮游植物空间分布的报道，《中国海湾志第十二分册（广西海湾）》记载的 20 世纪 80 年代浮游植物调查未包括河口站点，其发现钦州湾浮游植物的分布呈现出按内湾—湾颈—外湾—湾口的顺序递增，湾口向湾外数量又显著减少的分布特征，而且各季度之间的平面分布没有明显差异（中国海湾志编纂委员会，1993）。王迪等（2013）在 2008～2009 年调查网采浮游植物发现钦州湾各区域浮游植物丰度四季均为由内湾至外湾先升高、到湾外逐渐降低的趋势，在夏季其高丰度区由外湾南移至湾口附近。姜发军等（2012）在 2010～2011 年的调查结果显示春季、秋季和冬季浮游植物丰度均呈现为自内湾河口往外湾湾口逐渐增加的趋势特征，而在夏季呈现为自内湾河口往钦州港附近降低，而后自钦州港往外逐步增高的特征。这些分布特征结果与 5.1～5.3 节中所展示的结果相似，表明钦州湾浮游植物空间分布特征相对较统一。

浮游植物的生长和分布受温度、盐度和营养盐等主要环境因素影响，适宜的温度和盐度，以及丰富的营养盐能够促进浮游植物的生长和繁殖。钦州湾内湾茅尾海位于钦江和茅岭江河口，即使是在枯水期旱季，钦州湾顶部钦江和茅岭江河口站点（Q1、Q2 和 Q3）仍显示出低盐度（盐度 15～18）高营养盐（无机氮＞18 μmol/L，硅酸盐＞65 μmol/L，磷酸盐＞0.3 μmol/L）的河口特征，表明内湾河口站点受钦江和茅岭江径流影响很大。内湾的河口站点容易形成生物量较高的峰值，主要是因为入海河流携带了大量的营养盐及淡水刺激了浮游植物大量生长，从而在部分水温、水文等环境适宜条件下大量生长甚至发生小规模水华，因此在河口站点容易调查到较高的生物量。河口站点较高的生物量另外一个因素可能与入海河流直接携带大量的淡水藻有关，如在 2010 年丰水期茅岭江口就发现了大量的淡水绿藻（图 5.3.10），在其他调查中也经常看到河口站点发现较多的淡水硅藻。内湾及湾颈海区，虽然营养盐浓度也很高，甚至达到了富营养化的程度，但经常出现较低的生物量。一般而言，营养盐是影响调控浮游植物的最主要因素，营养盐含量高的海区，浮游植物数量也高，但内湾茅尾海在多数情况下已然处在营养盐过剩的环境，在这种条件下营养盐对浮游植物生长繁殖的调控作用相对被减弱，而其他因素作用则会相对加强。内湾及湾颈附近海区较低的生物量可能与该海区较高密度的牡蛎等贝类养殖有关，这将在第 7 章中作详细的探讨。2008～2014 年是钦州港大开发时期，钦州港保税港区的围填海及钦州港的航道开挖疏浚等大量的工程在该海域进行。大规模的近海工程包括吹沙填海开挖疏浚等活动，致使钦州港附近海区海水浑浊，海水透明度降低，不利于浮游植物的生长，这很可能是钦州港附近海区浮游植物生物量也较低的主要因素。而这些开挖疏浚等工程，也在一定程度上促进了底部沉积物中如磷酸盐等营养盐的释放进入水体中，其随着潮流往外推移，较大程度地补充了磷酸盐等来源。无论是从磷酸盐含量还是氮磷比例来看，钦州湾的湾口附近海域都属于磷限制的状态，因此磷酸盐的补充可以较大程度地刺激浮游植物的生长，加上该海区位于钦江茅岭江径流、沿岸流及外海水团的交汇处，也存在着其他方面的营养盐补充，此处相对于内湾及钦州港透明度显著变好，因而浮游植物多在此出现较高的生物量。这也就导致了钦州湾往往呈现出从河口高营养盐往外湾湾口低营养盐海区浮游植物递增的分布趋势，使浮游植物与营养盐之间呈现为明显负相关的特征。而再往外由于营养盐的匮乏无法支撑较高的生物量。回看 20 世纪 80 年代钦州湾浮游植物的分布特征，其较高的生物量出现在外湾，现在钦州港保税港区所在的位置浮游植物生物量也相对较高，高生物量也相对于 2010～2011 年更接近于外湾中间，这在一定程度上也印证了上述推论。另外，钦州湾独特的地形环境造成湾颈及其附近剧烈变化的水文条件不利于营造浮游植物快速大量生长的稳定条件，这可能也是湾颈及其附近海域浮游植物生物量较低的另一个原因。

除了上述总体分布特征之外，各年份之间钦州湾浮游植物生物量的分布在局部上仍有一定的差异，如在钦州湾内湾的三个河口，往往在不同调查中浮游植物分布有着较大的差异，不同时期在不同河口具有较高的生物量或特别的群落结构特征。以 2011 年枯水期为例，在这三个河口站点浮游植物主要类群的生物量及浮游植物群落结构有着明显的差异。硅藻和甲藻在茅岭江口的 Q1 站点有着很高的生物量，而在钦江东河口的 Q3 站点生物量很低。在 Q1 站点和 Q2 站点，硅藻占据了浮游植物的优势类群，但在 Q3 站点，硅藻只占据了 35%左右的比例。

在 2011 年枯水期调查中，河口站点的温度、盐度差别不大，但营养盐的浓度却有着很大的差别。茅岭江口（Q1 站点）无机氮和硅酸盐含量相对钦江口少，但磷酸盐却明显比钦江口（西河口 Q2 站点和东河口 Q3 站点）高，是钦江两个河口浓度的 5 倍左右。这表明了茅岭江和钦江输入钦州湾的营养盐浓度及结构明显不同，钦江输入的是高硅酸盐、无机氮和相对低磷酸盐，而茅岭江输入的则是相对低的硅酸盐、无机氮和高磷酸盐。这两条河流入海营养盐通量近年的变化结果显示茅岭江近年来磷酸盐入海通量明显上升（蓝文陆等，2012），印证了该河口磷酸盐浓度较高的现象。营养盐是浮游植物的生长基础，不仅营养盐浓度影响浮游植物的生长和繁殖，营养盐结构也影响着浮游植物的生长和分布，偏离过高或过低都可能引起浮游植物的生长受限制或胁迫。在 2011 年枯水期调查中，茅岭江口 Si/N/P 的原子比约为 34/11/1，钦江东河口（Q3 站点）三者比例约为 210/95/1，前者非常接近于容易被浮游植物吸收的原子比，而后者严重偏离，属结构性磷限制状态。浮游植物光合色素分析结果显示，枯水期硅藻在茅岭江口不受限制的高营养盐条件下暴发，硅藻生物量明显高于钦江口，浮游植物镜检结果也显示硅藻的海链藻属丰度达到了 9.6×10^4 个/L。而在营养盐限制的情况下，硅藻往往不能形成优势类群，相比茅岭江口，钦江东河口的磷酸盐浓度降低及 Si/P、N/P 明显增高，磷限制或胁迫程度明显增加。如前所述，硅藻在营养盐丰富的情况下是浮游植物的绝对优势类群，但在贫营养条件下其优势地位明显下降（徐宁等，2005），钦江东河口明显的磷限制很可能是该河口生物量降低和硅藻不再占据优势的主要原因。因此，钦江和茅岭江输入不同营养盐要素的量及比例导致河口海区营养盐浓度、结构比例及营养盐限制等条件的不同，这决定了茅岭江口和钦江口浮游植物群落结构和分布格局具有很大差别，而不同年际间两条河流上述输入环境的变化则导致了浮游植物在这三个河口之间分布的明显差异。

参考文献

蔡昱明，宁修仁，刘诚刚，2002. 1999 年夏季南海北部和北部湾海域粒度分级叶绿素 a 和初级生产力的分布特征[J]. 海洋科学集刊，(44)：11-21.

陈怀清，钱树本，1992. 青岛近海微型、超微型浮游藻类的研究[J]. 海洋学报，14(3)：105-113.

陈纪新，黄邦钦，贾锡伟，等，2003. 利用光合色素研究厦门海域超微型浮游植物群落结构[J]. 海洋环境科学，22(3)：16-21.

陈纪新，黄邦钦，刘媛，等，2006. 应用特征光合色素研究东海和南海北部浮游植物的群落结构[J]. 地球科学进展，21(7)：738-746.

丛敏，江涛，吕颂辉，等，2012. 珠江口水域表层水体光合色素分布特征研究[J]. 海洋环境科学，31(3)：305-309，336.

龚玉艳，张才学，张省利，2011. 湛江湾角毛藻群落的时空分布及其影响因素[J]. 生态学杂志，30(9)：2026-2033.

郭沛涌，沈焕庭，2003. 河口浮游植物生态学研究进展[J]. 应用生态学报，14(1)：139-142.

何本茂，韦蔓新，2004. 钦州湾的生态环境特征及其与水体自净条件的关系分析[J]. 海洋通报，23(4)：50-54.

何青，孙军，栾青杉，等，2009. 冬季长江口及其邻近水域的浮游植物[J]. 海洋环境科学，28(4)：360-365.

胡建宇，杨圣云，2008. 北部湾海洋科学研究论文集(第一辑)[C]. 北京：海洋出版社.

胡俊，柳欣，张钒，等，2008. 台湾海峡浮游植物生长的营养盐限制研究[J]. 台湾海峡，27(4)：452-458.

姜发军，陈波，何碧娟，等，2012. 广西钦州湾浮游植物群落结构特征[J]. 广西科学，19(3)：268-275.

蓝文陆，黎明民，李天深，2013. 基于光合色素的钦州湾平水期浮游植物群落结构研究[J]. 生态学报，33(20)：6595-6603.

蓝文陆，李天深，郑新庆，等，2014. 枯水期钦州湾浮游植物群落结构组成与分布特征[J]. 海洋学报，36(8)：122-129.

蓝文陆，彭小燕，2011. 茅尾海富营养化程度评价及其对浮游植物生物量的影响[J]. 广西科学院学报，27(2)：109-112.

蓝文陆，王晓辉，黎明民，2011. 应用光合色素研究广西钦州湾丰水期浮游植物群落结构[J]. 生态学报，31(13)：

3601-3608.

蓝文陆，杨绍美，苏伟，2012. 环钦州湾河流入海污染物通量及其对海水生态环境的影响[J]. 广西科学，19(3)：257-262.

蓝文陆，2011. 近 20 年广西钦州湾有机污染状况变化特征及生态影响[J]. 生态学报，31(20)：5970-5976.

蓝文陆，2012. 钦州湾枯水期富营养化评价及其近 5 年变化趋势[J]. 中国环境监测，28(5)：40-44.

李开枝，黄良民，张建林，等，2010. 珠江河口咸潮期间浮游植物的群落特征[J]. 热带海洋学报，29(1)：62-68.

林元烧，胡建宇，杨圣云，2008. 北部湾环境与生物研究概述及相关科学问题探讨[C]//胡建宇，杨圣云. 北部湾海洋科学研究论文集(第一辑). 北京：海洋出版社：162-170.

刘东艳，孙军，钱树本，2002. 胶州湾浮游植物研究——II 环境因子对浮游植物群落结构变化的影响[J]. 青岛海洋大学学报(自然科学版)，32(3)：415-421.

刘雅丽，高磊，朱礼鑫，等，2017. 长江口及邻近海域营养盐的季节变化特征[J]. 海洋环境科学，36(2)：243-244.

柳丽华，左涛，陈瑞盛，等，2007. 2004 年秋季长江口海域浮游植物的群落结构和多样性[J]. 海洋水产研究，28(3)：112-119.

莫钰，龙寒，蓝文路，等，2017. 钦州湾枯水期和丰水期分粒级 Chl a 的分布及影响因素[J]. 海洋环境科学，36(3)：434-440.

欧林坚，2006. 典型赤潮藻对磷的生态生理响应[D]. 厦门：厦门大学.

丘耀文，王肇鼎，1994. 珠江口伶仃洋水域溶解氧特征[J]. 热带海洋，13(2)：99-102.

孙军，刘东艳，杨世民，等，2002. 渤海中部和渤海海峡及邻近海域浮游植物群落结构的初步研究[J]. 海洋与湖沼，33(5)：461-471.

王迪，陈丕茂，逯晶晶，等，2013. 钦州湾浮游植物周年生态特征[J]. 应用生态学报，24(6)：1686-1692.

王俊，康元德，1998. 渤海浮游植物种群动态的研究[J]. 海洋水产研究，19(1)：43-52.

王俊，2003. 渤海近岸浮游植物种类组成及其数量变动的研究[J]. 海洋水产研究，24(4)：44-50.

王修林，李克强，石晓勇，2006. 胶州湾主要化学污染物海洋环境容量[M]. 北京：科学出版社.

韦蔓新，何本茂，2008. 钦州湾近 20 a 来水环境指标的变化趋势——V浮游植物生物量的分布及其影响因素[J]. 海洋环境科学，27(3)：253-257.

徐宁，段舜山，李爱芬，等，2005. 沿岸海域富营养化与赤潮发生的关系[J]. 生态学报，25(7)：1782-1787.

杨茹君，王修林，韩秀荣，等，2003. 海洋浮游植物粒径组成及其生物粒径效应研究[J]. 海洋科学，27(11)：5-9.

杨世民，董树刚，2006. 中国海域常见浮游硅藻图谱[M]. 青岛：中国海洋大学出版社.

张利永，刘东艳，孙军，等，2004. 胶州湾女姑山水域夏季赤潮高发期浮游植物群落结构特征[J]. 中国海洋大学学报(自然科学版)，34(6)：997-1002.

张伟，孙健，聂红涛，等，2015. 珠江口及毗邻海域营养盐对浮游植物生长的影响[J]. 生态学报，35(12)：4034-4044.

张旭，王超，胡志晖，2008. 连云港近岸海域春季浮游植物多样性和群落结构[J]. 海洋环境科学，(A01)：83-85.

中国海湾志编纂委员会，1993. 中国海湾志第十二分册(广西海湾)[M]. 北京：海洋出版社，144-148.

中华人民共和国国家海洋局，2005. 赤潮监测技术规程：HY/T 069—2005[S]. 北京：中国标准出版社.

庄军莲，姜发军，柯珂，等，2011. 钦州湾一次海水异常监测与分析[J]. 广西科学，18(3)：321-324.

庄军莲，姜发军，许铭本，等，2012. 钦州湾茅尾海周年环境因子及浮游植物群落特征[J]. 广西科学，19(3)：263-267.

Boyd P W，Law C S，Wong C S，et al.，2004. The decline and fate of an iron-induced subarctic phytoplankton bloom[J]. Nature，428：549-553.

Donald K M，Scanlan D J，Carr N G，et al.，1997. Comparative phosphorus nutrition of the marine cyanobacterium Synechococus WH7803 and the marine diatom Thalassiosira weissflogii[J]. Journal of Plankton Research，19：1793-1813.

Furuya K，Hayashi M，Yabushita Y，1998. HPLC determination of phytoplankton pigments using N，N-Dimethylformamide[J].

Journal of Oceanography，54：199-203.

Gall M P，Boyd P W，Hall J，et al.，2001. Phytoplankton processes：Part 1 Community structure in the Southern Ocean and changes associated with the SOIREE bloom[J]. Deep-Sea Res. II，48：2551-2570.

Huang B Q，Lan W L，Cao Z R，et al.，2008. Spatial and temporal distribution of nanoflagellates in the northern South China Sea[J]. Hydrobiologia，605：143-157.

Huang B Q，Hong H，Wang H，1999. Size-fractionated primary productivity and the phytoplankton-bacteria relationship in the Taiwan Strait[J]. Marine Ecology Progress Series，183：29-38.

Jeffrey S W，Humphrey G F，1975. New spectrophotometric equations for determining chlorophylls a，b，c1 and c2 in higher plants，algae an d natural phytoplankton[J]. Biochemie und Physiologie Der Pfanzen，167：191-194.

Johnson P W，Sieburth J M，1979. Chroococcoid cyanobacteria in the sea：A ubiquitous and diverse phototrophic biomass[J]. Limnology and Oceanography，24：928-935.

Lepš J，Šmilauer P，2003. Multivariate analysis of ecological data using CANOCO[M]. London：Cambridge University Press：1-280.

Mackey M D，Mackey D J，Higgins H W，et al.，1996. CHEMTAX—A program for estimating class abundances from chemical markers：Application to HPLC measurements of phytoplankton[J]. Marine Ecology Progress Series，144：265-283.

Nelson D M，Brzezinski M A，1990. Kinetics of silicic acid uptake by natural diatom assemblages in two Gulf Stream warm-core rings[J]. Marine Ecology Progress Series，62(3)：283-292.

Paerl H W，Otten T G，2013. Harmful cyanobacterial blooms：Causes，consequences，and controls[J]. Microbial Ecology，65(4)：995-1010.

Paul A J，Bach L T，Schulz K G，et al.，2015. Effect of elevated CO_2 on organic matter pools and fluxes in a summer Baltic Sea plankton community[J]. Biogeosciences，12(20)：6181-6203.

Sarthou G，Timmermans K R，Blain S，et al.，2005. Growth physiology and fate of diatoms in the ocean：A review[J]. Journal of Sea Research，53：25-42.

Shannon C E，Winer W，1949. The mathematical theory of communication[M]. Urbana：University of Illinois Press.

van Heukelem L，Thomas C S，2001. Computer-assisted high-performance liquid chromatography method development with applications to the isolation and analysis of phytoplankton pigments[J]. Journal of Chromatography A，910(1)：31-49.

Veldhuis M J W，Kraay G W，van Bleijswijk J D L et al.，1997. Seasonal and spatial variability in phytoplankton biomass，productivity and growth in the north-western Indian Ocean：The southwest and northeast monsoon，1992-1993[J]. Deep Sea Research，part I：Oceanographic Research Papers，44(3)：425-449.

Wang L N，Pan W R，Zhuang W，et al.，2018. Analysis of seasonal characteristics of exchange in Beibu Gulf based on a particle tracking model[J]. Regional Studies in Marine Science，18：35-43.

第 6 章　钦州湾浮游动物群落结构

浮游动物作为海洋的次级生产力，是海洋生态系统食物链（网）中的关键环节，其下行控制着初级生产者浮游植物群落的数量与结构，上行影响到渔业资源的产出，部分种类同时也是生态环境变化的指示物种，因此探究其变化规律及其与环境因子的相互关系，对保护海洋生态环境具有重要意义。

2008～2015 年是钦州湾周边社会经济飞速发展时期，海湾环境包括浮游植物群落结构已发生较大变化。近年来的研究表明，钦州湾环境变化使海湾富营养化、浮游植物生物量、浮游植物群落结构、生态系统健康等发生了变化，但钦州湾日益频繁的开发活动是否导致浮游动物群落结构发生较大变化尚不明确。本章拟通过研究钦州湾浮游动物的群落种类组成结构、生物量、分布及与主要环境因子的相关关系，以期掌握该海湾浮游动物的时空变化规律和关键环境影响因子，以期掌握该海湾浮游动物的时空变化规律和关键环境影响因子。同时初步探查钦州湾渔业资料的基本情况，为较为全面揭示北部湾经济区大开发背景下，钦州湾大开发对浮游动物群落和渔业资源的冲击影响、环境和浮游植物对浮游动物群落结构影响等提供依据，为掌握海湾养殖及周边经济开发对生态环境影响及海湾生态保护和经济可持续发展提供科学参考。

6.1　浮游动物群落结构特征

6.1.1　调查分析方法

分别于 2011 年 7 月（丰水期）、2012 年 3 月（枯水期）和 2014 年 10 月（平水期）、2015 年 3 月（枯水期）各进行一期钦州湾浮游动物调查。调查区域主要位于钦州湾外湾湾口以内，2011 年丰水期、2012 年枯水期站点布设见图 2.2.1，共 15 个站点；2014 年平水期、2015 年枯水期站点布设见图 6.1.1，共 13 个站点。

浮游动物样品用浅水 I 型浮游生物网（网口直径 50 cm、网衣长 145 cm、筛绢 CQ14、孔径 0.505 mm）自海底至海面进行垂直拖网采集，采集的样品均用 5%福尔马林溶液固定，带回实验室进行称重、分类鉴定和统计。湿重生物量用电子天平进行称量，室内按个体计数法在体视显微镜下鉴定计数，尽可能地鉴定到最小分类单位（生物量为湿重，单位为个/m^3；个体丰度单位为 mg/m^3）浮游动物样品的采集、保存和分析均按《海洋监测规范 第 7 部分：近海污染生态调查和生物监测》（GB 17378.7—2007）的规定进行。

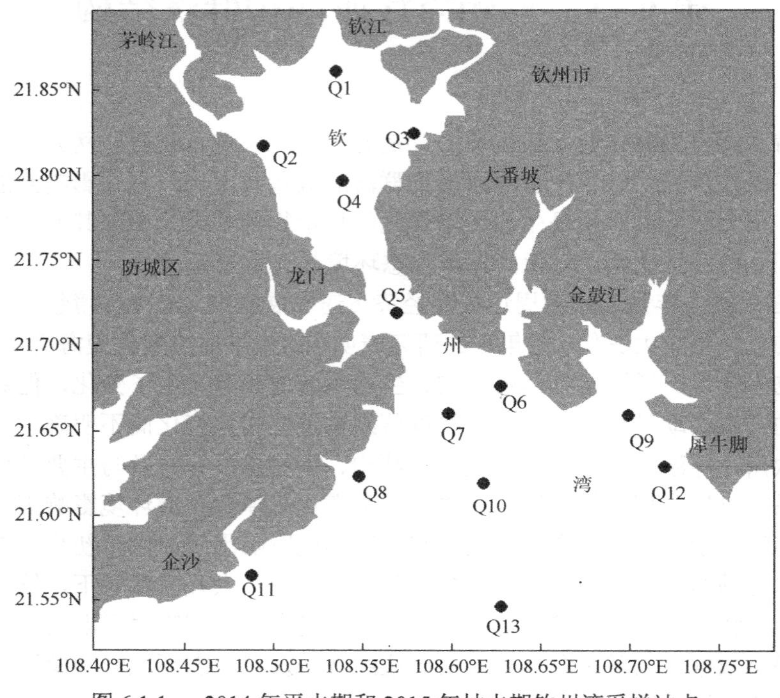

图 6.1.1　2014 年平水期和 2015 年枯水期钦州湾采样站点

浮游动物的丰度和生物量按下式进行计算：

$$A = \frac{B}{\pi \times R^2 \times L}$$

式中，A 为浮游动物丰度（个/m^3）或生物量（mg/m^3）；B 为浮游动物个数（个）或湿重（mg）；L 为拖网水深（m）；R 为网口半径（m）。

物种多样性指数 H'、优势度等计算方法及分析方法参照浮游植物的分析方法，具体见 5.2.1 节。

6.1.2　浮游动物种类组成

（1）2011 年丰水期

2011 年丰水期钦州湾共检出浮游动物 7 类共 27 种，种类较少。图 6.1.2 列出了 2011 年丰水期钦州湾各站点种类数量分布，各站点种类数量变化为 2～13 种，内湾及钦州港附近的站点较少，外湾种类数量稍高于内湾。钦州湾位于河口近岸海湾，水深较浅，尤其是内湾站点水深只有 1～4 m，通过浮游动物网较难采集从底到表层的水柱，除去网具的长度，一般只能采集 1～2 m 的深度，因此采集到的浮游动物种类数量较少。

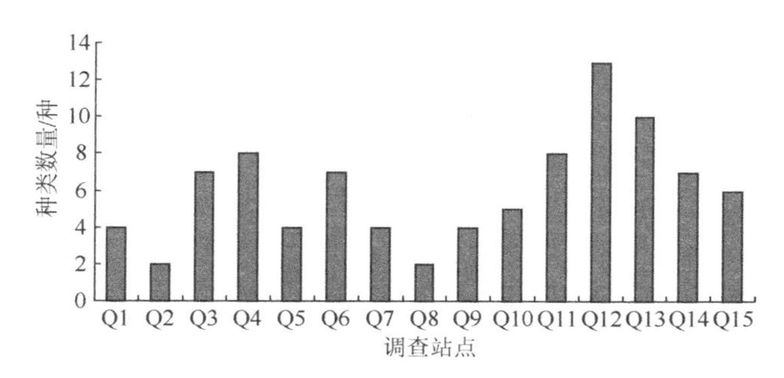

图 6.1.2　2011 年丰水期钦州湾浮游动物种类数量分布

在 2011 年丰水期钦州湾所采集到的 27 个种类中，桡足类 9 种，浮游幼虫 9 种，是种类组成中最主要的类群（图 6.1.3），水螅水母 3 种，莹虾类 2 种，毛颚类 2 种，枝角类和栉水母类各 1 种。

2011 年丰水期钦州湾浮游动物优势类群以桡足类、栉水母类和浮游幼虫为主，其丰度分别占总丰度的 35.44%、26.88%和 26.62%（图 6.1.4），莹虾类、毛颚类、水螅水母和枝角类分别占 9.20%、1.07%、0.52%和 0.27%。调查中优势度>0.02 的种类有太平洋纺锤水蚤（*Acartia pacifica*）、球型侧腕水母和中型莹虾。

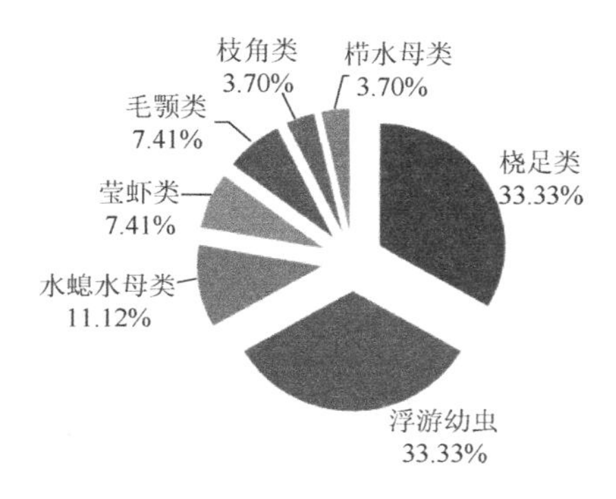

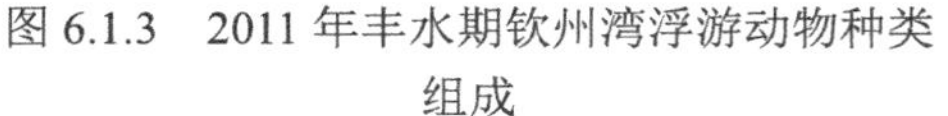
图 6.1.3　2011 年丰水期钦州湾浮游动物种类组成

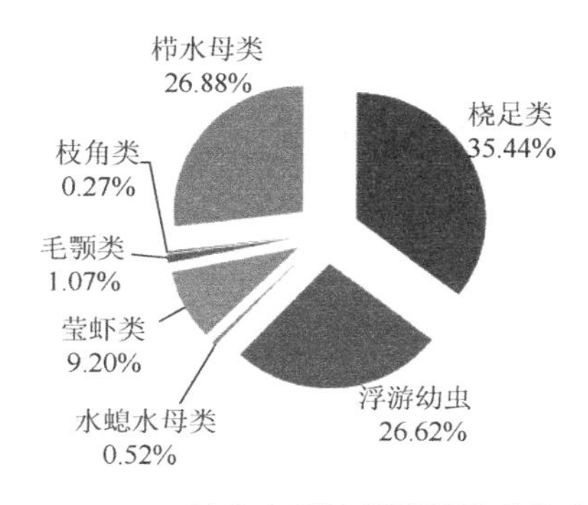

图 6.1.4　2011 年丰水期钦州湾浮游动物丰度组成

（2）2012 年枯水期

2012 年枯水期钦州湾调查共检出浮游动物 13 类共 44 种，种类数量明显高于 2011 年丰水期。其中桡足类 12 种，浮游幼虫 9 种，是枯水期所检出种类中最主要的 2 个类群（图 6.1.5），除此之外其他种类较少，包括毛颚类 4 种，水螅水母 4 种，管水母类 4 种，被囊类 3 种，栉水母类 2 种，其他种类共 6 种。

2012 年枯水期钦州湾优势类群为桡足类和浮游幼虫，其丰度分别占总丰度的 34.98%和 30.48%（图 6.1.6），其次为被囊动物、栉水母类和管水母类，它们各占丰度的 10%左右，其他类群所占比例很低（图 6.1.6）。调查中优势度＞0.02 的种类有中华哲水蚤（*Calanus sinicus*）、球型侧腕水母、异体住囊虫（*Oikopleura dioica*）和瘦尾胸刺水蚤（*Pontellopsis tenuicauda*）共 4 种。

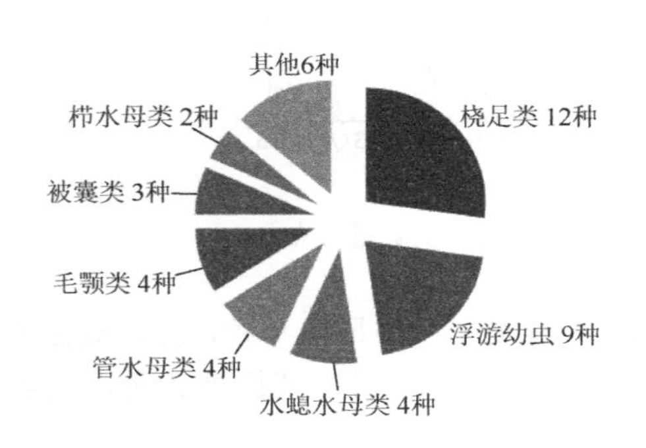

图 6.1.5　2012 年枯水期钦州湾浮游动物种类组成

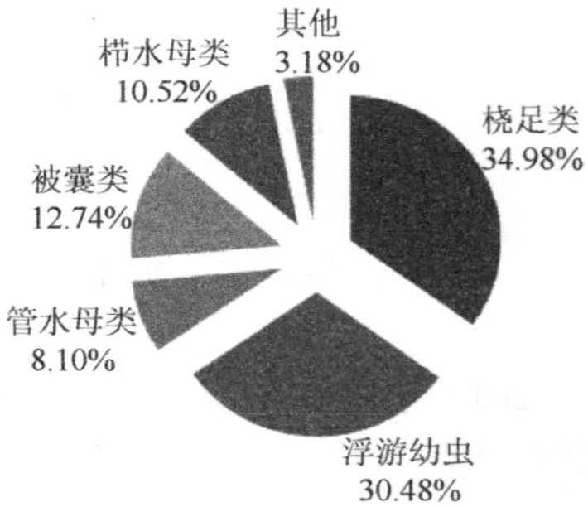

图 6.1.6　2012 年枯水期钦州湾浮游动物丰度组成

2012 年枯水期钦州湾浮游动物种类数量分布见图 6.1.7，内湾各站点的种类数量很低，除了茅岭江口的 Q1 站点之外，钦江口到茅尾海内的 Q2～Q4 站点种类数只有 1～5 种，这种情况跟 2011 年丰水期相似，可能是受采样的影响。外湾种类数量相比 2011 年丰水期有明显提升。从总体上看，内湾由湾顶到湾口再到外湾，种类数量呈上升趋势（图 6.1.7），这种趋势与水深成正比。

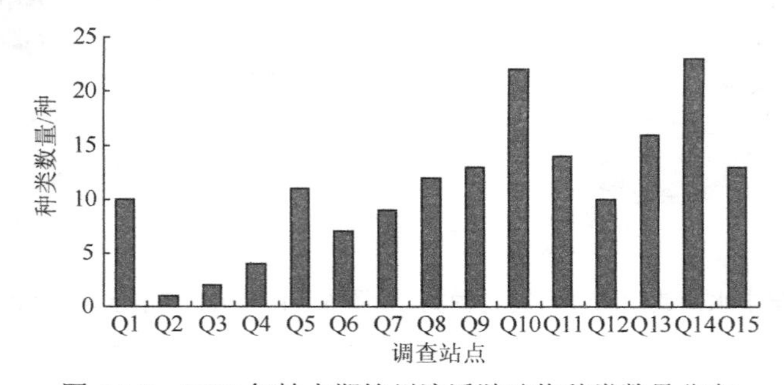

图 6.1.7　2012 年枯水期钦州湾浮游动物种类数量分布

（3）2014 年平水期

2014 年平水期钦州湾浮游动物的种类数量在钦州湾各站点之间的变化趋势与

2012 年枯水期相似（图 6.1.8），自内湾由湾顶到湾口再到外湾，种类数量呈上升趋势。内湾种类数量仍很少，与 2011 年丰水期及 2012 年枯水期一致，外湾种类数量较多。

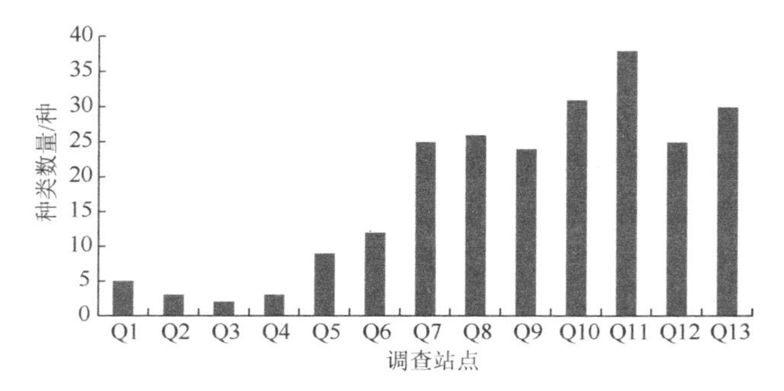

图 6.1.8　2014 年平水期钦州湾浮游动物种类数量分布

2014 年平水期钦州湾检出浮游动物 13 类 87 种，其中桡足类 31 种，所占比例最大（图 6.1.9），其次为毛颚类 18 种和浮游幼虫 14 种，其他类群所占比例较低（图 6.1.9）。

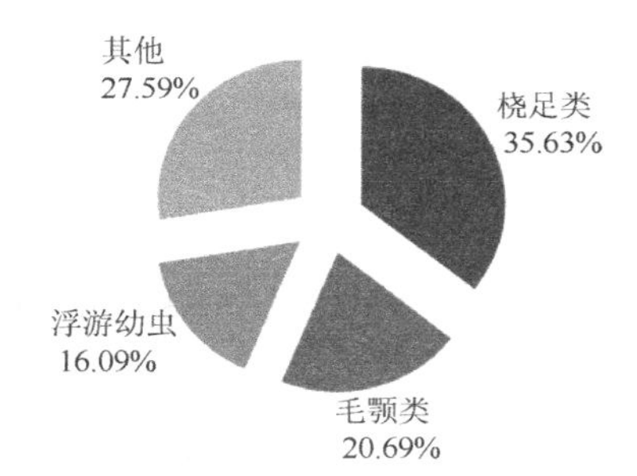

图 6.1.9　2014 年平水期钦州湾浮游动物种类组成

2014 年平水期钦州湾浮游动物优势类群以桡足类、浮游幼虫、枝角类、莹虾类和毛颚类为主，其中浮游幼虫占总丰度的比例最高，为 32.72%，其次是桡足类（31.87%），枝角类和莹虾类丰度分别占 17.03%、9.90%，其他类群所占比例较低（图 6.1.10）。调查中优势度>0.02 的种类有太平洋纺锤水蚤、长尾类幼虫（*Mccruran larva*）、肥胖三角溞（*Evadne tergestina*）、亨生莹虾（*Lucifer hanseni*）和百陶箭虫（*Sagitta bedoti*）。

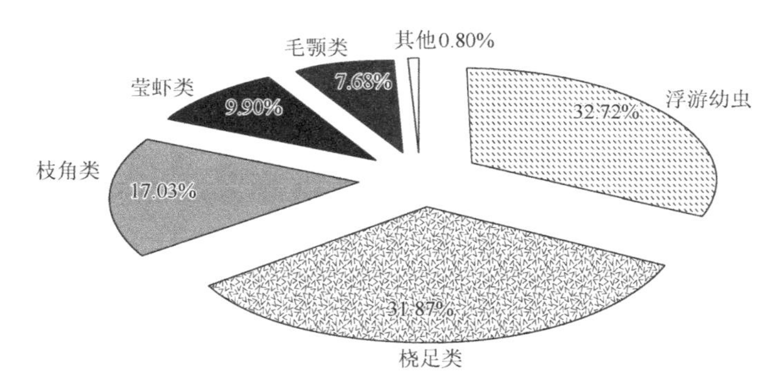

图 6.1.10　2014 年平水期钦州湾浮游动物丰度组成

（4）2015 年枯水期

2015 年枯水期钦州湾检出浮游动物 11 类 48 种，其中桡足类 14 种，毛颚类 11 种，是种类组成中最主要的类群（图 6.1.11），其次为水螅水母和浮游幼虫，分别为 6 种和 5 种，其他类群种类数量较少。

2015 年枯水期钦州湾浮游动物优势类群以桡足类为绝对优势类群，其丰度占总丰度的 67.36%，其他类群比例较低（图 6.1.12）。调查中优势度＞0.02 的种类有中华哲水蚤和太平洋纺锤水蚤。

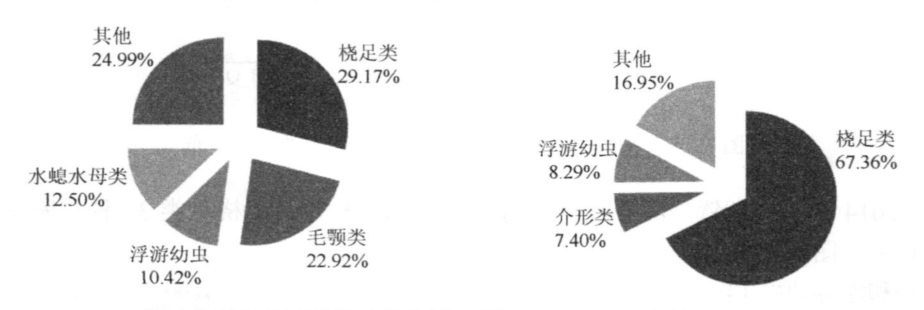

图 6.1.11　2015 年枯水期钦州湾浮游动物种类组成　　图 6.1.12　2015 年枯水期钦州湾浮游动物丰度组成

图 6.1.13 列出了 2015 年枯水期钦州湾各调查站点浮游动物的种类数量分布。2015 年枯水期钦州湾浮游动物各站点的数量较少，尤其是内湾到外湾钦州港附近的海区，大部分的站点种类数量少于 4 种。只有靠近钦州湾外湾口附近的站点种类数量才略有增多，均在 12～14 种的水平。

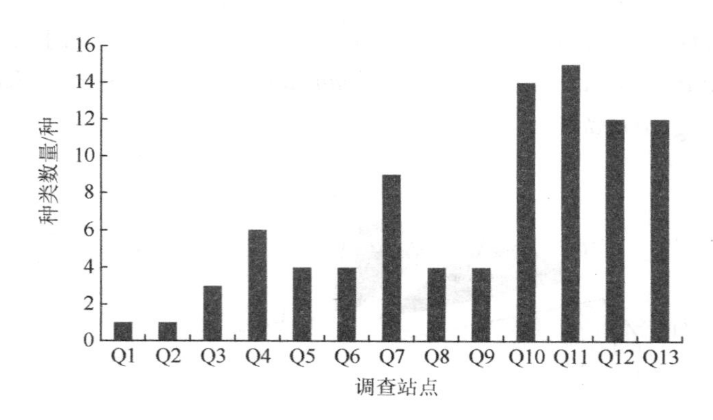

图 6.1.13　2015 年枯水期钦州湾浮游动物种类数量分布

（5）群落结构特征

2011～2015 年的 4 次调查中，总共鉴定出浮游动物 17 类 140 种，浮游动物的种类名录见附录 2。

根据钦州湾浮游动物种类的生态习性和分布特点，钦州湾浮游动物可划分为河口低盐、近岸暖温性、近岸暖水性和外海暖水性共 5 种生态类群，其中近岸暖水性种类数最多。河口低盐种类较少，主要分布在钦江和茅岭江河口及茅尾海，主要有瘦尾胸刺水蚤和钳形歪水蚤（*Tortanus forcipatus*）等代表性种类。近岸暖温性种类也不多，主要有五角水母（*Muggiaea atlantica*）、中华哲水蚤、强额孔雀水蚤（*Parvocalanus crassirostris*）等。近岸暖水种的种数多，分布广，数量大，为该海域浮游动物的主要组成部分，代表种有球型侧腕水母（*Pleurobrachia globosa*）、太平洋纺锤水蚤、拟细浅室水母（*Lensia subtiloides*）、锥形宽水蚤（*Temora turbinata*）、针刺真浮萤（*Euconchoecia aculeata*）、百陶箭虫、驼背隆哲水蚤（*Acrocalanus gibber*）和异体住囊虫（*Oikopleura dioica*）等。近岸暖水类群主要出现于水温较高的丰水期和平水期。外海暖水性种类较少，但数量较多，是外湾的主要种类，主要有软拟海樽（*Dolioletta gegenbauri*）和中型莹虾（*Lucifer intermedius*）。随着季节的变更，优势类群出现了由夏/秋季的暖水性种类向春季的暖温性种类更替的现象，属于典型的亚热带沿岸浮游动物群落结构特征。

钦州湾位于钦江和茅岭江的河口，无论是丰水期还是枯水期，钦州湾盐度从茅岭江口往外湾逐渐增高，且变化幅度较大，处在一个环境急剧变化的河口环境特征，海湾受陆源径流、北部湾近岸海域等水系共同影响和作用，海洋生态环境复杂，浮游动物群落结构呈现复杂多样性。在 2011～2012 年的钦州湾调查浮游动物群落中，丰水期优势种有 3 种，其中太平洋纺锤水蚤优势度最高；枯水期出现 4 种优势种，其中中华哲水蚤优势度最高。在 2014～2015 年调查期间，平水期浮游动物以太平洋纺锤水蚤为第一优势种群，枯水期则以中华哲水蚤和太平洋纺锤水蚤为优势种（表 6.1.1），而且这两种优势种占据了总丰度的 54%。这表明了 2011～2015 年桡足类无论是在种类数量和丰度上都是钦州湾海域浮游动物的优势地位，在丰水期、平水期和枯水期中均列首位，这和国内其他河口相似（张达娟等，2008；杨宇峰等，2006）。桡足类是海洋经济生物的重要饵料生物，其在钦州湾浮游动物的群落结构中处于优势地位，为钦州湾渔业发展提供了有力支撑，同时也间接地支撑着钦州湾白海豚种群，对海区生态系统具有重要的意义。除了桡足类之外，在 2011～2012 年的调查期间，球型侧腕水母是丰水期和枯水期两季共有的优势种，而且均是第二优势种，水母类群的种类数量和丰度也是仅次于桡足类和浮游幼虫的第三大类群，丰水期和枯水期钦州湾出现的水母种类为 12 种，为浮游动物总种类数量的近 20%。近年来的研究发现在全球部分海域水母类暴发及其多样性上升，海洋生态系统出现全球性胶质化现象（杜明敏等，2013），水母类群的数量和多样性变化与全球气候变暖密切相关（Lynam et al.，2004；Lindley & Batten，2002；Brodeur et al.，1999）。郑白雯等（2013）在北部湾的研究结果也显示水母种类数量是占据全年浮游动物种类数量的第一大类群。这表明了 2011～2012 年浮游动物这样的水母种类比例和数量比例结构可能是受全球变化的影响。从浮游植物群落结构的分析结果可以看到 2011～2012 年是钦州湾生态风险较高的阶段（第 5 章），浮游植物生物量较高，而在 2014～2015 年生物量降低，而 2014～2015 年浮游动物中水母的种类和数量均已显著降低，水母不是优势种，这有可能表明 2011～2012 年是由于浮游植物的群落结构特征导致了浮游动物中水母比例增加，也反映了浮游动物群落结构特征受浮游植物群落结构特征的显著影响。由于钦州湾相关的浮游动物研究少，没有直接的可比数据，但 2011～2012 年水母种类和数量较高，很有可能也受全球气候变暖及海湾环境变化的影响，后续的研究应该加强对此方面的关注。

表 6.1.1　2014～2015 年钦州湾浮游动物优势种特征

时间	优势种	优势度 *Y*	平均丰度/(个/m^3)	比例/%
2014 年平水期	太平洋纺锤水蚤	0.215	123.03	23.26
	长尾类幼虫	0.181	138.10	26.11
	肥胖三角溞	0.059	67.64	12.79
	亨生莹虾	0.058	40.11	7.58
	百陶箭虫	0.030	25.48	4.82
2015 年枯水期	中华哲水蚤	0.151	23.66	49.02
	太平洋纺锤水蚤	0.031	2.42	5.01

从 2012 年和 2015 年枯水期钦州湾浮游动物种类数来看，枯水期浮游动物种类数保持在 44～48 种，变化幅度不大，仍以桡足类、浮游幼虫、毛颚类和水螅水母类等类群为主，但种类组成比例发生了较大变化，桡足类、浮游幼虫、毛颚类和水螅水母类等主要类群均有不同程度的增加，其中 2015 年枯水期钦州湾毛颚类种类数比 2012 年同期增加了 7 种。毛颚类是浮游动物中重要类群之一，主要捕食小型甲壳动物、仔稚鱼和其他毛颚类等（郑重等，1984）。钦州湾调查海域桡足类和浮游幼虫等种类的增加给毛颚类提供了丰富的饵料，这可能是 2015 年枯水期毛颚类的种类数增加的原因。此外，毛颚类作为饵料生物，与捕食者（如蓝圆鲹）的关系尤为密切（孙耀强，1989），有的也可作为水团、海流的指标种。因此，钦州湾毛颚类的种类数变动对于调查海域具有较大的意义。

（6）群落结构季节变化

2011～2015 年的 4 次调查发现钦州湾浮游动物在枯水期、丰水期和平水期之间的种类组成存在明显的季节变化，主要是受钦州湾各水期之间环境因子显著变化所致。浮游动物对环境变化敏感，部分种类往往能够成为环境的指示种，其群落结构及季节变化与水文、化学等其他环境因子密切相关（杨宇峰等，2006）。温度、盐度等被认为是影响浮游动物群落结构和分布的主要影响因素（杨宇峰等，2006；杜明敏等，2013）。丰水期和平水期温度比枯水期高约 10℃，盐度低约 10，丰水期显示了高温低盐的特征而枯水期则为相对的低温高盐的性质。这样剧烈的环境变化，势必引起浮游动物群落结构的明显季节变化。

2011～2015 年的 4 次调查中发现钦州湾浮游动物种类数量在不同季节中有着明显的变化，平水期种类数量最多，枯水期次之，丰水期种类最少。2012 年和 2015 年枯水期采样时间均为春季，随着水温的回升，促进浮游动物的生长繁殖，浮游动物种类逐渐增加，浮游动物主要以河口低盐种类、近岸暖温种和沿岸暖水种类为主。此外，枯水期地表径流量减少，沿岸水势力减弱，外海水势力向湾内推进作用增强，一些广布外海种类也随着外海水进入钦州湾，导致枯水期浮游动物种类组成比较丰富。丰水期沿岸径流很强，沿岸水向外扩张，同时也是外海水势力最强时期（陈波，1986），两股强势的水系混合导致水流湍急，浮游生物在受激烈的径流和水质变动等影响较大的河口海湾生长必须要付出更多的能量（蓝文陆，2015）。水系的混合在河口海湾形成水体浑浊的混合区，透明度差，光合作用能力低，浮游植物数量少（徐兆礼等，1999），进而影响浮游动物的生长繁殖。此外剧烈变化、复杂多变的水体环境不利于浮游生物生长，这可能是导致丰水期的浮游动物种类显著低于枯水期的原因。而平水期江河径流量已大为减弱，外海水也在逐渐消失，二者在此消彼长的交换与混合过程中达到了平衡，环境的扰动度没有枯水期那么轻也没有丰水期如此剧烈。浮游生物生长迅速，因此浮游动物种类相较于枯水期和丰水期均有明显的上升。

在 2011～2012 年从枯水期到丰水期的季节变化研究中，钦州湾丰水期高温和低盐对浮游动物群落组成产生一定的影响，丰水期钦江和茅岭江汇入的径流达到最大值，整个钦州湾都处于冲淡水混合海域，浮游动物群落主要是以河口低盐类群（如钳形歪水蚤）和近岸暖水类群（如太平洋纺锤蚤等）为主，外湾中分布着少数种类的外海暖水种（如中型莹虾）。而枯水期采样时间已为春季，随着温度的回升，促进浮游动物的生长繁殖，浮游动物种类增加，主要以近岸暖温种（如中华哲水蚤等）和近岸暖水种类（如球形侧碗水母等）为主，但枯水期钦州湾内湾的盐度仍较低，同时随着径流的减少近岸海域海水往上推移，河口近岸的低盐种类（如瘦尾胸刺水蚤等）和外海暖水种类（如软拟海樽等）也在枯水期有所分布，导致枯水期浮游动物种类比丰水期丰富。浮游动物群落组成与两个季节海湾温盐特征相符，表明钦州湾浮游动物不同季节的群落特征受环境变化影响显著，这与渤海、黄海、东海等海域大量相关研究报道相一致（杜明敏等，2013）。

在 2014 年平水期和 2015 年枯水期的调查中，从平水期到枯水期由于水温的明显降低，钦州湾浮游动物种类组成由暖水性向暖温性种类更替，优势种也发生了明显的季节演替（表 6.1.1）。平水期浮游动物种类比较丰富，优势种的种类数较多（表 6.1.1）；枯水期浮游动物种类较少，优势种只有中华哲水蚤和太平洋纺锤水蚤。太平洋纺锤水蚤为钦州湾平水期和枯水期共同的优势种，也是 2011 年丰水期海区第一优势种，该物种为典型的河口沿岸低盐种类（高亚辉和林波，1999）。钦州湾地处钦江、茅岭江等江河的入海口，海水盐度相对偏低，适宜太平洋纺锤水蚤生长。丰水期和平水期，随着径流量的增加及水温的上升，太平洋纺锤水蚤大量繁殖成为第一优势种群，从内湾河口区至外湾均有分布。而随着水温降低及盐度增高，枯水期太平洋纺锤水蚤虽然在 2015 年调查中居第二优势种群，但优势度很低，而且主要出现在内湾及外湾湾顶等盐度较低的海域，而在盐度较高的 2011 年枯水期其没有成为优势种，这表明了太平洋纺锤水蚤的分布与盐度密切相关。丰水期和平水期地表径流影响范围的扩大可能是多维尺度分析中内湾多数站点群落之间无较大差异的主要原因。通过比较 2012 年 3 月与 2015 年 3 月的环境因子，发现 2012 年钦州湾内湾的水温（＜15℃）低于 2015 年的（＞17℃），这直接导致了 2012 年 3 月的太平洋纺锤蚤没有成为优势种且分布范围较小，同时也表明了水温是决定其分布的另一个重要因子。中华哲水蚤是适应较低温度的近岸暖温种类（陈清潮，1964），因而在 2012 年和 2015 年枯水期中均成为第一优势种。除了水温之外，盐度也是决定中华哲水蚤分布的重要决定要素，其最适盐度为 30 左右（黄加祺和郑重，1986），这导致其在丰水期和平水期只分布在外湾盐度较高的海域，而枯水期随着地表径流量减少，沿岸水势力减弱，外海水势力向湾内推进作用增强，中华哲水蚤随着外海水进入钦州湾，引起枯水期钦州湾中华哲水蚤成为绝对优势种，也导致了钦州湾多维尺度分析中外湾浮游动物群落相似性较高。钦州湾浮游动物主要优势种从丰水期和平水期高温低盐的太平洋纺锤水蚤向枯水期低温高盐的中华哲水蚤演替，说明了该海域主要受到江河淡水输入和水温季节变化的影响，也反映了钦州湾浮游动物的亚热带河口海湾群落结构特性。

6.1.3　浮游动物丰度

（1）浮游动物总丰度季节差异

2011～2015 年的 4 期调查期间钦州湾浮游动物的丰度变化为 1.25～2320.63 个/m^3，2014 年平水期浮游动物的丰度最高，平均丰度达到 528.92 个/m^3，其次为 2012 年枯水期，丰度约为 2014 年平水期的一半，2011 年丰水期和 2015 年枯水期浮游动物丰度最低，平均丰度仅分别为 50.86 个/m^3 和 48.30 个/m^3。内湾浮游动物的平均丰度变化范围为 11.70～59.22 个/m^3，2015 年枯水期丰度最低，其他水期调查结果相近；外湾平均丰度变化范围为 60.31～822.49 个/m³，2011 年丰水期和 2015 年枯水期丰度很低，2012 年枯水期和 2014 年平水期丰度很高（表 6.1.2）。内湾浮游动物的丰度显著低于外湾，尤其是在浮游动物丰度较高的 2012 年枯水期和 2014 年平水期，内湾丰度比外湾低了一个数量级，在丰度较低的 2011 年丰水期内湾丰度略微接近外湾水平（表 6.1.2）。

表 6.1.2　钦州湾浮游动物丰度变化　（单位：个/m³）

时间	变化范围	内湾平均值	外湾平均值	总平均值
2011 年丰水期	4.01～133.64	40.06	60.31	50.86
2012 年枯水期	1.25～1725.00	50.00	466.69	272.23
2014 年平水期	14.00～2320.63	59.22	822.49	528.92
2015 年枯水期	1.00～218.75	11.70	65.63	48.30

2012 年枯水期钦州湾浮游动物丰度均值远高于 2011 年丰水期，这很可能与枯水期温度回升浮游植物生物量明显增加及夏季海区贝类养殖消耗有很大关系。在 2012 年枯水期，由于采样时间为 3 月底，当时水温已经从冬季回升到 14℃以上，浮游植物大量增加。同期的调查结果显示 2012 年枯水期浮游植物叶绿素 a 含量外湾平均浓度为 5.08 μg/L，最大浓度达到 11.40 μg/L，饵料生物浮游植物生物量较高引起了浮游动物丰度明显增高（蓝文陆等，2015）。春季随着浮游植物和浮游动物的大量繁殖，贝类生长也随之旺盛。已有研究发现在贝类生长的旺季 4～5 月（张继红，2008），钦州湾分布着大面积的贝类养殖浮筏，受贝类消耗的影响，钦州湾丰水期叶绿素 a 浓度显著降低，2011 年的丰水期钦州湾叶绿素 a 除了河口站点之外浓度较低，外湾平均浓度只有 2.25 μg/L，明显低于 2012 年枯水期，因而饵料生物的减少和贝类的摄食引起了浮游动物数量的明显减少，导致 2011 年丰水期浮游动物丰度明显低于 2012 年枯水期。

2012 年和 2015 年枯水期钦州湾浮游动物丰度平均值分别为 272.23 个/m³、48.30 个/m³，2015 年浮游动物丰度均值显著低于 2012 年同期，原因可能跟主要优势类群的空间分布和丰度变化有关。2012 年枯水期共有 4 种优势种，各优势种的海域平均丰度均较高，而 2015 年枯水期仅出现 2 种优势种，丰度均较低。2015 年枯水期优势种数量及丰度的显著减少直接造成了 2012 年和 2015 年枯水期浮游动物丰度之间的较大差异。以中华哲水蚤为例，中华哲水蚤是 2012 年和 2015 年枯水期钦州湾海域的第一优势种，2012 年枯水期中华哲水蚤分布范围较广，从外湾至内湾湾顶均有分布，海域平均丰度较高；而 2015 年枯水期中华哲水蚤仅分布在外湾湾口，海域平均丰度较低。

2014 年平水期钦州湾浮游动物丰度明显高于 2011 丰水期和 2012 年、2015 年枯水期。与枯水期和丰水期相比，平水期处于中度扰动状态。此时水体变清，营养丰富，温度适宜，各类浮游生物迅速生长繁殖，浮游动物种类比较丰富，优势种的种类数较多，各优势类群的丰度均较高。

（2）浮游动物总丰度空间分布

图 6.1.14 列出了 2011～2015 年 4 期调查浮游动物丰度在钦州湾的空间分布。2011 年丰水期浮游动物丰度的空间分布相对均匀，内湾在茅尾海中间站点有一个相对较高丰度值，外湾丰度稍高于内湾，其中钦州港附近的 Q9 站点丰度最低，Q12 站点丰度最高。2012 年枯水期浮游动物的空间分布差异显著，外湾靠近湾口附近 Q14 站点丰度最高，高丰度主要集中在外湾中间至湾口附近海区（图 6.1.14），内湾至湾颈海区丰度很低，钦江西口的 Q2 站点丰度最低，外湾丰度明显高于内湾。2014 年平水期浮游动物丰度空间差异也很显著，内湾至湾颈、钦州港附近海区的站点丰度很低，内湾 Q3 站点丰度最低，保税港区东南侧的站点丰度也很低，较高丰度主要集中在外湾中部至西南部海区，外湾靠近企沙附近的 Q11 站点丰度最高。2014 年平水期外湾浮游动物的分布特征与 2012 年枯水期浮游动物在外湾的分布有较大的不同。2015 年枯水期浮游动物丰度的空间分布特征与 2012 年枯水期有所相似，外湾中部海域的丰度较高，内湾—湾颈—钦州港丰度很低。

无论是枯水期、丰水期还是平水期，钦州湾浮游动物丰度均显示出内湾明显低于外湾的空间分布特征，内湾丰度很低，外湾丰度相对较高。这种现象的存在很可能与浮游植物的群落结构特征有着密切的关系。钦州湾浮游植物群落结构特

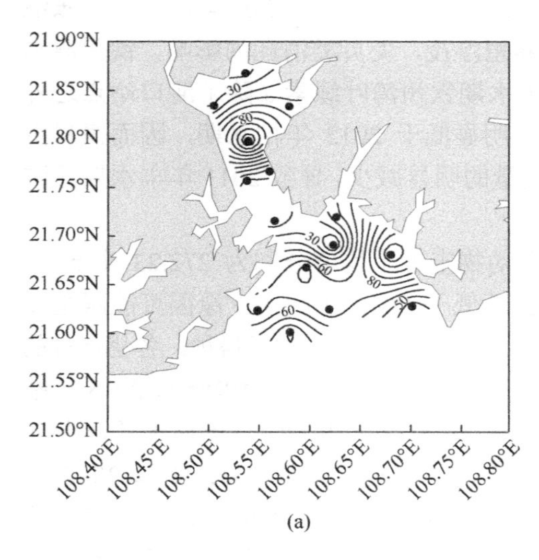

(a)

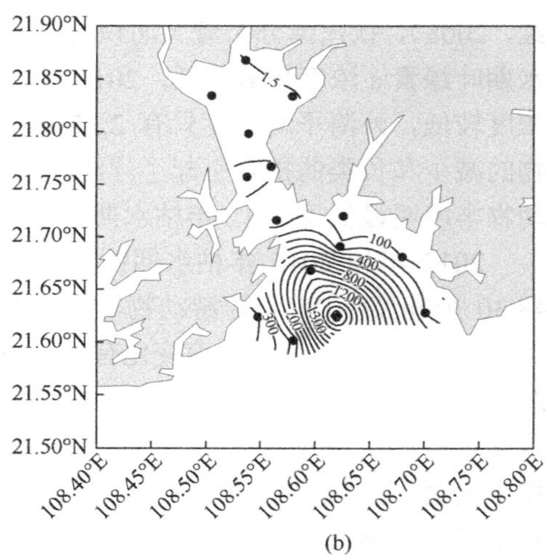

(b)

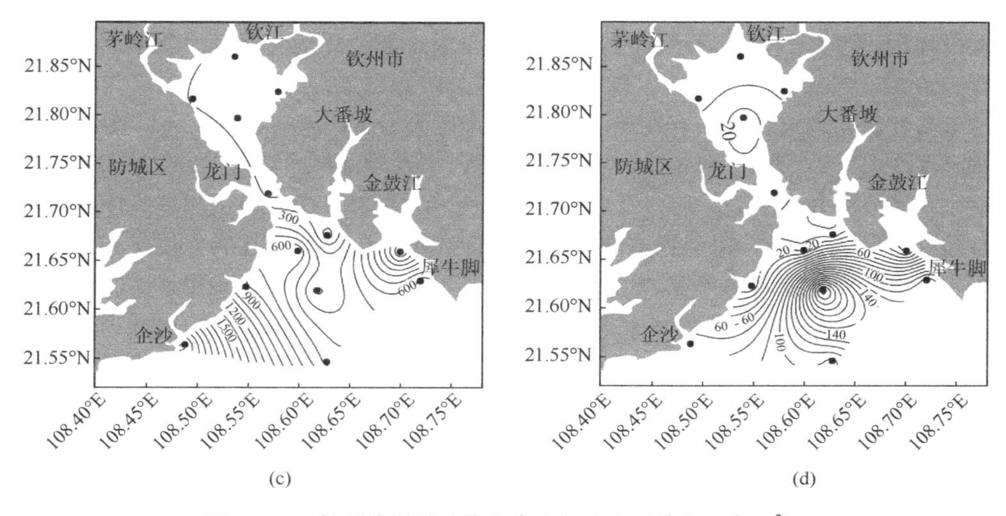

图 6.1.14　钦州湾浮游动物丰度空间分布（单位：个/m^3）

（a）2011 年丰水期；（b）2012 年枯水期；（c）2014 年平水期；（d）2015 年枯水期

征的研究结果显示浮游植物的生物量在钦州湾内湾和外湾之间具有明显的分布变化差异。浮游植物优势类群的硅藻外湾生物量明显高于内湾，而蓝藻和青绿藻内湾生物量略高于外湾（蓝文陆等，2015）。桡足类作为钦州湾浮游动物最主要的类群，其主要以较大的硅藻为食物，因此在外湾能够获取较多的食物而在内湾无法得到充足的硅藻食物，引起了浮游动物丰度在内湾和外湾的明显差异。

同时，受高能量破浪、强潮流，激烈的径流和盐度变动等影响的河口，浮游生物就必须付出较多的能量（何青等，2009）。钦州湾内湾处在钦江和茅岭江两条河流的河口，且湾颈狭小，其水流变动剧烈（蓝文陆等，2011），而且存在着较多的挖沙等作业。因此内湾处于水体变动及人为活动影响剧烈的环境当中，在这种干扰较大的条件浮游动物能够存活，但难以大量繁殖生长。另外钦州湾内湾分布着大面积的牡蛎浮筏养殖，贝类养殖对浮游动物的摄食强度也被认为是调控浮游动物丰度和分布的主要因素之一（闫启仑等，1999），这很可能是河口—内湾及钦州港附近海区浮游动物丰度低的主要原因之一。而外湾中间至湾口附近海区相对内外环境变化较小，水团环境相对较为稳定，有利于浮游生物的生长和繁殖（蓝文陆等，2011），且其离钦州港作业区有一定距离，悬浮泥沙影响已较小，钦州港的发展生活污水及工程疏浚底泥释放的营养盐输入到外湾，浮游植物没有受到营养盐限制而保持较高生产力（蓝文陆等，2011），在这种环境下导致了外湾浮游动物明显高于内湾。

图 6.1.15 列出了 2011 年丰水期和 2012 年枯水期浮游动物主要优势种丰度在钦州湾的空间分布。2011 年丰水期浮游动物优势种为太平洋纺锤水蚤、球型侧腕

水母和中型莹虾。太平洋纺锤水蚤是 2011 年丰水期钦州湾海区第一优势种，优势度为 0.22，基本上所有站点（除了 Q14 站点和 Q15 站点）均有发现，其中 Q11 站点丰度最高，Q9 站点未有发现。内湾平均丰度为 10.77 个/m^3，外湾为 14.49 个/m^3，海区平均丰度为 12.76 个/m^3。从总体上来看，丰水期太平洋纺锤水蚤丰度不高，在整个海区分布较为平均，河口及沿岸站点丰度相对较高，湾颈及钦州港附近丰度相对较低（图 6.1.15）。球型侧腕水母是第二优势种，优势度为 0.09，仅于外湾 Q8、Q10、Q12 和 Q14 等 4 个站点有发现，其中 Q10 站点丰度最高，在外湾的平均丰度为 25.60 个/m^3。中型莹虾也是 2011 年丰水期钦州湾浮游动物的优势种之一，主要分布于外湾，优势度为 0.06，丰度较低，在外湾 Q11～Q15 等 5 个站点有发现，其中 Q12 站点丰度最高，外湾的平均丰度为 8.37 个/m^3；在内湾仅于 Q6 站点有发现，丰度为 2.50 个/m^3。

2012 年枯水期钦州湾浮游动物的优势种有中华哲水蚤、球型侧腕水母、异体住囊虫和瘦尾胸刺水蚤。中华哲水蚤是 2012 年枯水期钦州湾海区第一优势种，优势度为 0.25，在 13 个站点均有发现（除 Q6 站点和 Q15 站点外），Q14 站点丰度最高。中华哲水蚤内湾平均丰度为 11.96 个/m^3，外湾为 132.11 个/m^3，全海区为 76.04 个/m^3。中华哲水蚤在钦州湾海区的丰度分布不均，高丰度区域主要集中在外湾，尤其是外湾中间的站点（图 6.1.15）。球型侧腕水母是 2012 年枯水期海区第二优势种，优势度为 0.08，于 11 个站点有发现，Q10 站点丰度最高。球型侧腕水母内湾平均丰度为 1.07 个/m^3，外湾为 51.21 个/m^3，全海区为 27.81 个/m^3。球型侧腕水母在钦州湾海区的丰度分布不均，外湾丰度远高于内湾（图 6.1.15）。优势种异体住囊虫优势度为 0.06，于内湾的 Q6 站点、Q7 站点，以及外湾的 Q10、Q12～Q14 等 6 个站点有发现，主要分布于外湾，在内湾也倾向于在湾口出现，

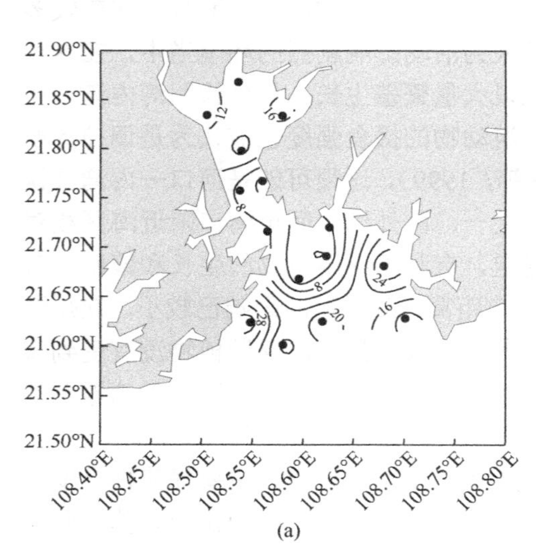

(a)

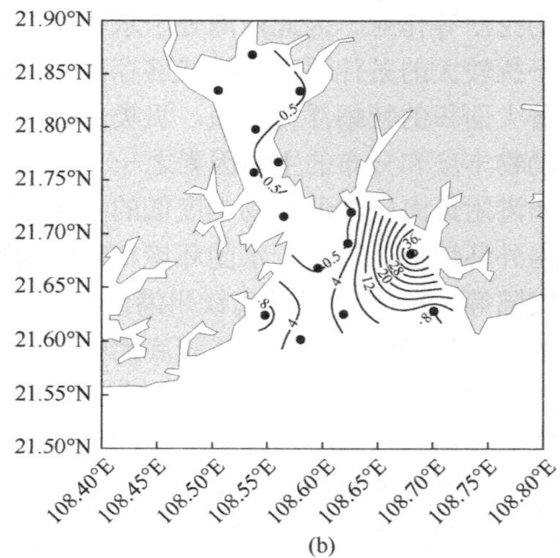

(b)

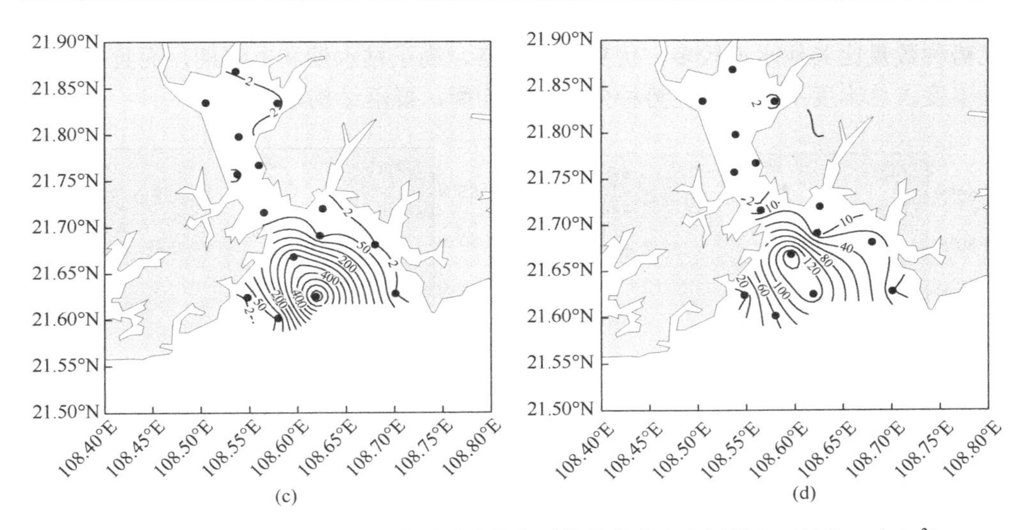

图 6.1.15　2011～2012 年钦州湾浮游动物主要优势种丰度空间分布（单位：个/m^3）

（a）2011 年丰水期太平洋纺锤水蚤；（b）2011 年丰水期中型莹虾；（c）2012 年枯水期中华哲水蚤；（d）2012 年枯水期球型侧腕水母

外湾 Q10 站点丰度最高。异体住囊虫内湾平均丰度为 12.86 个/m^3，外湾为 52.48 个/m^3，全海区为 33.99 个/m^3。优势种瘦尾胸刺水蚤优势度为 0.03，于 10 个站点有发现，Q8 站点丰度最高。平均丰度内湾为 3.04 个/m^3，外湾为 13.94 个/m^3，全海区为 8.85 个/m^3，瘦尾胸刺水蚤丰度水平不高，在整个海区分布较为均匀。

球型侧腕水母是 2011 年丰水期和 2012 年枯水期钦州湾的共同优势种，且都是排在第二的优势种。球型侧腕水母分布较广，摄食量大，生殖力高，生长速度快（徐兆礼等，2006）。球型侧腕水母属肉食性动物，捕食浮游动物、虾苗、鱼苗和贝苗，而且其数量高峰期与许多经济水产养殖对象的生殖期或幼体培育期相近，对水产养殖对象具有很大的破坏性，是养殖业的重要敌害（陈丽华等，2003），因而有可能成为钦州湾养殖的潜在敌害，后续的研究应该加强对此方面的关注。

2014 年平水期钦州湾浮游动物优势种有太平洋纺锤水蚤、长尾类幼虫、肥胖三角溞、亨生莹虾和百陶箭虫。图 6.1.16 列出了排在前两位的主要优势种丰度空间分布。太平洋纺锤水蚤为第一优势种群，海域平均丰度为 123.03 个/m^3，占总丰度的 23.26%。太平洋纺锤水蚤分布较广，除 Q13 站点外，其余站点均有分布，外湾沿岸附近站点丰度较高，以 Q12 站点的丰度最高（645.00 个/m^3），内湾及湾颈-钦州港附近的站点丰度很低（图 6.1.16）。优势度居次的是长尾类幼虫，海域平均丰度为 138.10 个/m^3，占总丰度的 26.11%。长尾类幼虫除内湾之外，外湾各站点均有分布，主要也是在外湾沿岸附近站点丰度较高，以企沙附近的 Q11 站点丰度最高（138.10 个/m^3），内湾站点丰度很低（图 6.1.16）。2014 年平水期浮游动物优势种数量比其他水期较多，优势种最丰富，高于枯水期和丰水期，而且各优势种丰度占总丰度不高，各优势种分布较为均衡，群落结构趋于稳定。

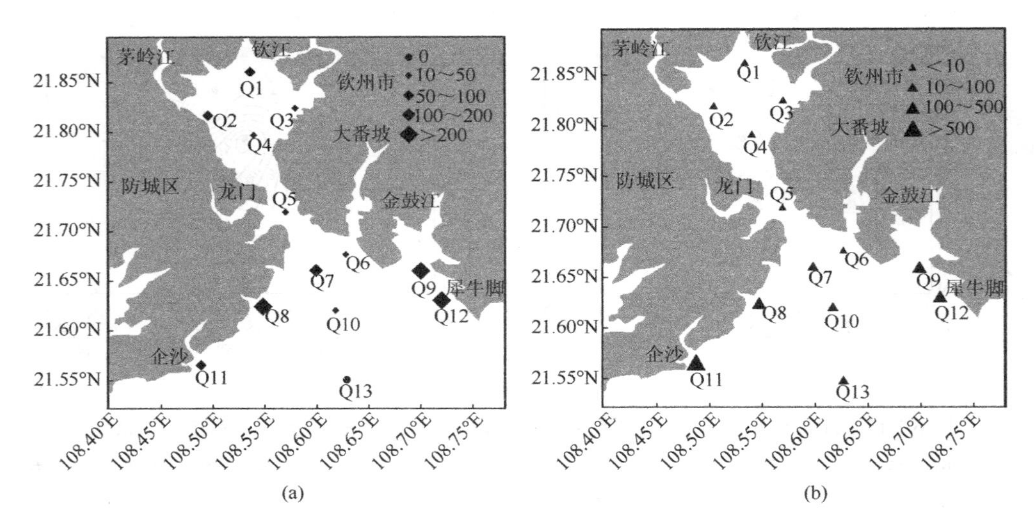

图 6.1.16　2014 年平水期钦州湾浮游动物主要优势种丰度空间分布（单位：个/m^3）

（a）太平洋纺锤水蚤；（b）长尾类幼虫

2015 年枯水期钦州湾浮游动物主要优势种有中华哲水蚤和太平洋纺锤水蚤，其丰度空间分布见图 6.1.17。中华哲水蚤的优势度最高，海域平均丰度为 23.66 个/m^3，占浮游动物总丰度的 49.02%，成为该水期钦州湾占绝对统治地位的优势种。但中华哲水蚤仅分布在外湾的 Q9 站点、Q10 站点、Q12 站点和 Q13 站点，以 Q10 站点的丰度最高，为 145.00 个/m^3。优势度居次的是太平洋纺锤水蚤，但其丰度很低（平均 2.42 个/m^3），仅占总丰度的 5.01%。太平洋纺锤水蚤主要分布在内湾—湾颈—钦州港附近，最高丰度出现在内湾中间的 Q4 站点，外湾的中间至湾口附近 Q10～Q13 站点没有检出。

2012 年枯水期钦州湾浮游动物优势种共 4 种，分别为中华哲水蚤、球型侧腕水母、异体住囊虫和瘦尾胸刺水蚤，2015 年枯水期浮游动物优势种仅出现 2 种，分别为中华哲水蚤和太平洋纺锤水蚤。与 2012 年相比，2015 年枯水期钦州湾浮游动物优势种存在很大差异，优势种数量显著减少。第一优势种不变，仍是中华哲水蚤，但第二优势种由 2012 年个体大小为 5～12 mm 的球形侧腕水母更替为个体大小仅 1.0～1.5 mm 的太平洋纺锤水蚤。表明钦州湾枯水期浮游动物的优势种群落结构趋向小型化，优势种群也由复杂多样化趋向单一化。这表示钦州湾海域浮游动物群落结构和生态环境已经发生了一定的变化。已有研究表明，浮游动物群落结构小型化可能与水体富营养化有关（张才学等，2011）。水体富营养化的加重和营养盐结构的变化使得浮游植物群落构成趋于小型化（Pan & Rao，1997；Dippner，1998），进一步引起主要摄食者浮游动物的小型化（龚玉艳等，2015）。而钦州湾浮游植物优势类群以蓝藻和青绿藻等超微型类群为主（蓝文陆等，2015）。因此，浮游植物群落构成趋于小型化可能是引起浮游动物群落结构趋于小型化的一个重要因素。浮游动物小型化也会驱使捕食浮游动物的鱼类的小型化。随着时间的推移和海域环境的变化，钦州湾海域浮游动物群落结构小型化现象可能会逐渐增加，因此这一现象需引起广泛关注。

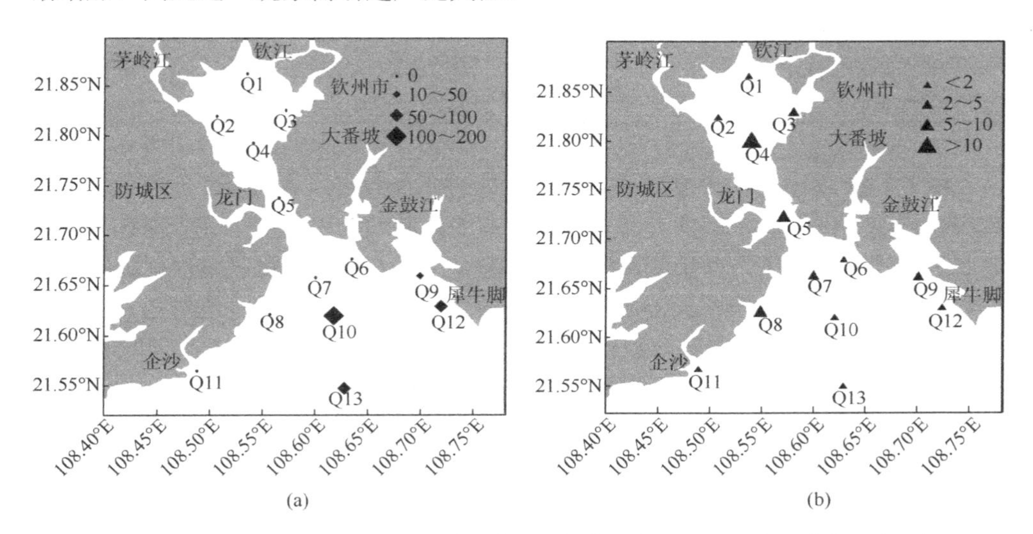

图 6.1.17　2015 年枯水期钦州湾浮游动物主要优势种丰度空间分布（单位：个/m^3）

（a）中华哲水蚤；（b）太平洋纺锤水蚤

6.1.4　浮游动物生物量

将浮游动物网采样品，称量浮游动物的生物量（湿重），分析浮游动物生物量的水平、分布与变化情况。由于网采样品中无法避免地采集到鱼卵、仔鱼，在称重时也无法有效剔除，因此这里所展示的浮游动物生物量包含了鱼卵、仔鱼，后面所涉及的浮游动物生物量也如此。

2011～2015 年的 4 期调查期间钦州湾浮游动物的丰度变化为 1.67～3530.00 mg/m^3，2012 年枯水期浮游动物的丰度最高，平均丰度达到 474.88 mg/m^3，其次为 2014 年平水期，丰度约为 2012 年枯水期的 1/4，2011 年丰水期和 2015 年枯水期浮游动物丰度很低，平均丰度仅分别为 44.00 mg/m^3 和 61.10 mg/m^3。内湾浮游动物的平均丰度变化为 8.60～223.03 mg/m^3，2015 年枯水期丰度最低，2012 年枯水期显著高于其他水期。外湾平均丰度变化为 71.78～695.25 mg/m^3，2011 年丰水期和 2015 年枯水期丰度很低，2012 年枯水期丰度最高，其次为 2014 年平水期（表 6.1.3）。内湾浮游动物的丰度显著低于外湾，尤其是在浮游动物丰度较低的 2015 年枯水期，内湾丰度比外湾低了一个数量级（表 6.1.3）。

表 6.1.3　钦州湾浮游动物生物量变化　　（单位：mg/m^3）

时间	变化范围	内湾平均值	外湾平均值	总平均
2011 年丰水期	1.67～179.25	12.25	71.78	44.00
2012 年枯水期	3.12～3530.00	223.03	695.25	474.88
2014 年平水期	18.67～476.90	26.39	163.23	110.60
2015 年枯水期	3.46～187.52	8.60	93.90	61.10

图 6.1.18 列出了钦州湾浮游动物生物量的分布特征，更为清晰地展示了生物量在钦州湾不同海区之间的分布差异。较高的浮游动物生物量主要分布在外湾，尤其是外湾中间海区及西南侧海区，而内湾—湾颈及钦州港保税港区附近的站点生物量很低。2011 年丰水期浮游动物较高的生物量主要集中在外湾中心—西南侧海域，Q11 站点生物量最高，河口附近站点生物量最低。2012 年枯水期浮游动物高生物量主要集中在外湾中间海区（图 6.1.18），Q14 站点生物量最高，内湾河口站点、湾颈及外湾近岸站点丰度很低。2012 年枯水期在外湾站点尤其是外湾中间站点发现有较多的鱼卵，其生物量对浮游动物生物量调查结果影响较大。2014 年平水期浮游动物生物量高值区主要集中在外湾北部，Q10 站点生物量最高，内湾河口站点及湾颈站点生物量很低（图 6.1.18）。2015 年枯水期浮游动物生物量的空间分布特征与 2012 年枯水期相似，整体呈外湾中部水域向内湾递减，高值区主要分布在外湾中间，Q14 站点生物量最高（图 6.1.18），河口附近站点和湾颈站点生物量很低，其中 Q2 站点生物量最低。

由表 6.1.3 和图 6.1.18 可见，钦州湾浮游动物生物量在各水期之间差异显著，有着明显的季节变化。钦州湾浮游动物在 2012 年枯水期的生物量比 2011 年丰水期明显增高，生物量枯水期明显高于丰水期。这与枯水期和丰水期浮游动物主要是优势种丰度分布的季节变化特征是一致的。2012 年枯水期饵料生物浮游植物生物量较高引起了浮游动物丰度明显增高。此外，2012 年枯水期调查期间鱼卵数量也较多，这是枯水期浮游动物生物量明显高于丰水期的一个主要因素，也是 2012 年浮游动物生物量显著高于其他水期的主要原因。受贝类消耗的影响，钦州湾丰水期叶绿素 a 浓度显著降低，2011 年的丰水期钦州湾叶绿素 a 除了河口站点之外浓度较低，外湾平均浓度只有 2.25 μg/L，明显低于 2012 年枯水期（蓝文陆等，2015），因而饵料生物的减少和贝类的摄食引起了浮游动物生物量的明显减少，导致 2011 年丰水期浮游动物生物量明显低于 2012 年枯水期。

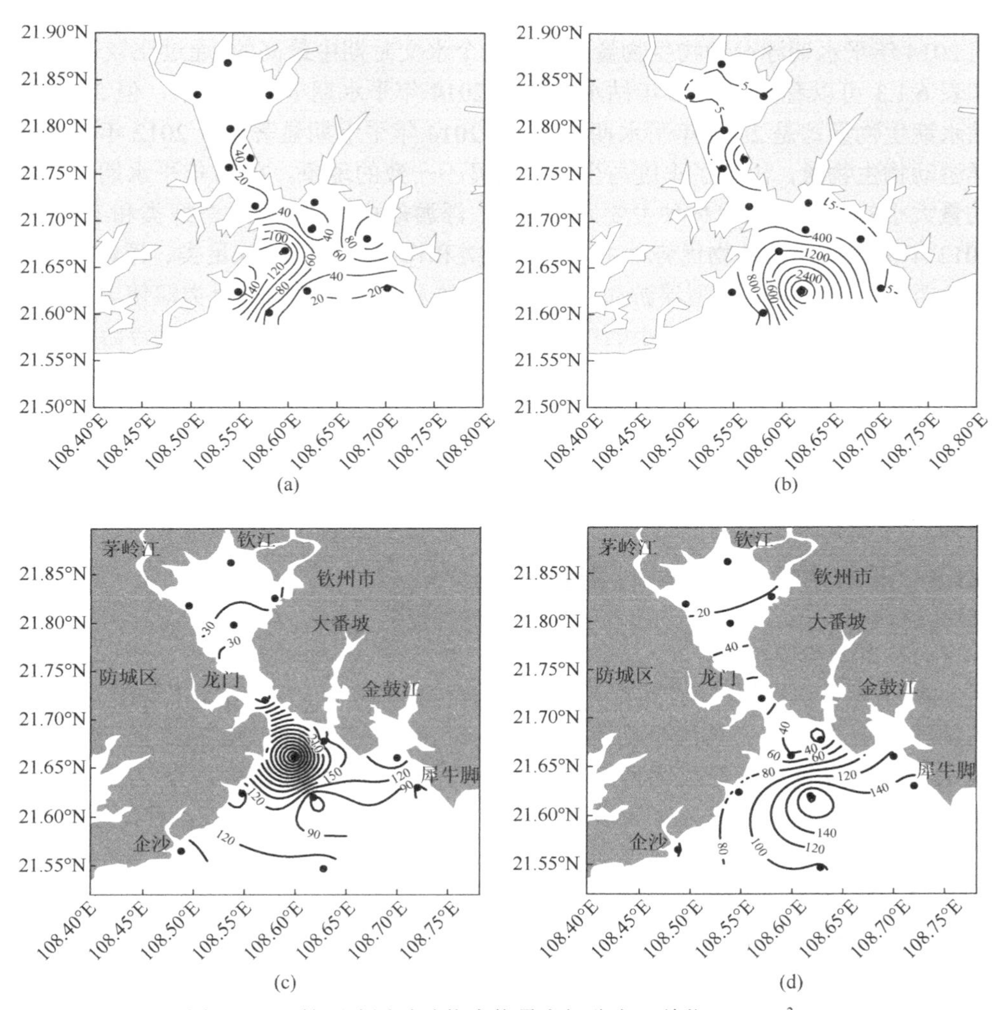

图 6.1.18　钦州湾浮游动物生物量空间分布（单位：mg/m³）

（a）2011 年夏季；（b）2012 年春季；（c）2014 年秋季；（d）2015 年春季

2012 年枯水期浮游动物生物量显著高于 2015 年同期，这与 2012 年枯水期和 2015 年枯水期浮游动物丰度的差异是一致的。2012 年枯水期和 2015 年枯水期浮游动物第一优势种均为中华哲水蚤，但 2015 年枯水期其丰度仅为 2012 年的 1/3。此外，2012 年枯水期的第二优势种为个体大小为 5～12 mm 的球形侧腕水母，而 2015 年枯水期的第二优势种是个体大小仅 1.0～1.5 mm 的太平洋纺锤水蚤，决定浮游动物生物量大小的优势种个体已趋向小型化（庞碧剑等，2018），造成 2015 年枯水期浮游动物生物量明显低于 2012 年同期。

2014 年平水期浮游动物丰度明显高于 2011 丰水期和 2012 年、2015 年枯水期，但2014年平水期浮游动物生物量并不是三个水文时期中最高的，通过比较表6.1.2和表6.1.3可以看出，2012年枯水期只是2014年平水期丰度的一半，但2012年枯水期生物量却是2014年平水期的4倍，2014年平水期显著低于2012年枯水期浮游动物生物量，出现了丰度与生物量明显不一致的现象。2014年平水期主导生物量大小的浮游动物优势种主要为桡足类、浮游幼虫、枝角类、莹虾类和毛颚类；2012年枯水期浮游动物优势种主要为桡足类和栉水母类。与桡足类、浮游幼虫、枝角类、莹虾类等中小型浮游动物相比，个体及含水量大的水母类即使丰度不高但其生物量也远高于个体较小的中小型浮游动物。因此2012年枯水期浮游动物生物量的主要贡献者仍是含水量较大的水母类，由此可见浮游动物群落结构的不同，导致了浮游动物生物量的显著差异。此外2012年枯水期调查期间有较多的鱼卵，其未计入浮游动物的丰度中但却计入了生物量中，这也可能是2012年浮游动物生物量明显高于丰度较高的2014年平水期的主要因素之一。

6.1.5 浮游动物物种多样性指数

（1）2011年丰水期

2011年丰水期钦州湾浮游动物物种多样性指数在0.37～2.52，平均值为1.79，内湾平均值为1.88，外湾平均值为1.71。外湾金鼓江口的Q8站点由于球型侧腕水母优势度较高，导致物种多样性指数最低，最高值出现在内湾Q6站点。由图6.1.19可以看出，丰水期大多数站点物种多样性指数在1.5～2.5，只有内湾钦江口的Q2站点、金鼓江口的Q8站点和茅尾海湾口的Q10站点物种多样性指数低于1。

（2）2012年枯水期

2012年枯水期钦州湾浮游动物物种多样性指数在0～3.20，平均值为2.27，内湾平均值为1.75，外湾平均值为2.73。内湾位于钦江口Q2站点仅发现一种，导致物种多样性指数为0，最高值出现在外湾西岸附近的Q11站点。由图6.1.20可以看出，2012年枯水期钦州湾海区各站点浮游动物物种多样性指数大致比较平均，多数

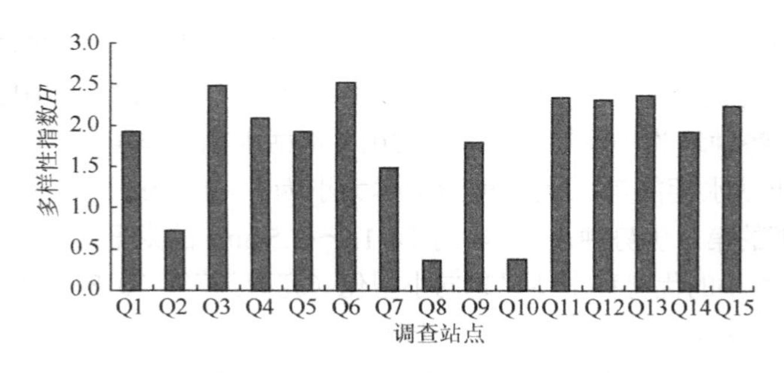

图6.1.19　2011年丰水期钦州湾浮游动物物种多样性指数分布

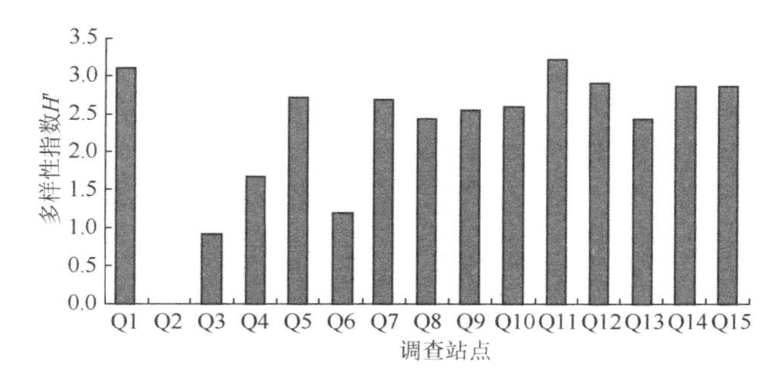

图 6.1.20　2012 年枯水期钦州湾浮游动物物种多样性指数分布

站点数值在 2 以上，Q1 站点和 Q11 站点在 3 以上，只有在内湾的 Q2、Q3、Q4 及 Q6 的 4 个站点数值低于 2，Q2 站点因只检出 1 个种类，因而物种多样性指数为 0。

（3）2014 年平水期

2014 年平水期钦州湾浮游动物物种多样性指数为 0.37～3.61，平均值为 2.22，内湾、外湾物种多样性指数均值分别为 1.20、2.86，外湾物种多样性指数显著高于内湾。物种多样性指数较高的站点主要位于外湾靠近外海海域，其中最高值出现 Q13 站点，最低值出现在 Q1 站点（图 6.1.21）。

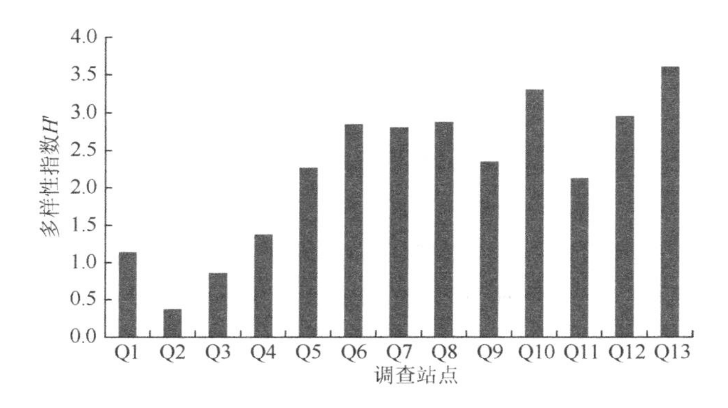

图 6.1.21　2014 年平水期钦州湾浮游动物物种多样性指数分布

（4）2015 年枯水期

2015 年枯水期钦州湾浮游动物物种多样性指数变化幅度为 0～3.38，均值为 1.70，内湾、外湾物种多样性指数均值分别为 1.10、2.10，外湾物种多样性指数高于内湾。多样性较高的站点主要位于外湾西南部海域，其中最高值出现 Q11 站点，河口 Q1 站点和 Q2 站点因只分别只检出 1 个种类，因而物种多样性指数为 0（图 6.1.22）。

从各季节浮游动物物种多样性指数来看，钦州湾浮游动物物种多样性指数变化为 1.70～2.27，物种多样性指数不高，明显低于海区浮游植物的物种多样性指数。

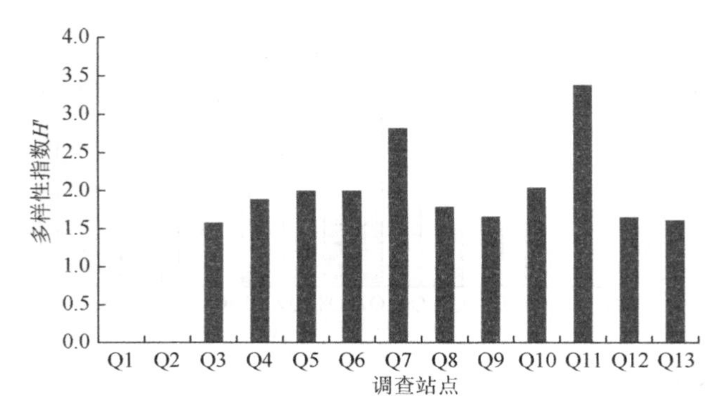

图 6.1.22　2015 年枯水期钦州湾浮游动物物种多样性指数分布

按《近岸海域环境监测规范》（HJ 442—2008）生物多样性评价指标，钦州湾浮游动物生境质量等级处于“差”和“一般”之间。无论是枯水期、丰水期或平水期，内湾浮游动物物种多样性指数均较低。主要原因是钦州湾内湾的浮游动物出现种类数较少，个别站点仅出现一种生物或未采集到生物，导致生物多样性较低，群落结构趋于单一化。另外，海区多数站点水深较浅，通过浮游动物网采集较为困难，较难准确采集从底至表整个水柱的浮游动物，采集的体积过小，可能难以采集到全部的浮游动物种类和个体，因此需要改进近岸水体浮游动物的采集方法，以更准确全面地掌握近岸海区浮游动物的生态群落特征及其变化。

6.1.6　浮游动物与主要环境因子的相关性

对 2014 年秋季和 2015 年春季的浮游动物丰度的数据与主要环境因子之间的相关性进行了分析，由 SPSS16.0 软件完成。

首先对可能影响钦州湾浮游动物群落理化因子进行的主成分分析（Principal component analysis，PCA），除材料与方法中提到的理化因子，其余用于 PCA 分析的理化因子（透明度、溶解氧、化学需氧量、pH、铜、铅、锌、铬和镍）来源于广西海洋环境监测中心站 2014 年至 2015 年的监测数据。PCA 的结果显示第一主成分涉及的因素有硅酸盐（0.990）、无机氮（0.945）、盐度（0.942）、磷酸盐（0.903）。第二主成分涉及的因素有叶绿素 a（0.903）和水温（0.795）。因此，选取硅酸盐、无机氮、叶绿素 a、水温、盐度和磷酸盐作为主要环境因子。上述主要环境因子与浮游动物丰度相关性分析结果如表 6.1.4 所示。秋季钦州湾的浮游动物丰度与盐度显著正相关（$p<0.05$），与无机氮、硅酸盐和磷酸盐显著负相关关系（$p<0.05$）；春季则与水温、盐度和叶绿素 a 呈显著正相关（$p<0.05$），与无机氮和硅酸盐显著负相关（$p<0.05$）。

表 6.1.4　钦州湾浮游动物丰度与环境因子的相关性结果

环境因子	水温	盐度	叶绿素 a	无机氮	硅酸盐	磷酸盐
秋季	0.468	0.579*	0.051	−0.645*	−0.669*	−0.645*
春季	0.584*	0.573*	0.598*	−0.563*	−0.607*	−0.43

*表示 $p<0.05$，显著相关

由于钦州湾受到茅岭江、钦江等大陆径流及北部湾外海水的综合影响，环境变化剧烈，其盐度、无机氮、硅酸盐及磷酸盐的变化特征均呈现出明显的河口特性，浮游动物丰度与上述因子的相关性分析结果也显示浮游动物分布受到了江河淡水输入的影响。秋季钦州湾沿岸水温与外海基本相同，水温较高（28.3℃）且均匀，与浮游动物丰度分布的关系较小。

春季，钦州湾水温平面分布差异较大，呈现从河口向外湾递增的趋势，恰与浮游动物的分布特征相似，相关性分析也表明二者呈显著正相关。盐度是影响钦州湾浮游动物主要生态类群—桡足类中的中华哲水蚤和太平洋纺锤水蚤生长的重要因素，而两者作为春季和秋季浮游动物的主要优势种，直接影响了浮游动物丰度的分布。中华哲水蚤是适应较低温度的近岸暖温种类（陈清潮，1964），温度被认为是影响中华哲水蚤群落分布的重要环境因素（曹文清等，2006；Wang et al.，2003）。钦州湾地处亚热带，冬/春季水温偏低，夏/秋季水温较高，因此中华哲水蚤成为 2015 年春季调查的绝对优势种。除了水温之外，盐度也是决定中华哲水蚤分布的重要决定要素，其最适盐度为 30 左右（黄加祺和郑重，1986），这导致其只分布在外湾盐度较高的海域。此外春季地表径流量减少，沿岸水势力减弱，外海水势力向湾内推进作用增强，中华哲水蚤随着外海水进入钦州湾。太平洋纺锤水蚤为钦州湾秋季和春季共同的优势种，该物种为典型的河口沿岸种类（高亚辉和林波，1999）。钦州湾地处钦江、茅岭江等江河的入海口，海水盐度相对偏低，适宜太平洋纺锤水蚤生长。秋季，随着径流量的增加及水温的上升，太平洋纺锤水蚤大量繁殖成为秋季第一优势种群，从内湾河口区至外湾均有分布。而随着水温降低及盐度增高，春季太平洋纺锤水蚤虽然在本次调查中居第二优势种群，但优势度很低，而且主要出现在内湾及外湾湾顶等盐度较低的海域，这表明了太平洋纺锤水蚤的分布与盐度密切相关。

钦州湾浮游动物主要优势种从秋季高温低盐的太平洋纺锤水蚤向春季低温高盐的中华哲水蚤演替，说明了该海域主要受到江河淡水输入和水温季节变化的影响，也反映了钦州湾浮游动物的亚热带河口海湾群落结构特性。

浮游植物是浮游动物的重要饵料，浮游动物丰度与叶绿素 a 的正相关关系可能与浮游动物的选择性摄食有关（杜萍等，2015）。大多数以浮游植物为食的浮游动物与叶绿素 a 浓度具有正相关，而以其他浮游动物为食的次级消费者（毛颚类、水母类等浮游动物）与叶绿素 a 的相关性不明显（骆鑫等，2016）。春季外湾叶绿素 a 浓度较高的区域恰好也是中华哲水蚤的分布区，这与中华哲水蚤营植食性的特性一致（杨纪明，1997）。从无机氮、硅酸盐及磷酸盐的变化中可以看出，高浓度的营养盐与低盐度有较好的吻合关系，表明径流输入对海湾营养盐变化起着主导作用。一般来说，营养盐丰富的水域有利于浮游生物的生长，但钦州湾内湾浮游动物丰度较低，这可能跟营养盐结构比例失调有关：钦州湾长期处于磷限制状态（蓝文陆，2012），即使在营养盐充沛的条件下浮游植物也无法大量生长繁殖，从而不能给更多的浮游动物生长提供食物来源，这可能是内湾浮游动物的丰度较低的原因。综上所述，江河淡水输入（盐度和营养盐）是决定钦州湾浮游动物平面分布的最主要因素。

6.2 浮游动物年际变化

6.2.1 调查分析方法

相对于环境因子和浮游植物，钦州湾浮游动物的研究较少，公开发表的论文及报道较为少见。而且与浮游植物相似，浮游动物作为浮游生物的一个重要类群，其主要通过随波逐流方式生活，直接受环境的影响，以及受其食物浮游植物的调控，浮游植物较为敏感，环境轻微变化可能就有较大差异，因此浮游动物也将会对环境变化产生较为直接的响应。不同方法、不同站点及不同时间所调查的结果可比性较差，以及不同调查分析人员之间也存在着较大的误差。因此，为了较为准确地了解浮游动物年际变化，重点采用相同方法、站点及采样时间（月份或水期）进行比较。

在 2010 年之后，广西海洋环境监测中心站开始对钦州湾开展系统性的例行调查监测，分别在相同的时间、相同站点进行固定调查。调查站点与水质及浮游植物调查站点一致，钦州湾共布设 13 个调查站点（图 2.2.1 和图 6.1.1），其中内湾布设 5 个站点，分别为 Q1～Q5（含湾颈），外湾布设 8 个站点，为 Q6～Q13（图 6.1.1）。调查时间主要是春季（枯水期），在 2011～2015 年不同年份在夏季（丰水期）和平水期之间未能完全统一，2011～2013 年为夏季（丰水期），2014～2015 年调整为秋季（10 月，平水期），与浮游植物一致。根据之前的分析，丰水期和平水期浮游植物群落结构及生物量比较相近，而且为了保持跟浮游植物相一致，因此分析 2011～2015 年浮游动物群落结构的变化时，也将夏/秋季放在一起以能够逐年分析。同时也重点对钦州湾茅尾海的数据资料分析茅尾海浮游动物的变化情况。

在 2011～2015 年浮游动物的采样、分析方法保持一致，具体见 6.1.1 节的调查分析方法。在 2011～2015 共 5 年的历年调查中，钦州湾调查站点中还包括了外湾外海的 2 个站点（Q18 和 Q19，图 2.2.1），这 2 个外海站点的数据未包含在 6.1 节的统计计算中，因此本节涉及的数据与 6.1 节 2012 年枯水期和 2014 年平水期钦州湾浮游动物丰度和生物量相比较会有一定的差别，尤其是在 2012 年枯水期靠外站点如 Q18 站点因鱼卵丰度极高，导致其浮游动物的丰度和生物量均显著高于其他时期。

6.2.2　浮游动物种类组成及数量变化

2011～2015 年春季、夏/秋季钦州湾海域浮游动物种类数如图 6.2.1 所示，从图 6.2.1 中可以得知 5 年的监测中，除 2012 年，其余 4 年均为夏/秋季的浮游动物种类数高于春季种类数。2011～2015 年春季浮游动物种类数差异不大，为 33～48 种；夏/秋季浮游动物种类数为 37～90 种，差异较为明显。

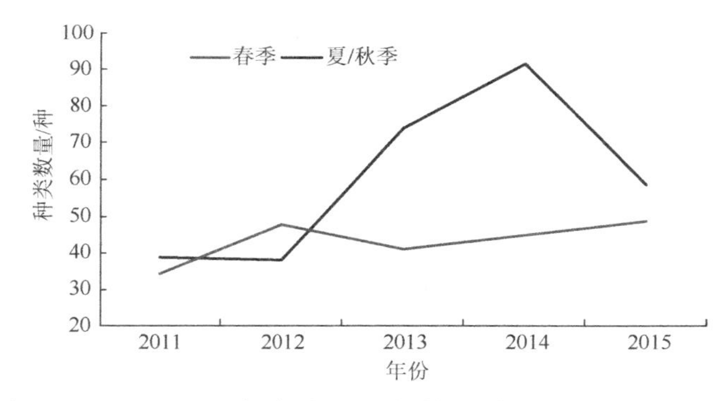

图 6.2.1　2011～2015 年春季、夏/秋季钦州湾海域浮游动物种类数

从表 6.2.1 中可以得知，钦州湾浮游动物主要类群有桡足类、浮游幼虫、毛颚类、水螅水母类四大类，其余类别由被囊类、枝角类、管水母类、栉水母类、莹虾类、介形类、端足类、糠虾类、原生动物等组成。其中桡足类的种类数最占优势，历年春季、夏/秋季均居首位，2011 年春季桡足类占总种类数比例高达 52%，其次是 2013 年春季，桡足类占比例为 49%。

春季，钦州湾桡足类常见种类主要有中华哲水蚤、驼背隆哲水蚤、太平洋纺锤水蚤、中华异水蚤、瘦尾胸刺水蚤、亚强真哲水蚤。其中中华哲水蚤为低温高盐种类，仅分布在钦州湾外湾站点，其余常见种多属于河口沿岸暖水种类；浮游幼虫主要有短尾类幼虫和长尾类幼虫，数量不多，但分布较广；毛颚类主要有百陶箭虫和肥胖箭虫，多见于外湾站点，作为暖流指示种；水螅水母类的种类存在周年和季节更替的现象，常见种类不多，主要是半球杯水母；栉水母类常见种类仅有一种，为球形侧腕水母。

秋季，钦州湾桡足类常见种类主要有太平洋纺锤水蚤、强额孔雀水蚤、瘦尾胸刺水蚤、锥形宽水蚤等，其中太平洋纺锤水蚤广泛分布于钦州湾内外湾海域，其对盐度的适应性较强，其余为广温广盐性或高温低盐性桡足类；浮游幼虫主要有短尾类幼虫和长尾类幼虫分布广，数量多；毛颚类主要有百陶箭虫和肥胖箭虫，分布范围较广；栉水母类常见种类仅有一种，为球形侧腕水母，夏季易成为优势种；水螅水母类主要以杯水母属和和平水母属的种类较多。

表 6.2.1　2011～2015 年钦州湾海域浮游动物类别统计表

类别名称	2011 年		2012 年		2013 年		2014 年		2015 年	
	春季	夏季	春季	夏季	春季	夏季	春季	秋季	春季	秋季
桡足类/种	17	15	15	16	20	26	14	31	14	22
比例/%	51.5	39.5	31.2	43.3	48.8	35.1	31.8	34.4	29.2	37.3
浮游幼虫/种	6	10	12	12	5	12	8	16	5	9
比例/%	18.2	26.3	25.0	32.4	12.2	16.2	18.2	17.8	10.4	15.2
毛颚类/种	3	3	5	3	6	9	6	18	11	5
比例/%	9.1	7.9	10.4	8.1	14.6	12.2	13.6	20.0	22.9	8.5
水螅水母类/种	2	3	2	0	1	6	3	6	6	7
比例/%	6.1	7.9	4.2	0.0	2.4	8.1	6.8	6.7	12.5	11.9
其他/种	5	7	14	6	9	21	13	19	12	16
比例/%	15.1	18.4	29.2	16.2	22.0	28.4	29.6	21.1	25.0	27.1
总计/种	33	38	48	37	41	74	44	90	48	59

6.2.3　浮游动物丰度及湿重生物量

春季浮游动物丰度最大值在 2012 年春季（图 6.2.2），钦州湾海域平均丰度为 35 256.84 个/m^3（含鱼卵），主要是大量的鱼卵聚集在钦州湾外湾海域，其中外湾湾口附近 Q13 站点的丰度高达 408 140.01 个/m^3（含鱼卵），不仅是钦州湾海域最高值，也是整个广西海域的最高值；最低值为 2015 年春季，海域平均丰度为 48.26 个/m^3，丰度较低的原因主要是内湾站点的种类和数量较低，Q2 站点的丰度仅为 1.00 个/m^3。除了 2012 年之外，其他年份春季浮游动物丰度差异较小。

秋季浮游动物丰度变化呈现单峰型，峰值在 2014 年秋季，钦州湾海域平均丰度为 528.92 个/m^3，主要是大量的肥胖三角溞、太平洋纺锤水蚤及长尾类幼虫、短尾类幼虫聚集在钦州湾海域，最高值站点为企沙附近的 Q11 站点，丰度高达 2320.62 个/m^3；最低值为 2011 年夏季，海域平均丰度为 64.30 个/m^3，造成丰度较低的原因主要是 2011 年夏季各站点的种类和数量均较低，其中钦州港附近站点的丰度最低仅为 4.00 个/m^3。

春季、夏/秋季浮游动物湿重生物量与丰度 5 年变化基本一致（图 6.2.3）。2012 年春季钦州湾海域平均湿重生物量为最高值，湿重生物量高达 4180.47 mg/m^3，主要是鱼卵的丰度极高，其中 Q13 站点的湿重生物量最大，为 49 600.00 mg/m^3，其次是 Q14 站点，为 3530 mg/m^3，其余站点的生物量较低，湿重生物量 5 年最低值为 2014 年春季，为 31.30 mg/m^3；夏/秋季钦州湾海域湿重生物量最高值为 2014 年秋季，湿重生物量高达 99.73 mg/m^3，其中 Q7 站点湿重生物量最高，为 476.9 mg/m^3，最低值为 2012 年夏季，仅有 18.68 mg/m^3，其中 Q3 站点湿重生物量最低，仅有 0.75 mg/m^3。

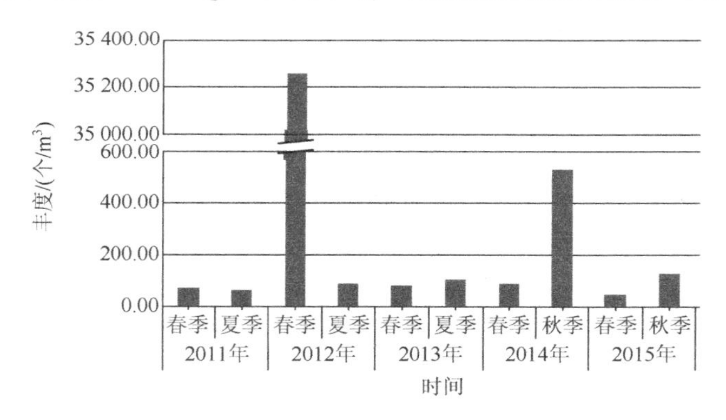

图 6.2.2　2011～2015 年钦州湾浮游动物丰度春季、夏/秋季变化

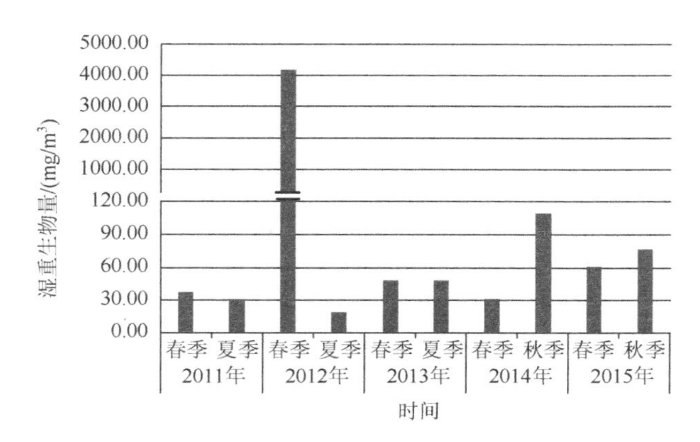

图 6.2.3　2011～2015 年钦州湾浮游动物湿重生物量春季、夏/秋季变化

通过与 2011～2015 年钦州湾浮游植物年际变化（5.4 节，图 5.4.6）的比较，浮游动物的年际变化与浮游植物之间有较明显的一致性。如 2011～2012 年，浮游

植物呈现出明显的增加趋势，2012 年浮游植物丰度是 2011～2015 年的最高值（图 5.4.6），2012 年浮游动物的丰度及生物量也明显比 2011 年增加，尤其是春季浮游动物的丰度和生物量也是 2011～2015 年最高的峰值（图 6.2.2 和图 6.2.3）。同样，2015 年秋季浮游植物比 2013 年和 2014 年有明显的增加，而浮游动物的丰度也明显增加，这表明浮游动物的丰度及生物量明显地受到浮游植物调控，也反映了浮游动物对浮游植物的快速响应。但在 2014 年秋季浮游动物的丰度及生物量较高，但浮游植物丰度却很低，两者有呈现为相反的趋势，这可能与浮游植物和浮游动物的种类组成结构特征有密切关系。浮游植物种类繁多，个体大小差异显著，因此即使是较高的丰度，但如果是很小个体种类，其生物量可能也不高，也就难以支撑较高的浮游动物生物量。另外，也可能是因为浮游植物与浮游动物分别作为食物与摄食者本身也有着负相关的关系，即较高的食物条件带动了浮游动物大量生长，反过来较多的浮游动物的高强度摄食显著降低了浮游植物生物量。

6.2.4 浮游动物优势种

2011～2015 年钦州湾海域的监测中共出现 18 种（类）优势种，其中春季优势种共出现 10 种，分别有桡足类的中华哲水蚤、太平洋纺锤水蚤、瘦尾胸刺水蚤、右突歪水蚤、亚强真哲水蚤和中华异水蚤；水螅水母类的半球杯水母；浮游幼虫类中的长尾类幼虫、短尾类幼虫及鱼卵（表 6.2.2）。出现次数最多的是太平洋纺锤水蚤，5 年春季监测中共出现 3 次，其次是瘦尾胸刺水蚤，出现 2 次，其余种类仅出现 1 次。其中中华哲水蚤属于近岸暖温种类，适应低温高盐的环境，因此常出现在春季钦州湾外湾站点；瘦尾胸刺水蚤、右突歪水蚤、中华异水蚤和亚强真哲水蚤属于河口沿岸低盐暖水种类；春季是各类虾蟹和鱼类繁殖的季节，因此长尾类幼虫、短尾类幼虫及鱼卵也是该季节常见种类，其中 2012 年春季鱼卵成为钦州湾海域绝对优势种，优势度为 0.838。

夏/秋季优势种共出现 11 种，分别有桡足类的太平洋纺锤水蚤、红纺锤水蚤、刺尾纺锤水蚤；栉水母类中的球形侧腕水母；枝角类中的鸟喙尖头蚤、肥胖三角溞；莹虾类中的中型莹虾、亨生莹虾；毛颚类中的百陶箭虫；浮游幼虫类中的长尾类幼虫及短尾类幼虫。出现次数最多的是太平洋纺锤水蚤，5 年夏/秋季监测中共出现 5 次，其次是浮游幼虫类中的长尾类幼虫及短尾类幼虫，依次是中型莹虾、球形侧腕水母、鸟喙尖头蚤，其余种类仅出现 1 次。其中太平洋纺锤水蚤是广温广盐性桡足类，适应性较强，钦州湾内湾河口及外湾海域均有分布，春季、夏/秋季均可成为优势种；球形侧腕水母、鸟喙尖头蚤、肥胖三角溞、中型莹虾、亨生莹虾均属于沿岸暖水种类；百陶箭虫分布水域的水温偏高，一些研究表明百陶箭虫可作为海域暖水的指示种；浮游幼虫中的短尾类幼虫和长尾类幼虫，春季、夏/秋季均有分布，数量在夏/秋季增多，成为夏/秋季常见优势种（类）。

总体来说，夏/秋季出现优势种的数量高于春季。钦州湾海域浮游动物种类多属于近岸暖水种（类）群，具有沿岸水域的群落特征。这些浮游动物的分布对生态适应特征主要是广温低盐性。

表 6.2.2　2011～2015 年钦州湾春季、夏/秋季浮游动物优势种和优势度

类别	优势种	2011 年		2012 年		2013 年		2014 年		2015 年	
		春季	夏季	春季	夏季	春季	夏季	春季	秋季	春季	秋季
水螅水母类	半球杯水母	0.028									
桡足类	中华哲水蚤									0.151	
	瘦尾胸刺水蚤	0.024				0.160					
	右突歪水蚤	0.038									
	太平洋纺锤水蚤		0.274		0.038	0.107	0.092	0.028	0.215	0.031	0.037
	红纺锤水蚤				0.104						
	刺尾纺锤水蚤				0.040						
	亚强真哲水蚤					0.032					
	中华异水蚤							0.107			
栉水母类	球形侧腕水母		0.046		0.026						
枝角类	鸟喙尖头溞				0.036		0.055				
	肥胖三角溞								0.059		
莹虾类	中型莹虾		0.042		0.028						0.037
	亨生莹虾								0.058		
毛颚类	百陶箭虫								0.030		
浮游幼虫	长尾类幼虫				0.054		0.161	0.047	0.181		0.219
	短尾类幼虫		0.044		0.127		0.197	0.040			0.085
	鱼卵			0.838							
合计种类数/种		3	4	1	8	3	4	4	5	2	4

6.2.5　浮游动物物种多样性指数

春季钦州湾浮游动物物种多样性指数变化为 1.34～1.92（图 6.2.4），历年相差不大，均值为 1.61，海域物种多样性指数整体偏低，这跟春季钦州湾各站点浮游动物出现的种类数相对较少，单一优势种的优势度过高有直接关系。其中

2013 年物种多样性指数最高，为 1.92；2012 年春季物种多样性指数最低，海域平均值仅 1.34，主要原因是内湾站点的种类数少，外湾种类数虽较多，但鱼卵的优势度太大，导致 2012 年春季海域平均多样性指数较低。

夏季钦州湾浮游动物物种多样性指数变化为 1.87～2.68（图 6.2.4），历年相差较大，均值为 2.20，海域物种多样性指数属于中等水平。夏季钦州湾浮游动物的种类数相对较多，因此夏季的物种多样性指数高于春季。其中 2013 年物种多样性指数最高，为 2.68；2012 年春季物种多样性指数最低，海域平均值为 1.87，夏季物种多样性指数最高和最低值均高于春季。2013 年春季、夏季的物种多样性指数均为历年最高，2012 年春季、夏季的物种多样性指数均为历年最低。历年春季、夏季的物种多样性指数变化趋势基本相同。

春季均匀度波动较大，为 0.43～0.82（图 6.2.5），均值为 0.66。其中 2013 年均匀度最高，2012 年均匀度最低。夏季均匀度同样呈现波动起伏，2013 年均匀度最高，2012 年均匀度最低，为 0.61～0.75，均值为 0.67。2013 年春季、夏季的均匀度均为历年最高，2012 年春季、夏季的均匀度均为历年最低。整体来说，夏季钦州湾海域浮游动物群落结构相对要稳定一些。春季浮游动物种类组成及数量变化较大，群落结构稳定稍差。

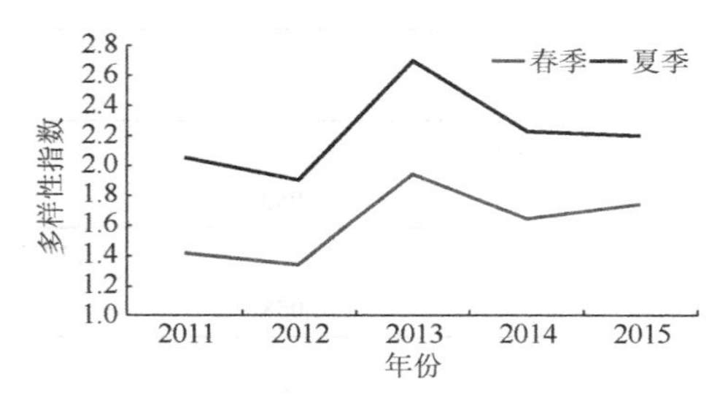

图 6.2.4 钦州湾浮游动物物种多样性指数变化

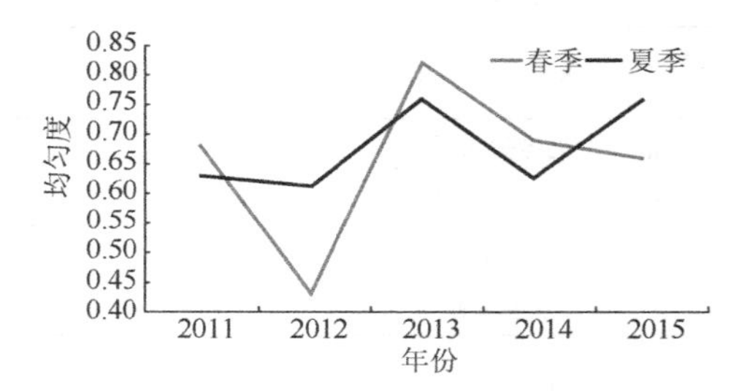

图 6.2.5 钦州湾浮游动物均匀度变化

6.2.6 茅尾海浮游动物变化

2011～2016 年茅尾海海域浮游动物种类数量为 12～35 种，以桡足类、浮游幼虫和水螅水母类的种类数占比例较大，其中桡足类在历年的监测中其种类数量均高于其他种类，表明茅尾海海域浮游动物群落以桡足类为主体。

从春季的优势种类别来看，短尾类幼虫、中华异水蚤和太平洋纺锤水蚤为春季的常见种类，夏/秋季常见优势种为短尾类幼虫、太平洋纺锤水蚤和长尾类幼虫。2011～2016 年，浮游动物优势种种类数量多，每年优势种的组成均有所不同，浮游动物群落结构发生一定的变化。

2011～2016 年茅尾海海域浮游动物丰度、生物量波动较大（图 6.2.6 和图 6.2.7），各年份优势种优势度不一且变化较大是浮游动物丰度和生物量波动的主要原因。其中春季丰度呈现下降趋势，2016 年的春季的生物量为近 6 年的最低值。

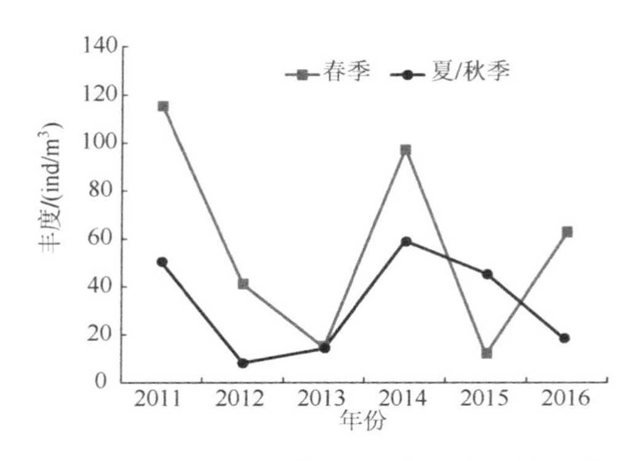

图 6.2.6　茅尾海海域浮游动物丰度 6 年均值变化

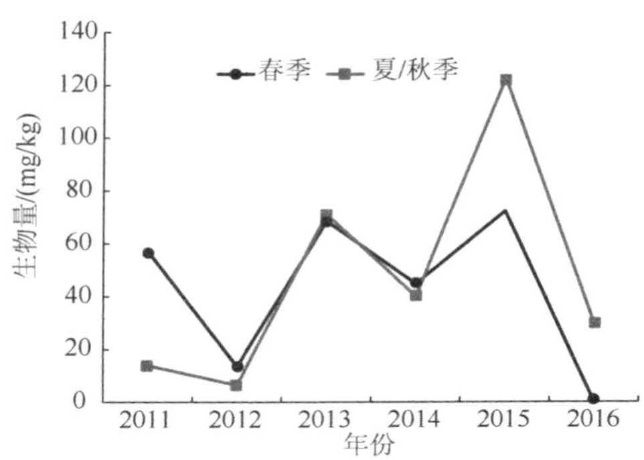

图 6.2.7　茅尾海海域浮游动物生物量 6 年均值变化

浮游动物物种多样性指数的变化为 0.89～2.13（表 6.2.3），除 2013 年浮游动物生境质量为一般之外，其余年份生境质量为差，表明茅尾海浮游动物群落组成较为简单，种类单一化趋势明显，群落结构较为脆弱。水体富营养化及高密度牡蛎养殖造成浮游植物群落结构的改变可能是促使茅尾海浮游动物群落结构单一化的原因。

表 6.2.3　茅尾海浮游动物平均物种多样性指数变化

海域	2011 年	2012 年	2013 年	2014 年	2015 年	2016 年	多年均值
茅尾海	1.44	0.89	2.13	1.14	1.27	1.42	1.38

6.3　鱼类浮游生物和游泳生物

6.3.1　调查站点、时间频次

2015 年 3 月在钦州湾进行一次鱼类浮游生物和游泳生物的调查，分别在钦州湾的内湾和外湾设置了 6 个断面进行调查。断面的位置主要在生态调查站点（图 5.1.1）主要站点附近，分别为内湾 Q6、外湾 Q1～Q5 调查站点附近。因内湾水深较浅，调查采集的断面只有 1 个，对于方便调查的钦州湾外湾设置了较多的调查断面。调查站点见图 6.3.1。

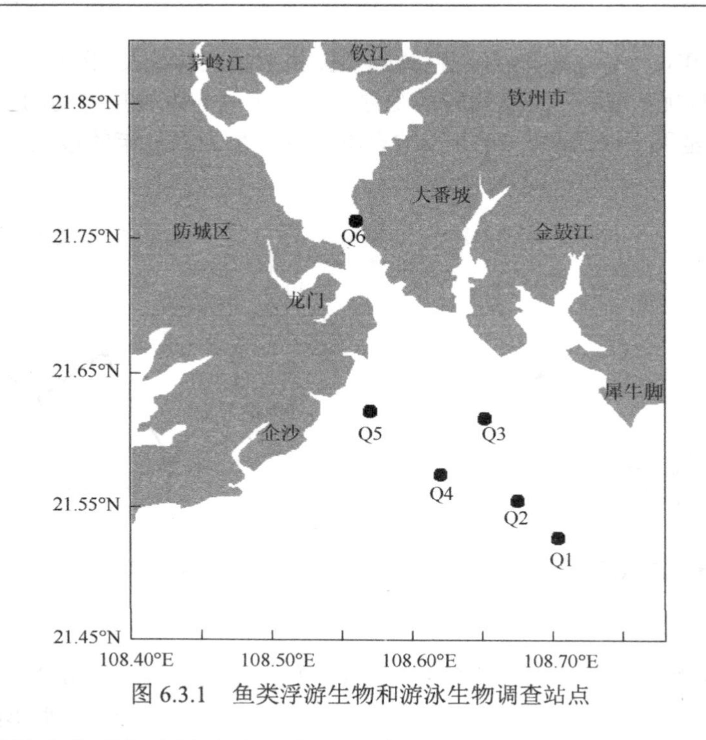

图 6.3.1　鱼类浮游生物和游泳生物调查站点

鱼类浮游生物采集方法为水平拖网调查法，采用大型浮游生物网（口径 80 cm，网长 280 cm，孔径 0.505 mm）于表层水平拖曳 10 min，拖速保持在 2.5 kn 左右。所采样品用甲醛溶液固定（终浓度为 5%）后带回室内分类鉴定鱼卵和仔鱼、稚鱼的种类组成与数量。按滤水体积换算密度，以粒（尾）/m^3 表示。鱼类浮游生物样品的采集、保存和分析均按《海洋调查规范　第 6 部分：海洋生物调查》（GB/T 12763.6—2007）的规定进行。

游泳生物的调查采用拖网调查法，渔船安装底拖网，拖网的网口长 5.0 m，高 0.5 m，囊网网目 3.0 cm。每站拖时间约为 30 min，拖网速度为 2.5 kn 左右。所得样品用塑料样品袋盛装，放入装有冰块的泡沫箱中保存带回实验室进行分析。游泳生物样品的采集、保存和分析均按《海洋调查规范　第 6 部分：海洋生物调查》（GB/T 12763.6—2007）的规定进行。

鱼卵和仔鱼、稚鱼的密度计算方法根据网口流量计记录换算的滤水量和鉴定的鱼卵和仔鱼、稚鱼数量，按以下公式计算单位体积内鱼卵和仔鱼、稚鱼的分布密度：

$$G=\frac{N}{S\times L\times C}$$

式中，G 为单位体积海水中鱼卵或仔鱼、稚鱼的个体数，单位为粒每立方米（粒/m^3）或尾每立方米（尾/m^3）；N 为全网鱼卵和仔鱼、稚鱼的个体数，单位为粒或尾；S 为网口面积，单位为平方米（m^2）；L 为流量计转数；C 为流量计校正值。

资源数量的评估根据底拖网扫海面积法（黄梓荣，2006），来估算评价区的资源重量密度和生物个体密度，求算公式为

$$S = \frac{y}{a \times (1 - E)}$$

其中，S 为重量密度（kg/km^2）或个体密度（ind/km^2）；a 为底拖网每小时的扫海面积（扫海宽度取浮纲长度的 2/3）；y 为平均渔获率（kg/h）或平均生物个体渔获率（ind/h）；E 为逃逸率（取 0.5）（Aoyama，1973）。

根据渔获物中个体大小悬殊的特点，选用 Pinkas 等（1971）提出的相对重要性指数（Index of Relative Importance，IRI），来分析渔获物在群体数量组成中其生态的地位，相对重要性指数 300 以上确定为优势种。

相对重要性指数计算公式为 IRI =（N + W）F

式中，N 为某一种类的尾数占渔获总尾数的百分比；W 为某一种类的重量占渔获总重量的百分比；F 为某一种类的出现的站点数占调查总站点数的百分比。

6.3.2　鱼卵和仔鱼、稚鱼群落结构与分布

2015 年春季调查的所有站点采集到鱼卵和仔鱼、稚鱼样品经鉴定共有 8 科 9 种，包括鳀科的小公鱼（*Stolephorus* sp.）、鲷科的二长棘鲷（*Parargyropsedita*）和灰鳍棘鲷（*Acanthopagrusberda*）、鲱科的斑鰶（*Clupanodon punctatus*）、鱚科的多鳞鱚（*Sillagosihama*）、鰤科的李氏䲗（*Callionymusrichardsoni*）、石首鱼科（*Sciaenidae*）、鳎科（*Soleidae*）和鲾科（*Sparidae*）。

（1）鱼卵数量及分布

2015 年春季钦州湾调查采集到的鱼卵数量以鳀科最多，占总数的 47.38%，其次是石首鱼科鱼卵，占总数的 27.75%，鲷科鱼卵占 14.47%，其他鱚科、鲾科、鳎科和鲱科鱼卵数量分别占 4.04%、3.22%、2.38%和 0.76%，详见图 6.3.2。

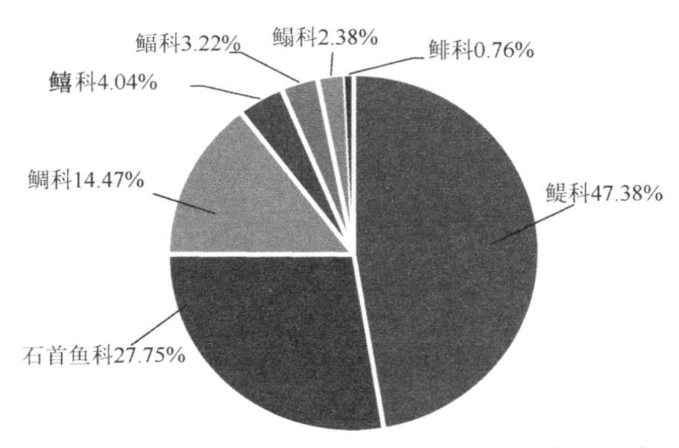

图 6.3.2　2015 年春季钦州湾调查海域鱼卵数量组成

2015 年春季调查采集到的鱼卵变化在 4.0～88.4 粒/m^3，平均密度为 40.0 粒/m^3。总体来说，调查海域鱼卵密度较大。其中 Q1 站点密度最大，有 88.4 粒/m^3；其下依次为 Q2 站点、Q4 站点、Q3 站点和 Q6 站点，Q5 站点密度最低，仅有 4.0 粒/m^3。详见图 6.3.3。

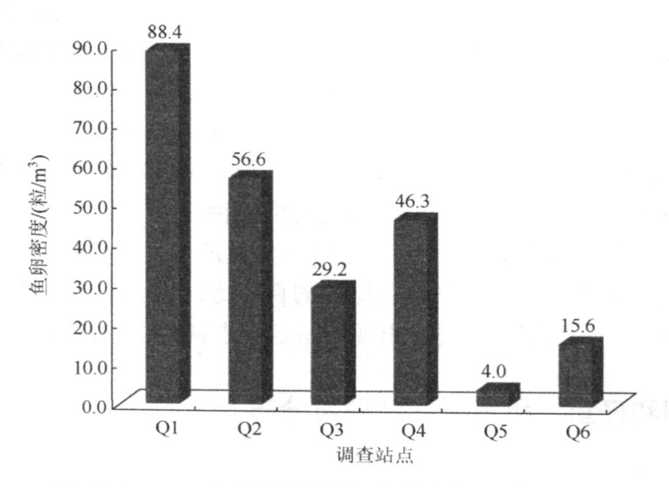

图 6.3.3　2015 年春季钦州湾调查海域各站点鱼卵密度

（2）仔鱼、稚鱼数量及分布

2015 年春季在钦州湾调查 6 个站点中仅 Q1、Q2 和 Q5 共 3 个站点采集到仔稚鱼。仔鱼的数量以小公鱼最多，占据了一半的比例；其次是灰鳍棘鲷，超过了 1/5；二长棘鲷和斑鰶各占约 10%，李氏䲗占约 5%（图 6.3.4）。

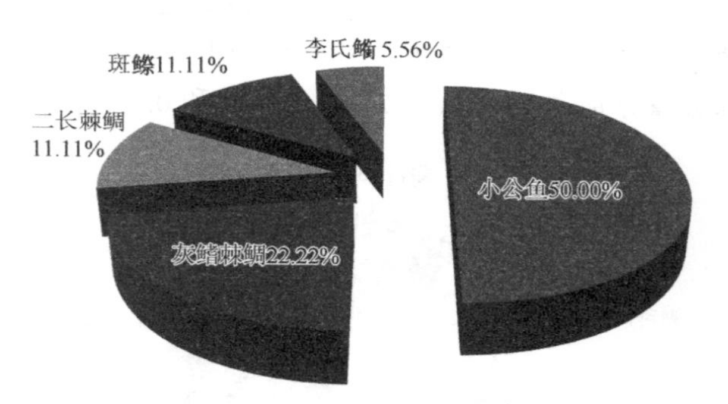

图 6.3.4　调查海区仔鱼、稚鱼数量组成

2015 年春季钦州湾调查采集到的仔鱼、稚鱼密度变化为 0～0.08 尾/m^3，站点平均密度为 0.03 尾/m^3。Q5 站点密度最大，有 0.08 尾/m^3；Q2 站点次之，Q1 站点居第三，其他几个站点未采集到（图 6.3.5）。

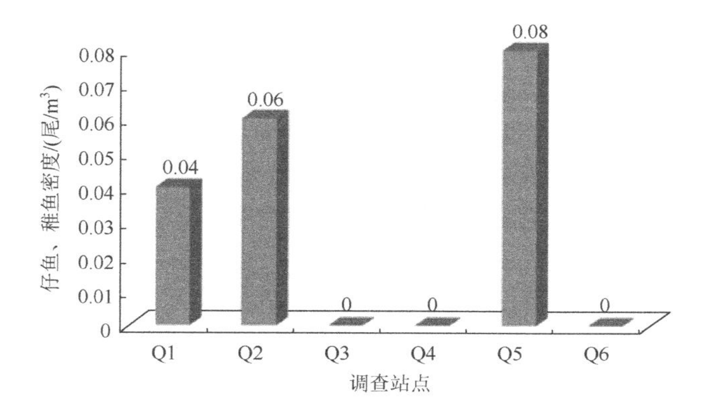

图 6.3.5 2015 年春季钦州湾调查海域各站点仔鱼、稚鱼密度

6.3.3 鱼卵和仔鱼、稚鱼年际变化

钦州湾鱼类浮游生物的调查很少，查阅公开报道的文献资料中几乎很难找到相关的公开资料。但在 2015 年之前，钦州湾及其周边工程建设过程中开展了部分调查，部分工程项目的海域使用论证及海洋环境影响评价等专题调查中确实有少量的专项调查。为了初步了解钦州湾在这段时期内鱼类浮游生物的年际变化，翻阅部分工程项目的专题调查资料进行比较分析。钦州湾内湾鱼卵、仔鱼种类调查资料引用水科院南海水产所于 2011 年 6 月 27～29 日在茅尾海（钦州湾内湾）海域的调查结果。2011 年 6 月调查中采集样品中共鉴定出 11 个种类，隶属于 10 科 11 属，种类分别为小公鱼（*Stolephorus* sp.）、稜鳀（*Thrissa* sp.）、白氏银汉鱼（*Allanetta bleekeri*）、鲻科（*Mugilidae* sp.）、眶棘双边鱼（*Ambassis gymnocephalus*）鲾属（*Leiognathus* sp.）、白姑鱼属（*Argyrosomus* sp.）、鯻（*Therapon theraps*）、鰕虎鱼（*Gobiiade* sp.）、舌鳎科（*Cynoglossidae* sp.）、多鳞鱚（*Sillago sihama*）。鱼卵数量以鲾属鱼类最多，占总数的 36.3%，其次是舌鳎科占总数的 27.2%，多鳞鱚占 19.0%，小公鱼占 12.3%，其余种类占 5.2%。内湾鱼卵、仔鱼数据引用《茅尾海东岸辣椒槌片区 A 区海域使用权招标拍卖挂牌出让项目海域使用论证报告书》（广西科学院，2011 年 12 月）数据，茅尾海海域鱼卵平均密度为 1.316 粒/m^3，仔鱼平均密度为 0.049 尾/m^3。

钦州湾外湾鱼卵、仔鱼种类调查资料引用广西红树林研究中心 2012 年 5 月 14 日对钦州湾外湾海域的调查结果。在 2012 年 5 月采集的样品中，共鉴定出 11 科 11 属，种类分别为短尾大眼鲷（*Priacanthus macracanthus*）、叫姑鱼（*Johnius belengerii*）、短吻鲾（*Leiognathus brevirostris*）、金线鱼（*Nemipterus virgatus*）、多鳞鱚（*Sillago sihama*）、鲬（*Platycephalus indicus*）、鳓（*Iilsha elongate*）、

黑腮兔头鲀（*Lagocephalus laevigatus*）、真鲷（*Pagrosomus major*）、黄鳍鲷（*Sparus latus*）、鲻鱼（*Mugil cephalus*）。

钦州湾外湾鱼卵、仔鱼数据引用《钦州港桂达仓储物流服务基地项目海域使用论证报告》（国家海洋信息中心，2012 年 12 月），根据广西科学院在 2011 年 5 月在钦州湾外湾的鱼卵、仔鱼的监测数据，调查结果发现外湾鱼卵密度均值为 2.52 个/m^3，仔鱼密度为 1.37 尾/m^3。

2015 年春季在钦州湾布设的鱼卵和仔鱼、稚鱼站点中，外湾有 5 个站点，内湾仅有 1 个站点，且种类和数量均较低。因此将 2015 年春季钦州湾 6 个站点的鱼卵和仔鱼、稚鱼的数据与 2011 年春季外湾鱼卵和仔鱼、稚鱼的数据相比较。2011 年春季鱼卵和仔鱼、稚鱼共有 11 科 11 属，以黄鳍鲷、金线鱼等的中小型经济鱼类居多，而 2015 年春季鱼卵和仔鱼、稚鱼共有 8 科 9 种，小公鱼等小型鱼类的比例上升；从种类数来看，2015 年春季鱼卵和仔鱼、稚鱼的种类数略低于 2011 年春季；2011 年春季钦州湾鱼卵密度均值为 2.52 个/m^3，而 2015 年春季钦州湾鱼卵密度均值为 40.0 粒/m^3。这可能与钦州湾鱼类群落结构组成变化有关，2015 年春季钦州湾鱼卵以鳀科中的小公鱼的优势度最高，该物种属于小型鱼类，生命周期短，生长速度快，产卵期长，产卵量也较高。2011 年春季钦州湾仔鱼密度为 1.37 尾/m^3，2015 年春季钦州湾仔鱼密度为 0.03 尾/m^3，密度明显减少。通过与 2011～2015 年浮游植物年际变化（5.4 节，图 5.4.6）和浮游动物丰度年际变化（6.2 节，图 6.2.2）的比较，可以看到 2015 年春季无论是浮游植物还是浮游动物，都比 2011 年春季有较明显的减少，尤其是浮游植物的丰度减少幅度较大（图 5.4.6），因而有可能是受浮游生物数量的影响，导致了仔鱼、稚鱼密度在 2015 年春季显著低于 2011 年春季，而上述生物群落均表现出这样的趋势，有可能表明在这期间钦州湾环境变化导致生态系统重要群落发生了变化。当然这两次调查在时间上不太一致，海洋生物受理化因子影响明显，上述两次调查期间的明显变化也可能跟采样时间有关，2015 年春季采样时间为 3 月，水温较低，鱼卵孵化率不高，采集到的仔鱼数量不高，2011 年春季采样时间为 5 月，随着水温上升，鱼卵孵化率也逐渐增加，采集到的仔鱼数量也较高。

6.3.4 游泳生物群落结构与分布

（1）渔获种类特征和优势种

2015 年春季钦州湾渔业资源调查共捕获 60 种，隶属于 11 目 34 科。其中鱼类 40 种，隶属于 7 目 25 科；甲壳类 17 种，隶属于 2 目 6 科，其中虾类 10 种、蟹类 6 种、虾蛄类 1 种；头足类 3 种，隶属于 2 目 3 科。调查海域游泳生物种类组成见图 6.3.6，具体种类名录见附录 3。

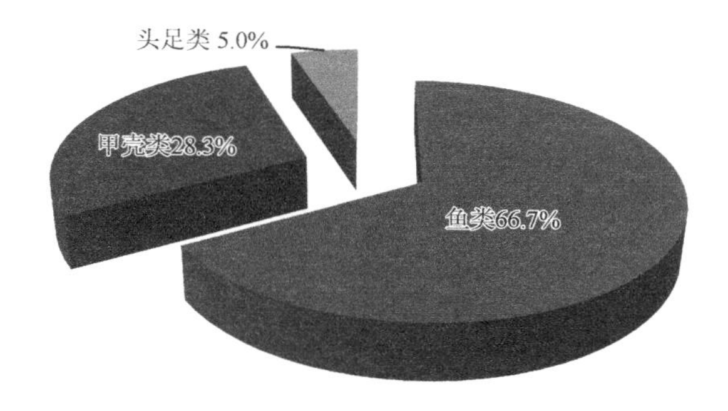

图 6.3.6 2015 年春季钦州湾海域游泳生物种类组成

2015 年春季钦州湾调查结果鱼类以暖水性种类居优势，有 32 种，占 80.0%；暖温性种类 8 种，占 20.0%；未捕获冷温性和冷水性鱼类，该调查海域的鱼类区系表现出热带和亚热带的特征。从生态类型的分布看，底层鱼类有 23 种，占 57.5%；中上层鱼类种类有 9 种，占 22.5%；中下层鱼类种类有 6 种，占 15.0%；岩礁性鱼类最少，仅 2 种，占 5.0%。调查结果显示钦州湾甲壳类主要以潮间带及浅海种类为主，分布于潮间带和浅海的有口虾蛄、斑节对虾、墨吉明对虾、短沟对虾、宽沟对虾、南美白对虾、刺螯鼓虾、钝齿蟳、隆线强蟹等；仅分布于浅海的有远海梭子蟹、银光梭子蟹等。从适温性来看，该海域甲壳类以暖水性的种类为绝对优势，暖温性的种类最少，未出现冷水性种类。2015 年春季调查中，头足类较少，捕获的 3 种头足类中 2 种属于广温性种类，1 种属于热带—亚热带暖水性质明显的浅海性种类。

2015 年春季钦州湾渔业资源调查各站点出现的种类情况见图 6.3.7。种类数最多是 Q2 站点，为 34 种；种类数最少是 Q5 站点，为 15 种，整体上表现为外湾靠外海域游泳生物种类较多，内湾靠近钦州港海区及湾颈海域游泳生物数量较少。除 Q1 站点之外，其他 5 个站点均是鱼类种类数最多，其次是甲壳类，头足类种类数最少。鱼类种类较多站点主要集中在外湾中部站点，外湾靠钦州港及靠外站点种类较少；甲壳类则呈现为从湾颈到外湾靠外海域种类数量明显增加的特征，头足类种类数量较少在各站点之间变化较少（图 6.3.7）。

2015 年春季钦州湾渔业资源调查中游泳生物的主要优势种包括多鳞鱚、小鞍斑鲾、斑头舌鳎、二长棘鲷、口虾蛄、钝齿蟳，主要为鱼类和甲壳类。优势种中钝齿蟳出现频率最高，其次为小鞍斑鲾和口虾蛄。优势种中二长棘鲷的渔获重量最大，占总渔获重量的 6.3%，其次为多鳞鱚。多鳞鱚也是 2015 年春季调查中渔获数量最多的优势种，其次为斑头舌鳎和小鞍斑鲾。综合几个主要优势种的调查结果，多鳞鱚和小鞍斑鲾的 IRI 指数最高，IRI 超过 700，口虾蛄 IRI 指数最低（表 6.3.1）。

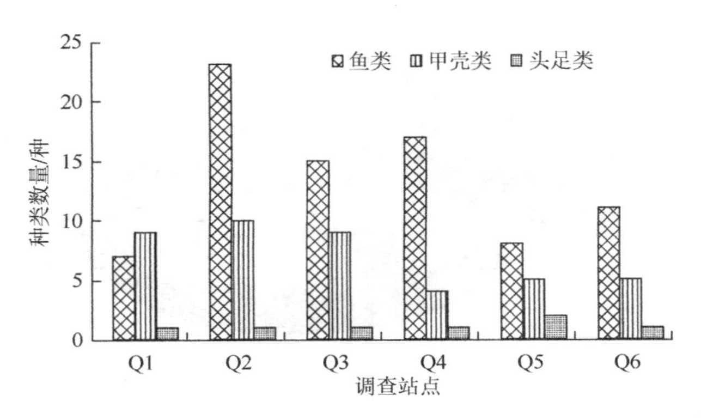

图 6.3.7　调查海域各站点游泳生物种类组成

表 6.3.1　优势种的 IRI 指数

种类	出现频率/%	渔获重量		渔获尾数		IRI
		/kg	/%	/ind	/%	
二长棘鲷	50.00	0.43	6.31	59	3.97	514.00
斑头舌鳎	66.67	0.25	3.67	74	4.98	576.70
多鳞鱚	66.67	0.38	5.58	78	5.25	722.04
小鞍斑鲾	83.33	0.26	3.82	70	4.71	710.80
口虾蛄	83.33	0.09	1.32	23	1.55	239.16
钝齿蟳	100.00	0.14	2.06	27	1.82	380.00

（2）渔获率

2015 年春季钦州湾渔业资源调查各站点重量渔获率和个体渔获率见表 6.3.2。各调查站点平均重量渔获率最大为鱼类，其次是甲壳类，最少是头足类；重量渔获率最大为 Q2 站点，最小为 Q1 站点。各站点平均个体渔获率的结构比例与重量比例一致，最多为鱼类，其次为甲壳类，头足类最低；个体渔获率最大为 Q2 站点，最小为 Q1 站点。

表 6.3.2　各站点的重量渔获率和个体渔获率

类别	项目	站点						平均值
		Q1	Q2	Q3	Q4	Q5	Q6	
鱼类	重量渔获率/(kg/h)	2.05	3.91	4.44	3.70	2.53	3.93	3.43
	个体渔获率/(ind/h)	100	1052	232	472	336	544	456
甲壳类	重量渔获率/(kg/h)	1.24	2.31	1.03	0.47	0.87	0.65	1.10
	个体渔获率/(ind/h)	260	992	232	44	141	80	292

续表

类别	项目	站点						平均值
		Q1	Q2	Q3	Q4	Q5	Q6	
头足类	重量渔获率/(kg/h)	0.01	0.01	0.02	0.02	0.04	0.01	0.02
	个体渔获率/(ind/h)	8	4	8	8	8	8	7
总和	重量渔获率/(kg/h)	3.30	6.23	5.49	4.19	3.44	4.59	4.55
	个体渔获率/(ind/h)	368	2048	472	524	485	632	755

（3）资源密度

2015 年春季钦州湾渔业资源调查各站点重量密度和个体密度见表 6.3.3。各站点平均重量密度最大为鱼类，其次是甲壳类，最小是头足类。其中重量密度最大为 Q2 站点，最小为 Q1 站点；各站点平均个体密度最大为鱼类，其次是甲壳类，最少是头足类；个体密度最大为 Q2 站点，最小为 Q1 站点。

表 6.3.3 各站点的重量密度和个体密度

类群	项目	站点						平均值
		Q1	Q2	Q3	Q4	Q5	Q6	
鱼类	重量密度/(kg/km^2)	111.32	212.31	241.09	200.91	137.38	213.40	186.07
	个体密度/(ind/km^2)	5 430	57 124	12 598	25 630	18 245	29 539	24 761
甲壳类	重量密度/(kg/km^2)	67.33	125.43	55.93	25.52	47.24	35.30	59.46
	个体密度/(ind/km^2)	14 118	53 866	12 598	2 389	7 656	4344	15 828
头足类	重量密度/(kg/km^2)	0.54	0.54	1.09	1.09	2.18	0.54	1.00
	个体密度/(ind/km^2)	434	217	434	434	434	434	398
总和	重量密度/(kg/km^2)	179.19	338.28	298.11	227.52	186.80	249.24	246.53
	个体密度/(ind/km^2)	19 982	111 206	25 630	28 453	26 336	34 318	40 987

6.3.5 游泳生物年际变化

2015 年春季钦州湾渔业资料调查结果初步展示了钦州湾渔业资源的现状特征，海域渔业资源种类丰度中等，本次调查发现 60 种经济种类，以鱼类为最主要的资源，其次为甲壳类，头足类较少。鱼类以暖水性种类为主；甲壳类主要以广温广盐性种类为主。2015 年春季调查结果显示钦州湾渔业资源大多数为沿岸、内湾地方性种类。内湾、沿岸性种类绝大多数属地方性种群，分布范围很广，大多数种类全省沿海均有分布。整个生命过程的主要阶段包括索饵生长和生殖活动等，均在沿岸、内湾水域度过，不作长距离洄游。钦州湾资源结构以中小型种类为主，渔获个体普遍较小。渔获的优势种以小型鱼类、虾类和蟹类为主。这些种类大多属生命周期较短、生长速度快的沿岸性种类。不少当年春季出生的幼鱼、幼体生长至夏季、秋季便可成为捕捞对象。

钦州湾的渔业资源调查较少，目前公开报道的渔业资源资料主要见于 1984 年钦州湾游泳生物数据（中国海湾志编纂委员会，1993）。这里重点以 2015 年和 1984 年 2 次调查结果进行比较，以粗略研究在这 30 年中钦州湾的渔业资源特征是否已发生较大变化。

1984 年钦州湾游泳生物调查共获 54 种，鱼类占优势，有 27 种，甲壳类 22 种，头足类 4 种。2015 年渔业资源的种类组成结构与 1984 年调查结果很相近，其中鱼类种类数量高于 1984 年的调查结果，甲壳类略低于 1984 年的调查结果(表 6.3.4)。1984 年鱼类中，大多数为幼鱼，优势种为褐鲳鲉、二长棘鲷，数量较多的还有斑鲆和翼红娘鱼；甲壳类以须赤虾占优势，其次还有斑节对虾、环纹蚪等；头足类以火枪乌贼在数量上占优势，且分布广。2015 年春季钦州湾调查到的渔获优势种除了二长棘鲷还是与 1984 年相同的优势种之外，其他优势种已与 1984 年的优势种及常见种明显不同，而且排名前三的优势种在 2 次调查中有明显不同（表 6.3.4），从一定程度上反映了钦州湾近期渔业资源种类组成结构特征已与 30 年前产生了较大差异，揭示了钦州湾渔业资源结构发生了较大的演替。与 1984 年相比，2015 年调查中斑节对虾、火枪乌贼等经济价值较高的种类明显减少，二长棘鲷出现的频率在 1984 年为 100%，而在 2015 年只有 50%，很可能暗示了钦州湾渔业资源在 30 年期间受人为影响较大，资源价值降低。

表 6.3.4　钦州湾游泳生物历史变化　　　　（单位：种）

调查时间	鱼类	甲壳类	头足类	总计	优势种
1984 年	27	22	4	54	褐鲳鲉、二长棘鲷、火枪乌贼
2015 年	40	17	3	60	多鳞鱚、小鞍斑鲾、斑头舌鳎

1984 年钦州湾春季渔业资源平均生物量为 2.21 kg/h，平均密度为 865.3 尾/h，生物量低于 2015 年，但平均密度却略高于 2015 年（表 6.3.2），这在一定程度上反映了 2015 年钦州湾渔业资源的个体较大，1984 年调查期间渔业资源的个体较小，表明渔业资源的大小结构也已发生了较大变化。1984 年调查中渔业资源生物量最高的是青菜头一带，外湾东部为低值区，生物密度高值区也出现在红排石、湾颈一带。与 1984 年渔业资源的分布特征相比，2015 年渔业资源的分布特征略有不同，渔获最大的 Q2 站点及较高的 Q3 站点位于外湾中南部，表明了渔业资源的重点分布区域有所偏移。

参 考 文 献

曹文清，林元烧，杨青，等，2006. 我国中华哲水蚤生物学研究进展[J]. 厦门大学学报(自然科学版)，45(S2)：54-61.

陈波，1986. 北部湾水系形成及其性质的初步探讨[J]. 广西科学院学报，2(2)：92-95.

陈丽华，陈钢，李少菁，等，2003. 厦门港球型侧腕水母(*Pleurobrachia globosa*)的摄食研究[J]. 厦门大学学报(自然科学版)，42(2)，228-232.

陈清潮，1964. 中华哲水蚤的繁殖、性比率和个体大小的研究[J]. 海洋与湖沼，6(3)：272-288.

杜明敏，刘镇盛，王春生，等，2013. 中国近海浮游动物群落结构及季节变化[J]. 生态学报，33(17)：5407-5418.

杜萍，徐晓群，刘晶晶，等，2015. 象山港春、夏季大中型浮游动物空间异质性[J]. 生态学报，35(7)：2308-2321.

高亚辉，林波，1999. 几种因素对太平洋纺锤水蚤摄食率的影响[J]. 厦门大学学报(自然科学版)，38(5)：751-757.

龚玉艳，张才学，陈作志，等，2015. 湛江湾浮游动物群落结构特征及其周年变化[J]. 海洋科学，39(12)：46-55.

广西海洋局，2012. 大榄坪综合加工区汽车综合服务区项目海洋环境影响报告书[R]. 北海碧蓝环境保护服务有限公司.

广西海洋局，2012. 钦州市沙井岛东岸岸线整治工程项目海洋环境影响报告书[R]. 北海碧蓝环境保护服务有限公司.

何青，孙军，栾青杉，等，2009. 冬季长江口及其邻近水域的浮游植物[J]. 海洋环境科学，28(4)：360-365.

黄加祺，郑重，1986. 温度和盐度对厦门港几种桡足类存活率的影响[J]. 海洋与湖沼，17(2)：161-167.

黄梓荣，2006. 南沙群岛西南陆架区条尾鲱鲤资源状况研究[J]. 台湾海峡，25(2)：273-278.

蓝文陆，李天深，刘勐伶，等，2015. 钦州湾丰水期和枯水期浮游动物群落特征[J]. 海洋学报，37(4)：124-132.

蓝文陆，王晓辉，黎明民，2011. 应用光合色素研究广西钦州湾丰水期浮游植物群落结构[J]. 生态学报，31(13)：3601-3608.

蓝文陆，2012. 钦州湾枯水期富营养化评价及其近 5 年变化趋势[J]. 中国环境监测，28(5)：40-44.

骆鑫，曾江宁，徐晓群，等，2016. 舟山海域夏、秋季浮游动物的分布特征及其与环境因子的关系[J]. 生态学报，36(24)：8194-8204.

庞碧剑，李天深，蓝文陆，等，2018. 钦州湾秋季和春季浮游动物分布特征及影响因素[J]. 生态学报，38(17)：6204-6216.

孙耀强，1989. 北部湾广西沿岸毛颚类组成及数量初步分析[J]. 热带海洋，8(4)：39-45.

徐兆礼，王云龙，白雪梅，等，1999. 长江口浮游动物生态研究[J]. 中国水产科学，6(5)：55-58.

徐兆礼，王云龙，陈亚瞿，等，1995. 长江口最大浑浊带区浮游动物的生态研究[J]. 中国水产科学，2(1)：39-48.

徐兆礼，张凤英，罗民波，2006. 东海栉水母(*Ctenophora*)生态特征[J]. 生态学杂志，25(11)：1301-1305.

闫启仑，郭皓，王真良，等，1999. 浮游动物在贝类筏式养殖区内、外生态特征研究[J]. 黄渤海海洋，17(1)：46-50.

杨纪明，1997. 渤海中华哲水蚤摄食的初步研究[J]. 海洋与湖沼，28(4)：376-382.

杨宇峰，王庆，陈菊芳，等，2006. 河口浮游动物生态学研究进展[J]. 生态学报，(2):576-585.

张才学，龚玉艳，王学锋，等，2011. 湛江港湾浮游桡足类群落结构的季节变化和影响因素[J]. 生态学报，31(23)：7086-7096.

张达娟，闫启仑，王真良，2008. 典型河口浮游动物种类数及生物量变化趋势的研究[J]. 海洋与湖沼，(5)：536-540.

张继红，2008. 滤食性贝类养殖活动对海域生态系统的影响及生态容量评估[D]. 青岛：中国科学院海洋研究所.

郑白雯，曹文清，林元烧，等，2013. 北部湾北部生态系统结构与功能研究——Ⅰ.浮游动物种类组成及其时空变化[J]. 海洋学报，35(6)：154-161.

郑重，李少菁，许振祖，1984. 海洋浮游生物学[M]. 北京：海洋出版社：501-526.

中国海湾志编纂委员会，1993. 中国海湾志第十二分册(广西海湾)[M]. 北京：海洋出版社.

中华人民共和国国家质量监督检验检疫总局，中国国家标准化管理委员会，2008. 海洋监测规范 第7部分：近海污染生态调查和生物监测：GB 17378.7—2007[S]. 北京：中国标准出版社.

Aoyama T，1973. The demersal fish stocks and fisheries of the South China Sea[R]. UNDP and FAO，SCS/DEV/73/3.

Brodeur R D，Mills C E，Overland J E，et al.，1999. Evidence for a substantial increase in gelatinous zooplankton in the Bering Sea，with possible links to climate change[J]. Fisheries Oceanography，8(4)：296-306.

Dippner J W，1998. Competition between different groups of phytoplankton for nutrients in the Southern North Sea[J]. Journal of Marine Systems，14(1-2)：181-198.

Lindley J A. and Batten S D，2002. Long-term variability in the diversity of North Sea zooplankton[J]. Journal of the Marine Biological Association of the United Kingdom，82：31-40.

Lynam C P，Hay S J，Brierley A S，2004. Interannual in abundance of North Sea jellyfish and links to the North Atlantic Oscillation[J]. Limnology and Oceanography，49(3)：637-643.

Pan Y L，Rao D V S，1997. Impacts of domestic sewage effluent on phytoplankton from Bedford Basin，eastern Canada[J]. Marine Pollution Bulletin，34(12)：1001-1005.

Pinkas L M，Oliphant S，Iverson I L K，1971. Food habits of albacore，bluefin tuna，and bonito in Californian waters[J]. Fisheries Bulletin，152：1-105.

Shannon C E，Winer W，1949. The mathematical theory of communication[M]. Urbana：University of Illinois Press.

Wang R，Zuo T，Wang K E，2003. The Yellow Sea cold bottom water—An oversummering site for Calanus sinicus(Copepoda，Crustacea)[J]. Journal of Plankton Research，25(2)：169-183.

第7章　牡蛎养殖的生态环境影响

海洋底栖生物（marine benthos）是指栖于海洋基底表面或沉积物中的生物，是海洋生物中的一个重要生态类型。海洋底栖生物同人类的关系十分密切，许多底栖生物可供食用，是渔业采捕或养殖的对象，具有重要的经济价值。广西北部湾是我国最大的牡蛎养殖基地，其中钦州市养殖面积及产量处于全区第一。钦州市牡蛎养殖区域主要位于钦州湾海域，该海域目前已成为中国最大的牡蛎天然菜苗区和养殖基地。近年来，随着钦州湾牡蛎养殖业的迅猛发展，盲目追求养殖规模和无序开发的现象严重，区域养殖密度过高，给钦州湾生态环境造成不利影响，大量的牡蛎养殖对浮游生物群落结构有显著的影响，进而又限制了该区域的养殖容量和产出。

为了解和掌握钦州湾牡蛎养殖的生态环境影响，本章将通过了解钦州湾底栖生物群落结构特征，研究钦州湾香港巨牡蛎清滤率和摄食率，并分析钦州湾牡蛎养殖对营养盐等环境因子，以及浮游植物、浮游动物、大型底栖生物的群落结构、数量及分布等影响，尝试较为系统地阐述牡蛎养殖对钦州湾生态环境的影响。最后，通过采用营养动态模型估算钦州湾牡蛎养殖的容量，为提出钦州湾牡蛎养殖的可持续发展针对性对策提供依据。

7.1　底栖生物群落结构

7.1.1　调查分析方法

海洋底栖生物广泛分布于自潮间带到深海海底区域，是海洋生物中种类最多的一个生态类型，包括了大多数海洋动物门类、大型海藻和海洋种子植物。海洋底栖生物种类繁多，其中底栖动物种类繁多、构造多样，底栖植物种数很少。在海洋生态系统中，底栖生物分别处于不同的营养层次，既包括了作为生产者的底栖植物如大型海藻，处于食物链的第一级，也包括了初级消费者植食性底栖动物，它们有的（如藻虾、鲍）以大型藻类为食，有的（如双壳类、毛虾、桡足类等）以浮游植物或有机碎屑为食，处于食物链中第二级，还包括次级消费者（如螺类和许多虾、蟹）以浮游动物和底栖动物为食，属于食物链的第三级。许多底栖生物种类（如大型海藻、小型虾、蟹、贝类、多毛类）是鱼类及其他动物捕食的对象，也有不少底栖动物成为人类食用的对象（如经济虾、蟹、贝类和一些底栖鱼），而且部分底栖生物还对环境污染有着重要的指示作用，因此研究底栖生物的群落结构特征、数量变动规律及其与海洋环境的关系，对保护水产业的健康发展和生态环境有重要意义。

为较为系统掌握钦州湾底栖生物群落结构的种类组成、丰度生物量及生物多样性季节变化和水平分布特征，揭示北部湾经济区大开发背景下钦州湾的商业开发对底栖生物群落的冲击、环境和浮游生物对底栖动物群落结构影响等，分别于 2012 年 3 月（枯水期）和 2015 年 3 月（枯水期）各进行了一期钦州湾底栖生物调查。调查区域主要位于钦州湾外湾湾口以内，枯水期站点布设见图 2.2.1，共 15 个站点。

底栖生物采用面积为 0.04 m^2 的抓斗式采泥器取样，取三次合为一个样品，用 0.5 mm 孔径的套筛进行筛选，将生物挑出装瓶后用 5%甲醛溶液固定保存并带回实验室，用电子解剖镜在 10～160 倍下进行鉴定。样品的采样、保存、处理均依据国家《海洋监测规范 第 7 部分：近海污染生态调查和生物监测》（GB 17378.7—2007）提供的方法执行。

潮间带生物每个地点设置 1 条监测断面，按照高潮带、中潮带和低潮带分别设置站点数量，采用采样器、平头铁锹采集面积为 25 cm×25 cm 的样方框内 30 cm 深度内泥样，用 0.5 mm 孔径的套筛进行筛选，将生物挑出装瓶后用 5%甲醛溶液固定保存并带回实验室，用电子解剖镜在 10～160 倍下进行鉴定。每站点定量样品采集时，同时采集定性样品，尽可能将该站点附近出现的底栖动植物种类收集，与定量样品分开，作为种类组成分析时的参考。样品的采样、保存、处理均依据国家《海洋监测规范 第 7 部分：近海污染生态调查和生物监测》（GB 17378.7—2007）提供的方法执行。

物种多样性指数 H'、优势度等计算方法及分析方法参照浮游植物部分，具体见 5.2.1 节。

7.1.2 钦州湾底栖生物群落特征

（1）种类组成与分布

2012 年枯水期钦州湾底栖生物调查中，Q1、Q2、Q3 和 Q8 四个站点未采集到生物，其他 11 个站点共检出大型底栖生物 6 门 45 种，其中软体动物 25 种，是该次调查中最主要的类群（图 7.1.1），其次为多毛类和节肢动物，分别为 8 种和 6 种，其他类群种类数量较少，刺胞动物 3 种，棘皮动物 2 种，星虫动物 1 种。通过采泥器采集的底栖生物，全部为底栖动物，未采集到浮游植物种类。钦州湾地处亚热带，水温较高，抑制了大型海藻的生长。大型海藻主要见于附着生长在养殖浮筏、网箱等基质或贝类吊串上，常见种类不多。在抓斗采集的样品中，未发现有底栖大型海藻。

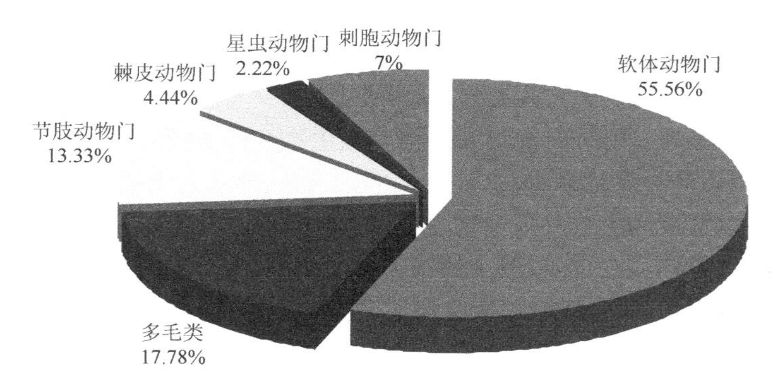

图 7.1.1　2012 年枯水期钦州湾大型底栖生物种类组成

2012 年枯水期钦州湾底栖生物调查中未采集到生物的站点主要分布在内湾河口附近及外湾钦州港附近，内湾其他站点所采集到的生物种类较少，各站点种类数量组成见图 7.1.2，外湾的种类组成相对于内湾较为丰富。内湾—钦州港附近底栖生物种类很少，甚至出现没有采集到生物的情况，表明了钦州湾内湾底栖生物存在着群落结构简单、底栖生境“荒漠化”现象。出现这种情况的原因可能是雨季入海河流的冲刷及航道疏浚等，底栖生境受到剧烈扰动，不利于底栖生物附着生长。另外，所调查的站点大部分位于航道或航道附近，因此在采样时可能采集到无生物的样品。

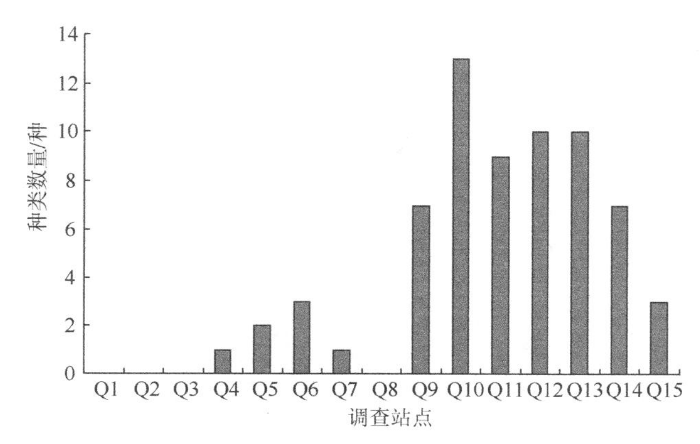

图 7.1.2　2012 年枯水期钦州湾大型底栖生物各站点种类数量

软体动物是 2012 年枯水期钦州湾调查的优势类群，出现频率也最高，在 9 个站点有发现，其次是多毛类，在 6 个站点有发现。粗帝汶蛤（*Timoclea scabra*）和虫昌螺（*Umbonium vestiarium*）为优势种，其中粗帝汶蛤优势度为 0.19，在 5 个站点粗帝汶蛤均有发现，主要分布于外湾，其中 Q13 站点栖息密度最高，为 5.26×10^3 ind/m^2，其余三站点栖息密度较低，为（1.33～4.33）$\times10^2$ ind/m^2；内湾仅 Q6 站点有发现，栖息密度为 16.67 ind/m^2。虫昌螺仅出现在外湾红沙附近海域的 Q11 站点，优势度为 0.04，栖息密度为 6.92×10^3 ind/m²，在该站点占据绝对优势，是海湾栖息密度最高的种类。

2015 年枯水期钦州湾调查共采集到底栖生物 8 门 34 科共 48 种。该次调查的底栖生物中以多毛类和软体动物为主（图 7.1.3），分别为 19 种和 18 种，这 2 个类群占总种类数 80%左右。多毛类主要种类包括小头虫科的背蚓虫（*Notomastus latericeus*）、丝异须虫（*Heteromastus filiformis*）和中蚓虫属（*Mediomastus* sp.），欧文虫（*Owenia fusiformis*），海稚虫科的奇异稚齿虫（*Paraprionospio pinnata*）及吻沙蚕科的绻旋吻沙蚕（*Clycera tridactyla*）等，这些种类主要营埋栖性生活。软体动物中粗帝汶蛤（*Timoclea scabra*）的优势度较高，最高栖息密度可达 1691.67 ind/m²，但生物量较低，这与该物种的个体体积小、质量轻有关；此外棒锥螺（*Turritella bacillu*）、理蛤（*Theora lata*）和蛤蜊属（*Mactra* sp.）也较为常见。其他类群种类则相对较少，主要为节肢动物 5 种，棘皮动物 2 种，腔肠动物、扁形动物、螠虫动物及脊索动物各 1 种。节肢动物种类出现较少，主要种类组成有豆形短眼蟹（*Typhlocarcinus nudus*）和日本和美虾（*Nihonotrypaea japonica*）等。棘皮动物中东方三齿蛇尾（*Amphiodia orientalis*）较常见。

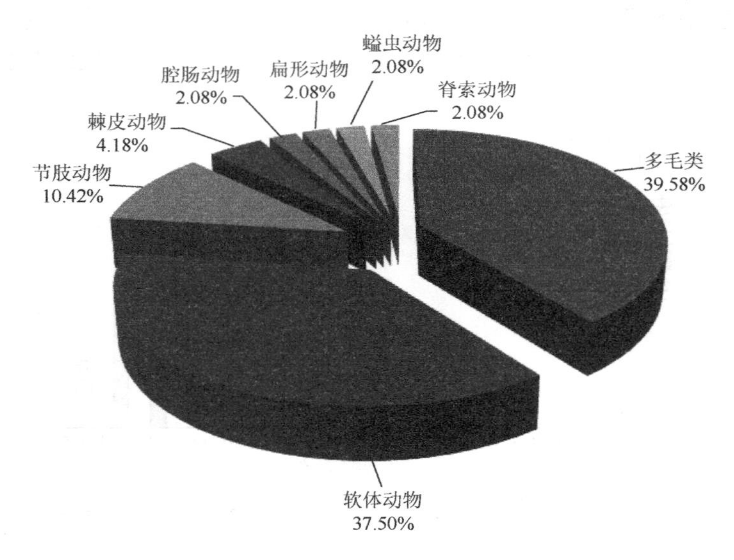

图 7.1.3　2015 年枯水期钦州湾底栖生物种类组成

综合以上 2 次的调查结果发现，软体动物和多毛类是钦州湾底栖生物的最主要类群。与 2012 年相比，2015 年底栖生物种类组成结构有较大的变化，主要是多毛类种类的增加和软体动物种类的减少，主要常见种也以多毛类为主（表 7.1.1）。但 2012 年枯水期和 2015 年枯水期底栖生物的优势种没发生太大变化，粗帝汶蛤

（*Timoclea scabra*）仍是 2015 年的优势种，而且优势度比 2012 年高，是 2015 年底栖生物调查中唯一优势种（表 7.1.1）。

表 7.1.1　2015 年枯水期钦州湾底栖生物主要常见种

序号	种名	门类	优势度指数 Y
1	粗帝汶蛤（*Timoclea scabra*）	软体动物	0.4354
2	背蚓虫（*Notomastus latericeus*）	环节动物	0.0120
3	丝异须虫（*Heteromastus filiformis*）	环节动物	0.0089
4	豆形短眼蟹（*Typhlocarcinus nudus*）	节肢动物	0.0071
5	欧文虫（*Owenia fusiformis*）	节肢动物	0.0056
6	奇异稚齿虫（*Paraprionospio pinnata*）	环节动物	0.0039
7	中蚓虫属（*Timoclea scabra*）	环节动物	0.0036
8	理蛤（*Theora lata*）	软体动物	0.0031

（2）栖息密度及生物量

2012 年枯水期钦州湾底栖生物栖息密度以软体动物最高，占总量的 94.59%，其次为节肢动物，占总量的 3.18%，多毛类、棘皮动物、刺胞动物和星虫动物分别占总量的 1.17%、0.51%、0.47%和 0.08%，栖息密度组成见图 7.1.4。

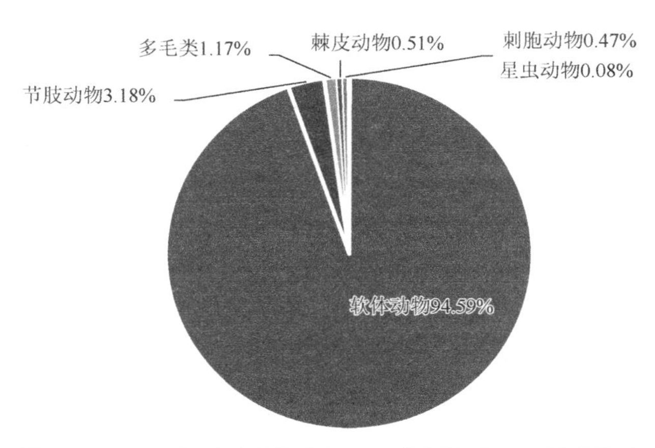

图 7.1.4　2012 年枯水期钦州湾大型底栖生物栖息密度组成

2012 年枯水期钦州湾底栖生物调查结果显示，Q11 站点生物栖息密度最大，Q1 站点、Q2 站点、Q3 站点和 Q8 站点未发现生物，栖息密度为 0，各站点密度为 0～7.44×10^3 ind/m^2，内湾平均值为 25.00 ind/m^2，外湾平均值为 1.84×10^3 ind/m^2，钦州湾全海区平均值为 9.95×10^2 ind/m^2，栖息密度空间分布见图 7.1.5。

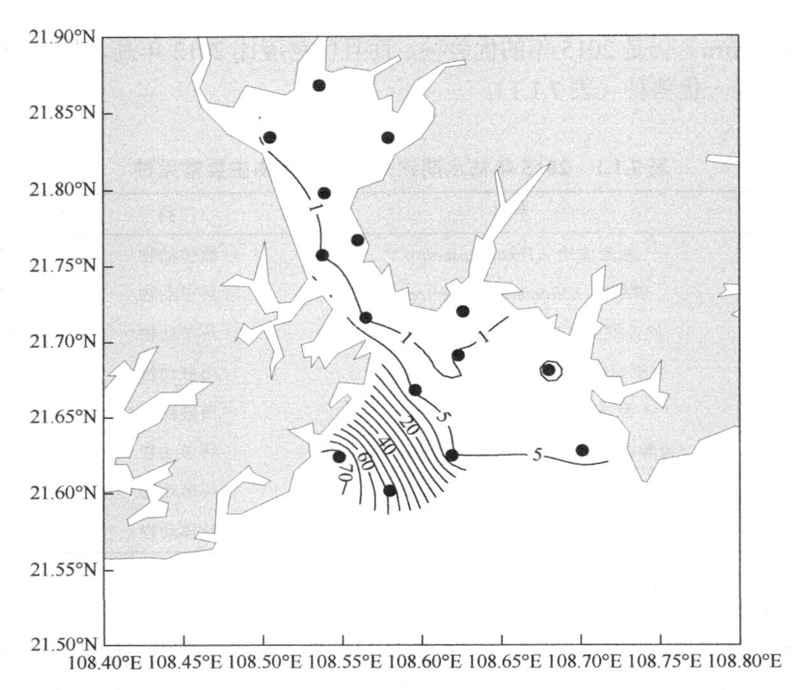

图 7.1.5　2012 年枯水期钦州湾大型底栖生物栖息密度空间分布（单位：$\times 10^2$ ind/m^2）

2012 年枯水期钦州湾底栖生物生物量以软体动物最高，占总量的 90.81%，其次为节肢动物，占总量的 8.11%，刺胞动物、多毛类、棘皮动物和星虫动物分别占总量的 0.63%、0.27%、0.18%和 0.01%，大型底栖生物生物量组成见图 7.1.6。

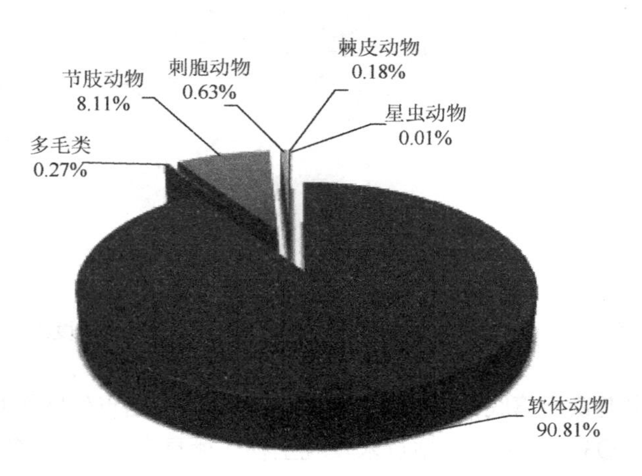

图 7.1.6　2012 年枯水期钦州湾大型底栖生物生物量组成

2012 年枯水期钦州湾底栖生物调查结果显示，Q13 站点生物量最大，Q1 站点、Q2 站点、Q3 站点和 Q8 站点未发现生物，生物量为 0，各站点生物量为 0～6.71×10^2 g/m^2，内湾平均值为 7.36 g/m^2，外湾平均值为 2.19×10^2 g/m^2，全海区平均值为 1.20×10^2 g/m^2，生物量空间分布见图 7.1.7。

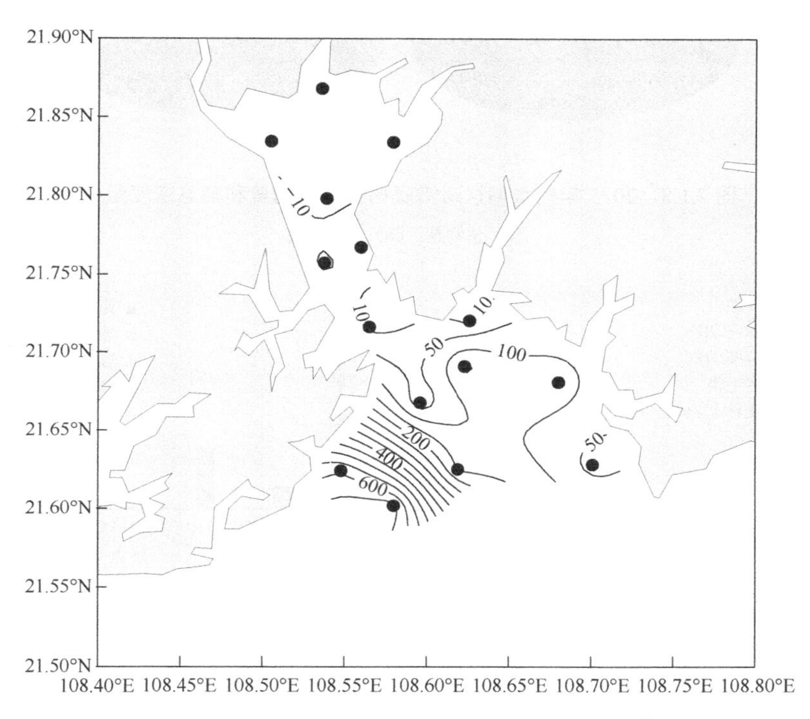

图 7.1.7 大型底栖生物生物量分布（单位：g/m^2）

2015 年枯水期的钦州湾底栖生物调查海域底栖生物海湾总平均生物量为 35.80 g/m^2，总平均栖息密度为 390.28 ind/m^2。底栖生物的生物量组成以软体动物占优势，其生物量为 24.84 g/m^2；其次为节肢动物，生物量为 8.35 g/m^2；棘皮动物等其他生物的生物量最低，所占比例也低（图 7.1.8）。2015 年枯水期底栖生物栖息密度也以软体动物为主，密度为 286.80 ind/m^2；其次为多毛类，占比例最低的为棘皮动物和其他类（图 7.1.8）。在各个站点中，除了内湾生物量和个体密度以多毛类为主之外，其他站点均以软体动物为主，外湾南部附近站点节肢动物生物量所占比例也较高（图 7.1.9）。

2015 年枯水期钦州湾调查海域各站点底栖生物的生物量和栖息密度各站点存在较大差异。生物量最高值出现在外湾南部站点，生物量较高的站点则主要分布在外湾南部海域及外湾东部海域，内湾—龙门附近站点生物量很低，这几个站

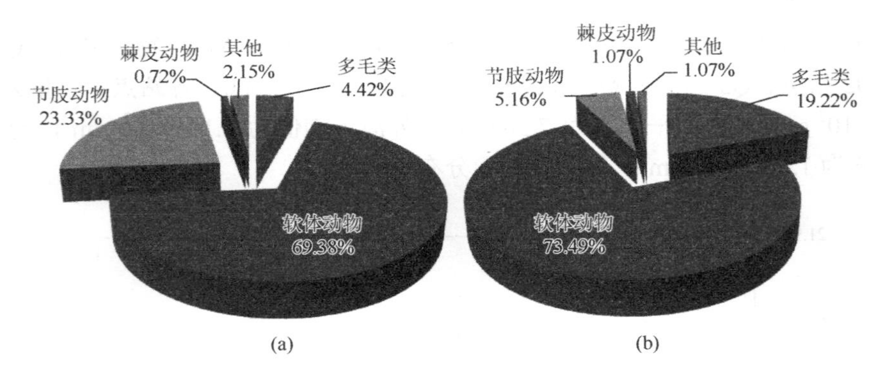

图 7.1.8　2015 年枯水期钦州湾底栖生物生物量和栖息密度组成

（a）生物量；（b）栖息密度

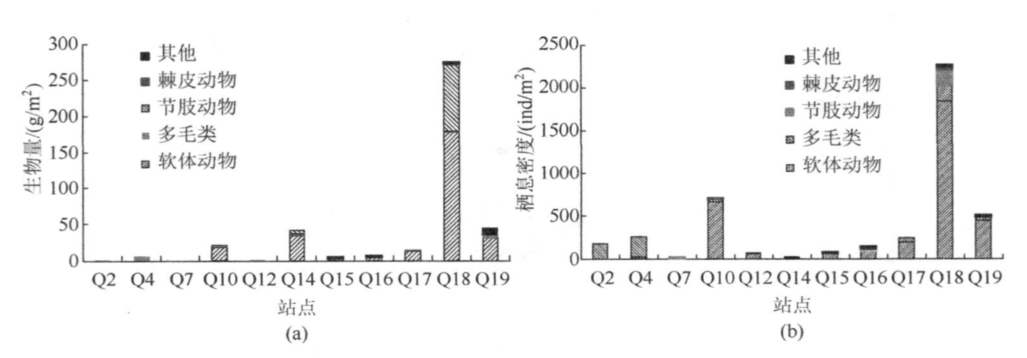

图 7.1.9　2015 年枯水期钦州湾底栖生物生物量和栖息密度分布

点主要以多毛类或小型节肢动物为主，生物量很小。栖息密度在各个站点之间的空间分布特征与生物量分布一致（图 7.1.9），栖息密度最高值也出现外湾南部，该站点分布大量的粗帝汶蛤幼体，这可能与该站点位于附近的钦州 30 万 t 码头水工构筑物附近有关，钦州 30 万 t 码头水工构筑物于 2012 年 7 月投放，水工构筑物在水下起到类似人工鱼礁的作用，另外，现场采样时发现周边渔船较多，生物资源比较丰富。与生物量分布不同，内湾的站点底栖生物栖息密度处于一般水平，主要为多毛类，丰度高但生物量低。

从图 7.1.9 可以看到软体动物是钦州湾底栖生物生物量的最重要的贡献类群，2015 年枯水期钦州湾软体动物的生物量分布见图 7.1.10，它从一定程度上也能够反映了底栖生物的空间分布特征。2015 年枯水期钦州湾软体动物空间分布特征上与 2012 年相近，内湾生物量很低，最高的生物量仍分布在钦州湾外湾的西南侧，外湾生物量明显高于内湾（图 7.1.7 和图 7.1.10）。

（3）物种多样性指数

在 2012 年枯水期钦州湾底栖生物调查中，内湾的 Q1 站点、Q2 站点、Q3 站

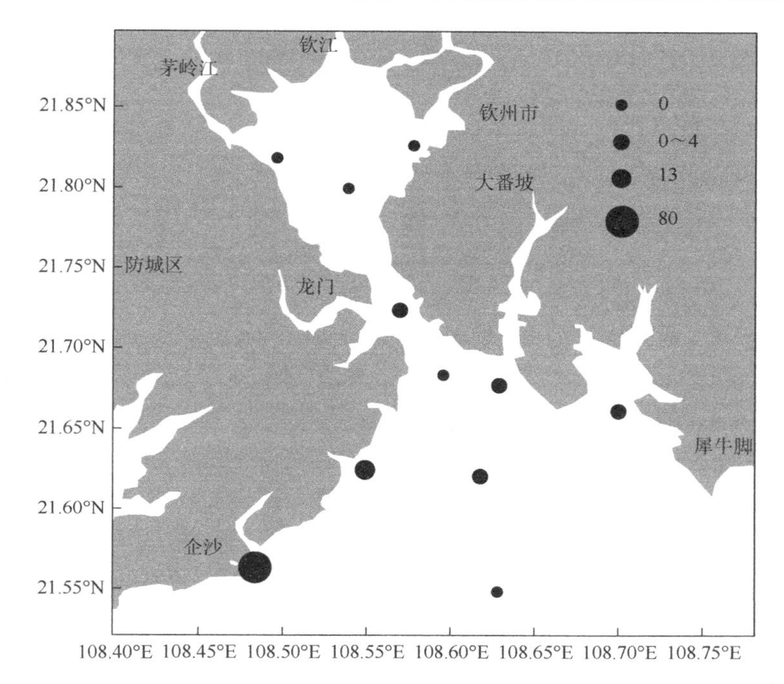

图 7.1.10　2015 年枯水期钦州湾底栖生物软体动物生物量分布（单位：g/m^2）

点和外湾的 Q8 站点均未采集到生物，因此仅对其他 11 个站点进行物种多样性指数计算和分析。钦州湾海区大型底栖生物物种多样性指数在 0～3.01，物种多样性指数平均值为 1.09，内湾平均值为 0.56，外湾平均值为 1.40。物种多样性指数最低值出现在外湾的 Q4 站点及 Q7 站点，最高值出现在内湾湾口的 Q10 站点。2012 年枯水期钦州湾底栖生物调查共 15 个站点，除未采集到生物的 4 个站点外，另 11 个站点中仅 Q9 站点、Q10 站点和 Q12 站点的物种多样性指数在 2 以上，其余站点都低于 2，Q4 站点和 Q7 站点因只采集到一种生物性指数为 0，综合 4 个未采集到生物的站点，钦州湾底栖动物的生物多样性总体水平较低，按照基于生物多样性的生境评价说明钦州湾由内湾到外湾底栖环境大多处于中度到重度污染状态（图 7.1.11）。Q10 站点种类数量和多样性指数都是最高，而 Q11 站点和 Q13 站点虽然种类数量较高，但物种多样性指数很低，主要是分别受到虫昌螺和粗帝汶蛤形成的单一绝对优势种影响（图 7.1.12）。

2015 年枯水期钦州湾调查海域底栖生物丰富度指数为 0～2.91，平均为 1.64，最高值出现在三娘湾附近站点，最低值出现在龙门航道站点；均匀度指数为 0.23～1.00，平均为 0.64；物种多样性指数为 0～2.71，平均为 1.50，最高值也出现在三娘湾附近站点，最低值出现在龙门航道站点。整体上，钦州湾底栖生物多样性较低，部分站点甚至未采集到生物或仅采集到一种生物，表明海湾底栖生物受扰动情况较为严重。

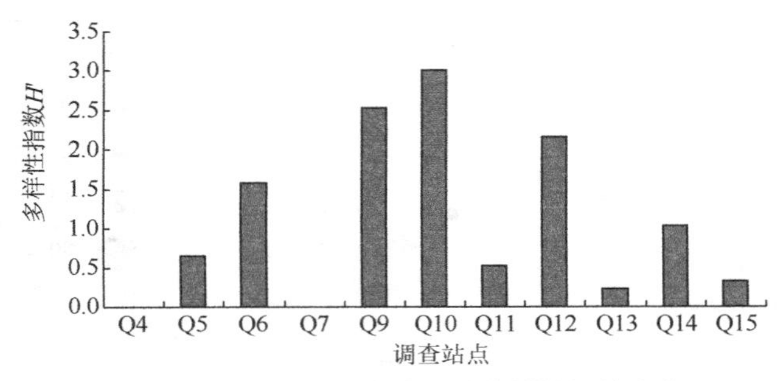

图 7.1.11　大型底栖生物物种多样性指数分布

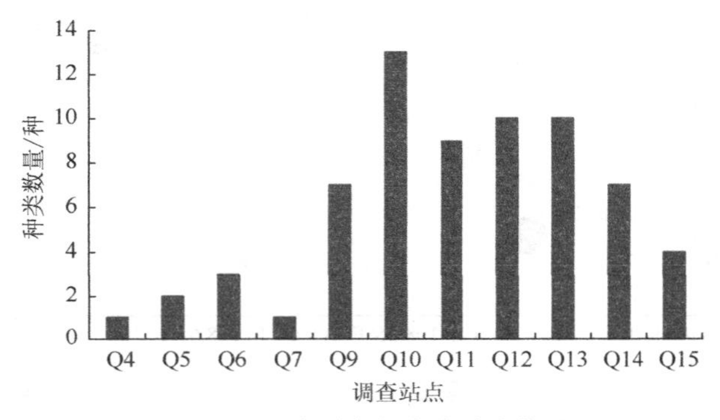

图 7.1.12　大型底栖生物种类数量

7.1.3　茅尾海底栖生物年际变化

从 2012 年和 2015 年枯水期钦州湾底栖生物调查中发现，茅尾海底栖生物种类数量、栖息密度、生物量及物种多样性指数都较低。茅尾海是一个典型的河口半封闭富营养化海湾，营养盐补充量大，另外，茅尾海同时也是历史上有名的天然大蚝采苗场，照常理该海湾底栖生物生物量应该较高。但此次底栖生物调查发现的生物多样性程度较低，有悖于一般认知。为了探究此次调查结果是否存在偶然性，这里综合 2011～2016 年共 6 年的调查结果，重点对茅尾海进行分析，以探索该海区的底栖生物群落特征及年际变化。

将茅尾海里面的 4 个站点加上龙门附近的站点共 5 个作为茅尾海调查站点进行分析，即 Q1～Q5（图 2.2.1）。2011～2016 年 5 个茅尾海调查站点共进行 30 站点·次采样，仅有 14 站点·次采集到底栖生物，其中 Q1 仅有 2013 年一次采集到生物，Q2 和 Q3 也经常未能采集到生物样品，表明茅尾海底栖生物受到干扰较严重。在 2011～2016 年茅尾海采集到的大型底栖生物中，共鉴定出 7 门 25 科 39 种。优势类群为环节动物门 24 种，占总种类数的 61.5%，其次为软体动物门 7 种，占总种数的 17.9%。

2011～2016 年茅尾海大型底栖生物优势类群为环节动物门，以小头虫科的背蚓虫和丝异须虫优势度最高（$Y \geqslant 0.02$），茅尾海海域常见大型底栖生物以小型种类为主。小头虫科属于机会主义种，是在有机物增加后具有快速扩散能力的种类，同时也是底栖环境有机质污染的指示种，茅尾海底栖生物近年来出现小头虫科作为优势的群落结构，表明茅尾海底质环境受到有机质污染。

2011～2016 年茅尾海大型底栖生物调查的年均生物量为 0～2.48 g/m^2，栖息密度为 0～113.33 ind/m^2，总体而言，茅尾海大型底栖生物种类数量少，生物量很小，栖息密度低（表 7.1.2）。除了 2013 年茅尾海底栖生物的调查结果栖息密度和生物量略高之外，其他年份茅尾海底栖生物的平均栖息密度小于 15 ind/m^2，生物量小于 1 g/m^2，而且部分站点常年未采集到生物，存在底栖生物“沙漠化”的问题。茅尾海年均物种多样性指数为 0～1.36，按照基于物种多样性指数的生境质量评级，除 2013 年底栖生物生境质量为差之外，其余年份生境质量为极差，表明茅尾海底栖环境受扰动很严重，底栖生物群落结构简单，甚至出现海底荒漠的现象。

表 7.1.2　茅尾海大型底栖生物多样性特征

项目	2011 年	2012 年	2013 年	2014 年	2015 年	2016 年
生物量/(g/m^2)	0.68	0.20	2.48	0	0.18	0.18
栖息密度/(ind/m^2)	13.33	10.00	113.33	0	15.00	8.33
物种多样性指数	0.39	0.00	1.36	0.00	0.47	0.40

如前所述，茅尾海曾是有名的天然大蚝采苗场，茅尾海也确实分布着大量的大蚝苗采集、养殖沉排、水泥桩及浮筏等。2011～2016 年的调查中未调查人工采集、养殖装置中的栖息生物，主要采集与水质采集一致站点的底栖生物样品。这些站点主要位于航道及其附近，包括钦江口的沙井航道、大榄江航道及茅岭江口的茅岭航道，Q5 站点也位于龙门航道附近。近年来虽然大规模的港口建设主要位于钦州港保税港区附近，但茅尾海的航道建设及采砂活动频繁，航道及其附近作业强度较高，这可能是这些站点底栖生物很少甚至没有的主要原因。另外在内湾采样主要采用小型抓斗，所采集到的样品随机性较强，而且各个站点主要位于航道及其附近，稍微偏离原位置，底栖环境可能就有较大差异，这也可能是 2013 年茅尾海底栖生物调查结果远远高于其他年份的原因。除去 2013 年的偶然因素，2011～2016 年茅尾海底栖生物相对保持稳定的结构和数量，但均表现为极低的种类数量、栖息密度和生物量等生物多样性特征，经常出现未能采集到生物或者只采集到一两个种类很少生物的状况，表明茅尾

海底栖生物低多样性及所监测站点附近存在海底荒漠化现象已属于常态。底栖生物的部分指示种常被用于污染或富营养化的指示，因对某些污染的特殊耐受性或喜好性，在出现污染或富营养化时能大量生长进而形成优势种。茅尾海是北部湾近岸海域中最严重的富营养化海区，但同时也是无机氮及活性磷酸盐超标最严重的海区，除 2013 年外，其他年份则未出现机会主义种或污染指示种类大量生长导致物种多样性指数很低的现象。相反，茅尾海底栖生物物种多样性指数很低主要是底栖生物整体生物种类数量很低所致，因而茅尾海的底栖生物物种多样性指数低应与污染无直接关系，或者除受污染等因素影响外，也同时与茅尾海较为复杂的环境状况有关。

7.1.4　钦州港底栖生物年际变化

底栖生物是海洋生物的一个重要生活类群，同时部分底栖生物种类还被认为是具有反映海区污染或受扰动程度的指示种而备受关注，在历史上钦州湾底栖生物调查也有不少公开报道。钦州港自 20 世纪末开始建设以来，尤其是 2008 年钦州港保税港区开始建设之后，钦州港码头建设及航道开挖疏浚、吹沙填海等工程建设，势必会对底栖环境造成重大影响，而底栖生物则首当其冲。因而在此期间各部门都加强了对底栖生物的观测。自 2010 年开始，我们在钦州湾也开展了每年一期的定期观测。本研究仅用 2012 年和 2015 年的结果大体展示了钦州湾底栖生物群落结构特征及在钦州港港口大建设期间的初步变化情况。在这期间部分文献也报道了钦州港及其附近海域底栖生物的情况，本研究结合文献及 2012～2015 年的结果，分析钦州港附近海域底栖生物的年际变化情况，以了解钦州港大开发对底栖生物群落的影响情况。

钦州湾较早的底栖生物调查资料主要见于《中国海湾志第十二分册（广西海湾）》（中国海湾志编纂委员会，1993）记录的 20 世纪 80 年代的调查结果，其调查海区主要位于钦州湾外湾。与中国海湾志中记载的 20 世纪 80 年代底栖生物调查结果相比，2012 年和 2015 年底栖生物种类组成有较大的不同，反映了 30 年期间钦州湾底栖生物群落结构的变化。首先是种类数量较少，20 世纪 80 年代钦州湾底栖生物种类丰富，共 250 余种，其中节肢动物种类最多（76 种），底栖鱼类 65 种，软体动物 60 种，多毛类 35 种，棘皮动物 12 种（中国海湾志编纂委员会，1993），显著高于 2012 年和 2015 年的种类数量，尤其是底栖鱼类和节肢动物。造成这种较大差异主要原因可能是二者在样品采集的方法和时间上存在着较大的差异，海湾志中的调查方法包括了拖网和采泥两种，而且进行了春、夏、秋、冬 4 个季节的调查，而 2012 年和 2015 年则只在枯水期进行调查，采样方式只采用采泥器采样，受限于采样船只为快艇手工拖拉等采样条件，所采用的采泥器也较小，因此对于一些移动能力较强的种类如鱼类、节肢动物等则较难采集到，其他种类也经常容易错过，因此采集到的种类数量较少。另外，2012～2015 年钦州湾大开发已开发了几年，港区围填海、航道疏浚等作业频繁，底栖生境也发生了较大变化，而且所调查的站点多位于航道及其附近，底质环境的剧烈变化也可能是这期间种类数量较少的主要原因。从优势种来看，20 世纪 80 年代和 2012～2015 年的优势种已明显不同，20 世纪 80 年代钦州湾底栖生物的优势种和主要种类为棒锥螺、毛蚶、花指栉孔扇贝、长额仿对虾、角额仿对虾、环纹鲟、细雕引胁海胆等（中国海湾志编纂委员会，1993），与 2012 年优势种粗帝汶蛤和虫昌螺，以及 2015 年优势、常见种（表 7.1.1）有明显差异，这也从另一个侧面反映了钦州湾环境尤其是底质环境可能已经发生了较大变化，导致底栖生物种类组成及优势种有明显差异。

除了种类组成之外， 2012～2015 年钦州湾底栖生物的生物量及栖息密度也发生了较大变化。20 世纪 80 年代钦州湾底栖生物的平均生物量为 619.56 g/m^2，平均生物密度为 310 ind/m^2，其中软体动物的平均生物量为 604.42 g/m^2，占底栖生物总生物量的 97.56%（中国海湾志编纂委员会，1993）。2012 年枯水期钦州湾底栖生物外湾平均密度为 1840 ind/m^2，外湾生物量平均值为 219 g/m^2，生物量以软体动物最高，占总量的 90.81%。与 20 世纪 80 年代同期的底栖生物调查结果相比，2012 年底栖生物栖息密度明显变高，但生物量却较低。如底栖生物优势种变化的结果所示，这种变化进一步表明了钦州湾底栖生物种类变少。另外，2012 年软体动物生物量的比例也比 20 世纪 80 年代低，从生物量结构的角度也印证了上述结果。

在 2012～2015 年钦州湾港口大开发建设期间，底栖生物群落也发生了较大变化。2012 年相比，2015 年枯水期钦州湾底栖生物的生物量发生了较大变化，明显低于 2012 年枯水期。以最主要类群软体动物为例，如果算上未能采集到生物的站点，2015 年软体动物（以双壳类为主）生物量平均值为 8.86 g/m^2，仅为 2012 年软体动物生物量的 1/10。2015 年枯水期钦州湾底栖生物总平均生物量和栖息密度也明显低于 2012 年。相比于内湾，外湾生物量变化较大，2015 年枯水期外湾生物量显著下降。在 2012～2015 年，钦州湾处在港口大开发阶段，大量的港口建设尤其是航道清淤、扩宽改造等工程建设，可能给海湾底栖生物造成较大的影响。从图 7.1.10 可以看到，软体动物低生物量的站点主要分布在内湾几个站点及外湾中间航道附近海区，而内湾 4 个站点也基本上位于沙井航道及茅岭航道附近，由此可以推测钦州湾在这期间大规模的开挖航道或疏浚航道，外加钦州港大规模的港口建设，一方面航道开挖疏浚直接破坏了底栖生物的原始生境从而造成航道及其周边底栖生物的大量减少，另一方面大规模的港口建设造成水体悬浮物浓度高，有可能覆盖、掩埋活动能力较差的底栖生物，低透明度直接影响浮游植物饵料的浓度和质量等，从而造成底栖生物的减少，导致了 2015 年钦州湾尤其是其外湾底栖生物生物量显著降低。

除了20世纪80年代钦州港开发前的调查结果之外，在2008年以后钦州港大开发时期，底栖生物调查也有部分公开报道。可以综合这些公开报道的资料，与20世纪80年代进行比较，以更准确地掌握这30年期间钦州湾底栖生物群落的演变情况。王宗兴等（2010）利用2008年10月在钦州湾（主要是钦州港海域）采集的大型底栖动物定量样品，采集到大型底栖动物58种，其中多毛类35种，甲壳动物7种，软体动物10种，棘皮动物2种，其他类群动物4种。底栖动物的群落优势种为蛇杂毛虫（*Poecilochaetus serpens*）和色斑刺沙蚕（*Neanthes maculata*），二者累计贡献率达到55.15%。王宗兴等（2010）在2008年10月调查结果中底栖生物种类组成与20世纪80年代的结果及2010年左右的结果差异显著，除了本研究在2015年内湾站点多毛类能够占据种类数量大部分比例之外，其他调查中都较少显示多毛类占据绝大部分比例并成为最主要的优势种。由于种类组成结构差异很大，2018年10月王宗兴等（2010）调查结果显示钦州湾底栖生物平均栖息密度为346.7 ind/m^2，但生物量很低，平均生物量仅为6.4 g/m^2，生物小型化明显。王迪等（2011）通过2008～2009年在钦州湾（主要为钦州港西南部海域）及附近海域进行的4个航次的大型底栖动物调查，共获大型底栖动物8门62科94种，软体类最多，其次为多毛类，种类季节变化较大。春季优势种为方格皱纹蛤（*Periglypta lacerata*）、刺足掘沙蟹（*Scalopidia spinosipes*）和独齿围沙蚕（*Perinereis cultrifera*），夏季优势种为方格皱纹蛤、刺足掘沙蟹和持真节虫，秋季优势种为曲波皱纹蛤和网纹藤壶，冬季优势种为肋鲳螺和方格皱纹蛤。王迪等（2011）在2008～2009年在钦州湾海区调查结果显示底栖生物平均总密度和平均总生物量分别为439ind/m^{2}和115.14 g/m^2，生物量明显高于王宗兴等（2010）在2008年10月的调查结果。与20世纪80年代钦州湾茅尾海调查结果相比，2008～2009年钦州港附近海区底栖生物（王迪等，2011）平均栖息密度有所升高，但是平均生物量却有较大程度的降低。王迪等（2011）在2008～2009年的调查中钦州港附近底栖生物的多样性水平也一般，底栖动物群落的丰富度指数*D*、物种多样性指数*H'*和均匀度指数*J'*平均值分别为4.01、1.80和0.73，处于一般水平。许铭本等（2014）2010年6月和12月采用拖网法在钦州港东南部海域进行底栖生物样品采集，共采集到大型底栖动物种类148种，其中软体动物57种，节肢动物42种，底栖鱼类20种，其他动物共29种，这也是所公开报道2008～2015年钦州湾底栖生物种类数最多的结果，可能与采集方法不同有关，该次调查采用拖网法，因而可以与20世纪80年代海湾志中记载的资料进行比较，但20世纪80年代调查中记载的种类数达到250种，2010年调查结果（许铭本等，2014）鉴定出的种类数只有一半。虽然20世纪80年代调查的是4个季节，2010年调查的是2个季节，但考虑不同季节中有较多的相同种类，2010年种类数量可能表明了这期间底栖生物群落的种类数量确实已减少。2010 年调查中底栖生物夏季出现的优势种有鳞片帝汶蛤、棒锥螺、狼牙鰕虎鱼、亚洲侧花海葵和细雕刻肋海胆，冬季出现的优势种为亨氏仿对虾、小头栉孔鰕虎鱼和细雕刻肋海胆（许铭本等，2014）。这些种类中，只有棒锥螺和细雕刻肋海胆 2 个种类与 20 世纪 80 年代的优势种及主要种类相一致，表明在此期间钦州湾拖网采集底栖生物优势种也发生了较大的变动。许铭本等（2014）在 2010 年的调查中发现夏季大型底栖动物种类数与悬浮物含量呈显著负相关，生物量、丰度、种类数均与沉积物中的油类含量呈显著负相关，均匀度与沉积物中值粒径呈显著负相关，丰度与沉积物的中值粒径呈显著正相关，物种多样性指数与沉积物中的黏土含量呈显著正相关，这些环境参数与围填海造成的环境影响有着密切的关系，底栖生物在此期间已受到钦州港保税港区减少的影响。许铭本等（2015）于 2011 年 5 月在钦州湾（主要为钦州港东南部海域）进行大型底栖动物调查，共采集到大型底栖动物种类 55 种，平均生物量为 105.48 g/m^2，平均密度为 50 ind/m^2，香农-维纳指数 H'、种类均匀度指数 J'和丰富度指数 D 的平均值分别为 1.44、0.63 和 0.64。黄驰等（2017）报道了 2011 年春季和 2012 年秋季对钦州湾（主要为钦州港附近海域）大型底栖动物调查结果，分别有 31 种和 33 种，均以多毛类、软体动物和甲壳类为主，优势种均为鳞片帝汶蛤（*Timoclea imbricata*）。春季和秋季平均生物栖息密度分别为 117.92 ind/m^2 和 152.50 ind/m^2，平均生物量分别为 63.93 g/m^2 和 41.20 g/m^2，春季大于秋季；春季和秋季平均物种多样性指数分别为 1.60 和 1.93，秋季大于春季。相较于 20 世纪 80 年代的调查，黄驰等（2017）在 2011～2012 年秋季调查结果中底栖生物栖息密度和生物量都比 20 世纪 80 年代平均生物量和栖息密度明显下降。黄驰等（2017）还发现上述生物群落结构参数在空间分布总体表现为在排污区和填海区较低，说明污水排放和填海等人类活动已对钦州湾大型底栖动物的群落结构产生了明显影响。由此可见，2008～2015 年由于钦州港码头建设、港口开挖和吹沙填海等活动频繁，钦州港附近海域的底栖生物群落较 20 世纪 80 年代发生较大变化，如种类减少、个体小型化、优势种演替、栖息密度和生物量变小、生物多样性水平较低，调查结果表明人类活动已对钦州湾大型底栖动物的群落结构产生了明显影响。

7.2 牡蛎摄食生理研究

7.2.1 研究材料与方法

钦州湾底栖生物调查对象主要为指定站点天然的底栖生物，未涉及人工养殖的底栖生物。然而随着沿海水产养殖业的兴起，双壳贝类养殖已然成为某些局部海域有别于原生生态系统的新型人工生态系统。钦州湾养殖的大蚝，绝大部分都为香港巨牡蛎，这是一种属于暖水性贝类，原称近江牡蛎，俗称“白蚝”，是我国粤西、广西沿海特有的优质食用贝类，是广东和广西的一个重要养殖品种。自 2003 年香港学者 Lam 和 Morton（2003）将珠江三角洲的近江牡蛎定为一个新种并命名为香港巨牡蛎以来，各界学者对其便多有研究。双壳贝类能够滤食浮游生物幼体、大部分浮游植物及有机碎屑，可以有效控制赤潮的发生（Prins et al.，1995），但大面积的牡蛎养殖因其较高的清除率和摄食率也可能显著改变周围水体浮游植物群落结构进而对海区生态系统产生较大影响。如方建光等（1996）依据桑沟湾和庙岛湾双壳贝类养殖前后现场调查结果，发现在大规模贝类养殖的影响下，浮游植物优势种发生改变。又如卢静等（1999）利用海湾扇贝在陆基虾池围隔实验中也发现放养滤食性双壳贝类能显著性改变浮游生物群落结构。清滤率、摄食率是贝类摄食的两个重要生理参数，也是研究贝类生物调控、养殖容量及其生态影响等不可或缺的重要指标。因此研究不同规格的香港巨牡蛎对不同浮游植物摄食率、清滤率及其选择性，对充分掌握香港巨牡蛎滤食能力、控藻水平，以及科学评估香港巨牡蛎养殖容量、生态影响的研究有着重要意义。

（1）实验用香港巨牡蛎

根据钦州湾大蚝养殖的实际情况，选取当地养殖最主要的品种，即香港巨牡蛎。香港巨牡蛎取自钦州湾茅尾海龙门海域牡蛎筏式养殖区，分别在养殖 1 年龄、2 年龄、3 年龄的养殖筏中选取壳高 6 cm、10 cm、14 cm 左右代表小、中、大 3 种不同规格的牡蛎个体。香港巨牡蛎运回到国家贝类产业体系广西贝类综合实验站（北海）开展实验。清洗干净并去除贝壳上的附着物，放入装有 80 L 砂滤海水的塑料水箱中暂养一周。暂养期间持续充气，每两天换一次海水，保证牡蛎的活性；早晚定时投喂 10 L 浓度约 3×10^5 个/L 的小球藻（*Chlorella* sp.）各一次。暂养期间观察牡蛎个体的活性，实验前一天停止投饵，随机挑选活性较好的个体进行实验。暂养香港巨牡蛎及培养浮游植物的海水为北海市铁山港竹林海域砂滤海水，盐度 22～24，海水温度 26～28℃。

实验所用香港巨牡蛎的个体生物学特征见表 7.2.1，主要包括不同规格大小牡蛎的壳高（壳顶至腹缘最长长度，mm）和软体部干重（g）参数。其中小规格牡蛎平均壳高 62.46～71.14 mm，平均软体干重为 0.94～1.19 g；中规格牡蛎平均壳高 93.67～98.90 mm，平均软体干重 1.52～1.76 g；大规格牡蛎平均壳高 135.90～140.55 mm，平均软体干重 2.35～2.64 g。

表 7.2.1　实验所用香港巨牡蛎个体生物学特征

规格	壳高/mm	软体干重/g
大	138.87±12.14	2.45±0.17
中	94.51±3.28	1.52±0.08
小	66.46±3.47	1.10±0.03

（2）实验浮游植物种类及其初始条件

根据第 5 章钦州湾浮游植物类群结构特征的调查结果，选择代表性的种类进行实验。实验所用浮游植物种类为北部湾近岸海域常见的牟氏角毛藻（*Chaetoceros muelleri*）、球等鞭金藻（*Isochrysis galbana*）、亚心形扁藻（*Platymonas subcordiformis*），分别代表钦州湾常见浮游植物类群中的硅藻、金藻和绿藻，藻种均取自国家贝类产业体系广西贝类综合实验站（北海）藻类二级扩种培养室。实验前所用 3 种浮游植物经过 400 目筛绢去除杂质，并在 40 倍显微镜下测定其细胞大小：每种浮游植物随机选择 3 个视野，每个视野随机选定 10 个细胞测量；每种浮游植物的大小规格及其近似球体时的直径参数如表 7.2.2 所示。

表 7.2.2　摄食实验所用浮游植物的生物参数

藻种	大小/μm	直径/μm
牟氏角毛藻	长 4.5±0.11；宽 3.5±0.08	4.1±0.22
球等鞭金藻	长 6.1±0.25；宽 4.5±0.15	5.5±0.26
亚心形扁藻	长 11.0±0.47；宽 9.0±0.84	9.9±0.94

注：直径为近似球体时的参数，牟氏角毛藻参数未包括角毛

（3）摄食实验设计

香港巨牡蛎的摄食实验共设计 3 个实验，分别为相同浮游植物密度条件下不同规格香港巨牡蛎的摄食实验、相同浮游植物生物量条件下不同规格香港巨牡蛎的摄食实验、不同浮游植物密度条件下不同规格香港巨牡蛎的摄食实验、等密度浮游植物混合摄食选择性实验和等生物量浮游植物混合摄食选择性实验，共设计了 5 类不同搭配的设定条件，研究分析香港巨牡蛎在不同浮游植物条件下的摄食生理特征。

相同浮游植物密度条件下不同规格香港巨牡蛎的摄食实验：3 种浮游植物的设定初始密度为 5.4×10^4 个/ml。

相同浮游植物生物量条件下不同规格香港巨牡蛎的摄食实验：3 种浮游植物的设定生物量为 1 μg C/ml。3 种浮游植物单个细胞的体积、生物量的计算按照孙军（2004）细胞体积表面积模型及转换生物量的方法给出，其中牟氏角毛藻和亚

心形扁藻采用椭圆柱体模型、球等鞭金藻采用圆锥加半球复合体模型计算。根据所设定的生物量，牟氏角毛藻、亚心形扁藻、球等鞭金藻 3 种浮游植物对应的密度分别为 3×10^5 个/ml、2.5×10^4 个/ml 和 1×10^5 个/ml。

不同浮游植物密度条件下不同规格香港巨牡蛎的摄食实验：共设计了 3 种密度条件代表中等、高和很高密度条件下的摄食生理特征，其中牟氏角毛藻密度梯度设计为 5×10^4 个/L、3×10^5 个/L 和 8×10^5 个/L，球等鞭金藻密度梯度设计为 5×10^4 个/L、1×10^5 个/L 和 1.2×10^6 个/L。

等密度浮游植物混合条件的摄食选择性实验：室内采用稀释法将 3 种浮游植物等密度混合，牟氏角毛藻、球等鞭金藻、亚心形扁藻的最终浓度为 3.5×10^4 个/ml；

等生物量浮游植物混合条件的摄食选择性实验：3 种浮游植物的生物量为 0.6 μg C/ml，牟氏角毛藻、球等鞭金藻、亚心形扁藻 3 种浮游植物对应的密度分别为 1.8×10^5 个/ml、6×10^4 个/ml 和 1.5×10^4 个/ml。

香港巨牡蛎在不同浮游植物混合条件下摄食选择性实验的初始设计具体见表 7.2.3。

表 7.2.3　香港巨牡蛎对 3 种混合浮游植物选择性摄食实验设计

组别	等密度					等生物量				
	浮游植物密度/($\times10^4$ 个/ml)			香港巨牡蛎		浮游植物密度/($\times10^4$ 个/ml)			香港巨牡蛎	
	牟氏角毛藻	球等鞭金藻	亚心形扁藻	壳高/mm	软体干重/g	牟氏角毛藻	球等鞭金藻	亚心形扁藻	壳高/mm	软体干重/g
大	3.5	3.5	3.5	134±31	1.77±0.2	18	6	1.5	141.3±25	1.78±0.3
中	3.5	3.5	3.5	96.7±20	1.64±0.3	18	6	1.5	105.4±24	1.38±0.2
小	3.5	3.5	3.5	68.2±16	0.68±0.1	18	6	1.5	72.7±18	0.87±0.1

（4）摄食实验方法

香港巨牡蛎摄食实验采用静水系统，在容量为 5 L 的塑料桶中进行，各类不同条件的摄食实验分开进行。实验环境条件采用与牡蛎暂养同样的砂滤海水（盐度 24，水温 28℃）在室温下 32℃条件下进行。

在清洗干净的塑料桶中加入 4 L 的 3 种浮游植物藻液，轻移准备好经 24 h 饥饿处理的香港巨牡蛎放入塑料桶中，每个塑料桶放入 1 只香港巨牡蛎，观察记录每个塑料桶中香港巨牡蛎开口摄食时间，开口时计时并在 1 h 后取出牡蛎同时取 10 ml 藻液用鲁哥试剂固定。香港巨牡蛎按个体分为大、中、小 3 种不同规格，每种规格设置 3 个重复，另设一个无贝空白作为对照以消除饵料繁殖和自然沉降的影响。实验中用气石充气使饵料混合均匀并保证有充足的溶氧，气量以不搅动桶底排泄物为准。

将实验后固定好的浮游植物样品，摇匀后用移液枪取 100 μL 放入浮游生物计数框在显微镜下计数。测定香港巨牡蛎的壳高，随即开壳取出软体部，在烘箱（60℃）中烘干 48 h，称量其干重（精确到 0.001 g）。

分别计算香港巨牡蛎的摄食百分比（$FR_{\%}$），单位个体清滤率（CR_{ind}）、摄食率（FR_{ind}），以及单位质量的清滤率（CR_{mass}）、摄食率（FR_{mass}）；摄食百分比、清滤率、摄食率按以下公式（付家想等，2017）进行计算。

摄食百分比：

$$FR_{\%} = \frac{Q_0 - Q_1}{Q_0} \times 100\% \tag{7.1}$$

清滤率：

$$CR_{mass} = \frac{Q_0 - Q_1}{Q_0} \times \frac{(1/W)^b}{T} \times V_s \tag{7.2}$$

$$CR_{ind} = \frac{\ln Q_0 - \ln Q_1}{N \times T} \times V \tag{7.3}$$

摄食率：

$$FR_{mass} = (Q_0 - Q_1) \times \frac{(1/W)^b}{T} \times V_s \tag{7.4}$$

$$FR_{ind} = \frac{(Q_0 - Q_1) \times V}{N \times T} \tag{7.5}$$

式中，Q_0、Q_1 分别为香港巨牡蛎摄食前后海水中浮游植物细胞密度（个/L）；V_s 为实验用海水体积（L）；W 为香港巨牡蛎软体部干重（g）；N 为实验牡蛎个数；T 为摄食时间（h）；b 取 0.62（Riisgård，1991）。

香港巨牡蛎对每种浮游植物选择性摄食效率（selection efficiency，SE）按以下公式（Petras et al.，2003）计算：

$$SE = \frac{(FR_{VX} / FR_{VZ} - V_{ZX} / V_{ZZ})}{1 - (V_{ZX} / V_{ZZ})} \tag{7.6}$$

式中，FR_{VX} 为香港巨牡蛎摄食某种浮游植物的 FR_V 值（FR_V 为单位时间单位干质量香港巨牡蛎所滤食某种浮游植物的体积）；FR_{VZ} 为香港巨牡蛎对所有混合浮游植物的 FR_V 值；V_{ZX} 为某种浮游植物的总体积；V_{ZZ} 为混合浮游植物的总体积。通过 SE 指标的计算方法可知，只有当香港巨牡蛎对于某种藻的体积滤食率相对混合浮游植物的总体积滤食率的比例高于某种浮游植物滤食体积相对混合浮游植物滤食总体积的比例时，SE 才为正值，所以当某种浮游植物的 SE＞0 时，说明贝类对此种浮游植物具有摄食选择性并且 SE 随着选择性的增大而增大。

（5）实验数据处理

实验数据为平行组的平均值，表示为平均值±标准差，用 Excel 2010 作图，数据差异显著性检验用 SPSS19.0 分析（以 $p<0.05$ 为差异显著性标准）。

7.2.2　香港巨牡蛎清滤率

滤食性双壳贝类是一类无特化捕食器官靠滤食为获取食物的主要手段且寿命较长的大型软体动物，大部分海产，少数生活在淡水，是海洋生态系统中一类重要的初级消费者，具极强的滤水能力，能够截留大部分的颗粒物质（如浮游植物、部分浮游动物及大部分浮游动物幼体、细菌等微生物及有机碎屑等）。王芳等（1998）通过扫描电镜观察了栉孔扇贝、海湾扇贝和太平洋牡蛎（*Crassostrea gigas.*）的鳃的结构，发现 3 种贝类的过滤器官孔隙直径都小于 1 μm，可以有效地滤取大部分悬浮颗粒。滤食性贝类的摄食机制主要有（Ward et al.，1993）：①黏液纤毛作用，食物颗粒经腮时，腮部分泌黏液将其包裹并依靠腮丝上的前纤毛、侧纤毛和前侧纤毛摆动产生动力经腮腹部的食物凹槽送至唇瓣；②水动力学作用，食物颗粒在水流的作用下运送至唇瓣。贝类主要靠鳃丝与唇上生长的纤毛摆动形成水流，不同的纤毛交错形成“滤网”，当含有食物颗粒的水流从入水管进入，经鳃时纤毛滤网就会将水中的浮游植物、部分浮游动物及其幼体及有机碎屑截留住，纤毛摆动产生动力将这些与黏液结合的颗粒送至唇片，当粒径大小、营养含量适宜时则被吞食进入消化道完成降解、消化、吸收过程（Cosling，2003）。国内对香港巨牡蛎的研究多集中在遗传、育种方面，少有其关于摄食、代谢生理的研究，从生态学角度对不同浮游植物清滤率、摄食率及下行控藻的研究也尚不足（付家想等，2017）。

本研究结果显示香港巨牡蛎对浮游植物具有较高的清滤率。在相同浮游植物密度（5.4×10^4 个/ml）条件下，香港巨牡蛎对球等鞭金藻、牟氏角毛藻和亚心形扁藻的个体清滤率变化分别为 3.87～5.17 L/(ind·h)、1.40～4.39 L/(ind·h)、3.08～8.94 L/(ind·h)。香港巨牡蛎对球等鞭金藻的单位体重清滤率变化为 1.97～2.59 L/(g·h)，牟氏角毛藻 0.86～1.51 L/(g·h)，对亚心形扁藻单位体重清滤率为 1.94～2.76 L/(g·h)。而在浮游植物 1 μg C/ml 等生物量条件下，香港巨牡蛎对 3 种浮游植物的个体清滤率变化分别为球等鞭金藻 5.71～8.4 L/(ind·h)、牟氏角毛藻 2.11～5.49 L/(ind·h)、亚心形扁藻 2.43～7.3 L/(ind·h)。香港巨牡蛎对 3 种浮游植物单位体重清滤率变现为：球等鞭金藻（2.73±0.42）L/(g·h)、牟氏角毛藻（2.02±0.29）L/(g·h)、亚心形扁藻（1.68±0.12）L/(g·h)。

从图 7.2.1 可以看出不同浮游植物不同的密度条件下，香港巨牡蛎的清滤率略有不同。而在同一种浮游植物不同的密度条件下，香港巨牡蛎的清滤率也不同。3 种不同密度牟氏角毛藻条件下，香港巨牡蛎的单位个体、单位体重清滤率分别为 1.29～5.49 L/(ind·h)和 0.62～1.84 L/(g·h)（图 7.2.2）。在 3 种不同牟氏角毛藻密度条件下，密度为 3×10^5 个/L 时香港巨牡蛎单位个体与单位体重的清滤率均达到最大［5.49 L/(ind·h)和 1.84 L/(g·h)］。牟氏角毛藻密度为 8×10^5 个/L 时的香港巨牡蛎单位个体清滤率与密度为 3×10^5 个/L 时的实验结果相近，但单位体重清滤率降低。低浮游植物密度（0.5×10^5 个/L）时，小规格和中规格香港巨牡蛎的清滤率与大规格相比较低（图 7.2.2）。香港巨牡蛎对 3 种不同密度球等鞭金藻的摄食结果显示香港巨牡蛎单位个体、单位体重清滤率分别在 2.58～8.40 L/(ind·h)和 1.18～3.17 L/(g·h)，均高于对牟氏角毛藻的清滤率。在球等鞭金藻低、中、高 3 种密度条件下，香港巨牡蛎单位个体和单位体重清滤率表现为中等密度（1×10^5 个/L）时最高，低密度（0.5×10^5 个/L）与中等密度（1×10^5 个/L）的结果相近，高密度（1.2×10^6 个/L）时最小。

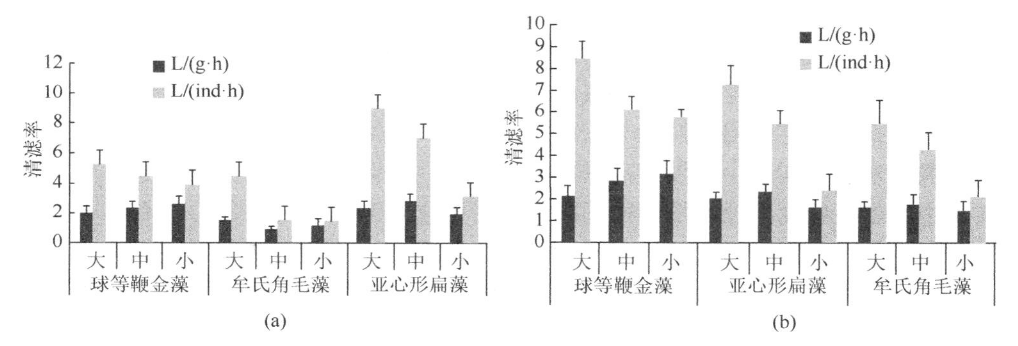

图 7.2.1　香港巨牡蛎在不同条件下对 3 种单独培养浮游植物的清滤率

（a）相同浮游植物密度；（b）相同浮游植物生物量

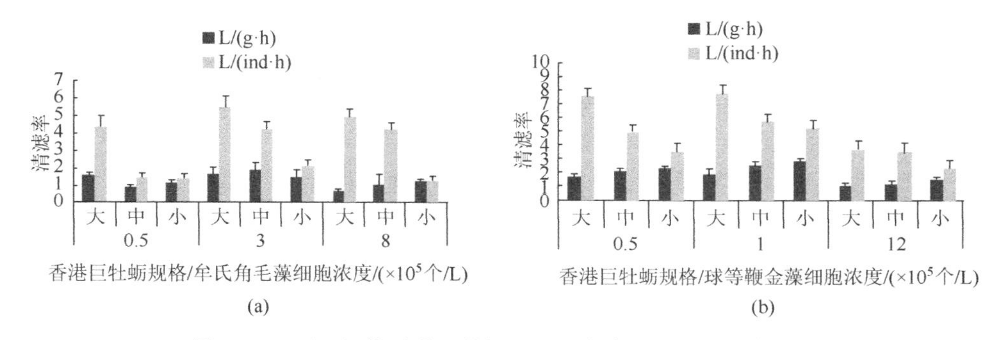

图 7.2.2　不同规格香港巨牡蛎对不同密度浮游植物的清滤率

从图 7.2.2 可以看出，不同的浮游植物密度，对香港巨牡蛎的清滤率有较大的影响。在低浮游植物密度范围内，香港巨牡蛎的清滤率随着细胞浓度升高而增大，如图 7.2.2 所示，牟氏角毛藻浓度由 0.5×10^5 个/L 提高到 3×10^5 个/L 时，球等鞭金藻浓度由 0.5×10^5 个/L 增加到 1×10^5 个/L 时，3 种规格香港巨牡蛎的清滤率均有所增加。但浮游植物密度很高时，如当牟氏角毛藻密度由 3×10^5 个/L 上升到

8×10^5 个/L 时，香港巨牡蛎的单位个体与单位体重清滤率都随着浮游植物密度的升高而下降；又如球等鞭金藻细胞密度由 1×10^5 个/L 继续上升到 1.2×10^6 个/L 时，香港巨牡蛎单位体重清滤率也受到显著抑制作用，且下降的幅度明显高于牟氏角毛藻实验组（图 7.2.2）。这表明在较低密度饵料情况下，适当提高饵料密度会促进香港巨牡蛎的摄食，但在浮游植物（饵料）密度超过某一阈值时，其清滤率会相应受抑制，并且饵料密度越大抑制作用越明显。香港巨牡蛎的这种现象与郭华阳等（郭华阳等，2012）关于长肋日月贝对不同浓度扁藻清滤率的研究结果相一致。浮游植物浓度对双壳贝类的清滤率存在较为显著的影响，对香港巨牡蛎而言，在浮游植物（饵料）密度持续增加的过程中，由于饵料刺激其产生的反馈机制使其在面对丰裕的食物时并不能无限制地摄食下去，导致其会有一个中间的、对应于最大清滤率和摄食率的饵料浓度阈值（廖文崇等，2011）。在浮游植物密度到达这一阈值之前，继续添加饵料会刺激香港巨牡蛎的摄食，超过阈值后，则会表现为受抑制。赵俊梅（2004）在研究长牡蛎、紫贻贝对不同密度塔玛亚历山大藻、裸甲藻摄食实验中也发现高密度的浮游植物会降低双壳贝类的清滤率。但本实验中香港巨牡蛎清滤率出现抑制时的浮游植物浓度（1×10^6 个/L 左右）明显低于林丽华等（2012）的实验结果（8.8×10^6 个/L），这可能与实验条件有关。已有的研究表明随着水温、盐度的增加，香港巨牡蛎清滤率均表现为先增加后降低的特征，其最大清滤率分别出现在水温 22℃和盐度 16 时（廖文崇等，2011；林丽华等，2012）；本实验条件水温和盐度分别为 28℃和 24，这种差异很可能表明环境影响香港巨牡蛎的生理状态，另外也可能与所使用浮游植物种类有关，因此需要根据实际环境条件进一步深入研究。

在相同浮游植物密度（3.5×10^4 个/L）3 种浮游植物混合条件下（图 7.2.3），香港巨牡蛎对牟氏角毛藻、球等鞭金藻和亚心形扁藻的单位个体清滤率变化分别

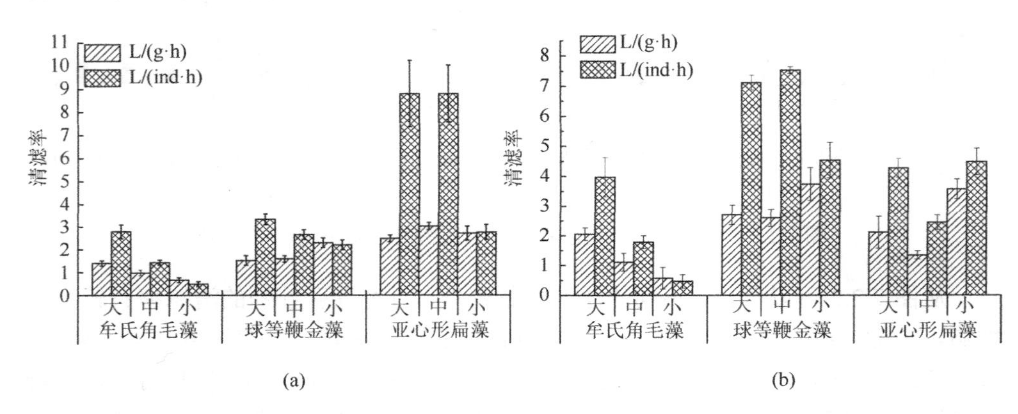

图 7.2.3　香港巨牡蛎在不同条件下对 3 种混合培养浮游植物的清滤率

（a）相同浮游植物密度；（b）相同浮游植物生物量

为 0.49～2.79 L/(ind·h)、2.2～3.33 L/(ind·h)和 2.76～8.81 L/(ind·h)。同密度不同浮游植物混合条件下，香港巨牡蛎对亚心形扁藻单位体重清滤率为 2.48～3.03 L/(g·h)，对球等鞭金藻的单位体重清滤率 1.52～2.3 L/(g·h)，香港巨牡蛎对牟氏角毛藻的单位体重清滤率为 0.66～1.4 L/(g·h)。在相同生物量不同浮游植物种类混合条件下，香港巨牡蛎对牟氏角毛藻、球等鞭金藻、和亚心形扁藻的个体清滤率变化分别为 0.46～3.97 L/(ind·h)、4.53～7.53 L/(ind·h)和 2.44～4.48 L/(ind·h)。

在相同浮游植物生物量不同浮游植物种类混合条件下，香港巨牡蛎对亚心形扁藻单位体重清滤率为 1.34～3.57 L/(g·h)，对球等鞭金藻的单位体重清滤率 2.60～3.73 L/(g·h)，对牟氏角毛藻的单位体重清滤率为 0.57～2.05 L/(g·h)。

从图 7.2.1 和图 7.2.2 可以明显看出不同规格香港巨牡蛎的清滤率有明显不同。在相同浮游植物密度（5.4×10^4 个/ml）条件下，香港巨牡蛎对每种浮游植物的个体清滤率都是大规格最高，小规格最小，随着个体大小增加而增加。3 种不同规格的香港巨牡蛎对同种浮游植物的单位体重清滤率相近。等生物量条件下，不同规格香港巨牡蛎对 3 种浮游植物的清滤率与等密度条件下的清滤率相似，3 种规格香港巨牡蛎对每种浮游植物的单位个体清滤率都表现出规格越大清滤率越高（$p<0.01$），3 种不同规格的香港巨牡蛎对同种浮游植物的单位体重清滤率差异性也不显著（$p<0.05$）。香港巨牡蛎对不同密度的牟氏角毛藻单位个体清滤率均表现出随着牡蛎大小的增加而增加，香港巨牡蛎单位体重清滤率在高密度浮游植物实验中随着体重增加而降低，但在牟氏角毛藻中低密度条件下变化规律不明显（图 7.2.2）。香港巨牡蛎对球等鞭金藻的单位个体摄食率在不同密度条件下也均表现出随着香港巨牡蛎个体规格的增大而增加，而单位体重摄食率的表现正好相反（图 7.2.2）。因而实验结果表明香港巨牡蛎个体的大小对单位个体清滤率和摄食率有着显著的影响，随着香港巨牡蛎个体大小的增加个体清滤率和摄食率明显增加。滤食性双壳贝类规格大小被认为是影响其清滤率、摄食率吸收效率的重要影响因素（廖文崇等，2011；蓝文陆等，2018）。由香港巨牡蛎清滤率、摄食率等研究中获取的香港巨牡蛎的壳高与个体清滤率的数据表明二者之间有着显著的正相关性，即随着壳高的增加香港巨牡蛎的软体干重也相应增加（图 7.2.4）。因而香港巨牡蛎的单位个体清滤率与壳高及软体部干重（g）间表现出明显的正相关性，其中单位个体清滤率与壳高间的相关性显著度略高于其与软体干重间的相关性（图 7.2.5）。这种相关性为评估现场局部海湾或整个海域香港巨牡蛎对浮游植物的摄食压力及香港巨牡蛎养殖的容量提供了非常便利的条件。香港巨牡蛎的壳高、干重等生物参数的测定及获取方便快捷，因此在养殖容量模型和其他相关生态模型中可以加重考虑牡蛎壳高这个简单易测量获取的参数，通过牡蛎规格、产量统计和海区浮游植物丰度研究评估海区香港巨牡蛎的整体清滤率、摄食率及养殖容量。

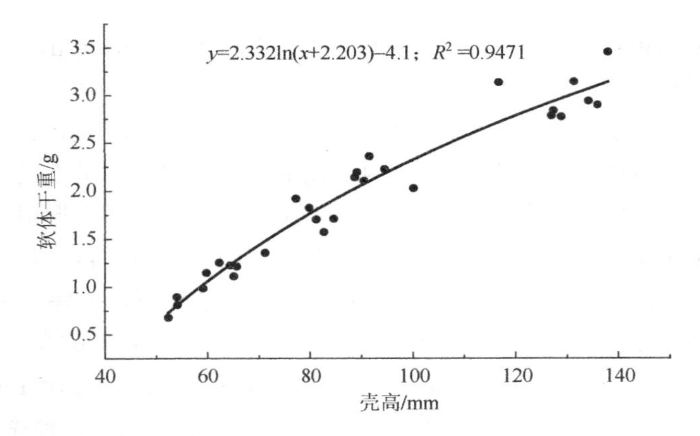

图 7.2.4　香港巨牡蛎壳高与软体干重的关系

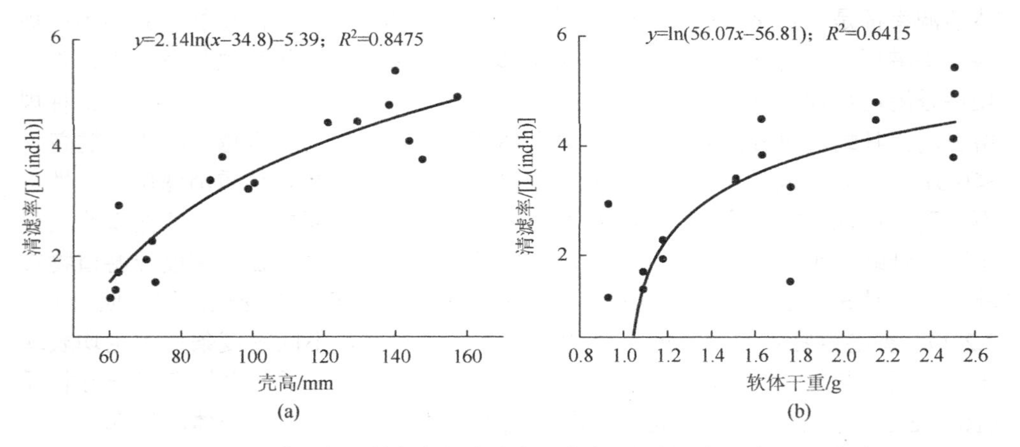

图 7.2.5　香港巨牡蛎单位个体清滤率与壳高、软体干重间的相互关系

从图 7.2.1 和图 7.2.2 也可以明显看出在不同的食物条件下，不同规格香港巨牡蛎对不同的浮游植物种类的清滤率有明显不同。在相同食物密度条件下，香港巨牡蛎对亚心形扁藻的清滤率最高，对牟氏角毛藻的清滤率最低；在相同食物生物量的条件下，香港巨牡蛎对球等鞭金藻和亚心形扁藻也明显高于牟氏角毛藻（图 7.2.1）。牟氏角毛藻和球等鞭金藻两个不同的浮游植物实验组所得出的香港巨牡蛎清滤率也有着较大的差异。牟氏角毛藻实验组所得出的香港巨牡蛎单位体重清滤率和摄食率明显低于球等鞭金藻实验组的结果。浮游植物是双壳贝类的主要饵料，不同浮游植物细胞有机质一般也不相同，主要和浮游植物藻体大小规格有关（孙军，2004）。此实验中的 3 种浮游植物，牟氏角毛藻细胞最小，但加上角毛后明显大于球等鞭金藻和亚心形扁藻，考虑角毛球等鞭金藻应是 3 种浮游植物中细胞最小的种类，个体小的饵料容易被小规格的香港巨牡蛎摄食而容易会被大

个体贝类漏掉（王如才等，1993；张继红，2005），加上小规格较高的生理效率导致其单位体重清滤率和摄食率均呈现出随着个体大小减少而增加的趋势，而牟氏角毛藻和亚心形扁藻因个体较大不容易被较小的香港巨牡蛎摄食导致不一致的变化特征。因此香港巨牡蛎的清滤率和摄食率变化受浮游植物的细胞大小的控制。

不仅如此，摄食不同的浮游植物时，香港巨牡蛎单位体重的清滤率与个体大小之间的相互关系存在较大差异（图 7.2.1 和图 7.2.2）。如在摄食球等鞭金藻的实验中，香港巨牡蛎的单位体重清滤率随着牡蛎个体的增加而降低，即与香港巨牡蛎壳高/干重大小呈负相关关系，这与其他滤食性贝类如扇贝等的研究得到的规律一致（廖文崇等，2011；张继红等，2005；张继红，2008），该现象与较小贝类个体具有较高的新陈代谢等生理活性有关。另外亚心形扁藻组小规格牡蛎的单位体重清滤率、摄食率均小于相应中、大规格的清滤率、摄食率，牟氏角毛藻组小规格香港巨牡蛎的单位体重清滤率、摄食率略低于大规格（图 7.2.1），这种现象与王芳等（2000）对海湾扇贝和太平洋牡蛎清滤率的研究相似。而且在不同食物密度条件下这种现象也存在不统一性，如在不同密度牟氏角毛藻实验组中，在高密度条件下香港巨牡蛎单位体重清滤率和摄食率随着个体大小增大而降低，但在低密度时规律不明显，在多种浮游植物混合摄食实验条件下香港巨牡蛎对牟氏角毛藻的单位体重清滤率甚至随着牡蛎个体的增大而增加（图 7.2.3）。目前关于不同个体规格对香港巨牡蛎的清滤率影响的研究报道很少，而且结果仍有争议性。廖文崇（2011）的实验结果显示，香港巨牡蛎的清滤率及摄食率随着个体增大而减少，但付家想等（2017）研究表明这种规律性因所用的饵料种类而异，本研究结果也显示香港巨牡蛎摄食不同的浮游植物时其清滤率与个体大小之间的相互关系存在较大差异。在低密度牟氏角毛藻实验组中，小规格个体单位体重清滤率低于大规格个体，这与付家想等（2017）对香港巨牡蛎及王芳等（2000）对海湾扇贝和太平洋牡蛎清滤率的研究相似。这种现象可能与牟氏角毛藻本身的细胞特征及香港巨牡蛎的摄食选择性有关。本研究中的牟氏角毛藻细胞粒径虽然小于球等鞭金藻，但如果考虑其角毛（通常为藻体的 5～6 倍），其细胞粒径则显著大于球等鞭金藻，因此相对于小个体的香港巨牡蛎易被大规格个体捕获。另外牟氏角毛藻不仅营养价值低，且在摄食时其角毛上的倒刺可能会损害贝类腮丝和纤毛（付家想等，2017），也会使小规格的牡蛎产生避食现象。相对而言目前对于不同规格香港巨牡蛎的摄食规律研究仍很少，本研究中的部分现象与之前的部分研究有所不同，不同规格香港巨牡蛎单位体重清滤率并没有呈现出统一的变化规律，这其中的具体机制仍未完全清楚，需要在今后的工作中相应地加强有关研究，以获取较为准确的不同规格单位体重摄食率变化规律为进一步养殖容量和生态影响研究提供科学数据。

综合本研究中的不同实验结果，在本研究不同实验条件下得出香港巨牡蛎的单位体重滤水滤为 0.57～3.73 L/(g·h)，香港巨牡蛎清滤率的结果与国内报道的其他巨牡蛎相比，处在一般正常水平。香港巨牡蛎是我国亚热带沿海地区的一个重要贝类养殖品种，在广东广西等近岸滩涂和沿岸海域大面积养殖。目前对香港巨牡蛎不同规格及对不同浮游植物摄食的系统性研究很少。本研究结果中香港巨牡蛎清滤率与太平洋牡蛎相近，略高于高露姣等（2006）报道的巨牡蛎清滤率结果，但低于林丽华等（2012）、廖文崇等（2011）对香港巨牡蛎研究报道的清滤率（表 7.2.4），这种差异可能与不同种类之间的种类大小、生理习性不同有着重要关系，也可能与同个种类不同个体之间的大小差异有关。另外贝类的摄食还受到其他环境因子的直接影响，如温度、盐度、溶解氧、pH 等。此实验是在水温为28℃条件下进行的，有研究表明香港巨牡蛎清滤率在水温为 22℃时有最大清滤率（林丽华等，2012），因此较高水温很可能是本实验中香港巨牡蛎清滤率表现偏低的原因。本研究中的实验设计条件有限，难以涵盖香港巨牡蛎生理特征的全部，后续应加强此方面的研究，以较全面地探究香港巨牡蛎的摄食生理特征。

表 7.2.4　国内几种常见大型牡蛎清滤率的比较

牡蛎种类	清滤率/[L/(g·h)]	参考文献
香港巨牡蛎	2.54～5.89	廖文崇等（2011）
香港巨牡蛎	2.87～5.93	林丽华等（2012）
巨牡蛎（*Crassostrea* sp.）	0.192～2.693	高露姣等（2006）
太平洋牡蛎	0.204±0.046	王吉桥等（2006）
太平洋牡蛎	1.97～4.89	王俊等（2000）
太平洋牡蛎	0.66～9.6	王芳等（2000）
香港巨牡蛎	0.86～3.17	付家想等（2017）
香港巨牡蛎	0.62～3.17	蓝文陆等（2018）
香港巨牡蛎	0.57～3.73	本研究

7.2.3　香港巨牡蛎摄食率

香港巨牡蛎是一种较大型的虑食性双壳贝类，其对浮游植物具有较高的清滤率，因而对浮游植物也有着较高的摄食率。在本研究中，相同浮游植物密度实验条件下（图 7.2.6），香港巨牡蛎对亚心形扁藻、球等鞭金藻的个体摄食率相近（$p>0.05$），对牟氏角毛藻的个体摄食率明显低于其他两种浮游植物（$p<0.01$）。香港巨牡蛎对每种浮游植物的个体摄食率都是大规格最高，小规格最小，随着个体大小增加而增加。香港巨牡蛎对亚心形扁藻的单位个体摄食率为（1.65±0.36）$\times10^8$ 个/(ind·h)，对球等鞭金藻的单位个体摄食率为（1.61±0.22）$\times10^8$ 个/(ind·h)，对牟氏角毛藻的单位

个体摄食率为（8.6±4.16）$\times 10^7$ 个/(ind·h)。在浮游植物 5.4×10^4 个/ml 相同密度条件下，香港巨牡蛎对 3 种浮游植物的单位体重摄食率分别为球等鞭金藻（1.23±0.14）$\times 10^8$ 个/(g·h)、牟氏角毛藻（6.28±1.44）$\times 10^7$ 个/(g·h)、亚心形扁藻（1.27±0.18）$\times 10^8$ 个/(g·h)。香港巨牡蛎对 3 种浮游植物及不同规格香港巨牡蛎的单位个体和单位体重摄食率变化与清滤率相似。

与等密度条件下的摄食率相似，3 种规格香港巨牡蛎对每种浮游植物的单位个体摄食率都表现出规格越大清滤率越高。在相同浮游植物生物量条件下香港巨牡蛎对 3 种浮游植物的单位个体摄食率分别为亚心形扁藻（6.92±1.7）$\times 10^7$ 个/(ind·h)、球等鞭金藻（3.51±0.34）$\times 10^8$ 个/(ind·h)、牟氏角毛藻（7.24±1.7）$\times 10^8$ 个/(ind·h)。香港巨牡蛎对 3 种浮游植物的单位体重摄食率分别为球等鞭金藻（1.23±0.14）$\times 10^8$ 个/(g·h)、牟氏角毛藻（6.28±1.44）$\times 10^7$ 个/(g·h)、亚心形扁藻（1.27±0.18）$\times 10^8$ 个/(g·h)。相同浮游植物生物量条件下香港巨牡蛎对 3 种浮游植物的单位个体摄食率有显著差异（$p<0.01$）：牟氏角毛藻＞球等鞭金藻＞亚心形扁藻。相同食物生物量条件下香港巨牡蛎单位体重摄食率变化与清滤率相似。

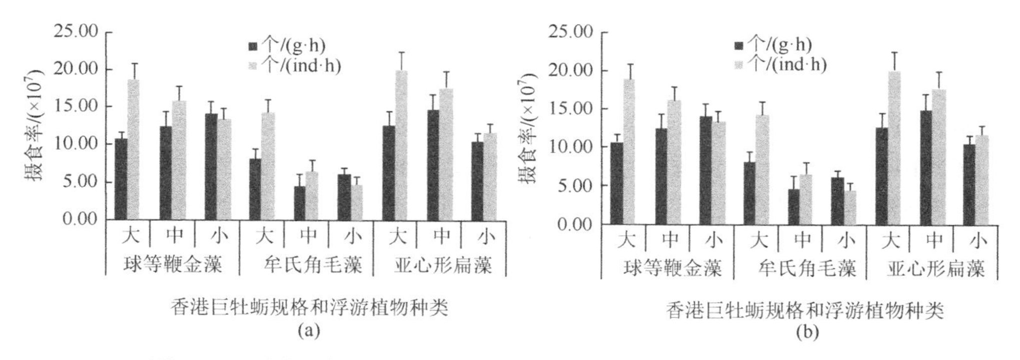

图 7.2.6　香港巨牡蛎在不同条件下对 3 种单独培养浮游植物的摄食率

（a）相同浮游植物密度；（b）相同浮游植物生物量

香港巨牡蛎单位个体摄食率在 3 种牟氏角毛藻密度梯度下，均表现出随着牡蛎个体增大而增高（图 7.2.7）。在低浮游植物密度下（0.5×10^5 个/L）香港巨牡蛎单位个体摄食率很低，而牟氏角毛藻密度在 3×10^5 个/L、8×10^5 个/L 时，香港巨牡蛎单位个体摄食率无显著差异（$p>0.05$），但均显著高于低密度（0.5×10^5 个/L）下单位个体摄食率（$p<0.05$）。香港巨牡蛎单位体重摄食率表现出随着浮游植物密度增大而升高（图 7.2.7），其中在牟氏角毛藻密度为 8×10^5 个/L 时单位体重摄食率最大[7.82$\times 10^8$ 个/(g·h)]。香港巨牡蛎单位体重摄食率在高密度牟氏角毛藻实验中表现出随着牡蛎个体增大而降低，但中、低密度实验并没有表现出明显的规律。与对不同牟氏角毛藻密度摄食不同，在不同密度的球等毕鞭金藻条件下，香港巨牡蛎单位个体摄

食率随着浮游植物密度增大而明显增大，个体摄食率和球等鞭金藻的密度呈显著的正相关关系（$p<0.05$）（图 7.2.7）。在不同球等鞭金藻密度中，不同规格香港巨牡蛎对球等鞭金藻的单位个体摄食率和单位体重摄食率的变化趋势与清滤率表现相似，即单位个体摄食率随着香港巨牡蛎个体规格的增大而增加，单位体重摄食率随着个体规格增大而降低，但不同规格之间的单位个体摄食率差异明显低于清滤率。

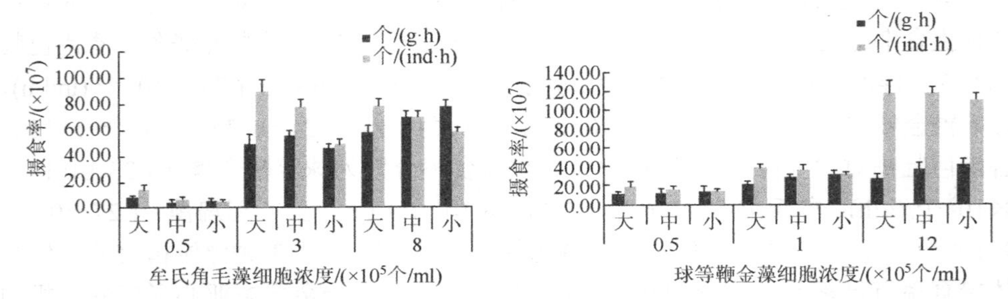

图 7.2.7　不同规格香港巨牡蛎对不同密度浮游植物的摄食率

在混合摄食条件下，香港巨牡蛎对同密度 3 种浮游植物的单位体重摄食率变化趋势与单位个体清滤率的变化趋势相同，即贝类规格越大摄食率越大（图 7.2.8），其中规格和大规格香港巨牡蛎对亚心形扁藻的单位个体摄食率最高，达到 1.24×10^{8} 个/(ind·h)，最低为小规格香港巨牡蛎对牟氏角毛藻的单位个体摄食率［1.6×10^{7} 个/(ind·h)］。但香港巨牡蛎对等密度 3 种浮游植物的单位体重摄食率在不同规格个体之间的变化趋势不明显。在相同浮游植物密度混合条件下，香港巨牡蛎对 3 种浮游植物的单位个体摄食率和单位体重摄食率的差异与清滤率相似，单位体重摄食率变化趋势与清滤率变化基本相同（图 7.2.8）。

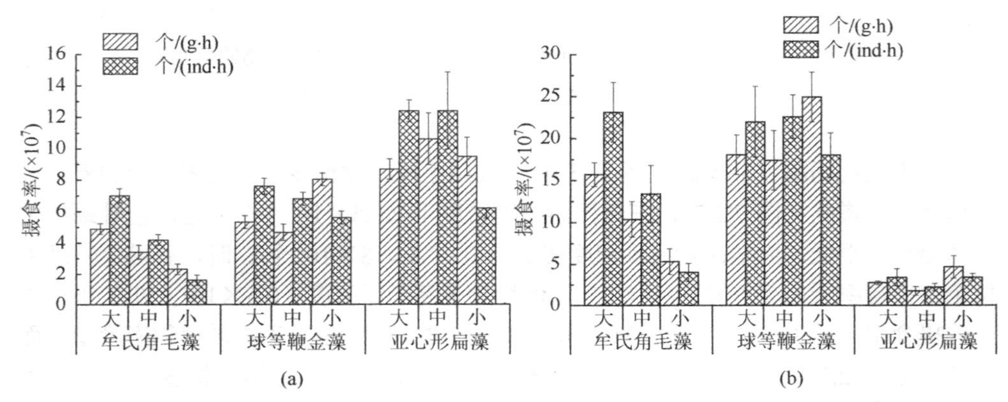

图 7.2.8　香港巨牡蛎在不同条件下对 3 种混合培养浮游植物的摄食率

（a）相同浮游植物密度；（b）相同浮游植物生物量

在相同生物量的 3 种浮游植物混合条件下，香港巨牡蛎对 3 种浮游植物的单位体重摄食率变化趋势与单位个体清滤率的变化趋势相同，对牟氏角毛藻组摄食率变化范围为（4×10^7）～（2.31×10^8）个/(ind·h)，并且规格越大，摄食率越大；对球等鞭金藻组的摄食率差异不显著（$p>0.05$），摄食率为（1.8×10^8）～（2.26×10^8）个/(ind·h)；对亚心形扁藻的摄食率最低，为（2.2×10^7）～（3.4×10^7）个/(ind·h)。单位体重摄食率变化趋势与清滤率变化基本相同（图 7.2.8），大小不同规格香港巨牡蛎对牟氏角毛藻的单位体重摄食呈现出随着个体的增大而增高的特征，但香港巨牡蛎对球等鞭金藻和亚心形扁藻的摄食均表现小规格牡蛎单位体重摄食率最大（图 7.2.8）。

从图 7.2.6～图 7.2.8 可以看出，香港巨牡蛎的摄食率的主要影响因素与清滤率相似，无论是单位个体还是单位体重的摄食率与清滤率的变化趋势特征基本一致（图 7.2.1～图 7.2.3，图 7.2.6 和图 7.2.7）。总体上香港巨牡蛎的单位个体摄食率随着香港巨牡蛎个体规格的增大而增大，香港巨牡蛎对球等鞭金藻的单位体重摄食率随着香港巨牡蛎个体规格增大而减少，但其对其他浮游植物种类大、中、小不同规格香港巨牡蛎单位体重清滤率和摄食率变化不大，并没有呈现出统一的变化规律（图 7.2.6 和图 7.2.7）。不仅香港巨牡蛎的规格大小对摄食率有明显影响，浮游植物等饵料条件也显著影响着香港巨牡蛎的摄食率。不同浮游植物密度条件下香港巨牡蛎的摄食率变化较大，基本上随着浮游植物密度的增加而增加（图 7.2.7），其中从低浓度到中浓度时其摄食率基本上按浮游植物浓度成比例增加，但从中浓度到高浓度时其摄食率增加的幅度较小（图 7.2.7）。廖文崇等（2011）在饵料密度为（3.5×10^6）～（15.5×10^6）个/L 的摄食实验中发现，香港巨牡蛎在 12.9×10^6 个/L 饵料密度条件下摄食率最大。本研究实验中所用的浮游植物浓度均低于该值，因此随着浮游植物密度的增加香港巨牡蛎的摄食率明显增加；但在高饵料浓度时增加幅度较低，表明牡蛎在高密度条件下受生理条件限制开始出现抑制效应，即存在着摄食阈值的现象。这种现象从一定程度上表明，虽然牡蛎等被认为对赤潮有一定的控制作用（Smaal et al.，1986），但在赤潮水域高密度赤潮藻可能会显著抑制其摄食，其对浮游植物的调控作用势必会受到影响。不同种类的浮游植物饵料条件下香港巨牡蛎的摄食率也明显不同（图 7.2.6～图 7.2.8）。由此可见香港巨牡蛎摄食率的主要印象因素与影响清滤率的摄食条件基本一致，从摄食率的公式也可以看出，摄食主要是受牡蛎清滤率及饵料密度所决定，因此影响牡蛎清滤率的因素也显著影响着摄食率。香港巨牡蛎壳高与干重成显著的正相关性（图 7.2.4），单位个体的摄食率、清滤率也随和牡蛎大小规格的增大而增加即与壳高、干重也有着明显的正相关性（图 7.2.5），这为通过较为简便且易获取的壳高参数评估香港巨牡蛎对赤潮的控制作用及养殖容量等工作提供便利。因此，需要在今后的养殖容量工作中相应地加强牡蛎摄食有关研究，以获取较为准确的不同规格单位体重摄食率变化规律为进一步养殖容量和生态影响研究提供科学数据。

香港巨牡蛎对浮游植物有较高的摄食率，单位个体或单位体重的摄食率较高，因而在多个体或群体时对浮游植物的摄食压力明显。如在实验中 5.4×10^4 个/ml 的浮游植物密度下，1 只香港巨牡蛎对 4 L 体积的浮游植物摄食 1 h 后 3 种浮游植物的密度均明显减少，其中香港巨牡蛎对亚心形扁藻摄食比例最高，摄食比例为 44%～92%，香港巨牡蛎对球等鞭金藻的摄食比例为 62%～87%，对牟氏角毛藻摄食的比例最低（29%～48%，表 7.2.5）。在 1 μg C/ml 等生物量条件下，香港巨牡蛎对 3 种浮游植物摄食明显，对球等鞭金藻、牟氏角毛藻、亚心形扁藻的摄食比例范围分别为 81%～95%、60%～93%、46%～84%，球等鞭金藻被摄食的比例最高，亚心形扁藻最低（表 7.2.4）。整个试验期间，香港巨牡蛎对 3 种浮游植物的摄食强度均表现大规格最大，并且随着个体规格减小，中等规格、小规格的香港巨牡蛎摄食强度也逐渐降低。由此可见，香港巨牡蛎对浮游植物有着较高的摄食压力。

表 7.2.5　不同食物条件下香港巨牡蛎对 3 种浮游植物的摄食比例

浮游植物条件	规格	亚心形扁藻/%	牟氏角毛藻/%	球等鞭金藻/%
5.4×10^4 个/ml	小	44±1.20	29±1.24	62±0.86
5.4×10^4 个/ml	中	82±1.63	30±0.54	74±0.78
5.4×10^4 个/ml	大	92±0.85	48±1.43	87±1.25
1 μg C/ml	小	46±0.77	60±1.55	81±1.01
1 μg C/ml	中	79±1.11	67±1.47	90±1.24
1 μg C/ml	大	84±2.32	93±1.63	95±2.14

7.2.4　牡蛎摄食选择性研究

在本研究的不同食物条件下，香港巨牡蛎对不同浮游植物种类的清滤率和摄食率差异明显。在各个浮游植物种类分开摄食实验中，相同浮游植物密度（5.4×10^4 个/ml）条件下，香港巨牡蛎对亚心形扁藻、球等鞭金藻的个体摄食率相近（$p>0.05$），对牟氏角毛藻的个体摄食率明显低于其他两种浮游植物（$p<0.01$）。等生物量条件下，同种规格的香港巨牡蛎对 3 种浮游植物的个体清滤率均表现出对球等鞭金藻＞亚心形扁藻＞牟氏角毛藻（$p<0.05$），同种规格的香港巨牡蛎对 3 种浮游植物的单位体重清滤率也均表现出对球等鞭金藻＞亚心形扁藻＞牟氏角毛藻。在相同浮游植物密度下，香港巨牡蛎对亚心形扁藻和球等鞭金藻的单位个体摄食率相近（$p>0.05$）且明显高于对牟氏角毛藻的摄食率（$p<0.01$），

香港巨牡蛎对这 3 种浮游植物的单位体重摄食率也呈现出一致的差异特征，表明了香港牡蛎在相同的单独摄食条件下，对不同浮游植物种类的清滤率和摄食率有明显不同，表现出有一定的摄食选择性现象。在本实验研究中，香港巨牡蛎表现出对牟氏角毛藻的喜好程度低于其他两种藻，但 3 种浮游植物都没有被香港巨牡蛎严重避食。

与单独摄食培养的实验结果相似，在香港巨牡蛎对 3 种不同浮游植物种类的混合摄食实验中，香港巨牡蛎对不同浮游植物种类的清滤率和摄食率也差异显著。相同浮游植物密度（3.5×10^4 个/L）混合条件下，香港巨牡蛎对牟氏角毛藻和球等鞭金藻的单位个体清滤率差异不明显（$p>0.05$），但显著低于对亚心形扁藻的清滤率。香港巨牡蛎对对牟氏角毛藻的清滤率［0.66～1.4 L/(g·h)］显著低于其对亚心形扁藻和球等鞭金藻的单位体重清滤率（$p<0.05$）。在相同浮游植物密度混合条件下，香港巨牡蛎对 3 种浮游植物的单位个体摄食率和单位体重摄食率的差异与清滤率相似。在相同浮游植物生物量（0.6 g C·m/L）条件下，香港巨牡蛎对 3 种浮游植物的单位个体清滤率差异也明显（$p<0.05$），表现为对球等鞭金藻＞亚心形扁藻＞牟氏角毛藻。香港巨牡蛎单位体重摄食率变化趋势与单位个体清滤率的变化趋势相同，单位体重摄食率变化趋势与清滤率变化基本相同，在等生物量 3 种浮游植物混合条件下，香港巨牡蛎对球等鞭金藻的单位体重摄食率最高，其次是对牟氏角毛藻，对亚心形扁藻的单位体重摄食率最低，这主要是受浮游植物密度的影响，在相同的生物量条件下，亚心形扁藻因个体较大而细胞密度最低，因而香港巨牡蛎对其摄食率最低。

在相同的密度和生物量条件下，香港巨牡蛎对 3 种实验浮游植物的摄食选择效率见图 7.2.9。等密度浮游植物混合培养条件下 3 种规格香港巨牡蛎对亚心形扁藻的摄食选择效率均为正值，大、中、小 3 种规格的香港巨牡蛎对混合藻中亚心形扁藻的摄食选择效率分别为 0.32、0.35、0.48，大、中规格对亚心形扁藻的摄食选择效率差异不显著（$p>0.05$），小规格的摄食选择效率明显高于大规格和中规格（$p<0.05$）。香港巨牡蛎对牟氏角毛藻的摄食选择效率为负值，而且牡蛎规格越小选择效率负值越大。香港巨牡蛎对球等鞭金藻的摄食选择效率也为负值，但不同规格牡蛎之间的差异不显著。在等生物量浮游植物混合培养条件下，3 种规格香港巨牡蛎对球等鞭金藻和亚心形扁藻的选择效率均大于零，对牟氏角毛藻的选择效率小于零（图 7.2.9）。小规格香港巨牡蛎对亚心形扁藻的选择效率显著高于中等规格和大规格，小规格和中规格香港巨牡蛎对球等鞭金藻的选择效率也高于大规格个体。

本实验研究结果表明了香港巨牡蛎无论是在浮游植物单独种类分开培养还是多个种类混合培养，均显示出明显的食物种类之间差异，表明其摄食选择性现象明显。关于滤食性双壳贝类对不同食物颗粒的选择性摄食，国内外已有学者做过一些研究，但贝类对食物颗粒是否真正具有选择性仍具争议。Riisgård（1991）通过研究发现贝类对浮游植物的摄食只存在粒级大小的选择性，而对种类没有选择性，邓正华等（2016）也发现浮游植物颗粒大小相近时，合浦珠母贝（*Pinctada fucata*）摄食无选择性，但对大粒级的食物选择性明显高于小颗粒。但也有研究发现，贝类选择性摄食与否与贝类的种类有一定的关系，如沙海螂（*Myaarenaria*）对含有麻痹性贝毒的甲藻（*Dinoflagellate*）在消化前表现出很强的选择能力，而紫贻贝（*Mytilus edulis*）、扇贝（*Plaopecten magellanicus*）等则不明显（Shumway & Cucci，1987；傅萌等，2000）。吴庆龙等（2005）在研究背角无齿蚌对浮游植物的摄食中也发现其不具有选择性，但张莉红（2005）认为食物价值营养价值越高，贝类对其选择性越显著。

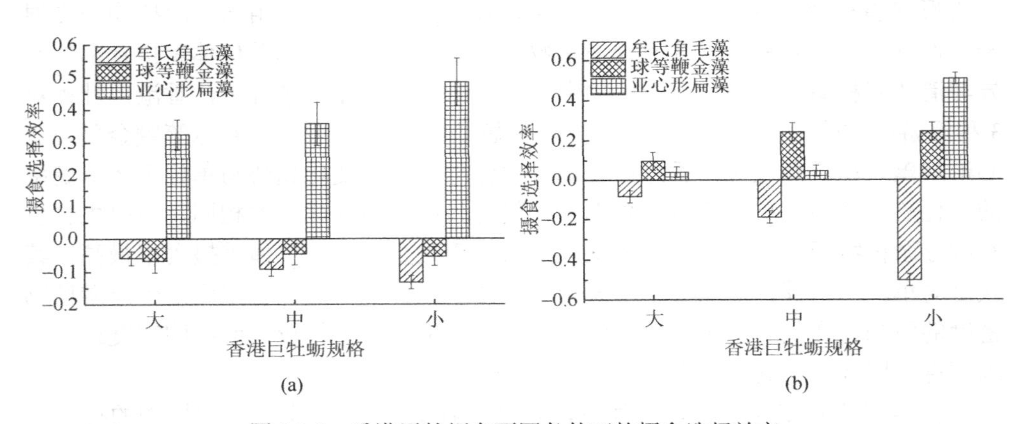

图 7.2.9　香港巨牡蛎在不同条件下的摄食选择效率

（a）相同浮游植物密度；（b）相同浮游植物生物量

香港巨牡蛎是我国粤西、广西沿海特有的优质食用贝类，是广东和广西的一个重要养殖品种，自 2003 年定为一个新种并命名为香港巨牡蛎以来（Lam & Morton，2003），各界学者对其多有研究，但有关香港巨牡蛎对不同食物摄食是否具有选择性及其机制的研究尚未见报道。浮游植物是双壳贝类的主要饵料，不同浮游植物种类不仅大小形状等细胞规格明显不同，而且细胞有机质一般也不相同，此外细胞壁等也有明显差异。因而双壳贝类对不同藻类的滤食具有一定的选择性，不同的贝类对不同藻类的摄食也存在差异（张爱菊等，2012）。本研究的实验结果也发现单独培养同等条件下香港巨牡蛎对不同种类的浮游植物清除率和摄食率存在较大的差异，在相同浮游植物密度条件下其对牟氏角毛藻的清滤率和摄食率明显低于其他两种浮游植物种类。出现这种摄食选择性现象主要是因为不同浮游植物饵料质量的差异。等密度条件下亚心形扁藻细胞的生物量分别是牟氏角毛藻（不含角毛）和球等鞭金藻的 12.4 倍和 4.7 倍，饵料质量亚心形扁藻＞球等鞭金藻＞牟氏角毛藻，因此在食物浓度一致的情况下，香港巨牡蛎更倾向摄食质量高的饵料。已有的部分研究表明多数贝类对硅藻具有选择避食性，如 Ren 等（2006）研究发现新西兰绿唇贻贝对 3 类不同浮游生物的同化效率中以硅藻类的同化效率最低，表明其对贝类而言可吸收营养率低，Tan 和 Julian（2014）发现贝类随着悬浮物中有机物含量越高摄食选择性越大，Romberger 和 Epifanio（1981）发现巨牡蛎属的一些双壳贝类，如美洲牡蛎因硅藻具一层很厚、难以被酶促降解的细胞壁而选择避食这一类浮游植物。因此浮游植物的生物量及营养价值导致了在相同密度条件下香港巨牡蛎对不同浮游植物的清滤率和摄食率存在着明显差异。相类似，在相同生物量条件下，香港巨牡蛎对 3 种不同浮游植物的清滤率差异明显降低，相同条件下无细胞壁、裸露的球等鞭金藻具有更高营养价值，且相对于较大活动能力的亚心形扁藻更容易摄食，因此对球等鞭金藻的清滤率高于亚心形扁藻。相同生物量条件下香港巨牡蛎对不同浮游植物种类的摄食率结果差异较大主要是因为饵料密度差异的原因，同时也表明了香港巨牡蛎的这种摄食选择性具有相对性，对高密度的藻类摄食率高，通过自身调节有效避免因有机物含量过低而造成能量摄入不足（Wong & Cheung，1999）。

不同浮游植物种类单独培养，还有可能是因为实验所用的牡蛎个体本身之间的差异而导致对不同实验结果产生差异，但在本研究设计的多种浮游植物混合培养摄食实验却是有效地消除了这个问题，在混合培养条件下不同浮游植物的外在条件一致，所用的实验牡蛎也一致。而本研究的多种浮游植物种类混合摄食实验结果显示不管是在相同浮游植物密度的混合条件下，还是在相同生物量浮游植物的混合条件下，香港巨牡蛎对亚心形扁藻、球等鞭金藻和牟氏角毛藻的清滤率、摄食率均有着明显的差异（图 7.2.3 和图 7.2.8），香港巨牡蛎对 3 种实验浮游植物的摄食选择效率也有明显不同（图 7.2.9），这就更清晰地表明了香港巨牡蛎对不同浮游植物种类表现出了明显的摄食选择性。在浮游植物相同密度的混合条件下，香港巨牡蛎对亚心形扁藻的清滤率显著高于其他两种粒径较小的浮游植物种类，在相同浮游植物生物量的条件下香港巨牡蛎对亚心形扁藻也呈现出较高的清滤率，摄食选择效率的结果也显示了香港巨牡蛎对亚心形扁藻具有明显的正向选择性且选择效率最高，表明了香港巨牡蛎对亚心形扁藻具有明显的选择性。本研究实验用到的 3 种浮游植物细胞，除去牟氏角毛藻的角毛后亚心形扁藻是实验浮游植物中细胞最大的种类（表 7.2.2），实验结果表明在所选用 4～11 μm 大小的 3 种浮游植物种类中香港巨牡蛎更倾向于选择摄食粒径较大的浮游植物颗粒，颗粒越大选择性越强，这与本研究实验中单种浮游植物单独培养摄食结果相符，也和合浦珠母贝对大颗粒亚心形扁藻有明显摄食选择性的结果一致（邓正华等，2016）。滤食性贝类的摄食机制主要有两种，分别为黏液纤毛作用和水动力作用（Cosling，2003）。根据黏液纤毛的作用机制，如果香港巨牡蛎在摄食过程中仅依靠腮丝、纤毛的机械过滤及随后黏液包裹作用，那么粒级大的浮游植物颗粒被漏食的概率要小，而当密度相同且均匀分布的食物颗粒流经腮时腮丝和纤毛对表面积较大的颗粒接触到的概率更大，相比小粒径颗粒不需要消耗更多的能量去捕获，这可能是香港巨牡蛎对大颗粒浮游植物具有较高摄食选择性的重要原因。在滤食性双壳贝类的食谱中，食物颗粒的大小、形状等因素能够决定其在贝类摄入后的最终去向；Rosa 等（2013）通过电势测量出巨牡蛎属（*virginica*）和贻贝食物颗粒表面存在“黏性”结构，并且通过实验证明两种牡蛎均可区别食物颗粒的表面特性；Espinosa 等（2009）也认为贝类对食物颗粒的选择性摄食不仅依靠食物颗粒对消费者的定向刺激，更重要的是悬浮颗粒与外套膜表面均存在特定的化学识别位点，贝类分泌的黏液中存在一种能够识别浮游植物表面糖类等碳水化合物并与糖类等能可逆性结合的外源凝集素，这可能是相对于其他两种浮游植物，有机物含量高、营养价值高的大粒径亚心形扁藻在混藻中被优先摄食的重要原因。

本实验研究中，虽然在不同的条件下，尤其是不同浮游植物种类单独培养的摄食实验中，香港牡蛎对不同浮游植物种类都表现出了较高的清滤率和摄食率，表明其对不同的浮游植物种类没有明显的避食性行为。在摄食实验中，实验之前牡蛎都进行了饥饿处理，即所用的实验牡蛎均是经过 24 h 以上的饥饿处理，这很可能是其对所有实验浮游植物种类都没表现出明显避食性的主要原因，在过度饥饿条件下其通过自身机制获取食物补充能量。而在多种浮游植物种类的混合培养摄食实验中，在相同浮游植物密度和生物量条件下香港巨牡蛎对牟氏角毛藻均呈现出较低的清滤率，摄食选择效率也均为负值，表明了香港巨牡蛎对牟氏角毛藻采取了一定的避食措施，而且在牟氏角毛藻密度高的等生物量条件下其摄食选择效率负值更明显（图 7.2.9），表明密度越高避食性越强。这和在单种浮游植物培养条件下香港巨牡蛎对牟氏角毛藻比亚心形扁藻及球等鞭金藻的清滤率低的结果相符，高如承等（2007）报道的西施舌稚贝对牟氏角毛藻的摄食也具有类似的现象。综合以上的实验结果，明确证实了香港巨牡蛎对不同浮游植物的选择性摄食现象，而选择性摄食可能与不同浮游植物的细胞形态（包括大小、形状及刺状物等引起的适口性不同）及其表面的物质组成、营养价值差异有关。从细胞大小形状来看，牟氏角毛藻具较长的角毛（一般为藻体的 5～6 倍），贝类在摄取时角毛上的倒刺可能会损害其腮丝和纤毛，导致其对贝类适口性较低，而且牟氏角毛藻细胞壁高度硅质化，壳体坚硬及角毛使得营养价值相对其他两种浮游植物低而降低香港巨牡蛎对其摄食强度。张莉红等（2008）研究也发现与粒径相似的硅藻和甲藻相比，栉孔扇贝（*Chlamys farreri*）更倾向摄食无硅质细胞壁的甲藻，认为栉孔扇贝可能将具有硅质细胞壁的硅藻识别为无机颗粒而倾向选择有机物含量高的甲藻。由此导致了香港巨牡蛎对实验中硅藻代表种类牟氏角毛藻的相对避食性行为（图 7.2.9）。

本研究多种浮游植物混合培养摄食实验中，并不是所有大小规格的香港巨牡蛎对相同浮游植物种类都表现出一致的选择性或喜好性。从图 7.2.9 可以看出，香港巨牡蛎对不同浮游植物的摄食选择性在不同规格情况下有着明显的差异，小规格的个体对亚心形扁藻更具选择性而对牟氏角毛藻更具避食性，大规格个体的选择性和避食性更弱，这从一定程度上表明了香港巨牡蛎个体越小对浮游植物的选择性越强，而个体越大选择性越弱。香港巨牡蛎表现出的这种不同大小牡蛎选择性差异可能与贝类本身的生物活性及状态有关，在稚贝阶段，香港巨牡蛎用来直接维持生命特征的肝脏、肾脏等组织的比例较大，为了维持新陈代谢需要摄食更多的能源物质，相比大规格，小规格贝类摄食竞争力较弱，在单位体积饵料生物量（有机碳）含量相同时，其对食物的营养价值必然会大于对食物量的追求，而牡蛎在发育、成熟的过程中会逐渐转变摄食策略，为了保证摄食量而对饵料质量的选择强度降低，因此香港巨牡蛎的规格越大，其选择性强度越不明显。这与魏永杰（2007）报道的方斑东风螺幼体优先摄食混合藻体积比占绝对优势的青岛大扁藻、湛江叉边金藻研究结果相类似。

如前所述，在已有的研究中贝类对食物颗粒是否具有选择性具有较大争议，在本研究的摄食实验中，如果单独从细胞体的大小（表 7.2.2）来看，香港巨牡蛎对亚心形扁藻摄食选择性最强而对牟氏角毛藻有所避食性的现象（图 7.2.9），表明浮游植物的摄食显示浮游植物的粒径越大选择性越强，而且大个体牡蛎小粒径浮游植物清滤率更高，从一定程度表明了香港巨牡蛎是通过黏液纤毛作用和水动力作用（Cosling，2003）依靠腮丝、纤毛的摆动被动进行机械性摄食，属被动性的选择摄食。但如果加上角毛，牟氏角毛藻应该是所用 3 种浮游植物种类中细胞（含角毛）最大的种类，如果香港巨牡蛎只是通过这种机械被动式地摄食，理论上其是最容易被牡蛎捕获的种类，如果牡蛎只是根据细胞大小被动式选择摄食，理应它是选择性最大的种类。但本实验结果恰恰相反，这可能是对于含有较长角毛的牟氏角毛藻，因其角毛刺激及硅质细胞壁营养较低等原因，香港巨牡蛎对其表现较明显的避食性，这又从一定程度上表明香港巨牡蛎也同时具有对食物的主动选择能力，对混合浮游植物的选择性摄食结果正是香港巨牡对食物的选择同时具有被动性和主动性的综合体现，表明香港巨牡蛎并不只是根据浮游植物大小进行摄食，同时还对种类有着明显的摄食选择喜好性。

7.3　牡蛎养殖的生态影响效应

7.3.1　牡蛎养殖对营养盐的影响

海洋滤食性双壳贝类是海洋中重要底栖生物类群，在海洋生态系统中扮演着能流、物流传递者的重要角色。作为能量学研究的一部分，呼吸和排泄是滤食性双壳贝新陈代谢的基础生命活动。代谢水平高低既可以反映贝类生存环境状态，也可以反映自身的活性状态。双壳贝类可溶性含氮代谢产物主要包括氨、尿素、尿酸、氨基酸等，其中氨氮占到排泄总量的 70%甚至更多（Hammen，1968；Cockcroft，1990；Carefoot et al.，1993）。Dame 等（1989）通过对瓦登海西海域的贻贝床进行物质通量的测定，发现贻贝床在吸收大量浮游植物、有机碎屑的同时，释放大量的含氮、磷物质，其中以 NH_4^{2-}-N 和 HPO_4^{2-}-P 排放量最大。有研究表明，在营养盐贫瘠海区，贝类排泄的可溶性营养盐及其生物沉积物的再矿化能为浮游植物的初级生产提供重要营养基础，因此贝类内源性释放可能是提高初级生产力的重要贡献因子（Giles et al.，2006；Giles & Pilditch，2006）。但是在浅海贝类养殖区，内源性释放可以显著增加氮、磷浓度，使富营养化的水质进一步恶化。尤其是随着海水养殖的发展，贝类养殖已成为我国海水养殖的最主要养殖类型，而且养殖规模和密度越来越大，养殖区也主要分布在河口海湾等浅海区域。这些河口海湾本身受河流输入大量营养盐的影响，是富营养化的最主要海区，因而大规模高密度的贝类养殖、贝类排泄的可溶性营养盐及其生物沉积物的再矿化等内源性释放可能对海湾水质及富营养化产生重要影响。

我们在实验室内开展的香港巨牡蛎代谢实验结果显示香港巨牡蛎的氮磷排泄率较高，贝类规格越小，单位体重耗氧率、氮磷排泄率越大（$p<0.01$），在盐度 25～28 的实验条件下，最大排氨率、排磷率分别为 0.37 mg/(g·h)和 0.054 mg/(g·h)，氨氮是香港巨牡蛎最主要的溶解性排泄产物。现场抽查钦州湾牡蛎养殖浮筏密度为 18～20 串/m^2，每串牡蛎个数为 20～40 个，从龙门附近海区随机抽取小、中、大不同规格牡蛎的软体干重为 1～3 g，因此按 20 串/m^2、30 个/串和 2 g/个初步计算，钦州湾养殖浮筏中最大排氨量、排磷量可达 444 mg/(m^2·h)和 64.8 mg/(m^2·h)，相当于一年每公顷养殖浮筏产出 39 t 左右的氨氮和 5.7 t 左右的磷酸盐。由此可见大规模高密度牡蛎养殖内源营养盐数量之大。

除了溶解性排泄产物之外，贝类生物沉积也是对海区营养盐、水质等产生重要影响的主要因素。贝类通过滤食，使水体中较难沉积的悬浮颗粒物经消化道以粪便或假粪的形式沉积下来，这是贝类的一个重要生物沉积过程（Haven & Morales-Alamo，1972）。在饵料浓度较低时，有机颗粒经滤食性贝类消化吸收后排出一部分质地比较紧密的排泄物，而当海水中颗粒物浓度偏高或适口性、营养价值较低时，进入鳃腔的颗粒被鳃分泌的黏液包裹后不经过消化道而是直接以不够密实的假粪（pseudofeces）的形式排出体外；粪和假粪统称为生物沉积物（biodeposits）。孙心亮等（2013）在研究海湾扇贝的生物沉积作用时发现，扇贝能加速悬浮颗粒的沉降，且贝类个体越大，这种沉降效应越显著。Kaspar 等（1985）和 Hatcher 等（1994）发现贻贝的生物沉积作用使养殖区沉积物的理化性质发生变化，与贻贝自然生境相比，养殖区底质环境有较大变化，如沉积物粒径更小、密度更低、含水量相对更高。因而贝类等生物的沉积作用在营养盐再循环方面也有积极意义，贝类通过生物沉积作用将水体中大量悬浮物质转移到水底，加速了颗粒物质的分解、沉降，提高了水体透明度，同时沉积物在底栖动物、微生物及理化作用下细分成更小且能再悬浮的颗粒促进其矿化。贝类的生物沉积物可能为底栖无脊椎动物提供部分的能量物质，在某些贫营养海域，生物沉积作用能为浮游植物提供相当比例的营养盐，Giles 等（2006）发现由底质再生的营养盐为浮游植物提供了 80%的营养源。另外，这些贝类排泄和沉积的粪便一部分在底栖生物、微生物的作用下矿化分解，以可溶态营养盐的形式返回到水中，因此贝类的生物沉积作用在影响水体氮、磷浓度及其存在形式，以及营养盐循环速率方面均发挥重要作用。但在贝类高密度区，经过日积月累的贝类生物沉积作用，一般底层积累有机物在矿化过程中消耗水体溶氧，易形成贫氧或厌氧环境，进而刺激厌氧微生物的脱氮，加速硫的还原，使得水体中营养盐浓度和循环速率增加（Beadman et al.，2004；Smith & Shackley，2004；Costa & Nalesso，2006）。当底质的有机物积累速度大于海区自然分解、净化速度时，底质即产生有机污染，即海区“老化”（印丽云等，2012），同时海区老化也会引起海域富营养化的加剧，病原菌增加。

钦州湾枯水期、平水期及丰水期等季节的主要营养盐分布特征基本呈现湾内到湾外逐步降低的趋势（2.2 节），高值区主要分布在入海河口区域，说明钦州湾营养物质分布主要受入海河流的影响。牡蛎高密度养殖区的营养物质分布未出现显著的差异，表明在大的尺度范围内，河口区牡蛎养殖对区域营养物质的时空分布特征没有显著影响。钦州湾位于钦江和茅岭江河口，主要养殖区龙门附近海域又是主要位于内湾茅尾海和外湾的湾颈，两头大，中间小，受河口冲淡水及潮汐海流的双重影响，龙门湾颈海区水流湍急，龙门航道附近的水体交换强劲，容易稀释由香港巨牡蛎养殖区牡蛎代谢汇入的可溶解性营养盐及沉积物缓慢释放的营养盐，因而钦州湾牡蛎养殖对水体营养盐的影响很可能被冲淡水和潮汐海流裹挟汇入的高浓度营养盐掩藏。

钦州湾及茅尾海的富营养化研究结果显示，近年来钦州湾内湾（茅尾海）有机污染和富营养化指数急剧增加，呈现从贫营养向轻度甚至中度富营养化发展的趋势，内湾在局部海域则呈现重度富营养化，有机污染也日益严重（2.2 节）。受钦江、茅岭江携带的陆源污染物汇入的影响，茅尾海富营养化进程加快，另外大范围且高密度的牡蛎养殖在一定程度上也增加了茅尾海富营养化水平升高的风险。虽然香港巨牡蛎可通过大量滤食海水中的浮游植物，通过收割的方式在一定程度上将养殖海区的氮、磷等营养盐从富营养化水体移除养殖海区的氮磷等营养盐。但茅尾海是一个典型的半封闭海湾，且钦州湾高密度牡蛎养殖区在龙门附近海域集中分布，龙门附近的出口很窄，这些均是导致其富营养化加剧的重要因素。龙门附近海域大规模养殖高密度的香港巨牡蛎，规模很大，牡蛎大量排泄的氨氮、磷酸盐等营养盐，以及常年累积在沉积物中的内源营养盐不断释放，通过潮汐海流的裹挟的营养盐会直接影响养殖区及养殖区外围的氮、磷平衡，促使龙门海域养殖区及其周边海水营养物质的累积，进而增加了茅尾海及龙门海域富营养化的风险。2014 年我们在钦州湾茅尾海及龙门附近等高密度牡蛎养殖区开展了养殖区内外营养盐的对照跟踪监测，结果发现在某些养殖区内，氨氮的浓度高于养殖区外，甚至部分位于茅尾海南部下游区域的养殖区内氨氮浓度甚至高于位于其上游茅尾海站点氨氮的浓度，由此可见高密度牡蛎养殖区排泄及养殖区沉积物中营养盐释放对局部海区营养盐浓度含量及其分布有着较大影响。此外，钦州湾牡蛎养殖浮筏密度约为 18～20 串/m^2，密度较大，同时各台浮筏间距较小，影响海域水流及污染物的扩散。高密度的浮筏将影响钦州湾内外的海水交换速度，导致茅尾海及养殖区的氮、磷的加速积累，更促进了茅尾海海域富营养化。

7.3.2　牡蛎养殖对浮游植物的影响

从第 5 章钦州湾浮游植物时空分布特征可以看出，在钦州湾高密度集中养殖区龙门附近海域，浮游植物的数量及分布等与相邻的外湾茅尾海和茅尾海河口附近站点均有着显著的不同，极有可能表明了钦州湾龙门附近高密度牡蛎养殖对钦州湾浮游植物生物量有着明显的影响效应。

滤食性贝类因其发达的滤食系统而具有极强的滤水能力，在高密度的贝类养殖区，这种滤水作用更明显。以钦州湾最主要养殖牡蛎品种香港巨牡蛎为例，在外界条件适宜时，本物种实验室内测定出其最大清滤率可达 3.73 L/(g·h)（表 7.2.4），而国内其他研究表明在适宜条件下香港巨牡蛎的最大清滤率可达 5.93 L/(g·h)（表 7.2.4）。按钦州湾高密度养殖区的抽查情况，以 20 串/m^2、30 个/串、2 g/个牡蛎和 3.73 L/(g·h) 清滤率初步计算，钦州湾养殖浮筏中最大清滤率可高达 4716 L/(h·m^2)，钦州湾一般一个较适中的养殖浮筏约为 1000 m^2，换言之，每台牡蛎浮筏每天可滤过 11 万 m^3 的海水。董婧等（2003）研究发现在水域面积为 800 hm^2 的小窑湾养殖区，牡蛎群能在两天左右过滤掉整个养殖区水体。在西瓦登海，贻贝群能在一周内滤掉整个水体（Smaal et al.，1986）。

双壳贝类具极强的滤水能力，因此其摄食势必对水中的食物等悬浮物具有很强的下行控制效应。王芳等（1998）通过扫描电镜观察了栉孔扇贝、海湾扇贝和太平洋牡蛎的鳃的结构，发现 3 种贝类的过滤器官孔隙直径都小于 1 μm，可以有效地滤食大部分悬浮颗粒。在悬浮颗粒中有机物的含量较低时，经腮丝截留的饵料可以被贝类有效地摄食；但饵料中有机物的浓度过高时，一部分适口性或营养价值较低的颗粒将以假粪的形式排出不参与代谢。即使是在食物过量的情况下，贝类也对其进行滤食，但不摄取补充能量，而是以假粪等形式排出，由此可见滤食性贝类对浮游植物生物量势必有着显著的下行控制作用。由于贝类的大量摄食，浮游植物生物量和贝类清滤率之间存在着负相关关系，同时也与贝类的养殖量之间也存在着负相关关系。大连小窑湾的长期观测（董婧等，2003）结果显示，1981 年 6 月大连小窑湾开展牡蛎、贻贝、扇贝筏式养殖前的浮游植物密度高达 4.08×10^6 个/m^3，而之后由于开展筏式养殖，2000 年筏架猛增到 12 855 台后，浮游植物同月份的密度仅为 1×10^4 个/m^3，浮游植物数量显著降低，相差近 400 倍；1995 年 9 月，养殖筏已达 4000 多台，浮游植物数量为 9.48×10^6 个/m^3，2000 年同月份的浮游植物数量则为 2.1×10^5 个/m^3，相差 20 余倍。项福亭等（1996）发现贝类对浮游植物密度影响显著，在养殖区和非养殖区的差异十分明显，在贝类的下行控制效应作用下养殖区微藻密度较非养殖区下降了 65%。李宵（2009）在粤东深澳湾海水养殖对浮游植物群落结构影响的研究中发现，整体上养殖区外浮游植物密度高于养殖区内，而贝类养殖区中中肋骨条藻密度仅为对照区的 1/5。

本研究的实验室内摄食实验结果表明，香港巨牡蛎对硅藻、绿藻和金藻等实验浮游植物都具有较高的清滤率和摄食率（7.2 节）。在钦州湾海区的现场调查中发现，无论是叶绿素 a 浓度，还是浮游植物细胞密度，在龙门附近海域都明显呈现出低水平状态(5.1 节和 5.2 节)。如 5.1 节中的图 5.1.3～图 5.1.5 所示，从 2011～2015 年每年 3 个水期的监测结果可知，绝大多数水期叶绿素 a 浓度的分布特征都在茅尾海南部—龙门及龙门南部的站点出现较低的叶绿素 a 现象，使得在钦州湾河口到外湾湾口浮游植物叶绿素 a 浓度的分布呈现出明显的中间低、两头高的特征(5.1.2 节)。对照钦州湾这期间牡蛎养殖的集中分布区域，不难发现在龙门海区及其南北两头是钦州湾海区中的一个重要牡蛎聚集养殖区（1.3.2 节），因而叶绿素 a 浓度的低值集中分布区与牡蛎养殖集中分布区有着很好的吻合。龙门水道水流较急，水文环境复杂，其自身恶劣的生境可能是其生物量较低的原因，但如前所述，香港巨牡蛎是一种较大个体的双壳贝类，其具有很高的清滤率和摄食率，牡蛎养殖区与叶绿素 a 浓度低值区吻合的现象，表明钦州湾龙门附近海域高密度的牡蛎养殖对海湾浮游植物生物量即叶绿素 a 浓度的含量及时空分布等特征有着显著的影响。参照大连小窑湾的贝类养殖前后浮游植物生物量显著降低的结果（董婧等，2003），张继红（2008）在桑沟湾的研究也发现受贝类消耗的影响贝类区的叶绿素 a

浓度显著降低，因此钦州湾高密度牡蛎养殖区导致浮游植物生物量显著降低的现象完全可能。从图 5.1.3～图 5.1.5 可以看到，钦州湾龙门附近牡蛎集中养殖区叶绿素 a 浓度只有茅尾海及外湾叶绿素 a 浓度的 1/3～1/2，由此可以推测牡蛎养殖造成生物量大量减少大概达 50%～70%。

相对于叶绿素 a 浓度的影响，高密度牡蛎养殖造成龙门附近海域浮游植物丰度的减少不是很明细，该海区浮游植物丰度相对于外湾的丰度明显减少，但是相对于内湾茅尾海而言丰度仍比较接近（5.2 节，图 5.2.2～图 5.2.4）。叶绿素 a 结果和浮游植物丰度结果较为不同的主要原因可能是在养殖区浮游植物的种类组成或类群结构上因牡蛎选择性摄食而导致了与其他海区有明显差异。叶绿素 a 浓度是通过过滤收集测定，其代表了几乎全粒径的浮游植物生物量特征，包括了较小个体浮游植物如超微型浮游植物。浮游植物丰度主要是通过采集水样后浓缩后显微镜测定。目前常规的浮游植物镜检方法，主要是在 100 倍或者 200 倍左右的显微镜下观察，主要都是针对于较大个体的浮游植物种类，较小的浮游植物种类如微型和超微型浮游植物种类很难通过显微镜很好地观察计数。而且部分超微型和超微型浮游植物容易在固定剂保存过程中发生细胞破裂或缺乏形态学特征。因而浮游植物粒径范围较广，个体数量与生物量之间不完全呈现出完全的正相关对应关系，也有可能在养殖区因牡蛎摄食较大个体之后，数量较少，同样茅尾海的浮游植物群可能也是以小粒径的浮游植物为主，因此两者在镜检观察时，较大粒径的浮游植物数量都表现出较低水平。

虽然双壳贝类对浮游植物的摄食选择性仍存在较大争议，但本研究实验结果明确显示了钦州湾主要养殖种类香港巨牡蛎具有明显的摄食选择性特征（7.2.4 节）。香港巨牡蛎对不同浮游植物的摄食选择性，其反映在自然养殖海区中则必将引起海湾中养殖区浮游植物个体大小、类群和种类组成等群落结构特征的显著变化。

在 2014 年枯水期和丰水期钦州湾浮游植物叶绿素 a 的分粒级结构研究中，海水养殖站点的叶绿素 a 在枯水期以 Nano 粒级占优势（55.4±8.8%），丰水期以 Pico 粒级占优势（65.0%±11.5%）（5.1.3 节）。从枯水期到丰水期，随着叶绿素 a 浓度的增加，海水养殖站点浮游植物的优势粒级由 Nano 粒级向 Pico 粒级转变。由此可见，海区香港巨牡蛎的养殖是影响该海域浮游植物群落结构的重要因素。贝类对粒径大于 3 μm 以上颗粒的偏向滤食，会导致浮游植物优势种向微型浮游植物转移（Newell，2004），在 3 μm 以上颗粒中，贝类对 5～11 μm 的藻类具有较高的选择性（王芳等，2000；高如承等，2007）。钦州内湾是贝类增养殖区，主要挂养牡蛎等滤食性香港牡蛎，牡蛎的摄食压力对浮游植物群落结构造成一定影响，尤其是牡蛎的繁殖盛期为 6～7 月，本研究中海水养殖站点 Pico 粒级对总叶绿素 a 的贡献从枯水期（3 月）的 29.7%上升至丰水期（7 月）65.0%，丰水期 Micro 粒级的贡献（18.3%）超过 Nano 粒级（16.7%），表明养殖海区香港巨牡蛎对 Nano 浮游植物粒级结构选择性摄食压力增大，也表明高密度牡蛎养殖带来的摄食压力及其对浮游植物的摄食存在选择性均对钦州湾浮游植物群落粒级结构及其时空分布变化有显著影响。

高密度牡蛎养殖不仅对浮游植物大小结构产生明显的影响，也对浮游植物种类组成结构有着明显的影响效应。已有的研究表明贝类摄食也可明显改变浮游植物群落结构和优势种，李宵（2009）在粤东深澳湾海水养殖对浮游植物群落结构影响的研究中发现，在鱼排养殖区、贝类养殖区、龙须菜养殖区和对照水域4个区域中，在对照区中肋骨条藻密度最高，为2.9×10^5个/L，是主要优势种，而贝类养殖区中优势种群落结构则发生了变化，中肋骨条藻和颤藻为共同优势种，但中肋骨条藻密度仅为对照区的1/5，为5.88×10^4个/L。这种结果表明，受牡蛎影响，硅藻的优势地位受到了一定程度的抑制。在2011～2015年钦州湾浮游植物种类和数量调查中，部分硅藻种类如海链藻、中肋骨条藻、萎软几内亚藻等在河口及外湾形成明显的优势种，数量很多，但在高密度牡蛎养殖区龙门附近海域，这些优势种的数量急剧减少（5.2.3节），这一方面再一次表明了牡蛎养殖对浮游植物优势种的数量有着明显的影响，另一方面也表明了牡蛎养殖对养殖海区浮游植物种类组成上也有着明显的影响，显著影响了海湾浮游植物群落结构及其分布特征。

应用光合色素分析浮游植物类群组成结构的结果显示，钦州湾牡蛎集中养殖的龙门附近海域及茅尾海浮游植物类群组成与非养殖海区存在着明显的差异，表明了牡蛎养殖对钦州湾浮游植物群落类群结构有着显著的影响效应。以2011年枯水期为例，钦州湾除了海链藻暴发的Q1站点和Q2站点之外，内湾及外湾近岸站点硅藻的生物量较低（<1.0 μg/L），所占浮游植物比例也较低（$<55\%$），在Q3～Q7站点甚至低于40%（5.3节）。钦州湾是中国大蚝之乡，内湾至外湾近岸海域分布着大面积的牡蛎吊养养殖区，其中最密集的海区位于钦江东河口至内外湾分界青菜头海区，即Q3～Q7站点所在海区。2011年枯水期调查时间为3月底，钦州湾为亚热带海湾，水温开始回暖，因此Q3～Q7站点总生物量和主要类群硅藻生物量低下与海区贝类密集养殖有着密切的关系。钦州湾贝类养殖最主要是浮筏牡蛎养殖，不少研究表明牡蛎对颗粒大小有选择性，其偏向于摄食较大颗粒的食物，本研究实验结果也显示其对个体较大的亚心形扁藻具有很高的选择性。3月是成体牡蛎的生长期，其对应较大的浮游植物应有一定的摄食选择性。本研究中浮游植物群落结构的类型分布与牡蛎养殖区有较好的吻合，内湾及外湾养殖区与其他海域浮游植物群落结构组成及分布格局的明显不同，很可能是因为钦州湾海水养殖密集区养殖动物对较大硅藻、甲藻的摄食，导致了微型和超微型浮游生物丰度的增加，使得青绿藻在这些站点成为优势类群或仅次于硅藻的第二优势类群。同样，在2010年的丰水期和平水期，养殖区站点青绿藻明显增加而硅藻比例比外湾及部分河口站点

也显著降低，由此表明了牡蛎集中养殖区牡蛎的选择性摄食，导致了青绿藻、蓝藻（主要以聚球藻为主）等超微型浮游植物比例明显增加，青绿藻等超微型类群在养殖区生长旺盛，生物量也明显高于非养殖海区如外湾，这一方面可能是因为牡蛎选择性摄食了较大粒径如硅藻等类群，从一定程度上相对降低了硅藻等类群比例进而导致了青绿藻等超微型类群比例上升，另一方面可能是牡蛎选择性摄食了硅藻等较大粒径类群，青绿藻等超微型类群受竞争压力减弱从而大量生长繁殖，因而牡蛎养殖对养殖区浮游植物的大小结构、种类结构及类群结构及其分布造成较大影响。相对于较大粒径的硅藻和甲藻，超微型浮游植物对海洋经济生物如贝类等的饵料贡献很小，且对海洋食物链及碳循环方面的贡献也小于微型和小型浮游植物，因此钦州湾超微型浮游植物的大量增殖和小型、微型浮游植物比例的减少，可能会打破海湾生态系统的平衡。因此在牡蛎养殖区应积极采取相关措施，防范高强度养殖活动对浮游植物群落结构造成重大改变进而对近岸海域生态系统造成不良影响。

本研究的牡蛎摄食选择性室内实验中，香港巨牡蛎摄食所用的 3 种藻分别代表了硅藻、绿藻和金藻，在北部湾海域具有一定的代表性，结果表明香港巨牡蛎对绿藻有较强正选择性而对硅藻有较强的负选择性，即香港巨牡蛎对绿藻具有喜好而对硅藻具有一定的避食性（7.2.4 节）。按照这样的结果延伸，在牡蛎养殖区应该由于其对绿藻等具有喜好选择性而对硅藻具有避食选择性从而导致硅藻的比例更高。但在本研究 2010～2011 年通过光合色素的现场研究中，香港巨牡蛎的高密度养殖区——钦州湾，现场调查的浮游植物群落结构却显示龙门海域牡蛎养殖集中区的附近海区硅藻比例明显低于其他海区，绿藻（包括青绿藻）和蓝藻比例显著高于其他海区（5.3 节），现场检测结果理论上应一定程度上表明养殖区牡蛎更多地摄食硅藻，对绿藻和蓝藻则反之，与本实验结果不符，结果恰好相反。经过现场调查，我们发现钦州湾龙门附近的牡蛎养殖区的养殖对象以成体香港巨牡蛎为主，属于本研究中的中、大规格个体，且养殖密度高。在本实验研究结果中，实验所设计的浮游植物初始浓度远远比现场海区要高，大、中规格牡蛎对实验浮游植物的摄食选择性强度较低，较于小规格牡蛎个体，其生长策略已从对食物质量的选择转变为对食物数量的选择，个体越大，摄食率越大。另外，海区中粒径较大的绿藻等非硅藻类数量很低，在同期的常规浮游植物监测镜检中也没有发现如亚心形扁藻等个体较大的绿藻，而光合色素检测结果显示，该海区的绿藻主要是青绿藻，其个体很小，属于超微型浮游植物，很可能因为细胞太小而无法被牡蛎所摄食，因而在无法摄食如本实验中大粒径且高营养的绿藻等食物时，牡蛎进而可能会转变其主动选择性摄食策略，被动地摄食硅藻以确保其快速生长。同时钦州湾牡蛎养殖区叶绿素 a 分粒径结构的研究结果也表明，香港巨牡蛎更倾向摄食较大颗粒的微藻，贝类对 5～11 μm 的微藻具有较高的选择性（高如承等，2007）

导致了钦州湾牡蛎养殖区牡蛎快速生长繁殖期的浮游植物群落结构从 Nano 优势转变为 Pico 优势，个体较大的硅藻首当其冲，被牡蛎被动性摄食。高密度牡蛎养殖区的浮游植物被养殖生物高强度摄食后其群落结构演变成以超微型的青绿藻和聚球藻为主，这些藻类细胞粒径多小于 3 μm 因而不能或很难被香港巨牡蛎滤食，就导致了本实验中香港巨牡蛎对 3 种微藻的选择性摄食结果与养殖区浮游植物群落结构的现场调查结果不符，此结果也表明了在牡蛎养殖区受生境及食物条件的影响，香港巨牡蛎以被动性摄食为主，而主动性的选择性摄食受限。

7.3.3　对其他生物群落的影响

钦州湾拥有我国最大的牡蛎养殖面积区，是我国主要的大蚝养殖基地。茅尾海海域是全国最大的大蚝天然采苗基地，年产蚝苗超过 8000 万只。钦州湾已形成了 5 个万亩大蚝连片养殖基地。2015 年钦州大蚝养殖面积达 15 万亩，产量 20.6 万 t，产值达 12.33 亿元。钦州湾众多的大蚝养殖对浮游植物生物量、大小及种类组成等都产生显著影响，也显著改变养殖区浮游植物时空分布，如海区超微型浮游植物的大量增殖而小、微型浮游植物比例的减少等，这些势必会影响着与浮游植物密切相关的其他生物群落，如浮游动物群落、底栖生物群落甚至游泳生物群落等。

以第 6 章中本研究所调查的钦州湾浮游动物时空分布为例，无论是 2011 年丰水期还是 2012 年枯水期，钦州湾浮游动物总丰度、生物量及主要优势种的数量均显示出内湾及湾颈附近海区明显低于外湾的空间分布特征，内湾茅尾海—湾颈龙门附近海区浮游动物的丰度和生物量很低，外湾丰度和生物量相对较高。浮游植物是浮游动物的最主要食物，尤其是在经典食物链中占主导地位的近岸海域，浮游植物生物量和分布的变化首先影响浮游动物的数量和分布。在钦州湾，受河口冲淡水的影响，营养盐浓度在淡咸水交汇向外海延伸区逐渐降低，从河口向外海延伸区 2011 年丰水期浮游植物生物量随着营养盐浓度降低显著下降，2012 年枯水期内湾浮游植物生物量也略微高于外湾。但浮游动物的丰度和生物量却与浮游植物生物量分布明显不符，无论是丰水期还是枯水期，浮游动物丰度和生物量均是外湾明显高于内湾，这种现象的存在很可能与浮游植物的群落结构特征有着密切的关系。在湾颈龙门附近海域，由于高密度牡蛎养殖很集中，浮游植物生物量（叶绿素 a）较低，受此影响浮游动物生物量也较低。而在内湾茅尾海，主要是受牡蛎养殖的影响，海区浮游植物群落结构主要以 Pico 生物为主，导致了浮游动物生物量也很低。钦州湾浮游植物主要光合色素含量及主要类群的生物量在内湾和外湾之间具有明显的分布变化差异，浮游植物优势类群的硅藻生物量在外湾明显高于内湾，而蓝藻和青绿藻内湾生物量略高于外湾。在经典食物链中，硅藻—桡足类是一个重要环节，2011～2012 年浮游动物调查研究中桡足类是钦州湾的最主要类群，受食物口径的限制，其主要以较大的硅藻为食物，因此，在外湾能够获取较多的食物而在内湾无法得到充足的硅藻食物，引起了浮游动物丰度和生物量在内湾和外湾的明显差异。而且本研究中浮游动物调查主要是用浮游生物I型网开展调查，主要分析的是中大型浮游动物，其难以捕食青绿藻和蓝藻等Pico粒径生物，从而造成了在这些海区生物量很低。另外，钦州湾内湾也分布着大面积的牡蛎浮筏养殖，贝类养殖对浮游动物的摄食强度也被认为是调控浮游动物生物量和分布的主要因素之一（闫启仑等，1999），这很可能是内湾浮游动物丰度和生物量低的主要原因之一。钦州湾浮游动物除了在内外湾之间存在着明显的丰度、生物量差异之外，优势种也存在着明显差异。外湾主要以中华哲水蚤和球型侧腕水母等较大个体的浮游动物为优势种，内湾主要以太平洋纺锤水蚤等较小个体的种类为优势种，这和外湾以较大粒径的硅藻为浮游植物优势类群，内湾以青绿藻、蓝藻等超微型浮游植物为优势类群有关。由此可见，大规模的牡蛎养殖引起的浮游植物生物量和群落结构变化，直接影响了浮游动物的生物量和群落结构特征及其时空分布，钦州湾大规模的牡蛎养殖同时以直接和间接的方式影响着海湾浮游动物群落特征。

钦州湾牡蛎养殖业的蓬勃发展，不仅直接和间接地影响着浮游动物的群落特征，其影响的累积效应也导致了海湾浮游动物群落结构的演变。钦州湾浮游动物的年际变化显示2011～2012年钦州湾夏季、春季的第一优势种与2014～2015年钦州湾调查秋季、春季的第一优势种一致，但二者优势种的丰度存在较大差异。2015年春季第一优势种的丰度显著低于2012年春季（$p<0.05$），而2014年秋季第一优势种则明显高于2011年夏季（$p<0.05$）。此外，2011年夏季和2012年春季的第二优势种均为个体大小为5～12 mm的球形侧腕水母，而2014～2015年调查秋季、春季的第二优势种分别是个体大小仅1.0～1.5 mm的长尾类幼虫和太平洋纺锤水蚤，可见决定浮游动物生物量大小的优势种个体已趋向小型化，以致虽然2014～2015年调查浮游动物的丰度有所上升，但生物量下降明显。而这一现象在牡蛎养殖较为集中的内湾茅尾海—龙门附近海域尤为突出，秋季、春季内湾均以太平洋纺锤水蚤为唯一优势种，不仅生物量低，种群还趋于单一化。2011～2015年，钦州湾牡蛎养殖区浮游动物群落结构发生了一定的变化，浮游动物种类趋于小型化、单一化，导致生物量呈下降的趋势，这与密集的牡蛎养殖有着密切的关系。钦州湾湾颈及内湾海域密集养殖的牡蛎对浮游植物起到过滤器的作用，内湾—龙门附近海域大规模密集养殖牡蛎，在内湾水体本身及涨潮时，外湾较高浮游植物生物量的水体在输送到内湾的过程中，浮游植物被牡蛎大量摄食，如前所述，由于高密度牡蛎养殖对浮游植物摄食强度很大，对较大粒径的浮游植物大量摄食，导致了内湾浮游植物优势类群以蓝藻和青绿藻等超微型类群为主。内湾粒级较小的浮游植物只能维持小型浮游动物的生长需求，而无法充分满足个体较大的浮游

动物的生长需求。钦州湾牡蛎与浮游动物都是以浮游植物为食，两者存在着明显的竞争关系。由于二者在生态位存在部分重叠，钦州湾大面积养殖的牡蛎不仅通过滤食浮游植物与浮游动物形成食物竞争关系，还会滤食相当一部分浮游动物的幼体、桡足类成体，导致浮游动物的数量下降，影响浮游动物群落结构。尽管钦州湾牡蛎滤食浮游动物的种类和数量尚未有相关报道，但在调查中发现浮游动物幼体主要集中在外湾，而牡蛎养殖区浮游幼体很少，这一现象可侧面论证牡蛎养殖对浮游动物的影响。值得注意的是，太平洋纺锤水蚤主要分布区域恰好也是牡蛎养殖区，这可能是因为太平洋纺锤水蚤可以避开牡蛎的滤食或太平洋纺锤水蚤可以有效摄食超微型浮游植物，因而在竞争中可“分庭抗礼”，但具体原因有待进一步论证。此外，龙门附近海域大规模密集的牡蛎浮筏养殖减缓了内湾水体交换，加上牡蛎代谢及生物沉积中的营养盐释放加速内湾的富营养化，也可能是促进内湾的浮游动物群落结构单一化和小型化的原因。2011～2015 年，钦州湾牡蛎养殖规模不断增加，经过多年积累，养殖区及其附近海区浮游动物优势种发生变化，进而导致浮游动物群落结构的演变。

与浮游动物相似，底栖生物也主要以浮游植物及碎屑等为食，钦州湾牡蛎养殖也以相似的方式影响着海湾底栖生物的群落结构及其时空分布。钦州湾内湾茅尾海及龙门附近海域底栖生物的栖息密度、生物量、生物多样性水平很低，与牡蛎养殖区在分布上有较强的一致性，两者之间存在着必然的内在联系。牡蛎是较大的双壳贝类，除了以浮游植物为食之外，还会滤掉食相当一部分浮游动物甚至是鱼卵和仔鱼、稚鱼，从而对海湾的游泳生物等生物群落产生一定影响。总而言之，随着钦州湾牡蛎养殖的发展，牡蛎养殖已然成为钦州湾最主要的生态环境问题，钦州湾已然成为一个以牡蛎养殖为主且明显受到人工干预的生态系统，大规模牡蛎养殖受到最直接的影响是海洋生态系统中的初级生产者，同样也直接或间接地影响着其他生物类群如浮游动物、游泳生物和底栖生物等，这些作为生态系统中的基础和最主要的组成部分，其影响是显著且复杂的，因而钦州湾中大规模的牡蛎养殖可能已经或将会改变整个海湾的生态系统结构和功能，乃至影响与之有联系的区域生态系统和社会经济活动。

7.4　牡蛎养殖容量研究

7.4.1　牡蛎养殖容量估算模型

贝类养殖容量研究始于 20 世纪 60～70 年代，之后衍生出不同的容量概念，Carver 等将贝类养殖的容量定义为对生产率不产生负面影响并获得最大产量的放养密度（Carver et al.，1990），这个概念只考虑单一的养殖产量，而未考虑生态和环境因素影响。杨红生等把浅海贝类养殖业的经济、社会与生态效益结合起来，定义养殖容量为对养殖海区的环境不会造成不利影响，又能保证养殖业可持续发展并有最大效益的最大产量（杨红生和张福绥，1999）。而此后，Inglis 等提出的容量概念是普遍接受、应用较多的一种，他将贝类养殖的容量分为自然容量、养殖容量、生态容量和社会容量，其中，养殖容量定义为贝类产量达到最大时的可养密度，生态容量是指不对养殖海域产生显著压力的贝类最大养殖密度（张继红等，2009）。滤食性贝类的养殖以天然饵料为主，其养殖容量与浮游生物、初级生产力及悬浮颗粒有机物的浓度等有密切关系。关于贝类养殖容量的研究报道较多，采用的养殖容量研究方法主要有以下几种（李长松等，2007）。

一是借助实验区历年的历史资料和环境条件来确定（Héral，1985）。根据养殖实验区历年的养殖面积、放养密度、产量及环境因子的详细记录，推算适宜的养殖容量。一个养殖区，养殖产量在开始时是呈上升趋势，到一定规模的时候，开始出现养殖种群生长率下降及死亡率明显上升，则表明养殖区的养殖产量达到饱和点，即认为达到养殖容量。二是采用野外试验、直接测定法。主要是应用质量守恒定律等方法根据海上观测数据、遥感观测数据或实验室模拟实验数据计算目标海区污染物收支过程中输入、输出速率和通量，进而计算其养殖容量（詹力扬等，2003）。三是模型计算法。如根据海域的单一或多个理化因子与贝类生长的相互关系，建立养殖容量模型（Sarà & Mazzola，2004）；或根据特定海域初级生产力或水域供饵力和贝类能量需求关系建立贝类养殖容量模型，分别测定和计算海区的供饵力和主要摄食者的摄食率，当养殖贝类的摄食量大于或等于海区的供饵力时即认为达到养殖容量（Garen et al.，2004）。目前这种方法相对简单，可操作性强，国内采用比较多（方建光等，1996；卢振彬等，2005a、2005b）。另外还有采用生态动力学模型对养殖容量进行计算（Gibbs，2004；朱明远等，2002）。

相对于模型计算法，历史资料分析法相对简单，且所需数据少，但是养殖统计数据难以细分到海湾，而且牡蛎死亡率等统计数据也相对缺乏，同时养殖容量是一个动态的概念，它随着养殖海区水文、饵料、浮游生物等诸多动态因子的变化而变化，历史资料分析法缺少时效性。而现场实验测定方法需要进行现场测定，对于面积较大的养殖区域来说，难以适用。生态动力学模型法考虑最为全面，精确度最高，但所需的参数多，而且某些参数也缺乏精确性的估值，同时生态动力学模型专业性也较强。因此需要建立一种相对简单可行的养殖容量模型计算方法。卢振彬等利用海域供饵力或初级生产力建立贝类养殖容量模型，引用应用于海洋鱼类资源潜在生产量的营养动态模型、沿岸能流分析模型，对养殖海域贝类容量进行估算，并与方建光建立的相对成熟的贝类养殖容量模型进行比较，发现 3 种模型的估算结果比较接近，均可用来估算贝类的养殖容量，但营养动态模型、沿岸能流分析模型所需参数较少，具有简单、方便、易操作的优点，采用该种模型估算贝类养殖容量，既可满足宏观调控的要求，又可减少不少人力和财力（卢振彬等，2005a、2005b）。

因此，对钦州湾的贝类养殖容量估算采用营养动态模型进行估算，该模型所需要的参数较少，已成功运用于泉州湾、罗源湾、乳山湾等海湾的贝类养殖容量计算，方法成熟可靠。营养动态模型是采用 Parsons Takahashii 营养动态模型系估算生态系统中不同营养阶层生物的生产量。模型表达式为：$P = BE^n$。用于估算贝类含壳重生产量时模式为

$$Q = (BE^n) \times k$$

式中，Q 为贝类含壳重的生产量；B 为浮游植物的生产量（鲜重），采用年初级产碳量除以浮游植物鲜重含碳率求得；E 为生态效率；n 为贝类营养阶层；k 为贝类带壳鲜重与软组织鲜重比值。

海域贝类总生产量，扣除野生滤食性动物生产量，其余数即为贝类养殖容量（可养量）。

7.4.2　模型参数调查和结果

1. 叶绿素 a 及初级生产力

2015 年于枯水期、丰水期和平水期对钦州湾进行三次大面调查（站点图详见图 6.1.1），钦州湾叶绿素 a 含量年均值在 0.7～3.2 μg/L，高值区主要分布在茅尾海东侧钦江口及钦州湾外湾。

采用 Cadée 和 Hegeman（1974）提出的简化公式估算初级生产力：

$$C_{\text{chl a}} = \frac{P_s \times E \times D}{2}$$

式中，$C_{\text{chl a}}$ 为初级生产力，以碳（C）计[mg C/(m^3·d)]；P_s 为表层水中浮游植物的潜在生产力，以碳（C）计[mg C/(m^3·d)]；E 为真光层的深度（m）；D 为日照时间（h）。

其中，表层水（1 m 以内）中浮游植物的潜在生产力 P_s 根据表层水中叶绿素 a 的含量计算：

$$P_s = C_a Q$$

式中，C_a 为表层叶绿素 a 的含量（mg·m^3）；Q 为同化系数，以碳（C）计[mg C/(m^3·h)]。

真光层的深度取透明度的 3 倍。同化系数 Q 采用原国家海洋局第三海洋研究所对钦州湾浮游植物同化效率研究结果，钦州湾同化效率平均值为 4.8（合作项目，待发表）。计算结果表明钦州湾初级生产力年均浓度为 25.73～334.94 mg C/(m^2·d)，平均值为 165.37 mg C/(m^2·d)。

2. 野生滤食性动物生产量

（1）底栖生物

采用广西海洋环境监测中心站2015年的钦州湾底栖生物调查监测数据。2015年的丰水期在钦州湾进行一次底栖生物调查，调查结果显示，软体动物（以双壳类为主）生物量平均值为8.86 g/m^2。按钦州湾总面积为380 km^{2}计，则海湾底栖双壳类产量为3367 t。

（2）潮间带生物

2015年的平水期在钦州湾选择3条典型监测断面进行潮间带生物调查，结果显示，软体动物（以双壳类为主）生物量平均值为166.03 g/m^2。而根据文献资料，钦州市仍具备滩涂属性的潮间带滩涂面积约为13 226 hm^2（李英花等，2016），因此可估算出钦州湾潮间带天然贝类生物量为21 959 t。

（3）吊养野生软体动物

本次计算牡蛎养殖容量未对吊养区的非养殖滤食性附着生物进行调查，参考广西钦州湾附近海域—白龙尾海域的污损生物调查结果，附着的软体类生物的湿重生物量约为1.1 kg/m^2（田伟和徐兆礼，2015）。根据前面章节的遥感估算，2015年钦州湾牡蛎吊养面积接近14.6 km^2，则吊养的非养殖滤食性生物的产量约为16 060 t。

3. 牡蛎含壳重与组织鲜重比值

采集不同规格的牡蛎进行壳重与组织鲜重比值的测定。在钦州湾采集32个不同规格的近江牡蛎，进行牡蛎壳重与组织鲜重量测量，计算的壳重与组织鲜重的比值为2.81～9.86（表7.4.1），平均为4.97。钦州湾牡蛎的含壳重与软组织重的比值低于厦门大嶝岛（6.64）、泉州湾海域（6.69）（卢振彬等，2005a、2005b），可能与属于不同种类有关。福建海域主要养殖品种为僧帽牡蛎和葡萄牙牡蛎，而钦州湾的牡蛎主要为香港巨牡蛎。另外，水文及饵料浓度等生态环境的不同也是造成牡蛎含壳重与组织鲜重比值有所差异的原因之一。

表7.4.1　钦州湾近江牡蛎壳重与组织鲜重量

序号	壳重/g	组织鲜重/g	壳重/组织鲜重
1	145.25	33.17	4.38
2	80.19	23.05	3.48
3	79.94	25.2	3.17
4	105.84	24.91	4.25
5	173.07	17.55	9.86

续表

序号	壳重/g	组织鲜重/g	壳重/组织鲜重
6	159.71	23.58	6.77
7	105.34	17.25	6.11
8	104.5	24.08	4.34
9	128.44	36.15	3.55
10	36.34	11.1	3.27
11	88.87	26.38	3.37
12	111.59	17.68	6.31
13	164.29	22.5	7.30
14	84.11	24.23	3.47
15	85.93	16.73	5.14
16	154.8	17.96	8.62
17	94.62	24.99	3.79
18	68.49	14.83	4.62
19	107.46	22.13	4.86
20	70.8	24.47	2.89
21	119.32	20.48	5.83
22	72.41	14.51	4.99
23	84.51	12.33	6.85
24	108.55	29.75	3.65
25	99.4	21.02	4.73
26	76.16	21.52	3.54
27	71.59	14.55	4.92
28	73.63	22.27	3.31
29	71.89	25.61	2.81
30	104.2	28.72	3.63
31	69.66	8.14	8.56
32	38.06	5.63	6.76
平均值	98.09	20.01	4.97

4. 生态效率的测算

采用 Ikeda 和 Motoda（1978）生理学方法测算，浮游动物生物量（以碳计）计算取浮游动物干重约为湿重的 20%和碳含量约为干重的 40%换算。因样品经福尔马林液固定，其鲜重以固定后失重 33%来校正浮游动物的湿重。浮游动物采用 2015 年钦州湾的调查结果，春季浮游动物生物量为 30～187.5 mg/m^3，秋季为

5.88～250 mg/m^3，浮游动物生物量年平均值为 84.88 mg/m^3。2015 年钦州湾春季浮游动物丰度为 1.0～218.75 ind/m^3，秋季为 2.0～983.85 ind/m^3，浮游动物生物量年平均值为 90.4 ind/m^3。

取浮游动物同化率 70%和总生长效率 30%，计算各测站浮游动物的日生产量，浮游动物日生产量为 33.06 mg C/m^3，而钦州湾初级生产力年均值为 165.37 mg C/(m^2·d)，2015 年钦州湾生态效率平均值为 20.0%。钦州湾平均生态效率略高于厦门大嶝岛（16.1）、泉州湾海域（15.9）（卢振彬等，2005a、2005b），但低于三沙湾次级产量转化效率（36.1%），与三沙湾次级生态效率平均值（21.1%）接近（刘育莎，2009）。生态效率的差异与海湾浮游动物生物量及丰度不同有关。海湾水温、盐度等环境条件的差异及营养物质组成造成浮游植物群落结果的差异分布是影响浮游动物丰度分布的主要原因。

7.4.3　牡蛎养殖容量估算

2015 年，钦州湾初级生产力为 165.37 mg C/(m^2·d)，水域面积以 380 km^2 计，年初级产碳量为 22 937 t。浮游植物鲜重的含碳率为 8.0%，换算浮游植物年生产量为 28 6710 t。

海域的生态效率为 20%，营养级取 1.05 级（卢振彬等，2005a、2005b），则估算贝类鲜重组织产量为 52 908 t，钦州湾主要以牡蛎作为单一养殖品种，牡蛎壳重与鲜重比值为 4.97，则含壳牡蛎年估算产量为 262 955 t。而钦州湾底栖、潮间带及吊养的天然野生贝类产量为分别为 3367 t、21 959 t 和 16 060 t。因此，在去除野生非养殖滤食性动物生产量后，钦州湾牡蛎的养殖容量为 22 1569 t。

而根据《钦州市统计年鉴》，2014 年和 2015 年钦州市牡蛎养殖产量分别为 20.5 万 t 和 22.6 万 t，钦州市牡蛎养殖主要集中在钦州湾，可见 2015 年钦州市牡蛎养殖产量已经超过了估算所得的钦州湾牡蛎养殖容量。另外若将钦州湾细分为茅尾海和钦州湾外湾，高密度牡蛎养殖主要分布于茅尾海弯颈海域，以茅尾海海域 160 km^2 计算，茅尾牡蛎养殖容量约为 11 万 t，远低于钦州市目前的牡蛎养殖产量。茅尾海及钦州湾目前的牡蛎养殖产量已经达到饱和状态，牡蛎养殖对茅尾海及钦州湾生态环境质量影响显著。尽管牡蛎养殖收获是去除和缓解环境营养物浓度的作用，但是牡蛎养殖养殖密度过大，造成大量牡蛎排泄物的累积，有可能加剧养殖区域水体富营养化程度，加之筏架过密引起养殖水体交换速度的下降，使得养殖海区水体恶化、老化，给养殖病害的发生留下了隐患。钦州湾牡蛎养殖产量超过估算的养殖容量是近年来钦州湾牡蛎病害增加、养殖品质不高、需要移植到外海进行育肥等现象产生的主要原因。

本次计算仅考虑了假设的稳定条件下的养殖容量，对牡蛎养殖与环境的相互反馈作用的考虑不足，同时牡蛎养殖容量除与牡蛎自身的生理活动有关以外，还与养殖海域的各种生态环境因子有关，如流速、饵料组成、水温、pH、DO、海域底质、水体交换状况、海域其他污染状况及海域养殖模式等影响着养殖容量。同时由于缺少非养殖滤水性生物如污损生物的数据，仅引用周边海域的监测数据，且本次研究仅考虑主要饵料浮游植物，而没有考虑有机碎屑和小型浮游动物等，对养殖容量的估算有一定的误差。在以后研究工作中，需要对钦州湾的物理、化学、生物等方面的环境参数进行长期调查，加强对养殖生产要素及养殖生物的生理生态指标的系统研究和数据积累，再综合考虑滩涂底质条件、海区生物组成等因素，才能进一步科学准确地对钦州湾牡蛎养殖容量进行计算。

另外，目前贝类养殖容量研究较多，但生态容量研究较少（张继红等，2016），生态容量是指对生态系统无显著影响的最大养殖密度，取决于生态系统功能，要考虑整个生态系统和养殖活动的全过程，而目前养殖容量计算模式主要考虑牡蛎养殖的生产过程，未能囊括养殖的全过程，且对贝类养殖对生态系统的影响反馈机制涉及不多，因此后续研究需要从养殖容量向生态容量转变，研究建立耦合动力过程的养殖生态容量、环境容量评估数值模型，并结合 GIS 技术，将生态容量与水域承载力、生态系统健康评有机结合，为贝类养殖的容量评估制度的科学有效实施提供技术保障，并为贝类养殖规划管理提供对策和建议。

参考文献

邓正华，姜松，张博，等，2016. 合浦珠母贝对不同种类及浓度的单胞藻摄食与消化效果研究[J]. 南方水产科学，12(3)：112-118.

董婧，毕远溥，王文波，等，2003. 小窑湾高密度贝类筏式养殖对浮游植物群落的影响[J]. 海洋水产研究，24(3)：50-54.

范德朋，潘鲁青，马甡，等，2002. 缢蛏滤除率与颗粒选择性的实验研究[J]. 海洋科学，26(6)：1-4.

方建光，匡世焕，孙慧玲，等，1996. 桑沟湾栉孔扇贝养殖容量的研究[J]. 海洋水产研究，17(2)：18-31.

傅萌，颜天，周名江，2000. 麻痹性贝毒对海洋贝类的影响及加速贝毒净化的研究进展[J]. 水产学报，24(4)：382-387.

付家想，蓝文陆，李天深，等，2017. 香港巨牡蛎对 3 种浮游植物摄食率和滤清率的研究[J]. 海洋学报，39(8)：62-69.

高露姣，沈盎绿，陈亚瞿，等，2006. 巨牡蛎(*Crassostrea* sp.)的滤水率测定[J]. 海洋环境科学，25(4)：62-65.

高如承，庄惠如，汪彦愔，等，2007. 西施舌稚贝对 3 种微藻选择性及摄食率研究[J]. 福建师范大学学报(自然科学版)，23(1)：70-73.

郭华阳，王雨，陈明强，等，2012. 盐度、饵料密度对长肋日月贝滤水率的影响[J]. 广东农业科学，(15)：144-146.

黄驰，江志坚，张景平，等，2017. 钦州湾春季和秋季大型底栖动物群落结构特征[J]. 渔业研究，39(4)：272-282.

姜存楷，1985. 牡蛎的生活习性及苗种繁育[J]. 中国水产，(8)：19-21.

蓝文陆，杨斌，付家想，等，2018. 香港巨牡蛎对 3 种微藻选择性摄食研究[J].海洋学报，40(8)：79-88.

李宵，2009. 海水养殖对浮游植物群落结构和水质的影响[D]. 广州：暨南大学.

李英花，覃漉雁，曹庆先，等，2016. 广西北部湾经济区海岸滩涂开发利用和管理[J].泉州师范学院学报，34(2)：14-19.

李长松，房斌，王慧，等，2007. 贝类养殖容量研究进展[J]. 上海水产大学学报，16(5)：478-482.
廖文崇，朱长波，张汉华，2011. 体规格对香港巨牡蛎摄食和代谢的影响[J]. 中国渔业质量与标准，1(3)：41-46.
廖文崇，2010. 几种环境因子对香港巨牡蛎摄食和代谢的影响研究[D]. 上海：上海海洋大学.
林丽华，廖文崇，谢健文，等，2012. 盐度对香港巨牡蛎摄食和代谢的影响[J]. 广东农业科学，39(11)：10-14.
刘育莎，2009. 福建三沙湾、兴化湾饵料浮游动物主要生态特征及次级产量的初步估算[D]. 厦门：厦门大学.
卢静，李德尚，董双林，1999. 对虾池混养滤食性动物对浮游生物的影响[J]. 青岛海洋大学学报，29(2)：243-248.
卢振彬，杜琦，方民杰，等，2005a. 厦门大嶝岛海域贝类的养殖容量[J]. 应用生态学报，16(5)：961-966.
卢振彬，杜琦，许翠娅，等，2005b. 福建泉州湾贝类养殖容量评估[J]. 热带海洋学报，24(4)：22-29.
孙军，2004. 海洋浮游植物细胞体积和表面积模型及其转换生物量[D]. 青岛：中国海洋大学.
孙心亮，纪右康，王军娜，等，2013. 海湾扇贝在海参养殖池中的生物沉积作用研究[J]. 河北渔业，(6)：1-4.
田伟，徐兆礼，2015. 广西白龙半岛临近海域污损生物群落结构分析[J]. 海洋学报，37(6)：120-127.
王迪，陈丕茂，马媛，2011. 钦州湾大型底栖动物生态学研究[J]. 生态学报，31(16)：4768-4777.
王芳，董双林，范瑞青，等，1998. 四种滤食性贝类滤食器官腮的扫描电镜观察[J]. 青岛海洋大学学报，28(2)：240-244.
王芳，董双林，张硕，等，2000. 海湾扇贝和太平洋牡蛎的食物选择性及滤除率的实验研究[J]. 海洋与湖沼，31(2)：139-144.
王俊，蒋祖辉，张波，等，2000. 太平洋牡蛎同化率的研究[J]. 应用生态学报，11(3)：441-444.
王如才，王昭平，张建中，等，1993. 海水贝类养殖学[M]. 青岛：青岛海洋大学出版社：40.
王宗兴，孙丕喜，姜美洁，等，2010. 钦州湾秋季大型底栖动物多样性研究[J]. 广西科学，17(1)：89-92.
魏永杰，2007. 方斑东风螺幼体摄食的生理生态研究[D]. 厦门：厦门大学.
吴庆龙，陈宇炜，刘正文，2005. 背角无齿蚌对浮游藻类的滤食选择性与滤水率研究[J]. 应用生态学报，16(12)：2423-2427.
项福亭，曲维功，张益额，等，1996. 庙岛海峡以东浅海养殖结构调整的研究[J]. 齐鲁渔业，13(2)：1-4.
许铭本，姜发军，赖俊翔，等，2014. 钦州湾外湾东北部近岸区域大型底栖动物群落特征[J]. 广西科学，21(4)：389-395，402.
许铭本，姜发军，赖俊翔，等，2015. 广西钦州湾大型底栖动物生态特征及其与沉积物环境的相关性研究[J]. 海洋技术学报，34(1)：62-68.
闫启仑，郭皓，王真良，等，1999. 浮游动物在贝类筏式养殖区内、外生态特征研究[J]. 黄渤海海洋，17(1)：46-50.
杨红生，张福绥，1999. 浅海筏式养殖系统贝类养殖容量研究进展[J]. 水产学报，23(1)：84-90.
印丽云，杨振才，喻子牛，等，2012. 海水贝类养殖中的问题及对策[J]. 水产科学，32(5)：302-305.
詹力扬，郑爱榕，陈祖峰，2003. 厦门同安湾牡蛎养殖容量的估算[J]. 厦门大学学报(自然科学版)，42(5)：644-647.
张爱菊，朱俊杰，刘金殿，2012. 3 种微藻对池蝶蚌幼蚌的选择滤食与生长的影响[J]. 浙江海洋学院学报，31(1)：65-70.
张继红，方建光，孙松，等，2005. 胶州湾养殖菲律宾蛤仔的清滤率、摄食率、吸收效率的研究[J].海洋与湖沼，36(6)：548-555.
张继红，方建光，王巍，2009. 浅海养殖滤食性贝类生态容量的研究进展[J]. 中国水产科学，16(4)：626-632.
张继红，蔺凡，方建光，2016. 海水养殖容量评估方法及在养殖管理上的应用[J]. 中国工程科学，18(3)：85-89.
张继红，2008. 滤食性贝类养殖活动对海域生态系统的影响及生态容量评估[D]. 青岛：中国科学院海洋研究所.
张莉红，张学雷，朱明远，2008. 栉孔扇贝对硅藻和甲藻细胞的选择性摄食初探[J]. 海洋科学进展，26(3)：372-376.
张莉红，2005. 扇贝养殖对浮游植物群落影响的初步研究[D]. 青岛：中国海洋大学.
赵俊梅，2004. 三种海洋滤食性贝类对两种赤潮甲藻摄食生理的初步研究[D]. 青岛：中国海洋大学.

中国海湾志编纂委员会，1993. 中国海湾志第十二分册(广西海湾)[M]. 北京：海洋出版社，144-148.

周毅，毛玉泽，杨红生，等，2002. 四十里湾栉孔扇贝清滤率、摄食率和吸收效率的现场研究[J]. 生态学学报，22(9)：1455-1462.

朱明远，张学雷，汤庭耀，等，2002. 应用生态模型研究近海贝类养殖的可持续发展[J]. 海洋科学进展，20(4)：34-42.

Beadman H A，Kaiser M J，Galanidi M，et al.，2004. Changes in species richness with stocking density of marine bivalves[J]. Journal of Applied Ecology，41(3)：464-475.

Cadée G C，Hegemen J，1974. Primary production of phytoplankton in the Dutch Wadden Sea[J]. Netherlands Journal of Sea Research，8(2-3)：240-259.

Carefoot T H，Qian P Y，Taylor B E，et al.，1993. Effect of starvation on energy reserves and metabolism in the Northern abalone，*Haliotis kamtschatkana*[J]. Aquaculture，118(3-4)：315-325.

Carver C E A，Mallet A L，1990. Estimating the carrying capacity of a coastal inlet for mussel culture[J]. Aquaculture，88(1)：39-53.

Cockcroft A C，1990. Nitrogen excretion by the surf zone bivalves *Donax serra* and *D. sordidus*[J]. Marine Ecology Progress Series，60：57-65.

Cosling E M，2003. Bivalve Molluscs：Biology，Ecology and Culture[M]. Oxford：Fishing News Books.

Costa K G D，Nalesso R C，2006. Effects of mussel farming on macrobenthic community structure in Southeastern Brazil[J]. Aquaculture，258(1-4)：655-663.

Dame R F，Spurrier J D，Wolaver T G，1989. Carbon，nitrogen and phosphorus processing by an oyster reef[J]. Marine Ecology Progress Series，54(3)：249-256.

Davenport J，Smith R J J W，Packer M，2000. Mussels *Mytilus edulis*：Significant consumers and destroyers of mesozooplankton[J]. Marine Ecology Progress Series，198：131-137.

Espinosa E P，Perrigault M，Ward J E，et al.，2009. Lectins associated with the feeding organs of the oyster *Crassostrea virginica* can mediate particle selection[J]. The Biological Bulletin，217(2)：130-141.

Garen P，Robert S，Bougrier S，2004. Comparison of growth of mussel，Mytilus edulis，on longline，pole and bottom culture sites in the Pertuis Breton，France[J]. Aquaculture，232(1-4)：511-524.

Gibbs M T，2004. Interactions between bivalve shellfish farms and fishery resources[J]. Aquaculture，240(1-4)：267-296.

Gibbs M，Funnell G，Pickmere S，et al.，2005. Benthic nutrient fluxes along an estuarine gradient：Influence of the pinnid bivalve Atrina zelandica in summer[J]. Marine Ecology Progress Series，288：151-164.

Giles H，Pilditch C A，2006. Effects of mussel(*Perna canaliculus*)biodeposit decomposition on benthic respiration and nutrient fluxes[J]. Marine Biology，150(2)：261-271.

Giles H，Pilditch C A，Bell D G，2006. Sedimentation from mussel(*Perna canaliculus*)culture in the Firth of Thames，New Zealand：Impacts on sediment oxygen and nutrient fluxes[J]. Aquaculture，261(1)：125-140.

Hammen C S，1968. Aminotransferase activities and amino acids excretion of bivalve mollusks and brachiopods[J]. Comparative Biochemistry and Physiology，26(2)：697-705.

Hatcher A，Grant J，Schofield B，1994. Effects of suspended mussel culture(*Mytilus* spp.)on sedimentation，benthic respiration and sediment nutrient dynamics in a coastal bay [J]. Marine Ecology Progress Series，115：219-235.

Haven D S，Morales-Alamo R，1972. Biodeposition as a factor in sedimentation of fine suspended solids in estuaries[J]. Scientific World Journal，2014(8)：121-130.

Héral M，1985. Evaluation of the carrying capacity of molluscan shellfish ecosystems[C]//Aquaculture Shellfish Culture Development and Management. International Seminar，La Rochelle. IFREMER，Montpellier：297-318.

Ikeda T，Motoda S，1978. Estimated zooplankton production and their ammonia excretion in the Kuroshio and adjacent seas[J]. Fish Bull，76(2)：357-367.

Kaspar H F，Gillespie P A，Boyer I C，et al.，1985. Effects of mussel aquaculture on the nitrogen cycle and benthic communities in Kenepru Sounds，Marlborough Sounds，New Zealand[J]. Marine Biology，85(2)：127-136.

Lam K，Morton B，2003. Mitochondrial DNA and morphological identification of a new species of Crassostrea(Bivalvia：Ostreidae)cultured for centuries in the Pearl River Delta，Hong Kong，China[J]. Aquaculture，228(1-4)：1-13.

Lehane C，Davenport J，2004. Ingestion of bivalve larvae by *Mytilus edulis*：experimental and field demonstrations of larviphagy in farmed blue mussels[J]. Marine Biology，145(1)：101-107.

Mazzola A，Sarà G，2001. The effect of fish farming organic waste on food availability for bivalve molluscs(Gaeta Gulf，Central Tyrrhenian，MED)：Stable carbon isotopic analysis[J]. Aquaculture，192(2-4)：361-379.

Newell R C，Lucas M I，Velimirov B，et al，1980. Quantitative significance of dissolved organic losses following fragmentation of kelp(*Ecklonia maxima and Laminaria pallida*)[J]. Marine Ecology Progress Series，2：45-59.

Newell R I E，2004. Ecosystem influences of natural and cultivated populations of suspension-feeding bivalve molluscs：A review[J]. Journal of Shellfish Research，23(1)：51-62.

Petras Z，Darius D，Arturas R，2003. Revision pre-ingestive selection efficiency definition for suspension feeding bivalves：facilitating the material fluxes modelling[J]. Ecological Modelling，166：67-74.

Prins T C，Escaravage V，Smaal A C，et al.，1995. Nutrient cycling and phytoplankton dynamics in relation to mussel grazing in a mesocosm experiment[J]. Ophelia，41(1)：289-315.

Ren J S，Ross A H，Hayden B J，2006. Comparison of assimilation efficiency on diets of nine phytoplankton species of the greenshell mussel *Perna canaliculus*[J]. Journal of shellfish research，25(3)：887-893.

Riisgård H U，1991. Filtration rate and growth in the blue mussel，*Mytilus edulis* Linneaus，1758：dependence on algal concentration[J]. Journal of Shellfish Research，10(1)：29-36.

Romberger H P，Epifanio C E，1981. Comparative effects of diets consisting of one or two algal species upon assimilation efficiencies and growth of juvenile oysters，*Crassostrea virginica*(Gmelin)[J]. Aquaculture，25(1)：77-87.

Rosa M，Ward J E，Shumway S E，et al.，2013. Effects of particle surface properties on feeding selectivity in the eastern oyster *Crassostrea virginica* and the blue mussel *Mytilus edulis*[J]. Journal of Experimental Marine Biology and Ecology，446：320-327.

Sarà G，Mazzola A，2004. The carrying capacity for Mediterranean bivalve suspension feeders：Evidence from analysis of food availability and hydrodynamics and their integration into a local model[J]. Ecological Modelling，179(3)：281-296.

Shumway S E，Cucci T L，1987. The effects of the toxic dinoflagellate *Protogonyaulax tamarensis* on the feeding and behaviour of bivalve molluscs[J]. Aquatic toxicology，10(1)：9-27.

Smaal A C，Verbagen J H G，Coosen J，et al.，1986. Interaction between seston quantity and quality and benthic suspension feeders in the Oosterschelde，The Netherlands[J]. Ophelia，26(1)：385-399.

Smith J，Shackley S E，2004. Effects of a commercial mussel *Mytilus edulis* lay on a sublittoral，soft sediment benthic community[J]. Marine Ecology Progress Series，282：185-191.

Soon T K，Ransangan J，2014. A review of feeding behavior，growth，reproduction and aquaculture site selection for green-lipped mussel，*Perna viridis*[J]. Advances in Bioscience and Biotechnology，5：462-469.

Souchu P，Vaquer A，Collos Y，et al，2001. Influence of shellfish farming activities on the biogeochemical composition of the water column in Thau lagoon[J]. Marine Ecology Progress Series，218：141-152.

Tan Kar Soon，Julian Ransangan，2014. A Review of Feeding Behavior，growth，Reproduction and Aquaculture Site

Selection for Green-lipped Mussel，Perna viridis[J]. Advances in Bioscience and Biotechnology，5：462-469.

Ward J E，MacDonald B A，Thompson R J，et al.，1993. Mechanisms of suspension feeding in bivalves：resolution of current controversies by means of endoscopy[J]. Limnology and Oceanography，38(2)：265-272.

Wong W H，Cheung S G，1999. Feeding behaviour of the green mussel，*Perna viridis*(L.)：Responses to variation in seston quantity and quality[J]. Journal of Experimental Marine Biology and Ecology，236(2)：191-207.

Zemlys P，Daunys D，Razinkovas A，2003. Revision pre-ingestive selection efficiency definition for suspension feeding bivalves：facilitating the material fluxes modelling[J]. Ecological Modelling，166(1-2)：67-74.

第三篇　健康评价与对策

第 8 章　环境变化的生态响应

海洋环境生态健康，即海洋生态系统健康，是海洋生态安全的重要内容。健康的生态系统是稳定的和可持续的，在时间上能够维持它的组织结构和自治，以及保持对胁迫的恢复力。反之，不健康的生态系统，是功能不完全或不正常的生态系统，其安全状况处于受威胁之中。

浮游植物是海洋生态系统最主要的初级生产者，其生产力和种类、类群、大小、结构是海洋生态系统功能和结构的基础，浮游植物初级生产力和结构的变化往往通过食物链（网）的传递最终影响到渔业产出和生态安全。因而浮游植物是海洋生态系统健康的一个关键部分，本章以浮游植物为基础，从浮游植物的胁迫、响应及其生态效应的角度出发，初步探讨钦州湾海洋生态系统健康状况，为钦州湾海洋生态环境的保护与管理提供参考。

8.1　环境变化对浮游植物的影响

8.1.1　温度变化对浮游植物的影响

钦州湾位于热带/亚热带海区（纬度 21.5°N～22°N），温度周年变化不显著。温度虽然被认为是影响浮游植物生长和繁殖的一个主要因素，是引起浮游植物生物量、种类演替和空间分布的决定因子之一，其往往与其他因子共同作用（如营养盐等），而且这种明显影响主要是在温带和寒带海区，亚热带海区往往由于温度变化较小而季节变化不明显，甚至表现出与温带完全相反的季节变化（Huang et al.，2008；Lan et al.，2009）。

钦州湾连续站温度变化结果表明，海区周年温度变化为 14～31℃，冬季最低温度均在 13℃以上。有研究表明，浮游植物最佳生长的温度为 15～25℃，钦州湾大部分时间均处在这个温度范围之内，这为海湾高生产力提供了基础条件，同时也暗示了温度变化对钦州湾浮游植物生物量和群落结构的影响不显著，不是钦州湾浮游植物的主要胁迫因子。钦州湾定点站浮游植物叶绿素 a 浓度的周年变化结果显示，在温度变化较大的 8～12 月，叶绿素 a 浓度变化较小，而且在温度最低的 2 月仍有比较高的叶绿素 a 浓度，这也证明了温度变化在钦州湾中不构成浮游植物的胁迫，钦州湾周年保持较高的温度，使得浮游植物在其他条件适宜的情况下在冬季也能较快生长繁殖。定点站叶绿素 a 浓度在温度较高的 5～7 月浓度较高，这很可能是其他影响因子的协同作用导致。

近年来，随着温室气体排放的增加，全球变暖的气候变化备受人们的关注。全球变暖在局部地区的具体表现，也是科学家们所关心的一个焦点。钦州湾内湾平均浓度的变化结果表明，2003～2010 年年际间的海水温度相对稳定，并没有一个增加的趋势。相反，在 2008～2010 年，内湾平均温度反而略显下降的趋势。这展现出了全球大趋势在局部海区中不一定能够很好地体现。钦州湾年际温度变化较小，而且海湾处在条件变化剧烈的河口，温度的年际变化相对于周年温度变化及环境变化微乎其微，其对浮游植物的影响较小。温度年际变化也有可能是各年份调查时间有所差异而导致，因而温度的年际变化应该不成为钦州湾浮游植物的胁迫。

8.1.2　径流流量及盐度变化的影响

钦州湾处在钦江和茅岭江两个河口，是这两个流域的容纳水体，具有典型的亚热带河口海湾的特征。钦州湾的形状特征可分为内湾和外湾，中间水道较窄，最窄部分宽度不到 1 km，因而内湾是一个最典型的河口海湾，其受钦江和茅岭江输入变化的影响明显。相对温度变化而言，河流径流量的变化将会对浮游植物产生显著影响。

本次研究中，我们没有对钦江和茅岭江进行流量的同步观测，无法准确定量注入钦州湾主要河流的流量变化。受淡水和海水的混合作用，盐度大小往往能够表征河口区径流输入的大小变化，这里我们应用海湾盐度变化简要分析河流流量变化对海湾浮游植物的影响。

前面章节分析的结果表明，受钦江、茅岭江及其他河流径流输入的影响，钦州湾盐度变化剧烈。内湾周年盐度变化范围最大，2003～2010 年内湾平均盐度变化为 0.7～25.4，茅岭江和钦江河口在丰水期可以全部被淡水所占据，而枯水期又全部被海水占据，盐度变化幅度很大。定点站连续监测结果显示，钦州湾盐度受地区水期所控制，从 3 月枯水期到 8 月丰水期盐度逐渐降低，此后再逐渐增高，表明了径流输入对海湾盐度起着调控作用。外湾盐度变化没有内湾变化剧烈，但其变化特征与内湾相一致，也是受径流输入的控制。由此可见，径流输入对海湾环境变化具有最主要的控制作用，因而径流流量的变化将会导致海湾盐度等环境条件的变化，对海湾浮游植物产生重要的影响。

径流淡水输入和盐度变化对浮游植物的影响主要有以下几个方面。首先，浮游植物是水体中的微小生物，其没有游泳能力，只能随波逐流，受水团影响明显。

河流淡水输入海湾，将会把淡水浮游植物种类同时输入海湾，在淡水和海水混合过程中影响浮游植物的结构特征。其次，不同浮游植物种类对环境适应性不同，广盐性种类可以较好地生长在河口海区，而窄盐性种类只能生长在淡水或一定盐度的海水中（郭沛涌和沈焕庭，2003）。淡水和海水之间的混合及交互作用，使得窄盐性种类不适应而生长受限，广盐性种类能够存活，从而影响浮游植物的群落结构。再次，河流输入淡水的同时，也携带丰富的营养盐，给浮游植物提供生长的基础，影响浮游植物生产力和生物量。最后，其携带的污染物也会增加海湾水体污染，会影响某些敏感种类，最终也会影响到浮游植物群落结构。

前面章节分析的结果表明，叶绿素 a 浓度、浮游植物种类组成及类群结构的季节变化特征明显，在不同的水期，浮游植物群落结构特征不同。如前所述，不同浮游植物种类对盐度的适应性有较大差异，因此盐度对浮游植物的影响主要体现在浮游植物群落结构上。受盐度变化的影响，蓝藻数量在钦州湾随着盐度的增加而降低，青绿藻数量随着盐度的增加而增加，导致了从丰水期到枯水期青绿藻取代了蓝藻成为第二优势类群。丰水期绿藻仅在茅岭江口附近占据较大比例，其主要原因是绿藻主要生长于淡水中，该调查期间茅岭江河口站点的盐度仅为 0.7，主要性质为淡水，而其他站点盐度在 3 以上，导致绿藻数量急剧减少，表明了淡水输入对河口海湾浮游植物的类群及种类组成具有重要的影响。内湾蓝藻从丰水期到枯水期生物量逐渐减少，表明内湾蓝藻很可能主要以淡水型蓝藻或淡水海藻随着河流而进入内湾。

8.1.3　营养盐浓度及富营养化的影响

径流输入的变化不仅会影响海湾盐度，同时其携带的营养盐等物质是影响钦州湾营养盐浓度的最主要因素。营养盐是控制海洋植物生长和海洋初级生产力的重要生源要素（蓝文陆和彭小燕，2011），所以营养盐浓度的变化将会对浮游植物生长、结构和分布产生重要影响（蓝文陆等，2011）。

钦州湾营养盐浓度变化对浮游植物和生产力的影响表现为叶绿素 a 浓度季节变化显示出丰水期和平水期较高而枯水期较低，与营养盐的变化相一致。叶绿素 a 浓度在 2010 年的周年变化显示出在 5～7 月最高，这主要是由于雨季到来导致径流输入营养盐浓度的增加而引发浮游植物生长繁殖，2 月出现的较高叶绿素 a 浓度也与该月份较高的磷酸盐浓度有着密切的相关性。营养盐浓度变化不仅影响钦州湾浮游植物叶绿素 a 浓度的季节变化，叶绿素 a 浓度的年际变化也受营养盐浓度变化的影响。从近 10 年营养盐浓度的变化来看，近年来钦州湾无机氮和磷酸盐浓度明显提高，叶绿素 a 浓度也比 10 年前有较大的增加，营养盐浓度在其中起着直接的影响作用。

营养盐浓度对浮游植物生物量的影响在时间变化上有较好的耦合关系，但在空间分布上，两者之间的关系较复杂。从三个季节叶绿素 a 及主要浮游植物类群的空间分布特征来看，营养盐浓度从河口往湾外急剧减少，浮游植物并没有随着营养盐浓度的降低而减少。丰水期内湾主要浮游植物类群（如硅藻和青绿藻）在三个河口之间的变化显示出与营养盐浓度相反的变化特征，钦州湾外湾浮游植物叶绿素 a 浓度也显示出比内湾略高的特征，这也和营养盐浓度的变化特征相反。由于受河流输入的影响，营养盐浓度在淡咸水汇合区逐渐降低，河口浮游植物生物量往往随着营养盐浓度降低而减少（柳丽华等，2007；郭沛涌和沈焕庭，2003；李开枝等，2010）。钦州湾内湾营养盐充裕，使近年来内湾浮游植物生物量有较大增加，但是浮游植物分布与营养盐浓度分布之间这种不相符很可能是由于内湾其他因素影响减弱了营养盐的影响表征，如高能量破浪、强潮流、激烈的盐度变动、贝类养殖摄食等影响。

营养盐是浮游植物生长和繁殖的重要生源要素，但营养盐浓度过高也会对生态系统产生危害。近年来，随着钦江、茅岭江及海外周边污染物的持续输入，钦州湾营养盐浓度不断增加，海湾水体富营养化程度越来越严重（蓝文陆和彭小燕，2011；蓝文陆，2011）。近 20 年的研究表明，在 20 世纪 90 年代钦州湾富营养化指数和有机污染指数均显下降的趋势，从 1999 年开始，内湾富营养化指数和有机污染指数呈明显增加的趋势，外湾也略有增加，但没有持续增加（蓝文陆，2011）。近年来内湾富营养化现象明显，河口站点达到了重度富营养化的程度。富营养化指数的增加是输入海湾的有机污染物（COD）、无机氮和磷酸盐浓度不断增加的结果，其中最直接的原因是磷酸盐浓度的急剧增加。

营养盐浓度的增加和富营养化对浮游植物的影响主要表现在对浮游植物生物量和生产力的影响。近 10 年，随着无机氮、磷酸盐及有机污染物浓度的增加，钦州湾营养盐指数不断增加，从 2006 年开始内湾基本处于富营养状态，并逐渐加重，丰水期达到了中度富营养化和重度富营养化程度（蓝文陆和彭小燕，2011）。与 20 世纪末相比，内湾的富营养化程度增加明显。然而比较富营养化指数与浮游植物叶绿素 a 的变化趋势发现，快速加重的富营养化状态没有导致浮游植物生物量的快速增加，近 10 年叶绿素 a 的增加趋势不明显。引起这种不相关变化的原因主要包括：①富营养指数是无机氮、磷酸盐和 COD 的综合指标，内湾富营养指数的变化接近于 COD 的变化，表明 COD 在其中起主要作用，而不是营养盐起主要作用；②内湾存在着营养盐限制/胁迫，限制了浮游植物的大量繁殖；③内湾受高能量波浪、强潮流及河流径流的影响，高干扰的复杂环境导致浮游植物生物量不易达到很高的水平。然而，与 10 年前相比，内湾营养盐浓度和叶绿素 a 浓度均有较大增加，叶绿素 a、无机氮及硅酸盐等浓度均显示丰水期高枯水期低的特征，表明了营养盐浓度变化对浮游植物生物量及生产力的影响明显。

8.1.4　营养盐结构变化的影响

营养盐是浮游植物生长和繁殖的基础，在海水中对浮游植物最关键的营养盐为无机氮、磷酸盐和硅酸盐。由于来源和输入海湾的各要素输入量的不同，导致了进入海湾的径流及海湾本身各营养盐要素浓度的比例发生变化，从而对浮游植物的生物量和群落结构产生较大影响。

海水中的营养盐水平与结构对浮游植物的生长起着重要的作用，当某种营养盐相对不足时，浮游植物生长会受到该种营养盐的潜在限制或胁迫（Turner et al.，2003；石海明等，2010；池缔萍等，2010），从而对浮游植物或某些种类植物的生长产生限制或胁迫。一般来说，河口、近岸和较封闭海域中的初级生产过程通常受 P 限制，也有部分河口是处于 N 限制、Si 限制及两种营养盐共同限制或胁迫（Turner et al.，2003）。营养盐吸收动力学研究表明，Si = 2 μmol/L、DIN = 1 μmol、P = 0.1 μmol 可作为浮游硅藻生长的最低阈值（Nelson 和 Brzezinski，1990；Justić et al.，1995）。近 10 年来钦州湾营养盐输入的增加，使海湾水体中营养盐浓度逐渐增加，硅酸盐、无机氮和磷酸盐的浓度基本上都在浮游硅藻生长的阈值之上，尤其是在营养盐丰富的丰水期和平水期，这为硅藻成为钦州湾的优势类群提供了基础。但是，在 2003 年 7 月和 2006 年 3 月磷酸盐的浓度低于浮游硅藻吸收的最低阈值，其他时期磷酸盐也处在较低的浓度水平（＜0.4 μmol）。近 10 年虽然磷酸盐也显示了增加的趋势，但增加较少，Si/P 和 N/P 仍远高于 22，表明 P 在海湾中处于较明显的限制状态，尤其是在丰水期，由于浮游植物的消耗使得磷酸盐浓度减少加剧了磷酸盐的限制，使浮游植物不能充分利用 N 和 Si，从而导致该海湾浮游植物生物量水平没有随富营养化指数的增加而明显增加。

另外，近 10 年陆源输入及有机污染物的分解等给予了磷酸盐一定的补充和 P 限制一定程度的缓解，使浮游植物更有效地吸收营养盐。在这种前提下，营养盐浓度增加和富营化的加重，在环境适宜的条件下，将会使浮游植物爆发式地繁殖和生长，甚至导致藻华。在 2007 年的丰水期，浮游植物叶绿素 a 平均浓度就达到了 7.0 μg/L，Q3 站点甚至高达 15.7 μg/L，达到了藻华的水平。因而内湾营养盐浓度的不断增加和富营养化程度的加重，虽没有促使浮游植物生物量的不断增加，但却增加了赤潮的风险和隐患，在条件适宜的情况下更容易暴发赤潮，需要更多的关注。

通过对环境的长期适应，不同浮游植物类群或种类对营养盐所采取的策略不同。所以营养盐结构的变化不仅会影响浮游植物的生物量，也会对浮游植物群落结构产生较大影响。研究表明，较高的营养盐浓度适合硅藻的生长繁殖，在营养盐丰富的条件下，硅藻会容易成为浮游植物的绝对优势类群，但是随着营养盐的消耗和耗竭，硅藻的生长受限，其他具有吸收较低浓度营养盐机制的类群如甲藻和蓝藻等会取代硅藻成为优势类群。钦州湾浮游植物类群的季节变化结果显示，在营养盐丰富且不受限制的丰水期，硅藻生物量很高，并成为浮游植物的优势类群，而在枯水期由于营养盐浓度降低及营养盐结构的改变，硅藻的生物量和比例明显降低，一些适应低营养盐的青绿藻及甲藻等增加并成为与硅藻比例相当或超过硅藻成为优势的群落结构特征，表明了营养盐浓度和结构在浮游植物群落结构和演替中扮演着最主要的角色。

综上所述，钦江和茅岭江两大河流输入的变化，包括淡水、营养盐、污染物等，导致钦州湾盐度、营养盐浓度、营养盐结构、水体混合等环境的变化，是钦州湾浮游植物生物量、群落结构最主要的影响因素。

8.1.5　其他环境因素变化的影响

除了上述的径流、盐度、营养盐等与浮游植物有密切相关的环境因素之外，水流、水团、悬浮泥沙等物理水文因素及石油类、重金属等污染因素等，也会或多或少地影响着浮游植物的分布和结构。钦州湾的地形特征及径流输入特征导致了该海湾的水流环境复杂多变，较大的海流、潮流、径流及三者之间的相互混合作用，给钦州湾尤其是内湾一个高度扰动的环境，而且不同时期三者之间的作用变化较大，对浮游植物的影响也会明显不同。不同强度的扰动被认为是导致钦州湾内湾和外湾浮游植物生物量、群落结构及生物多样性较大差异的主要原因之一（蓝文陆等，2011），钦州湾浮游植物的时空变化也可能受这些物理水文因素的影响。

近年来随着钦州湾周边经济的发展，钦州湾的水利运输作用正在逐步开发，钦州湾内的航道清淤、钦州湾周边的填海造地工程等，以及钦江和茅岭江径流携带大量的泥沙悬浮物，使得海湾的悬浮物含量大增。相比之下，钦州湾的其他污染物输入与国内其他发展海湾较少，因而悬浮物很可能成为钦州湾浮游植物的主要威胁因子之一。海水悬浮物的增加，会影响到水体中的透明度和透光性。光是浮游植物生长的必须因素之一，其不仅会影响水体中浮游植物的生长和繁殖，也会影响到整个水体的初级生产力。石油类污染物不仅会影响到浮游植物的生长繁殖，同时其漂浮在水面上也会影响水体的透明度及海洋初级生产力。

8.2　浮游植物变化的生态响应

8.2.1　对初级生产力的影响

海洋初级生产力是最基本的生物生产力，是海域生产有机物或经济产品的基础，亦是估计海域生产力和渔业资源潜力大小的重要标志之一。

初级生产力是浮游植物固定二氧化碳转化为有机质的能力，其测定方法有多种，主要包括同位素测定法和黑白瓶溶解氧测定法等。这些精确测定方法需要较多的人力物力，不易测定大量样品，因而一些简单估算方法被应用于评估海洋初级生产力，其中最常用的一个方法是通过平均同化系数、叶绿素 a 及透明度计算。这里我们只简略分析浮游植物变化对海洋初级生产力的影响效应，因而采用简单评估方法，采用的初级生产力计算公式如下：

$$P = \frac{\mathrm{Chl\ a} \cdot Q \cdot D \cdot E}{2}$$

式中，P 为初级生产力[mg C/(m^2·d)]；Chl a 为真光层内平均叶绿素 a 含量(mg/m^3)；Q 为同化指数算术平均值；D 为昼长时间（h），根据季节和海区情况确定；E 为真光层深度（m）。

图 8.2.1 列出了丰水期和枯水期钦州湾海洋初级生产力的变化。由图 8.2.1 可见钦州湾内湾和外湾的差异显著，外湾初级生产力高，初级生产力接近 600 mg C/(m^2·d)；

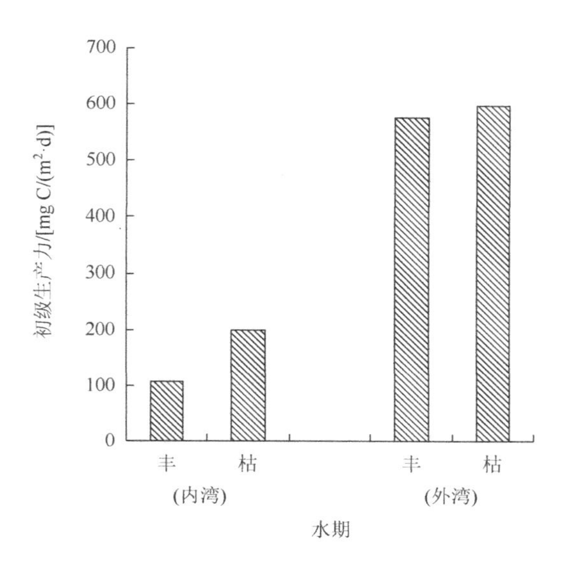

图 8.2.1　钦州湾海洋初级生产力的变化

内湾初级生产力低，只有外湾的 1/3 左右。内湾初级生产力季节变化明显，丰水期生产力低于枯水期，而外湾丰水期和枯水期初级生产力相近。

初级生产力内湾明显低于外湾的空间分布特征，与浮游植物叶绿素 a 和丰度的变化特征相一致，表明了浮游植物生物量对初级生产力的调控，也表明了浮游植物的变化对生态系统基础具有重要的影响。内湾较低的初级生产力除了受低浮游植物数量调控之外，较小的透明度造成光强限制也是一个重要的影响因素。同样，枯水期外湾受径流悬浮泥沙影响较小，透明度增加，这也是枯水期叶绿素 a 低于丰水期而初级生产力比丰水期略高的主要原因。

8.2.2　对浮游动物的影响

1. 对浮游动物数量和分布特征的影响

浮游植物是海洋生态系统的初级生产者，是海洋经典食物链的起点，因而浮游植物的数量和结构变化，会对其捕食者乃至整个生态系统产生影响。

以 2010 年丰水期为例，浮游植物在内湾生物量和生产力较低，在外湾生物量和生产力较高。受浮游植物的影响，浮游动物在内湾（1#～7#站点，图 8.2.2）的数量很低，其丰度均低于 10 ind/m^3。外湾（8#～18#站点）浮游动物的数量明显增加，多数站点浮游动物丰度超过 100 ind/m^3，是内湾的 10 倍以上（图 8.2.2）。浮游动物被认为是浮游植物的最主要捕食者，尤其是在近岸海湾经典食物链占据重要位置的海域。较高的浮游植物生物量和生产力才能够支撑较多的消费者，较低的生产力和生物量则只能维持有限的消费者，这最终决定了生态系统的服务功能。作为浮游动物最主要的食物，浮游植物生物量和分布的变化首先影响着浮游动物的数量和分布等。浮游动物数量在内湾和外湾之间的变化及分布与浮游植物数量及生产力的变化有着较好的耦合，这表明了浮游植物的数量及生产力的分布和变化对浮游动物的分布和变化有着重要的影响。

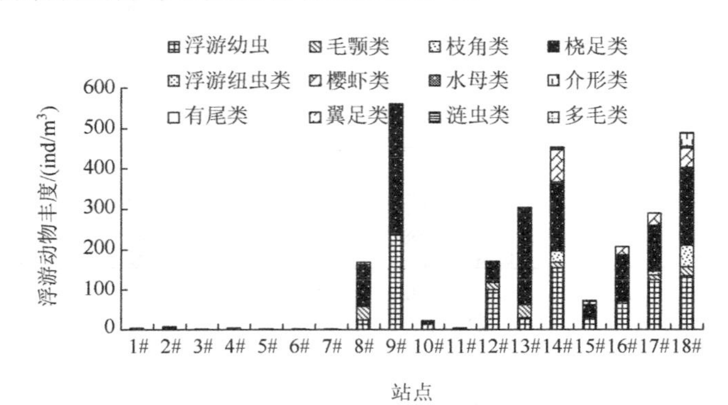

图 8.2.2　丰水期钦州湾浮游动物丰度的分布

2. 对浮游动物组成结构特征的影响

浮游动物虽然是滤食性，但是它们对浮游植物的粒径有明显的选择性，不同口径只能摄食相应范围大小的浮游植物，而且部分浮游动物种类对浮游植物类群/种类具有偏好性或回避性，所以浮游植物大小、类群/种类结构等变化，势必会引起浮游动物群落结构的变化。

2010 年丰水期钦州湾内湾浮游植物受径流大量输入的影响，类群结构以硅藻、蓝藻、青绿藻和绿藻为主，其中不乏一些偏淡水性的种类，尤其是蓝藻和绿藻。受食物的影响，2010 年丰水期钦州湾内湾的浮游动物以枝角类和浮游幼虫为主。内湾的绿藻、青绿藻及部分蓝藻的个体较小，因而摄食口径较小的枝角类浮游动物占据了该海区的优势地位，表现了捕食者与食物之间的适应关系。与内湾相比，外湾浮游植物的数量明显增加，种类丰富，较大个体的浮游植物占据了绝对优势，浮游动物的种类随着浮游植物生物量的增加而增加（图 8.2.3），浮游动物类群结构开始复杂化，群落结构特征与内湾相比发生了明显变化（图 8.2.2）。浮游植物种类的增加为浮游动物摄食提供了更多的选择，也为浮游动物类群和种类之间的生态位分化提供了前提基础。较大个体的硅藻数量增加，使得以摄食硅藻等较大个体藻类的桡足类等占据了浮游动物的优势地位。较高的浮游植物生物量和较大个体占据优势，使得水母、箭虫等大型浮游动物也达到一定的数量，较大增加了浮游动物结构的复杂性。

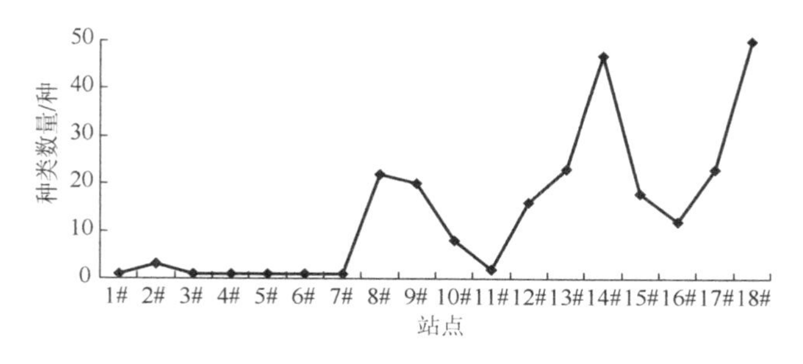

图 8.2.3　丰水期钦州湾浮游动物种类数量的分布

3. 对浮游动物多样性的影响

图 8.2.2 和图 8.2.3 同时也显示了浮游动物多样性在钦州湾的内湾和外湾之间的差异很大，内湾浮游动物种类少，类群较为简单，数量很少，生物多样性较低；外湾种类多，类群结构复杂，数量丰富，生物多样性较高。浮游动物生物多样性的分布变化特征与浮游植物种类及数量变化有着非常好的吻合，同样显示出内湾多样性低、外湾多样性高的特征。

浮游动物多样性受环境等综合因素的影响，包括水文环境、化学环境和生物环境等，其中最直接、最关键的因素是浮游植物。外湾较高的浮游植物生物量和生产力是浮游动物丰富的基础，只有较高的生产力才能保证如此数量的浮游动物具有足够食物。同样，外湾虽然以硅藻作为最主要的类群，但是硅藻作为海洋中最主要的浮游植物类群，其种类丰富，从种类来看，外湾种类数量远多于内湾，这也为较多的浮游动物种类提供了前提。相比之下，内湾由于环境干扰剧烈，浮游植物种类较少，难以适合不同种类的浮游动物，从而引起了浮游动物多样性的减少。

4. 对浮游动物季节变化的影响

浮游植物生物量（叶绿素 a，图 5.1.4）和初级生产力（图 8.2.1）的结果表明，内湾浮游植物在丰水期和枯水期的季节变化明显，内湾枯水期生物量和生产力较高；外湾生物量丰水期较高而初级生产力变化不明显。受浮游植物生物量和生产力的影响，浮游动物的季节变化在内湾和外湾之间的差异也较为明显（图 8.2.4）。枯水期随着内湾浮游植物种类数量、生物量和生产力的增加，浮游动物的种类数量及生物量也比丰水期有明显增加，导致枯水期的种类数量和生物量均比丰水期高。虽然外湾丰水期的浮游植物生物量略比枯水期高，但丰水期和枯水期的初级生产力没有明显差异，所以外湾浮游动物生物量在丰水期和枯水期之间也没有明显差异。

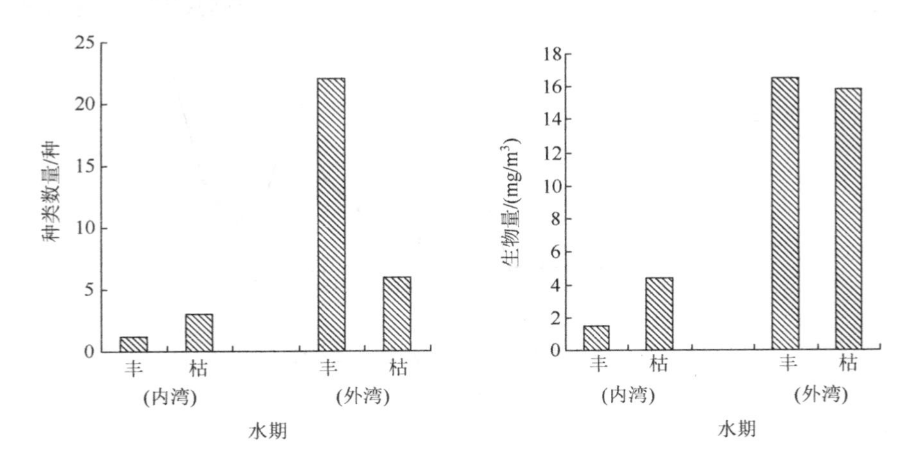

图 8.2.4　钦州湾浮游动物种类数量和生物量的变化

浮游植物变化与浮游动物变化之间的这种很好的吻合性，表明了浮游植物的生物量和结构变化对浮游动物的生物量、结构、分布和多样性有着重要的影响，浮游植物的变化将会引起浮游动物发生一系列的变化，最终会引起整个生态系统结构和功能变化的生态效应。

8.2.3　对生态系统健康的影响

近 5 年来随着营养盐浓度的增加，尤其是磷酸盐浓度的增加，钦州湾磷限制得到一定程度的缓解，使浮游植物更有效地吸收营养盐。在这种前提下，磷酸盐浓度和富营养化的累积，在环境适宜的条件下（如开春水温的增加等），将会促进浮游植物的繁殖和生长，甚至导致藻华。

2008 年之前，钦州湾很少有关于赤潮的报道，但在 2008 年以后，钦州湾浮游植物接近赤潮或发生赤潮的现象开始出现：2008 年 2 月，钦州湾内湾发生中肋骨条藻赤潮，最高细胞密度达 1.65×10^7 个/L，叶绿素 a 浓度达 32.25 μg/L；2009 年 7 月，内湾钦江河口叶绿素 a 浓度达 15.7 μg/L，达到了藻华的水平；2010 年 6 月，内湾钦江河口浮游植物密度也较大，优势种圆筛藻细胞密度达到 1.40×10^5 个/L，超过了赤潮基准浓度；2011 年 4 月，内湾发生了薄壁几内亚藻的赤潮，其细胞密度最高达到了 3.22×10^5 个/L，同时还伴有较多的夜光藻。

上述几次赤潮/接近赤潮的现象均发生在内湾，这主要是因为内湾营养盐浓度的不断增加和富营养化程度的加重，尤其是近两年来内湾大部分海区均达到了重富营养化的程度，导致春季、夏季赤潮的风险和隐患明显增加，在条件适宜的情况下容易暴发赤潮。

相对内湾而言，外湾富营养化程度较轻，按常理来讲应该不会发生赤潮。然而在 2011 年 4 月，外湾也被报道发生了一次赤潮，主要发生在外湾东南角的犀牛脚附近海域。该赤潮引起了较为严重的后果，是钦州湾首次引起大量鱼类死亡的赤潮现象，对渔业损失较大，同时也引起了周边民众对海湾生态环境恶化的担忧及恐慌。

赤潮对贝类、鱼类等渔场及养殖危害较大，不仅会引起大量浮游植物聚集，导致贝类和鱼类等动物鳃被堵塞，也会在其消亡时消耗大量氧气而使水体缺氧，从而造成水体中贝类和鱼类的大量死亡及损失。更有甚者，一些赤潮种类能够分泌毒素，不仅会危害贝类和鱼类，而且可以通过食用进而危害到人类健康，引起食用者的中毒。所以近年来钦州湾赤潮现象的增加，给钦州湾海洋生态系统健康及区域生态安全造成了潜在的隐患，需要加强关注。

钦州湾浮游植物群落结构在不同水期/季节中的变化显著，但在不同年份之间的年际变化暂未得知。如前所述，浮游植物群落结构的变化会导致浮游动物乃至整个海洋生态系统的结构和功能的变化，浮游植物群落的结构变化也将是海洋生态系统健康的潜在威胁之一。近年来，全球海洋出现水母异常增多现象，我国近海尤为严重，水母暴发已成为我国除有害藻华之外最严重的海洋生态灾害。在我们的调查中发现，2010 年夏季某些水域也出现较多的水母暴发现象，该现象是否与浮游植物群落结构的变化有关，是今后研究的重点问题之一。另外，浮游植物群落结构年际间的变化、结构变化的具体生态环境效应、对海洋生态系统的影响途径与致灾机理，以及生态灾害评估与应对策略等科学问题，急需在今后的工作中加强研究，为钦州湾环境保护、防灾减灾和可持续发展等决策和管理提供参考。

参考文献

池缔萍，郭翔宇，钟仕花，2010. 近 5 a 来深圳大鹏湾南澳赤潮监控区营养盐变化及其结构特征[J]. 海洋环境科学，29(4)：564-569.

郭沛涌，沈焕庭，2003. 河口浮游植物生态学研究进展[J]. 应用生态学报，14(1)：139-142.

蓝文陆，2011. 近 20 年广西钦州湾有机污染状况变化特征及生态影响[J]. 生态学报，34(20)：5970-5976.

蓝文陆，彭小燕，2011. 茅尾海富营养化程度及其对浮游植物生物量的影响[J]. 广西科学院学报，27(2)：109-112，116.

蓝文陆，王晓辉，黎明民，2011. 应用光合色素研究广西钦州湾丰水期浮游植物群落结构[J]. 生态学报，31(13)：3601-3608.

李开枝，黄良民，张建林，等，2010. 珠江河口咸潮期间浮游植物的群落特征[J]. 热带海洋学报，29(1)：62-68.

柳丽华，左涛，陈瑞盛，等，2007. 2004 年秋季长江口海域浮游植物的群落结构和多样性[J]. 海洋水产研究，28(3)：112-119.

石海明，尹翠玲，张秋丰，等，2010. 近年来渤海湾赤潮监控区营养盐变化及其结构特征分析[J]. 海洋环境科学，29(2)：246-249.

Huang B Q，Lan W L，Cao Z R，et al.，2008. Spatial and temporal distribution of nanoflagellates in the northern South China Sea[J]. Hydrobiologia，605：143-157.

Justić D，Rabalais N N，Turner R E，et al.，1995. Changes in nutrient structure of river-dominated coastal waters：Stoichiometric nutrient balance and its consequences[J]. Estuarine，Coastal and Shelf Science，40：339-356.

Lan W L，Huang B Q，Dai M H，et al.，2009. Dynamics of heterotrophic dinoflagellates off the Pearl River Estuary，northern South China Sea[J]. Estuarine，Coastal and Shelf Science，85：422-430.

Nelson D M，Brzezinski M A，1990. Kinetics of silicic acid uptake by natural diatom assemblages in two Gulf Stream warm-core rings[J]. Marine Ecology Progress Series，62：283-292.

Turner R E，Rabalais N N，Justic' D，et al.，2003. Future aquatic nutrient limitations[J]. Marine Pollution Bulletin，46：1032-1034.

第9章　钦州湾生态系统健康评价

随着人们对生态系统健康内涵理解的不断深入，生态系统健康已不是单纯生态学上的定义，而是基于自然-社会-经济大生态系统的综合性概念（孔红梅等，2002），包含了满足社会合理要求能力、生态系统本身自我维持和更新能力两方面的内涵。海洋生态系统健康（marine ecosystem health，MEH）是将生态系统健康的概念应用于海洋生态系统而产生的。以水质为主导的环境评价系统存在着诸多弊端，无法较为全面地反映海洋环境的状态。因此，海洋生态系统健康评价为区域生态环境评价提供了一种新方法。海洋生态系统健康评价作为一门交叉科学的实践，不仅通过海洋生态系统内部、海陆交错带生态系统的指标来体现海洋生态系统的复杂性，还兼收了物理化学、生物、社会经济及人类健康等方面的指标，反映了海洋生态系统为人类社会提供生态系统服务的质量和可持续性（Jrgensen，1999），因而其评价结论更为全面可信，也更为科学。

本章通过建立河口海湾的生态健康评价指标体系，结合钦州湾内湾（茅尾海）、外湾界限明显，水质、水文环境有所不同的特点，分内湾（茅尾海）、外湾对其生态系统健康进行评价。钦州湾生态系统健康评价主要以2011年前后的数据作为评价值，以行业标准、多年平均值或2000年前后的数据作为基准值。

9.1　指标体系及方法构建

根据评价指标整体性、科学性、简明性、可操作性、典型性及定量和定性相结合的原则（Blocksom et al.，2002），从河口海湾生态系统的组成结构出发，充分体现钦州湾所承受的压力、环境状况、生物响应的特点及海湾生态系统健康的内涵，借鉴“压力-状态-响应”模型（周晓蔚，2008），选取若干较为合理反映钦州湾生态系统健康的指标，构建了河口海湾生态系统健康评价的指标体系框架。该指标体系共分为目标层、项目层、功能层、因素层和指标层，其中项目层由干扰压力、环境状态和生物响应三个方面组成，每个方面又由若干个因素组成，具体见表9.1.1。

表 9.1.1　钦州湾海域生态系统健康评价体系

A 层	B 层	C 层	D 层	E 层
生态系统健康评价	压力（B1）	自然变化（C1）	区域环境（D1）	年均气温波动率（E1）
				年均降雨量波动率（E2）
			入海河流（D2）	钦江的径流量波动率（E3）
				茅岭江的径流量波动率（E4）
				钦江的输沙量波动率（E5）
				茅岭江的输沙量波动率（E6）
			外部海域（D3）	海平面上升速率（E7）
				空气悬浮物含量（E8）
		人类活动（C2）	社会经济（D4）	人口密度（E9）
				城市生活污水达标排放率（E10）
				工业废水达标排放率（E11）
			入海污染物（D5）	COD 年入海通量增长率（E12）
				营养盐入海通量增长率（E13）
				重金属入海通量增长率（E14）
				石油类入海通量增长率（E15）
			生境开发（D6）	海水养殖面积增长率（E16）
				船舶数量增长率（E17）
				填海面积比（E18）
			外来物种入侵（D7）	外来浮游动物种类数量（E19）
				外来浮游植物种类数量（E20）
	状态（B2）	水质（C3）	基本参数（D8）	表层海温波动（E21）
				盐度波动（E22）
				悬浮物浓度（E23）
				pH（E24）
				DO 浓度（E25）
			营养盐（D9）	无机氮浓度（E26）
				硅酸盐增长率（E27）
				活性磷酸盐浓度（E28）
				N/P（E29）
			污染物(D10)	COD 浓度（E30）
				石油类浓度（E31）
				镉浓度（E32）
				汞浓度（E33）

续表

A 层	B 层	C 层	D 层	E 层
生态系统健康评价	状态（B2）	水质（C3）	污染物（D10）	铬浓度（E34）
				砷浓度（E35）
				铅浓度（E36）
				六六六浓度（E37）
				滴滴涕浓度（E38）
		沉积物（C4）	一般污染物（D11）	总有机碳比例（E39）
				石油类浓度（E40）
				硫化物浓度（E41）
			有毒污染物（D12）	镉浓度（E42）
				汞浓度（E43）
				铬浓度（E44）
				砷浓度（E45）
				铅浓度（E46）
				六六六浓度（E47）
				滴滴涕浓度（E48）
	响应（B3）	组织力/结构（C5）	底栖生物（D13）	生物量变化幅度（E49）
				物种多样性指数（E50）
			浮游动物（D14）	生物量变化幅度（E51）
				物种多样性指数（E52）
				桡足类种密度比例（E53）
			浮游植物（D15）	物种多样性指数（E54）
				丰度变化幅度（E55）
				甲藻密度比例（E56）
			鱼类（D16）	鱼卵密度（E57）
				仔鱼密度（E58）
		活力（C6）	生产力（D17）	叶绿素 a 浓度（E59）
				初级生产力（E60）
				次级生产力（E61）
		恢复力（C7）	环境容量（D18）	入海河流污染物总量占允许最大排放量的比例（E62）
				排污口污染物总量占允许最大排放量的比例（E63）
		服务功能（C8）	供给（D19）	渔获量增长率（E64）
				海水养殖海产品增长率（E65）

续表

A层	B层	C层	D层	E层
生态系统健康评价	响应（B3）	服务功能（C8）	调节（D20）0.0231	氮吸收量增长率（E66）
				固碳量增长率（E67）
				释氧量增长率（E68）
			文化（D21）	旅游区和保护区的比例（E69）
			支持（D22）	纳潮量变化率（E70）
				未利用海域率（E71）
		病症（C9）	小型生物（D23）	赤潮发生次数（E72）
				富营养化指数（E73）
			大型生物（D24）	鱼类/贝类流行病/大量死亡次数（E74）
				水母暴发次数（E75）
				大型海兽搁浅和死亡数量（E76）
		人类健康（C10）	病害（D25）	粪大肠菌群（E77）
				有毒赤潮发生比例（E78）
			经济生物残毒（贝类）（D26）	石油类浓度（E79）
				镉浓度（E80）
				汞浓度（E81）
				铬浓度（E82）
				砷浓度（E83）
				铅浓度（E84）
				六六六浓度（E85）
				滴滴涕浓度（E86）

9.1.1　指标体系构建

（1）压力指标

生态系统压力分为自然因素和人为因素。自然因素的稳定变化一般不能视为生态退化的诱发因子，也就是说，当某一自然因素频繁而持久地出现时，其自身或由此派生出的自然因素就成为生态系统的一个正常或固有的组分，不能再视为压力因子。只有当自然因素发生较高强度的不稳定的波动或无规则的异常变化时，才会打断生态系统正常的运行过程或节律，导致生态系统退化，此时的自然因素就扮演着生态系统健康压力因子的作用。

钦州湾属于河口海域，受人类活动影响强度大，同时与入海河流、气候系统、海岸带系统的交互影响明显。钦州湾压力指标主要包括两部分：①自然变化，如区域环境（年均气温、年均降雨量）、入海河流（径流量、输沙量）及其钦州湾海平面上升速率、空气悬浮物含量等；②人类活动带来的影响，如社会经济（人口、城市生活污水达标排放率、工业废水达标排放率）、入海污染物（COD、营养盐、重金属、石油类等污染物入海通量）、生物资源生境开发（围填海、海水养殖、船舶）及外来物种（浮游动植物）入侵等共20项。

（2）状态指标

状态变量描述压力变量所导致的环境问题的参数可测性，用环境要素状态指标表示，环境要素状态指标制约着河口浮游植物、浮游动物、鱼类、底栖动物的生长和繁衍。由于钦州湾处于一定程度的富营养化（蓝文陆和彭小燕，2011），对于这些河口海域，重点考虑以下几个方面：①水质基本参数，如表层海温、盐度、悬浮物浓度、pH、DO；②营养盐参数，如无机氮、硅酸盐、活性磷酸盐及与浮游植物机构息息相关的N/P值；③污染物，如COD、石油类、镉、汞、铬、砷、铅、六六六、滴滴涕等；④沉积物，如总有机碳、石油类、硫化物及重金属等有毒污染物。

（3）响应指标

生态系统对环境的响应包括生态指标和对人类健康的影响指标，其中考虑生态系统的组织力/结构、活力、恢复力、服务功能、病症和人类健康。

组织力/结构主要反映生态系统中不同种群的构成和量的关系，包括底栖生物、浮游动植物等的生物量、物种多样性指数及其群落结构特征等；活力指标是指能量或活动性，在生态系统背景下，活力指标指根据营养循环和生产力所能够测量的所有能量，具体指标为叶绿素 a、初级生产力、次级生产力等。恢复力是指系统在外界压力消失的情况下逐步恢复的能力，通过系统受干扰后能够恢复的能力来测量（Holling，1973）。恢复力指标主要用环境容量来表示，当有足够的环境容量时，生态系统恢复力增加，恢复速度较快。海洋生态系统服务功能主要分为供给服务、调节服务、文化服务及支持服务四大类（石洪华等，2008）；其中供给服务主要包括渔获量、海水养殖水产品等食品供给；调节服务主要是固碳量、释氧量及氮吸收量等气候、气体调节等；文化服务主要包括旅游、教育科研等；支持服务主要指提供生境，如未利用海域面积、纳潮量等。

生态系统病症主要通过富营养化程度、赤潮发生次数，以及大型生物如水母暴发、鱼类/贝类流行病、大型海兽搁浅和死亡等来反映。生态系统病症影响人类健康，主要通过粪大肠菌、有毒赤潮发生及海洋经济生物体内有毒有害物质残留等途径反映。

综上所述，钦州湾生态系统健康评价指标体系由压力、状态、响应三方面属性指标群组成，共涵盖自然变化、人类活动、水环境状态、生物群落结构、生态系统活力和恢复力、生态系统服务功能、生态系统病症和人类健康等指标，基本能反映钦州湾生态系统健康的内涵和特点。

9.1.2 指标评价方法

（1）评价指标标准确定

评价指标标准的确定一般有问卷调查法、标准法、参照系法。钦州湾生态系统健康评价指标标准主要通过以下方法确定：若有国家标准，则以不同标准限值进行分类；若没有国家标准，则借鉴相关研究成果或历史资料作为标准。

生态系统健康状态的评价值借助隶属度进行描述。根据指标检测值与评价值之间的基本关系可将指标划分为递减型、递增型和中间型。递减型指标的隶属度随指标值的增加而减少，递增型指标的隶属度随指标的增加而增加，中间型指标的隶属度在某个值最高，小于或大于这个值则分别呈现递增型和递减型变化。

将各个指标的评价结果分为 5 个层级：很健康、健康、亚健康、不健康、病态（表 9.1.2）。各个指标分级评价标准见表 9.1.3。各个指标的隶属度采用文献中的方法进行计算（刘佳，2008）。

表 9.1.2　钦州湾生态系统健康状态指标分级与对应隶属度范围

分级	I	II	III	IV	V
隶属度	0.8～1	0.6～0.8	0.4～0.6	0.2～0.4	0～0.2
健康状态	很健康	健康	亚健康	不健康	病态

表 9.1.3　各项指标健康状态分级评价标准

隶属度	很健康 0.8～1	健康 0.6～0.8	亚健康 0.4～0.6	不健康 0.2～0.4	病态 0～0.2
年均气温波动率/%（E1）	[0，0.3]	（0.3，0.6]	（0.6，1.0]	（1.0，2.0]	（2.0，3.0]
年均降雨量波动率/%（E2）	[–5，10]	[–10，–5）或（10，15]	[–20，–10）或（15，30]	[–50，–20）或（30，40]	（–50，–100]或（40，100]
钦江的径流量波动率/%（E3）	[–5，10]	[–10，–5）或（10，15]	[–20，–10）或（15，30]	[–50，–20）或（30，40]	（–50，–100]或（40，100]
茅岭江的径流量波动率/%（E4）	[–5，10]	[–10，–5）或（10，15]	[–20，–10）或（15，30]	[–50，–20）或（30，40]	（–50，–100]或（40，100]
钦江的输沙量波动率/%（E5）	[–10，10]	[–15，–5）或（10，15]	[–30，–15）或（15，30]	[–45，–30）或（50，45]	（–45，–100]或（45，100]
茅岭江的输沙量波动率/%（E6）	[–10，10]	[–15，–5）或（10，15]	[–30，–15）或（15，30]	[–45，–30）或（50，45]	（–45，–100]或（45，100]

续表

隶属度	很健康 0.8～1	健康 0.6～0.8	亚健康 0.4～0.6	不健康 0.2～0.4	病态 0～0.2
海平面上升速率/(mm/a)（E7）	0～5	（5，10]	10，20	20，30	30
空气悬浮物含量/(mg/m^3)（E8）	[−100，0]	（0，50]	（50，100]	（100，500]	＞500
人口密度/(人/km^2)（E9）	≤200	（200，300]	（300，500]	（500，800]	＞800
城市生活污水达标排放率/%（E10）	[95，100]	[80，95）	[65，80）	[40，65）	＜40
工业废水达标排放率/%（E11）	[95，100]	[80，95）	[65，80）	[40，65）	＜40
COD 入海通量增长率/%（E12）	≤5	（5，20]	（20，50]	（50，100]	＞100（100，500]
营养盐入海通量增长率/%（E13）	≤5	（5，20]	（20，50]	（50，100]	＞100
重金属入海通量增长率/%（E14）	≤5	（5，20]	（20，50]	（50，100]	＞100
石油类入海通量增长率/%）E15）	≤5	（5，20]	（20，50]	（50，100]	＞100
海水养殖面积增长率/%（E16）	≤5	（5，20]	（20，50]	（50，100]	＞100
船舶数量增长率/%（E17）	≤5	（5，20]	（20，50]	（50，100]	＞100
填海面积比/%（E18）	≤5	（5，10]	（10，25]	（25，50]	＞50
外来浮游动物种类数量/种（E19）	0～1	1～2	2～4	4～8	＞8
外来浮游植物种类数量/种（E20）	0～1	1～2	2～4	4～8	＞8
表层海温波动/℃（E21）	0～0.3	0.3～0.6	0.6～1	1～2	＞2
盐度波动（E22）	0～1	1～2	2～3	3～5	＞5
悬浮物浓度/(mg/L)（E23）	＜10	10～50	50～100	100～200	＞200
pH（E24）	8.0～8.2	7.8～8.0 或 8.2～8.5	7.2～7.8 或 8.5～8.8	6.8～7.2 或 8.8～9.0	＜6.8 或＞9.0
DO 浓度/(mg/L)（E25）	[6，10]	[5，6）	[4，5）	[3，4）	＜3
无机氮浓度/(mg/L)（E26）	≤0.2	（0.2，0.3]	（0.3，0.4]	（0.4，0.5]	＞0.5（0.5，1]

续表

隶属度	很健康 0.8～1	健康 0.6～0.8	亚健康 0.4～0.6	不健康 0.2～0.4	病态 0～0.2
硅酸盐增长率/%（E27）	≤50	（50，100]	（100，200]	（200，500]	＞500
活性磷酸盐/(mg/L)（E28）	≤0.015	（0.015，0.02]	（0.02，0.03]	（0.03，0.045]	＞0.045
N/P（E29）	16/1	（16/1）～（25/1）	（25/1）～（40/1）	（40/1）～（60/1）	＞（60/1）
COD/(mg/L)（E30）	≤2	（2，3]	（3，4]	（4，5]	＞5
石油类浓度/(mg/L)（E31）	0～0.025	（0.025，0.05]	（0.05，0.3]	（0.3，0.5]	＞0.5
镉浓度/(μg/L)（E32）	≤0.001	（0.001，0.005]	（0.005，0.008]	（0.008，0.010]	＞0.010
汞浓度/(μg/L)（E33）	≤0.00005	（0.00005，0.0001]	（0.0001，0.0002]	（0.0002，0.0005]	＞0.0005
铬浓度/(μg/L)（E34）	≤0.05	（0.05，0.10]	（0.10，0.20]	（0.20，0.50]	＞0.50
砷浓度/(μg/L)（E35）	≤0.01	（0.01，0.03]	（0.03，0.05]	（0.05，0.07]	＞0.07
铅浓度/(μg/L)（E36）	≤0.001	（0.001，0.005]	（0.005，0.01]	（0.01，0.05]	＞0.05
六六六浓度/(ng/L)（E37）	≤0.001	（0.001，0.002]	（0.002，0.003]	（0.03，0.005]	＞0.005
滴滴涕浓度/(ng/L)（E38）	≤0.00005	（0.00005，0.00006]	（0.00006，0.00007]	（0.00007，0.0001]	＞0.0001
沉积物总有机碳比例/%（E39）	≤1.0	（1，2]	（2，3]	（3，4]	＞4
沉积物石油类浓度/(mg/kg)（E40）	≤250	（250，500]	（500，1000]	（1000，1500]	＞1500
沉积物硫化物浓度/(mg/kg)（E41）	≤150	（150，300]	（300，500]	（500，600]	＞600
沉积物镉浓度/(mg/kg)（E42）	≤0.25	（0.25，0.50]	（0.5，1.5]	（1.5，5.0]	＞5
沉积物汞浓度/(mg/kg)（E43）	≤0.1	（0.1，0.2]	（0.2，0.5]	（0.5，1.0]	＞1
沉积物铬浓度/(mg/kg)（E44）	≤40	（40，80]	（80，150]	（150，270]	＞270
沉积物砷浓度/(mg/kg)（E45）	≤10	（10，20]	（20，65]	（65，93]	＞93
沉积物铅浓度/(mg/kg)（E46）	≤30	（30，60]	（60，130]	（130，250]	＞250

续表

隶属度	很健康 0.8～1	健康 0.6～0.8	亚健康 0.4～0.6	不健康 0.2～0.4	病态 0～0.2
沉积物六六六浓度/(mg/kg)（E47）	≤0.25	（0.25，0.5]	（0.5，1.0]	（1.0，1.5]	＞1.5
沉积物滴滴涕浓度/(mg/kg)（E48）	≤0.01	（0.01，0.02]	（0.02，0.05]	（0.05，0.10]	＞0.1
底栖生物生物量变化幅度/%（E49）	≤50 或[−30，0]	（50，100]或[−50，−30）	（100，200 或[−70，−50）	（200，500]或[−90，−70）	＞500 或＜−90
底栖生物物种多样性指数（E50）	＞3	[3，2]	（2，1.5]	（1.5，1]	＜1
浮游动物生物量变化幅度/%（E51）	≤50 或[−30，0]	（50，100]或[−50，−30）	（100，200]或[−70，−50）	（200，500]或[−90，−70）	＞500 或＜−90
浮游动物物种多样性指数（E52）	＞4	[4，3]	（3，2]	（2，1]	＜1
浮游动物桡足类种密度比例/%（E53）	＞80	（80，70]	（70，60]	（60，50]	＜50
浮游植物物种多样性指数（E54）	＞3	[3，2.25]	（2.25，1.5]	（1.5，0.75]	＜0.75
浮游植物丰度变化幅度/%（E55）	≤50 或[−30，0]	（50，100]或[−50，−30）	（100，1000 或[−70，−50）	（1000，10000]或[−90，−70）	＞10000 或＜−90
甲藻密度比例/%（E56）	＜1	[1，3]	（3，7]	（7，12]	＞12
鱼卵密度/(粒/m^3)（E57）	≥50	（50，30]	（30，15]	（15，5]	＜5
仔鱼密度/(尾/m^3)（E58）	≥50	（50，30]	（30，15]	（15，5]	＜5
叶绿素 a 浓度/(μg/L)（E59）	≤50 或[−30，0]	（50，100]或[−50，−30）	（100，200 或[−70，−50）	（200，500]或[−90，−70）	＞500 或＜−90
初级生产力/(g/m^2·a)（E60）	≤50 或[−30，0]	（50，100]或[−50，−30）	（100，200 或[−70，−50）	（200，500]或[−90，−70）	＞500 或＜−90
次级生产力/(g/m^2·a)（E61）	≤50 或[−30，0]	（50，100]或[−50，−30）	（100，200 或[−70，−50）	（200，500]或[−90，−70）	＞500 或＜−90
入海河流污染物总量占允许最大排放量的比例/%（E62）	≤30	（30，50]	（50，80]	（80，100]	＞100
排污口污染物总量占允许最大排放量的比例/%（E63）	≤30	（30，50]	（50，80]	（80，100]	＞100

续表

隶属度	很健康 0.8～1	健康 0.6～0.8	亚健康 0.4～0.6	不健康 0.2～0.4	病态 0～0.2
渔获量增长率/%（E64）	≥100	[−10，100）	[−30，−10）	[−80，−30）	<−80
海水养殖海产品增长率/%（E65）	≥100	[−10，100）	[−30，−10）	[−80，−30）	<−80
氮吸收量增长率/%（E66）	≤50 或[−30，0]	（50，100]或[−50，−30）	（100，200]或[−70，−50）	（200，500]或[−90，−70）	>500 或<−90
固碳量增长率/%（E67）	≤50 或[−30，0]	（50，100]或[−50，−30）	（100，200]或[−70，−50）	（200，500]或[−90，−70）	>500 或<−90
释氧量增长率/%（E68）	≤50 或[−30，0]	（50，100]或[−50，−30）	（100，200]或[−70，−50）	（200，500]或[−90，−70）	>500 或<−90
旅游区和保护区的比例/%（E69）	[20，100）	[10，20）	[5，10）	[1，5）	<1
纳潮量变化率/%（E70）	90～100	80～90	60～80	40～60	<40
未利用海域率/%（E71）	0～0.5	0.5～1.5	1.5～4	4～10	>10
赤潮发生次数/次（E72）	0～1	1～2	2～3	3～5	>5
富营养化指数（E73）	<1	[1，4]	（4，10]	（10～25]	>25
鱼类/贝类流行病/大量死亡次数/次（E74）	0～1	1～2	2～3	3～5	>5
水母暴发次数/次（E75）	0～1	1～2	2～3	3～5	>5
大型海兽搁浅和死亡数量/头（E76）	0～1	1～2	2～3	3～5	>5
粪大肠菌群/(个/L)（E77）	≤1000	（1000，2000]	（2000，3000]	（3000，4000]	>4000
有毒赤潮发生比例/%（E78）	≤1	（1，2]	（2，4]	（4，6]	>6
贝类石油烃浓度/(mg/kg)（E79）	0～8	（8，15]	（15，50]	（50，80]	>80
贝类镉浓度/(mg/kg)（E80）	0～0.1	（0.1，0.2]	（0.2，2.0]	（2.0，5.0]	>5.0
贝类汞浓度/(E81)	0～0.025	（0.025，0.05]	（0.05，0.10]	（0.10，0.30]	>0.30
贝类铬浓度/(mg/kg)（E82）	0～0.25	（0.25，0.5]	（0.5，2.0]	（2.0，6.0]	>6.0

续表

隶属度	很健康 0.8～1	健康 0.6～0.8	亚健康 0.4～0.6	不健康 0.2～0.4	病态 0～0.2
贝类砷浓度/(mg/kg)（E83）	0～0.5	（0.5，1.0]	（1.0，5.0]	（5.0，8.0]	＞8.0
贝类铅浓度/(mg/kg)（E84）	0～0.05	（0.05，0.1]	（0.1，2.0]	（2.0，6.0]	＞6.0
贝类六六六浓度/(mg/kg)（E85）	0～0.01	（0.01，0.02]	（0.02，0.15]	（0.15，0.50]	＞0.50
贝类滴滴涕浓度/(mg/kg)（E86）	0～0.005	（0.005，0.01]	（0.01，0.10]	（0.10，0.50]	＞0.50

（2）评价指标权重确定

利用层次分析法（analytic hierarchy process，AHP）对各个指标的权重进行确定（林琳，2007）。层次分析法属于系统分析法之一，是一种对复杂现象的决策思维过程进行系统化、模型化、数量化的方法，又称多层次权重分析决策法，简称 AHP 法。该方法是一种定量与定性相结合，将人的主观判断用数量形式表达和处理的方法。经过专家咨询得出 A-B、B1-C、B2-C、B3-C 的判断矩阵，根据层次分析法的计算方法，计算判断矩阵的特征和特征向量，并检验判断矩阵的一致性，最终确定 B 层、C 层的权重系数（表 9.1.4～表 9.1.7）。

对评价体系中 C 层的指标进行层次总排序，得到 C 层次上所有元素相对上一层次的相对重要性的权值。而对于 D 层及 E 层，则采用同层等权重法确定各指数的指标权重。同层等权重是指一个指数中的各组成指标所占比例一样，在本书中，指生态健康评价体系所包含的 D 和 E 两个层次中，每个指数的子层次所包括的指数，赋予相同权重。目前，不同类型生态服务功能对生态系统的贡献差异还不尽明确，等权重在一定程度上可以避免主观因素带来的评价偏差；每个指数的子层次所包括的指数，即各健康子目标可以是平行发展的，被认为是同等重要。

各指标权重见表 9.1.8。

表 9.1.4　A-B 判断矩阵及权系数结果

A	B1	B2	B3	权系数	一致性检验
B1	1	1/3	1/5	0.104	$\lambda_{max}=3.038$ 一致性检验 CR = 0.019＜0.1，通过
B2	3	1	1/3	0.255	
B3	5	3	1	0.641	

表 9.1.5　B1-C 判断矩阵及权系数结果

B1	C1	C2	权系数	一致性检验
C1	1	1/3	0.25	$\lambda_{max}=2$ 一致性检验 CR = 0＜0.1，通过
C2	3	1	0.75	

表 9.1.6　B2-C 判断矩阵及权系数结果

B1	C3	C4	权系数	一致性检验
C3	1	1	0.5	$\lambda_{max}=2$ 一致性检验 CR = 0＜0.1，通过
C4	1	1	0.5	

表 9.1.7　B3-C 判断矩阵及权系数结果

B3	C5	C6	C7	C8	C9	C10	权系数	一致性检验
C5	1	4	4	3	4	3	0.394	$\lambda_{max}=6.09$ 一致性检验 CR = 0.014＜0.1，通过
C6	1/4	1	1	1/2	1	1/3	0.08	
C7	1/4	1	1	1/2	1	1/3	0.08	
C8	1/3	2	2	1	2	1/2	0.144	
C9	1/4	1	1	1/2	1	1/3	0.08	
C10	1/3	3	3	2	3	1	0.222	

表 9.1.8　评价体系中各个指标的权重确定结果

A 层	B 层	C 层	D 层	E 层
生态系统健康评价	压力（B1）0.104	自然变化（C1）0.25	区域环境（D1）0.01	年均气温波动率（E1）0.005
				年均降雨量波动率（E2）0.005
			入海河流（D2）0.01	钦江的径流量波动率（E3）0.0025
				茅岭江的径流量波动率（E4）0.0025
				钦江的输沙量波动率（E5）0.0025
				茅岭江的输沙量波动率（E6）0.0025
			外部海域（D3）0.01	海平面上升速率（E7）0.005
				空气悬浮物含量（E8）0.005
		人类活动（C2）0.75	社会经济（D4）0.0195	人口密度（E9）0.0065

续表

A 层	B 层	C 层	D 层	E 层
生态系统健康评价	压力（B1）0.104	人类活动（C2）0.75	社会经济（D4）0.0195	城市生活污水达标排放率（E10）0.0065
				工业废水达标排放率（E11）0.0065
			入海污染物（D5）0.0195	COD 年通量增长率（E12）0.0049
				营养盐通量增长率（E13）0.0049
				重金属入海通量增长率（E14）0.0049
				石油类入海通量增长率（E15）0.0049
			生境开发（D6）0.0195	海水养殖面积增长率（E16）0.0065
				船舶数量增长率（E17）0.0065
				填海面积比（E18）0.0065
			外来物种入侵（D7）0.0195	外来浮游动物种类数量（E19）0.0098
				外来浮游植物种类数量（E20）0.0098
	状态（B2）0.255	水质（C3）0.5	基本参数（D8）0.0425	表层海温波动（E21）0.0085
				盐度波动（E22）0.0085
				悬浮物浓度（E23）0.0085
				pH（E24）0.0085
				DO 浓度（E25）0.0085
			营养盐（D9）0.0425	无机氮浓度（E26）0.0106
				硅酸盐增长率（E27）0.0106
				活性磷酸盐浓度（E28）0.0106
				N/P（E29）0.0106
			污染物（D10）0.0425	COD 浓度（E30）0.0047
				石油类浓度（E31）0.0047
				镉浓度（E32）0.0047
				汞浓度（E33）0.0047
				铬浓度（E34）0.0047
				砷浓度（E35）0.0047
				铅浓度（E36）0.0047
				六六六浓度（E37）0.0047
				滴滴涕浓度（E38）0.0047
		沉积物（C4）0.5	一般污染物（D11）0.0638	总有机碳比例（E39）0.0213
				石油类浓度（E40）0.0213
				硫化物浓度（E41）0.0213

续表

A层	B层	C层	D层	E层
生态系统健康评价	状态（B2）0.255	沉积物（C4）0.5	有毒污染物（D12）0.0638	镉浓度（E42）0.0091
				汞浓度（E43）0.0091
				铬浓度（E44）0.0091
				砷浓度（E45）0.0091
				铅浓度（E46）0.0091
				六六六浓度（E47）0.0091
				滴滴涕浓度（E48）0.0091
	响应（B3）0.641	组织力/结构（C5）0.394	底栖生物（D13）0.0631	生物量变化幅度（E49）0.0316
				物种多样性指数（E50）0.0316
			浮游动物（D14）0.0631	生物量变化幅度（E51）0.021
				物种多样性指数（E52）0.021
				桡足类种密度比例（E53）0.021
			浮游植物（D15）0.0631	物种多样性指数（E54）0.021
				丰度变化幅度（E55）0.021
				甲藻密度比例（E56）0.021
			鱼类（D16）0.0631	鱼卵密度变化幅度（E57）0.0316
				仔鱼密度变化幅度（E58）0.0316
		活力（C6）0.08	生产力（D17）0.0513	叶绿素 a 浓度变化幅度（E59）0.0171
				初级生产力变化幅度（E60）0.0171
				次级生产力变化幅度（E61）0.0171
		恢复力（C7）0.08	环境容量（D18）0.0513	入海河流污染物总量占允许最大排放量的比例（E62）0.0256
				排污口污染物总量占允许最大排放量的比例（E63）0.0256
		服务功能（C8）0.144	供给（D19）0.0231	渔获量增长率（E64）0.0115
				海水养殖海产品增长率（E65）0.0115
			调节（D20）0.0231	氮吸收量增长率（E66）0.0077
				固碳量增长率（E67）0.0077
				释氧量增长率（E68）0.0077
			文化（D21）0.0231	旅游区和保护区的比例（E69）0.0231
			支持（D22）0.0231	纳潮量量变化率（E70）0.0115
				未利用海域率（E71）0.0115

续表

A 层	B 层	C 层	D 层	E 层
生态系统健康评价	响应（B3）0.641	病症（C9）0.08	小型生物（D23）0.0256	赤潮发生次数（E72）0.0128
				富营养化指数（E73）0.0128
			大型生物（D24）0.0256	鱼类/贝类流行病/大量死亡次数（E74）0.0086
				水母暴发次数（E75）0.0086
				大型海兽搁浅和死亡（E76）0.0086
		人类健康（C10）0.222	病害（D25）0.0712	粪大肠菌群（E77）0.0356
				有毒赤潮发生比例（E78）0.0356
			经济生物残毒（贝类）（D26）0.0712	石油烃（E79）0.0089
				镉浓度（E80）0.0089
				汞浓度（E81）0.0089
				铬浓度（E82）0.0089
				砷浓度（E83）0.0089
				铅浓度（E84）0.0089
				六六六浓度（E85）0.0089
				滴滴涕浓度（E86）0.0089

（3）评价方法

采用加权求和的综合评价方法，公式如下

$$I_{\mathrm{CH}}=\sum_{i=1}^{n}X_i\cdot W_i$$

式中，I_{CH} 为钦州湾生态系统综合健康指数（comprehensive health index）；n 为分目标的指标个数；X_i 为指标 i 的健康隶属度；W_i 为指标 i 的权重值。

各个指标的隶属度可以评价指标自身的状态，其与对应权重值乘积后得到指标在生态系统健康中的比例，各指标比例之和为健康状态综合指数，即整个生态系统的健康隶属度。用综合指数对应表 9.2.1，最终确定生态系统的健康状态。

9.1.3　指标体系分析

（1）指标体系的先进性和创新性

相对于国外对海洋生态系统健康的研究，我国的河口及海洋生态系统健康评价的研究起步较晚。2000年来，国家科技部和国家海洋局加强了对海洋生态系统健康的研究，2006年国际科技部“863”计划项目开展了典型河口、海湾生态系统健康评价模型技术研究及应用示范，2005～2008年国家海洋局组织中国近海海洋综合调查与评价（908专项）海洋生态系统健康评价专项研究，颁布了《近岸海洋生态健康评价指南》行业标准（HY/T 087—2005）。杨建强等（2003）采用结构功能指标评价分析方法，以初级生产力作为生态系统功能指标，建立了由环境子系统、生态群落结构子系统和功能子系统组成的海洋生态健康评价模型，评价了莱州湾西部海域的健康状况。孙涛和杨志峰（2004）建立了包含环境、生态及对人类影响三个方面的评价指标体系，选取入海通量、断流时间、水质、生物量、物种多样性指数、人口密度及集水面积等7项指标对海河流域主要河口进行了综合评价；贾晓平等（2005）从海水水质、海水营养结构与营养水平、初级生产力水平、现存生物量水平等4个方面诊断了南海北部海域渔业生态环境健康状况。叶属峰等（2007）通过物理化学、生态学和社会经济三方面的30个指标构建的评价指标体系对长江口海域生态系统健康进行了初步定量评价；祁帆等（2007）在总结我国海洋生态系统健康评价研究进展的基础上，在六个方面构建了海洋生态系统健康评价的指标体系，其中包括生态系统综合水平指标、群落水平指标、生物毒素和疾病指标、种群及个体指标、物理化学指标、人类健康与社会经济指标；张秋丰等（2008）分别从水质、沉积物、生物残毒、栖息地和生物五个方面对天津市近岸海域的海洋生态系统健康状况进行了评价；彭涛和陈晓宏（2009）采用多判据分析方法中的计点模型（point count model）进行了河口生态系统健康综合评价；刘春涛等（2009）以改进的“驱动力-压力-状态-系统响应-控制”因果关系模型，对辽河口生态系统进行了健康评价。王在峰等（2011）构建了含环境、结构、稳定性3个方面的24个指标，对海门市蛎蚜山牡蛎礁海洋特别保护区海域生态系统健康状况进行评价，结果表明，保护区生态系统处于健康状态。陈朝华等（2011）从生物要素及水质和沉积物的物理化学要素中筛选出11个指标构成近岸海域生态质量状况综合评价指标体系，采用层次分析和模糊数学的方法构建近岸海域生态质量状况综合评价方法，结果表明，同安湾生态质量状况综合评价等级为中级，处于向差过渡的状态，受人为扰动较大。

从1989年Rapport（1989）首次提出生态系统健康应包括组织、结构和恢复力三方面的内涵以来，国内外学者对生态系统健康的内涵进行各种各样的补充和解释。尽管到目前为止还未形成统一的定义，但生态系统健康的概念已经从单纯的生态学定义扩展到满足社会合理要求能力、生态系统本身自我维持和更新能力、生态服务、人类健康等方面的内涵（孔红梅等，2002；袁兴中和叶林奇，2001）。海洋生态系统健康评价在国内受到越来越多学者的重视，评价指标也从单一指标向系统、综合要素指标发展。但鉴于海洋生态系统具有无边界、立体结构复杂性，国内学者对海洋生态系统评价指标体系还存在指标不健全的问题，如有的文献只注重水质及生物群落和功能指标，忽略生态系统服务及人类健康功能指标；有些文献考虑生物残毒等影响人类健康的指标，又缺少生境开发等人类活动影响指标。海洋生态系统健康评价指标涉及多学科、多领域，因此指标体系应完整准确地反映生态系统健康状况，对生态系统的生物物理状况和人类胁迫进行监测，还应反映海洋生态系统的服务质量和可持续性。本指标体系生态系统响应部分包含了生态系统的组织力、活力、恢复力、服务功能、病症和人类健康6个方面，考虑了钦州湾所承受的自然环境变化及人类胁迫带来的影响，在涉及钦州湾水质、沉积物环境质量状态、生物群落结构及生物量的基础上，还增加了生态系统的服务功能、存在的病症及人类健康影响，既包含了生态系统自身结构和功能的完整性和稳定性，又涉及生态系统的服务功能及对人类健康的影响，从而构建了一套相对完整的河口海域生态系统健康评价指标体系，能全面客观地评价钦州湾的生态系统健康水平，为环境管理及服务提供更准确的依据。

（2）指标体系的不确定性和不足

本研究基于“压力-状态-响应”的模式，从自然活动、人类压力、钦州湾水质及沉积物状态、海洋生物响应及生态系统服务等多方面对钦州湾进行全面的生态系统健康评价，但由于指标数据缺乏可信度和可获得性，在健康等级阈值的划分、指标权重的确定等方面还存在不确定性和不足。

①由于自然变化及人类活动影响指标、海洋生物生物量、物种多样性、生产力等指标没有评价标准，又缺少历史监测数据和资料，因此数据获取存在不确定性，导致评价结果存在较大的主观性。

②海洋生态系统是一个动态的过程，难以判断生态系统本身自净过程中存在的症状，也难以说清哪些是胁迫或不健康的症状，这就影响生态系统健康分级阈值的确定，也直接影响评价结果。本书研究部分指标没有行业评价标准可以依据，以研究区域背景值或其他参考文献分级作为参考，健康等级划分存在不确定性。

③指标权重值的确定除了采用层次分析法外，还应根据不同指标采用不同的方法，同时还应对权重确定结果进行判断，是否符合生态常识，需要利用实测或历史资料进行进一步验证，才能确保指标权重的合理性。

9.2 内湾生态系统健康评价

钦州湾由内湾和外湾组成，内湾、外湾以青菜头为分界面。湾内沿岸为低山丘陵环绕，湾口向南。钦州湾内湾也叫茅尾海，自钦江和茅岭江口至钦州港附近的青菜头水域，形似布袋状，又如湖泊，是半封闭的内海，三面为陆地，只有南面通过龙门水道与钦州湾外湾相连。钦州湾外湾水域呈喇叭形展布，并以大面墩与企沙为湾口东西界，湾口东南宽约 29 km，湾口至青菜头南北相距约 13.2 km。由于钦州湾内湾、外湾界限明显，水质、水文环境有所不同，因此对钦州湾生态系统健康进行评价分内湾、外湾进行。

9.2.1 内湾生态压力

1. 自然变化

（1）年均气温、降雨量

年均气温、降雨量采用波动率进行评价（周晓蔚，2008），以钦州市多年平均值作为基准值，根据《钦州市志》（钦州市地方志编纂委员会，2000），多年平均气温为 22.9℃，多年平均降雨量为 1884.3 mm。2010 年钦州市年均气温为 23.5℃，年均降雨量为 1783.3 mm。年均气温升高幅度越大，自然环境所承受的压力就越大，因此其隶属度属于递减性函数，年均气温的健康隶属度为 0.6。

年均降雨量按中间型函数进行隶属度计算，钦州 2010 年降雨量健康隶属度为 0.7855。

（2）入海河流径流及输沙量

钦州湾受钦江、茅岭江两条入海河流的影响，其中这两条入海河流的径流量和输沙量对钦州湾的影响较大，以钦江、茅岭江多年径流量及输沙量为基准，按中间型函数进行隶属度计算，2010 年钦江、茅岭江河流径流量健康隶属度为 0.3422、0.3439，河流输沙量健康隶属度为 0.464、0.2907。

（3）海平面上升速率

受全球气候变暖的影响，世界各地的海平面正在加速上升（时小军等，2008），海平面上升将扩大水域面积，造成咸潮入侵，同时咸潮入侵后盐度发生变化，对生物群落结构、分布等产生影响。由于广西海域距离珠江口海域距离较近，珠江口海平面上升速率数据基本可以代表广西海域海平面上升速率，因此引用珠江口平均海平面上升速率作为评价值，按递减性函数计算其隶属度，可得海平面上升速率健康隶属度为 0.88。

（4）空气中悬浮物含量

空气中悬浮物含量沉降等也会对海湾生态系统造成一定的影响，以 2000 年钦州市环境质量监测数据作为基准值，按其变化幅度范围进行分级，以递减型函数计算其隶属度。2000 年、2012 年钦州湾空气中悬浮物监测数据引用《钦州市环境质量报告书（2000 年）》及《中国—马来西亚钦州产业园区总体规划环境影响报告书》（北海市碧蓝海洋环境保护服务有限公司，2012）中的相关监测数据，2012 年钦州湾空气中悬浮物含量健康隶属度为 0.8692。

2. 人类活动影响

（1）区域人口密度

近年来，钦州市经济快速增长，人口急剧膨胀，城镇化进程加快，直接影响了下游流域的生态健康。2011 年钦州市人口密度为 359.5 人/km^2，按递减型函数计算其隶属度为 0.5405。

（2）污水和废水达标排放率

钦州湾内湾城市污水及工业废水达标排放率引用 2011 年广西北海海洋环境监测中心站入海排污口的监测数据，钦州湾有 4 个市政排污口，仅有 1 个达标，市政排污口城市污水达标排放率仅为 25%，而工业废水达标排放率为 100%，按递增型函数计算其健康隶属度，分别为 0.10 及 1.00。

（3）入海污染物通量

钦州湾内湾入海污染物通量引用广西北海海洋环境监测中心站入海河流的监测数据，以 2000 年入海污染物通量作为基准值，2011 年入海污染物通量作为评价值，以入海污染物增长率作为健康分级，并以递减型函数计算入海污染物通量的健康隶属度。与 2000 年相比，2011 年 COD、营养盐、重金属入海通量均显著上升，其健康隶属度分别为 0.1615、0.118 和 0.1785。由于船舶数量的减少，石油类入海通量出现下降，2011 年石油类的健康隶属度为 1.0。

（4）海水养殖面积及船舶数量

根据 2001 年及 2011 年的《钦州市统计年鉴》，与 2000 年相比，钦州湾海水养殖面积及船舶数量均出现下降的趋势，其健康隶属度取 1.0。

（5）填海面积比

根据《茅尾海东岸辣椒槌片区 A 区海域使用权招标拍卖挂牌出让项目环境影响报告书》（2012 年 4 月，北海市碧蓝海洋环境保护服务有限公司）、《茅尾海东岸辣椒槌片区 C 区海域使用权招标拍卖挂牌出让项目海洋环境影响报告书》（2012 年 6 月，北海市碧蓝海洋环境保护服务有限公司），茅尾海总填海面积约为 0.65 km^2，占内湾总面积的 0.41%，按递减型函数计算其健康隶属度为 0.9836。

（6）外来物种入侵

钦州湾外来物种入侵数据来源于赖廷和副研究员提供的“北部湾经济区外来有害生物入侵基础和防控技术研究”成果内部资料，钦州湾外来浮游动物、浮游植物物种数量分别为 4 种和 11 种，其健康隶属度分别为 0.4 及 0.15。

9.2.2 内湾生态状态

1. 水质

（1）表层水温、盐度

根据广西北海海洋环境监测中心站多年来对钦州湾内湾的常规监测数据，以多年同一水期的水温及盐度的均值作为基准值，按其波动范围进行健康评价指标的划分，以 2011 年监测数据作为评价指标，计算水温及盐度的健康隶属度分别为 0.8667 及 0.700。

（2）悬浮物

按悬浮物水质标准进行健康等级的划分，其中低于一类水质标准为很健康，2011 年，钦州湾内湾悬浮物浓度为 13.7 mg/L，按递减型隶属度函数计算其健康隶属度为 0.7815。

（3）pH

按 pH 不同级别的海水水质标准进行健康等级划分，按中间型隶属度函数计算其健康隶属度，2011 年钦州湾内湾 pH 为 7.66，健康隶属度为 0.4467。

（4）DO

由于国家海水水质标准中未限定上限值，根据广西北海海洋环境监测站近年来自动监测的数据，钦州湾 DO 浓度最大可达 10 mg/L，因此将 10 mg/L 的隶属度计为 1，按照递增型函数计算得 2011 年钦州湾内湾 DO 健康隶属度为 0.83。

（5）无机氮

按无机氮水质标准进行健康等级的划分，其中低于一类水质标准为很健康，2011 年，钦州湾内湾无机氮浓度为 0.657 mg/L，按递减型隶属度函数计算其健康隶属度为 0.1372。

（6）硅酸盐

由于硅酸盐没有海水水质标准，以其多年平均值作为基准值，高于多年平均值 1 倍以上为亚健康、不健康或病态水平，钦州湾内湾硅酸盐浓度多年平均值为 1.72 mg/L，2011 年，钦州湾内湾硅酸盐浓度为 2.14 mg/L，增长 24.4%，按递减型隶属度函数计算其健康隶属度为 0.9024。

（7）磷酸盐

按磷酸盐水质标准进行健康等级的划分，其中低于一类水质标准为很健康，2011 年，钦州湾内湾磷酸盐浓度为 0.024 mg/L，按递减型隶属度函数计算其健康隶属度为 0.48。

（8）N/P

以雷德菲尔德（Redfield）比值即 N/P = 16 时作为很健康的评价等级，计隶属度为 1.0，2011 年，钦州湾内湾 N/P 为 61.3，按递减型隶属度函数计算其健康隶属度为 0.1935。

（9）COD

按 COD 水质标准进行健康等级的划分，其中低于一类水质标准为很健康，2011 年，钦州湾内湾 COD 浓度为 2.1 mg/L，按递减型隶属度函数计算其健康隶属度为 0.78。

（10）石油类

按石油类水质标准进行健康等级的划分，其中低于一类水质标准为很健康，2011 年，钦州湾内湾石油类浓度为 0.015 mg/L，按递减型隶属度函数计算其健康隶属度为 0.88。

（11）重金属

按镉、汞、铬、砷、铅等重金属的水质标准进行健康等级的划分，其中低于一类水质标准为很健康，按递减型隶属度函数计算其健康隶属度，2011 年，钦州湾内湾镉、汞、铬、砷、铅的健康隶属度分别为 0.986、0.924、0.9992、0.9774、0.9632。

（12）六六六、滴滴涕

按六六六、滴滴涕水质标准进行健康等级的划分，其中低于一类水质标准为很健康，2011 年，钦州湾内湾六六六、滴滴涕浓度均为未检出，其健康隶属度为 1.0。

2. 沉积物

按《海洋沉积物质量》（GB 18668—2002）中相关标准进行健康等级的划分，其中以一类沉积物标准限制的一半为很健康等级。

（1）总有机碳

2012 年，钦州湾内湾沉积物中总有机碳浓度为 0.632 mg/kg，按递减型隶属度函数计算其健康隶属度为 0.8736。

（2）石油类

2012 年，钦州湾内湾沉积物中石油类浓度为 8 mg/kg，按递减型隶属度函数计算其健康隶属度为 0.9936。

（3）硫化物

2012 年，钦州湾内湾沉积物中硫化物浓度为 16.5 mg/kg，按递减型隶属度函数计算其健康隶属度为 0.978。

（4）重金属

2012 年，钦州湾内湾沉积物中镉、汞、铬、砷、铅浓度分别为 0.08 mg/kg、0.05 mg/kg、12.3 mg/kg、8.3 mg/kg、8.6 mg/kg，按递减型隶属度函数计算其健康隶属度为 0.936、0.900、0.9385、0.834、0.9427。

（5）六六六、滴滴涕

2012 年，钦州湾内湾沉积物六六六、滴滴涕浓度均为未检出，其健康隶属度为 1.0。

9.2.3 内湾生态响应

1. 生态系统组织力/结构指标

（1）底栖生物

1）生物量

根据国家海洋局发布的《近岸海洋生态健康评价指南》（HY/T 087—2005），以粤西 8 月近岸底栖生物生物量（15 g/m^2）作为基准值，由于底栖生物生物量减少或升高幅度过高都不利于生态系统的健康，因此，按中间型函数计算其健康隶属度，2011 年同期钦州湾内湾底栖生物生物量为 7.36 g/m^2，减少 50.9%，其健康隶属度为 0.591。

2）物种多样性指数

底栖生物物种多样性指数健康等级划分《近岸海域环境监测规范》（HJ 442—2008）相关规定，2011 年钦州湾内湾底栖生物物种多样性指数为 0.56，按递增型函数计算其健康隶属度为 0.112。

（2）浮游动物

1）生物量

根据国家海洋局发布的《近岸海洋生态健康评价指南》（HY/T 087—2005），以粤西 8 月近岸浮游动物生物量（250 mg/m^3）作为基准值，生物量减少或升高幅度过高都不利于生态系统的健康，因此，按中间型函数计算其健康隶属度，2011 年同期钦州湾内湾浮游动物生物量为 12.25 mg/m^2，变化幅度为 95.1%，其健康隶属度为 0.10。

2）物种多样性指数

浮游动物物种多样性指数健康等级划分根据《近岸海域环境监测规范》（HJ 442—2008）相关规定，2011 年钦州湾内湾浮游动物物种多样性指数为 1.81，按递增型函数计算其健康隶属度为 0.362。

3）桡足类密度比例

浮游桡足类是浮游动物中数量最多、分布最广、最为重要的一类，也是水域食物链中的一个重要环节，其在海洋生物生态学和海洋生物资源调查中都具有重要的意义（徐兆礼等，2003）。因此，桡足类在浮游动物中密度比例大小可在一定程度上反映海洋生态系统健康水平。2011 年，钦州湾内湾浮游动物中桡足类密度比例为 50.36%，按照递增型函数计算其健康隶属度为 0.2072。

（3）浮游植物

1）物种多样性指数

浮游植物物种多样性指数健康等级划分参考相关文献，2011 年钦州湾内湾浮游植物物种多样性指数为 1.40，按递增型函数计算其健康隶属度为 0.373。

2）丰度

根据国家海洋局发布的《近岸海洋生态健康评价指南》（HY/T 087—2005），以粤西近岸浮游植物丰度（1×10^4 个/L）作为基准值，由于浮游植物丰度减少或升高幅度过高都不利于生态系统的健康，因此，按中间型函数计算其健康隶属度，2011 年同期钦州湾内湾浮游植物丰度为 6.63×10^5 个/L，增幅 6530%，其健康隶属度为 0.278。

3）甲藻密度比例

在一般正常的海域中，浮游植物的主要种类及数量组成均为硅藻。但近年来，甲藻种类组成比例在各海区均呈现明显的上升趋势。浮游植物群落结构变化与海域氮磷比有关，高氮输入造成的氮磷比升高导致甲藻种群数量的增加。甲藻密度比例健康等级划分依据参考相关文献（周晓蔚，2008），2011 年，钦州湾内湾甲藻密度比例为 0.14%，按递减型函数计算其健康隶属度为 0.948。

（4）鱼卵、仔鱼

2011 年茅尾海东岸辣椒槌片区 A 区海域使用权监测结果表明，茅尾海海域鱼卵平均密度为 1.316 粒/m^3，仔鱼平均密度为 0.049 尾/m^3，参考国家海洋局发布的《近岸海洋生态健康评价指南》（HY/T 087—2005）对海域鱼卵、仔鱼健康等级划分，鱼卵、仔鱼密度小于 5 粒/m^3 为病态水平，按递减性函数计算鱼卵、仔鱼的健康隶属度分别为 0.052 及 0.002。

2. 生态系统活力指标

（1）叶绿素 a、初级生产力

以 2003 年钦州湾内湾广西北海海洋环境监测中心站常规监测的叶绿素 a 及初级生产力的数据作为基准值，叶绿素 a 及初级生产力减少表明生态系统生产力下降，而浓度升高太多又有可能发生赤潮，因此，按照中间型隶属度函数计算其健康隶属度。2011 年，钦州湾内湾叶绿素 a 浓度为 5.57 μg/L，初级生产力为 492.77 g/(m^2·a)，相比于 2003 年，分别增长 122.8%和 132.6%，其健康隶属度分别为 0.5144 和 0.4674。

（2）次级生产力

次级产量的产生过程可以认为是由植物固定的能量转化为动物能量的过程，其数值的大小表示的是将能量从初级生产者转移到二级生产者（草食性动物，初级肉食性动物，二级肉食性动物等）的能力。次级产量狭义上的定义是指浮游动物个体的成长或繁殖将已经生产的有机物质经同化吸收，转化为自身物质的能量，此定义更多地用于个体和种群之间的比较（Lehman，1988）。

由于浮游动物次级生产力的计算涉及叶绿素 a 含量、水温、浮游动物丰度、生物量等，且浮游动物次级生产力调查测算比较困难，没有收集到相关的历史数据，因此，取初级生产力向次级生产力转化效率为 20%计算（黄伟建等，1998）。钦州湾内湾浮游动物次级生产力健康隶属度与初级生产力一致，为 0.4674。

3. 生态系统恢复力指标

生态系统恢复力指标主要用环境容量来表示，当有足够的环境容量时，生态系统恢复力增加，恢复速度较快。

（1）入海河流污染物容量

钦州湾受钦江、茅岭江两条入海河流的影响，2010 年钦州湾入海河流钦江、茅岭江氨氮及总磷入海通量已经超过其环境容量，需要进行污染物消减才能满足环境容量的要求，因此，入海河流污染物容量的健康隶属度为 0。

（2）排污口污染物容量

钦州湾设置一个排污口，即金鼓江排污口，其环境容量为 COD 4724.9 t，根据广西北海海洋环境监测站监测数据，2010 年钦州湾市政及企业直排入海 COD 总量为 126.7 t，占排污口允许排放总量的 2.68%，按递减型函数计算其健康隶属度为 0.982。

4. 生态系统服务功能指标

（1）供给

根据 2001 年和 2011 年的《钦州市统计年鉴》，2000 年钦州市捕捞渔获量和海水养殖产品产量分别为 174 394 t 及 240 171 t，2010 年渔获量和海水养殖产品产量分别为 98 425 t 和 232 250 t，分别下降 43.6%和 3.3%。按钦州市渔获量和海水养殖产品产量变化幅度进行健康等级的划分，以 2000 年渔获量和海水养殖产品产量作为基准值，按递增型函数计算渔获量和海水养殖产品产量健康隶属度分别为 0.350 和 0.6122。

（2）调节

海洋生态系统调节服务主要为气候条件调节，其中主要体现在是对大气中温室气体二氧化碳含量的调节服务。海-气界面的 CO_2 交换是浮游植物初级生产的前提和基础。这一过程为海洋中自养生物合成有机物提供碳素，使生物泵乃至整个海洋生态系统得以正常运转（宋金明等，2008）。浮游植物在固碳的同时还释放氧气。且 Redfield 等的研究发现，浮游植物是按一定比例从海水中吸收氮、磷等生源要素的（王保栋等，2003），这一比例为 C/N/P = 106/16/l，即浮游植物固定 l mol C 的同时还吸收了 16 mol 的 N 和 l mol 的 P。

1）固碳量

钦州湾内湾浮游植物及贝类等固碳量计算参照相关文献（傅明珠等，2009）的计算方法，海洋固碳分为浮游植物、大型藻类、贝类固碳 3 种，由于钦州湾大型藻类较少，且贝类固碳能力相对较小，仅占总固碳量的 0.5%，因此本研究主要计算浮游植物固碳量。2000 年及 2011 年钦州湾内湾固碳量分别为 12 369.7 t 及 25 082.22 t，由于固碳量与浮游植物生产力有关，因此其健康等级参考初级生产力的划分方法，按中间型函数计算其健康隶属度为 0.5944。

2）氮吸收量

浮游植物是按一定比例从海水中吸收氮，浮游植物固定 1 mol C 的同时还吸收了 16 mol 的 N，根据浮游植物固碳量可计算出 2000 年及 2011 年钦州湾内湾氮吸收量分别为 2178.3 t 和 4416.99 t，增长 102.8%，按中间型函数计算其健康隶属度为 0.5944。

3）释氧量

海洋生态系统释放氧气主要来源于两方面，一部分是浮游植物初级生产释放氧气，可以通过初级生产力的值来计算；另一部分是大型藻类的光合作用释放氧气，可通过光合作用公式来估算。由于钦州湾大型藻类的分布较少，因此我们只考虑浮游植物初期生产释放的氧气，其计算方法参照参考文献（王其翔，2009）。根据浮游植物固碳量可计算出 2000 年及 2011 年钦州湾内湾释氧量分别为 32 985.88 t 和 66 885.91 t，增长 102.8%，按中间型函数计算其健康隶属度为 0.5944。

（3）文化服务

海洋文化服务主要包括提供休闲娱乐、精神文化和教育科研等服务，由于精神文化和教育科研等难以量化评价，因此本研究考虑用保护区和旅游区的面积比来表征休闲娱乐的指标。钦州湾内湾分布着红树林保护区及七十二泾旅游区，总面积约为 35.7421 km^2，占内湾总面积的 22.3%，按递增型函数计算其健康隶属度为 0.8058。

（4）支持服务

1）纳潮量变化率

海湾纳潮量变化主要由项目填海引起，据调查，钦州湾较大面积填海项目主要是钦州港保税港区填海。根据《广西钦州保税港区区域建设用海总体规划海域使用论证报告》（国家海洋局第一海洋研究所）相关内容，保税港区填海后造成钦州湾纳潮量减少约 2%，按递减型函数计算其健康隶属度为 0.56。

2）未利用海域率

钦州湾内湾海域使用主要是养殖用海，据现场调查及咨询钦州市水产部门，钦州湾内湾（茅尾海）海水养殖面积占总海域面积约为 50%，未利用海域率为 50%，按递减型函数计算其健康隶属度为 0.30。

5. 生态系统病症指标

（1）赤潮发生次数

根据广西海洋局发布的《广西壮族自治区2010年海洋环境质量公报》及《广西壮族自治区2011年海洋环境质量公报》，2010～2011年钦州湾发生一次夜光藻赤潮，其健康隶属度为0.8。

（2）富营养化指数

富营养化指数计算方法采用国内常用公式（邹景忠等，1983），2011年钦州湾内湾富营养化指数为7.36，按递减型函数计算其健康隶属度为0.4881。

（3）鱼类/贝类流行病或大量死亡

经查阅钦州市相关统计资料，并咨询渔业、水产部门，2010年钦州市未发生鱼类/贝类流行病或大量死亡事件，其健康隶属度为1.0。

（4）水母暴发

目前由于越来越多的人类活动或气候变化使海洋生态系统发生了很大的变化，许多海湾和海区出现水母数量增加甚至暴发的现象，我国近海也出现类似现象，并有逐年加重的趋势（张芳等，2009）。根据《广西壮族自治区2010年海洋环境质量公报》及咨询钦州市海洋部门，近年来钦州湾未发生水母暴发事件，其健康隶属度为1.0。

（5）大型海兽搁浅和死亡

钦州湾分布有中华白海豚等海兽栖息地，经查阅钦州市相关统计资料，并咨询海洋、渔业、水产等部门，2010～2011年钦州市未发生大型海兽搁浅和死亡事件，其健康隶属度为1.0。

6. 人类健康指标

（1）粪大肠菌群

按粪大肠菌群水质标准进行健康等级的划分，其中低于2000个/L为健康，2011年，钦州湾内湾粪大肠菌群浓度为4268.6个/L，按递减型隶属度函数计算其健康隶属度为0.1866。

（2）有毒赤潮发生比例

根据2010年及2011年的《广西壮族自治区海洋环境质量公报》，2010～2011年钦州湾未发现有毒赤潮发生，其健康隶属度为1.0。

（3）生物残毒

按《海洋生物质量》（GB 18421—2001）中相关标准进行健康等级划分，其中以一类海洋生物质量标准限制的一半为很健康等级。

1）石油烃

2012 年，钦州湾内湾海洋生物中石油烃浓度为 21.5 mg/kg，按递减型隶属度函数计算其健康隶属度为 0.5629。

2）镉

2012 年，钦州湾内湾海洋生物中镉浓度为 1.96 mg/kg，按递减型隶属度函数计算其健康隶属度为 0.4044。

3）汞

2012 年，钦州湾内湾海洋生物中汞浓度为 0.023 mg/kg，按递减型隶属度函数计算其健康隶属度为 0.8160。

4）铬

2012 年，钦州湾内湾海洋生物中铬浓度为 0.16 mg/kg，按递减型隶属度函数计算其健康隶属度为 0.8720。

5）砷

2012 年，钦州湾内湾海洋生物中砷浓度为 0.4 mg/kg，按递减型隶属度函数计算其健康隶属度为 0.84。

6）铅

2012 年，钦州湾内湾海洋生物中铅浓度为 0.07 mg/kg，按递减型隶属度函数计算其健康隶属度为 0.72。

7）六六六、滴滴涕

2012 年，钦州湾内湾海洋生物中六六六为未检出，其健康隶属度为 1.0。钦州湾内湾海洋生物中滴滴涕浓度为 0.005 mg/kg，按递减型隶属度函数计算其健康隶属度为 0.80。

根据以上各个因素的健康隶属度，结合计算所得各因素的权重值（表 9.2.1），按生态系统健康评价的计算方法，可计算得钦州湾内湾生态系统健康评价的得分为 0.5839，按健康隶属度的分级可知，钦州湾内湾处于亚健康状态。

表 9.2.1　钦州湾内湾生态系统健康评价

评价指标	权重	隶属度	分值
年均气温波动率（E1）	0.005	0.6	0.0030
年均降雨量波动率（E2）	0.005	0.7855	0.0039
钦江的径流量波动率（E3）	0.0025	0.3422	0.0009
茅岭江的径流量波动率（E4）	0.0025	0.3439	0.0009
钦江的输沙量波动率（E5）	0.0025	0.464	0.0012
茅岭江的输沙量波动率（E6）	0.0025	0.2907	0.0007
海平面上升速率（E7）	0.005	0.88	0.0044

续表

评价指标	权重	隶属度	分值
空气悬浮物含量（E8）	0.005	0.8692	0.0043
人口密度（E9）	0.0065	0.5405	0.0035
城市生活污水达标排放率（E10）	0.0065	0.1	0.0007
工业废水达标排放率（E11）	0.0065	1.0	0.0065
COD 年入海通量增长率（E12）	0.0049	0.1615	0.0008
营养盐入海通量增长率（E13）	0.0049	0.118	0.0006
重金属入海通量增长率（E14）	0.0049	0.1785	0.0009
石油类入海通量增长率（E15）	0.0049	1.0	0.0049
海水养殖面积增长率（E16）	0.0065	1.0	0.0065
船舶数量增长率（E17）	0.0065	1.0	0.0065
填海面积比（E18）	0.0065	0.9836	0.0064
外来浮游动物种类数量（E19）	0.0098	0.15	0.0015
外来浮游植物种类数量（E20）	0.0098	0.4	0.0039
表层海温波动（E21）	0.0085	0.8667	0.0074
盐度波动（E22）	0.0085	0.7	0.0060
悬浮物浓度（E23）	0.0085	0.7815	0.0066
pH（E24）	0.0085	0.4467	0.0038
DO 浓度（E25）	0.0085	0.83	0.0071
无机氮浓度（E26）	0.0106	0.1372	0.0015
硅酸盐（E27）	0.0106	0.9024	0.0096
活性磷酸盐浓度（E28）	0.0106	0.48	0.0051
N/P（E29）	0.0106	0.1935	0.0021
COD 浓度（E30）	0.0047	0.78	0.0037
石油类浓度（E31）	0.0047	0.88	0.0041
镉浓度（E32）	0.0047	0.986	0.0046
汞浓度（E33）	0.0047	0.924	0.0043
铬浓度（E34）	0.0047	0.9992	0.0047
砷浓度（E35）	0.0047	0.9774	0.0046
铅浓度（E36）	0.0047	0.9632	0.0045
六六六浓度（E37）	0.0047	1.0	0.0047
滴滴涕浓度（E38）	0.0047	1.0	0.0047
总有机碳比例（E39）	0.0213	0.8736	0.0186
石油类浓度（E40）	0.0213	0.9936	0.0212

续表

评价指标	权重	隶属度	分值
硫化物浓度（E41）	0.0213	0.978	0.0208
镉浓度（E42）	0.0091	0.936	0.0085
汞浓度（E43）	0.0091	0.9	0.0082
铬浓度（E44）	0.0091	0.9385	0.0085
砷浓度（E45）	0.0091	0.834	0.0076
铅浓度（E46）	0.0091	0.9427	0.0086
六六六浓度（E47）	0.0091	1.0	0.0091
滴滴涕浓度（E48）	0.0091	1.0	0.0091
底栖生物生物量变化幅度（E49）	0.0316	0.591	0.0187
底栖生物物种多样性指数（E50）	0.0316	0.112	0.0035
浮游动物生物量变化幅度（E51）	0.021	0.10	0.0021
浮游动物物种多样性指数（E52）	0.021	0.362	0.0076
桡足类种密度比例（E53）	0.021	0.2072	0.0044
浮游植物物种多样性指数（E54）	0.021	0.373	0.0078
浮游植物丰度变化幅度（E55）	0.021	0.278	0.0058
甲藻密度比例（E56）	0.021	0.948	0.0199
鱼卵密度变化幅度（E57）	0.0316	0.052	0.0016
仔鱼密度变化幅度（E58）	0.0316	0.002	0.0001
叶绿素 a 浓度变化幅度（E59）	0.0171	0.5144	0.0088
初级生产力变化幅度（E60）	0.0171	0.4674	0.0080
次级生产力变化幅度（E61）	0.0171	0.4674	0.0080
入海河流污染物总量占允许最大排放量的比例（E62）	0.0256	0	0.0000
排污口污染物总量占允许最大排放量的比例（E63）	0.0256	0.982	0.0251
渔获量增长率（E64）	0.0115	0.35	0.0040
海水养殖海产品增长率（E65）	0.0115	0.6122	0.0070
氮吸收量增长率（E66）	0.0077	0.5944	0.0046
固碳量增长率（E67）	0.0077	0.5944	0.0046
释氧量增长率（E68）	0.0077	0.5944	0.0046
旅游区和保护区的比例（E69）	0.0231	0.8058	0.0186
纳潮量变化率（E70）	0.0115	0.56	0.0064
未利用海域率（E71）	0.0115	0.3	0.0035
赤潮发生次数（E72）	0.0128	0.8	0.0102

续表

评价指标	权重	隶属度	分值
富营养化指数（E73）	0.0128	0.4881	0.0062
鱼类/贝类流行病/大量死亡次数（E74）	0.0086	1.0	0.0086
水母暴发次数（E75）	0.0086	1.0	0.0086
大型海兽搁浅和死亡数量（E76）	0.0086	1.0	0.0086
粪大肠菌群（E77）	0.0356	0.1866	0.0066
有毒赤潮发生比例（E78）	0.0356	1.0	0.0356
石油烃浓度（E79）	0.0089	0.5629	0.0050
镉浓度（E80）	0.0089	0.4044	0.0036
汞浓度（E81）	0.0089	0.816	0.0073
铬浓度（E82）	0.0089	0.872	0.0078
砷浓度（E83）	0.0089	0.84	0.0075
铅浓度（E84）	0.0089	0.72	0.0064
六六六浓度（E85）	0.0089	1.0	0.0089
滴滴涕浓度（E86）	0.0089	0.8	0.0071
内湾生态系统健康评价值			0.5839

9.3　外湾生态系统健康评价

9.3.1　外湾生态压力

1. 自然变化

钦州湾外湾与内湾同处于一个区域，自然变化一致，因此，外湾自然变化指标健康隶属度与内湾一样。

2. 人类活动影响

钦州湾外湾区域人口密度、废水达标排放率、入海污染物通量、海水养殖面积及船舶数量健康隶属度与内湾一致。

（1）填海面积比

钦州湾外湾海域主要用于港口及工业用海，根据《钦州市钦州港保税港区海域使用论证报告》，钦州湾港口建设及工业用海约 16 km^2，加上钦州港保税港区用海 10 km^2，总共用海 26 km^2，占外湾总面积的 13%，按递减型函数计算其健康隶属度为 0.56。

（2）外来物种入侵

钦州湾外湾与内湾同属钦州湾，外来物种入侵与内湾的分析结果一致，外来浮游动物、浮游植物物种数量分别为4种和11种，其健康隶属度分别为0.4及0.15。

9.3.2　外湾生态状态

1. 水质

（1）表层水温、盐度

根据广西北海海洋环境监测中心站多年来对钦州湾外湾的常规监测数据，以多年同一水期的水温及盐度的均值作为基准值，按其波动范围进行健康评价指标的划分，以2011年常规监测数据作为评价指标，计算水温及盐度的健康隶属度分别为0.933及0.800。

（2）悬浮物

按悬浮物水质标准进行健康等级的划分，其中低于一类水质标准为很健康，2011年，钦州湾外湾悬浮物浓度为10.03 mg/L，按递减型隶属度函数计算其健康隶属度为0.7999。

（3）pH

按pH不同级别的海水水质标准进行健康等级划分，按中间型隶属度函数计算其健康隶属度，2011年钦州湾外湾pH为8.00，健康隶属度为0.80。

（4）DO

由于国家海水水质标准中未限定上限值，根据广西北海海洋环境监测站近年来自动监测的数据，钦州湾DO浓度最大可达10 mg/L，因此将10 mg/L的隶属度计为1，按照递增型函数计算得2011年钦州湾外湾DO健康隶属度为0.8375。

（5）无机氮

2011年，钦州湾外湾无机氮浓度为0.225 mg/L，按递减型隶属度函数计算其健康隶属度为0.75。

（6）硅酸盐

钦州湾外湾硅酸盐浓度多年平均值为0.76 mg/L，2011年，钦州湾外湾硅酸盐浓度为0.71 mg/L，硅酸盐浓度保持相对平稳状态，其健康隶属度取1.0。

（7）磷酸盐

2011年，钦州湾外湾磷酸盐浓度为0.0056 mg/L，按递减型隶属度函数计算其健康隶属度为0.9253。

（8）N/P

以雷德菲尔德比值即N/P = 16时作为很健康的评价等级，计隶属度为1.0，2011年，钦州湾外湾N/P为88.4，按中间型隶属度函数计算其健康隶属度为0.058。

（9）COD

2011 年，钦州湾外湾 COD 浓度为 1.48 mg/L，按递减型隶属度函数计算其健康隶属度为 0.8520。

（10）石油类

2011 年，钦州湾外湾石油类浓度为 0.012 mg/L，按递减型隶属度函数计算其健康隶属度为 0.904。

（11）重金属

按镉、汞、铬、砷、铅等重金属的水质标准进行健康等级的划分，其中低于一类水质标准为很健康，按递减型隶属度函数计算其健康隶属度，2011 年，钦州湾外湾镉、汞、铬、砷、铅的健康隶属度分别为 0.988、0.928、0.9989、0.9662、0.938。

（12）六六六、滴滴涕

按六六六、滴滴涕水质标准进行健康等级的划分，其中低于一类水质标准为很健康，2011 年，钦州湾外湾六六六、滴滴涕浓度均为未检出，其健康隶属度为 1.0。

2. 沉积物

按《海洋沉积物质量》（GB 18668—2002）中相关标准进行健康等级的划分，其中以一类沉积物标准限制的一半为很健康等级。

（1）总有机碳

2012 年，钦州湾外湾沉积物中总有机碳浓度为 0.464 mg/kg，按递减型隶属度函数计算其健康隶属度为 0.9072。

（2）石油类

2012 年，钦州湾外湾沉积物中石油类浓度为 3 mg/kg，按递减型隶属度函数计算其健康隶属度为 0.9976。

（3）硫化物

2012 年，钦州湾外湾沉积物中硫化物浓度为 18.3 mg/kg，按递减型隶属度函数计算其健康隶属度为 0.9756。

（4）重金属

2012 年，钦州湾外湾沉积物中镉、汞、铬、砷、铅浓度分别为 0.04 mg/kg、0.022 mg/kg、9.2 mg/kg、8.7 mg/kg、15.1 mg/kg，按递减型隶属度函数计算其健康隶属度为 0.968、0.956、0.954、0.826、0.8993。

（5）六六六、滴滴涕

2012 年，钦州湾外湾沉积物六六六、滴滴涕浓度均为未检出，其健康隶属度为 1.0。

9.3.3 外湾生态响应

1. 生态系统组织力/结构指标

（1）底栖生物

1）生物量

根据国家海洋局发布的《近岸海洋生态健康评价指南》（HY/T 087—2005），以粤西 8 月近岸底栖生物生物量（15 g/m^2）作为基准值，按中间型函数计算其健康隶属度，2011 年钦州湾外湾底栖生物生物量为 254.41 g/m^2，变化幅度为 1596%，其健康隶属度为 0.1513。

2）物种多样性指数

2011 年钦州湾外湾底栖生物物种多样性指数为 1.40，按递增型函数计算其健康隶属度为 0.36。

（2）浮游动物

1）生物量

根据国家海洋局发布的《近岸海洋生态健康评价指南》（HY/T 087—2005），以粤西 8 月近岸浮游动物生物量（250 mg/m^3）作为基准值，生物量减少或升高幅度过高都不利于生态系统的健康，因此，按中间型函数计算其健康隶属度，2011 年钦州湾外湾浮游动物生物量为 383.52 mg/m^2，变化幅度为 53%，其健康隶属度为 0.57。

2）物种多样性指数

2011 年钦州湾外湾浮游动物物种多样性指数为 2.22，按递增型函数计算其健康隶属度为 0.444。

3）桡足类密度比例

2011 年，钦州湾外湾浮游动物中桡足类密度比例为 54.63%，按照递增型函数计算其健康隶属度为 0.2926。

（3）浮游植物

1）物种多样性指数

2011 年钦州湾外湾浮游植物物种多样性指数为 1.34，按递增型函数计算其健康隶属度为 0.3573。

2）密度

根据国家海洋局发布的《近岸海洋生态健康评价指南》（HY/T 087—2005），以粤西近岸浮游植物密度（1×10^4 个/L）作为基准值，由于浮游植物密度减少或升高幅度过高都不利于生态系统的健康，因此，按中间型函数计算其健康隶属度，2011 年钦州湾外湾浮游植物密度为 3.7×10^4 个/L，增幅 270%，其健康隶属度为 0.3533。

3）甲藻密度比例

2011 年，钦州湾外湾甲藻密度比例为 2.36%，按递减型函数计算其健康隶属度为 0.664。

（4）鱼卵、仔鱼

2011 年广西科学院在钦州湾进行钦州港桂达仓储物流服务基地项目海域使用论证研究报告，调查发现 2011 年 5 月钦州湾外湾鱼卵密度均值为 2.52 个/m^3，仔鱼密度为 1.37 尾/m^3，其健康隶属度为 0.1008 及 0.0548。

2. 生态系统活力指标

（1）叶绿素 a、初级生产力

2011 年，钦州湾外湾叶绿素 a 浓度为 3.44 μg/L，初级生产力为 388.71 g/(m^2·a)，相比于 2003 年，上升幅度分别为 37.6%和 220%，其健康隶属度分别为 0.8496 和 0.3867。

（2）次级生产力

取初级生产力向次级生产力转化效率为 20%计算。因此，钦州湾外湾浮游动物次级生产力健康隶属度与初级生产力一致，为 0.3867。

3. 生态系统恢复力指标

生态系统恢复力指标主要用环境容量来表示，钦州湾外湾受到内湾入海河流的影响，因此外湾生态系统恢复力指标与内湾一致。

4. 生态系统服务功能指标

（1）供给

与钦州湾内湾一致，外湾渔获量和海水养殖产品产量健康隶属度分别为 0.350 和 0.6122。

（2）调节

1）固碳量

2011 年钦州湾外湾固碳量为 28 375.83 t，把 2000 年钦州外湾固碳量 15 462.13 t 作为基准值，增长 83.5%，其健康隶属度为 0.666。

2）氮吸收量

根据浮游植物固碳量可计算出 2000 年及 2010 年钦州湾外湾氮吸收量分别为 2722.89 t 和 4997.0 t，增长率为 83.5%，按中间型函数计算其健康隶属度为 0.666。

3）释氧量

根据浮游植物固碳量可计算出 2000 年及 2010 年钦州湾外湾释氧量分别为 41 232.35 t 和 75 668.88 t，增长率为 83.5%，按中间型函数计算其健康隶属度为 0.666。

（3）文化服务

钦州湾外湾旅游区主要有鹿耳环风景旅游区及麻蓝岛—大环度假旅游区，总面积约为 2511 hm^2，占外湾总面积的 12.6%，其健康隶属度为 0.652。

（4）支持服务

1）纳潮量变化率

在纳潮量变化上难以区分内外湾，因此以钦州湾作为整体性考虑，因海湾建设项目围填海，外湾纳潮量变化以整个海湾纳潮量进行表征，与内湾变化一致，保税港区填海后造成钦州湾纳潮量减少约 2%，按递减型函数计算其健康隶属度为 0.56。

2）未利用海域率

钦州湾港口建设及工业用海约 16 km^2，加上钦州港保税港区用海 10 km^2，总共用海 26 km^2。同时在金鼓江口海域有少量的海水养殖区域，面积约为 0.2 km^2，因此，外湾总用海面积约为 26.2 km^2，未利用海域面积为 86.9%，按递减型函数计算其健康隶属度为 0.738。

5. 生态系统病症指标

（1）赤潮发生次数

根据《广西壮族自治区 2011 年海洋环境质量公报》，2010～2011 年钦州湾发生一次夜光藻赤潮，以及广西海洋局发布的《广西壮族自治区 2010 年海洋环境质量公报》中未公布赤潮发生的具体位置，外湾赤潮发生次数与内湾一致，其健康隶属度为 0.8。

（2）富营养化指数

2011 年钦州湾外湾富营养化指数为 0.41，参照文献中对富营养化指数健康等级划分方法，按递减型函数计算其健康隶属度为 0.918。

（3）鱼类/贝类流行病或大量死亡

将钦州湾作为一个整体考虑，与内湾一致，外湾 2010～2011 年钦州市未发生鱼类/贝类流行病或大量死亡事件，其健康隶属度为 1.0。

（4）水母暴发

与内湾一致，2010 年钦州湾未发生水母暴发事件，其健康隶属度为 1.0。

（5）大型海兽搁浅和死亡

与内湾一致，2010 年外湾未发生大型海兽搁浅和死亡事件，其健康隶属度为 1.0。

6. 人类健康指标

（1）粪大肠菌群

按粪大肠菌群水质标准进行健康等级的划分，其中低于 2000 个/L 为健康，2010 年，钦州湾外湾粪大肠菌群浓度为 152.2 个/L，按递减型隶属度函数计算其健康隶属度为 0.970。

（2）有毒赤潮发生比例

2010～2011 年钦州湾未发现赤潮发生，其健康隶属度为 1.0。

（3）生物残毒

1）石油烃

2012 年，钦州湾外湾海洋生物中石油烃浓度为 13.6 mg/kg，按递减型隶属度函数计算其健康隶属度为 0.64。

2）镉

2012 年，钦州湾外湾海洋生物中镉浓度为 0.58 mg/kg，按递减型隶属度函数计算其健康隶属度为 0.5578。

3）汞

2012 年，钦州湾外湾海洋生物中汞浓度为 0.011 mg/kg，按递减型隶属度函数计算其健康隶属度为 0.912。

4）铬

2012 年，钦州湾外湾海洋生物中铬浓度为 0.12 mg/kg，按递减型隶属度函数计算其健康隶属度为 0.9040。

5）砷

2012 年，钦州湾外湾海洋生物中砷浓度为 0.5 mg/kg，按递减型隶属度函数计算其健康隶属度为 0.80。

6）铅

2012 年，钦州湾外湾海洋生物中铅浓度为 0.03 mg/kg，按递减型隶属度函数计算其健康隶属度为 0.88。

7）六六六、滴滴涕

2012 年，钦州湾外湾海洋生物中六六六为未检出，其健康隶属度为 1.0。钦州湾外湾海洋生物中滴滴涕浓度为 0.095 mg/kg，按递减型隶属度函数计算其健康隶属度为 0.4111。

根据以上各个因素的健康隶属度，结合计算所得各因素的权重值（表 9.3.1），按本研究所构建生态系统健康评价的计算方法，可计算得钦州湾外湾生态系统健康评价的得分为 0.642，按健康隶属度的分级，钦州湾外湾处于较健康状态。

表 9.3.1　钦州湾外湾生态系统健康评价

评价指标	权重	隶属度	分值
年均气温波动率（E1）	0.005	0.6	0.0030
年均降雨量波动率（E2）	0.005	0.7855	0.0039
钦江的径流量波动率（E3）	0.0025	0.3422	0.0009

续表

评价指标	权重	隶属度	分值
茅岭江的径流量波动率（E4）	0.0025	0.3439	0.0009
钦江的输沙量波动率（E5）	0.0025	0.464	0.0012
茅岭江的输沙量波动率（E6）	0.0025	0.2907	0.0007
海平面上升速率（E7）	0.005	0.88	0.0044
空气悬浮物含量（E8）	0.005	0.8692	0.0043
人口密度（E9）	0.0065	0.5405	0.0035
城市生活污水达标排放率（E10）	0.0065	0.1	0.0007
工业废水达标排放率（E11）	0.0065	1.0	0.0065
COD 年通量增长率（E12）	0.0049	0.1615	0.0008
营养盐通量增长率（E13）	0.0049	0.118	0.0006
重金属入海通量增长率（E14）	0.0049	0.1785	0.0009
石油类入海通量增长率（E15）	0.0049	1.0	0.0049
海水养殖面积增长率（E16）	0.0065	1.0	0.0065
船舶数量增长率（E17）	0.0065	1.0	0.0065
填海面积比（E18）	0.0065	0.56	0.0036
外来浮游动物种类数量（E19）	0.0098	0.15	0.0015
外来浮游植物种类数量（E20）	0.0098	0.4	0.0039
表层海温波动（E21）	0.0085	0.933	0.0079
盐度波动（E22）	0.0085	0.8	0.0068
悬浮物浓度（E23）	0.0085	0.7999	0.0068
pH（E24）	0.0085	0.8	0.0068
DO 浓度（E25）	0.0085	0.8375	0.0071
无机氮浓度（E26）	0.0106	0.75	0.0080
硅酸盐（E27）	0.0106	1.0	0.0106
活性磷酸盐浓度（E28）	0.0106	0.9253	0.0098
N/P（E29）	0.0106	0.058	0.0006
COD 浓度（E30）	0.0047	0.852	0.0040
石油类浓度（E31）	0.0047	0.904	0.0042
镉浓度（E32）	0.0047	0.988	0.0046
汞浓度（E33）	0.0047	0.928	0.0044
铬浓度（E34）	0.0047	0.9989	0.0047
砷浓度（E35）	0.0047	0.9662	0.0045
铅浓度（E36）	0.0047	0.938	0.0044

续表

评价指标	权重	隶属度	分值
六六六浓度（E37）	0.0047	1.0	0.0047
滴滴涕浓度（E38）	0.0047	1.0	0.0047
总有机碳比例（E39）	0.0213	0.9072	0.0193
石油类浓度（E40）	0.0213	0.9976	0.0212
硫化物浓度（E41）	0.0213	0.9756	0.0208
镉浓度（E42）	0.0091	0.968	0.0088
汞浓度（E43）	0.0091	0.956	0.0087
铬浓度（E44）	0.0091	0.954	0.0087
砷浓度（E45）	0.0091	0.826	0.0075
铅浓度（E46）	0.0091	0.8993	0.0082
六六六浓度（E47）	0.0091	1.0	0.0091
滴滴涕浓度（E48）	0.0091	1.0	0.0091
底栖生物生物量变化幅度（E49）	0.0316	0.1513	0.0048
底栖生物物种多样性指数（E50）	0.0316	0.36	0.0114
浮游动物生物量变化幅度（E51）	0.021	0.57	0.0120
浮游动物物种多样性指数（E52）	0.021	0.444	0.0093
桡足类种密度比例（E53）	0.021	0.2926	0.0061
浮游植物物种多样性指数（E54）	0.021	0.3573	0.0075
浮游植物丰度变化幅度（E55）	0.021	0.3533	0.0074
甲藻密度比例（E56）	0.021	0.664	0.0139
鱼卵密度变化幅度（E57）	0.0316	0.1008	0.0032
仔鱼密度变化幅度（E58）	0.0316	0.0548	0.0017
叶绿素 a 浓度变化幅度（E59）	0.0171	0.8496	0.0145
初级生产力变化幅度（E60）	0.0171	0.3867	0.0066
次级生产力变化幅度（E61）	0.0171	0.3867	0.0066
入海河流污染物总量占允许最大排放量的比例（E62）	0.0256	0	0.0000
排污口污染物总量占允许最大排放量的比例（E63）	0.0256	0.982	0.0251
渔获量增长率（E64）	0.0115	0.35	0.0040
海水养殖海产品增长率（E65）	0.0115	0.6122	0.0070
氮吸收量增长率（E66）	0.0077	0.666	0.0051
固碳量增长率（E67）	0.0077	0.666	0.0051
释氧量增长率（E68）	0.0077	0.666	0.0051

续表

评价指标	权重	隶属度	分值
旅游区和保护区的比例（E69）	0.0231	0.652	0.0151
纳潮量变化率（E70）	0.0115	0.56	0.0064
未利用海域率（E71）	0.0115	0.738	0.0085
赤潮发生次数（E72）	0.0128	0.8	0.0102
富营养化指数（E73）	0.0128	0.918	0.0118
鱼类/贝类流行病/大量死亡次数（E74）	0.0086	1.0	0.0086
水母暴发次数（E75）	0.0086	1.0	0.0086
大型海兽搁浅和死亡数量（E76）	0.0086	1.0	0.0086
粪大肠菌群（E77）	0.0356	0.97	0.0345
有毒赤潮发生比例（E78）	0.0356	1.0	0.0356
石油烃浓度（E79）	0.0089	0.64	0.0057
镉浓度（E80）	0.0089	0.5578	0.0050
汞浓度（E81）	0.0089	0.912	0.0081
铬浓度（E82）	0.0089	0.904	0.0080
砷浓度（E83）	0.0089	0.8	0.0071
铅浓度（E84）	0.0089	0.88	0.0078
六六六浓度（E85）	0.0089	1.0	0.0089
滴滴涕浓度（E86）	0.0089	0.4111	0.0037
外湾生态系统健康评价值			0.6442

9.4　健康评价结果分析

9.4.1　压力影响分析

从表 9.2.1 和表 9.3.1 可以看出，在自然变化因素中，钦州湾入海河流钦江、茅岭江径流量及输沙量变化率处于不健康状态，近年来钦江、茅岭江工农业用水量的增加及较高的水资源开发利用率（谭庆梅，2009），可能是其径流量波动率较高的原因。同时，钦江、茅岭江上游及沿岸的工业开发利用，造成水土流失加剧，从而导致其输沙量的增加，给钦州湾生态系统带来压力。

在人类活动压力因素中，市政污水达标率、COD、营养盐、重金属入海总量指标均为病态，由于钦州市近年来经济发展迅速，污染物排放总量逐年增加，且由于 2010 年市政截留工程还未完善，造成市政排污口出现超标排放现象。同时随着钦州港进出港船只的增多，压舱水等带来的外来浮游生物一定程度上改变了钦州湾浮游生物群落结构组成，也给钦州湾生态系统健康带来一定负面影响。

9.4.2 状态质量分析

（1）内湾状态质量分析

从表 9.2.1 和表 9.3.1 可以看出，钦州湾内湾水质中无机氮的健康隶属度最低，达到病态水平。近 20 年来钦州湾沿岸流域在化肥使用方面是以氮肥为主，过量的氮肥随着农田排灌或雨水冲刷而大量流失，从而导致钦州湾水质无机氮呈明显递增趋势（韦蔓新等，2002）。无机氮浓度的大量增加造成氮磷比失调，N/P 值严重偏离 16/1 的健康标准。N/P 值偏高又进一步导致浮游植物群落结构发生变化，给钦州湾内湾生态环境质量健康带来不利影响。

同时，由于钦州湾内湾受钦江、茅岭江径流影响显著，从压力影响分析发现营养盐入海通量增加较快，导致钦州湾内湾活性磷酸盐及硅酸盐浓度相对较高，其健康隶属度为不健康水平。且低 pH 的淡水大量输入，造成钦州湾内湾 pH 偏低，这也是钦州湾内湾环境状态的一个限制因素。

尽管重金属入海通量逐年增加，但钦州湾内湾水质重金属浓度仍维持在很健康的水平，说明重金属入海总量还较小，未造成明显影响，但其逐年增加的趋势还需重视。

钦州湾内湾沉积物质量较好，均达到很健康水平，说明钦州湾沉积物生态环境风险较低（张少峰等，2010）。

（2）外湾状态质量分析

钦江、茅岭江径流携带的大量氮源导致钦州湾内湾无机氮浓度偏高，造成氮磷比偏高，钦州湾外湾也出现类似的现象。尽管外湾无机氮的健康隶属度达到健康水平，但由于外湾的磷酸盐浓度相对更低，为很健康水平，因此，造成氮磷比更高，其健康隶属度为病态，这是钦州湾外湾环境状态最主要的限制因素。

相比于内湾，COD、DO、pH 等其他水质参数均达到健康水平，其沉积物环境质量也达很健康水平，说明外湾水质状态相对较好，尽管其承受与内湾相近的环境压力，但由于其海域较宽阔，水交换能力较好，污染物稀释净化能力较强，导致其环境质量仍维持在较健康水平。

9.4.3 生态响应分析

上述的压力及环境状态对钦州湾生态系统生物环境、服务功能甚至人类健康等均产生一定响应。

1. 内湾状态响应分析

（1）组织力、结构

钦州湾内湾底栖生物生物量处于亚健康水平，物种多样性指数却为病态水平，一定程度上表明底栖生物物种单一，群落结构比较脆弱。另外，底栖生物物种多样性与多种环境因素有关，如底质、水温、盐度、初级生产力等（于海燕等，2006；李宝泉等，2006）。底栖生物物种多样性指数为病态水平可能与泥沙沉积、盐度环境有关，由于盐度及沉积物差别较大（王宗兴等，2010），且采样的点位沉积物多为砂石底质，造成底栖生物物种多样性较低。

内湾浮游植物丰度和多样性均为不健康水平。相比于粤西近岸浮游植物丰度的基准值，钦州湾内湾浮游植物丰度很高，这与内湾无机氮浓度及富营养化程度较高有关。同时，高丰度的浮游植物也为赤潮暴发提供潜在的基础。另外，除营养盐浓度的变化之外，营养盐比例的改变，特别是常量营养盐氮、磷、硅比例的变动，是导致浮游植物群落变化的重要因素（Charles et al.，2005；Domingues et al.，2005；Hodgkiss & Ho，1997）。从钦州湾环境压力及状态分析，钦州湾内湾污染物通量显著增加，造成N/P值显著升高，这可能是造成其浮游植物结构单一、物种多样性指数偏低的主要原因。

钦州湾内湾浮游动物生物量处于病态水平，其物种多样性指数为不健康水平。浮游动物分布与温度、盐度、径流、海流及浮游植物等有密切的关系，其中最直接、最关键的因素是浮游植物的分布。与内湾浮游植物物种多样性指数水平一致，其浮游动物物种多样性指数也为不健康水平。内湾由于环境干扰剧烈，盐度季节变化显著，浮游植物种类较少，难以适合不同种类的浮游动物，从而引起了浮游动物多样性和生物量的减少。值得注意的是，内湾浮游动物中桡足类密度比例仅占50.36%，为不健康水平，而浮游桡足类是海洋食物网中的一个重要环节，是许多经济鱼类及仔鱼、稚鱼的主要摄食对象，钦州湾浮游桡足类数量偏低，给钦州湾渔业资源带来不利影响。

（2）活力

本书研究以叶绿素 a、初级生产力及次级生产力来表征海湾的活力状态。与2000年相比，2011年内湾叶绿素 a 含量、初级生产力及次级生产力均显著升高，为亚健康或不健康水平。浮游植物生物量变化是内湾叶绿素 a 及初级生产力显著升高的主要原因。随着营养盐入海通量的增加，内湾营养盐浓度的不断升高和富营养化程度的加重，导致赤潮的风险和隐患明显增加（蓝文陆和彭小燕，2011）。

（3）恢复力

恢复力指标以环境容量来表征，区域环境容量大，则生态系统健康程度相对较高。钦州湾内湾（茅尾海）的环境容量与钦江及茅岭江携带的入海污染物通量有关。根据《茅尾海环境质量现状调查与环境综合整治规划》(广西北海海洋环境监测中心站，2010 年 2 月)，2010 年钦州湾入海河流钦江、茅岭江氨氮及总磷入海通量已经超过其环境容量，表明其已经没有太多的环境容量来承受持续的高污染物的输入，需要进行人工干预，进行污染物的消减，才能使内湾生态环境得到一定的改善。

(4) 服务功能

钦州湾内湾海产品渔获量、海水养殖产品产量、固碳量、释氧量及氮吸收量指标的健康隶属度均为亚健康水平。如前所述，钦州湾内湾浮游桡足类密度比例很低，一定程度上表明鱼类饵料生物密度较低，进而影响渔业资源。且由于近年来对渔业资源的过度捕捞，导致海产品渔获量下降，达到亚健康水平。海水养殖产品产量为亚健康水平可能与养殖面积下降有关。而固碳量、释氧量及氮吸收量指标主要与浮游植物生物量及初级生产力有直接的关系，内湾浮游植物物种多样性指数、叶绿素 a 及初级生产力健康水平为亚健康或不健康水平，从而导致其固碳量、释氧量及氮吸收量指标的健康隶属度也为亚健康水平。尽管今年来内湾海水养殖面积存在一定程度的下降，但其所占海域面积仍较大，达到 50%，为不健康水平。过度的海水养殖面积影响内湾海水交换，养殖废水排放也加剧内湾的富营养化水平，造成内湾生态环境健康水平下降。

钦州湾内湾包含有红树林保护区、七十二泾风景区，其面积占内湾面积的 31.5%，相对较大，因此其健康隶属度为很健康水平。但由于近年来钦州工业的迅速发展，围填海项目及面积越来越多，滩涂长期的不合理利用，导致该地区红树林面积出现下降趋势（刘秀等，2009），因此，应加强对钦州湾红树林的保护，强化管理，在红树林适生的区域建成结构合理、生态功能稳定的红树林带，充分发挥其生态、经济及社会效益。

(5) 病症

由钦江、茅岭江两江径流输入的大量的营养物质及养殖废水排放的污染物，造成内湾营养物质富集，其富营养化指数指标为亚健康水平。根据相关文献报道，钦州湾营养盐水平呈明显上升趋势，水体营养程度由明显的贫营养状态上升为中营养状态和富营养状态（蓝文陆和彭小燕，2011）。而陆源大量营养盐及有机污染物的输入是导致钦州湾富营养化形成的主要原因。因此，强化环境管理手段，加强城乡污染源直接排放区的环境治理，减少人为污染，是防止水域富营养化形成的先决条件。

除富营养化指数指标外，2011 年钦州湾发生一次夜光藻赤潮，数量较少，从内湾富营养化趋势及浮游植物丰度水平分析，若不加以控制，钦州湾赤潮发生次数可能会逐步增加。

内湾 2011 年无鱼类/贝类流行病、水母暴发及大型海兽搁浅及死亡事件，其健康隶属度均为很健康水平。

（6）人类健康

粪大肠菌群是卫生学和流行病学上安全度的公认指标和重要监测项目，用于评价水体受到生活污水的影响程度（蔡雷鸣等，2009）。钦州湾内湾粪大肠菌群健康隶属度为病态水平，表明内湾受到生活污水的影响较大。内湾钦江、茅岭江入海河流、沿岸居民的生活和农业生产活动所产生的废水排海及海上网箱养殖是钦州湾内湾海水中粪大肠菌群的主要来源。

内湾生物体中镉浓度达到亚健康水平，这与近年来研究结果类似。雷富等（2011）研究发现，钦州湾近岸海域底栖生物均未受到重金属污染，但重金属累积严重，软体动物体内镉和砷浓度超过国家食品卫生标准。张敬怀等（2006）对2003年广西近岸海域鱼类、甲壳类和软体类的19种底栖生物样品进行分析，发现软体类生物体内镉浓度超过人体消费标准，甲壳类生物体内的镉和铅浓度等于或超过人体消费标准。但从钦州湾内湾生态环境状态分析发现，水质及沉积物中镉浓度均不高，为很健康水平，生物体中镉浓度却相对较高，这可能与生物体对镉的富集能力有关。

内湾生物体中石油烃含量也为亚健康水平，本次研究采集的生物体主要是贝类，由于贝类活动能力不强，且主要生活在滩涂中，海水退潮时石油烃滞留、黏附在滩涂上，使其生存环境受到一定程度的污染（蔡玉婷等，2008）。

内湾生物体内汞、铬、砷、铅及六六六、滴滴涕浓度均达到健康水平以上，但如前人报道所述，生物体中重金属累积严重，其生态环境健康存在下降的风险。

2. 钦州湾内湾状态质量分析

（1）组织力、结构

钦州湾外湾底栖生物生物量远高于粤西近岸基准值，造成钦州湾外湾底栖生物生物量处于病态水平。从底栖生物调查结果分析，钦州湾外湾底栖生物分布不均匀，个别采样点底栖生物生物量偏高，造成钦州湾外湾平均生物量较高。另外，底栖生物物种多样性为不健康水平，也表明外湾底栖生物物种单一，群落结构较脆弱，与内湾一致。

钦州湾外湾浮游植物丰度及物种多样性指数为不健康水平。外湾的N/P值高达88.4，处于磷限制状态，这可能是造成其浮游植物结构单一、物种多样性指数偏低的主要原因。与内湾一致，外湾浮游植物丰度也处于相对较高的水平，存在赤潮暴发的风险。浮游植物丰度、物种多样性指数偏低又进一步影响浮游动物的分布，造成钦州湾外湾浮游动物生物量及物种多样性指数均处于亚健康水平。与内湾一致，外湾浮游动物中桡足类密度比例占54.63%，为不健康水平，从一定程度上使得钦州湾的渔业资源受到影响。

（2）活力

与 2000 年相比，2011 年外湾叶绿素 a 浓度有一定程度的升高，但与内湾相比，增加幅度较小。外湾叶绿素 a 浓度健康隶属度为很健康水平，而初级生产力及次级生产力为不健康水平。叶绿素 a 浓度变化幅度相对较低，这可能与外湾面积宽阔、营养物质易于降解、富营养化程度较低有关。同时，外湾相对远离河口海域，海水透明度较高，造成初级生产力及次级生产力显著升高。

（3）恢复力

钦州湾外湾与内湾一致，其环境容量隶属度为 0.982，属于健康状态。同时外湾水面宽阔，水利交换较好，污染物易于扩散及降解，因此其环境容量较大，生态缓冲能力较强。

（4）服务功能

与内湾相似，钦州湾外湾海产品渔获量、海水养殖产品产量指标的健康隶属度均为亚健康水平。尽管外湾初级生产力健康水平为不健康，但其水域面积宽阔，固碳量、释氧量及氮吸收量均比内湾高，因此，外湾固碳量、释氧量及氮吸收量为健康水平。

外湾海域使用面积主要是工业及港口项目的围填海，由于外湾面积较大，港口及工业项目填海面积相对较小，因此外湾未利用海域面积达到 86.9%，为很健康水平。

（5）病症

由钦江、茅岭江两江径流输入的大量的营养物质及养殖废水排放的污染物，经内湾稀释降解后，对钦州湾外湾的贡献值已经较小。同时，外湾海域宽阔，水利交换能力较强，环境容量较高，不易于形成富营养化。因此，外湾富营养化水平为很健康水平，也未发生鱼类/贝类流行病、水母暴发及大型海兽搁浅及死亡事件，其健康隶属度也均为很健康水平。

（6）人类健康

与内湾相比，外湾粪大肠菌群指标为很健康水平，说明外湾受到生活污水的影响较小，这也与其环境容量较高有关。

外湾生物体中镉、滴滴涕浓度达到亚健康水平，但从钦州湾外湾生态环境状态分析发现，水质及沉积物中镉、滴滴涕浓度均不高，为很健康水平，而生物体中的浓度却相对较高，这可能与生物体富集能力有关。

外湾生物体内汞、铬、砷、铅及六六六浓度均达到健康水平以上，但如前人报道所述，生物体中重金属累积严重，其生态环境健康存在下降的风险。

综合以上分析，得到钦州湾生态系统健康评价的总体状态。由于入海河流沿岸城市建设及工业开发利用加剧，水土流失增加，造成钦江、茅岭江径流量及输沙量波动率较高；同时随着人口及经济增长，工农业及生活污水入海通量增多，导致内湾无机氮等营养物质浓度显著升高，富营养化程度加剧，营养盐结构也发生改变，进一步导致钦州湾内湾生态环境发生变化，浮游动物、底栖生物多样性偏低，浮游植物丰度较高，存在赤潮发生的隐患，钦州湾内湾生态系统健康处于亚健康水平。钦州湾外湾承受与内湾相近的环境压力，由于其海域较宽阔，水交换能力较好，污染物稀释净化能力较强，营养物质浓度及富营养化程度较低，其生态系统健康处于较健康水平。但由于磷酸盐浓度相对较低，造成N/P值较内湾更高，外湾的浮游生物、底栖生物多样性也偏低，浮游植物丰度较高，同样存在赤潮发生的隐患。

参考文献

白军红，邓伟，2001. 中国河口环境问题及其可持续管理对策[J]. 水土保持通报，21(6)：12-15.

蔡雷鸣，翁蓁洲，吴品煌，2009. 罗源湾海水中粪大肠菌群的来源及空间分布[J]. 海洋环境科学，28(4)：414-420.

蔡玉婷，许贻斌，吴立峰，2008. 海洋养殖生物体中石油烃含量分布及变化情况研究[J]. 福建水产，(3)：40-43.

陈朝华，吴海燕，陈克亮，等，2011. 近岸海域生态质量状况综合评价方法——以同安湾为例[J]. 应用生态学报，22(7)：1841-1848.

陈小燕，2011. 河口、海湾生态系统健康评价方法及其应用研究[D]. 青岛：中国海洋大学.

傅明珠，王宗灵，李艳，等，2009. 胶州湾浮游植物初级生产力粒级结构及固碳能力研究[J]. 海洋科学进展，27(03)：357-366.

国家海洋局，2005. 近岸海洋生态健康评价指南：HY/T 087—2005[S]. 北京：中国标准出版社.

国家环境保护局，1997. 海水水质标准：GB 3097—1997[S]. 北京：环境科学出版社.

国家质量监督检验检疫总局，2002. 海洋沉积物质量：GB 18668—2002[S]. 北京：中国标准出版社.

国家质量监督检验检疫总局，2011. 海洋生物质量：GB 18421—2001[S]. 北京：中国标准出版社.

黄伟建，齐雨藻，黄长江，1998. 大鹏湾海水理化因子与浮游动物数量的关系[J]. 海洋与湖沼，29(3)：293-296.

贾晓平，李纯厚，甘居利，等，2005. 南海北部海域渔业生态环境健康状况诊断与质量评价[J]. 中国水产科学，12(6)：757-765.

孔红梅，赵景柱，姬兰柱，等，2002. 生态系统健康评价方法初探[J]. 应用生态学报，13(4)：486-490.

蓝文陆，彭小燕，2011. 茅尾海富营养化程度及其对浮游植物生物量的影响[J]. 广西科学院学报，27(2)：109-112.

雷富，韦重霄，何小英，等，2011. 钦州湾近岸海域底栖生物体内重金属含量与污染评价[J]. 广西科学院学报，27(4)：351-354.

李宝泉，李新正，王洪法，等，2006. 胶州湾大型底栖软体动物物种多样性研究[J]. 生物多样性，14(2)：136-144.

林琳，2007. 海湾生态系统健康评价[D]. 上海：上海水产大学.

刘春涛，刘秀洋，王璐，2009. 辽河河口生态系统健康评价初步研究[J]. 海洋开发与管理，26(3)：43-48.

刘佳，2008. 九龙江口生态系统健康评价研究[D]. 厦门：厦门大学.

刘秀，蒋燚，陈乃明，等，2009. 钦州湾红树林资源现状及发展对策[J]. 广西林业科学，38(4)：259-260.

彭涛，陈晓宏，2009. 海河流域典型河口生态系统健康评价[J]. 武汉大学学报(工学版)，42(5)：631-634.

祁帆，李晴新，朱琳，2007. 海洋生态系统健康评价研究进展[J]. 海洋通报，26(3)：97-104.

钦州市地方志编纂委员会，2000. 钦州市志[M]. 南宁：广西人民出版社.

石洪华，郑伟，丁德文，等，2008. 典型海洋生态系统服务功能及价值评估——以桑沟湾为例[J]. 海洋环境科学，27(2)：101-104.

时小军，陈特固，余克服，2008. 近40年来珠江口的海平面变化[J]. 海洋地质与第四纪地质，28(1)：127-134.

宋金明，徐永福，胡维平，等，2008. 中国近海与湖泊碳的生物地球化学[M]. 北京：科学出版社.

孙涛，杨志峰，2004. 河口生态系统恢复评价指标体系研究及其应用[J]. 中国环境科学，24(3)：381-384.
谭庆梅，2009. 钦江流域水污染状况与水环境保护[J]. 广西水利水电，(1)：49-51.
王保栋，陈爱萍，刘峰，2003. 海洋中 Redfield 比值的研究[J]. 海洋科学进展，21(2)：232-235.
王其翔，2009. 黄海海洋生态系统服务评估[D]. 青岛：中国海洋大学.
王在峰，刘晴，徐敏，等，2011. 海门市蛎岈山牡蛎礁海洋特别保护区生态系统健康评价[J]. 生态与农村环境学报，27(2)：21-27.
王宗兴，孙丕喜，姜美洁，等，2010. 钦州湾秋季大型底栖动物多样性研究[J]. 广西科学，17(1)：89-92.
韦蔓新，赖廷和，何本茂，2002. 钦州湾近 20 a 来水环境指标的变化趋势 I 平水期营养盐状况[J]. 海洋环境科学，21(3)：49-52.
韦蔓新，赖廷和，何本茂，2003. 钦州湾丰、枯水期营养状况变化趋势及其影响因素[J]. 热带海洋学报，22(3)：16-21.
徐兆礼，蒋玫，晁敏，等，2003. 东海浮游桡足类的数量分布[J]. 水产学报，27(3)：258-264.
杨建强，崔文林，张洪亮，等，2003. 莱州湾西部海域海洋生态系统健康评价的结构功能指标法[J]. 海洋通报，22(5)：58-63.
叶属峰，刘星，丁德文，2007. 长江河口海域生态系统健康评价指标体系及其初步评价[J]. 海洋学报，29(4)：128-136.
于海燕，李新正，李宝泉，等，2006. 胶州湾大型底栖动物生物多样性现状[J]. 生态学报，26(2)：416-422.
袁兴中，叶林奇，2001. 生态系统健康评价的群落学指标[J]. 环境导报，(1)：45-47.
张芳，孙松，李超伦，2009. 海洋水母生态学研究进展[J]. 自然科学进展，19(2)：121-130.
张敬怀，李小敏，兰胜迎，2006. 广西近岸海域底栖生物体内重金属含量与污染评价[J]. 广西科学，13(2)：143-146.
张秋丰，屠建波，胡延忠，等，2008. 天津近岸海域生态环境健康评价[J]. 海洋通报，27(5)：73-78.
张少峰，林明裕，魏春雷，等，2010. 广西钦州湾沉积物重金属污染现状及潜在生态风险评价[J]. 海洋通报，29(4)：450-454.
周晓蔚，2008. 河口生态系统健康与水环境风险评价理论方法研究[D]. 北京：华北电力大学.
邹景忠，董丽萍，秦保平，1983. 渤海湾富营养化和赤潮问题的初步探讨[J]. 海洋环境科学，2(2)：41-54.
Blocksom K A，Kurtenbach J P，Klemm D J，et al.，2002. Development and evaluation of the lake macroinvertebrate integrity index(LMII)for New Jersey Lakes and reservoirs[J]. Environmental Monitoring and Assessment，77(3)：311-333.
Charles F，Lantoine F，Brugel S，et al.，2005. Seasonal survey of the phytoplankton biomass，composition and production in a littoral NW Mediterranean site，with special emphasis on the picoplanktonic contribution[J]. Estuarine，Coastal and Shelf Science，65：199-212.
Domingues R B，Barbosa A，Galvão H，2005. Nutrients，light and phytoplankton succession in a temperate estuary(the Guadiana，south-western Iberia)[J]. Estuarine，Coastal and Shelf Science，64：249-260.
Hodgkiss I J，Ho K C，1997. Are changes in N/P rations in coastal waters the key to increased red tide blooms[J]. Hydrobiologia，352：141-147.
Holling C S，1973. Resilience and stability of ecological systems[J]. Annual Review of Ecology and Systematics，4：1-23.
Jrgensen S E，1999. A systems approach to the environmental analysis of pollution minimizeation[M]. New York：Lewis.
Lehman J T，1988. Ecological principles affecting community structure and secondary production by zooplankton in marine and freshwater environments[J]. Limnology and Oceanography，33：931-945.
Rapport D J，1989. What constitutes ecosystem health？[J]. Perspectives in Biology and Medicine，33：120-132.
Redfield A C，Ketchum B H，Rechards F A，1963. The influence of organisms on the composition of seawater[C]. New York：Inter-science：26-77.

第 10 章　保护、修复和可持续发展对策建议

随着人们对生态环境的关注，对生态系统健康研究的不断深入（肖风劲和欧阳华，2002），环境管理模式也从单一对水质的管理开始逐步转化到对生态系统的管理。国内外对海洋环境的管理也已转变为追求生态系统的健康和安全，以及促进人类和生态的和谐（叶属峰等，2007）。基于生态系统的管理需要从海洋生态系统健康的角度出发，从钦州湾生态系统健康评价结果中筛选出主要存在问题，分析总结茅尾海和牡蛎高密度养殖造成的主要环境问题，并以此为依据，针对性提出海洋生态系统健康的保护和修复、茅尾海保护和牡蛎养殖可持续发展的对策建议，以期为海洋环境管理提供参考。

10.1　生态健康问题及保护对策

10.1.1　存在的主要问题

（1）径流输入变化和人为扰动

根据肖风劲和欧阳华（2002）关于生态系统健康的理论，健康的生态系统特征之一是不受对生态系统有严重危害的生态系统胁迫综合征的影响。近年来，人类频繁的社会活动给海湾生态系统带来了较大压力，钦州湾作为北部湾经济开发区的一个重点开发区域，其海湾生态系统已经明显受到了胁迫影响。影响钦州湾海洋生态系统健康的主要压力评价指标见表 10.1.1。

表 10.1.1　钦州湾海洋生态系统不健康等级以下的压力评价指标

序号	指标	隶属度
1	钦江的径流量波动率（E3）	0.3422
2	茅岭江的径流量波动率（E4）	0.3439
3	茅岭江的输沙量波动率（E6）	0.2907
4	城市生活污水达标排放率（E10）	0.10
5	COD 年入海通量增长率（E12）	0.1615
6	营养盐入海通量增长率（E13）	0.1180
7	重金属入海通量增长率（E14）	0.1785
8	外来浮游动物种类数量（E19）	0.15
9	外来浮游植物种类数量（E20）	0.400

钦江和茅岭江在 2010 年的各指标变化幅度较大，与多年平均数值相比，其径流量变化较大，输入泥沙量变化也较大，这给海湾的盐度、悬浮泥沙等环境带来较大的影响，进而给海洋生物生态带来较大的影响。

除了自然影响因素之外，钦州湾周边区域人口和经济的快速增长，也使得海湾生态系统面临的形势越加严峻。以钦州市为例，2006～2010 年是发展较快的阶段，2010 年人口数量在 2006 年的基础上增长了 11.2%，同年地区生产总值比 2006 年增加了 1 倍（表 10.1.2）。

表 10.1.2　钦州市 2006～2010 年人口和地区生产总值

年份	人口/万	市区人口/万	地区生产总值/亿元
2006	348.56	124.85	245.07
2007	355.99	128.02	303.92
2008	364.51	131.60	303.92
2009	371.19	134.79	396.18
2010	387.65	140.18	504.18

资料来源：2011 年《广西统计年鉴》

人口和经济的快速发展，海湾周边企业的污染物排放，入海河流的污染物通量增加，都给海湾带来了较大的环境压力。由图 10.1.1 可以看出，入海河流是钦州湾污染物的最主要来源。在 2001～2010 年，除 2001 年、2006 年外，其他年份入海河流携带的污染物均占该年全部入海污染物来源总量的 90%以上，如有机物（易降解有机物，以 COD 指示，下同）、营养盐（总氮和总磷）和重金属（铜、铅、锌、镉、汞、砷、铬）等污染物主要都是通过入海河流输入钦州湾。

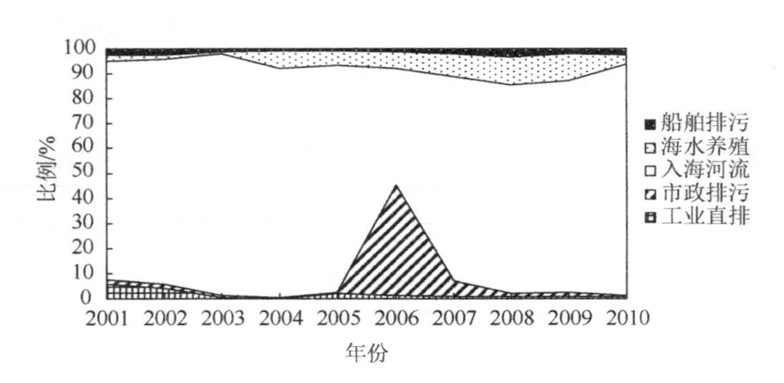

图 10.1.1　2001～2010 年环钦州湾入海污染物来源比例结构

河流输入的污染物主要有有机物、营养盐（氮和磷）、重金属及石油类等。其中有机物是最主要的污染物，其占据了河流输入污染物总量的 80%以上，其次为营养盐，重金属和石油类污染物所占的比例很低（图 10.1.2）。钦州湾内湾的污染特征显示其主要超标污染物是无机氮和磷酸盐。2003 年之前，营养盐总量占河流输入污染物总量的比例较低，而近 10 年营养盐的输入量明显增加（图 10.1.3），2003～2007 年其比例略有增加，最高比例达到 18%（图 10.1.2），这对钦州湾尤其是内湾的水质、营养盐结构、浮游植物叶绿素 a、初级生产力等都将产生较大的影响，影响着海湾海洋生态系统健康状态。

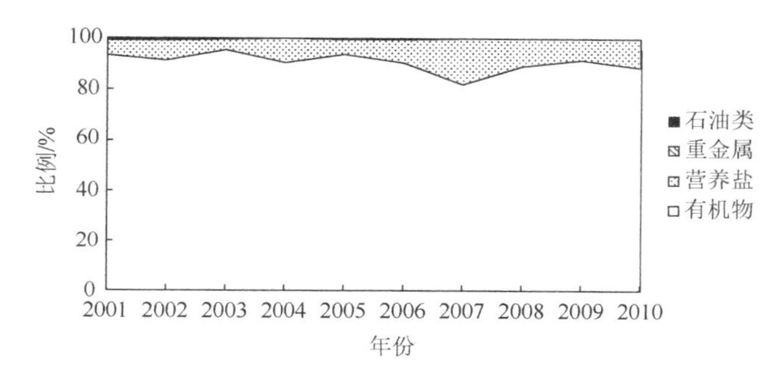

图 10.1.2 2001～2010 年钦州湾河流入海污染物成分的结构

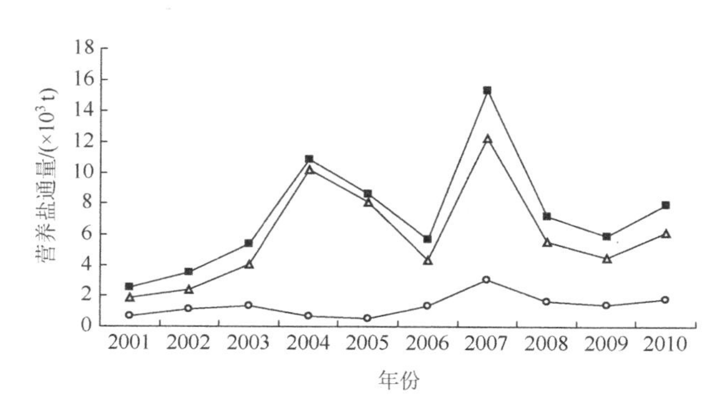

图 10.1.3 钦州湾河流入海营养盐通量变化

圆形、三角形和方形标志分别为茅岭江、钦江和两者总和

人类活动对海湾另外的扰动方式是港口开发建设，这种方式对海洋生态系统的影响较为严重。码头等海洋工程用地的建设往往需要填海造陆，从而使海湾湿地面积减少，纳潮量减少，导致水文水动力环境改变。湿地面积减少，直接威胁着海湾生态系统现状，使红树林的分布受到影响，其生态系统完整性遭到破坏。就钦州港而言，钦州港临海工业区有近 1/3 是通过填海造地形成的。其中钦州港保税港区填海面积为 10 km^2，而整个钦州港工业区规划填海面积将超过 50 km^2，约占钦州湾海域面积的 1/4，对海湾生态系统产生的影响巨大。

港口开发建设还会引起海湾中来往船只的明显增加，进出口船只的压舱水给外来物种入侵制造了机会，给海湾生态系统带来了潜在的威胁。第 6 章的结果显示，钦州湾外来浮游植物和浮游动物种类有 10 多种，其主要途径很可能是由进出口船舶压舱水带入。统计资料表明，广西沿海三市 2010 年进出港船舶次数是 2001 年的 7 倍（表 10.1.3），而钦州湾是广西的主要港湾，其通航船只密度的增大，会导致潜在威胁的增加，影响生态系统健康。

表 10.1.3　2001～2010 年广西沿海三市机动船只统计

年份	渔船数/艘	进出港船舶/艘次	废水量/(万 t/年)
2001	12 131	5 308	183.65
2002	13 034	6 202	204.99
2003	13 853	16 418	369.20
2004	12 870	9 165	257.51
2005	12 330	9 692	261.93
2006	15 214	10 029	282.24
2007	15 022	22 233	468.57
2008	14 523	26 640	532.25
2009	14 114	28 152	552.10
2010	12 506	37 665	685.09

注：资料来源于《广西海洋环境质量报告》（2006～2010 年）

海湾周边人口和经济的快速发展，不仅加大了向海湾输出污染的压力，也增加了从海湾生态系统中索取的压力。明显增加的人口，对食物的需求增加，从而导致海洋捕捞、海水养殖、滩涂挖掘等压力也开始增加。

（2）营养盐结构比例失调

钦州湾水质环境较好，在综合评价指标“状态”中的水环境质量和沉积物环境质量均未出现隶属度小于 0.4 的指标，但营养盐结构的 N/P 与要求差距很大，其中内湾和外湾的 N/P 平均值分别为 61.3 和 88.4。Si/N/P 的原子比可作为判断海域营养盐限制情况的重要参考指标。当营养盐总水平满足浮游植物生长时，浮游植物的 Si/N/P 为 16/16/1，且浮游植物通常按这一比例吸收营养盐，偏离过高或过低都可能引起浮游植物的生长受限制或胁迫。钦州湾海水中营养盐 N/P 远高于 16，表明 P 在海湾中处于较明显限制状态，使浮游植物不能充分利用 N 和 Si。

海湾的营养盐监测结果不仅与标准值偏差较大，而且与 10 年前相比，海湾营养盐结构自身也发生了明显的偏差。通过定点站 2003～2012 年的 10 年营养盐变化研究，我们发现，近 10 年内湾无机氮浓度略显增加的趋势，外湾无机氮浓度基本持平；内湾和外湾硅酸盐浓度均略显降低的趋势；磷酸盐在内湾有明显增加的趋势，而在外湾显示出略微降低的趋势。3 种营养盐不同的变化趋势，导致了营养盐结构比例变化的必然性。

以内湾为例，根据内湾无机氮、磷酸盐和硅酸盐近 10 年的每次调查平均浓度，计算得到海区 N/P 和 Si/P 较高，其值变化分别为 24.5～510.6 和 44.4～1084.8，而 Si 和 N 的比值较低（0.9～6.3），三个比值的平均值分别为 127.3、306.2 和 2.3。图 10.1.4 列出了近 10 年钦州湾内湾营养盐各营养元素结构的比例变化。N/P 和 Si/P 的变化趋势相似，比值较高，其中 Si/P 值很高，表明海湾硅酸盐丰富，存在明显的过剩，这也是海湾硅藻占据绝对比例的主要原因。Si/N 除了 2003 年丰水期的最高值之外，其余年份和水期比值较低，主要变化为 1～3，海湾的氮限制不明显。从长期变化上看，N/P、Si/P 和 Si/N 在 2003～2010 年均显现出略微降低的趋势（图 10.1.4），其中以 Si/P 和 Si/N 下降较为明显，这得益于海湾中磷酸盐浓度的不断增加。

钦州湾营养盐结构的变化，往往能够影响到浮游植物结构变化，进而对整个生态系统结构产生影响。在人类活动影响不明显的时候，河流及周边区域输入的营养盐要素比例相对稳定。但人类活动能打破这种均衡，各营养盐要素输入不均衡及人类有选择性地从生态系统中移取，海湾营养盐结构开始发生与原来均衡偏离的情况，这有可能会导致生态系统结构和功能发生改变。

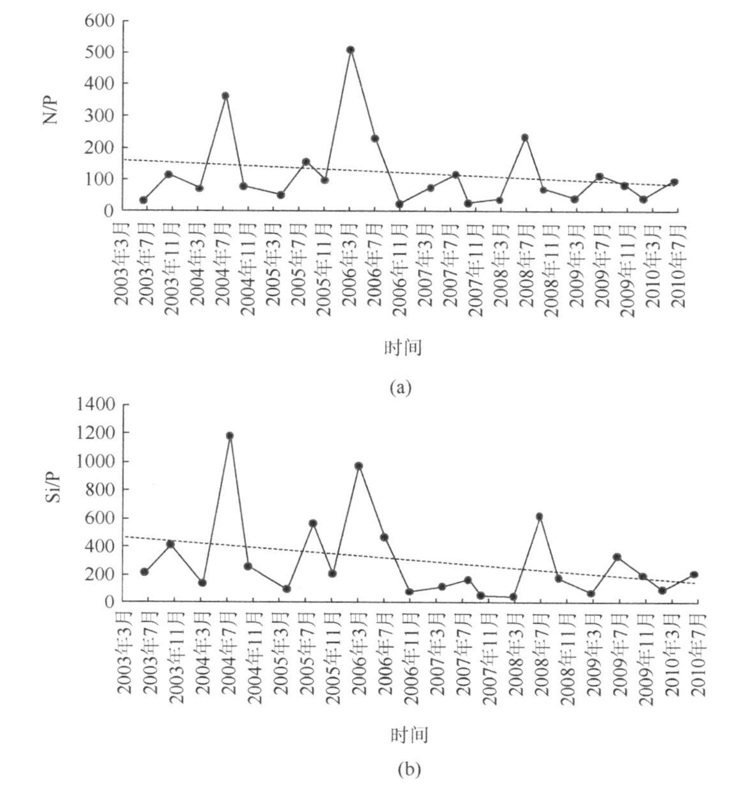

(a)

(b)

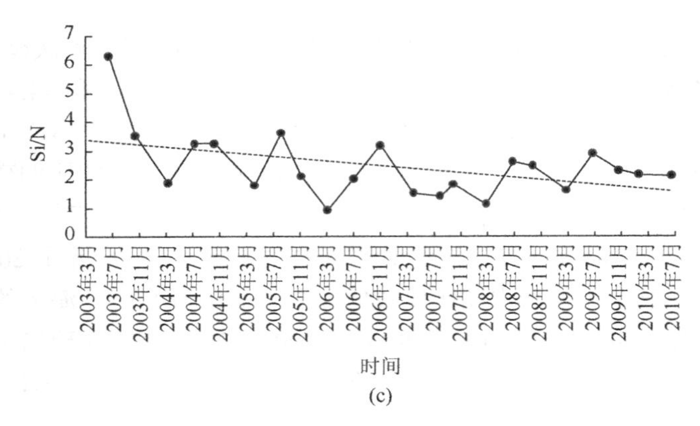

(c)

图 10.1.4　钦州湾内湾营养盐结构的变化

（3）内湾生态系统结构复杂性降低

组织结构是生态系统健康的三大要素之一，越复杂的生态系统，自我维持能力越高，其活力越高，恢复力越强，生态系统越健康。近年来受海湾周边压力和胁迫影响，钦州湾生态系统组织结构发生了一些变化，物种多样性指数降低，生态系统的组织结构比较简单。

由生态系统的组织力和结构评价指标的评价结果可以看出（表 10.1.4），内湾底栖生物、浮游动物和浮游植物的物种多样性指数均比较低，隶属度＜0.4，鱼卵和仔鱼的隶属度也很低。相对于外湾，钦州湾内湾海洋生物种类、数量和生物量明显较低，物种多样性指数低，复杂程度较简单。根据广西海洋环境监测中心站 2010 年丰水期的调查结果，内湾浮游植物各站点平均种类数为 6 种，只有外湾的一半，丰度也只有外湾的四分之一。浮游动物在内湾种类平均数量只有 1 种，而外湾种类平均数量超过 20 种；内湾浮游动物的个体密度也比外湾低了 1 个数量级。在大型底栖动物调查时，内湾多个站点生物种类和数量均为 0。可见内湾海洋生物物种多样性指数较低，海洋生态系统组织结构相对简单，说明了内湾生态系统的组织力和结构低下。

表 10.1.4　不健康等级以下的组织力和结构评价指标

海区	指标	隶属度
内湾	底栖生物物种多样性指数	0.112
	浮游动物生物量	0.10
	浮游动物物种多样性指数	0.362
	桡足类种密度比例	0.2072
	浮游植物物种多样性指数	0.373
	鱼卵密度	0.052
	仔鱼密度	0.002

续表

海区	指标	隶属度
外湾	底栖生物生物量	0.1513
	底栖生物物种多样性指数	0.36
	桡足类种密度比例	0.2926
	浮游植物物种多样性指数	0.3573
	浮游植物丰度	0.3533
	仔鱼密度	0.0548

内湾生物量和物种多样性指数锐减的主要表现之一为茅尾海牡蛎苗场功能的降低。钦州湾茅尾海曾经是全国最大的大蚝天然苗种繁殖区，苗种品质优良，其他海区不可媲美。以茅岭江河口附近的大陶海区为例，这里原产的野生大蚝，是附着在浅海中的石头和潮间带滩涂的小石子上生长的。1969年当地渔民开始用水泥制作水泥柱采苗器采蚝苗养殖，1995年以后规模逐年扩大，2005年投放水泥柱2575万支。该地所产蚝苗，除供钦州市和防城港市内养殖户养殖外，还远销至广东、海南、福建、越南。正当大陶蚝苗生产大量发展的时候，2006年插下海的蚝柱80%空白，近几年来，大陶蚝苗已接近绝产，牡蛎天然苗场已经明显衰退。相对于内湾是由于生物量低下而导致物种多样性指数明显偏低，外湾则是由于个别站点生物过于丰富而导致生态系统的结构复杂性降低。钦州湾外湾浮游植物、浮游动物、底栖生物的生物量很高，是粤西近岸海湾参考值的数倍甚至几十倍。海洋生物生物量很高不等于海湾生态系统健康处于很健康的状态，相反，一些海洋生物的爆发性生长往往是生态系统不健康的表现。如浮游植物在富营养化条件下可以爆发性增长而形成赤潮；底栖生物个别物种能够在有机污染的条件下大量生长等。这些海洋生物的大量生长，往往是由于个别或几个种类适应于受变化的海洋环境，因此会明显降低生物多样性，影响生态系统的组织力和结构复杂性。

（4）生态系统恢复力降低

生态系统恢复力是指健康的生态系统能够在外界压力消失的情况下逐步恢复的能力。在本研究中恢复力主要以环境容量来表示，当有足够的环境容量时，生态系统恢复力增加，恢复速度较快，反之亦然。

受钦江和茅岭江源源不断的输入营养盐和污染物，以及海湾水体物质的累积作用和水体交换能力不强的影响，内湾海水中磷和氨氮的容量已经达到了管理要求。在这种条件下，内湾磷酸盐和氨氮已经没有容量，而钦江、茅岭江及周边区域对这些污染物的不断输入，使得内湾海洋生态系统的自我恢复能力明显降低，近年来内湾开始出现无机氮、磷酸盐、石油类等超标现象。

钦州湾的开发强度较大，对海湾的占据及利用面积较大，导致海湾有效面积及未利用面积减少，引起海湾纳潮量、海水容量等减少，导致海湾生态系统的服务功能、恢复力受到影响。在评价体系的评价结果中，内湾未利用海域面积的隶属度结果仅为0.3，属不健康程度；海湾的纳潮量隶属度为0.56，属亚健康的程度，对海湾生态系统的服务及恢复力有较大影响。

内湾和外湾被开发和利用的方式截然不同。内湾主要是开发海水养殖，包括海湾滩涂及周边的鱼/虾塘养殖和海上的插桩/吊箱牡蛎养殖等。如图10.1.5所示，在内湾的钦江和茅岭江河口周边，土地利用方式基本上为海水养殖。而且在内湾还遍布着大量的养殖牡蛎筏（图10.1.6），占据着内湾的一半海面。

图10.1.5　钦江口卫星图

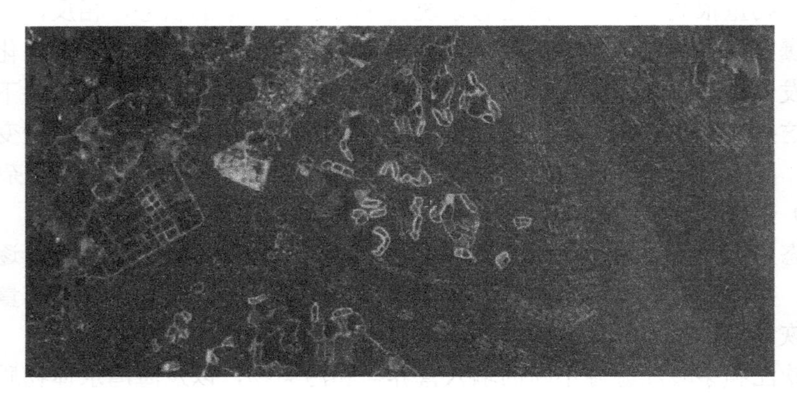

图10.1.6　龙门镇附近海域卫星图

外湾只有较少的海域被用作海水养殖，其最主要的利用方式为填海造港。从图10.1.7中可以看到，外湾填海面积较大。外湾水体交换能力较内湾强， 5年前其受周边输入的污染物质很少，具有较强的自我恢复能力。但近年来，随着钦州港开发热潮的兴起，对外湾填海造地逐渐增多，保守估计，到目前为止，钦州湾填海面积已接近 30 km^2，而且随着钦州港工业区发展的不断推进，未来填海面积会超过 50 km^2，达到钦州湾外湾面积的近四分之一，使海湾面积、纳潮量、湿地面积明显减少。这些都会降低海洋生态系统的自我恢复能力，也会影响海洋生态系统的产品供给、气候调节、文化服务和支持服务等功能。

图 10.1.7　钦州港附近海域卫星图

（5）生态系统开始显现病态综合征

海湾生态系统受周边压力和胁迫，生态系统健康状况变差，生态系统开始出现一些问题。有机污染和富营养化是生态系统对不断输入的有机物及营养盐超过生态系统的分解净化能力而不断累积的一种表现。通过采用有机污染指数和富营养化指数评估，结果显示钦州湾内湾有机污染和富营养化指数在近年急剧增加，从贫营养往轻度和中度富营养化发展，内湾在局部海域出现了重度富营养化，有机污染也处于严重污染的程度（蓝文陆，2011）。

富营养化和有机污染还能引发钦州湾赤潮。2008 年以前，钦州湾很少有赤潮的报道，但从 2008 年以后，钦州湾浮游植物接近赤潮或发生赤潮的现象开始出现（蓝文陆，2012），所监测到的记录有：2008 年 2 月，钦州湾内湾发生中肋骨条藻，最高细胞密度达 1.65×10^7 个/L，叶绿素 a 浓度达 32.25 μg/L；2009 年 7 月，内湾钦江河口叶绿素 a 浓度达 15.7 μg/L，接近/达到了藻华的水平；2010 年 6 月，内湾钦江河口浮游植物密度也较大，优势种圆筛藻细胞密度达到 1.40×10^5 个/L，超过了赤潮基准浓度；2011 年 4 月，内湾发生了薄壁几内亚藻的赤潮，其细胞密度最高达到了 3.22×10^5 个/L，同时还伴有较多的夜光藻，同月钦州湾外湾还发生了夜光藻赤潮。

（6）对人类健康开始产生潜在威胁

由于内湾有机污染和富营养化严重，水体中粪大肠菌群的数量较高，2010 年丰水期的监测结果显示，有近半站点粪大肠菌群在 5000 个/L 以上，超过了三类水体标准，对游泳及较多接触水体的人类产生了潜在的健康威胁。

同时，2011 年 4 月外湾发生的一次赤潮，导致了海区较多的鱼类死亡。海湾中有毒的赤潮种类也开始出现，一旦发生有毒赤潮，以及赤潮发生和消亡过程中贝类、鱼类被人类食用，会给人类健康带来一定的潜在风险。2010 年春季在钦州湾外湾还经常在港口发现有较多的水母，其数量可达到十几个每立方米。水母一旦爆发性增长，不仅会改变海湾海洋生态系统的结构和功能，也会对接触水体的人群产生直接影响，以及对周边区域人们的食品保障产生潜在影响。

此外，2010 年夏季对海湾的鱼类、甲壳类（虾蟹）和贝类进行生物体质量检测时发现，海湾贝类重金属含量较高，有近半贝类样品部分重金属含量超过了三类标准，超标项目主要是铜和锌，铅、铬、镉和石油烃也有不同程度超标。甲壳类的肌肉中的铜和锌含量也较高。钦州湾是一个重要的海产品养殖基地，这些海产品体内重金属含量较高，会通过食用富集进而威胁人体健康。

10.1.2　钦州湾生态保护和修复对策建议

生态系统健康的保护和修复是环境保护中的一项难题，对如富营养化、赤潮等不健康状态直接治理难度较为困难。这里，我们针对海湾生态系统健康主要问题的原因，针对性地提出部分生态保护和修复对策的建议，为根本上保护海湾生态系统健康提供参考。

（1）钦州湾生态系统健康主要问题的原因

我们的研究结果表明，钦州湾尤其是钦州湾内湾的海洋生态系统健康存在着诸多问题，究其根本原因，归纳起来主要有：①钦江、茅岭江流域及海湾周边人口和经济快速增长而导致输入海湾的营养盐和有毒有害污染物增加，海湾有机污染、富营养化和其他污染加重（蓝文陆，2012），使海洋生态系统结构单一化，海湾出现赤潮等病态，以及引起病原细菌和生物体残毒的增多，危害人类健康；②流域及海湾输入某种营养盐量失衡，导致海湾营养盐结构和生物结构等变化，进而引起生态系统组成结构及功能偏离原来状态；③海湾周边的经济生产活动占用生态系统栖息地，对生态系统较多的扰动，以及从生态系统中索取过多的产品，导致生态系统恢复力、维持能力和功能等减弱。

因而为了保障海湾的生态系统健康和海湾社会经济与环境的可持续发展，需要积极采取保护和修复对策与措施，减缓生态系统健康减弱的趋势或修复生态系统不健康的状况。

（2）流域和海湾整治，减少污染物输入

减少海湾污染物的输入，是从根本上防治海湾有机污染、富营养化、赤潮加剧的措施。研究结果表明，钦江和茅岭江是海湾最主要的输入污染源，因而从钦江和茅岭江流域加强推行清洁生产和节能减排的政策和措施，加强流域及海湾周边污水处理，从根源上减少污染物输入河流及海湾周边。加强流域农业化肥结构和使用量的宣传和管理，合理调整农业结构，鼓励使用有机肥而少用化肥，并采取有效措施阻止化肥的流失，减少流域无机氮和磷酸盐等营养盐的输入量。

强化流域陆源污染监管，加强城镇生活污水、工业废水处理厂和工业企业污染源的监控和检查力度，对超标排放、偷排企业要坚决予以处罚和关闭。推广使用生态农业技术，引导农民科学施肥，安全使用农药，制定畜禽养殖业发展和污染治理规划，减少农业面源和畜牧业排放污染。

加强对钦江和茅岭江整个流域的综合整治，杜绝污染物超标排放等现象。对入海河流的流域整治应突出重点，在对钦州输入污染物有效控制的前提下，重点加强对茅岭江输入污染物的控制。近 5 年的研究结果表明，钦江输入的污染物相对稳定，而茅岭江输入的污染物却逐年增加。因此，在保证对主要污染来源钦江流域进行综合整治的前提下，也要加强抓好对茅岭江流域的综合整治，使茅岭江污染物输入快速增加的趋势得到有效控制。

其次，针对内湾污染较重的情况，加强对内湾及其周边的综合整治，重点加强对海水养殖的整治。茅尾海及周边海水养殖面积较大，海水养殖是仅次于入海河流的钦州湾第二大污染源，其主要污染物为营养盐和 COD，对海湾有机污染、富营养化等有较大影响（蓝文陆，2012；韦蔓新等，2001）。因而需要加强对内湾养殖污染进行治理，制定和确立科学合理的养殖规划、养殖规模和养殖布局；积极推进健康养殖技术，推广生态养殖和立体养殖；推行池塘养殖废水集中收集处理等措施，减少海水养殖污染物输入海湾。

（3）加强对磷酸盐的处理，减少磷酸盐输入

磷酸盐输入量的增加是海湾营养盐结构变化的主要因素，也是海湾富营养化急剧加剧的直接因素之一。对营养盐污染物的防治应突重点，加强对磷酸盐输入的防治。“十一五”期间我们国家重视节能减排，主要针对有机污染物和氨氮，磷酸盐没有得到有效的重视（蓝文陆，2012）。污染物类型的复杂化、没有得到足够的重视，以及污水处理过程中脱磷效果不理想，导致了近 5 年磷酸盐输入量的不断增加。因而须加强污水排放中磷酸盐的控制，在污水处理中加强脱氮脱磷效果，同时减少含磷物质的排放管理，减少磷化肥使用量和调整农业施肥结构，从根源上减少海湾磷酸盐的增加，逐步扭转海湾生态系统结构变化的趋势。

（4）加强船舶压载水排放管理，防止外来生物入侵

压舱水是船舶安全航行的重要保证，但船舶压舱水也是外来生物入侵的重要载体。在世界范围内，压舱水引起生物入侵的例子比比皆是，包括海藻、鱼类、

牡蛎、多毛虫、软体动物、海星等。其中，许多入侵生物已造成了明显的生态破坏和大量的经济损失。本次调查发现，钦州湾也存在多种外来浮游植物和浮游动物，其对钦州湾本土浮游生物群落和生态系统产生潜在危害，这些物种很可能就是通过压舱水进入本海湾。因此，需加强船舶压舱水及其排放的管理，研制合理的处理技术，以减少外来生物的进入。

（5）加强管理，减少对海湾生态系统的人为扰动

建立有效的流域和海湾管理制度，加强监督和管理，才能长效地保证减少污染物排入海湾中。海湾生态系统管理是一个综合部门的管理，涉及多个部门，需要各个部门各司其职，在本身的职责范围内加强管理，保护海湾生态系统的健康，同时还需要建立一个各部门的联动管理机制，从整个生态系统大局出发对海湾进行综合管理，减少顾此失彼的现象和只顾局部忽略整体的现象等。

人为扰动是影响海湾生态系统的一个重要行为，减少人为扰动，有利于保护生态系统，使其自我修复。第一，对海湾周边工业和规划进行合理布局，尽量少占用海域和不用海域和滩涂，尤其是红树林、重要湿地等在生态系统中有着重要作用的海域，从根本上减少人为改变生态系统的生境和面貌。第二，科学有序开展填海造地，科学论证填海项目，严格控制海湾内填海造地。加强海洋工程的海域论证及环境影响评价等制度落实，加强港口、船舶及其排污管理，减少海洋工程及向海排污对海湾生态系统的影响。第三，加强钦江和茅岭江流域水资源合理配置，维护河口区域稳定，为海湾生态恢复提供有利条件。对钦江、茅岭江流域及内湾开采河沙及海沙进行有效管理，减少航道、工程等对海底的开挖强度，减少对底质量生境的破坏，减少悬浮泥沙对海湾水体透明度的影响，进而增加初级生产力，为内湾浮游植物、浮游动物、底栖动物及鱼类等生物量和生物多样性的增加提供基础，以提高生态系统活力。第四，鼓励远海捕捞，严格实施禁渔期制度，减少海洋捕捞压力。同时，减少海域和滩涂随意和无序养殖活动，对于开挖强度较大的潮间带，采取休养轮息的措施，或者将一些养殖效益不大的滩涂海域退耕还海，减少高强度的扰动等。认真制定并实施海湾养殖规划，制定养殖功能区的划分、监控和保护，减少内湾的养殖密度，着力发展湾外深水网箱养殖，对不符合养殖海区及密度过大的海水养殖要组织转移、拆除，为海洋生态的修复腾出空间。

（6）开展生态建设，促进生态系统健康修复

上述的生态保护措施，通过生态系统的自我调节和恢复的能力，在生态系统健康较好的情况下取得的效果较好，但是在生态系统健康状况不好的条件下，生态系统的自我恢复需要的时间较长，需要采取生态建设等措施，促进生态系统健康的修复，如采用浮床种植大型海藻等移除水体中的多余营养物质，在适宜滩涂采用本地种类进行人工种植红树林、海草等生态修复建设，对主要经济

水产种类进行投放人工鱼礁、人工放流、加强生态保护区的建设等生态工程建设措施。

此外，加强生态系统健康的监测和监控，加强海湾生态系统管理，加强海湾及周边的环境风险管理，防范溢油等污染事故。通过这些针对性的对策和措施，从根本上对海湾生态系统健康进行保护，对不健康状态进行修复，能够有效促进海湾生态系统健康及社会经济与生态环境的可持续发展。

10.2　茅尾海主要环境问题及保护对策

10.2.1　茅尾海海域主要环境问题

（1）茅尾海海域水质总体较差

海域水质常年超标，丰水期污染更重。2006～2016 年，茅尾海海域全年平均水质状况维持在差至极差水平，海域 5 个监测站点中，四类和劣四类水质比例维持在 40%～100%，从 2008 年开始，四类、劣四类水质比例呈波动上升趋势，其中 2013 年、2016 年四类和劣四类水质比例均为 100%。

各水期中，茅尾海海域丰水期水质超标严重，这与丰水期入海河流通量较大有关。海域丰水期水质近 11 年来基本无一类、二类水质，2011 年、2013 年、2014 年及 2016 年海域全部站点均为劣四类水质。

海域无机氮超标严重，活性磷酸盐超标问题日渐凸显。近 11 年来，茅尾海海域超标因子基本为无机氮、活性磷酸盐和 pH，11 年均值超标倍数和超标率范围分别为：无机氮超标倍数为 0.4～3.4，超标率为 60%～93.3%；活性磷酸盐超标倍数为 0.1～1.1，超标率为 0～66.7%；pH 超标率范围为 26.7%～100%。

其中，海域无机氮浓度长期维持在较高水平，常年超二类水质。近 11 年无机氮海域平均浓度为 0.383～0.614 mg/L，维持在三类至劣四类水平。

活性磷酸盐浓度近年增加显著，平均浓度从 2006 年的一类水质持续增长到 2016 年的三类水质，海域活性磷酸盐超标率问题从 2011 年开始凸显，超标率持续增加，茅尾海海域活性磷酸盐污染问题日渐严重。

（2）海域富营养化问题日益加重

茅尾海富营养化较重。2006～2016 年海域富营养化程度为轻度富营养～重富营养化水平，呈现显著上升的趋势。其中 2016 年丰水期的富营养化指数最高，达到 13，属于重富营养化水平。活性磷酸盐浓度的升高是近 11 年茅尾海富营养化显著升高的主要原因。

茅尾海海域中氮磷比长期失衡，近 11 年来，茅尾海无机氮磷比为 34～120，高于浮游植物适宜生长的氮磷比（16），茅尾海处于氮过剩、磷限制的富营养化状况，随着活性磷酸盐含量的增加，磷限制状况有所缓解，这影响着浮游植物群落结构的变化。

（3）钦江西入海河流水质差

2008～2016 年，钦江的入海断面之一（高速公路西桥断面）水质差，水质状况无达到良好水质，11 年中有 10 年处于Ⅴ类或劣Ⅴ类水质，其中 2012～2016 年持续为劣Ⅴ类。其超标因子主要为氨氮、总磷和高锰酸盐指数，且超标因子年均浓度均呈显著上升趋势，水体不达标态势严峻。

（4）海洋生物生境质量状况堪忧

2011～2016 年，茅尾海海域浮游植物生境质量一般，春季浮游植物丰度波动较大，2012 年出现海链藻爆发性增值等现象，存在赤潮发生的风险。浮游动物群落组成较为简单，物种多样性指数较低，生境质量差，种类单一化趋势明显，群落结构较为脆弱。大型底栖生物种类少，群落结构简单，生境质量为差～极差水平，有机污染指示生物小头虫科成为常见的优势种，底栖生物“沙漠化”现象开始显现。

（5）海域贝类体内重金属污染现象存在

海洋生物是人类食物的重要来源，海洋生物质量不仅关系到人类健康，它还是海洋环境质量的一项重要指标。由于海洋贝类对周围生存环境的污染物具有极强的富集能力，因此可作为重金属和持久性有机污染物对海洋沉积环境产生污染的重要指示物。

2012～2016 年，茅尾海海域生物质量存在超标现象，其中茅尾海大番坡海域红树蚬石油烃、锌、铅个别年份超一类水质标准；龙门海域近江牡蛎铜、锌均有 3 年超三类水质标准。

10.2.2　茅尾海环境保护对策建议

（1）加强入海河流污染控制

钦江、茅岭江每年携带大量污染物入海，这是茅尾海水质持续较差的主要原因。钦江西历年水质较差，且各类污染物入海通量呈显著增加的趋势，因此必须加强入海河流污染控制。要加快推进《钦州市钦江东、钦江西断面水体达标方案》《钦州市钦江流域水环境综合整治工作方案》各项污染防治工程。加快制定和实施茅岭江水环境综合整治方案，对茅岭江水环境进行综合整治，减少茅岭江带来的污染物。稳步推进钦江、茅岭江入海河流流域内畜禽养殖、水产养殖、工业、农村生活、城镇生活、农业面源污染和河道污染治理，以及钦江、茅岭江-茅尾海陆海统筹水环境综合整治。

（2）加强茅尾海周边污染源控制

加强对茅尾海周边乡镇污染源的控制，重点是对沿岸乡村畜禽养殖和生活污水的控制。加快推进茅岭镇、康熙岭镇附近的工业排污口整治和污水处理厂建设。加快推进钦州市河东污水处理厂、河西污水处理厂提标升级改造工程，增加脱氮除磷工艺，减少氮磷的排放量。

对茅尾海周边水产养殖排口进行整治，推进入海排污口设置的规范化工作，逐步清理非法和不合理入海排污口。加快开展非法、不合理排污口的截流工作，整治排放不达标的排污口。持续开展直排入海排污口监督监测，有效控制陆源污染物入海通量。

（3）开展陆海统筹海湾污染物总量控制和分配

从钦江、茅岭江—茅尾海陆海统筹角度，开展茅尾海环境容量研究，根据茅尾海海域环境容量和自净能力，测算氮磷污染物的总量控制目标，从严核定陆源污染物总量控制计划，严格控制陆源氮磷污染物入海总量。根据水环境质量目标责任制的要求分配各市总量控制指标，开列污染防控清单，制定各类污染物总量削减方案，全面实施茅尾海综合整治计划。

（4）开展内源污染释放研究、生态修复及其综合整治效果评估

除入海河流等陆源污染影响之外，茅尾海内源污染释放可能也是海域富营养化的原因之一。因此，有必要对海湾牡蛎滤食、排泄等生理生态特征进行研究，掌握海域牡蛎养殖对营养物质循环过程的影响，同时开展红树林林区、养殖区及其他区域的沉积物吸收及释放营养物质规律的研究，为合理有效地控制茅尾海污染提供支持。

茅尾海富营养化严重，需要开展一些生态建设，才能较快地修复海湾生态系统。积极开展海湾综合生态修复建设，实施多元化的物理、生物等综合生态修复，尝试采用浮床种植大型海藻等移除水体中多余的营养物质，消纳海湾氮磷污染物；示范开展贝类-藻类混养技术，以及鱼-虾-贝-藻等综合生态养殖修复技术的研究与示范，并在确保生态安全下进行推广，实现经济环境社会效益的科学发展。同时积极开展生态海岸带修复建设，大力推进红树林自然修复和人工种植，加大退塘（虾塘）还林（红树林）力度。

钦州市于2011年底正式启动茅尾海综合整治工作，有必要通过调查、观测、监测、模拟等方法对比分析整治修复工程实施前、后海域资源、生态、环境变化，评估整治修复工程的资源、生态、环境、社会、经济效果，为后续海湾的综合整治工作提供技术依据。

（5）建立海湾生态环境承载力动态评估及监测预警机制

在目前茅尾海常规及自动监测的基础上，增加钦江西及茅岭江入海河口自动监测站的建设，构建茅尾海生态动力学模型，并立足于茅尾海海洋空间资源、海

洋渔业资源、海洋生态环境和海岛资源环境管理的实际，以海洋功能区划、环境功能区划、相关政策制度和标准规范等为依据，建立茅尾海生态环境承载力动态评估和监测预警机制，实现“海洋资源-生态环境-社会经济”耦合，以及对海洋生态环境承载力的评价和对人为开发活动的预警。

10.3 钦州湾牡蛎养殖问题与发展对策

10.3.1 钦州湾牡蛎养殖存在的主要问题

（1）海区老化，养殖水域富营养化开始显现

采用有机污染指数和富营养化指数评估，结果显示钦州湾内湾（茅尾海）有机污染和富营养化指数在近年急剧增加，从贫营养往轻度和中度富营养化发展，内湾在局部海域出现了重度富营养化，有机污染也处于严重污染的程度（蓝文陆，2011）。茅尾海海域富营养化除了钦江、茅岭江携带的陆源污染物影响之外，大量的牡蛎养殖也是海域富营养化的主要原因之一。

首先，钦州牡蛎养殖主要分布在茅尾海海域，牡蛎作为一种滤食性动物，通过过滤大量海水摄取浮游植物和有机颗粒，排泄物主要有氨、尿素、尿酸等，其中氨的排泄量超过总排泄量的 70%（季如宝等，1998）。据报道，海区筏式养殖 1 台太平洋牡蛎，产量以 1500 kg 计算，在其快速生长的半年内，养殖区底质积累排泄物干质量为 32.8～107.1 kg。在微生物作用下，这些排泄物沉积海底经化学过程最终转化为 NH_3 及其他物质，可产氮 263～865 g，这会直接影响养殖区的氮、磷平衡，促使水体营养物质的累积（王志松等，2001），从而造成海域的富营养化。

其次，钦州湾牡蛎养殖浮筏密度约为 18～20 串/m^2，大于深澳湾等其他海湾的养殖密度（张玲等，2015），同时各台浮筏间距较小，影响海域水流及污染物的扩散。据中科院海洋研究所对蓬莱湾扇贝养殖区流速的调查，1975～1990 年台筏数量增加了 2 倍，养殖中心区的最大流速减少了近 1/3，最小流速也减少了近 1/8。李铁军等对浙江三门湾键跳港的研究表明，筏式养殖对海区潮流有一定的影响，流速变化率为–22.05%～–6.24%（李铁军等，2012）。可见，高密度的浮筏将影响钦州湾内外的海水交换速度，导致养殖区氮、磷的加速积累，促进海域富营养化。

最后，海区老化也导致海域富营养化的加剧。当底质的有机物积累速度大于海区自然分解、净化速度时，底质即产生有机污染，海区即老化（印丽云等，2012）。大面积高密度的养殖不仅消耗大量水体中的饵料和溶解氧，养殖牡蛎本身也产生大量的排泄物，易造成海区老化。如在一些扇贝老养殖区海底有 10 cm 厚的代谢污物沉积（王清印，2003）。而在日本广岛湾，一台 200 m^2 的长牡蛎筏架，在 10 个月养殖时间内能产生 19.3 t 粪物质（干重）（吴耀泉，1996），单个美洲牡蛎在一星期内

所产生的生物沉积物（干重）为1.629～3.939 g。可见，钦州湾高密度牡蛎养殖产生的大量排泄物严重污染了养殖海域的水质，有机物的长期积累，远远超出了水体的自净能力，不仅加速海区的老化，还将导致海水富营养化和病原菌增加。

（2）养殖密度过高，接近养殖容量

根据营养物质法计算的钦州湾牡蛎养殖容量约为23万t，而根据2013年《钦州年鉴》（钦州市地方编纂委员会办公室，2013），钦州市近年来的牡蛎养殖产量超过20万t，再加上防城港红沙海域的牡蛎养殖产量，钦州湾牡蛎养殖已经接近饱和，给牡蛎养殖产业带来不利影响。

牡蛎养殖密度过大，造成大量牡蛎排泄物的累积，加剧了海区水体富营养化程度，加之筏架过密引起养殖水体交换速度的下降，造成养殖海区水体恶化、老化，为病害发生留下了隐患。养殖密度过高是导致大规模死亡事件的主要原因。

据统计，2002年开始钦州市的牡蛎养殖产业开始出现牡蛎死亡的现象，最大规模的一次死亡现象发生在2007年的春季，在这一段时间，钦州市的牡蛎养殖出现大量死亡的现象。死亡特点主要表现为死亡持续时间较短，死亡率高，波及范围广。自2007年2月中旬开始，先发现约有50%的牡蛎死亡，随后一段时间内死亡比例急剧上升至90%，抽样调查点最高达95%（庞耀珊等，2012）。

另外，在高密度养殖环境下，饵料明显不足，同类之间互相竞争饵料，导致发育大小不均，降低了贝类产品的商业价值。同时，养殖密度增大、养殖筏架间距、养殖绳距和壳距缩小，降低了饵料的可得性，导致大片牡蛎处于饥饿状态，生长速度减慢，尤其夏季牡蛎频繁产卵，贝体体质虚弱，对环境变化适应力降低，在饵料不足及环境不良条件下，极易发生大面积死亡。

（3）养殖品种单一，结构不合理

钦州湾历年来仅养殖牡蛎，贝类养殖品种单一，结构不合理，其生活习性、生存条件、摄食情况差别不大，同一环境下养殖某一贝类，互相争氧、争饵料，造成底层缺氧、饵料输入不足、自身污染严重，同时造成贝类体质下降，抗病、抗污染能力差，成活率低。

（4）牡蛎质量安全受到威胁

由于牡蛎的养殖管理较为松懈，行业内相关标准较少，没有制定相关的品质标准，所以没有将养殖和培育的牡蛎进行多样化的区分，只根据牡蛎的个头大小进行简单的区分和认定，使得牡蛎的品质良莠不齐。且由于养殖户粗放养殖，导致海水养殖能力下降，使牡蛎个体变小、肉质降低。同时，由于海域水质变差，海水中营养盐含量持续下降，增加赤潮灾害发生的风险（陈宪云等，2014）。加上牡蛎自身生理作用，能够对Cu、Hg、Zn等重金属富积，茅尾海2种养殖牡蛎重金属污染严重（宋忠魁等，2010），产品质量受到严重危险。

10.3.2　钦州湾牡蛎养殖可持续发展对策

（1）科学布局，调控牡蛎养殖密度

目前钦州湾牡蛎养殖总量已经达到计算生态容量的90%，造成海域水质恶化，对牡蛎产业养殖的不利影响开始显现。因此，必须对海域牡蛎养殖进行科学布局，发挥政府和行业协会的作用，综合运用许可证制度、养殖配额分配、发放补贴及行业自律等多种手段和措施，对养殖密度进行必要控制，严禁局部海域超载养殖。同时，对容纳量研究必须立足于生态系统水平上，侧重于整体研究和动力学研究，特别需要加强容纳量动态特性的研究（龙宏争和郑艳坤，2013），应建立钦州湾牡蛎养殖容量动态评估机制，把海域养殖生态容量评估纳入政府的公益性和强制性工作范畴，并形成制度化。海域的管理机构和地方政府再根据容量评估结果，确定养殖密度和布局，同步进行海域使用证、养殖证核发，建立海上养殖准入和退出机制，并建立相应的实施和监管体系，确保水产养殖规范、健康发展。

（2）研究和推动生态友好型养殖模式

构建健康、生态和多营养层次的养殖系统，鼓励发展不同养殖水域和生产方式的生态系统水平的养殖生产新模式，提高养殖生产效率和生态效益，降低规模化养殖对水域环境所产生的负面影响，为粗放型养殖升级寻求新途径，形成现代水产养殖生产体系。推广牡蛎养殖平挂养殖技术，在养殖种类和方式上，应增加养殖多样性，钦州湾长期集中、单一放养牡蛎会造成局部养殖水域生物多样性破坏，影响水质、底质环境。结合钦州湾特点，采用混养、轮养、套养、间养等不同的养殖方法，充分发挥不同品种间的代谢互补性，合理利用海洋资源，减少养殖生物对环境造成的污染和破坏，使养殖业能够健康、持续的发展。选择和培育本地大型海藻，如江篱，或引进一些能够在钦州湾自然生长的大型海藻，如龙须菜等，在筏架之间进行大型海藻的养殖，两者之间代谢产物互为利用。同时，加快推进贝类池塘养殖、滩涂底播与筏式养殖、立体养殖等产业化技术的开发，以及滤食性的瓣鳃类与舔食性的斧足类的混养研究，以充分利用水体空间、饵料资源，加快水体中的物质循环，保持养殖生态系统的相对稳定，以较低的成本获取较高的效益。

（3）制定广西地方牡蛎养殖标准化技术体系

研发牡蛎养殖技术，包括先进快速的种质资源鉴定技术、育苗育种技术、养殖管理技术、病害诊断防治和监控技术、优质饵料配合技术及投喂技术，并在此基础上制定广西地方牡蛎养殖技术规范、标准。明确养殖面积和密度，统一筏架宽度和长度，控制亩吊数，增大串距和壳距，以增强海水的交换能力，使牡蛎养殖负载量与养殖区生态环境相平衡。同时研发确定适宜于机械化作业的养殖器材和设施，开发具有抗流、抗缠绕性能的牡蛎养殖方式，发展低成本强固定力的锚式橛固定系统及安装技术，构建浅海浮筏标准化养殖技术体系，实现海水养殖机械化、自动化作业，也可以把浅海牡蛎养殖水域向外推移，提高水域利用率。

（4）修复养殖海域生态环境，提高牡蛎品质

钦州湾的内湾富营养化严重，而且局部也出现劣四类水质的现象，需要采取一些生态措施，才能较快地修复海湾生态系统。如采用浮床种植大型海藻等移除水体中多余的营养物质，修复海湾富营养化情况，改善海洋环境质量，增加环境容量。其次，在适宜滩涂采用本地种类进行人工种植红树林、海草等生态修复建设，不仅能够有助于修复海湾水质和底质，还能提高生态系统的景观文化功能。再次，对主要经济水产种类进行投放人工鱼礁、人工放流、加强生态保护区的建设等，进一步促进生态系统的修复。改变一味向海洋索取的旧思想，提倡海洋牧场的理念，实行退渔还海，对废弃的养殖场/区进行生态修复，发展海洋牧场，提高牡蛎品质。

（5）加强环境监测，建立风险预警机制体系

加强对养殖水体关键性生态环境因子动态变化的监测，为海水健康养殖提供科学依据。同时，在环境监测数据的基础上，结合灵敏的病原检测手段，建立病害预警预报与防疫体系，防止海水养殖贝类大面积死亡。

参考文献

陈宪云，陆海生，陈波，2014. 广西海岸带海洋环境污染现状及防治对策[J]. 广西科学，21(5)：555-560.
季如宝，毛兴华，朱明远. 1998.贝类养殖对海湾生态系统的影响[J]. 黄渤海海洋，1：22-28.
蓝文陆，2011. 近20年广西钦州湾有机污染状况变化特征及生态影响[J]. 生态学报，31(20)：5970-5976.
蓝文陆，2012. 近五年广西茅尾海富营养化成因分析及综合防治对策[J]. 环境科学与管理，37(8)：39-43，82.
李铁军，郭远明，何依娜，等，2012. 三门湾网箱养殖造成的水文动力环境变化分析[J]. 河北渔业，10：1-7，25.
龙宏争，郑艳坤，2013. 双壳贝类养殖容量及估算方法的研究进展[J]. 动物学报，3：178-181.
庞耀珊，谢芝勋，谢丽基，等，2012. 广西牡蛎养殖业的现状与发展对策[J]. 南方农业学报，43(12)：2118-2121.
钦州市地方志编纂委员会办公室，2013. 钦州年鉴[M]. 南宁：广西人民出版社.
宋忠魁，谢涛，董兰芳，等，2010."近江牡蛎"富集茅尾海重金属[J]. 海洋环境科学，29(6)：896-898.
王清印，2003. 海水健康养殖的理论与实践[M]. 北京：海洋出版社，45-198.
王志松，周玮，孙景伟，等，2001. 太平洋牡蛎日排泄物数量的测定[J]. 水产科学，1：18-19.
韦蔓新，童万平，赖廷和，等，2001. 钦州湾内湾贝类养殖海区水环境特征及营养状况初探[J]. 黄渤海海洋，19(4)：51-55.
吴耀泉，1996. 筏式养殖贝类排泄物对水质的污染[J]. 齐鲁渔业，3：33.
项福亭，曲维功，张益额，等，1996. 庙岛海峡以东浅海养殖结构调整的研究[J]. 齐鲁渔业，2：1-4.
肖风劲，欧阳华，2002. 生态系统健康及其评价指标和方法[J]. 自然资源学报，17(2)：203-209.
叶属峰，刘星，丁德文，2007. 长江河口海域生态系统健康评价指标体系及其初步评价[J]. 海洋学报，29(4)：128-136.
印丽云，杨振才，喻子牛，等，2012. 海水贝类养殖中的问题及对策[J]. 水产科学，31(5)：302-305.
张玲，李政菊，陈飞羽，等，2015. 大鹏澳牡蛎养殖对浮游植物种群结构的影响研究[J]. 海洋与湖沼，46(3)：549-555.

附录1 钦州湾浮游植物名录（2010～2011年调查）

门类	中文名	拉丁名	门类	中文名	拉丁名
硅藻门	具槽直链藻	*Melosira sulcata*	硅藻门	柔弱井字藻	*Eunotogramma debile*
	具翼漂流藻	*Planktoniella blanda*		佛氏海毛藻	*Thalassiothrix frauenfeldii*
	美丽漂流藻	*Planktoniella formosa*		长海毛藻	*Thalassiothrix longissima*
	辐射圆筛藻	*Coscinodiscus radiatus*		日本星杆藻	*Asterionella japonica*
	虹彩圆筛藻	*Coscinodiscus oculus-iridis*		海氏针杆藻	*Synedra hennedyana*
	琼氏圆筛藻	*Coscinodiscus jonesianus*		针杆藻	*Synedra* sp.
	蛇目圆筛藻	*Coscinodiscus argus*		菱形海线藻	*Thalassionema nitzschioides*
	威氏圆筛藻	*Coscinodiscus wailesii*		脆杆藻	*Fragilaria* sp.
	细弱圆筛藻	*Coscinodiscus subtilis*		楔形藻	*Licmophora* sp.
	星脐圆筛藻	*Coscinodiscus astromphalus*		美丽曲舟藻	*Pleurosigma formosum*
	圆筛藻	*Coscinodiscus* spp.		海洋曲舟藻	*Pleurosigma pelagicum*
	伽氏筛盘藻	*Ethmodiscus gazellae*（*Janisch*）*Hustedt*		相似曲舟藻	*Pleurosigma affine*
	小环藻	*Cyclotella* spp.		曲舟藻	*Pleurosigma* spp.
	八辐辐环藻	*Actinocyclus octonarius*		舟形藻	*Navicula* spp.
	辐环藻	*Actinocyclus* sp.		唐氏藻	*Donkinia* sp.
	辐裥藻	*Actinoptychus* sp.		羽纹藻	*Pinnularia* sp.
	细弱海链藻	*Thalassiosira subtilis*		新月菱形藻	*Nitzschia closterium*
	海链藻	*Thalassiosira* sp.		弯端长菱形藻	*Nitzschia longissima* v. *reversa*
	环纹劳德藻	*Lauderia annulata*		柔弱菱形藻	*Nitzchia deicatissima*
	优美旭氏藻矮小变种	*Schroderella delicatula f.schroderi*（*Bergon*）*Sournia*		奇异菱形藻	*Nitzschia paradoxa*
	热带骨条藻	*Skeletonema tropicum*		长菱形藻	*Nitzschia longissima*
	中肋骨条藻	*Skeletonema costatum*		尖刺菱形藻	*Nitzschia pungens*
	掌状冠盖藻	*Stephanopyxis palmeriana*		洛氏菱形藻	*Nitzschia lorenziana*
	柔弱几内亚藻	*Guinardia delicatula*		菱形藻	*Nitzschia* spp.

续表

门类	中文名	拉丁名	门类	中文名	拉丁名
硅藻门	萎软几内亚藻	*Gyinardia flaccida*	硅藻门	热带环刺藻	*Gossleriella tropica*
	丹麦细柱藻	*Leptocylindrus danicus*		透明根管藻	*Schroderella delicatula* f. *schroderi*
	细柱藻	*Leptocylindrus* sp.		条纹小环藻	*Cyclotella striata*
	豪猪棘冠藻	*Corethron criophilum*		六辐辐裥藻	*Actinoptychus senarius*
	斯氏根管藻	*Rhizosolenia stolterfothii*		双角角管藻	*Cerataulina bicornis*
	半棘钝根管藻	*Rhizosolenia hebetata* var. *semispina*		秘鲁角毛藻	*Chaetoceros peruvianus*
	笔尖形根管藻	*Rhizosolenia stylifsrmis*		粗笔尖形根管藻	*Rhizosolenia polydactyla Castracane*
	覆瓦根管藻	*Rhizosolenia imbricata*		哈氏半盘藻	*Hemidiscus hardmannianus*
	刚毛根管藻	*Rhizosolenia setigera*		太平洋海链藻	*Thalassiosira pacifaca*
	厚刺根管藻	*Rhizosolenia crassispina*		中鼓藻	*Bellerochea* sp.
	粗根管藻	*Rhizosolenia robusta*		诺登海链藻	*Thalassiosira nordenskisöldii*
	脆根管藻	*Rhizosolenia fragilissima*		高盒形藻	*Biddulphia regia*
	距端根管藻	*Rhizosolenia calcar-avis*		中华盒形藻	*Biddulphia sinensis*
	卡氏根管藻	*Rhizosolenia castracanei*		活动盒形藻	*Biddulphia mobiliensis*
	螺端根管藻	*Rhizosolenia cochlea*		霍氏半管藻	*Hemiaulus hauckii*
	透明辐杆藻	*Bacteriastrum hyalinum*		膜质半管藻	*Hemiaulus membranacus*
	短孢角毛藻	*Chaetoceros brevis*		大洋角管藻	*Cerataulina pelagica*
	发状角毛藻	*Chaetoceros crinitus*		角管藻	*Cerataulina* spp.
	并基角毛藻	*Chaetoceros decipiens*		布氏双尾藻	*Ditylum brightwellii*
	劳氏角毛藻	*Chaetoceros lorenzianus*		太阳双尾藻	*Ditylum sol*
	拟旋链角毛藻	*Chaetoceros pseudocurvisetus*		石丝藻	*Luhodesmium* sp.
	平滑角毛藻	*Chaetoceros laevis*		泰晤士扭鞘藻	*Streptotheca tamesis*
	双孢角毛藻	*Chaetoceros didymus* var.*didymus*		波罗的海布纹藻	*Gyrosigma balticum*
	旋链角毛藻	*Chaetoceros curvisetus*		中华根管藻	*Rhizosolenia Sinensis*
	窄隙角毛藻	*Chaetoceros affinis*		短角弯角藻	*Eucampia zoodiacus*
	异角毛藻	*Chaetoceros diversus*		翼根管藻模式型	*Rhizosolenia alata* f. *genuina*
	角毛	*Chaetoceros* spp.		膜状缪氏藻	*Meuniera membranacea*
	网状盒形藻	*Biddulphia retiformis*		黄蜂双壁藻	*Diploneis crabro*

续表

门类	中文名	拉丁名	门类	中文名	拉丁名
硅藻门	优美旭氏藻矮小变种	*Rhizosolenia hyalina*	甲藻门	叉状角藻	*Ceratium furca*
	短柄曲壳藻	*Achnanthes brevipes*		短角藻平行变种	*Ceratium breve*
	细长翼根管藻	*Rhizosolenia alate* f. *gracillma*		梭角藻	*Ceratium fusus*
甲藻门	齿状原甲藻	*Prorocentrum dentatum*		三角角藻	*Ceratium tripos*
	海洋原甲藻	*Prorocentrum micans*		亚历山大藻	*Alexandrium* sp.
	利马原甲藻	*Prorocentrum lima*		蛎甲藻	*Ostreopsis* sp.
	墨西哥原甲藻	*Prorocentrum mexicanum*		锥状斯氏藻	*Scrippsiella trochoidea*
	三角棘原甲藻	*Prorocentrum triestinum*	绿藻门	硬弓形藻	*Schroederia robusta*
	微小原甲藻	*Prorocentrum minimum*		镰形纤维藻	*Ankistrodesmum falcatus*
	原甲藻	*Prorocentrum* sp.		盘星藻	*Pediastrum* sp.
	勇士鳍藻	*Dinophysis miles*		双对栅藻	*Scenedesmus bijugatus*
	具尾鳍藻	*Dinophysis caudate*		四尾栅藻	*Scenedesmus quadricauda*
	长崎裸甲藻	*Gymnodinium mikimotoi*		二形栅藻	*Scenedesmus dimorphus*
	美丽裸甲藻	*Gymnodinium pulchellum*		栅藻	*Scenedesmus* sp.
	裸甲藻	*Gymnodinium* sp.		韦斯藻	*Westtella* sp.
	夜光藻	*Noctiluca scientillans*		单针藻	*Monoraphidium* sp.
	扁平原多甲藻	*Protoperidinium depressum*	蓝藻门	束毛藻	*Trichodesmium* sp.
	透明原多甲藻	*Protoperidinium depressum*		红海束毛藻	*Trichodesmium erythraeum*
	原多甲藻	*Protoperidinium* sp.		念珠藻	*Nostoc* sp.
	锥形多甲藻	*Peridinium conicum*	金藻门	卵形单鞭金藻	*Chromulina ovalis*

附录 2 钦州湾浮游动物种类名录（2011～2012 年、2014～2015 年调查）

序号	类别	种类名称	2011 年丰水期	2012 年枯水期	2014 年平水期	2015 年枯水期
1	原生动物（Protozoa）	夜光虫（*Noctiluca scientillans*）				+
2	水螅水母类（Hydropolypse）	水螅水母类（Hydropolypse sp.）				+
3		拟帽水母（*Paratiara digitalis*）			+	
4		肉质介螅水母（*Hydractinia carnea*）			+	
5		蟹形和平水母（*Eirene kambara*）			+	
6		短腺和平水母（*Eirene brevigona*）				+
7		细颈和平水母（*Eirene menoni*）			+	
8		指突水母属（virginica sp.）				+
9		刺胞水母（*Cytaeis tetrastyla*）				+
10		日本真瘤水母（*Eutima japonica*）			+	+
11		杯水母属（Phialidium sp.）			+	
12		卵形侧丝水母（*Helgicirrha ovalis*）				+
13		多手帽形水母（*Tiaropsis multicirrata*）	+			
14		半球杯水母（*Clytia hemisphaerica*）	+	+		
15		卡拟杯水母（*Malagazzia carolinae*）	+			
16		耳状囊水母（*Euphysa aurata*）		+		
17		米勒氏水母（*Moerisia lyonsi*）		+		
18		两手筐水母（*Solmundella bitentaculata*）		+		
19	管水母类（Siphonophora）	拟细浅室水母（*Lensia subtiloides*）		+	+	+
20		双生水母（*Diphyes chamissonis*）		+		+
21		钟浅室水母（*Lensia campanella*）				+
22		管水母（*Siphonophora* spp.）		+		
23		五角水母（*Muggiaea atlantica*）		+		
24	栉水母类（*Ctenophora*）	栉水母（*Ctenophora* spp.）		+		
25		球形侧腕水母（*Pleurobrachia globosa*）	+	+	+	+
26	枝角类（Cladocera）	鸟喙尖头溞（*Penilia avirostris*）	+		+	
27		诺氏三角溞（*Evadne nordmanni*）			+	
28		肥胖三角溞（*Evadne tergestina*）			+	

续表

序号	类别	种类名称	2011 年丰水期	2012 年枯水期	2014 年平水期	2015 年枯水期
29	介形类（Ostracocda）	针刺真浮萤（*Euconchoecia aculeata*）		+		+
30		尖尾海萤（*Cypridina acuminata*）			+	+
31	桡足类（Copepoda）	异肢水蚤属（Copepoda sp.）				+
32		中华哲水蚤（*Calanus sinicus*）	+	+		+
33		小哲水蚤（*Nannocalanus minor*）	+			
34		微刺哲水蚤（*Canthocalanus pauper*）		+		+
35		强额孔雀水蚤（*Pavocalanus crassirostris*）		+	+	
36		亚强真哲水蚤（*Eucalanus subcrassus*）			+	+
37		精致真刺水蚤（*Euchaeta concinna*）				+
38		狭额真哲水蚤（*Eucalanus subtenuis*）			+	
39		矮拟哲水蚤（*Paracalanus nanus*）			+	
40		裸拟哲水蚤（*Delius nudus*）			+	
41		小拟哲水蚤（*Paracalanus parvus*）			+	
42		驼背隆哲水蚤（*Acrocalanus gibber*）		+	+	
43		微驼隆哲水蚤（*Acrocalanus gracilis*）			+	
44		中华矮隆哲水蚤（*Bestiolina sinica*）			+	
45		弓角基齿哲水蚤（*Clausocalanus arcuicornis*）			+	
46		缘齿厚壳水蚤（*Scolecithrix nicobarica*）			+	
47		锥形宽水蚤（*Temora turbinata*）		+	+	+
48		瘦尾胸刺水蚤（*Centropages tenuiremis*）	+	+	+	+
49		伯氏平头水蚤（*Candacia bradyi*）	+			+
50		小长足水蚤（*Calanopia minor*）			+	
51		汤氏长足水蚤（*Calanopia thompsoni*）			+	
52		真刺唇角水蚤（*Labidocera euchaeta*）		+	+	
53		孔雀唇角水蚤（*Labidocera pavo*）			+	
54		圆唇角水蚤（*Labidocera rotunda*）		+	+	+
55		三指角水蚤（*Pontella tridactyla*）			+	
56		克氏纺锤水蚤（*Acartia clausi*）			+	
57		红纺锤水蚤（*Acartia erythraeus*）	+		+	
58		太平洋纺锤水蚤（*Acartia pacifica*）	+		+	+
59		刺尾纺锤水蚤（*Acartia spinicauda*）	+		+	
60		中华异水蚤（*Acartiella sinensis*）				+
61		钳形歪水蚤（*Tortanus forcipatus*）	+		+	
62		瘦形歪水蚤（*Tortanus gracilis*）			+	
63		右突歪水蚤（*Tortanus dextrilobatus*）				+

续表

序号	类别	种类名称	2011年丰水期	2012年枯水期	2014年平水期	2015年枯水期
64	桡足类（Copepoda）	捷氏歪水蚤（*Tortanus derjugini*）				+
65		瘦尾简角水蚤（*Pontellopsis tenuicauda*）		+		
66		细长腹剑水蚤（*Oithona affenuatus*）			+	
67		小长腹剑水蚤（*Oithona nana*）			+	
68		长腹剑水蚤（*Oithona* sp.）		+		
69		近缘大眼剑水蚤（*Corycaeus affinis*）		+	+	
70		平大眼剑水蚤（*Corycaeus dahli*）			+	
71		尖额真猛水蚤（*Euterpina acutifrons*）			+	+
72		小毛猛水蚤（*Microsetella norvegica*）		+		
73		红小毛猛水蚤（*Microsetella rosea*）	+			
74		分叉小猛水蚤（*Tisbe furcata*）			+	
75	糠虾类（Mysidacea）	中华节糠虾（*Siriella sinensis*）			+	
76		小拟节糠虾（*Hemisiriella parva*）			+	
77	等足类（Isopod）	浪飘水虱（*Cymothoidae* sp.）		+		
78		圆柱水虱属（Cirolana sp.）			+	
79	端足类（Amphipoda）	南沙沙钩虾（*Byblis nanshaensis*）			+	
80		敏捷蜾蠃蜚（*Corophium kitamorii*）			+	
81		上野蜾蠃蜚（*Corophium uenoi*）			+	
82		玻璃钩虾属（Hyale sp.）			+	
83		沙钩虾属（Byblis sp.）				+
84		角钩虾属（Gammarus sp.）				+
85		钩虾（*Gammarus* sp.）		+		
86		裂颏蛮绒（*Lestrigonus schizogeneios*）				+
87	十足类（Decapoda）	日本毛虾（*Acetes japonicus*）	+		+	
88		费氏莹虾（*Lucifer faxonii*）			+	
89		亨生莹虾（*Lucifer hanseni*）			+	
90		中型莹虾（*Lucifer intermedius*）	+		+	+
91	毛颚类（Chaetognatha）	箭虫属（Sagitta sp.）			+	
92		百陶箭虫（*Sagitta bedoti*）		+	+	+
93		强壮箭虫内海型（*Sagitta crass*）			+	
94		多变箭虫（*Saglta decipiens*）			+	+
95		肥胖箭虫（*Sagitta enflata*）	+	+	+	+
96		凶形箭虫（*Sagitta ferox*）		+	+	+
97		圆囊箭虫（*Sagitta johorensis*）			+	
98		琴形箭虫（*Sagitta lyra*）			+	+

续表

序号	类别	种类名称	2011 年丰水期	2012 年枯水期	2014 年平水期	2015 年枯水期
99	毛颚类（Chaetognatha）	小箭虫（*Sagitta neglecta*）				+
100		美丽箭虫（*Sagitta pulchra*）			+	
101		微型箭虫（*Sagitta minima*）			+	
102		拿卡箭虫（*Sagitta nagae*）		+	+	
103		太平洋箭虫（*Sagitta pacifica*）			+	+
104		漂浮箭虫（*Sagitta planctonis*）			+	
105		假锯齿箭虫（*Sagitta pseudoserratodentata*）			+	
106		瘦型箭虫（*Sagitta tenuis*）			+	
107		寻觅箭虫（*Sagitta zetesios*）			+	+
108		粗壮箭虫（*Sagitta robusta*）				+
109		弱箭虫（*Sagitta delicata*）			+	+
110		贝勒福箭虫（*Sagitta bedfordii*）			+	
111		大头箭虫（*Sagitta macrocephala*）				+
112		太平洋撬虫（*Krohnitta pacifica*）	+			
113	被囊类（Tunicata）	异体住囊虫（*Oikopleura dioica*）		+	+	
114		软拟海樽（*Dolioletta gegenbauri*）		+		+
115		梭形纽鳃樽（*Salpa fusiformis*）		+		
116	浮游幼虫（Pelagic larva）	多毛类疣足幼虫（Nectochaeta larva（Polychacta））			+	
117		腕足类舌贝幼虫（Lingula larva）			+	
118		桡足类无节幼虫[Nauplius larva（Copepoda）]	+	+	+	
119		蔓足类无节幼虫[Nauplius larva（Cirripdia）]			+	+
120		长尾类幼虫（Mccruran larva）	+	+	+	+
121		短尾类溞状幼虫[Zoea larva（Brachyura）]	+	+	+	+
122		磁蟹溞状幼虫[Zoea larva（Porcellana）]	+		+	
123		鱼卵（Fish eggs）	+	+	+	+
124		仔鱼（Fish larva）	+	+	+	
125		才女虫幼虫（Polydora larvae）	+	+	+	+
126		蛇尾长腕幼虫（Ophiopluteus larva）			+	
127		阿利玛幼虫（Alima larva）			+	
128		真寄居虾后期幼虫（Eupagurus post larva）			+	
129		肠腮类柱头幼虫（Enteropneusta tornaria）			+	
130		箭虫幼体（Sagitta larva）	+	+		
131		筒螅辐射幼虫（Tubularia actinula）		+		
132		箭虫卵（*Sagitta* egg）		+		

续表

序号	类别	种类名称	2011 年丰水期	2012 年枯水期	2014 年平水期	2015 年枯水期
133	浮游幼虫（Pelagic larva）	钩虾幼体（Gammarus larva）		+		
134		短尾类大眼幼虫（Brachyura megalopa）	+			
135		中华假鳞虾节胸幼虫（Calyptopis larva）	+			
136		蔓足类腺介幼虫（Cyprislarva）	+			
137	多毛类（Polychaeta）	多毛类（*Polychaeta* spp. ）		+		
138		漂浮沙馔（*Pelagothuria natatrix*）		+		
139	腹足类（Limacina）	琥螺（*Limacina* sp.）		+		
140	磷虾类（Euphausiacea）	中华假磷虾（*Pseudeuphausia sinica*）		+		

注：+表示在该调查时间内出现

附录3　钦州湾游泳生物名录

序号	中文名	拉丁名
	鲱形目	Clupeiformes
	鲱科	Clupeidae
1	斑鰶	*Clupanodon punctatus*
	鲻形目	Mugiliformes
	鲻科	Mugilidae
2	前鳞骨鲻	*Osteomugil ophuyseni*
	鲈形目	Perciformes
	鮨科	Serranidae
3	布氏石斑鱼	*Epinephelus bleekeri*
4	花鲈	*Lateolabrax japonicus*
	鱚科	Sillaginidae
5	多鳞鱚	*Sillago sihama*
	石首鱼科	Sciaenidae
6	勒氏枝鳔石首鱼	*Dendrophysa russelli*
7	皮氏叫姑鱼	*Johnius belangerii*
8	条纹叫姑鱼	*Johnius fasciatus*
	石鲈科	Pomadasyidae
9	斜带髭鲷	*Hapalogenys nitens*
	鲾科	Leiognathidae
10	短吻鲾	*Leiognathus brevirostris*
11	小鞍斑鲾	*Nuchequula mannusella*
	拟鲈科	Parapercidae
12	眼斑拟鲈	*Parapercis ommatura*
	银鲈科	Gerridae
13	十刺银鲈	*Gerres decacanthus*
14	短体银鲈	*Gerres lucidus*
	鯻科	Terapontidae
15	细鳞鯻	*Terapon jarbua*
	双边鱼科	Ambassidae

续表

序号	中文名	拉丁名
16	尾纹双边鱼	*Ambassis urotaenia*
	天竺鲷科	Apogonidae
17	四线天竺鲷	*Apogon quadrifasciatus*
	长鲳科	Centrolophidae
18	刺鲳	*Psenopsis anomala*
	鲹科	Carangidae
19	及达副叶鲹	*Alepes djedaba*
	鲷科	Sparidae
20	二长棘鲷	*Parargyrops edita*
21	黄鳍棘鲷	*Acanthopagrus latus*
22	真赤鲷	*Pagrus major*
23	灰鳍棘鲷	*Acanthopagrus berda*
	鲔科	Callionymidae
24	李氏鲔	*Callionymus richardsoni*
25	基岛鲔	*Callionymus kaianus*
	角鱼科	Triglidae
26	翼红娘鱼	*Lepidotrigla alata*
	蓝子鱼科	Siganidae
27	褐篮子鱼	*Siganus fuscescens*
	鰕虎鱼科	Gobiidae
28	舌鰕虎鱼	*Glossogobius giuris*
29	犬牙缰鰕虎鱼	*Amoya caninus*
30	多须拟鰕虎鱼	*Parachaeturichthys polynema*
	鲼形目	Myliobatiformes
	魟科	Dasyatidae
31	黄魟	*Dasyatis bennettii*
	鲉形目	Scorpaeniformes
	鲬科	Platycephalidae
32	锯齿鳞鲬	*Onigocia spinosa*
	平鲉科	Sebastidae
33	褐菖鲉	*Sebastiscus marmoratus*
	鲽形目	Pleuronectiformes
	鲆科	Bothidae

续表

序号	中文名	拉丁名
34	大羊舌鲆	*Arnoglossus scapha*
	鳎科	Soleidae
35	卵鳎	*Solea ovata*
36	斑头舌鳎	*Cynoglossus puncticeps*
37	带纹条鳎	*Zebrias zebra*
38	少鳞舌鳎	*Cynoglossus oligolepis*
39	焦氏舌鳎	*Cynoglossus joyneri*
	鲀形目	Tetraodontiformes
	鲀科	Tetraodontidae
40	铅点多纪鲀	*Takifugu alboplumbeus*
	枪形目	Teuthoidea
	枪乌贼科	Loliginidae
41	杜氏枪乌贼	*Loligo duvaucelii*
42	火枪乌贼	*Loligo beka*
	乌贼目	Sepiida
	乌贼科	Sepiidae
43	金乌贼	*Sepia esculenta*
	耳乌贼科	Sepiolidae
44	柏氏四盘耳乌贼	*Euprymna berryi*
	十足目	Decapoda
	对虾科	Penaeidae
45	墨吉明对虾	*Fenneropenaeus merguiensis*
46	南美白对虾	*Penaeus vannamei*
47	近缘新对虾	*Metapenaeus affinis*
48	斑节对虾	*Penaeus monodon*
49	宽沟对虾	*melicertus latisulcatus*
50	短沟对虾	*Penaeus scmisulcatu*
51	鹰爪虾	*Trachypenaeus curvirostris*
52	须赤虾	*Metapenaeopsis barbata*
53	中国对虾	*Penaeus chinensis*
	鼓虾科	Alpheidae
54	刺螯鼓虾	*Alpheus hoplocheles*
	菱蟹科	Parthenopidae

续表

序号	中文名	拉丁名
55	强壮菱蟹	*Parthenopw validus*
	梭子蟹科	Portunidae
56	双额短桨蟹	*Thalamita sima*
57	钝齿蟳	*Charybdis hellerii*
58	远海梭子蟹	*Portunus pelagicus*
59	银光梭子蟹	*Portunus argentatus*
	长脚蟹科	Goneplacidae
60	隆线强蟹	*Eucrate crenata*
	口足目	Stomatopoda
	虾蛄科	Squillidae
61	口虾蛄	*Oratosquilla oratoria*